国家自然科学基金项目（41672247、41102157、52304188）资助
辽宁省教育厅重点项目（LJKZ0324）资助
辽宁省“兴辽英才”青年拔尖人才计划支持项目（XLYC1807159）资助
辽宁省科学技术基金项目（2023-BS-201）资助
辽宁工程技术大学学科创新团队资助项目（LNTU20TD-21）资助

Biological Treatment Technology of Acid Mine Drainage

矿山酸性废水生物处理技术

狄军贞　董艳荣　安文博　著

化学工业出版社
·北京·

内容简介

本书概述了矿山酸性废水的产生、污染特性及其处理技术，重点介绍了生物处理技术中的优势菌硫酸盐还原菌（sulfate reducing bacteria，SRB）及其处理矿山酸性废水（AMD）的研究进展；并针对矿山酸性废水污染严重、处理难等问题，基于SRB固定化技术，采用聚乙烯醇-硼酸包埋法，以SRB污泥、麦饭石、铁屑、玉米芯等为主要基质材料，制作了SRB固定化颗粒，并开展了以SRB固定化颗粒为填料处理AMD机理的研究。通过研究SRB固定化颗粒处理AMD效能和抗污染负荷能力的生化反应过程及各指标时空变化规律，揭示了生物与非生物强化协同机理，完善了AMD处理理论，为构建高效、经济、环保、稳定的矿区水污染防治提供了理论依据和技术参考。

本书具有较强的专业性与实用性，可供从事矿山废水处理、生物废水处理法开发的工程技术人员、科研人员和管理人员参考，也可供高等学校环境科学与工程、生物工程、矿业工程及相关专业师生参阅。

图书在版编目（CIP）数据

矿山酸性废水生物处理技术 / 狄军贞，董艳荣，安文博著. — 北京：化学工业出版社，2024. 2
ISBN 978-7-122-44850-7

Ⅰ. ①矿… Ⅱ. ①狄… ②董… ③安… Ⅲ. ①矿山废水-酸性废水-废水处理 Ⅳ. ①X703

中国国家版本馆CIP数据核字（2024）第030660号

责任编辑：刘兴春　刘　婧　　文字编辑：李晓畅　王云霞
责任校对：王　静　　装帧设计：韩　飞

出版发行：化学工业出版社
（北京市东城区青年湖南街13号　邮政编码100011）
印　　装：北京科印技术咨询服务有限公司数码印刷分部
787mm×1092mm　1/16　印张19¾　彩插6　字数446千字
2024年6月北京第1版第1次印刷

购书咨询：010-64518888　　售后服务：010-64518899
网　　址：http://www.cip.com.cn
凡购买本书，如有缺损质量问题，本社销售中心负责调换。

定　　价：158.00元　

前言

我国煤炭资源丰富，煤炭资源量和产量目前均居世界前列。在煤矿开采过程中，含硫化合物发生氧化、分解、浸溶等一系列物理化学及生化反应转化形成了有毒、有害的矿山酸性废水（AMD），造成了地下水资源的浪费，引发了极大的环境污染问题。 2018 年 9 月习近平总书记视察辽宁省抚顺市西露天矿时提出综合治理同产业发展相结合； 2022 年 10 月习近平总书记在中国共产党第二十次全国代表大会中提出“推动绿色发展，促进人与自然和谐共生。”“必须牢固树立和践行绿水青山就是金山银山的理念”“深入推进环境污染防治”“加强污染物协同控制”“统筹水资源、水环境、水生态治理”“加强煤炭清洁高效利用”。可见，矿山酸性废水处理已成为我国煤矿企业发展绿色矿山的必经之路。目前，处理矿山酸性废水常用的方法有中和法、人工湿地法、吸附法和生物法等。生物法中的优势菌种固定化技术，特别是硫酸盐还原菌（SRB）固定化技术由于具有环境友好、生物活性强、污染小等优点已成为最具潜力的方法。SRB 固定化颗粒技术提高了 SRB 对酸性和重金属的耐受性，同时为 SRB 生长提供了碳源。在 SRB 固定化颗粒制备过程中通过调节基质的成分来改善颗粒结构和特性，使其对矿山酸性废水处理具有普适性、高效性和长效性。

本书针对矿山酸性废水污染严重、处理难等问题，综述了以 SRB 为优势菌种的生物处理技术。特别是，重点介绍了 SRB 固定化颗粒制备技术及其处理矿山酸性废水的研究成果。首先，分析了 SRB 生物学特性及其处理矿山酸性废水有效性。其次，基于微生物固定化技术，采用聚乙烯醇-硼酸包埋法，以 SRB 污泥、麦饭石、铁系材料、玉米芯、褐煤等为主要基质，通过单因素试验、响应曲面试验、正交试验和动态试验等试验方法探索了 SRB 固定化颗粒、铁屑协同 SRB 固定化颗粒、改性玉米芯协同 SRB 固定化颗粒、改性麦饭石协同 SRB 固定化颗粒、铁系材料强化 SRB 固定化颗粒和生物活化褐煤-SRB 固定化颗粒的制备方法，系统、全面地介绍了 SRB 固定化颗粒制备技术，并分析了上述多种 SRB 固定化颗粒对矿山酸性废水污染的处理效果，揭示了生物与非生物强化协同机理，完善了矿山酸性废水处理理论。

本书的撰写和出版得到了国家自然科学基金项目（41672247、

41102157、52304188）、辽宁省教育厅重点项目（LJKZ0324）、辽宁省“兴辽英才”青年拔尖人才计划支持项目（XLYC1807159）、辽宁省科学技术基金项目（2023-BS-201）、辽宁工程技术大学学科创新团队资助项目（LNTU20TD-21）的资助，在此一并表示衷心感谢！

限于著者撰写水平及时间，书中不足及疏漏之处在所难免，敬请读者批评指正。

著者

2023 年 8 月

目录

第1章

矿山酸性废水污染特性及其处理方法概述

我国是一个资源大国，对矿产资源的开采活动一直居于世界前列[1]。由于长时间的大面积开采，在漫长的地质年代中形成的原始地层结构，矿区水、气循环系统遭到严重的破坏[2]。我国煤矿矿井水主要分布在14个大型煤炭基地（蒙东、神东、晋北、晋中、晋东、陕北、宁东、冀中、鲁西、黄陇、河南、两淮、云贵和新疆）。其中，除云贵基地、两淮基地、蒙东基地水资源相对丰富外，其余的11个基地都存在不同程度的缺水，尤其是晋、陕、蒙、宁、新等地区水资源最为匮乏。煤炭资源丰富的地区往往水资源匮乏，形成了“煤多水少”的局面[3]。我国的水资源量巨大，但是我国的人口数量也大，人均水资源量很少，是全球水资源贫乏的主要国家之一。水资源又分为常规水资源和非常规水资源[4]。矿山酸性废水属于非常规水资源，需要处理后才能被利用。矿山酸性废水的处理和再利用对矿区水资源平衡显得尤为重要。煤炭开采产生的矿井水、洗煤水和煤矸石淋溶水若处置不当，废水中的少量重金属、有毒有害物质会对矿区地下水、地表河流造成严重污染，改变水质酸碱度。大量水资源的流失和破坏，会加重矿区地下水位的下降，使风蚀和水土流失加剧，引起土地沙漠化。通常情况下，矿井水中的污染物会影响地表水体的自净，使水质恶化。特别是含重金属的矿山酸性废水排入地表水体，会降低地表水的pH值，抑制细菌和微生物的生长，妨碍水体自净，抑制水生生物的生长和繁衍，严重破坏矿区周边的环境。

2005年6月，《国务院关于做好建设节约型社会近期重点工作的通知》中明确提出要推进矿井水资源化利用要求。“十三五”规划纲要中也要求对矿井水进行处理、利用，缓解供需矛盾，避免对矿区水环境造成污染，促进煤炭工业可持续发展。2020年4月修订通过的《中华人民共和国固体废物污染环境防治法》指出，任何单位和个人都应当采取措施，减少固体废物的产生量，促进固体废物的综合利用，降低固体废物的危害性。2022年10月16日，习近平总书记在中国共产党第二十次全国代表大会中提出“推动绿色发展，促进人与自然和谐共生”“必须牢固树立和践行绿水青山就是金山银山的理念，站在人与自然和谐共生的高度谋划发展”“协同推进降碳、减污、扩绿、增长，推进生态优先、节约集约、绿色低碳发展”“加快发展方式绿色转型”“加快构建废弃物循环利用体系”“深入推进环境污染防治”“加强污染物协同控制”“统筹水资源、水环境、水生态治理”“加强土壤污染源头防控，开展新污染物治理”“深入推进能源革命，加强煤炭清洁高效利用”“提升生态系统碳汇能力”。可见，矿山酸性废水处理已成为我国煤矿企业统筹水环境治理、发展绿色矿山的必经之路。从国家需求、企业发展和学科进步三个角度，开展矿山酸性废水处理研究对实现矿井水资源安全高效利用、减少矿山酸性废水排放、有效保护矿区水资源具有重要的现实意义。

1.1 矿山酸性废水的产生及危害

(1) 矿山酸性废水的产生

矿山酸性废水（acid mine drainage，AMD）是在煤矿开采过程中含硫化合物（主要为黄铁矿，主要成分为 FeS_2）的赋存条件发生改变，使其在微生物、水、空气的作用下，经氧化、分解、浸溶等一系列物理化学及生化反应转化形成的矿山废水。AMD的形成是一个较为复杂的过程，是物理、化学、生物等多种反应共同作用的结果。由于开采矿石品位较低且多为贫矿，因此大量矿石无法被利用，堆积形成尾矿，其中含量最大的为黄铁矿（FeS_2）。环境的干燥程度对矿山酸性废水的形成影响较大，以最常见最丰富的黄铁矿（FeS_2）为例，黄铁矿在干燥环境下形成 AMD 的过程可表示为：

$$FeS_2 + 3O_2 \longrightarrow Fe^{2+} + SO_4^{2-} + SO_2 \tag{1.1}$$

黄铁矿在潮湿环境下形成 AMD 的过程可表示如下。

① 在氧和水存在的条件下，煤层或者顶、底板岩层中黄铁矿被氧化，生成硫酸根离子和亚铁离子：

$$2FeS_2 + 7O_2 + 2H_2O \longrightarrow 2Fe^{2+} + 4SO_4^{2-} + 4H^+ \tag{1.2}$$

② 当 pH 值小于 7.0 时，Fe^{2+} 进一步被氧化成 Fe^{3+}：

$$4Fe^{2+} + O_2 + 4H^+ \longrightarrow 4Fe^{3+} + 2H_2O \tag{1.3}$$

③ Fe^{3+} 在 pH 值大于 3.5 时，水解生成氢氧化铁，增加了 AMD 的酸度：

$$Fe^{3+} + 3H_2O \longrightarrow Fe(OH)_3 + 3H^+ \tag{1.4}$$

④ FeS_2 的氧化产物 Fe^{3+} 对 FeS_2 具有氧化作用：

$$14Fe^{3+} + FeS_2 + 8H_2O \longrightarrow 2SO_4^{2-} + 15Fe^{2+} + 16H^+ \tag{1.5}$$

潮湿环境下，FeS_2 在氧气和水的共同作用下产生 Fe^{2+}、硫酸盐并使溶液酸度增加，pH 值降为 1.3～4.5。此时氧化铁硫杆菌（*Thiobacillus ferroxidans*）在氧气充足时可将 Fe^{2+} 转化成 Fe^{3+}，之后 Fe^{3+} 发生水解反应产生 $Fe(OH)_3$，但由于是在酸性环境，$Fe(OH)_3$ 不稳定极易转变成 Fe^{3+}，Fe^{3+} 会与 FeS_2 继续发生反应产生更多的 Fe^{2+} 和 H^+，酸度继续增加，经多次循环至 FeS_2 和 Fe^{3+} 耗尽为止。该反应过程的氧化剂是 O_2 和 Fe^{3+}，在 pH 接近中性条件时，Fe^{3+} 的氧化性强于 O_2，因此有 Fe^{3+} 存在时，主

要是 Fe^{3+} 促进黄铁矿发生反应，其反应机理模式如图 1.1 所示。

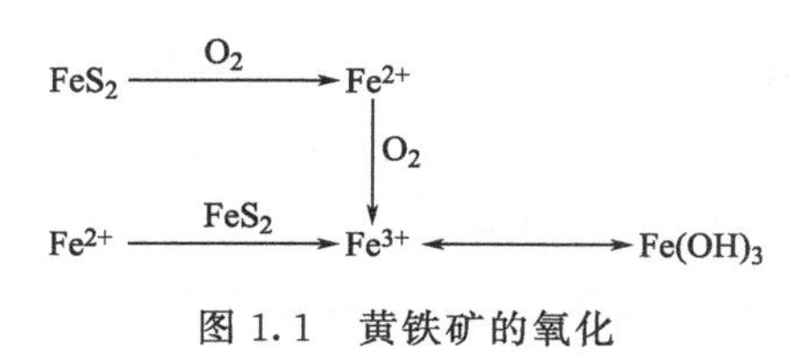

图 1.1 黄铁矿的氧化

其他硫化矿如黄铜矿（$CuFeS_2$）、闪锌矿（ZnS）、毒砂（FeAsS）等的氧化过程不会产酸，但会产生大量的重金属，这些硫化矿会经常伴生在黄铁矿中，因此 AMD 中经常会含有 Zn、Cu、Ni、Pb 等重金属离子。

（2）矿山酸性废水的危害

由于 AMD 具有较强的腐蚀性和难以处理的特性，若对其处理不当或不达标排放，将会对矿区周围的生态环境造成极大的破坏[5]。

一般而言，AMD 的 pH 值在 2～5，COD 质量浓度不超过 100mg/L。由于存在强酸性产生的溶蚀作用，致使 AMD 中溶解了高浓度的 Fe^{3+}、Fe^{2+}、Ca^{2+}、Mg^{2+}、Mn^{2+}，以及少量的 Cd^{2+}、Cr^{3+}、As^{3+}、Cu^{2+}、Al^{3+} 等，其中浓度较高、危害较大的就是 Fe^{3+}、Fe^{2+}、Mn^{2+}[6]。AMD 对环境造成的影响具体表现在以下几个方面。

① 自然界水体通过自身进行微生物、物理、化学作用降低污染物浓度从而具备自净能力，达到较高的清洁程度。AMD 流入水体时会使 pH 值急剧降低，微生物自身生长代谢受到抑制无法分解水体中污染物质[7,8]。当 pH 值过低时，超出了水体自净限度，依然会对水体造成污染。

② 由于 AMD 酸性较强，因此会对管道、水泵等基础设施造成腐蚀，严重者还会影响拦污坝等储水设施的安全稳定，危害工业生产安全。

③ 由于 AMD 含有毒性很强的重金属离子，若将其直接排入农田，会导致大量农作物枯萎甚至死亡，严重影响农业生产[9]。同时，吸收重金属后的农作物通过食物链最终还会危害人类的健康[10,11]。若将其直接排入自然水体，将导致水质恶化，极大地危害水生动植物及人类的健康。

④ 由于 AMD 中硫酸盐含量极高，故其暴露于空气中在微生物的降解作用下，会形成大量的 H_2S 气体。刺鼻的臭鸡蛋气味不但会影响空气质量，更重要的是吸入过量的 H_2S 会对人体及动植物产生极大的危害，严重可致其死亡。

综上，AMD 对自然水体净化、生态水循环、土壤环境和金属器材等具有极其严重的污染和腐蚀作用，极大地影响了人类的生活环境和工业生产，因此，对 AMD 进行经济、安全、高效的处理并解决其造成的环境问题十分重要。

1.2 矿山酸性废水的处理技术及研究现状

AMD 对环境的污染是我国煤矿开采过程中存在的一个现实问题[12]，其处理方法的研究成了近年来的热点和重点。现阶段常用的处理方法有中和沉淀法、人工湿地法、吸附法和微生物法等。

（1）中和沉淀法

中和沉淀法是目前最常用的方法，该方法是将碱性中和剂（如碱石灰、消石灰、碳酸钙、高炉渣、NaOH 等）投加到废水中[13]，使水中可溶性金属离子与氢氧根离子反应形成溶解度更小的氢氧化物或碳酸盐沉淀，以达到沉淀物泥水分离的目的，从而实现 AMD 的有效处理。杨磊等[14] 针对酸性矿山废水的 pH 值低，Fe、Mn 等离子浓度高的问题，采用工业固体废物钢渣对酸性矿山废水进行中和吸附处理，钢渣对 AMD 中 Cu^{2+}、Cd^{2+}、Pb^{2+}、As^{3+}、PO_4^{3-} 等离子的去除效率较高，对 SO_4^{2-} 的去除效率较低。杨绍章等[15] 以大冶组灰岩碳酸盐岩颗粒为中和剂，在有氧垂直折流反应池中进行了 AMD 处理试验研究，发现处理后 pH 值可由 2.4～2.9 提升至 5.9～7.7，单位面积铁的平均去除量为 44.63g/(m^2 · d)，Al^{3+}、Cu^{2+} 的平均去除率均在 98.44%和 93.75%以上，但是 Mn^{2+} 和 SO_4^{2-} 的去除率仅为 21.90%和 27.62%，并指出 Mn^{2+} 及其他金属离子主要形成碳酸盐难溶物或通过铁、铝的氢氧化物沉淀吸附共沉去除。此外，康媞等[16] 利用石灰中和沉淀法处理废弃 AMD 也取得了较好的效果，出水 pH 值由进水时的 2～3 提升为 8.06，总铁（TFe）、总锰（TMn）浓度分别降至 0.66mg/L 和 0.85mg/L，工程运行费用为 1.06 元/t。潭山硫铁矿矿井废水是含铁较高的酸性废水，pH 值为 2～3，SO_4^{2-}、As、Fe 含量分别为 3660mg/L、1mg/L、926mg/L，采用碱中和处理后，出水水质变好，但中和反应产生 $CaSO_4$、铁锰氧化物或氢氧化物的沉淀，导致滤料表面被上述沉淀包埋而失效。Macingova 等[17] 发现，可用 NaOH 调节 AMD 的 pH 值实现重金属离子的选择性沉淀，当 pH 值小于 6.0 时沉淀物中主要金属元素为 Fe 和 Al，只有当 pH 值达到 9.0 时 Mn^{2+} 才能被大量沉淀去除。用两段中和法处理 AMD，第一步用 $CaCO_3$/MgO 提高 pH 值到 4.8，同时生成 $Al(OH)_3$ 沉淀；第二步用 NaOH 提高 pH 值到 8.5，降低重金属浓度。

该方法工艺简单，原料来源广泛、价格低廉，处理效果受环境气候影响小，对排放量较大、pH 值较低的 AMD 具有良好的适应能力。但是，处理过程中在构筑物内产生的大量富含重金属的底泥，不仅需定期清理以保证反应池的连续运行，而且处置不当还极易导致二次污染。

（2）人工湿地法

人工湿地法是一种生态型污水处理技术，它可以看作是由人工建造、监督和控制的系统，能够充分发挥湿地系统净化污水的能力。该方法主要是通过金属的氧化和水解，厌氧细菌对硫酸盐的还原以及植物、藻类和有机质对金属离子的吸附和交换等作用处理 AMD。人工湿地法应用于 AMD 处理始于 20 世纪 80 年代，目前在许多国家都得到了关注与应用。美国已在国内酸性矿山系统中修建了 400 多个人工湿地法处理单元，出水 pH 值可提升至 6～9，出水平均含铁量不大于 3mg/L。人工湿地法在经过长时间的运行后会产生大量细菌（主要为 *Acidithiobacillus thiooxidans* 和 *Acidithiobacillus ferrooxidans*）[18]，并通过这些细菌的生化作用完成 AMD 中可溶性 Fe 的去除。且水力停留时间对人工湿地处理 AMD 的 TFe 具有重要影响，可以用 TIS 模型预测处理能力[19]。

我国关于人工湿地法的研究起步较晚，目前人工湿地法用于 AMD 实际处理的报道并不多见。但是针对传统人工湿地法存在的不足，有学者提出了可渗透反应墙强化的垂直流人工湿地系统，通过砂箱模拟试验发现，该系统对有机煤矿废水中 NH_4^+-N、PO_4^{3-}-P、Mn^{2+}、COD和SS的去除率分别可达88.84%、96.08%、98.98%、85.78%和94.00%，该系统具有一定的创新性。有报道称，可利用人工湿地法处理铅/锌矿采矿废水，其结果表明：COD、SS、Pb^{2+}、Zn^{2+}、Cu^{2+}和Cd^{2+}的去除率分别是92.19%、99.62%、93.98%、97.02%、96.87%和96.39%，且污染物均达到排放标准。此外，有报道称，可利用人工湿地法处理铁矿酸性废水，其结果表明：Cu^{2+}、Fe^{2+}、Mn^{2+}的去除率分别为99.7%、99.8%、70.9%，且pH值稳定在6.1左右。可见，人工湿地法作为一种新型污水处理技术具有运行费用低[20]、易于维护、管理方便、适用面广、对负荷变化的适应能力强等优点；但是由于其具有占地面积大、处理负荷低、不能彻底处理微生物产生的 H_2S、易受环境影响、处理效果随季节性波动较大等缺点，目前，我国人工湿地处理 AMD 的实际应用并不多。

（3）吸附法

吸附法是利用多孔性的固体物质，吸附水中一种或多种物质于固体表面从而将其去除的方法[21]。目前，常用的吸附剂主要有两类：一类是黏土类矿物，如膨润土、蒙脱土、凹凸棒石、硅藻土和海泡石等；另一类是生物吸附剂，如藻类、细菌、真菌、树皮、果壳、锯末、秸秆、蔗渣等[22]。Mohan 等[23] 研究了褐煤对 AMD 中重金属离子的吸附作用，结果表明褐煤具有较强的吸附重金属的能力。陈良霞等[24] 研究利用改性玉米芯对 AMD 中 Cu^{2+} 和 Pb^{2+} 的吸附作用，结果显示改性玉米芯对重金属离子具有选择吸附能力，Pb^{2+}更容易被吸附。有研究表明，使用鸡蛋壳固定床反应器去除 AMD 中的金属时，鸡蛋壳对 AMD 中 Cd^{2+}、Pb^{2+}和 Cu^{2+} 的吸附容量分达到了 1.57mg/g、146.44mg/g 和 387.51mg/g，且能提升废水 pH 值。荣嵘等[25] 以铁絮体和秸秆生物炭为原料，采用化学改性和紫外线辐射联用技术制备的改性生物炭对 Pb^{2+} 的拟合吸附量可达 278mg/g。有报道称，活性炭吸附 AMD 的效果较好，但是活性炭的用量较大[26]。Rios 等[27] 研究发现，粉煤灰、天然炉渣和人造沸石对 AMD 中的重金属离子具有良好吸附去除效果。吸附法用于处理含重金属离子较高的废水具有操作简单、应用广泛、价格低廉等优点，已成为水处理常用的技术。但当吸附材料吸附饱和后，其处理效果显著下降，且对吸附重金属离子等污染物后吸附材料的处置以及再生方面的方法和研究还很少。另外，吸附材料处理不当还会对环境造成二次污染。因此，研究吸附容量大的吸附材料和吸附废弃物的再生利用应是今后的重要方向。

（4）微生物法

微生物法就是利用某些能够以 AMD 中污染物为基质的特殊微生物，通过生物有机体或其代谢产物与金属离子间的相互作用达到净化 AMD 的目的的方法，主要有硫酸盐还原菌（sulfate reducing bacteria，SRB）处理技术和氧化亚铁硫杆菌（*Thiobacillus ferrooxidans*）处理技术[3]。其中氧化亚铁硫杆菌在充分供氧的酸性条件下，可将 Fe^{2+} 氧化成

Fe^{3+}，然后利用石灰石进行中和处理生成 $Fe(OH)_3$ 沉淀，以实现酸性矿井水的中和及除铁。氧化亚铁硫杆菌从 Fe^{2+} 的氧化反应中获取自身生存和繁殖所需的能量，无需加任何营养液，在常温条件下对 Fe^{2+} 具有很高的氧化率，但氧化亚铁硫杆菌在实际矿山酸性废水处理中应用较少。目前，以 SRB 为核心的新工艺应用于处理 AMD 已被广泛研究[28]，并取得较大进展。

SRB 是利用废水中有机物或者氢为电子供体，通过自身异化还原作用将硫酸盐还原为 S^{2-} 的厌氧微生物，广泛分布于海水、海底沉积物、稻田土、湖泊和工业废水等环境中[29,30]。据不完全统计，SRB 目前已有 12 个属 40 多个种，其中最为常见的为脱硫弧菌属（*Desulfovibrio*）、脱硫肠状菌属（*Desulfotomaculum*）等。SRB 的形态特征一般是细胞卵形、弧形、螺旋形或杆状，直径范围在 0.3～0.4μm，其基本代谢过程有分解、电子传递和氧化三个阶段。SRB 分解代谢碳源产生腺嘌呤核苷三磷酸（ATP）并释放高能电子，并通过黄素蛋白、细胞色素 C_3 等逐级传递电子，同时产生更多 ATP。环境中硫酸盐进入细胞内作为电子受体，经多步反应和酶的催化作用被还原为 S^{2-}，同时消耗碳源分解过程产生的 ATP 并释放碱度。SRB 对矿山酸性废水中金属离子的去除主要分三个方面：一是其异化还原产生的 S^{2-} 与金属离子生成难溶硫化物；二是其异化还原过程中产生的碱度与金属离子形成氢氧化物沉淀，如与铁离子形成的 $Fe(OH)_2$ 和 $Fe(OH)_3$ 胶体对其他离子还具有网捕卷扫能力；三是 SRB 自身胞外酶对金属离子也有很强的吸附能力。SRB 的胞外聚合物含有多种阴离子基团，这些基团能够与重金属阳离子结合最终从水中去除。

影响 SRB 处理矿山酸性废水的因素有很多，生物因子、非生物因子都会对 SRB 活性及种类产生一定影响，进而影响到对 AMD 的处理效果。影响 SRB 处理 AMD 的环境因素主要包括 pH 值、ORP（氧化还原电位）和温度三个因素。有研究认为，SRB 适宜生长的 pH 值范围为 6.5～7.5，最佳 pH 值条件为 7.5。研究人员在对硫酸盐还原菌的试验研究中发现，水体中的 H^+ 浓度过高会导致细胞内的 RNA 复制和蛋白质合成逐渐停止，过低的 pH 值会抑制细胞的生长和代谢[31]。研究人员通过驯化 SRB 混合菌种，在 pH=4 的条件下对硫酸盐代谢率达 40%左右[32]。可见 SRB 对 pH 值的适应性很强，经过驯化可以在强酸性环境下处理硫酸盐。水体中的 ORP 是反映水中厌氧微生物生长状态及活性的重要指标，一般情况下，适宜 SRB 微生物生长的氧化还原电位环境条件为－100mV 以下[33]。当 ORP 值在－400～－350mV 范围时，SRB 种群更具优势，对硫酸盐还原速率更高。不同 SRB 种群对温度有不同的耐受性。李亚新等[34] 研究发现，不产生孢子的菌种呈中温或低温性，在 30℃左右时生长最好，超过 43℃时致死；产生孢子的嗜热菌，适宜温度在 54～70℃。为保证良好的硫酸盐去除能力，需提供适宜的 pH 值、ORP 和温度环境，或对 SRB 进行驯化提高耐受性。同时，碳源是 SRB 生长代谢的关键因素，近年来学者研究发现能够支持 SRB 生长的碳源物质已超百种。COD/SO_4^{2-} 值在理论上达到 0.667 即能将硫酸盐还原，但在实际应用中诸多学者发现，COD/SO_4^{2-} 值达到 2～10 才能将硫酸盐全部还原。在研究中发现，当 COD/SO_4^{2-} 值<1.0 时，SO_4^{2-} 的去除率低于 50%；当 COD/SO_4^{2-} 值提升到 2.4 以上时，SO_4^{2-} 去除

率可达90%以上[35]。这主要是生物种群的碳源竞争作用以及SO_4^{2-}向细胞内的传质限制，在增加碳源提高电子供体的同时，要创造适宜的环境因素提高SRB种群优势。此外，金属离子对SRB生物活性的影响有促进和抑制两种作用。据报道，Cu、Cd、Ni、Zn、Cr、Pb等重金属对SRB均有抑制作用，相应抑制浓度下限分别为20mg/L、20mg/L、20mg/L、25mg/L、60mg/L、75mg/L。在研究金属离子对SRB的影响时发现，Fe^{2+}能够促进酶活性，进而提高硫酸盐去除效率。通过驯化可提高SRB的金属耐受性。黄志[36]对SRB进行重金属耐受性驯化试验，经过连续驯化，硫酸盐还原菌生长代谢最高耐受的重金属Pb^{2+}、Cu^{2+}、Zn^{2+}、Cd^{2+}浓度分别达到110mg/L、55mg/L、60mg/L、55mg/L。

近年来，研究者们对SRB硫酸盐还原能力和废水处理工艺进行了大量试验。周泉宇等[37]在试验中研究零价铁协同SRB处理含铀废水影响，出水pH接近中性，U^{6+}的去除率可达99.4%，SO_4^{2-}的去除率可达86.2%，表明Fe^0有增强SRB对环境的耐受力、提高其代谢活性的作用。王璞[38]以乳酸钠为碳源，通过聚乙烯醇（PVA）包埋制备SRB污泥颗粒强化对环境因素的耐受性，其出水pH值为5～8，Cd^{2+}的去除率为98.5%，SO_4^{2-}的去除率接近95%。王凯[39]针对硫酸盐废水在贫电子供体条件下脱硫效率低的问题，通过微生物电解池（MEC）对SRB进行电催化强化硫酸盐废水的降解，经过对比，MEC的硫酸盐去除率提高了14.9%。研究者不断优化不同类型的反应器性能并开发新型反应器，Kiran等通过Plackett-Burman设计优化厌氧填充床反应器后对酸性废水进行处理，Cu、Zn、Fe、Ni、Pb、Cd去除率均能达到90%以上。

综上所述，由于SRB具有处理重金属种类多、处理彻底、处理潜力大等优点，已在AMD、电镀废水治理等方面得到了广泛应用。一般来说，SRB能将废水的pH值从2.5～3.5提高到7.5～8.5，pH值指标达到《污水综合排放标准》（GB 8978—1996），处理后出水重金属离子浓度可降至0.1mg/L。该方法具有成本低廉、环境危害小等优点，日趋成为世界各国研究的焦点。

第2章

硫酸盐还原菌及其处理矿山酸性废水研究进展

2.1 硫酸盐还原菌代谢原理

硫酸盐还原菌（SRB）最早是由 Beijerinck 于 1895 年发现的。硫酸盐还原菌是一类形态、营养多样化，能把硫酸盐、亚硫酸盐、硫代硫酸盐、连二硫酸盐等硫氧化合物还原为硫化物，以硫酸盐中的硫原子为末端电子受体的微生物的统称。硫酸盐还原菌是一种严格厌氧菌，但近些年发现某些硫酸盐还原菌为非严格厌氧菌。硫酸盐还原菌广泛分布于土壤、工业废水、厌氧泥浆、海水环境、地下管道、油气井以及人类和动物的口腔和胃肠道中。其最佳生长温度在 37℃左右，部分菌株在－5℃条件下可以生长，包含芽孢的菌株还可以耐受 80℃的温度。在 pH 值为 4.0～9.5 范围内也可以生长，其最适宜的 pH 值为 7.0～8.0，其生长环境 ORP（氧化还原电位）要求低于－100mV。硫酸盐还原菌形态多为杆状、螺旋状或弧形，其直径大小一般在 0.3～0.4μm，多属革兰氏阴性菌。根据所利用底物的不同，SRB 可分为 4 大类，分别是氧化氢的硫酸盐还原菌（HSRB）、氧化乙酸的硫酸盐还原菌（ASRB）、氧化较高级脂肪酸的硫酸盐还原菌（FASRB）和氧化芳香族化合物的硫酸盐还原菌（PSRB）。迄今为止，据不完全统计，SRB 目前已有 12 个属 40 多个种，主要分为脱硫弧菌（*Desulfovibrio*）、脱硫杆菌（*Desulfobacter*）、脱硫叶状菌（*Desulfobulbus*）、脱硫八叠球菌（*Desulfosarcina*）、脱硫肠状菌（*Desulfotomaculum*）、脱硫线菌（*Desulfonema*）、脱硫球菌（*Desulfococcus*）、脱磺单胞菌（*Desulfuromonas*）、脱硫单胞菌（*Desulfomonas*）等属。有学者通过分离纯化硫酸盐还原菌单菌株并利用 16S rDNA 序列分析鉴定菌株的属、种，进一步分析硫酸盐还原菌处理 AMD 的优势菌株。实验室内用于分离纯化厌氧菌的方法很多，主要有厌氧容器法、厌氧工作站法、厌氧管法、叠皿夹层法。其中，厌氧容器法和厌氧工作站法成本相对较高，不利于单菌落的挑取及进行细菌生长观察，易染杂菌；厌氧管法成本低，可以很好地隔绝空气，但是较难掌握培养温度；叠皿夹层法将细菌涂布在两层固体培养基之间，利用液体石蜡密封进行细菌厌氧培养，该方法成本低，挑菌容易，但在涂布操作时会有少量空气进入。因此，在试验过程中应根据实际情况选择合适的分离纯化方法。分离纯化硫酸盐还原菌单菌株多选用叠皿夹层法。首先提取待测硫酸盐还原菌单菌株的DNA，然后利用特异的引物对DNA样品进行聚合酶链式反应（polymerase chain reaction，PCR）扩增以获得更大量的16S rDNA，提纯后的16S rDNA通过测序再与数据库中已知16S rRNA的序列进行同源性比较，就可以对分离的硫酸盐还原菌单菌株进行鉴定。

SRB分解代谢过程分为分解、电子传递和还原三个阶段。

① 分解阶段。有机碳源通过“基质水平磷酸化”，产生少量ATP并释放高能电子，同时自身被分解为CO_2、水和有机酸。

② 电子传递阶段。分解阶段产生的高能电子通过SRB特有的电子传递链（如黄素蛋白、细胞色素C_3等）逐级传递，同时产生大量ATP。

③ 还原阶段。环境中硫酸盐（SO_4^{2-}）作为电子受体在细胞内经多步反应和酶的催化作用被还原为S^{2-}，同时消耗碳源分解过程产生的ATP并释放碱度。

具体过程如图2.1所示。

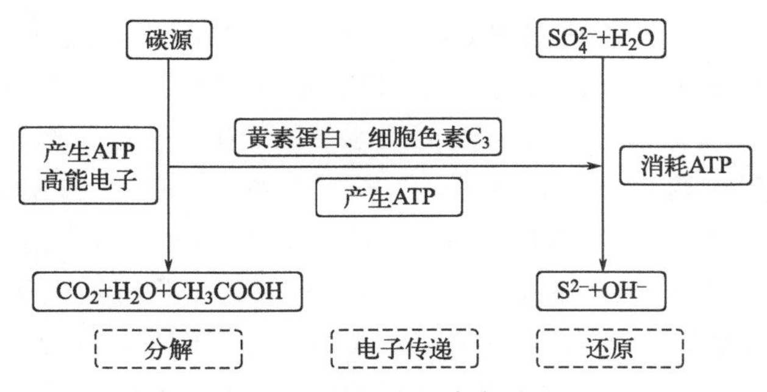

图2.1 SRB分解代谢过程

在厌氧条件下，首先有机碳源在脱水过程中产生高能电子并生成少量ATP。其次硫酸盐还原菌利用特有的电子传递链将高能电子逐级传递并产生大量ATP。最后电子传递给氧化态的硫元素（SO_4^{2-}），而将其还原为S^{2-}，同时消耗ATP。因此硫酸盐还原菌代谢过程的最终电子受体是硫酸盐，其首先在细胞体外积累，然后进入细胞，在细胞内经多步反应和酶的催化作用，变成最终代谢产物S^{2-}，被排出体外，进入周围环境。而硫酸盐还原菌处理AMD就是利用代谢终产物S^{2-}与重金属反应，生成溶解度非常低的金属硫化物并降低酸度，从而使溶解态的重金属离子从废水中除去，pH值升高。即SRB处理AMD的原理为：

① SRB异化还原SO_4^{2-}产生的H_2S与重金属离子生成金属硫化物沉淀，从而使SO_4^{2-}与重金属离子同步去除；

② SRB完全氧化有机物的产物CO_2与重金属离子生成碳酸盐沉淀；

③ SRB还原SO_4^{2-}消耗H^+，提高了溶液pH值，促进重金属离子形成氢氧化物

沉淀；

④ SRB表面的负电性和分泌的胞外聚合物对重金属离子具有较强的静电吸附和生物絮凝作用。

2.2 硫酸盐还原菌在污废水治理中的应用

近年来，水污染导致的环境问题日益加重，废水处理也随之引起广泛关注。相比大多净水工艺方法，微生物法因其费用低、效率高等优点而受到重视。SRB生长能力顽强、生存环境广泛、类型众多，这使其在水处理工艺的应用上具有巨大潜力。近年来，国内外学者对SRB进行大量的研究，从单一菌种的培育到多种组合菌群的使用，进而发展成污泥混合体系；从简单工艺到多种新型工艺的发展；从计算机网络模拟到定量描述反应器的过程控制。目前，SRB在废水处理方面表现出很大的优越性和可行性，多应用于重金属废水、含硫废水及煤矿酸性废水等处理。

SRB处理技术具有费用低、无二次污染、实用性强、可回收重金属和单质硫等优点，在酸性废水处理中具有很强的发展潜力。早在1994～1998年间，美国科研人员就利用SRB对利利-奥芬博伊矿的酸性废水进行治理，发现废水中Zn、Al、Mn、Cu的去除率均在95%以上。有学者利用SRB处理矿山酸性废水，废水中SO_4^{2-}浓度可由5500mg/L降至<1mg/L，Fe、Mn、Zn、Cd去除率都在91.8%以上，pH变为中性。在厌氧升流填充床反应器中，混合SRB对废水中的SO_4^{2-}和重金属离子有去除效果，且对Cu、Zn、Ni去除率达97.5%，对As和Fe去除率为77.5%和82%。有学者通过小型连续搅拌槽式反应器研究了持续低pH值下SRB对重金属离子的生物沉淀作用，结果表明进水pH值为2.6～4.3时，SRB均具有较好的生物沉淀效果，反应器出水pH值可由2.6～4.3大幅提升至6.5～8.0，废水中SO_4^{2-}还原率为72%～80%，Cu^{2+}和Zn^{2+}沉淀率达99.9%，Cr^{3+}去除率达99.1%。进一步的研究指出，SRB分泌的胞外聚合物对Cu^{2+}有较强的吸附能力，胞外聚合物中的—OH、C—O—C和C═O等基团在络合吸附中发挥了重要作用。

2.3 硫酸盐还原菌的主要影响因子

近年来为了获得更加稳定的处理效果，对SRB代谢过程的影响因素也进行了广泛的研究，主要集中于温度、pH值、COD/SO_4^{2-}值和重金属离子。

（1）温度

温度在一定程度上决定SRB的生长速度以及代谢活性。SRB通常包括中温菌和嗜热菌两大类，其中中温菌占大部分，最适温度在30℃左右。通常35℃时SRB还原性能最好，代谢活动最为旺盛。正常情况下在54～70℃的区间就可以满足绝大部分嗜热SRB的生长代谢，某些高温SRB需要的温度是56～85℃。由于在实际的复杂体系中存在不同菌群，SRB的代谢活性一般受温度和竞争程度的共同影响。

（2）pH 值

pH 值是影响 SRB 活性及其发挥最佳环境功能效应的重要生态因子之一，主要体现在：a. 细胞膜的电性和底物的电离状态会随 pH 值的变化而改变，从而影响 SRB 对底物的亲和力和吸收能力；b. pH 值能够影响 SRB 代谢过程中各种酶的催化活性与稳定性，改变生态环境中底物的可给性以及毒物的毒性；c. 通过细胞膜的有机酸以及酶分子活性中心上的有关基团在 SRB 细胞内电解，改变胞内的 pH 值，影响许多生化反应。有学者认为，pH 值对 SO_4^{2-} 平均还原反应速率没有影响，但是 H^+ 浓度过高时细胞内 RNA 的复制和酶蛋白的合成会减缓甚至停止，因此，pH 值的抑制作用表现为反应延滞期的延长。初始 SRB 能在 pH 值为 4～9 的环境中生长，pH 中性条件下 SRB 活性最高，SRB 每还原 1g SO_4^{2-} 就会产生 1.042g 碳酸盐碱度，能有效平衡厌氧发酵生成的有机酸，增强体系的缓冲能力。同时，低 pH 值不仅能直接影响微生物酶的活性，而且能增加系统中的 H_2S 和挥发性有机酸浓度，严重抑制了 SRB 的生长。此外，在酸性条件下，SRB 胞外聚合物中的羧基、多聚糖酚类和蛋白质肽键消失，进而影响 SRB 对 Cu^{2+} 的吸附性能。在封闭系统中 pH 值决定了 SO_4^{2-} 还原产物（硫化物）的存在形态分布，当 pH＞7 时，液相中的硫化物浓度增加，通过与细胞色素中的铁和含铁物质结合导致电子传递链断裂，从而会间接影响 SRB 活性。不同研究的 SRB 最佳 pH 值也不一样，有学者研究表明 pH 值在 7.0～7.8 范围内 SRB 更适合生长，对 pH 值的耐受范围为 5.0～9.0。而还有人发现在 pH＜6 条件下，SRB 生长受到抑制，在 pH 值为 6.48～7.43 时，SRB 还原性能最强。也有研究指出，当 pH 值在 4.0～9.5 范围内 SRB 仍能保持生长，它能耐受酸性较强条件。一些研究者在一种充有多孔填料的上流厌氧生物反应器中接种 SRB 处理 AMD。研究表明，硫酸盐去除率在 pH＝3.25 时为 38.3%，pH＝3 时仍可达到 14.4%，此时 SRB 仍可以存活相当长的时间。

（3）COD/SO_4^{2-} 值

影响 SRB 活性的另一个重要因子就是 COD/SO_4^{2-} 值，理论上 SRB 生化还原作用所需的 COD/SO_4^{2-} 值为 0.67，高于此值，SO_4^{2-} 可以被完全还原，低于此值，SO_4^{2-} 只能被部分还原。但是众多的研究表明，实际所需 COD/SO_4^{2-} 值因生长环境的影响存在较大的差异。有学者利用厌氧批次试验发现，只有当 COD/SO_4^{2-} 值≥2.0 时，SRB 才能充分还原 SO_4^{2-}，SO_4^{2-} 去除率达到 86%。有学者对比了从厌氧污泥中分离出的 SRB 在不同 COD/SO_4^{2-} 值下的代谢特性，当 COD/SO_4^{2-} 值＜1.0 时，SO_4^{2-} 的去除率不到 50%，而要想达到 90%以上的 SO_4^{2-} 去除率，COD/SO_4^{2-} 值必须控制在 2.4 以上。用连续搅拌槽式反应器处理硫酸盐废水，发现 COD/SO_4^{2-} 值≥2.7 时，反应系统属于电子受体限制型体系，COD/SO_4^{2-} 值＜2.7 时，属于电子供体限制型体系，增加电子受体限制型系统中的 SO_4^{2-} 浓度和电子供体限制型系统中的 COD 浓度都可提高系统的还原效率。通过这些研究得出 COD/SO_4^{2-} 值均大于理论值，主要是因为有机物和 SO_4^{2-} 必须渗透到 SRB 细胞体内才能进行生化还原反应，而有机物分子量大，扩散速率低于 SO_4^{2-}，因此，溶液中需维持更高的 COD/SO_4^{2-} 以提高向细胞内扩散的浓度差，加快有机物扩散速率。

此外，在实际处理过程中，SRB多是与产甲烷菌（methanogenic bacteria，MPB）相伴而生的，尤其是以厌氧污泥为接种体时，两者在生态学和生理学上存在许多相似性，具有重叠的生态位，在H_2和乙酸利用上存在激烈的竞争性抑制作用。一般来说，较低的COD/SO_4^{2-}值或COD值有利于SRB竞争，而较高的COD/SO_4^{2-}值则有利于MPB竞争。早在1991年，就发现在SRB和MPB共生系统中COD/SO_4^{2-}值>2.7时，MPB在底物利用上占优势；而COD/SO_4^{2-}值<1.7时，SRB占优势；当比值介于1.7～2.7之间时SRB与MPB竞争激烈。据报道，人工厌氧反应器中只要存在一定浓度的硫酸盐，MPB通常就竞争不过SRB。SRB之所以在一定浓度硫酸盐环境中竞争力超过MPB是因为SRB具有较低的K_m（半速率常数）值，对底物的亲和力更强，同时硫酸盐还原反应比产甲烷反应释放的能量多，反应更容易进行。并且MPB要求比SRB更低的ORP。此外，SRB进行硫酸盐还原反应的ORP为－100mV，而MPB产甲烷反应要在－330mV以下，硫酸盐还原过程一般优先发生。但由于MPB的最大比基质降解速率高于SRB，因此，在乙酸或H_2浓度较高的环境中，MPB更能有效地进行物质转化，保持物质代谢平衡，表现出较强的竞争优势。

（4）重金属离子

重金属离子同样能够显著影响SRB生长代谢活动，其作用一般分为抑制和促进两种，常见的抑制型重金属离子有Cu^{2+}、Ni^{2+}、Pb^{2+}、Cd^{2+}等，而认为Fe^{2+}具有促进作用。由于重金属离子带正电荷，一方面可以和酶蛋白的负离子结合成沉淀，使酶变性失活，另一方面可与酶的—SH、—S—S—、—NH_2、—COOH、—OH等功能基团形成牢固的共价键，使酶活性中心的结构和构象发生改变，从而影响酶与底物的结合。此外，SRB能通过吸附、沉淀和胞内累积等去除重金属离子，但是高浓度的重金属离子也能抑制细胞内酶的活性，使蛋白质变性，对SRB产生很强的毒害作用；同时发现相同浓度下重金属离子对SRB的抑制顺序为$Ni^{2+}>Cu^{2+}>Cd^{2+}>Hg^{2+}$，产生明显抑制时的浓度分别为10mg/L、20mg/L、30mg/L、60mg/L。有研究表明，当含有Cu^{2+}、Ni^{2+}、Zn^{2+}、Cr(Ⅵ）的合成水样的负荷上升至7.5mg/(L·d）时，半连续搅拌厌氧反应器中的微生物量急剧下降，SRB已不能生存。

铁元素是SRB细胞中与硫酸盐还原相关的多功能酶（如细胞色素C_3、铁还原酶、过氧化氢酶等）的辅基成分，在细胞内部通过自身价态相互转化（$Fe^{2+} \rightleftharpoons Fe^{3+}$）实现呼吸酶传递电子的作用。$Fe^{2+}$能够刺激含铁功能酶活性，进而提高硫酸盐去除效率，当Fe^{2+}的浓度低于0.5mol/L时，SRB生长还会受到抑制。有研究表明Fe^{2+}能够与S^{2-}结合生成FeS沉淀，减轻硫化物对SRB的毒害，Fe^{2+}浓度≤200mg/L可以促进SRB的生长，超过此浓度会导致SRB细胞的渗透压失去平衡，抑制SRB代谢过程。此外，有报道发现Fe^{2+}浓度≤500mg/L可促进从活性污泥驯化培养所得的混合SRB生长，而Fe^{2+}浓度升至600mg/L时也同样会出现抑制作用。但是也有一些与之相悖的研究结论，如有报道称Fe^{2+}能够对硫酸盐还原过程中的关键酶——亚硫酸盐还原酶活性产生明显抑制。此外，有研究发现Fe^{2+}的投加既不能改变已经形成的顶级群落结构模式，也不能显著降低硫酸盐去除率，这是因为在SRB周质中Fe^{2+}促进的含铁氢化酶的主要功能是催化质子还原产氢，该酶活性的提高会导致电子的分流，进而造成硫酸盐还原率的下降。

除了以上几种影响因子外，还有矿化度、生态因子、水解聚丙烯酰胺（HPAM）质量浓度、基质碳源种类、含硫化合物和氧气等也会对 SRB 的硫酸盐还原速率产生影响。

虽然 SRB 在酸性废水处理中具有巨大潜力，但是也暴露出许多不足，如低 pH 值、高浓度重金属离子抑制以及持续的碳源投加等问题，这些都造成目前 SRB 未能大规模工业应用。为克服这些不足，微生物固定化技术应运而生。

2.4 微生物的固定化技术

（1）微生物固定化技术原理及其分类

微生物固定化技术是通过物理或化学手段将微生物固定于限定空间内，使其高度密集，并保持一定活性的方法，与游离处理技术相比，具有生物密度大、水力停留时间短、抗水力剪切和重金属离子抑制能力强、利于反应后固液分离、营造适宜微环境和可重复利用等优点，已成为污废水微生物处理的研究热点。应用聚乙烯醇（polyvinyl alcohol，PVA)-硼酸法固定了降解菌，发现混合菌降解效果优于单一菌株，SRB 固定化颗粒对聚丙烯酰胺的降解率和对原油的去除率分别达到 83.1%和 98.7%，处理后水质达到国家污水二级排放标准。以硝化菌和反硝化菌混合菌种为材料的固定化微生物能够促进废水中氮的去除，去除效果高于单一菌种固定法效果。PVA 固定的 SRB 在 Cu^{2+} 浓度为 51.5mg/L 时仍保持较高硫酸盐还原率，固定化可增强 SRB 对 Cu^{2+} 的去除以及抵抗 Cu^{2+} 毒害作用的能力。

目前，微生物固定化方法种类繁多，新方法也层出不穷，国内外尚无一个统一的分类标准。综合考虑微生物与载体间的作用力、固定化微生物的状态以及载体来源等因素，可将微生物固定化方法分类，如图 2.2 所示。而几种常用方法中固定化微生物与载体之间的结构见图 2.3，技术特点比较如表 2.1 所列。

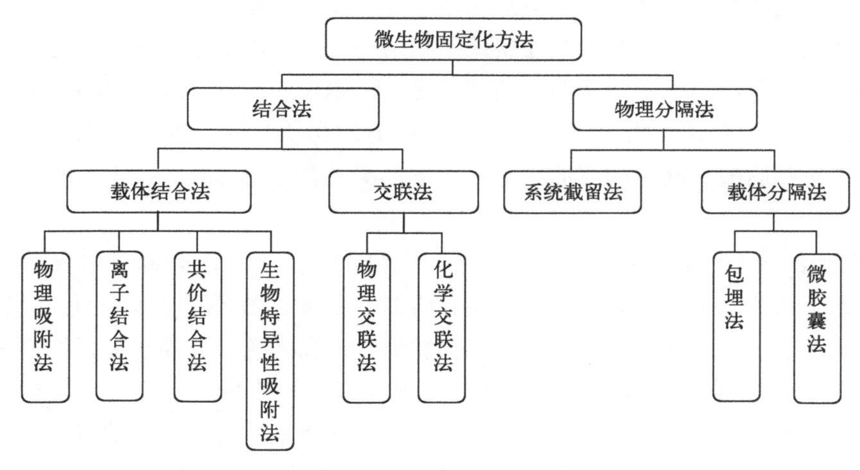

图 2.2　微生物固定化方法分类

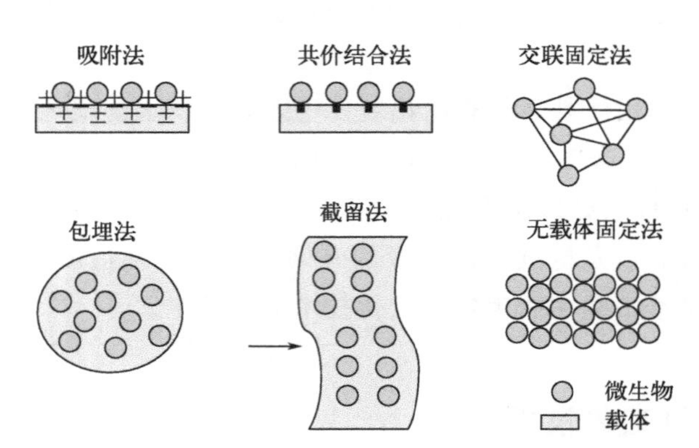

图 2.3　固定化微生物与载体之间的结构示意

表 2.1　常用固定化方法的比较

性能	交联法	吸附法	共价结合法	包埋法
制备难易	适中	易	难	适中
结合力	强	弱	强	适中
活性保留	低	高	低	适中
稳定性	高	低	高	高
空间位阻	较大	小	较大	大
载体的再生	不能	能	不能	不能
存活力	无	有	无	有
成本	适中	低	高	低
对底物专一性	可变	不变	可变	不变

（2）常用固定化方法及研究进展

① 交联法。微生物细胞间依靠物理或化学作用相互结合，可分为物理交联法和化学交联法。前者是指在微生物培养过程中适当改变培养条件，使菌体间发生直接颗粒化产生自固定，同时形成了微生物的适宜代谢环境；后者是通过与具有两个或两个以上官能团的交联剂反应，使微生物相互连接成网状结构而达到固定微生物的目的。以海藻酸钠为载体，2.5%戊二醛为交联剂的青霉脂肪酶 SRB 固定化颗粒中酶的活性最高为 22895U/g，且重复使用 9 次以后仍具有 50%以上的初始活性。用戊二醛为交联剂进行了黏质沙雷菌脂肪酶活性包涵体的固定化，酶的平均酶活达 234.7U/L，酶活回收率达 40%以上。

② 吸附法。吸附法的原理是根据带电微生物与载体之间的静电作用或者是微生物在游离状态下的静电引力、离子键合作用，将微生物固定在不溶性载体上形成生物膜。常用的吸附剂或载体有活性炭、木屑、多孔玻璃、多孔陶瓷、硅藻土、纤维素等。在水平流反应器中，SRB 和 MPB 在聚氨酯泡沫、植物炭、聚乙烯、氧化铝基陶瓷等不同载体上对微生物菌落附着生长有较大影响，聚氨酯泡沫为载体时微生物浓度最高，单位质量载体上达到 872mg/g。孔容大、比表面积大的载体利于 SRB 的富集，但影响生物膜

形成的最大因素是载体的表面粗糙程度，聚氨酯泡沫的孔隙既能为SRB提供良好的厌氧环境，也能使其免受水力扰动、剪切和冲刷的影响，因此，相对于活性炭、木屑、陶瓷和玻璃珠，聚氨酯泡沫更适于用作固定化载体。用多孔陶瓷固定促光合细菌处理废水，48h内COD、磷酸盐、氮的去除率分别达到89%、77%、99%。在厌氧升流反应器中以煤炭为载体固定了SRB，在进水SO_4^{2-}浓度为3.0g/L、水力停留时间为48h的条件下，反应器单次循环SO_4^{2-}的还原量可达2.02g，反应器具有很强的抗冲击负荷能力。

③ 共价结合法。共价结合法就是利用氨基酸上的一些残基（如氨基、羧基、巯基等）与经过化学修饰而活化的载体基团形成共价键，从而达到微生物固定的目的。其特点是结合力强、热稳定性强，但存在操作复杂、活性损失较大等问题。以过硫酸铵为引发剂，通过甲基丙烯酸-2-羟乙酯与甲基丙烯酸缩水甘油酯的反相悬浮聚合反应，制备了改性磁性壳聚糖微球，在最佳条件下固定乳糖酶的活性为685U/g，酶活回收率为34.3%，固定后的乳糖酶的pH值和热稳定性都较游离酶显著提高。由戊二醛、壳聚糖及蛋白酶的氨基发生的Schiff反应，固定了青霉素酰化酶，所得最大酶活为4000U/(g·h)、回收率约为50%。

针对共价结合法严重损害微生物活性问题，相关研究表明可以通过改进操作步骤或寻找生理毒性较小的载体加以改善。例如为了最大限度保持酶活性，可将固定化过程分步进行，即先将酶共价结合在载体上，然后再用交联剂对载体上残余基团进行封闭。通过聚醚酰亚胺（PEI）将无孔的聚对甲基苯乙烯与载体连接，制备了内部扩散阻力很小的转化酶载体，固定化酶的热稳定性是游离酶的5倍。以碳酸亚乙烯酯为反应性单体，以亲水性N,N'-亚甲基双丙烯酰胺为交联剂，分别选用N-乙烯基吡咯烷酮和丙烯酸-β-羟乙酯两种亲水性共单体为合成酶载体通过反相悬浮聚合法，合成了两种能与酶快速反应，并能保持较高酶活力的载体。

④ 包埋法。包埋法是将微生物限定在凝胶的微小格子或微胶囊等有限空间内，或使微生物细胞扩散进入多孔性的载体内部，同时能让基质深入和产物扩散出来的方法。该固定化法操作简单，对微生物活性影响小，颗粒强度高，是目前研究最多的固定化方法。通常所用的包埋载体有琼脂、海藻酸钠、聚乙烯醇（PVA）和聚丙烯酰胺等，其性能归纳于表2.2。

表2.2 几种微生物固定化载体的性能

指标	琼脂	海藻酸钠	聚乙烯醇	聚丙烯酰胺
机械强度	差	一般	较好	好
传质阻力	较大	较大	较大	较小
耐生物分解性	差	较差	好	好
微生物活性	高	高	一般	较高
固定难易程度	易	易	较难	一般
价格	一般	低	高	一般

有报道对比了海藻酸钠、卡拉胶、琼脂、明胶和壳聚糖5种材料的优缺点，发现经

琼脂包埋固定的络氨酸酶具有最大的酶活性，有较为广泛的pH值作用范围和较好的反应稳定性。但是，海藻酸钠、琼脂等天然多糖类高分子虽然具有固化、成形方便，对微生物毒害小，SRB固定化颗粒密度高等优点，但较低的机械强度和易于被微生物分解的不足严重制约了这些材料的应用。相反，人工合成高分子材料PVA具有机械强度高、化学稳定性好、抗微生物分解性能强、对微生物无毒无害等一系列优点，是一种具有实用潜力的包埋材料，近年来在国内外获得了较广泛的研究。在总结了固定化载体的研究现状和发展趋势后，发现PVA更适于废水处理。有研究分析了影响PVA-硼酸包埋效果的各种因素，得出最佳包埋操作条件为：PVA含量12%、海藻酸钠含量0.1%、SiO_2含量4%、污泥含量25%、Fe粉含量0.8%、活性炭含量5%、$CaCO_3$含量0.5%、交联剂pH值为6.5。该条件下包埋的SRB活性污泥对Zn^{2+}的去除率可达92.5%。用PVA-硫酸铵包埋法固定SRB污泥，用于处理含锌废水，结果发现SRB固定化颗粒在协同去除硫酸盐和Zn^{2+}、提高碳源利用率方面比游离SRB存在明显优势，且可多次循环利用。

但是，PVA与硼酸酯化速度慢，未反应的羟基基团易与水形成氢键，使颗粒常出现溶胀现象，容易黏结，此外，PVA的交联剂硼酸对微生物有毒害作用，是导致细胞活性降低的主要原因。围绕这些问题，人们对该固定化方法做了大量改进研究。例如将热熔状态的PVA和海藻酸钠凝胶静置冷却4h后，再用于包埋微生物，可有效地改进传统PVA-硼酸包埋法水溶膨胀性大和沉降性能差的不足。有研究表明，加入少量海藻酸钠可以解决PVA凝胶在交联过程中的凝聚倾向；PVA-磷酸盐法虽然可以提高微生物活性，但是会破坏海藻酸钙形成的严密的网络结构，增加水溶膨胀性；PVA-硝酸盐法会使微生物细胞脱水，颗粒相对生物活性降低；PVA冻融法所制颗粒机械强度差，一次冻融过程不能使PVA充分交联；相比而言最合理的固定化方法为PVA-硫酸盐法，即PVA浓度12%、Na_2SO_4浓度0.5mol/L，在含有2%$CaCl_2$的饱和硼酸溶液中交联1h，Na_2SO_4溶液中交联4h，该法制作的颗粒具有良好的操作稳定性和生物活性，使用寿命在30d以上。在上述各方法中，除了单独使用外，目前应用较多的是两种方法结合使用，如吸附-交联、包埋-交联等。微生物固定化技术尤其是包埋固定化方法的一个显著优势就是可以实现微生物所需营养物内聚，这对于SRB等异养型微生物具有极其重要的意义。

（3）内聚营养源技术及研究进展

目前，利用SRB法处理酸性废水除了存在强酸和高浓度重金属抑制的不足外，另一尚需解决的问题就是提高投加的碳源利用率，降低出水COD值。前者可以通过将微生物包埋固定化，避免与酸性废水的直接接触加以解决，后者可以通过内聚营养源技术加以改善。内聚营养源技术是在微生物固定法技术的基础上发展起来的，它是将微生物代谢所需的碳源、氮源及其他生长因子与微生物一同固定于限定空间内，营养物质不需扩散进入载体内就能被微生物利用，同时限制了营养物质向水溶液扩散的速率。对比5种内聚源吸附剂对乳酸钠的吸附容量，发现各种吸附剂的吸附能力大小依次为：活性炭＞膨润土＞活性氧化铝＞4A分子筛＞硅藻土。在包埋载体中加入3%的活性炭，20g颗粒可内聚184.7mg乳酸钠，对100mg/L的含锌废水的有效处理期（去除率≥95%）能达到3d。同时，活性炭对乳酸钠的吸附是一种物理过程，适当研磨可改变颗粒活性炭的孔隙结构和分布，研磨30min的活性炭的吸附量最大，为122.7mg/g，并且颗粒可多次重复内聚营养源。在PVA-硫酸铵法中添加活性炭作为内聚源吸附剂，将熟化之后的颗粒在30g/L的乳酸钠溶液中浸泡7.5h，成功实现了SRB代谢所需乳酸钠的内聚，每克SRB固定化颗粒可内聚33.11mg乳酸钠，内聚营养源的颗粒在4h内对SO_4^{2-}和Zn^{2+}去除率分别为53.5%和98%，出水COD<100mg/L。

（4）硫酸盐还原菌的固定化技术及研究进展

在了解微生物固定化技术原理和方法的基础上，已经制备出了SRB固定化颗粒。以聚乙烯醇为包埋剂，将富含SRB的改性活性污泥进行包埋固定，制备了内聚营养源SRB固定化颗粒，其对含锌废水的去除率可达到95%以上。以乳酸钠为碳源，制备的SRB固定化颗粒对Cd^{2+}和SO_4^{2-}的去除率分别达到了98.5%和95%，但相对过高浓度的重金属离子会对微生物造成一定程度的毒害。以粉末活性炭为碳源，PVA为包埋剂，制备的SRB固定化颗粒对重金属离子的处理能力较强，出水pH值为6～7，对Zn^{2+}和Cd^{2+}的去除率均达到90%以上，但是也暴露了营养源不能被充分利用导致COD值高的问题。由此可以看出SRB固定化技术在废水处理过程中有着很广阔的应用前景，但是利用SRB的微生物固定化技术在处理矿山酸性废水时仍存在一定的问题。特别是在强酸、高浓度重金属离子作用下，还存在SRB固定颗粒生物活性受抑制、有机碳源易外泄等问题。因此，在SRB包埋固定化颗粒中寻求添加能有效降低酸度和重金属离子浓度以减缓生物抑制与毒害并能缓释碳源的基质材料，有着重要的科学价值和现实意义。

第3章

硫酸盐还原菌生物学特性及其处理矿山酸性废水有效性研究

在矿石采选冶过程中会产生大量含硫酸或硫酸盐的废水，同时溶有多种金属离子，从而形成矿山酸性废水，被普遍认为是矿业行业产生的主要重金属污染源。针对矿山酸性废水具有低 pH 值、含多种重金属离子的特点，基于硫酸盐还原菌处理 AMD 具有成本低、适用性强、环境友好等诸多优点，本章研究采用叠皿夹层分离方法从煤矸石山下土壤中分离纯化出一株纯菌 SRB，并对其可利用的生物质碳源进行碳源缓释规律探究。通过生物质碳源 SRB 的利用性试验研究，进一步探究了 SRB 的生长特性，并构建了动态连续柱试验，研究 SRB 以不同生物质材料为碳源基质时的生长活性及对废水的处理效果，进一步揭示了 SRB 处理矿山酸性废水的有效性和规律性，为矿山酸性废水的生物处理技术提供参考。

3.1 硫酸盐还原菌的分离鉴定

(1) 试验材料和方法

菌株的来源：试验用菌取自阜新市新邱区某煤矿煤矸石山下，长期受煤矸石淋溶水污染的土壤。取样土层为煤矸石覆盖的 20～40cm 深的土壤（图 3.1）。

培养基的配制：富集培养基以及后续分离纯化培养基均用修正的 Postgate 培养基（硫酸盐还原菌专属培养基），培养基成分见表 3.1。将各物质溶解在 1L 蒸馏水中，用 1mol/L 的 NaOH 溶液调节培养基 pH 值为 7.0，121℃高压蒸汽锅中灭菌 30min，待培养基冷却至 60℃以下，再加入滤头过滤灭菌的维生素 C（抗坏血酸）和 $(NH_4)_2Fe(SO_4)_2 \cdot 6H_2O$，35℃恒温厌氧培养。其中，1L 固体培养基是在液体培养基的基础上加 2%的琼脂制成的。

图 3.1　阜新市新邱区某煤矿煤矸石山

表 3.1　修正的 Postgate 培养基成分

药品名称(AR)	质量浓度/(g/L)	生产厂家
$K_2HPO_4 \cdot H_2O$	0.5	沈阳市华东试剂厂
NH_4Cl	1.0	沈阳市华东试剂厂
$MgSO_4 \cdot 7H_2O$	2.0	天津市瑞金特化学品有限公司
Na_2SO_4	0.5	辽宁泉瑞试剂有限公司
$CaCl_2 \cdot H_2O$	0.1	沈阳市华东试剂厂
$(NH_4)_2Fe(SO_4)_2 \cdot 6H_2O$	0.5	天津市瑞金特化学品有限公司
酵母膏	0.1	北京奥博星生物技术有限责任公司
乳酸钠	3.5	天津市福晨化学试剂厂
维生素 C	0.1	沈阳市新化试剂厂

细菌形态观察主要试剂：试验过程中用到的主要试剂见表 3.2。

表 3.2　主要试剂

试剂(AR)	生产厂家
草酸铵	辽宁泉瑞试剂有限公司
结晶紫	天津市福晨化学试剂厂
碘片	天津市瑞金特化学品有限公司
碘化钾	天津市瑞金特化学品有限公司
番红	北京奥博星生物技术有限责任公司
戊二醛	辽宁泉瑞试剂有限公司
磷酸氢二钠	辽宁泉瑞试剂有限公司
磷酸二氢钠	辽宁泉瑞试剂有限公司
乙醇	沈阳市华东试剂厂

铁屑：铁屑的化学性质活泼，具有较强的还原性，并可为微生物代谢提供所需电子对。本试验所用铁屑均来自学校金工实训工厂，经研磨筛分成粒径为 20 目、40 目、60 目、80 目和 100 目的铁屑，利用 0.1mol/L 盐酸和无菌去离子水对其进行浸泡清洗，以去除铁屑表面附着的油污和氧化膜。洗净后利用真空干燥箱对其进行烘干，密封备用。

（2）硫酸盐还原菌的分离鉴定试验步骤

菌株的富集培养：取250mL锥形瓶，按1g∶10mL比例将土样接入无菌水中，制成土壤菌悬液，在100r/min摇床上充分振荡，取1mL土壤菌悬液加入100mL无菌液体培养基中，用液体石蜡密封，放入CO_2厌氧培养箱35℃厌氧富集培养，直到培养基变成墨黑色，瓶口处有H_2S的臭鸡蛋味，说明硫酸盐还原菌已经大量繁殖。按1%的接种量接种到另一培养基中，如此转接多次，每次培养基使用前进行灭菌处理。

菌株的分离纯化：采用稀释涂布-叠皿夹层培养分离法分离菌株。

菌株生长曲线的测定：通常测定接种后不同培养时间下的发酵液在600nm波长处的吸光度（OD_{600}），来绘制细菌生长曲线，但当培养基组分不同导致培养基本身的颜色不同时，不能用OD_{600}的方法来测定细菌生长曲线，因此本试验采用称重法测定细菌生长曲线。将所筛选的菌株接种到盛有50mL富集培养基的锥形瓶内，取20mL接种到200mL培养基上，调节pH值为7.2～7.4，35℃恒温厌氧培养，每隔12h取样10mL，经4000r/min离心30min后，弃去上清液，用无菌水洗涤菌体，再次离心。将得到的湿菌体置于60℃下烘干至恒重，测定其生物量。

菌株的厌氧性：传统SRB菌为严格厌氧菌，但是近年来发现部分SRB菌株并非严格厌氧，在有少量O_2存在时也能够生长。试验取2个250mL锥形瓶，将按培养液体积的10%接种生长60h的细菌菌液分别到两个液体培养基中，培养基pH值均为7.2～7.4，编号分别为1#、2#，1#培养基进行石蜡液封，2#培养基不进行石蜡液封。1#、2#培养基均用棉花和保鲜膜封住瓶口，置于35℃恒温箱培养，每隔24h测定1#、2#培养基ORP和剩余硫酸盐浓度，考察细菌在非严格厌氧条件下的生长活性。

菌株的动力测试：菌株的动力测试是为了观察菌株在含有Fe^{2+}的半固体培养基上穿刺接种后的生长状况，并判断有无动力。半固体琼脂培养基配制步骤如3.1部分中（1）培养基的配制，其中琼脂添加量（每升）为1%。动力测试方法如下：量取半固体琼脂培养基20mL分装试管，垂直放置，待培养基凝固后备用；用接种针或接种铲穿刺接种半固体培养基试管，穿刺接种时，将已挑到菌的接种针垂直插入距试管底部1/3处即可，注意保持手部姿势的稳定；将试管置于35℃培养，观察结果。经培养细菌生长后，若仅沿接种线生长而不向整个培养基扩散为无动力（阴性）；若培养基变浑浊或沿穿刺线向四周呈放射状生长，为有运动性（阳性）。

菌株的16S rDNA的初步鉴定步骤如下。

① 细菌总DNA的提取。利用天根生化科技（北京）有限公司的细菌基因组DNA提取试剂盒（表3.3），将生长旺盛的纯菌进行基因组提取，并保存在−20℃的冰箱中备用。

表3.3 细菌基因组DNA提取试剂盒

产品组分	缓冲液 GA/mL	缓冲液 GB/mL	缓冲液 GD/mL	缓冲液 PW/mL	洗脱缓冲液 TE/mL	蛋白酶 K/mL	吸附柱 CB3/个	收集管 (2mL)/个
DP302-02 (50preps)	15	15	13	15	15	1	50	50

② 16S rDNA 基因的 PCR 扩增。菌株鉴定引物采用细菌 16Sr DNA 引物，引物的具体序列如下：

16S 扩增子 PCR 正向引物（16S amplicon PCR forward primer）：

TTTCCCTACACGACGCTCTTCCGATCT[barcode]CCTAYGGGRBGCASCAG

16S 扩增子 PCR 反向引物（16S amplicon PCR reverse primer）：

GGAGTTCAGACGTGTGCTCTTCCGATCT [barcode] GGACTACNNGGG-TATCTAAT

PCR 扩增的反应体系如表 3.4 所列。

表 3.4 PCR 扩增反应体系

组分(component)	微生物 DNA (microbial DNA, 70ng/μL)	PCR 扩增子的正向引物 (amplicon PCR forward primer, 10μmol/L)	PCR 扩增子的反向引物 (amplicon PCR reverse primer, 10μmol/L)	预混型热启动高保真酶 (primeSTAR® HS, Premix)	PCR 级水 (PCR grade water)	总计 (total)
体积(volume) /μL	1	0.75	0.75	12.5	10	25

扩增程序

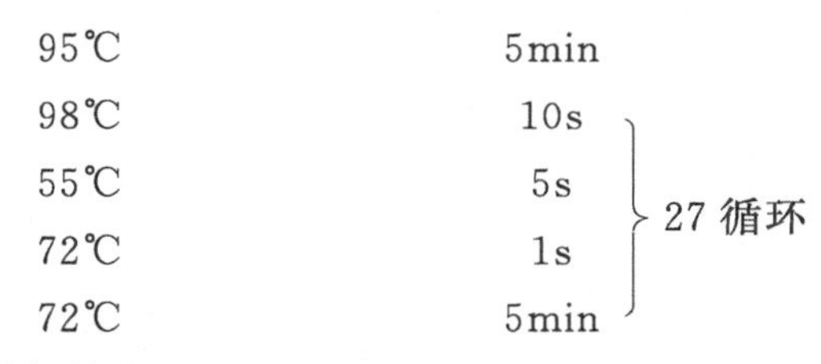

95℃ 5min

98℃ 10s

55℃ 5s

72℃ 1s

72℃ 5min

27 循环

最后保持在 4℃

对 PCR 扩增产物采用含有 1μg/mL 溴化乙锭（EB）的 1.0%琼脂糖凝胶电泳进行检测。

③ 菌株的 16S rDNA 分析。将测序所得序列与基因组在线数据库（GOLD）进行比对分析，得到和序列相近的模式菌属及菌种，从同源性分析序列中选取相关菌株的同源性序列，利用最大似然法（maximum likelihood method，ML）构建系统进化树。

（3）硫酸盐还原菌的分离鉴定试验结果

从土壤菌悬液中按 1%的接种量转接多次后的富集培养结果见图 3.2（书后另见彩图）。该培养基已变成墨黑色，瓶口处有 H_2S 的臭鸡蛋味，说明硫酸盐还原菌已经大量繁殖。

利用叠皿夹层方法对混合菌进行分离纯化，SRB 菌株会将培养基中高价态的硫还原成低价态的硫，低价态硫与 Fe^{2+} 形成黑色沉淀，平板上会出现黑色菌落，试验过程中通过 8 次固液交替分离纯化培养得到 1 株纯的 SRB，单菌落呈黑色、圆形、边缘较光滑。单菌落形态见图 3.3（书后另见彩图）。

图 3.2　初始菌株的富集培养

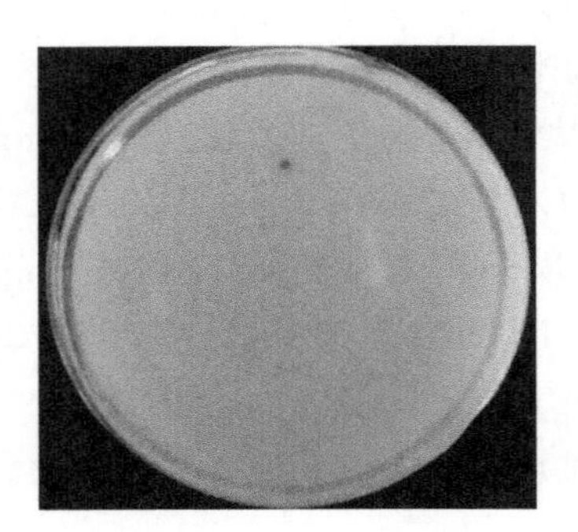

图 3.3　SRB 的菌落形态

（琼脂浓度 2%，稀释倍数 10^8）

分别取 20mL 菌液接种到 200mL 含有 Fe^{2+} 和不含 Fe^{2+} 的 Postgate 液体培养基上，pH＝7、35℃恒温厌氧培养，每隔 12h 取样 10mL，经 4000r/min 离心 30min 后，弃去上清液，用无菌水洗涤菌体，再次离心。将得到的湿菌体置于 60℃下烘干至恒重，测定其生物量。SRB 生长曲线如图 3.4 所示，其生长规律直观表如表 3.5 所列。

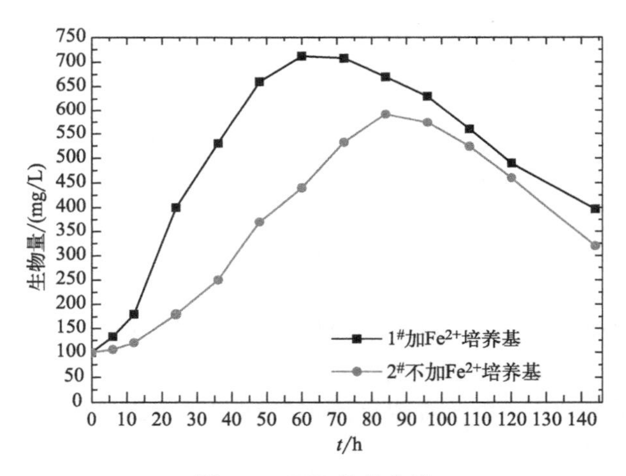

图 3.4　SRB 生长曲线

表 3.5　SRB 生长规律直观表

<table>
<tr><th>t/h</th><th>0</th><th>6</th><th>12</th><th>60</th><th>72</th><th>84</th><th>96</th></tr>
<tr><td>1#</td><td>生长延迟期</td><td colspan="2">对数生长期</td><td>稳定期</td><td colspan="3">衰亡期</td></tr>
<tr><td>2#</td><td colspan="2">生长延迟期</td><td colspan="3">对数生长期</td><td>稳定期</td><td>衰亡期</td></tr>
</table>

如图 3.4 和表 3.5 所示，1#、2# 分别是菌株在加 Fe^{2+} 培养基和不加 Fe^{2+} 培养基中菌株生物量变化。1# 体系中菌株在 0～6h、6～60h、60～72h 及 72h 以后分别为生长延迟期、对数生长期、稳定期和衰亡期，而 2# 体系中菌株在 0～12h、12～84h、84～96h 及 96h 以后分别为生长延迟期、对数生长期、稳定期和衰亡期。由表 3.5 可明显看

出，在不加 Fe^{2+} 培养基中菌株比加 Fe^{2+} 培养基中菌株的生长延迟期时间长，对数生长速率较慢，稳定期最大生物量也较低（1# 和 2# 分别为 712mg/L、624mg/L），衰亡期衰减较快，说明 Fe^{2+} 对该菌株的生长有促进作用。

菌株的厌氧性如图 3.5 所示。图 3.5(a)、(b) 分别是菌株的 ORP 和 SO_4^{2-} 去除率曲线图，其中 1#、2# 体系菌株生长环境分别为严格厌氧和非严格厌氧。随着时间变化，1#、2# 体系的 ORP 均逐渐降低到较低的负电位，对 SO_4^{2-} 的去除率逐渐增大。由于 1# 体系中为严格厌氧环境，适合菌株生长，ORP 很快降低至负电位以下，对 SO_4^{2-} 具有非常好的还原性。2# 体系中有少量 O_2 的存在，菌株 ORP 逐渐降低并始终高于 1# 体系，对 SO_4^{2-} 具有较好的还原性。最终 1#、2# 体系的 ORP 分别为 −189mV、−76mV，对 SO_4^{2-} 的去除率分别为 99.4%、65.7%，说明试验分离菌在有少量 O_2 存在的条件下是可以生长代谢并发生异化还原 SO_4^{2-} 反应的，该菌为兼性厌氧菌。

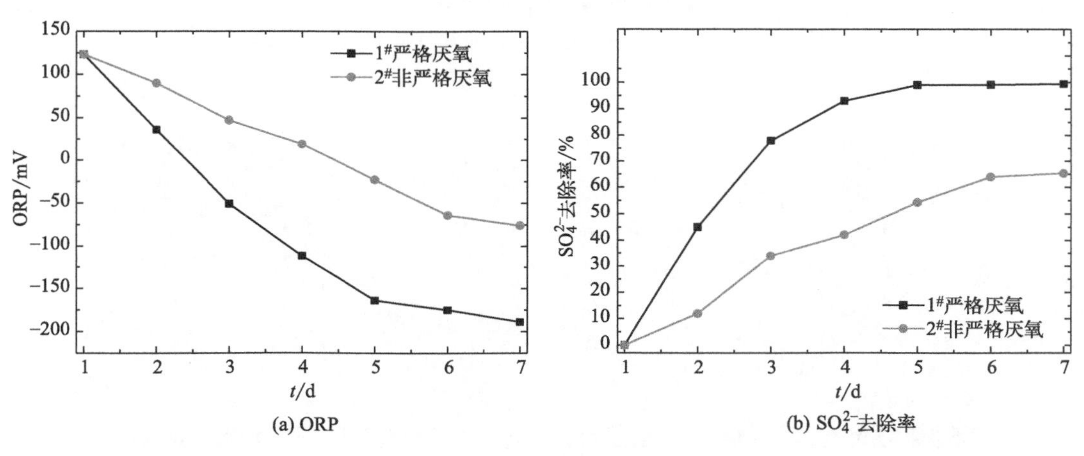

(a) ORP　　(b) SO_4^{2-}去除率

图 3.5　菌株厌氧性

对分离菌株进行菌株动力测试，结果见图 3.6（书后另见彩图）。如图 3.6 所示，在 48h 时，菌株不仅沿着穿刺线方向生长，同时也在向四周呈放射状生长，到 96h 时彻底长满了整个半固体培养基，因此该菌株动力测试呈阳性，具有运动性。

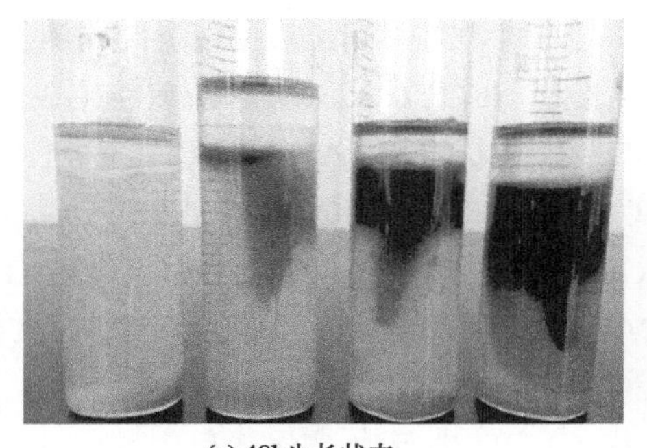
(a) 48h生长状态

(b) 96h生长状态

图 3.6　菌株动力测试

将试验分离的菌株分别命名为 *Desulfotomaculum* Strain dzl17（简称 dzl17）。从菌株 dzl17 的革兰氏染色照片（图 3.7，书后另见彩图）可以看出细菌染色呈紫色，说明菌株 dzl17 为革兰氏阳性菌。从菌株 dzl17 的扫描电镜图（图 3.8）可知，菌株 dzl17 细胞为杆状，长约 3μm，宽约 0.5μm。

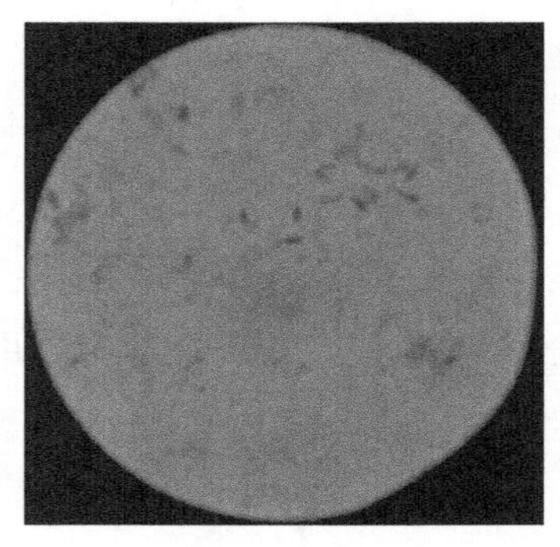

图 3.7 菌株 dzl17 的革兰氏染色照片（放大倍数 1600）

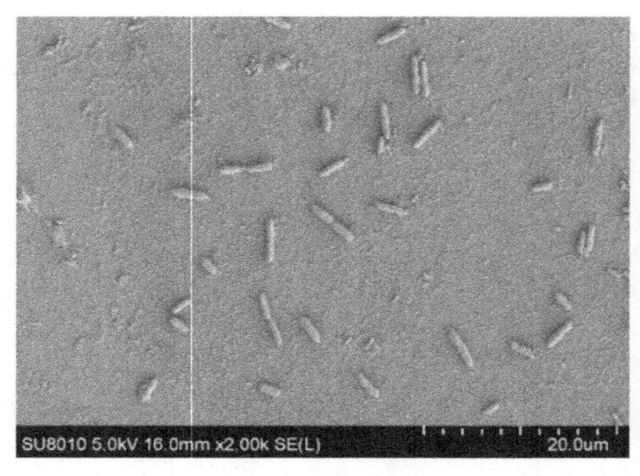

(a) 放大倍数2000倍

(b) 放大倍数25000倍

图 3.8 菌株 dzl17 的扫描电镜图

对菌株 dzl17 进行 16S rDNA 鉴定及系统发育学分析，菌株的 16S rDNA 序列分析结果如下：

TGGGGAATCTTCCGCAATGGACGAAAGCCTGACGGAGCAACGCCGCGTGAGGGAAGAAGGCCTTCGGGTTGTAAACCTCTGTCCTAAAGGAAGAAAGAAATGACGGTACTTTAGGAGGAAGCCCCGGCTAACTACGTGCCAGCAGCCGCGGTAAGACGTAGGGGGCAAGCGTTGTCCGGAATTACTGGGCGTAAAGGGCGCGTAGGTGGTCCATTAAGTTAGAGGTGAAAGTGCGGGGCTTAACCCCGTTATTGCCTCTCATACTGGTGGACTTGAGTGCTGGAGAGGGGAGTGGAATTCCCACTGTAGCGGTGAAATGCGTAGAGATTGGGAGGAACACTAGTGGCGAAGGCGGCTCTCTGGACTGCAACTGACACTGAGGCGCGAAAGCGTGGGGAGCAAACAGG

将菌株经过 16S rDNA 测得序列与数据库 GLOD 进行比对分析后表明（表 3.6），该菌株属于 *Desulfotomaculum* 属，与 *Desulfotomaculum nigrificans* DSM14880 相似

性最高，为98.6%。说明该菌株与 *Desulfotomaculum nigrificans* DSM14880 是同一菌株，为脱硫肠状菌，命名 *Desulfotomaculumo* Strain dzl17（简称 dzl17）。利用最大似然法（maximum likelihood method，ML）构建系统进化树，如图3.9所示。

表3.6　序列同源性分析

序号	名称	株系	与 dzl17 的成对相似性/%
1	*Desulfotomaculum nigrificans*	DSM14880	98.6
2	*Desulfotomaculum carboxydivorans*	CO-1-SRB	98.5
3	*Desulfotomaculum hydrothermale*	HA2	96.5
4	*Desulfotomaculum profundi*	Bs107	95.9
5	*Desulfotomaculum ruminis*	DSM 2154	94.2
6	*Desulfotomaculum putei*	SMCC W464	94.6
7	*Desulfotomaculum ferrireducens*	GSS09	95
8	*Desulfotomaculum varum*	RH04-3	94.6
9	*Desulfotomaculum aeronauticum*	cw-02	96.6

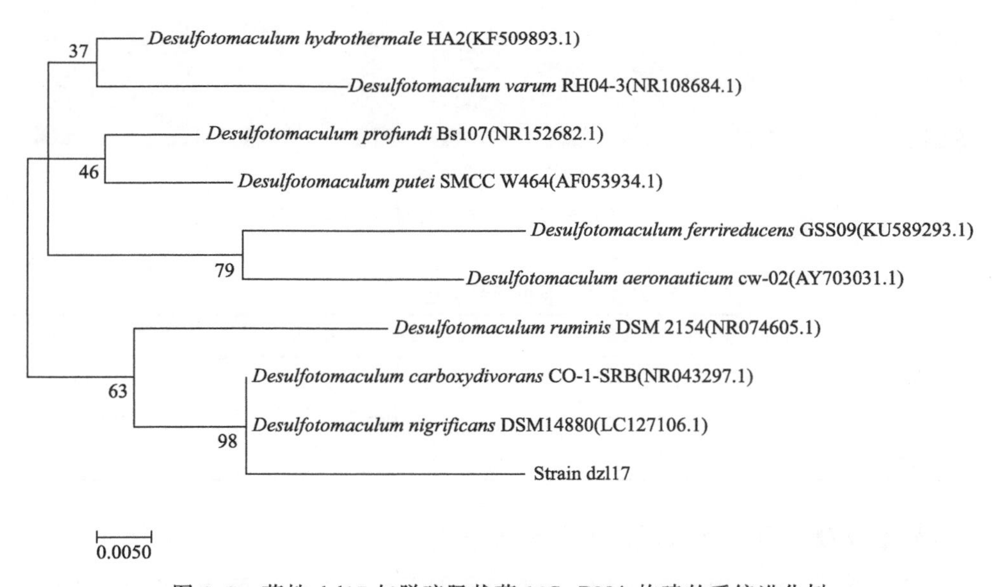

图3.9　菌株 dzl17 与脱硫肠状菌 16S rDNA 构建的系统进化树

3.2　不同生物质碳源缓释规律研究

农业废弃物由于具有较大的比表面积和富含纤维素而被用作吸附剂和生物质碳源。由于其含有纤维素和半纤维素等成分不同，其水解产生的还原糖释放和积累规律不同，因此，生物质碳源缓释规律成为研究的热点。试验选用玉米芯、甘蔗渣和花生壳为研究对象，分析不同单因素条件下生物质材料碳源缓释规律，确定更利于 SRB 利用的生物质材料的粒径、投加量等参数。试验中所用玉米芯、花生壳产自辽宁阜新某农田，甘蔗渣来自广东惠州某制糖厂，试验前将各生物质材料按要求粒径进行打磨，筛选出 5 目、14 目、32 目、60 目、100 目的颗粒（图 3.10，书后另见彩图）。3 种材料的成分分析见表 3.7。

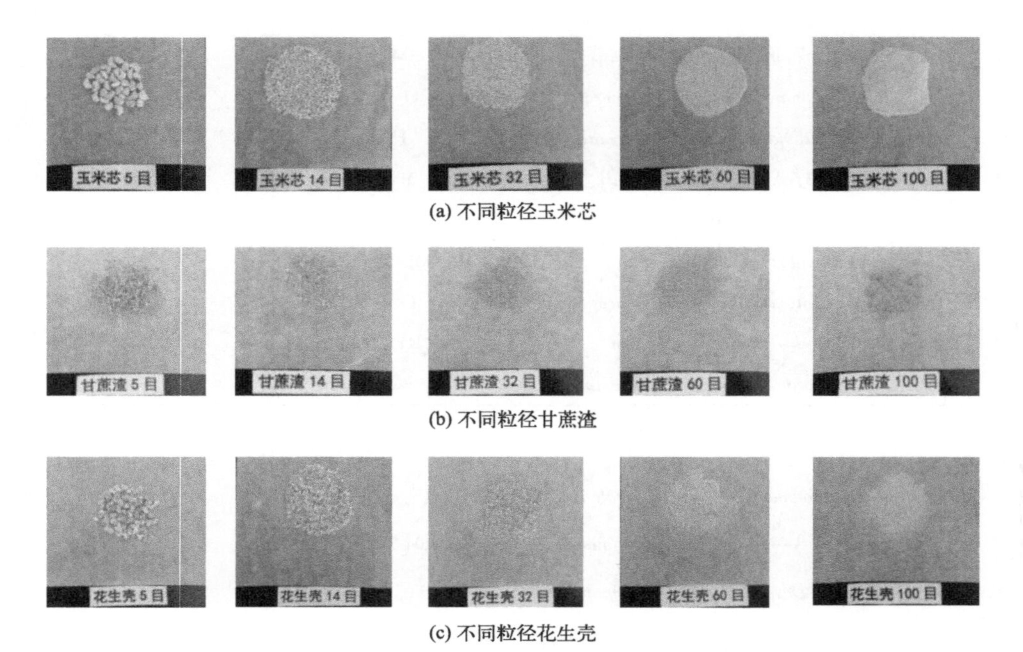

(a) 不同粒径玉米芯

(b) 不同粒径甘蔗渣

(c) 不同粒径花生壳

图 3.10 不同粒径玉米芯、甘蔗渣和花生壳

表 3.7 生物质材料成分分析

材料	纤维素含量/%	半纤维素含量/%	木质素含量/%
玉米芯	37～42	19～25	15～19
甘蔗渣	40～45	19～25	20～25
花生壳	25～30	25～30	30～40

(1) 生物质还原糖与 COD 释放量相关性

图 3.11(a)～(c) 分别是在 pH 值为 7 的条件下玉米芯、甘蔗渣、花生壳的还原糖和 COD 释放量拟合曲线图，其拟合方程分别为 $y=12.02x+23.2(R^2=0.990)$、$y=25.991x+24.137(R^2=0.991)$、$y=17.50x+22.832(R^2=0.9902)$，可见，各生物质材料的还原糖和 COD 释放量具有高度的相关性。经相关研究发现生物质浸出液中主要含葡萄糖、果糖等还原性糖以及乙酸、富马酸、含氮有机物（含胺类物质）、酯类、苯酚、氨基酸、醇类和醛类等有机质[40,41]。而 COD 包括可生化部分和不可生化部分，还原糖主要是纤维二糖、葡萄糖、果糖等具有还原性的小分子糖类物质，可以被微生物有效利用。因此，利用还原糖值代谢 COD 值计算 COD/SO_4^{2-}（即 C/S 值）来进行关于微生物的相关研究更具有代表意义。

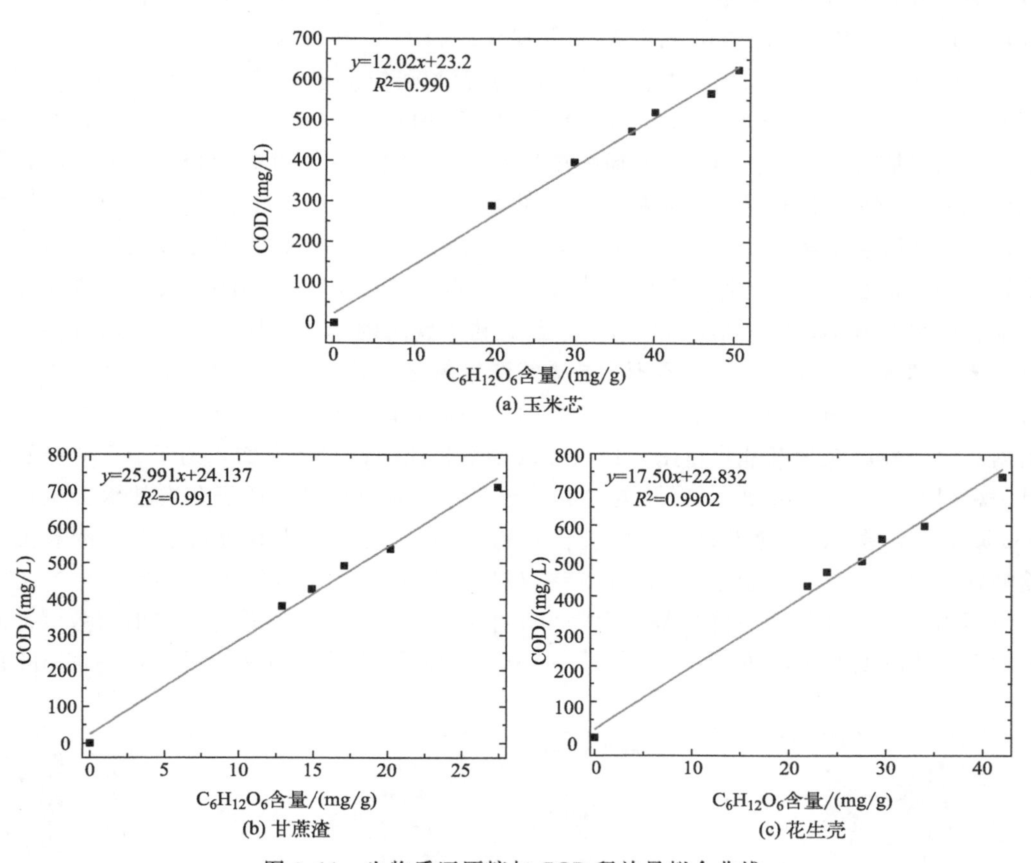

图 3.11　生物质还原糖与 COD 释放量拟合曲线

(2) 不同 pH 值对生物质材料碳源缓释规律的影响

AMD 中 pH 值通常在 3～7 之间，不同 pH 值条件下生物质碳源缓释规律不同，进而影响微生物的生长代谢活性，因此有必要探究不同 pH 值条件下生物质材料的碳源缓释规律。选取 5 目玉米芯、甘蔗渣、花生壳各 5g 投放于 200mL 蒸馏水中，用 1%的 NaOH 和 1%的 HCl 调节各体系 pH 值分别为 3、4、5、6、7，分别对应编号为 1# ～5#，密闭后放于 35℃恒温摇床，转速为 100r/min，每隔一定时间检测 1# ～5# 体系中的还原糖、COD 释放量以及 pH 值变化情况，考察不同 pH 值条件下生物质材料碳源缓释过程。

图 3.12(a)～(d) 分别是不同初始 pH 值条件下，玉米芯还原糖释放量、COD 释放量和 10h 后还原糖降低速率直线拟合及其对体系 pH 值调节随时间变化的曲线图。如图 3.12(a)、(b) 所示，不同初始 pH 值条件下，玉米芯还原糖和 COD 释放量变化趋势基本相同，前 10h，玉米芯表面小分子的快速溶出导致 1# ～5# 体系中还原糖和 COD 释放量快速波动上升，10h 后，各体系中还原糖和 COD 释放量开始减少，最终 1# ～5# 体系中还原糖和 COD 释放量分别为 15.2mg/g、20.3mg/g、10.3mg/g、15.3mg/g、18.2mg/g 和 175mg/L、203mg/L、150mg/L、208mg/L、182mg/L。如图 3.12(c)，

由于前10h时玉米芯释碳不稳定，因此选择12～96h宏观玉米芯还原糖降低速率作直线拟合，1#～5#体系还原糖降低速率拟合直线的斜率 k 分别为－0.021、－0.020、－0.015、－0.015、－0.010。如图3.12(d)，随着时间的推移，1#～5#体系中pH值逐渐增大，并接近中性，前期4#、5#体系中pH值出现波动。首先，李倩倩[42]、孙莹[43]和闫加贺[44]在做相关试验研究中发现生物质材料可溶性碳源释放量最大值在第1天出现，当葡萄糖积累到一定浓度后不再增大，反而减小，并会产生乙酸、乙酰丙酸、5-羟甲基糠醛等水解产物，乙酰丙酸为纤维素水解的终产物，因此表观10h后还原糖和COD释放量下降。而还原糖降低速率拟合直线的斜率 $|k|$ 值越接近0，说明还原糖下降速率的减小幅度越小，4#、5#体系更利于碳源的持续供应，更具有缓释性。且由于葡萄糖水解生成的酸类物质不能被重铬酸钾氧化，因此当葡萄糖开始发生水解反应时，其对应的COD值也随之下降。在低pH值条件下，由于 H^+ 的存在，一方面对葡萄糖水解产酸反应具有催化作用，加快葡萄糖水解速率；另一方面，由于 β-1,4糖苷键是一种对酸敏感的缩醛键，H^+ 可对 β-1,4糖苷键的氧原子进行质子化，使水分子进攻 α-C原子，导致 β-1,4糖苷键发生断裂。因此，1#～3#体系中纤维素水解速率和葡萄糖转化速率均较快，不利于还原糖的持续积累。最后，由于葡萄糖水解产酸导致4#、5#体系中前期pH值有下降趋势，但是由于生物质对 H^+ 的吸附作用，能够有效缓冲溶液中 H^+ 的浓度变化，使1#～5#体系中pH逐渐趋于中性。由此可见，在不同pH值

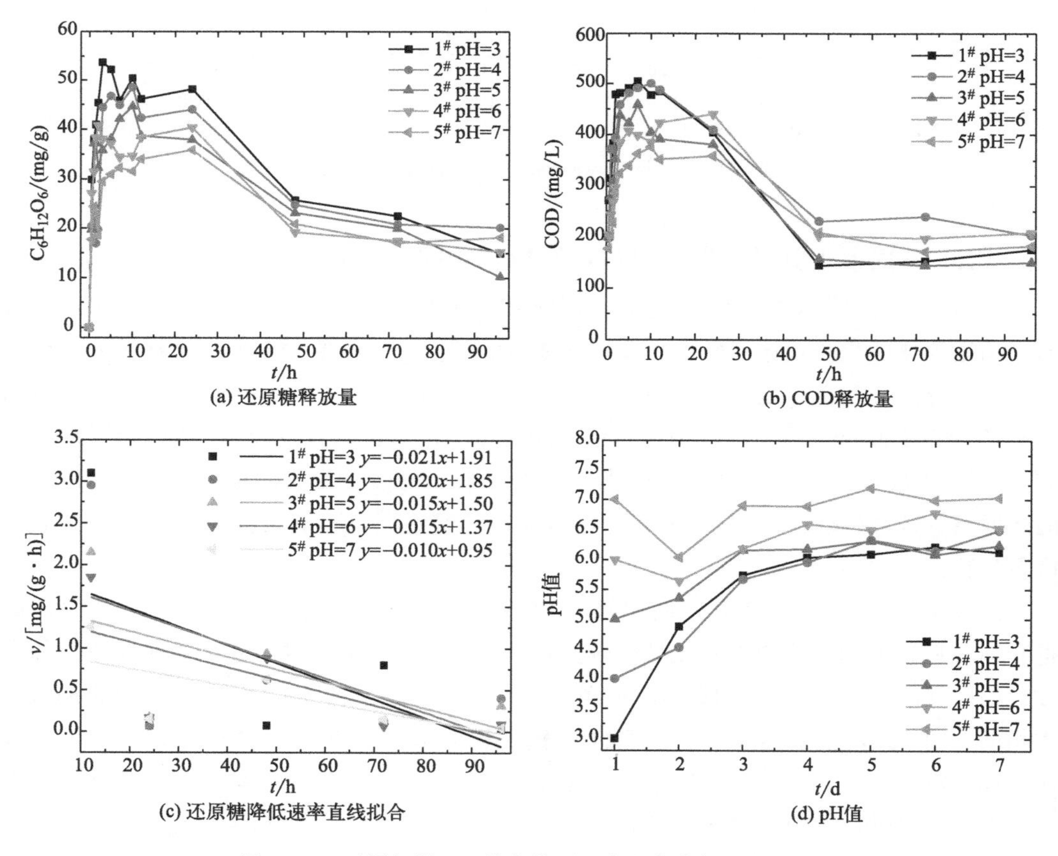

图3.12　不同初始pH值条件下玉米芯各指标变化规律

体系中，玉米芯水解液中还原糖和COD释放量仍有高度的相关性，玉米芯具有较好的pH值调节作用，且低pH值条件不利于玉米芯还原糖的积累。

图3.13(a)～(d)分别是不同初始pH值条件下，甘蔗渣还原糖释放量、COD释放量和10h后还原糖降低速率直线拟合及其对体系pH值调节随时间变化的曲线图。如图3.13(a)、(b)，不同初始pH值条件下，甘蔗渣还原糖和COD释放量变化趋势基本相同，前10h，甘蔗渣表面小分子的快速溶出导致1# ～5# 体系中还原糖和COD释放量快速上升，10h后，各体系中还原糖和COD释放量开始减少，最终1# ～5# 体系中还原糖和COD释放量分别为25.7mg/g、24.6mg/g、24.1mg/g、23.8mg/g、21.9mg/g和270mg/L、267mg/L、260mg/L、297mg/L、251mg/L。如图3.13(c)所示，由于前10h时甘蔗渣释碳不稳定，因此选择12～96h宏观甘蔗渣还原糖降低速率作直线拟合，1# ～5# 体系还原糖降低速率拟合直线的斜率 k 分别为－0.014、－0.011、－0.007、－0.005、－0.004。如图3.13(d)所示，不同初始pH值条件下，试验第2天以后，1# ～5# 体系中pH值逐渐趋近并保持在4～4.5范围内。

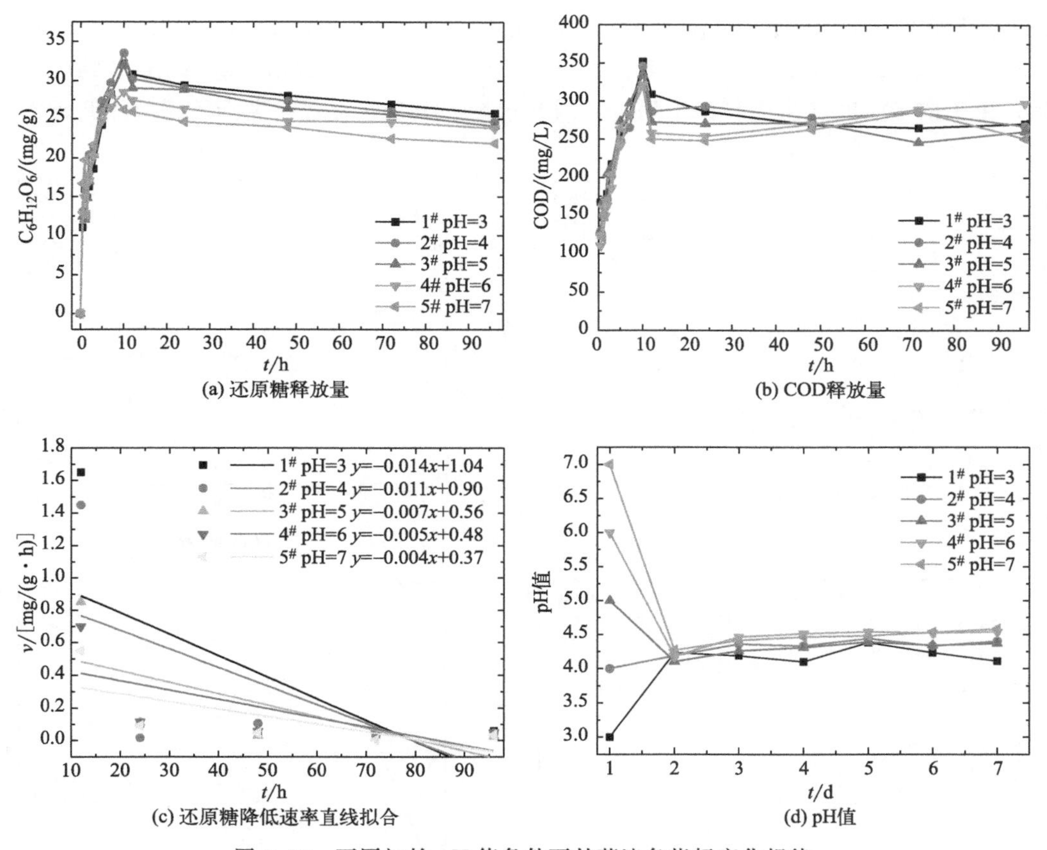

图3.13 不同初始pH值条件下甘蔗渣各指标变化规律

甘蔗渣的纤维素含量高于玉米芯和花生壳（见表3.7），研究者利用蒸馏水浸泡甘蔗渣、玉米芯、花生壳，在16d内分别测其TOC，发现甘蔗渣浸出液中TOC含量高于其他材料 1 个数量级，高达 3000mg/L 以上。研究者也发现甘蔗渣浸出液 pH 值均处于较低水平，其浸出液中乙酸含量明显高于其他废弃物，并推测乙酸可能是导致其浸出液 pH 值较低的主要因素。也有人认为弱酸环境能够强化甘蔗渣的水解酸化速度，使其快速水解产生大量乙酸等酸性物质。因此，甘蔗渣浸泡液中有机酸含量较高，从而使不同初始 pH 值的浸泡液中 H^+ 浓度增加，各体系中 pH 值均降低，而由于生物质对 H^+ 的吸附作用，能够有效缓冲溶液中 H^+ 的浓度变化，但是其缓冲作用是有限的，因而最后将各体系中 pH 值调节至 4～4.5 之间。由此可见，在不同 pH 值体系中，甘蔗渣水解液中还原糖和 COD 释放量仍有高度的相关性，且由于甘蔗渣的高纤维素含量及纤维素复杂的水解反应，导致甘蔗渣水解液呈酸性。

图 3.14(a)～(d) 分别是不同初始 pH 值条件下，花生壳还原糖释放量、COD 释放量和 10h 后还原糖降低速率直线拟合及其对体系 pH 值调节随时间变化的曲线图。如图 3.14(a)、(b)，不同初始 pH 值条件下，花生壳还原糖和 COD 释放量变化趋势基本相同，前 10h，花生壳表面小分子的快速溶出导致 1# ～5# 体系中还原糖和 COD 释放量快速波动上升，10h 后各体系中还原糖和 COD 释放量开始减少，最终 1# ～5# 体系中还原糖和 COD 释放量分别为 5.82mg/g、5.82mg/g、4.14mg/g、7.43mg/g、6.89mg/g 和 283mg/L、215mg/L、226mg/L、181mg/L、225mg/L。如图 3.14(c) 所示，由于前 10h 时花生壳释碳不稳定，因此选择 12～96h 宏观花生壳还原糖降低速率作

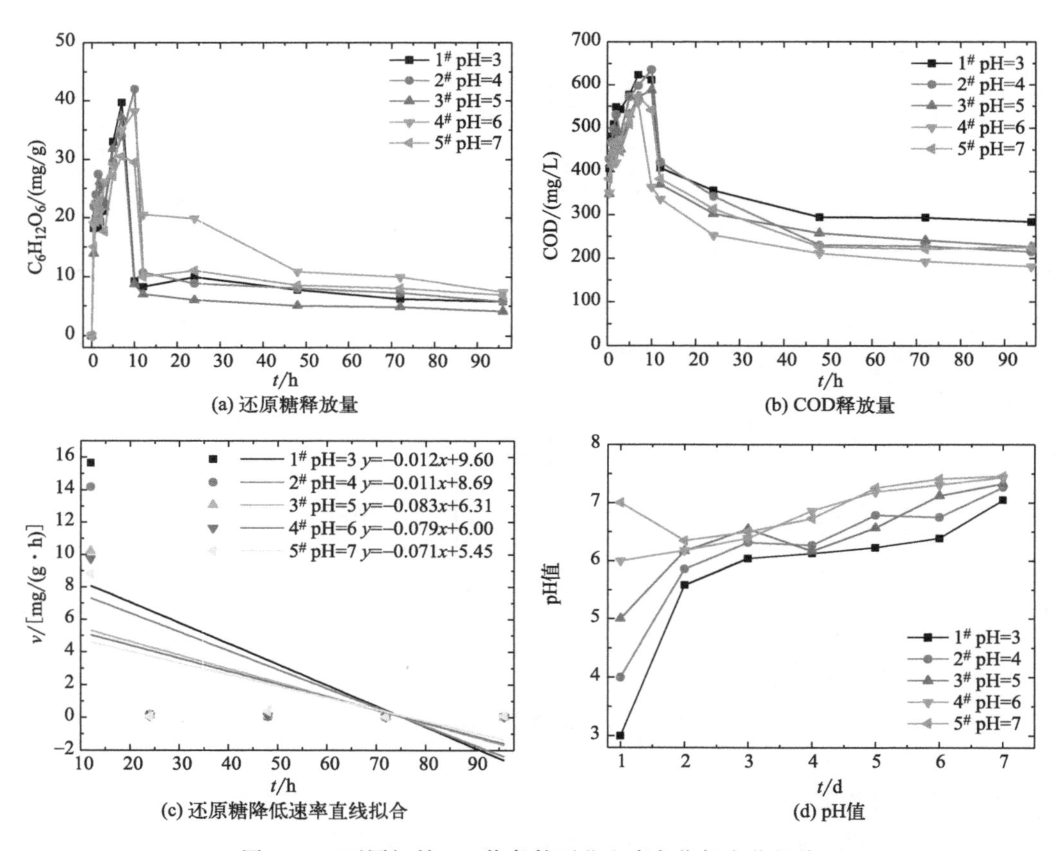

图 3.14　不同初始 pH 值条件下花生壳各指标变化规律

直线拟合，1#～5#体系还原糖降低速率拟合直线的斜率 k 分别为−0.012、−0.011、−0.083、−0.079、−0.071。如图3.14(d)，随着时间的推移，1#～5#体系中pH值逐渐增大，最终pH值为7.05～7.46，前期4#、5#体系中pH值出现波动。

由此可见，在不同pH值体系中花生壳水解液中还原糖和COD释放量仍有高度的相关性。3# pH=5条件下，花生壳还原糖降低速率拟合直线的斜率 $|k|$ 值较大，说明其释碳及葡萄糖水解产酸速率较快，不利于还原糖的积累。葡萄糖水解产酸导致4#、5#体系中前期pH值有下降趋势，但由于生物质材料对 H^+ 的吸附作用，使1#～5#体系中pH逐渐趋于中性。因此，花生壳具有较好的缓冲和调节pH值作用，pH值较低的体系不利于还原糖的积累。

（3）不同粒径对生物质材料碳源缓释规律的影响

以生物质材料为SRB生长碳源来处理酸性废水的过程中，生物质材料的粒径大小会影响其碳源缓释规律。粒径太大，比表面积小，可溶性碳源不能与水体结合，碳源释放量较小；粒径太小，比表面积大，可溶性碳源过快过多地释放到水体中，不具有缓释性，并产生较高的COD，对环境造成二次污染。因此有必要探究不同粒径条件下生物质碳源缓释规律。试验选取5目、14目、32目、60目、100目的玉米芯、甘蔗渣、花生壳各5g投放于200mL蒸馏水中，分别编号为1#～5#。用1%的NaOH和1%的HCl调节各体系pH值为7，密闭后放于35℃恒温摇床，转速为100r/min，每隔一定时间检测1#～5#体系中的还原糖、COD释放量以及pH值变化，考察不同粒径条件下生物质碳源缓释规律。

图3.15(a)～(d)分别是不同粒径条件下，玉米芯还原糖释放量、COD释放量和10h后还原糖降低速率直线拟合及其对体系pH值调节随时间变化的曲线图。如图3.15(a)、(b)所示，不同粒径条件下，玉米芯还原糖和COD释放量变化趋势基本相同，前10h，玉米芯表面小分子的快速溶出导致1#～5#体系中还原糖和COD释放量快速波动上升，10h后，由于葡萄糖水解反应，各体系中还原糖和COD释放量开始减少，最终1#～5#体系中还原糖和COD释放量分别为12.1mg/g、15.2mg/g、26.5mg/g、20mg/g、38.2mg/g和396mg/L、333mg/L、541mg/L、667mg/L、823mg/L。如图3.15(c)所示，由于前10h时玉米芯释碳不稳定，因此选择12～96h宏观玉米芯还原糖下降速率作直线拟合，1#～5#体系还原糖下降速率拟合直线的斜率 k 分别为−0.015、−0.019、−0.013、−0.021、−0.021，其中 $|k|$ 值越接近0，还原糖下降速率的减小幅度越小，说明在12～96h内具有较持久的碳源供应。如图3.15(d)所示，1#～5#体系初始pH值为7，第1天，各体系pH值有下降，第2天后pH值逐渐上升并保持在中性。由此可见，在不同粒径玉米芯体系中，玉米芯水解液中还原糖和COD释放量仍有高度的相关性，3#体系10h后还原糖下降速率减小幅度较小，且在96h时还原糖释放量相对较高，能够满足碳源的缓慢持续供应。玉米芯的吸附作用及纤维素的水解作用对由于葡萄糖水解产酸而降低的pH值具有一定的调节作用，能够使试验环境保持在中性，不同粒径的玉米芯具有较好的缓冲和调节pH值作用。综上，选择32目玉米芯进行正交试验。

图3.16(a)～(d)分别是不同粒径条件下，甘蔗渣还原糖释放量、COD释放量和

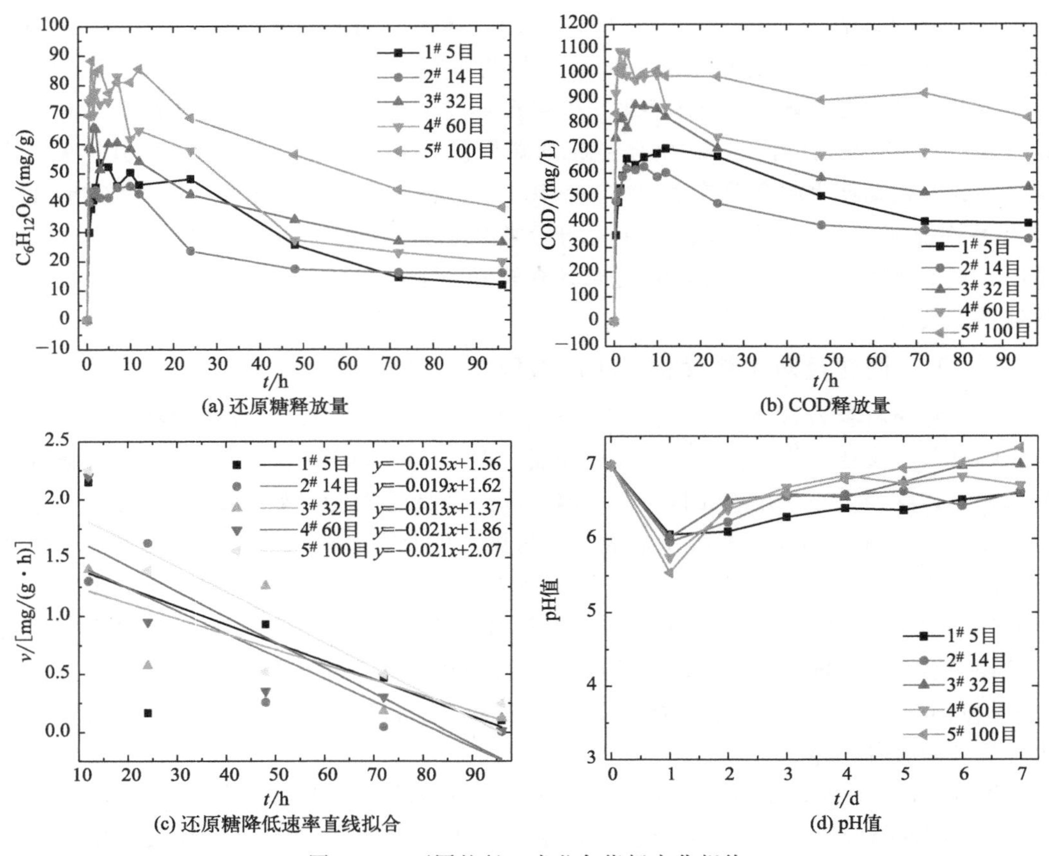

图 3.15　不同粒径玉米芯各指标变化规律

10h 后还原糖降低速率直线拟合及其对体系 pH 值调节随时间变化的曲线图。如图 3.16(a)、(b) 所示，不同粒径条件下，甘蔗渣还原糖和 COD 释放量变化趋势基本相同，前 10h，甘蔗渣表面小分子的快速溶出导致 1# ～5# 体系中还原糖和 COD 释放量快速波动上升，10h 后，各体系中还原糖和 COD 释放量有缓慢减少趋势，最终 1# ～5# 体系中还原糖和 COD 释放量分别为 25.1mg/g、21mg/g、16.8mg/g、27.8mg/g、32.5mg/g 和 735mg/L、619mg/L、549mg/L、948mg/L、1051mg/L。如图 3.16(c)，由于前 10h 时甘蔗渣释碳不稳定，因此选择 12～96h 宏观甘蔗渣还原糖降低速率作直线拟合，1# ～5# 体系还原糖下降速率拟合直线的斜率 k 分别为－0.012、－0.013、－0.044、－0.005、－0.017，其中 $|k|$ 值越接近 0，还原糖下降速率的减小幅度越小，说明在 12～96h 内具有较持久的碳源供应。如图 3.16(d) 所示，在初始 pH 值为 7 的条件下，第 1 天后 1# ～5# 体系的 pH 值降至 4.43～4.99。由此可见，在不同粒径甘蔗渣体系中，甘蔗渣水解液中还原糖和 COD 释放量仍有高度的相关性，4# 体系 10h 后还原糖下降速率减小幅度较小，且在 96h 时还原糖释放量相对较高，能够满足碳源的缓慢持续供应。不同粒径甘蔗渣水解液 pH 值变化规律相同，说明粒径对 pH 值变化并无影响，而由于甘蔗渣的高纤维素含量，其水解产酸含量较高，使浸泡液呈酸性，且甘蔗

渣对 H^+ 的吸附容量是有限的，因而最后将 pH 值调节至 4.43～4.99。综上，选择 60 目甘蔗渣进行正交试验。

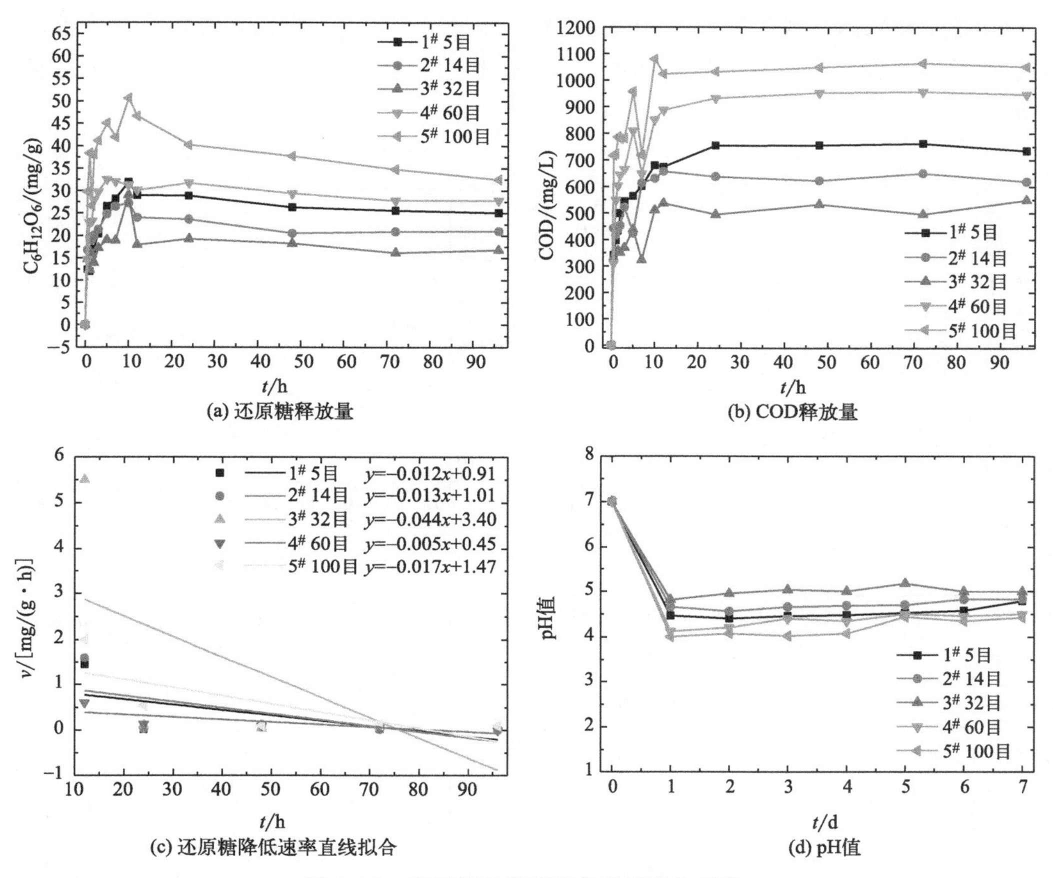

图 3.16 不同粒径甘蔗渣各指标变化规律

图 3.17(a)～(d) 分别是不同粒径条件下，花生壳还原糖释放量、COD 释放量和 10h 后还原糖降低速率直线拟合及其对体系 pH 值调节随时间变化的曲线图。如图 3.17(a)、(b) 所示，不同粒径条件下，花生壳还原糖和 COD 释放量变化趋势基本相同，前 10h，花生壳表面小分子的快速溶出导致 1# ～5# 体系中还原糖和 COD 释放量快速波动上升，10h 后，由于葡萄糖水解反应，各体系中还原糖和 COD 释放量开始减少，最终 1# ～5# 体系中还原糖和 COD 释放量分别 6.11mg/g、7.67mg/g、10.4mg/g、22.1mg/g、12.39mg/g 和 125mg/L、227mg/L、274mg/L、572mg/L、771mg/L。如图 3.17(c) 所示，由于前 10h 时花生壳释碳不稳定，因此选择 12～96h 宏观花生壳还原糖下降速率作直线拟合，1# ～5# 体系还原糖下降速率拟合直线的斜率 k 分别为－0.079、－0.013、－0.098、－0.060、－0.066，其中 $|k|$ 值越接近 0，还原糖下降速率的减小幅度越小，说明在 12～96h 内具有较持久的碳源供应。如图 3.17(d) 所示，1# ～5# 体系初始 pH 值为 7，第 1 天各体系 pH 值有下降，第 2 天后 pH 值逐渐上升并保持在中性。由此可见，在不同粒径花生壳体系中，花生壳水解液中还原糖和 COD 释

放量仍有高度的相关性，2# 、4# 体系 10h 后还原糖下降速率减小幅度较小，但 2# 体系在 96h 时还原糖释放量较低，不能够提供足够的碳源，而 4# 体系在 96h 时还原糖释放量相对较高，能够满足碳源的缓慢持续供应。花生壳的吸附作用及纤维素的水解作用对由于葡萄糖水解产酸而降低的 pH 值具有一定调节作用，使试验环境保持在中性，不同粒径的花生壳具有较好的缓冲和调节 pH 值作用。综上，选择 60 目花生壳进行正交试验。

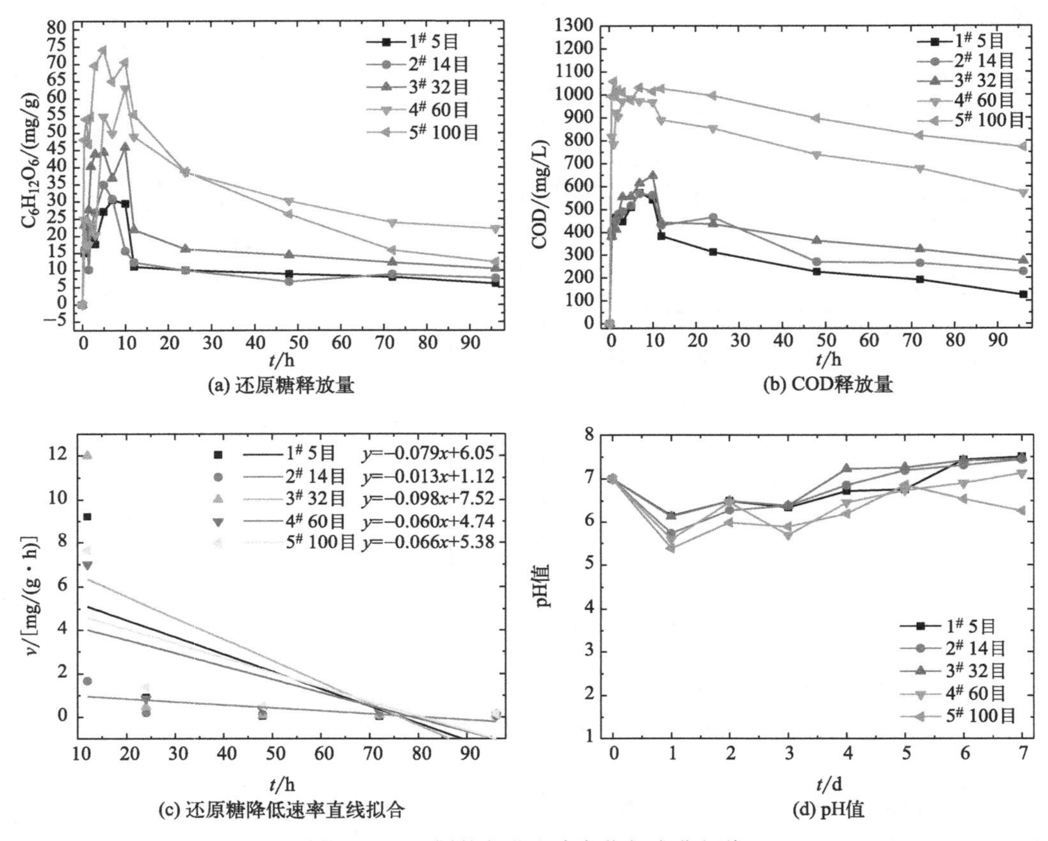

图 3.17　不同粒径花生壳各指标变化规律

（4）不同投加量对生物质材料碳源缓释规律的影响

以生物质材料为 SRB 生长碳源来处理酸性废水的过程中，生物质材料的投加量同样会影响其碳源缓释规律。相同体积的水溶液中，投加量过多，生物质颗粒之间容易造成与水不完全接触，影响碳源的释放，投加量过少，不足以为微生物提供足量的碳源。有研究者在壳类农业废弃物固体碳源释碳性能的研究中发现，固液比对碳源材料的释碳性能影响程度高于水温和 pH 值；还有研究者认为固液比对释碳有显著影响，固液比越大，最大饱和浓度和传质系数就越大，即单位质量的固碳材料释放有机碳的量越大，碳源释放的阻力越小，因此有必要探究不同投加量条件下生物质碳源缓释规律。试验选取 5 目的玉米芯、甘蔗渣、花生壳各 1g、3g、5g、7g、9g 投放于 200mL 蒸馏水中，相应编号为1#～5#。用1%的NaOH和1%的HCl调节各体系pH值为7，密闭后放于35℃恒温摇床，转速为100r/min，每隔一定时间检测1#～5#体系中的还原糖和COD释放量以及pH值变化，考察不同投加量条件下生物质碳源缓释规律。

图3.18(a)～(d)分别是不同投加量条件下，玉米芯还原糖释放量、COD释放量和10h后还原糖降低速率直线拟合及其对体系pH值调节随时间变化的曲线图。如图3.18(a)、(b)所示，不同投加量条件下，玉米芯还原糖和COD释放量趋势基本相同，前10h，玉米芯表面小分子的快速溶出导致1#～5#体系中还原糖和COD释放量快速波动上升，10h后，由于葡萄糖水解反应，各体系中还原糖和COD释放量开始减少，最终1#～5#体系中还原糖和COD释放量分别为14.5mg/g、9.33mg/g、25.8mg/g、13mg/g、9.95mg/g和67mg/L、145mg/L、396mg/L、330mg/L、400mg/L。如图3.18(c)所示，由于前10h时玉米芯释碳不稳定，因此选择12～96h宏观玉米芯还原糖降低速率作直线拟合，1#～5#体系还原糖降低速率拟合直线的斜率k分别为−0.024、−0.012、−0.008、−0.010、−0.016，其中$|k|$值越接近0，还原糖下降速率的减小幅度越小，说明在12～96h内具有较持久的碳源供应。如图3.18(d)所示，1#～5#体系初始pH值为7，第1天，各体系pH值有下降，第2天后pH值逐渐上升并保持在中性。由此可见，在不同投加量玉米芯体系中，玉米芯水解液中还原糖和COD释放

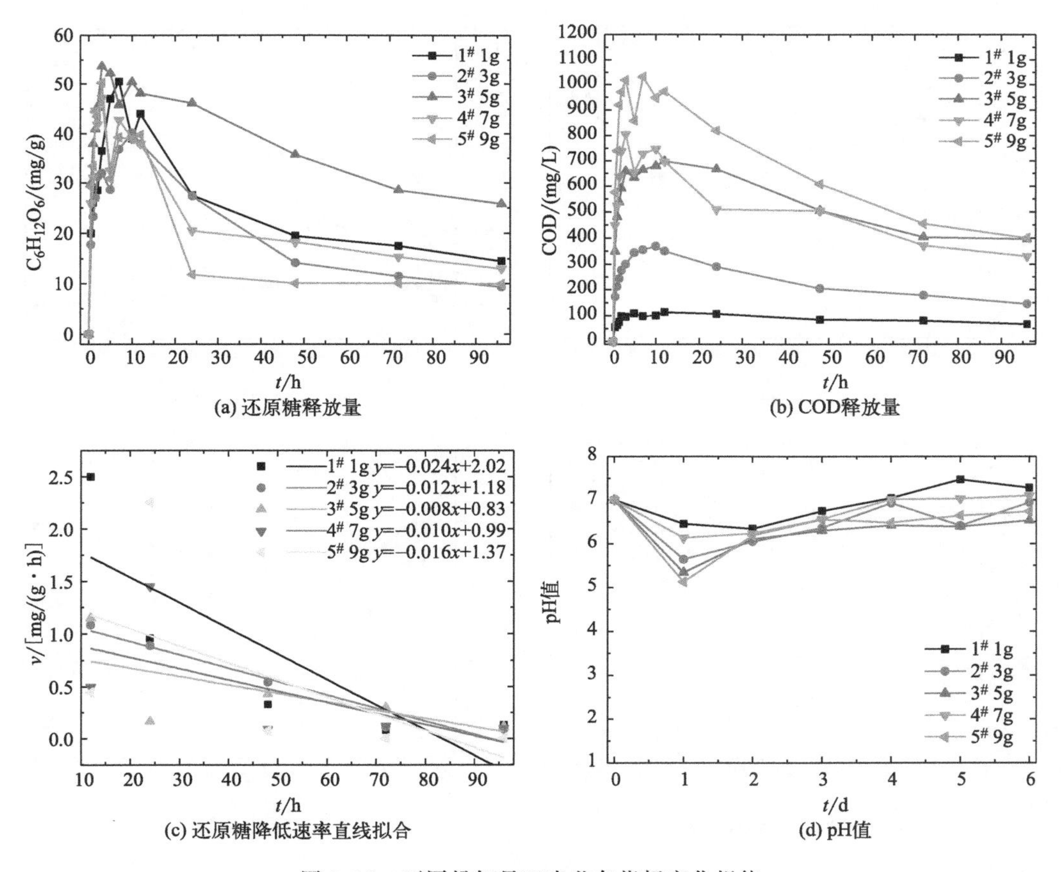

图3.18　不同投加量玉米芯各指标变化规律

量仍有高度的相关性，3$^{\#}$体系 10h 后还原糖降低速率减小幅度较小，且在 96h 时还原糖释放量较高，能够满足碳源的缓慢持续供应。初期葡萄糖水解产酸使各体系 pH 值有所下降，且玉米芯投加量越大，其 pH 值下降幅度越大，随后由于玉米芯对溶液中 H^+ 的缓冲作用，溶液始终保持在中性，不同投加量的玉米芯具有较好的缓冲和调节 pH 值作用。综上，选取在 200mL 蒸馏水中投加 5g 玉米芯进行正交试验。

图 3.19(a)～(d) 分别是不同投加量条件下，甘蔗渣还原糖释放量、COD 释放量和 10h 后还原糖降低速率直线拟合及其对体系 pH 值调节随时间变化的曲线图。如图 3.19(a)、(b) 所示，不同投加量条件下，甘蔗渣还原糖和 COD 释放量变化趋势基本相同，前 10h 甘蔗渣表面小分子的快速溶出导致 1$^{\#}$～5$^{\#}$体系中还原糖和 COD 释放量快速波动上升，10h 后各体系中还原糖和 COD 释放量有缓慢减少趋势，最终 1$^{\#}$～5$^{\#}$体系中还原糖和 COD 释放量分别为 25.97mg/g、25.21mg/g、19.1mg/g、23.19mg/g、15.2mg/g 和 107mg/L、356mg/L、582mg/L、723mg/L、771mg/L。如图 3.19(c) 所示，由于前 10h 时甘蔗渣释碳不稳定，因此选择 12～96h 宏观甘蔗渣还原糖下降速率作直线拟合，1$^{\#}$～5$^{\#}$体系还原糖降低速率拟合直线的斜率 k 分别为－0.018、－0.008、－0.009、－0.003、－0.004，其中 $|k|$ 值越接近 0，还原糖下降速率的减小幅度越小，说明在 12～96h 内具有较持久的碳源供应。如图 3.19(d) 所示，在 1$^{\#}$～5$^{\#}$体系初

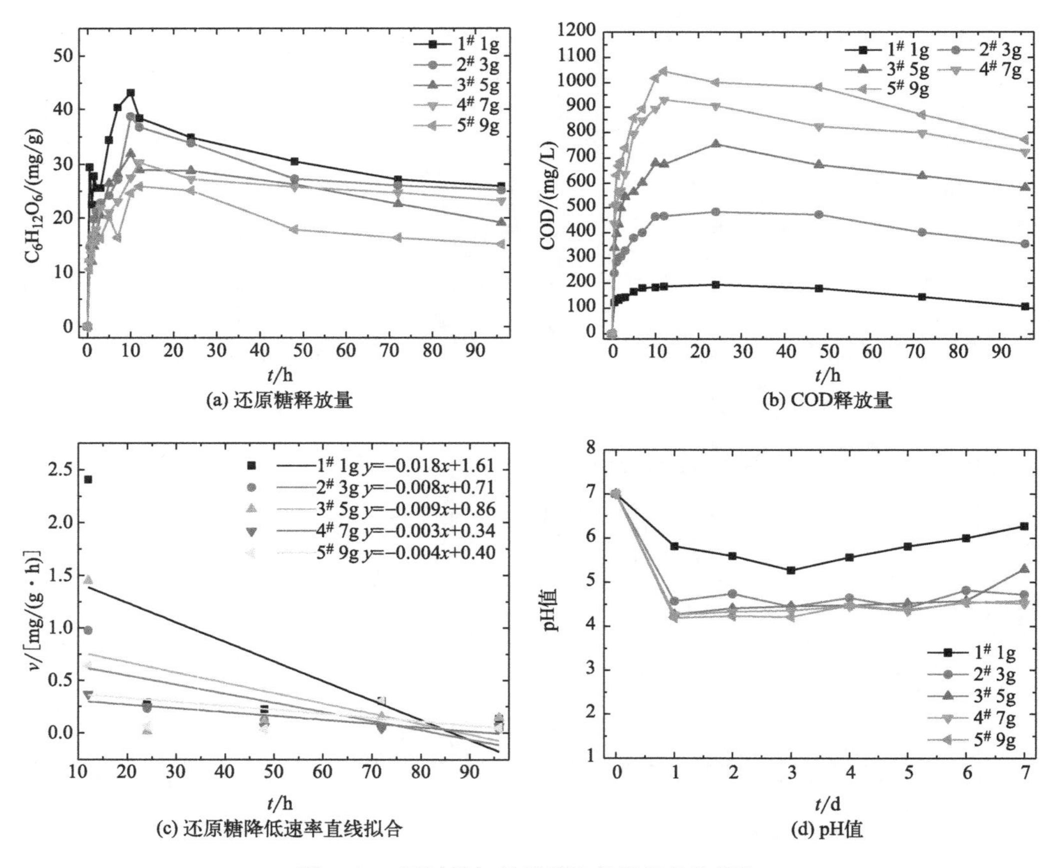

图 3.19　不同投加量甘蔗渣各指标变化规律

始 pH 值为 7 的条件下，第 1 天后 1# ～5# 体系的 pH 值有所下降。由此可见，在不同投加量甘蔗渣体系中，甘蔗渣水解液中还原糖和 COD 释放量仍有高度的相关性，4# 体系 10h 后还原糖降低速率减小幅度较小，且在 96h 时还原糖释放量相对较高，能够满足碳源的缓慢持续供应。不同投加量甘蔗渣水解液中 pH 值变化规律相似，1# 体系中第 1 天后 pH 值在 5～6 之间波动，2# ～5# 体系中第 1 天后 pH 值在 4～5 之间波动，说明甘蔗渣投加量越大，葡萄糖产酸越多，溶液中 H^+ 增加较多。综上，选取在 200mL 蒸馏水中投加 7g 甘蔗渣进行正交试验。

图 3.20(a)～(d) 分别是不同投加量条件下，花生壳还原糖释放量、COD 释放量和 10h 后还原糖降低速率直线拟合及其对体系 pH 值调节随时间变化的曲线图。如图 3.20(a)、(b) 所示，不同投加量条件下，花生壳还原糖和 COD 释放量趋势基本相同，前 10h 花生壳表面小分子的快速溶出导致 1# ～5# 体系中还原糖和 COD 释放量快速波动上升，10h 后由于葡萄糖水解反应，各体系中还原糖和 COD 释放量开始减少，最终 1# ～5# 体系中还原糖和 COD 释放量分别为 22.48mg/g、8.22mg/g、6.11mg/g、14.45mg/g、11.2mg/g 和 47mg/L、93mg/L、155mg/L、323mg/L、529mg/L。如图 3.20(c) 所示，由于前 10h 时花生壳释碳不稳定，因此选择 12～96h 宏观花生壳还原糖下降速率作直线拟合，1# ～5# 体系还原糖下降速率拟合直线的斜

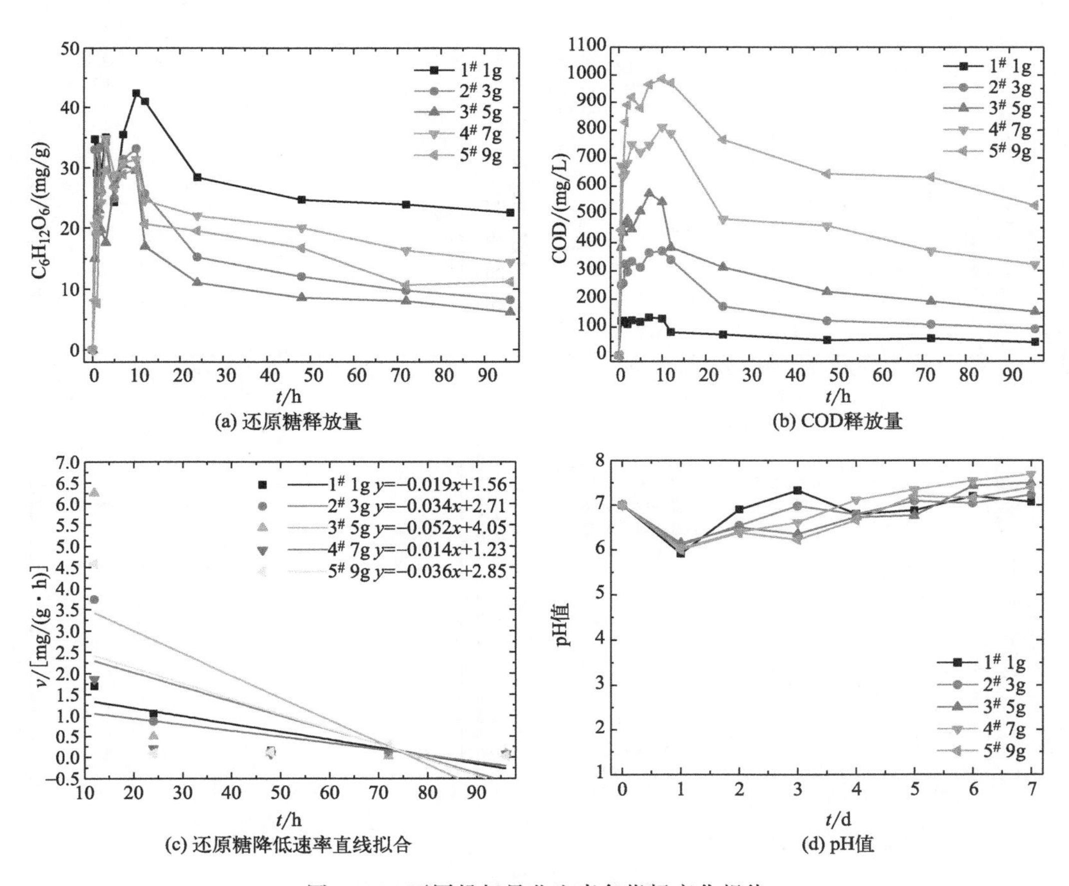

图 3.20　不同投加量花生壳各指标变化规律

率 k 分别为−0.019、−0.034、−0.052、−0.014、−0.036，其中 $|k|$ 值越接近0，还原糖下降速率的减小幅度越小，说明在12～96h内具有较持久的碳源供应。如图3.20（d）所示，1#～5#体系初始pH为值7，第1天各体系pH值有下降，第2天后pH值逐渐上升并保持在中性。由此可见，在不同投加量花生壳体系中，花生壳水解液中还原糖和COD释放量仍有高度的相关性，3#体系10h后还原糖下降速率减小幅度较小，且在96h时还原糖释放量较高，能够满足碳源的缓慢持续供应。初期葡萄糖水解产酸导致各体系中pH值有所下降，随后由于花生壳吸附作用和纤维素的水解反应消耗水中的 H^+，溶液始终保持在中性。因此不同投加量的花生壳具有较好的缓冲和调节pH值作用。综上，选取在200mL蒸馏水中投加7g花生壳进行正交试验。

（5）不同时间对生物质材料碳源缓释规律的影响

分别在200mL蒸馏水中投加5目、5g的玉米芯、甘蔗渣、花生壳，编号为1#、2#、3#，分装在500mL锥形瓶中，调节初始pH值为7，密闭后放于恒温摇床，转速为100r/min，温度为35℃，考察各体系浸泡液中还原糖、COD释放量和pH值随时间的变化。

图3.21(a)～(d) 分别是不同生物质材料的还原糖释放量、COD释放量和10h后

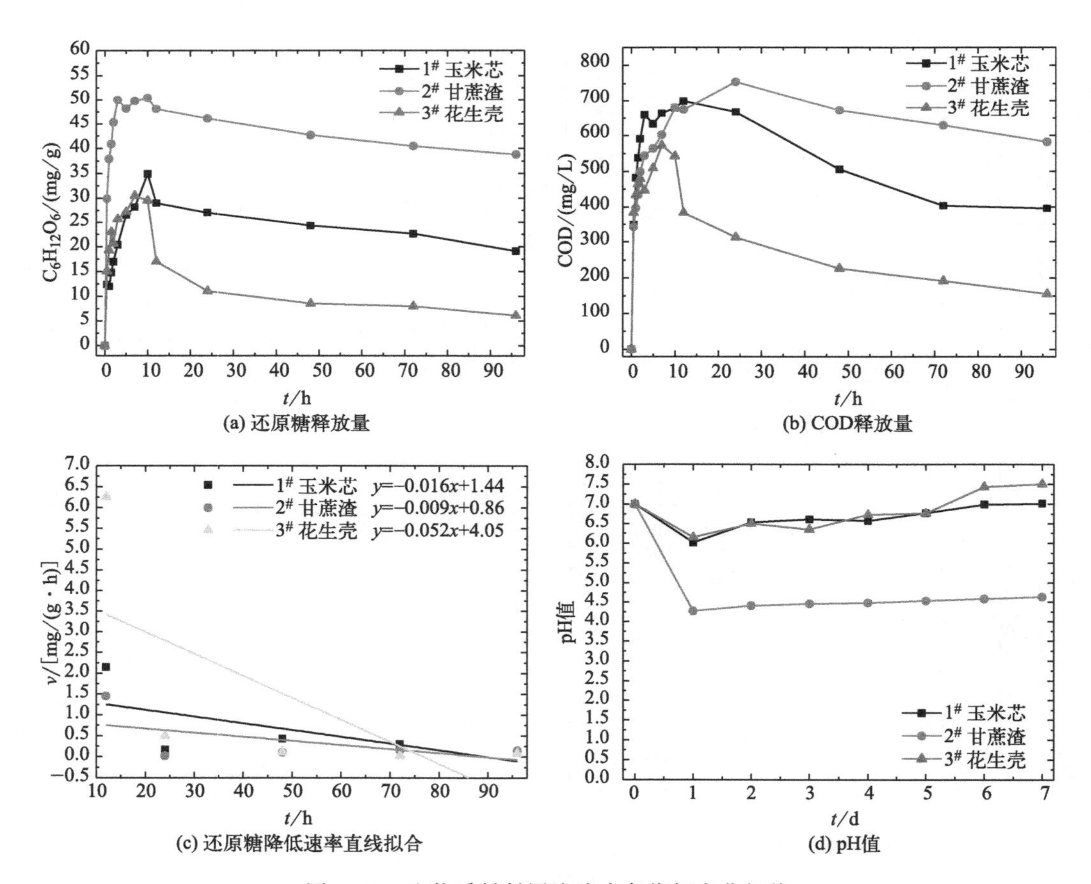

图3.21　生物质材料浸泡液中各指标变化规律

还原糖降低速率直线拟合及其对体系 pH 值调节随时间变化的曲线图。如图 3.21(a)、(b) 所示，前 10h 1#、2#、3# 体系的还原糖和 COD 释放量均快速上升，由于甘蔗渣纤维素含量高于玉米芯和花生壳，其还原糖始终高于玉米芯和花生壳，COD 释放量在 15h 后也高于玉米芯和花生壳，最终 1#～3# 体系还原糖和 COD 释放量分别为 19.1mg/g、38.8mg/g、6.11mg/g 和 396mg/L、582mg/L、155mg/L。如图 3.21(c) 所示，由于前 10h 时 1#～3# 释碳不稳定，因此选择 12～96h 宏观 1#～3# 体系还原糖降低速率作直线拟合，1#～3# 体系还原糖降低速率拟合直线的斜率 k 分别为 −0.016、−0.009、−0.052，其中 $|k|$ 值越接近 0，还原糖下降速率的减小幅度越小，说明在 12～96h 内具有较持久的碳源供应。如图 3.21(d) 所示，1#、3# 体系前期葡萄糖产酸反应导致 pH 值出现波动，而 2# 体系中高纤维素含量及纤维素复杂的反应，导致其水解液显酸性。由此可见，甘蔗渣对于还原糖和 COD 的释放量和积累量均高于玉米芯和花生壳，且甘蔗渣还原糖降低速率拟合直线的斜率 $|k|$ 值最接近 0，表明其碳源缓释性优于玉米芯和花生壳。其中花生壳的释碳性最差，这是由于花生壳质地较软，纤维素结构比较松散、不紧密，在水中时间过久会被分解成碎末，供碳持续力不够，无法持续提供碳源。同时有研究者在研究甘蔗渣等 6 种农业废弃物的长效浸溶试验时发现各浸出液中 TOC 含量快速升高达到峰值，并保持稳定，保证了作为碳源的持续性，且甘蔗渣溶出的碳源最多，说明其溶出性较其他几种碳源强，可作为优质碳源。

3.3 SRB（菌株 dzl17）对不同生物质碳源有效利用性研究

利用 SRB 的生物还原性对 AMD 进行处理过程中，有机碳源作为电子供体起着至关重要的作用，继上述对生物质碳源玉米芯、甘蔗渣、花生壳在不同 pH 值、不同粒径及不同投加量条件下碳源缓释规律的探索和分析后，开展 SRB 对不同生物质碳源的利用性及筛选 SRB 最优生物质碳源的试验研究，为外加生物质碳源供 SRB 系统长效稳定运行提供理论参考。

（1）SRB 菌株以玉米芯为碳源的正交试验

研究 SRB（菌株 dzl17）在不同玉米芯粒径和投加量条件下对 SO_4^{2-} 的去除效果，以 SRB 投加量、玉米芯的粒径和投加量为因素，其中 SRB 在含 Fe^{2+} 培养基中生长了 60h，此时其生物量最大为 712mg/L，分别投加 5%、10%、15% 的菌液体积，即 100mL 废水对应投加生物量分别为 35.6mg、71.2mg、106.8mg，玉米芯投加量为在 100mL 废水中分别按 1.5g、2.5g、3.5g 投加，进行 $L_9(3^4)$ 正交试验，见表 3.8。实测只含有 SO_4^{2-} 的废水中 SO_4^{2-} 初始浓度为 1240mg/L，调节初始 pH 值为 4.07。评价指标为 SO_4^{2-} 去除率、玉米芯还原糖释放量和 pH 值。通过方差与极差分析，确定 SRB 以玉米芯为碳源条件下去除 SO_4^{2-} 的最优配比。

正交试验计算结果如表 3.9 所列。

SO_4^{2-} 正交试验设计与结果分析如表 3.10 和表 3.11 所列。

表 3.8　正交试验因素水平

水平	因素		
	SRB 投加量(*A*)/mg	玉米芯粒径(*B*)/目	玉米芯投加量(*C*)/g
1	35.6	14	1.5
2	71.2	32	2.5
3	106.8	60	3.5

表 3.9　$L_9(3^4)$ 试验设计与结果分析

试验号	SRB 投加量(*A*)/mg	玉米芯粒径(*B*)/目	玉米芯投加量(*C*)/g	SO_4^{2-}去除率/%	还原糖释放量/(mg/g)	pH 值
1	35.6	14	1.5	39.84	80.45	6.59
2	35.6	32	2.5	48.79	74.66	5.96
3	35.6	60	3.5	56.40	67.60	5.10
4	71.2	14	2.5	45.95	68.62	6.60
5	71.2	32	3.5	57.74	58.55	6.49
6	71.2	60	1.5	48.34	84.77	6.99
7	106.8	14	3.5	51.18	60.21	7.17
8	106.8	32	1.5	41.18	70.90	7.38
9	106.8	60	2.5	60.58	57.43	7.04

表 3.10　SO_4^{2-}直观分析表

试验号	SRB 投加量(*A*)	玉米芯粒径(*B*)	玉米芯投加量(*C*)	试验结果/%
1	1	1	1	39.84
2	1	2	2	48.79
3	1	3	3	56.4
4	2	1	2	45.95
5	2	2	3	57.74
6	2	3	1	48.34
7	3	1	3	51.18
8	3	2	1	41.18
9	3	3	2	60.58
均值 1/%	48.343	45.657	43.120	
均值 2/%	50.677	49.237	51.773	
均值 3/%	50.980	55.107	55.107	
极差/%	2.637	9.450	11.987	

表 3.11　SO_4^{2-}方差分析

方差来源	平方和	自由度	均方	*F*	*P*	显著水平
SRB 投加量(*A*)	12.488	2	6.244	1.000	>0.1	⊙
玉米芯粒径(*B*)	136.576	2	68.288	10.937	<0.1	⊙

续表

方差来源	平方和	自由度	均方	F	P	显著水平
玉米芯投加量(C)	229.671	2	114.836	114.836	<0.01	*
误差	12.488	2	6.244			
总和	391.223	8				

注：1. $F_{0.1}(2,2)=9$，$F_{0.05}(2,2)=19$，$F_{0.01}(2,2)=99$。
2. *，$P \leqslant 0.05$，显著；⊙，不显著。

某影响因素极差值越大，其对试验结果的影响也越大。由表 3.10 可知，在 3 个因素中，根据极差大小看出，对 SO_4^{2-} 去除率影响大小顺序为：$C>B>A$。A 的极差最小，故以 A 项为误差进行方差分析。由表 3.11 方差分析结果可知，C 因素有显著性差异，A、B 无显著性差异，说明影响 SO_4^{2-} 去除率的显著性因子为玉米芯的投加量。因此，根据均值大小确定 SO_4^{2-} 去除率的最佳因素组合为 $A_3B_3C_3$，即 100mL 的废水中 SRB 投加量为 106.8mg，玉米芯粒径为 60 目，玉米芯投加量为 3.5g，在此条件下 SO_4^{2-} 去除率最佳。

还原糖释放量正交试验设计与结果分析如表 3.12 和表 3.13 所列。

表 3.12　还原糖释放量直观分析表

试验号	SRB 投加量(A)	玉米芯粒径(B)	玉米芯投加量(C)	试验结果/(mg/g)
1	1	1	1	80.45
2	1	2	2	74.66
3	1	3	3	67.60
4	2	1	2	68.62
5	2	2	3	58.55
6	2	3	1	84.77
7	3	1	3	60.21
8	3	2	1	70.90
9	3	3	2	57.43
均值 1/(mg/g)	74.237	69.760	78.707	
均值 2/(mg/g)	70.647	68.037	66.903	
均值 3/(mg/g)	62.847	69.933	61.193	
极差/(mg/g)	11.390	1.896	17.514	

表 3.13　还原糖释放量方差分析

方差来源	平方和	自由度	均方	F	P	显著水平
SRB 投加量(A)	203.460	2	101.730	30.840	<0.01	*
玉米芯粒径(B)	6.597	2	3.299	1.000	>0.1	⊙
玉米芯投加量(C)	437.316	2	218.658	66.290	<0.01	*
误差	6.597	2	3.299			
总和	653.970	8				

注：1. $F_{0.1}(2,2)=9$，$F_{0.05}(2,2)=19$，$F_{0.01}(2,2)=99$。
2. *，$P \leqslant 0.05$，显著；⊙，不显著。

由表3.12可知，在3个因素中，根据极差大小看出，还原糖释放量大小顺序为：$C>A>B$。B的极差最小，故以B项为误差进行方差分析。由表3.13方差分析结果可知，A、C因素有显著性差异，B无显著性差异，说明影响还原糖释放量的显著性因子为SRB投加量和玉米芯的投加量。因此，根据均值大小确定还原糖释放量的最佳因素组合为$A_1B_3C_1$，即在100mL的废水中SRB投加量为35.6mg，玉米芯粒径为60目，玉米芯投加量为1.5g，在此条件下玉米芯还原糖释放量最高。

pH值正交试验设计与结果分析如表3.14和表3.15所列。

表3.14 pH值直观分析表

试验号	SRB投加量(A)	玉米芯粒径(B)	玉米芯投加量(C)	试验结果
1	1	1	1	6.59
2	1	2	2	5.96
3	1	3	3	5.10
4	2	1	2	6.60
5	2	2	3	6.49
6	2	3	1	6.99
7	3	1	3	7.17
8	3	2	1	7.38
9	3	3	2	7.04
均值1	5.88	6.78	6.98	
均值2	6.69	6.61	6.53	
均值3	7.19	6.37	6.25	
极差	1.31	0.41	0.73	

表3.15 pH值方差分析

方差来源	平方和	自由度	均方	F	P	显著水平
SRB投加量(A)	2.633	2	1.327	10.366	<0.05	*
玉米芯粒径(B)	0.254	2	0.127	1.000	>0.1	⊙
玉米芯投加量(C)	0.821	2	0.411	3.230	>0.1	⊙
误差	0.254	2	0.127			
总和	3.962	8				

注：1. $F_{0.1}(2,2)=9$，$F_{0.05}(2,2)=19$，$F_{0.01}(2,2)=99$。
2. *，$P\leqslant 0.05$，显著；⊙，不显著。

由表3.14可知，在3个因素中，根据极差大小看出，对pH值影响大小顺序为：$A>C>B$。B的极差最小，故以B项为误差进行方差分析。由表3.15方差分析结果可知，A因素有显著性差异，B、C无显著性差异，说明影响pH值变化的显著性因子为SRB投加量。因此，根据均值大小确定还原糖释放量的最佳因素组合为$A_3B_1C_1$，即在100mL的废水中SRB投加量为106.8mg，玉米芯粒径为14目，玉米芯投加量为1.5g，在此条件下pH值最高。

综合上述正交试验结果（分别为$A_3B_3C_3$，$A_1B_3C_1$，$A_3B_1C_1$），确定在以玉米芯为碳源的条件下菌株 dzl17 活性最佳的最优配比为 $A_3B_3C_3$，即 100mL 的废水中 SRB 投加量为 106.8mg，玉米芯粒径为 60 目，玉米芯投加量为 3.5g。

（2）SRB 菌株以甘蔗渣为碳源的正交试验

研究 SRB（菌株 dzl17）在不同甘蔗渣粒径和投加量条件下对 SO_4^{2-} 的去除效果，以 SRB 投加量、甘蔗渣的粒径和投加量为因素，其中 SRB 在含 Fe^{2+} 培养基中生长了 60h，此时其生物量最大为 712mg/L，分别投加 5%、10%、15% 的菌液体积，即 100mL 废水对应投加生物量分别为 35.6mg、71.2mg、106.8mg，甘蔗渣投加量为在 100mL 废水中分别按 2.5g、3.5g、4.5g 投加，进行 $L_9(3^4)$ 正交试验，见表 3.16。

表 3.16　正交试验因素水平

水平	SRB 投加量(*A*)/mg	甘蔗渣粒径(*B*)/目	甘蔗渣投加量(*C*)/g
1	35.6	32	2.5
2	71.2	60	3.5
3	106.8	100	4.5

正交试验计算结果如表 3.17 所列。

表 3.17　$L_9(3^4)$ 试验设计与结果分析

试验号	SRB 投加量(*A*)/mg	甘蔗渣粒径(*B*)/目	甘蔗渣投加量(*C*)/g	SO_4^{2-} 去除率/%	还原糖释放量/(mg/g)	pH 值
1	35.6	32	2.5	34.12	39.81	6.66
2	35.6	60	3.5	50.63	28.50	6.15
3	35.6	100	4.5	74.03	59.53	5.33
4	71.2	32	3.5	46.10	38.92	7.26
5	71.2	60	4.5	51.36	28.62	6.47
6	71.2	100	2.5	63.51	54.57	6.16
7	106.8	32	4.5	51.35	26.51	7.20
8	106.8	60	2.5	36.67	24.08	7.42
9	106.8	100	3.5	68.77	53.81	6.95

SO_4^{2-} 正交试验设计与结果分析如表 3.18 和表 3.19 所列。

表 3.18　SO_4^{2-} 直观分析表

试验号	SRB 投加量(*A*)	甘蔗渣粒径(*B*)	甘蔗渣投加量(*C*)	试验结果/%
1	1	1	1	34.12
2	1	2	2	50.63
3	1	3	3	74.03
4	2	1	2	46.10
5	2	2	3	51.36
6	2	3	1	63.51
7	3	1	3	51.35

续表

试验号	SRB 投加量(A)	甘蔗渣粒径(B)	甘蔗渣投加量(C)	试验结果/%
8	3	2	1	36.67
9	3	3	2	68.77
均值 1/%	52.927	43.857	44.767	
均值 2/%	53.657	46.220	55.167	
均值 3/%	52.263	68.770	58.913	
极差/%	1.394	24.913	14.146	

表 3.19　SO_4^{2-} 方差分析

方差来源	平方和	自由度	均方	F	P	显著水平
SRB 投加量(A)	2.914	2	1.457	1.000	>0.1	⊙
甘蔗渣粒径(B)	1115.228	2	557.614	191.620	<0.01	*
甘蔗渣投加量(C)	322.325	2	161.163	55.382	<0.05	*
误差	2.914	2	1.457			
总和	1443.381	8				

注：1. $F_{0.1}(2,2)=9$，$F_{0.05}(2,2)=19$，$F_{0.01}(2,2)=99$。
2. *，$P\leqslant0.05$，显著；⊙，不显著。

由表 3.18 可知，在 3 个因素中，根据极差大小看出，对 SO_4^{2-} 去除率影响大小顺序为：$B>C>A$。A 的极差最小，故以 A 项为误差进行方差分析。由表 3.19 方差分析结果可知，B、C 因素有显著性差异，A 无显著性差异，说明影响 SO_4^{2-} 去除率的显著性因子有甘蔗渣的粒径和投加量。因此，根据均值大小确定 SO_4^{2-} 去除率的最佳因素组合为 $A_2B_3C_3$，即 100mL 废水中 SRB 投加量为 71.2mg，甘蔗渣粒径为 100 目，甘蔗渣投加量为 4.5g，在此条件下 SO_4^{2-} 去除率最佳。

还原糖释放量正交试验设计与结果分析如表 3.20 和表 3.21 所列。

表 3.20　还原糖释放量直观分析表

试验号	SRB 投加量(A)	甘蔗渣粒径(B)	甘蔗渣投加量(C)	试验结果/(mg/g)
1	1	1	1	39.81
2	1	2	2	28.50
3	1	3	3	59.53
4	2	1	2	38.92
5	2	2	3	28.62
6	2	3	1	54.57
7	3	1	3	26.51
8	3	2	1	24.08
9	3	3	2	53.81
均值 1/(mg/g)	42.61	35.08	39.49	
均值 2/(mg/g)	40.70	27.07	40.41	
均值 3/(mg/g)	34.80	55.97	38.22	
极差/(mg/g)	7.81	28.90	2.19	

表3.21　还原糖释放量方差分析

方差来源	平方和	自由度	均方	F	P	显著水平
SRB投加量(A)	99.546	2	49.773	13.725	>0.05	⊙
甘蔗渣粒径(B)	1336.008	2	668.004	184.201	<0.01	*
甘蔗渣投加量(C)	7.253	2	3.627	1.000	>0.1	⊙
误差	7.253	2	3.627			
总和	1450.06	8				

注：1. $F_{0.1}(2,2)=9$，$F_{0.05}(2,2)=19$，$F_{0.01}(2,2)=99$。
2. *，$P\leqslant 0.05$，显著；⊙，不显著。

由表3.20可知，在3个因素中，根据极差大小看出，对还原糖释放量影响大小顺序为：$B>A>C$。C的极差最小，故以C项为误差进行方差分析。由表3.21方差分析结果可知，B因素有显著性差异，A、C无显著性差异，说明影响还原糖释放量的显著性因子是甘蔗渣的粒径。因此，根据均值大小确定还原糖释放量的最佳因素组合为$A_1B_3C_2$，即100mL废水中SRB投加量为35.6mg，甘蔗渣粒径为100目，甘蔗渣投加量为3.5g，在此条件下还原糖释放量最高。

pH值正交试验设计与结果分析如表3.22和表3.23所列。

表3.22　pH值直观分析表

试验号	SRB投加量(A)	甘蔗渣粒径(B)	甘蔗渣投加量(C)	试验结果
1	1	1	1	6.66
2	1	2	2	6.15
3	1	3	3	5.33
4	2	1	2	7.26
5	2	2	3	6.47
6	2	3	1	6.16
7	3	1	3	7.20
8	3	2	1	7.42
9	3	3	2	6.95
均值1	6.04	7.04	6.75	
均值2	6.63	6.68	6.79	
均值3	7.19	6.14	6.33	
极差	1.15	0.90	0.46	

表3.23　pH值方差分析

方差来源	平方和	自由度	均方	F	P	显著水平
SRB投加量(A)	1.961	2	0.981	2.030	>0.1	⊙
甘蔗渣粒径(B)	1.213	2	0.607	1.250	>0.1	⊙
甘蔗渣投加量(C)	0.964	2	0.482	1.000	>0.1	⊙
误差	0.964	2	0.482			
总和	5.101	8				

注：1. $F_{0.1}(2,2)=9$，$F_{0.05}(2,2)=19$，$F_{0.01}(2,2)=99$。
2. ⊙，不显著。

由表3.22可知，在3个因素中，根据极差大小看出，影响pH值的因素大小顺序为：$A>B>C$。C的极差最小，故以C项为误差进行方差分析。由表3.23方差分析结果可知，A、B、C无显著性差异，说明SRB投加量、甘蔗渣粒径及投加量均不是影响pH值变化的显著性因子。因此，根据均值大小确定对pH值变化的最佳因素组合为$A_3B_1C_2$，即100mL废水中SRB投加量为106.8mg，甘蔗渣粒径为32目，甘蔗渣投加量为3.5g，在此条件下pH值最高。

综合上述正交试验结果（分别为$A_2B_3C_3$，$A_1B_3C_2$，$A_3B_1C_2$），确定在以甘蔗渣为碳源的条件下菌株dzl17活性最佳的最优配比为$A_2B_3C_3$，即100mL的废水中SRB投加量为71.2mg，甘蔗渣粒径为100目，甘蔗渣投加量为4.5g。

（3）SRB菌株以花生壳为碳源的正交试验

研究SRB（菌株dzl17）在不同花生壳粒径和投加量条件下对SO_4^{2-}的去除效果，以SRB投加量、花生壳的粒径和投加量为因素，其中SRB在含Fe^{2+}培养基中生长了60h，此时其生物量最大为712mg/L，分别投加5%、10%、15%的菌液体积，即100mL废水对应投加生物量分别为35.6mg、71.2mg、106.8mg，花生壳投加量为在100mL废水中分别按2.5g、3.5g、4.5g投加，进行$L_9(3^4)$正交试验，见表3.24。实测只含有SO_4^{2-}的废水中SO_4^{2-}初始浓度为969.91mg/L，调节初始pH值为4.12。评价指标为SO_4^{2-}去除率、花生壳还原糖释放量和pH值，试验结果见表3.25。通过方差与极差分析，确定SRB以花生壳为碳源条件下去除SO_4^{2-}的最优配比。

表3.24　正交试验因素水平

水平	SRB投加量(A)/mg	花生壳粒径(B)/目	花生壳投加量(C)/g
1	35.6	32	2.5
2	71.2	60	3.5
3	106.8	100	4.5

表3.25　$L_9(3^4)$试验设计与结果分析

试验号	SRB投加量(A)/mg	花生壳粒径(B)/目	花生壳投加量(C)/g	SO_4^{2-}去除率/%	还原糖释放量/(mg/g)	pH值
1	35.6	32	2.5	35.45	35.83	7.14
2	35.6	60	3.5	37.93	48.22	7.49
3	35.6	100	4.5	49.67	60.89	7.47
4	71.2	32	3.5	38.31	34.23	7.73
5	71.2	60	4.5	48.80	39.21	7.88
6	71.2	100	2.5	36.51	61.21	7.77
7	106.8	32	4.5	51.09	31.25	7.82
8	106.8	60	2.5	39.46	68.41	7.89
9	106.8	100	3.5	50.90	49.72	7.78

SO_4^{2-}正交试验设计与结果分析如表3.26和表3.27所列。

表 3.26　SO_4^{2-} 直观分析表

试验号	SRB 投加量(A)	花生壳粒径(B)	花生壳投加量(C)	试验结果/%
1	1	1	1	35.45
2	1	2	2	37.93
3	1	3	3	49.67
4	2	1	2	38.31
5	2	2	3	48.80
6	2	3	1	36.51
7	3	1	3	51.09
8	3	2	1	39.46
9	3	3	2	50.90
均值 1/%	41.01	41.62	37.14	
均值 2/%	41.20	42.06	42.38	
均值 3/%	47.15	45.69	49.85	
极差/%	6.14	4.07	12.71	

表 3.27　SO_4^{2-} 方差分析

方差来源	平方和	自由度	均方	F	P	显著水平
SRB 投加量(A)	72.977	2	36.489	4.562	>0.1	⊙
花生壳粒径(B)	15.995	2	7.998	1.000	>0.1	⊙
花生壳投加量(C)	304.937	2	152.469	19.065	<0.05	*
误差	15.995	2	7.998			
总和	409.904	8				

注：1. $F_{0.1}(2,2)=9$，$F_{0.05}(2,2)=19$，$F_{0.01}(2,2)=99$。
2. *，$P\leqslant 0.05$，显著；⊙，不显著。

由表 3.26 可知，在 3 个因素中，根据极差大小看出，对 SO_4^{2-} 去除率影响大小顺序为：$C>A>B$。B 的极差最小，故以 B 项为误差进行方差分析。由表 3.27 方差分析结果可知，C 因素有显著性差异，A、B 因素无显著性差异，说明影响 SO_4^{2-} 去除率的显著性因素为花生壳的投加量。因此，根据均值大小确定 SO_4^{2-} 去除率的最佳因素组合为 $A_3B_3C_3$，即 100mL 废水中 SRB 投加量为 106.8mg，花生壳粒径为 100 目，花生壳投加量为 4.5g，在此条件下 SO_4^{2-} 去除率最佳。

还原糖释放量正交试验设计与结果分析如表 3.28 和表 3.29 所列。

表 3.28　还原糖释放量直观分析表

试验号	SRB 投加量(A)	花生壳粒径(B)	花生壳投加量(C)	试验结果/(mg/g)
1	1	1	1	35.83
2	1	2	2	48.22
3	1	3	3	60.89
4	2	1	2	34.23

续表

试验号	SRB投加量(A)	花生壳粒径(B)	花生壳投加量(C)	试验结果/(mg/g)
5	2	2	3	39.21
6	2	3	1	61.21
7	3	1	3	31.25
8	3	2	1	68.41
9	3	3	2	49.72
均值1/(mg/g)	48.31	33.77	55.15	
均值2/(mg/g)	44.88	51.94	44.06	
均值3/(mg/g)	49.79	57.27	43.78	
极差/(mg/g)	4.91	23.50	11.37	

表3.29 还原糖释放量方差分析

方差来源	平方和	自由度	均方	F	P	显著水平
SRB投加量(A)	38.063	2	19.032	1.000	>0.1	⊙
花生壳粒径(B)	911.171	2	455.586	23.938	<0.05	*
花生壳投加量(C)	252.337	2	126.169	6.629	>0.1	⊙
误差	38.063	2	19.032			
总和	1239.634	8				

注：1. $F_{0.1}(2,2)=9$，$F_{0.05}(2,2)=19$，$F_{0.01}(2,2)=99$。
2. *，$P \leqslant 0.05$，显著；⊙，不显著。

由表3.28可知，在3个因素中，根据极差大小看出，对还原糖释放量影响大小顺序为：$B>C>A$。A的极差最小，故以A项为误差进行方差分析。由表3.29方差分析结果可知，B因素有显著性差异，A、C因素无显著性差异，说明影响还原糖释放量的显著性因素为花生壳粒径。因此，根据均值大小确定还原糖释放量的最佳因素组合为$A_3B_3C_1$，即100mL废水中SRB投加量为106.8mg，花生壳粒径为100目，花生壳投加量为2.5g，在此条件下还原糖释放量最高。

pH值正交试验设计与结果分析如表3.30和表3.31所列。

表3.30 pH值直观分析表

试验号	SRB投加量(A)	花生壳粒径(B)	花生壳投加量(C)	试验结果
1	1	1	1	7.14
2	1	2	2	7.49
3	1	3	3	7.47
4	2	1	2	7.73
5	2	2	3	7.88
6	2	3	1	7.77
7	3	1	3	7.82
8	3	2	1	7.89
9	3	3	2	7.78

续表

试验号	SRB投加量(*A*)	花生壳粒径(*B*)	花生壳投加量(*C*)	试验结果
均值1	7.36	7.56	7.60	
均值2	7.79	7.75	7.67	
均值3	7.83	7.67	7.72	
极差	0.47	0.19	0.12	

表3.31 pH值方差分析

方差来源	平方和	自由度	均方	*F*	*P*	显著水平
SRB投加量(*A*)	0.398	2	0.199	19.900	<0.05	*
花生壳粒径(*B*)	0.054	2	0.027	2.700	>0.1	⊙
花生壳投加量(*C*)	0.020	2	0.010	1.000	>0.1	⊙
误差	0.020	2	0.010			
总和	0.492	8				

注：1. $F_{0.1}(2,2)=9$，$F_{0.05}(2,2)=19$，$F_{0.01}(2,2)=99$。
2. *，$P\leqslant0.05$，显著；⊙，不显著。

由表3.30可知，在3个因素中，根据极差大小看出，对pH值变化影响大小顺序为：$A>B>C$。C的极差最小，故以C项为误差进行方差分析。由表3.31方差分析结果可知，A因素有显著性差异，B、C因素无显著性差异，说明影响pH值变化的显著性因素为SRB投加量。因此，根据均值大小确定pH值变化的最佳因素组合为$A_3B_2C_3$，即100mL废水中SRB投加量为106.8mg，花生壳粒径为60目，花生壳投加量为4.5g，在此条件下pH值最高。

综合分析正交试验结果（分别为$A_3B_3C_3$，$A_3B_3C_1$，$A_3B_2C_3$），确定在以花生壳为碳源的条件下菌株dzl17活性最佳的最优配比为$A_3B_3C_3$，即100mL的废水中SRB投加量为106.8mg，花生壳粒径为100目，花生壳投加量为4.5g。

（4）最佳生物质缓释碳源的选择

根据上述方差分析得到的SRB（菌株dzl17）生物量与三种生物质材料粒径、投加量的最优配比，进行菌株dzl17以玉米芯、甘蔗渣、花生壳为碳源的碳源缓释对比试验，用Na_2SO_4调节废水中SO_4^{2-}初始浓度为1240mg/L，各体系分装在500mL锥形瓶中，密闭后放于恒温摇床，转速为100r/min，35℃条件下培养，调节培养液的pH值为7.2～7.4，每隔一定时间测培养基中剩余SO_4^{2-}浓度、ORP和还原糖释放量。

图3.22(a)～(d)分别是菌株dzl17以三种生物质为碳源时的生物质还原糖释放量、还原糖降低速率直线拟合、SO_4^{2-}去除率和ORP变化，其中1#、2#、3#分别代表反应系统中菌株dzl17的碳源为玉米芯、甘蔗渣、花生壳。图3.22(a)中，三种生物质材料水解液中的还原糖释放量均为先增大后减小的变化趋势，这是由于生物质纤维素的水解过程中葡萄糖的快速积累转化成了乙酸、丙醛、糠醛、乙酰丙酸等物质及菌株dzl17对还原糖的利用，导致后期还原糖释放量有下降现象。最终1#～3#中还原糖释放量为32.4mg/g、64.03mg/g、25.09mg/g。图3.22(b)中，由于1#～3#体系中还原糖上

升阶段均能为微生物提供较充足碳源，而其降低阶段不一定能保证有充足的碳源，因此以还原糖下降速率进行直线拟合，其拟合直线的斜率 k 分别为−0.057、−0.033、−0.048，而当 $|k|$ 值越接近 0 时其还原糖下降速度越缓，有利于还原糖的积累，因此 2# 体系中对还原糖的积累优于 1#、3# 体系。图 3.22(c) 1#～3# 体系中，由于生物质材料对 SO_4^{2-} 的快速吸附作用，前期 SO_4^{2-} 去除率迅速增大，但是随着纤维素的水解反应，部分 SO_4^{2-} 反溶回溶液当中，使在 24h 时 SO_4^{2-} 去除率小幅度下降，但是随着菌株 dzl17 对试验环境的适应，生长代谢活性增强，开始异化还原 SO_4^{2-}，SO_4^{2-} 去除率又逐渐增大，最终 SO_4^{2-} 去除率分别为 62.74%、72.03%、50.12%。图 3.22(d) 中，初期由于 1# 玉米芯的快速释碳性，使得 1# 体系中菌株 dzl17 生长较快，溶液中 ORP 电位下降最快。但是由于 2# 甘蔗渣的缓慢释碳性，后期也可以为菌株提供较好的碳源，2# 中 ORP 逐渐下降。3# 中 ORP 一直在逐渐下降，但 ORP 始终高于 1#、2#。最终 ORP 分别为−157mV、−224mV、−131mV。

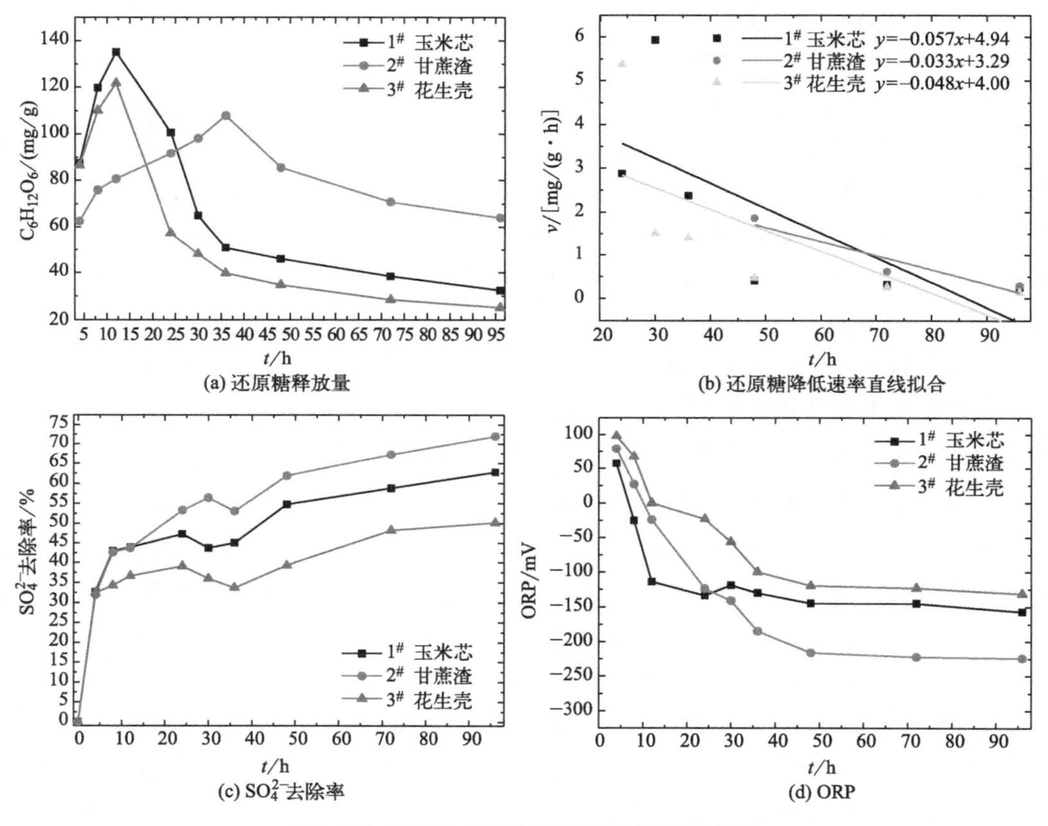

图 3.22　三种生物质材料缓释碳源试验结果

综上，菌株 dzl17 以甘蔗渣为碳源时，一方面，甘蔗渣水解液中还原糖积累量及甘蔗渣的碳源缓释性优于玉米芯和花生壳；另一方面，菌株 dzl17 以甘蔗渣为碳源时生长代谢还原 SO_4^{2-} 能力优于玉米芯和花生壳。

3.4 SRB（菌株 dzl17）以甘蔗渣为碳源条件下的特性试验

鉴于甘蔗渣具有良好的碳源缓释性以及 SRB（菌株 dzl17）在利用甘蔗渣为碳源时表现出良好的生物还原性，后续将研究 SRB（菌株 dzl17）以甘蔗渣为碳源时的生长特性，探究菌株 dzl17 在不同 C/S 值条件下的生长活性、菌株 dzl17 的耐酸性以及对不同梯度浓度的重金属离子的耐受浓度，以期实现菌株 dzl17 利用生物质缓释碳源处理 AMD 的持久性和高效性。

环境工程学常用 COD/SO_4^{2-}值计算 C/S 值，由于生物质水解液中还原糖释放量与 COD 浓度具有一定的比例关系，因此，采用还原糖释放量代替 COD 值计算 C/S 值。菌株 dzl17 和甘蔗渣投加量均按正交试验确定的最优配比，即在 100mL 废水中菌株 dzl17 投加量 71.2mg、甘蔗渣粒径 100 目、甘蔗渣投加量 4.5g。在此条件下探究菌株 dzl17 的生长特性。

（1）甘蔗渣水解液还原糖浓度变化规律

由于生物质材料水解液中糖量积累与转化具有不可控性，为了更准确地确定 C/S 值，现探究甘蔗渣水解液中还原糖释放量变化规律。将 100 目、9g 的甘蔗渣投放于 200mL 蒸馏水中，调节 pH 值为 7，置于 35℃恒温摇床，转速为 100r/min，进行甘蔗渣水解液中还原糖浓度测定。

如图 3.23 所示，试验测得甘蔗渣水解液中糖量最高积累量为 991.81mg/L，以此数据为基准数并用 Na_2SO_4 调节 SO_4^{2-}浓度设定后续试验的 C/S 理论值。

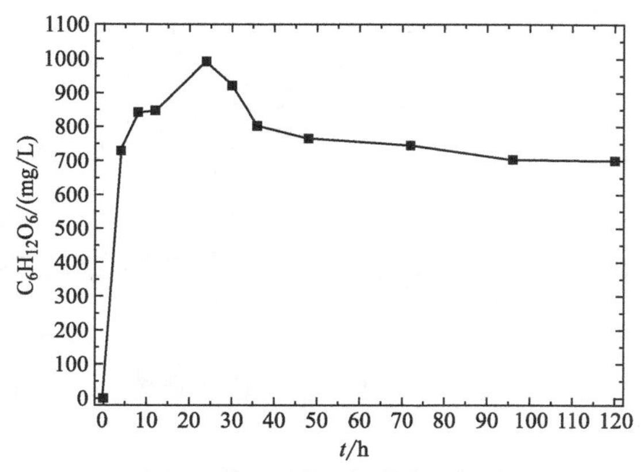

图 3.23　甘蔗渣水解液还原糖浓度变化

（2）菌株 dzl17 的生长曲线

由于甘蔗渣水解时有色度产生，为避免色度对 OD 值法的吸光度产生影响，现采用称重法测定生物量绘制生长曲线。按正交试验确定最优配比投加菌液和甘蔗渣，调节 pH 值为 7.2～7.4，置于 35℃、转速 100r/min 的摇床上恒温培养，每隔一定时间取样过滤。取滤液 10mL，经 4000r/min 离心 30min 后，弃去上清液，用无菌水洗涤菌体，再次离心。将得到的湿菌体置于 60℃下烘干至恒重，测定其生物量，并与以乳酸钠为碳源的培养基中菌株 dzl17 生物量变化对比绘制生长曲线。

图 3.24(a)、(b) 及表 3.32 分别是菌株 dzl17 以乳酸钠（1#）和甘蔗渣（2#）为碳源时生物量变化和生物量变化速率曲线图及其生长规律直观表。由图 3.24(a) 和表 3.32 可知，2# 体系中菌株 dzl17，在 0～12h、12～70h、70～100h 及 100h 以后分别为生长延迟期、对数生长期、稳定期和衰亡期，而以乳酸钠为碳源的 1# 体系中菌株 dzl17，在 0～6h、6～60h、60～70h 及 70h 以后分别为生长延迟期、对数生长期、稳定期和衰亡期。图 3.24(b) 中，虚线 a、b 的左侧分别代表菌株 dzl17 以乳酸钠、甘蔗渣为碳源时的生物量增长速率，右侧分别代表该条件下菌株 dzl17 生物量下降速率。结合表 3.32 可明显地看出，以甘蔗渣为碳源的菌株 dzl17 比以乳酸钠为碳源的菌株 dzl17 生长延迟期时间较长，对数期生长速率较慢 [1#、2# 最大生物量增长速率分别为 18.33mg/(L·h)、12.5mg/(L·h)]，稳定期最大累积生物量也较低（1# 和 2# 分别为 712mg/L、592mg/L），但其衰亡期衰减较缓慢 [在 144h 时 1#、2# 菌株生物量降低速率分别为 7.75mg/(L·h)、3.33mg/(L·h)]。这主要是由于甘蔗渣中纤维素水解为小分子糖类物质的过程影响了 2# 体系中菌株 dzl17 的生长代谢活性，而乳酸钠可被菌株 dzl17 直接利用，使得 1# 体系中菌株 dzl17 代谢活性较强，生长较快。但在衰亡期，由于 2# 体系中甘蔗渣纤维素水解可为菌株 dzl17 提供较持久的碳源，因此，该体系在衰亡期生物量衰减较缓慢。

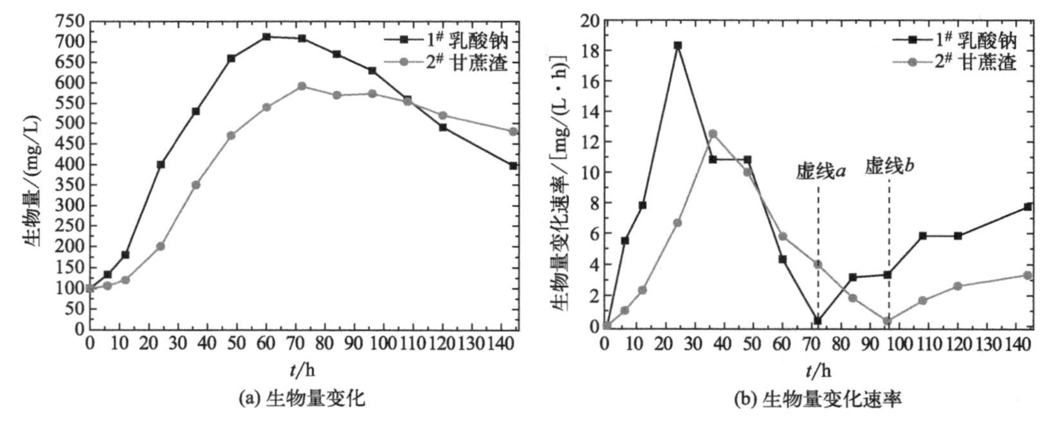

图 3.24　菌株 dzl17 的生长曲线

表 3.32　菌株 dzl17 生长规律直观表

<table>
<tr><th>t/h</th><th>0</th><th>6</th><th>12</th><th>60</th><th>70</th><th>100</th></tr>
<tr><td>1#</td><td>生长延迟期</td><td colspan="2">对数生长期</td><td>稳定期</td><td colspan="2">衰亡期</td></tr>
<tr><td>2#</td><td colspan="2">生长延迟期</td><td colspan="2">对数生长期</td><td>稳定期</td><td>衰亡期</td></tr>
</table>

（3）C/S 值对菌株 dzl17 活性影响

从理论上讲，SRB 在还原 SO_4^{2-} 时要求 COD/SO_4^{2-} 值为 0.67。本试验以还原糖值代替COD值计算C/S值，考察不同C/S值条件下菌株dzl17生长活性。用Na_2SO_4调节只含有Na_2SO_4的废水中SO_4^{2-}浓度，使得C/S值分别为0.42、0.78、1.07、1.51、1.89，按正交试验确定最优配比投加菌液和甘蔗渣，各体系分装在200mL锥形瓶中，密闭后放于恒温摇床，转速为100r/min，35℃条件下培养，调节培养液的pH值为7.2～7.4，每隔一定时间测培养基中剩余SO_4^{2-}浓度、还原糖浓度。绘制水解液中还原糖浓度变化曲线图、SO_4^{2-}浓度变化曲线图、SO_4^{2-}去除率变化曲线图，考察不同C/S值对菌株dzl17活性的影响。

如图3.25所示，实测1#～5#体系中C/S值分别为0.42、0.78、1.07、1.51、1.89。图3.25(a)～(d)分别是不同初始C/S值条件下，1#～5#体系中SO_4^{2-}浓度变化规律、SO_4^{2-}去除率变化规律、还原糖浓度变化规律、还原糖消耗率变化规律。由于体系中SO_4^{2-}的去除主要是初期甘蔗渣的快速吸附和后期菌株dzl17异化还原作用的结果，而还原糖是由纤维素水解的葡萄糖等糖类物质产生的，但当其积累到一定浓度时，又可转化成乙酸、丙醛、糠醛、乙酰丙酸等可被菌株dzl17利用的小分子物质。因此，反应初期在甘蔗渣对SO_4^{2-}的快速吸附作用下，C/S值越大的体系中含甘蔗渣的量越大，初期吸附去除SO_4^{2-}的量大，而在10h之后，甘蔗渣的水解作用增强，导致体系中甘蔗渣水解溶出SO_4^{2-}量增大，使其去除率曲线下降。而后随着菌株dzl17生长代谢活性的增

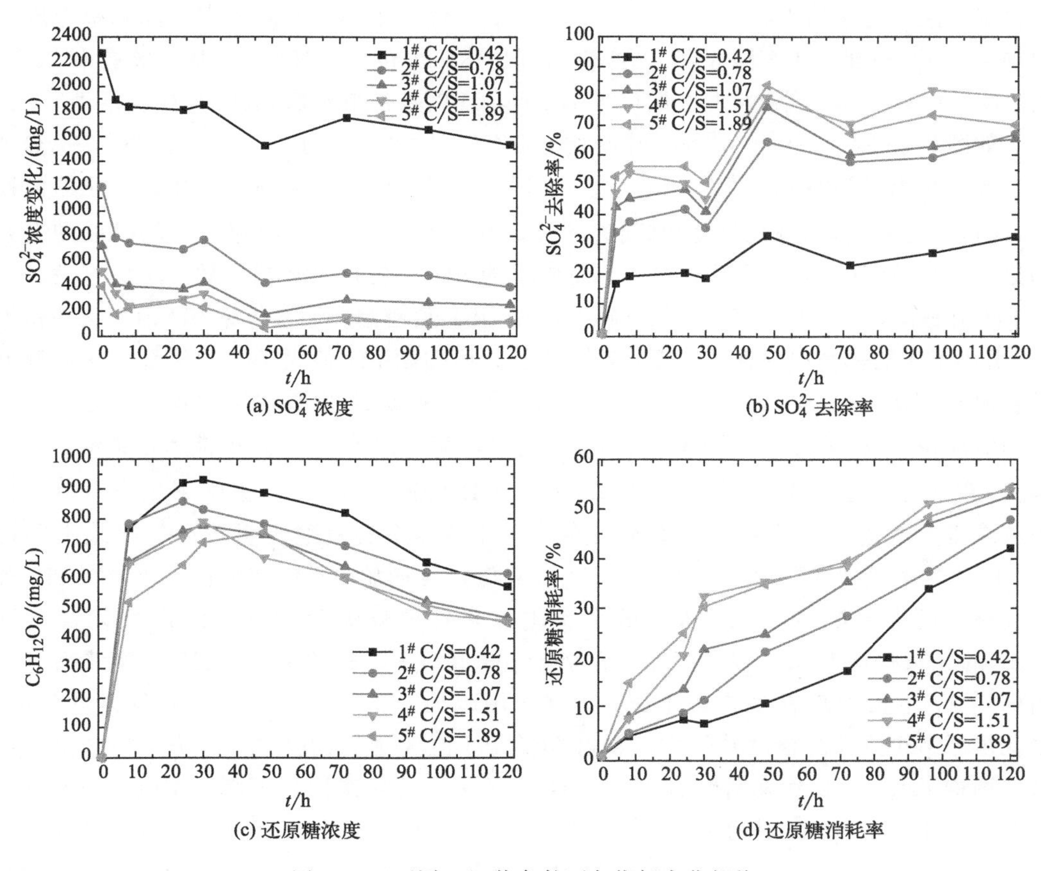

图3.25 不同C/S值条件下各指标变化规律

强，其消耗还原糖和还原 SO_4^{2-} 的量逐渐增大，从而体系中的还原糖消耗量和 SO_4^{2-} 去除率均随时间呈增大趋势。但当 C/S 值降低到 0.42 时，体系中碳源浓度较低，而 SO_4^{2-} 浓度相对较大，抑制了菌株 dzl17 的生长代谢活性，进而还原糖消耗量和 SO_4^{2-} 去除率均较低。而当 C/S 值增大到 1.51 和 1.89 时，体系中碳源充足，且 SO_4^{2-} 浓度相对较低，因此菌株 dzl17 的生长代谢活性较强，还原糖消耗量和 SO_4^{2-} 去除率均较高。在 C/S 值为 1.51 的体系中，对 SO_4^{2-} 的最终去除率为 81.83%，较高于 C/S 值为 1.89 的体系，且二者还原糖浓度变化曲线趋势后期几乎相同。综上，1# ～5# 体系中 SO_4^{2-} 去除率最终分别为 32.5%、67.05%、65.43%、81.83%、73.39%，1# ～5# 体系中还原糖累积浓度最终分别为 517.69mg/L、574.36mg/L、470.08mg/L、458.95mg/L、452.66mg/L，1# ～5# 体系中还原糖消耗率分别为 31.66%、38.19%、39.51%、41.88%、40.03%。综合还原糖累积量、还原糖消耗率和 SO_4^{2-} 去除率变化曲线可知，菌株 dzl17 以甘蔗渣为碳源的最佳 C/S 值为 1.51。

（4）菌株 dzl17 的耐酸性

分别用 1mol/L 的 HCl 和 1mol/L 的 NaOH 调节只含有 Na_2SO_4 的废水的 pH 值为 2.0、3.0、4.0、5.0、6.0、7.0，用 Na_2SO_4 调节 SO_4^{2-} 浓度，使得 C/S 值为 1.51，按正交试验确定最优配比投加菌液和甘蔗渣，各体系分装在 200mL 锥形瓶中，密闭后放于恒温摇床，转速为 100r/min，在温度为 35℃条件下培养，每隔一定时间测模拟废水中剩余 SO_4^{2-} 浓度、还原糖浓度、pH 值和氧化还原电位（ORP），绘制水解液中 SO_4^{2-} 去除率、ORP、pH 值变化曲线图，考察不同 pH 值条件下菌株 dzl17 的生长活性。

如图 3.26 所示，1# ～6# 体系中初始 pH 值分别为 2、3、4、5、6、7。图 3.26(a)～(d) 分别是不同初始 pH 值条件下，1# ～6# 体系中 SO_4^{2-} 去除率、ORP、还原糖消耗率、pH 值变化规律。随着反应时间的延长，各体系对 SO_4^{2-} 去除率曲线均呈波动上升趋势，ORP 值变化曲线呈下降趋势，而体系的 pH 值变化趋势与初始 pH 值有关。初始 pH 值越低，体系中 SO_4^{2-} 去除率越小，其 ORP 值越高，而各体系 pH 值变化在初始 pH 值小于 4 的体系中快速调节至较高 pH 值，而初始 pH 值大于 5 的体系中快速调节至较低 pH 值 4.5。这是由于较低 pH 值抑制了菌株 dzl17 生长代谢过程，引起部分细胞的活性丧失或者死亡，而 SRB 生物活性越弱，其异化还原 SO_4^{2-} 的能力也越弱，相反地其 ORP 值越高，因此，较低 pH 值体系中 ORP 值较高，SO_4^{2-} 去除率较小。由于甘蔗渣纤维素含量高，葡萄糖产酸量较高，因此各体系有机酸含量较高，导致不同初始 pH 值的体系中 H^+ 浓度均增高，pH 值降低，且初始 pH 值较低的体系中，H^+ 含量较高。而由于溶液中 H^+ 浓度的变化主要是甘蔗渣吸附和其水解产酸以及菌株 dzl17 的生长代谢产碱导致，因此，在初始 pH 值小于 4 的体系中，H^+ 浓度较高，使菌株 dzl17 生长代谢活性受到抑制，产碱作用减弱，且甘蔗渣对 H^+ 吸附容量有限，因此体系 pH 值升高幅度并不大。而在初始 pH 值大于 5 的体系中，H^+ 含量相对较低，菌株 dzl17 生长代谢活性较好，结合甘蔗渣的吸附作用，可将 pH 值调节至 4.5 左右。综上，1# ～6# 体系中 SO_4^{2-} 去除率最终分别为 57.93%、67.28%、70.89%、71.22%、75.32%、74.33%，1# ～6# 体系的 ORP 最终分别为 −79mV、−115mV、

−198mV、−210mV、−266mV、−248mV。可见，菌株dzl17可在pH值为2的条件下生长。综合SO_4^{2-}去除率和ORP值变化可知，菌株dzl17以甘蔗渣为碳源的最佳生长pH值为6。

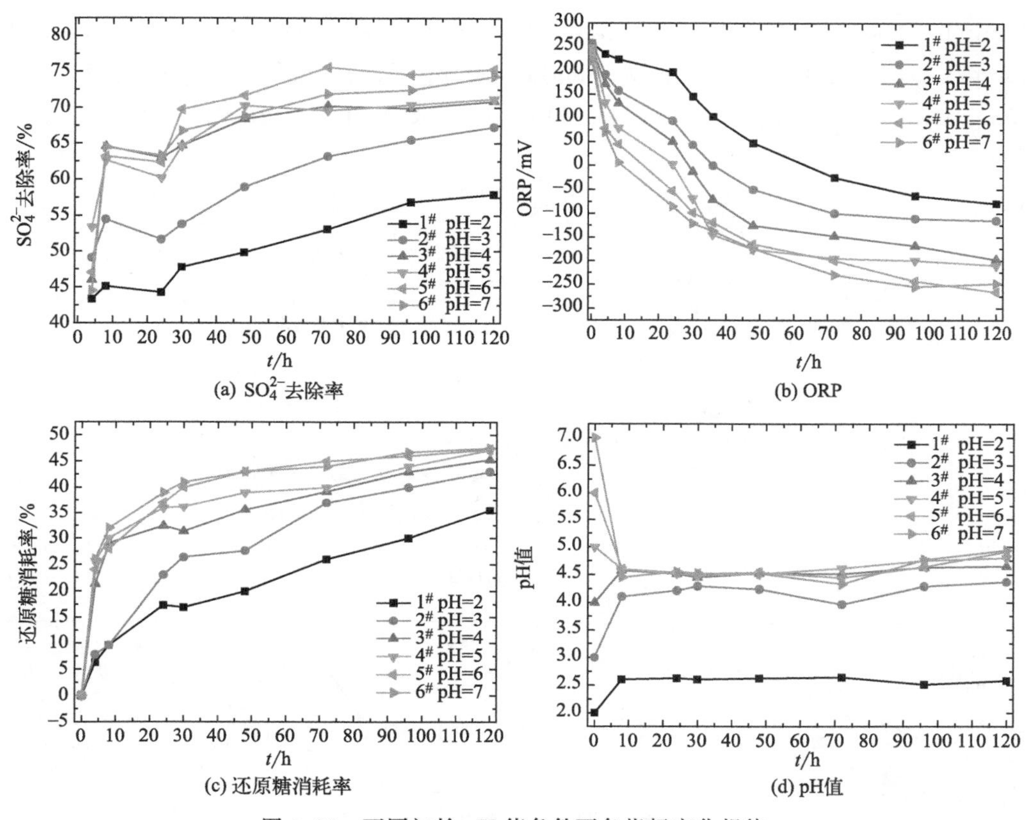

(a) SO_4^{2-}去除率　(b) ORP　(c) 还原糖消耗率　(d) pH值

图3.26　不同初始pH值条件下各指标变化规律

（5）菌株dzl17对不同金属离子的耐受性

由于SRB可以代谢还原溶液中的硫酸盐，使溶液表现出一定的还原性，因此溶液ORP较低。对于传统严格厌氧的SRB菌株，有研究者认为SRB能够进行硫酸盐还原反应的ORP需在−100mV以下，也有研究者认为其生长要求ORP低于−150mV。但有研究者发现某些兼性厌氧的SRB菌株在ORP为−40mV左右时也可以生长[45,46]。基于以上研究，及本试验分离菌株dzl17的兼性厌氧性，探究菌株dzl17对金属离子的最大耐受浓度，以试验体系ORP高于−40mV为菌株dzl17不存活的判断依据。

探究菌株dzl17对Fe^{3+}、Mn^{2+}、Cr(Ⅵ)、Cr^{3+}浓度的耐受性，分别设置只含有Fe^{3+}、Mn^{2+}、Cr(Ⅵ)、Cr^{3+}浓度梯度的废水，用Na_2SO_4调节SO_4^{2-}浓度，使得C/S值为1.51，按正交试验确定最优配比投加菌液和甘蔗渣，各体系分装在200mL锥形瓶中，密闭后放于恒温摇床，转速为100r/min，35℃条件下培养，调节废水pH值为7.0，每隔一定时间测培养基中剩余SO_4^{2-}浓度、还原糖浓度和ORP，考察菌株dzl17

对金属离子的最大耐受浓度。

图 3.27～图 3.30 的 (a)～(c) 分别为不同初始 Fe^{3+}、Mn^{2+}、Cr(Ⅵ)、Cr^{3+} 浓度条件下的 ORP 变化、SO_4^{2-} 去除率变化、还原糖浓度变化曲线。1# ～6# 分别代表不同初始浓度的 Fe^{3+}、Mn^{2+}、Cr(Ⅵ)、Cr^{3+}，即 Fe^{3+} 为 0mg/L、50mg/L、100mg/L、150mg/L、200mg/L、300mg/L，Mn^{2+} 为 0mg/L、25mg/L、50mg/L、100mg/L、150mg/L、200mg/L，Cr(Ⅵ) 为 0mg/L、10mg/L、30mg/L、50mg/L、70mg/L、100mg/L，Cr^{3+} 为 0mg/L、30mg/L、50mg/L、100mg/L、150mg/L、200mg/L。

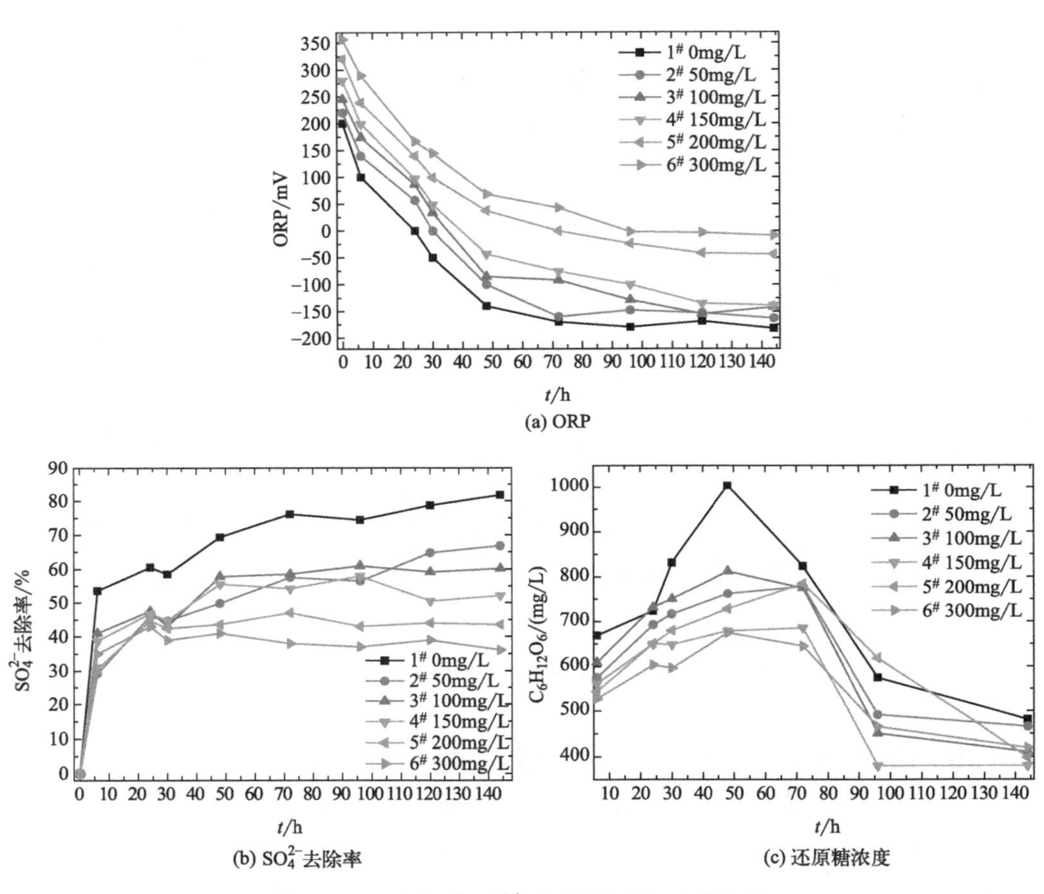

图 3.27 不同初始 Fe^{3+} 浓度下各指标变化规律

如图 3.27～图 3.30 的 (a)、(b)，试验前 30h，不同初始 Fe^{3+}、Mn^{2+}、Cr(Ⅵ)、Cr^{3+} 浓度条件下 1# ～6# 体系中由于甘蔗渣对 SO_4^{2-} 快速吸附使其初期去除率曲线上升较快，随着反应的进行，甘蔗渣吸附量减少，甘蔗渣纤维素水解溶出 SO_4^{2-} 量增多，导致体系在 24h 时 SO_4^{2-} 去除率有所降低。30h 后，在 Fe^{3+}、Mn^{2+}、Cr(Ⅵ)、Cr^{3+} 浓度 ≤200mg/L、150mg/L、70mg/L、100mg/L 的体系中，菌株 dzl17 已经适应试验环境，代谢活性增强并开始大量繁殖，ORP 也逐渐降至较低的负电位，菌株 dzl17 异化还原 SO_4^{2-} 能力逐渐增强，因此 SO_4^{2-} 去除率曲线又缓慢上升。而在 Fe^{3+}、Mn^{2+}、Cr(Ⅵ)、

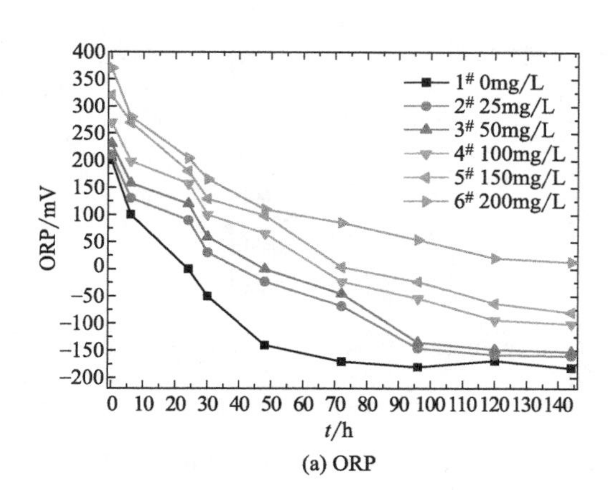

(a) ORP

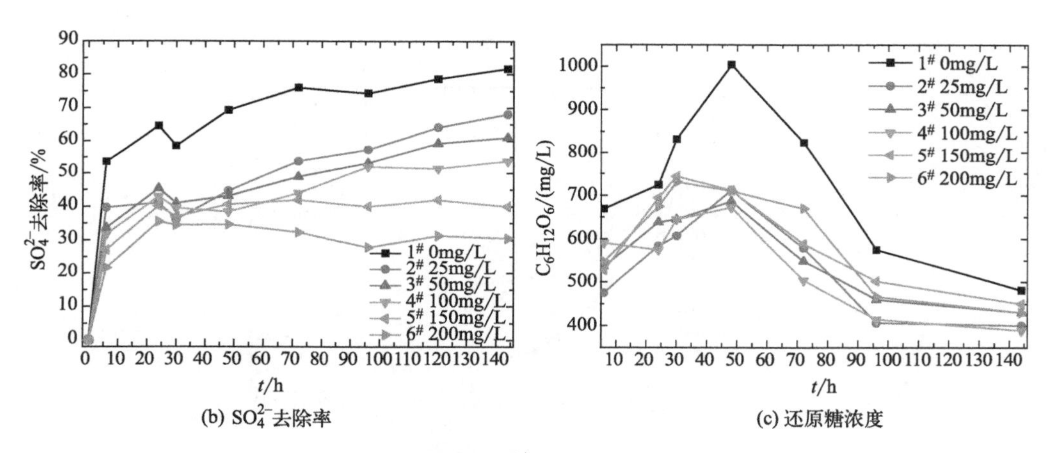

(b) SO_4^{2-}去除率 (c) 还原糖浓度

图 3.28 不同初始 Mn^{2+} 浓度下各指标变化规律

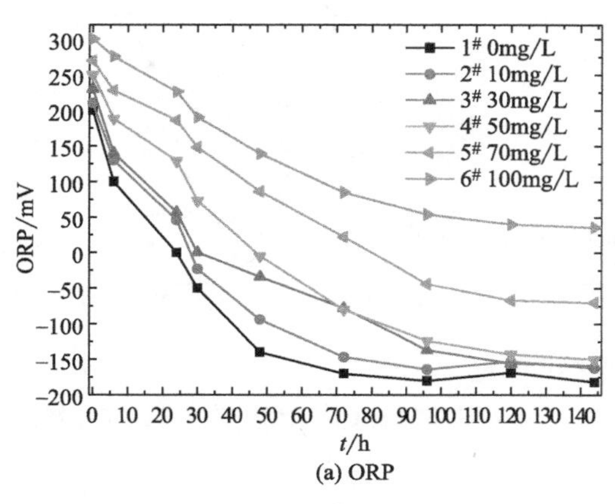

(a) ORP

图 3.29

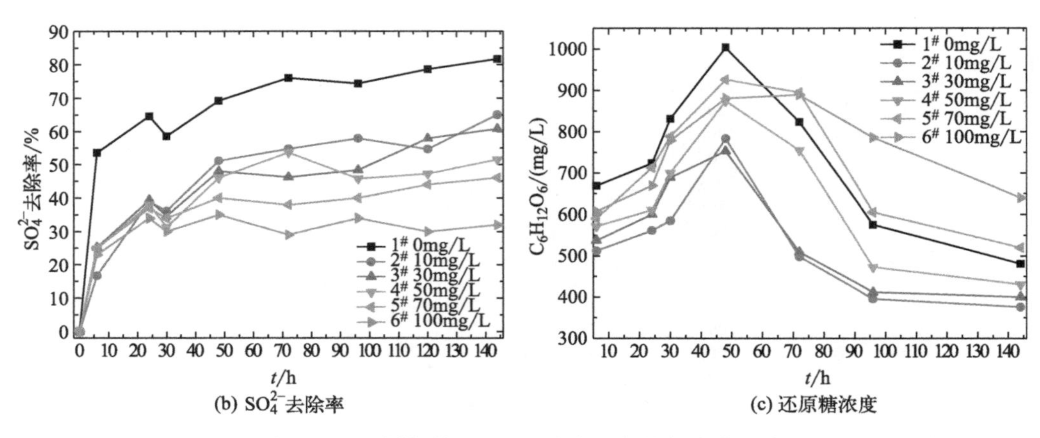

图 3.29　不同初始 Cr(Ⅵ) 浓度下各指标变化规律

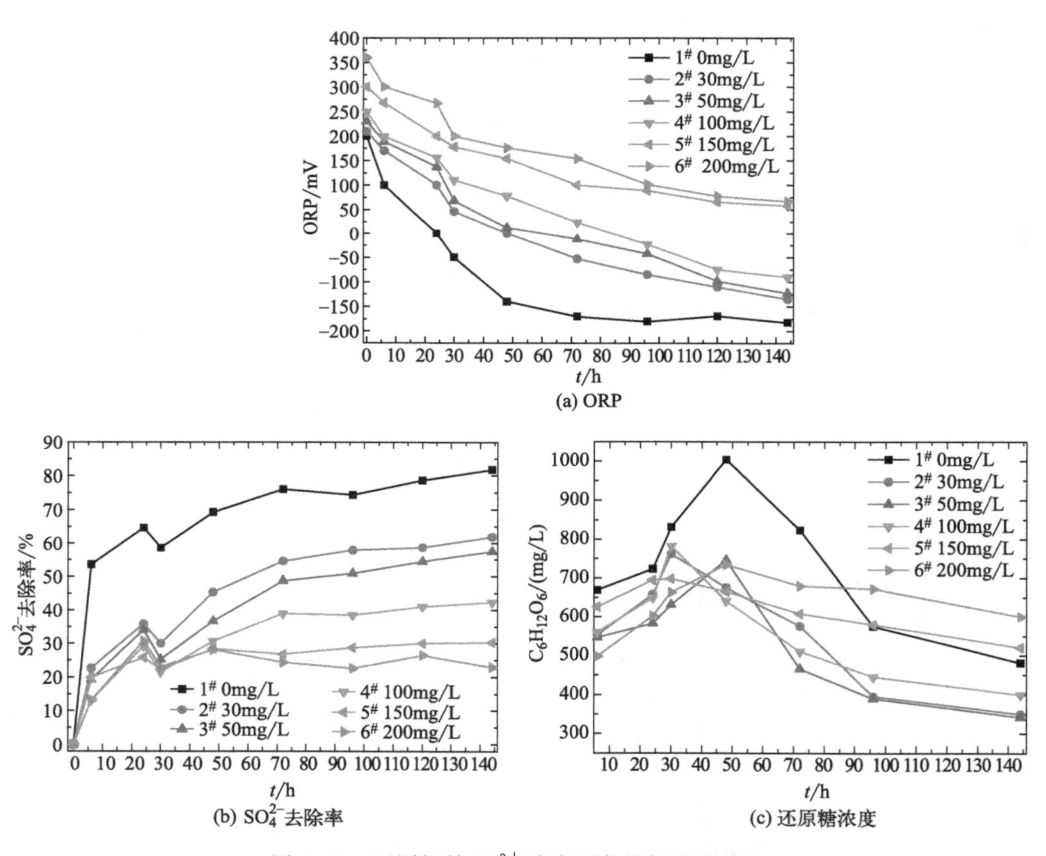

图 3.30　不同初始 Cr^{3+} 浓度下各指标变化规律

Cr^{3+} 浓度分别为 300mg/L、200mg/L、100mg/L 和≥150mg/L 的体系中，由于高浓度重金属离子能明显抑制 SRB 的生物活性，且体系中 ORP 高于－40mV 时已不能满足菌株dzl17的生长环境要求，从而dzl17菌株很难生长繁殖，因此，SO_4^{2-}去除率曲线由于纤维素水解溶出而缓慢下降。如图3.27～图3.30的（c），在有Fe^{3+}、Mn^{2+}、Cr（Ⅵ）、Cr^{3+}存在的2#～6#体系中还原糖积累量普遍低于无重金属离子存在的1#体系。甘蔗渣在初期因表层的纤维素大量水解导致还原糖量迅速上升，后期由于水解产物的二级转化及菌株dzl17的消耗利用，导致还原糖浓度曲线又逐渐下降。由于金属离子对糖配位修饰可改变其电脉迁移率，进而改变糖环分子结构及其异构化，对葡萄糖分解有催化作用，因此，在高浓度金属离子体系中，会加速纤维素的二级转化过程，加快葡萄糖分解，导致高浓度金属离子体系中还原糖积累量较低。

由图3.27可知，在不同初始Fe^{3+}浓度1#～6#体系中，对SO_4^{2-}去除率最终分别为81.74%、66.7%、60.2%、52.1%、43.5%、36%，而ORP值最终分别为－182mV、－163mV、－142mV、－139mV、－44mV、－9mV。由图3.28可知，在不同初始Mn^{2+}浓度1#～6#体系中，对SO_4^{2-}去除率最终分别为81.74%、68.06%、61.04%、53.68%、40.2%、30.54%，而ORP值最终分别为－182mV、－160mV、－152mV、－101mV、－80mV、13mV。由图3.29可知，在不同初始Cr（Ⅵ）浓度1#～6#体系中，对SO_4^{2-}去除率最终分别为81.74%、65.06%、60.79%、51.55%、46.1%、32.23%，而ORP值最终分别为－182mV、－162mV、－159mV、－150mV、－70mV、36mV。由图3.30可知，在不同初始Cr^{3+}浓度1#～6#体系中，对SO_4^{2-}去除率最终分别为81.74%、61.88%、57.49%、42.31%、30.27%、22.88%，ORP值最终分别为－182mV、－135mV、－123mV、－90mV、58mV、67mV。因此，综合SO_4^{2-}去除率和ORP值，以甘蔗渣为碳源的菌株dzl17最大耐受Fe^{3+}、Mn^{2+}、Cr（Ⅵ）、Cr^{3+}浓度可确定为200mg/L、150mg/L、70mg/L、100mg/L。

3.5 SRB（菌株dzl17）以不同生物质为碳源处理AMD动态试验

依据正交试验确定的SRB（菌株dzl17）生物量、生物质材料粒径及其投加量的最优配比，分别构建以玉米芯、甘蔗渣、花生壳为碳源的1#、2#和3#动态柱，以便考察菌株dzl17在以不同生物质材料为碳源的条件下处理AMD的有效性及其规律。

试验动态柱采用高150mm、内径55mm的圆柱形有机玻璃管，内部上下各装填有粒径为10mm、高为90mm的砂砾层和粒径为3～5mm、高为10mm的石英砂层，其中间装填有粒径为60目、高为100mm的玉米芯，粒径为100目、高为200mm的甘蔗渣，粒径为100目、高为200mm的花生壳，分别构成1#、2#和3#动态柱。模拟AMD的废水和dzl17菌液均采用自下而上连续运行的方式，进水量用蠕动泵和流量计调节控制。试验装置如图3.31所示，试验装置装填及其运行参数如表3.33所列，试验进水水质如表3.34所列。

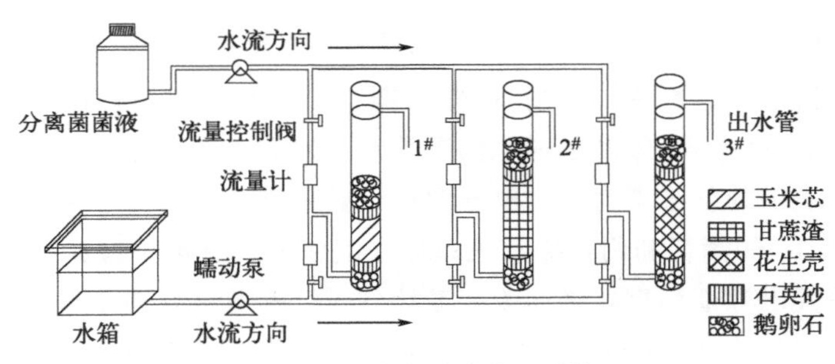

图 3.31　动态试验装置系统

表 3.33　3 个动态柱装填及运行参数

生物质材料	粒径/目	投加量/g	菌液日投加量/(mL/d)	废水日进水量/(mL/d)
玉米芯(1#)	60	47.40	203.13	1354.22
甘蔗渣(2#)	100	60.94	135.42	1354.22
花生壳(3#)	100	60.94	203.13	1354.22

表 3.34　试验水样水质

进水指标	SO_4^{2-} 浓度/(mg/L)	Mn^{2+} 浓度/(mg/L)	Fe^{3+} 浓度/(mg/L)	Cr(Ⅵ) 浓度/(mg/L)	Cr^{3+} 浓度/(mg/L)	pH 值
数值	880±40	24±2	98±2	9.8±0.3	18±1.5	4.1±0.2

(1) 菌株 dzl17 生长代谢活性规律

图 3.32(a) 是动态试验 SO_4^{2-} 浓度和去除率变化规律，试验进水 SO_4^{2-} 浓度为 (880±40)mg/L。前 10d，1#、2#、3# 动态柱出水 SO_4^{2-} 浓度在 407.61～772.16mg/L 范围内波动，对 SO_4^{2-} 去除率波动范围较大，为 11.4%～52.93%。10d 后，1#、2#、3# 动态柱出水中 SO_4^{2-} 浓度开始逐渐下降，SO_4^{2-} 去除率逐渐升高，1# 柱在第 15 天时 SO_4^{2-} 去除率最高为 56.35%，2# 柱在第 14 天时 SO_4^{2-} 去除率最高为 61.63%，3# 柱在第 22d 时 SO_4^{2-} 去除率最高为 46.49%。22 天后，1#、2#、3# 柱出水中 SO_4^{2-} 浓度逐渐升高，SO_4^{2-} 去除率逐渐降低，最终 SO_4^{2-} 去除率分别为 12%、27.56%、20.15%。图 3.32(b) 是动态试验 ORP 变化规律，前 10d，1#、2#、3# 动态柱中 ORP 均高于 0mV。10d 以后 1#、2#、3# 动态柱中 ORP 逐渐下降，1# 柱在第 15 天时 ORP 下降至最低值为 −100mV，2# 柱在第 17 天时 ORP 下降至最低值为 −246mV，3# 柱在第 19 天时 ORP 下降至最低值为 −234mV。1# 柱在第 19 天开始 ORP 逐渐升高，2#、3# 柱在第 22 天后 ORP 逐渐升高，最终 1#、2#、3# 柱 ORP 分别为 192mV、−117mV、−96mV。结合图 3.32(a) 和图 3.32(b) 分析，前 10d，1#、2#、3# 动态柱中菌株 dzl17 为缓慢挂膜的生长适应期，OPR 较高，SO_4^{2-} 去除率较低。由于玉米芯、甘蔗渣、花生壳对 SO_4^{2-} 存在吸附及 SO_4^{2-} 随着纤维素水解的溶出，导致前期 SO_4^{2-} 浓度波动范围较大。10～22d，菌株 dzl17 能够较好地适应环境，对 SO_4^{2-} 表现出较好的还原性，出水 ORP 降至 −150mV 以下，SO_4^{2-} 去除率逐渐升高。22d 后，1#、3# 柱由于碳源供应不

足，出水ORP和SO_4^{2-}浓度均升高，说明此时菌株dzl17活性较弱，2#最终ORP均在−100mV左右，SO_4^{2-}去除率较高，说明2#柱能够提供较持久碳源，菌株dzl17对以甘蔗渣为碳源的动态试验表现出良好的适应性。

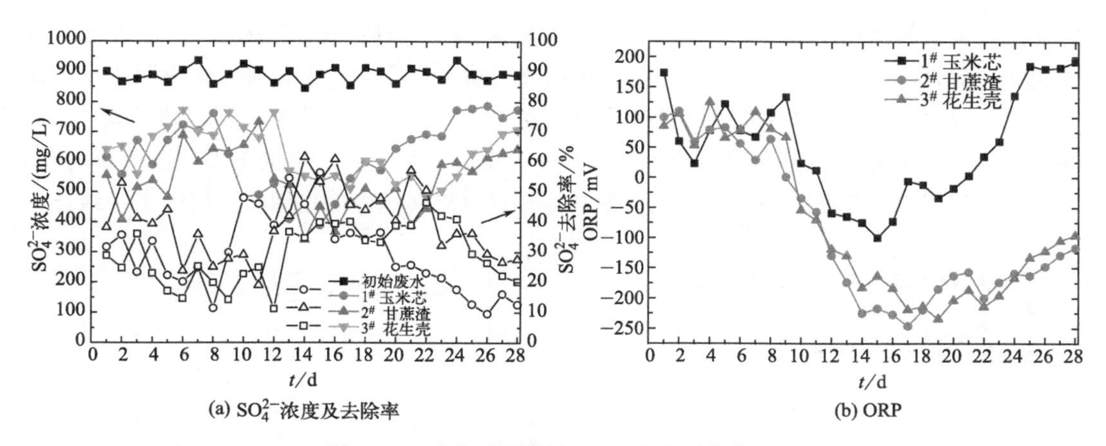

(a) SO_4^{2-}浓度及去除率　　(b) ORP

图3.32　动态试验菌株dzl17生长活性指标

(2) 重金属离子浓度及去除率变化规律

图3.33(a)是动态柱出水Fe^{3+}浓度和去除率变化规律，试验进水Fe^{3+}浓度为(98±2)mg/L。整个试验过程中，1#、2#、3#动态柱出水中Fe^{3+}浓度一直低于1mg/L，最终对Fe^{3+}去除率分别为100%、99.81%，99.79%。图3.33(b)是动态试验出水Mn^{2+}浓度和去除率变化规律，试验进水Mn^{2+}浓度为(24±2)mg/L。1#柱，第1天，出水Mn^{2+}浓度最低，去除率达82.2%，之后Mn^{2+}浓度逐渐升高，并保持在(12.5±3)mg/L，16d以后出水Mn^{2+}浓度再次降低，去除率升高。2#、3#柱，前6d，出水Mn^{2+}浓度下降，最低去除率分别为36.36%、43.45%，6d后出水Mn^{2+}浓度均逐渐升高，从第16天开始，出水Mn^{2+}浓度逐渐降低，Mn^{2+}去除率逐渐升高，1#、2#、3#柱最终对Mn^{2+}去除率分别为91.74%、72.35%、71.54%。图3.33(c)是动态试验出水Cr(Ⅵ)浓度和去除率变化规律，试验进水Cr(Ⅵ)浓度为(9.8±0.3)mg/L。1#、2#、3#动态柱，前12d，出水Cr(Ⅵ)浓度均低于1.3mg/L，去除率在70%～90%，13～18d，出水Cr(Ⅵ)浓度均小幅度上升，去除率降低，18d以后，出水Cr(Ⅵ)浓度再次降低且均在1mg/L以下，最终对Cr(Ⅵ)的去除率分别为98.6%、96.8%、96.2%。图3.33(d)是动态试验出水Cr^{3+}浓度和去除率变化规律，试验进水Cr^{3+}浓度为(18±1.5)mg/L。1#、2#、3#柱，前10d，出水Cr^{3+}浓度逐渐下降，但1#柱出水Cr^{3+}浓度高于2#、3#柱，在第10天，对Cr^{3+}去除率分别为92.17%、92.17%、96.63%，10d后，出水Cr^{3+}浓度均逐渐下降，最终对Cr^{3+}去除率分别为99.4%、100%、100%。结合图3.33(a)～(d)分析，整个试验过程中，1#、2#、3#动态柱均对Fe^{3+}和Cr(Ⅵ)表现出非常好的去除效果，最终去除率接近100%；对于Mn^{2+}和Cr^{3+}的去除，前期去除率处于波动状态，后期也达到较高的去除率。重金属离子一部分通过生物质材料的吸附作用被去除，一部分通过硫酸盐还原菌代谢终产物S^{2-}

与重金属反应，生成溶解度非常低的金属硫化物被去除。对于 Fe^{3+} 和 Cr(Ⅵ) 在整个试验过程中均表现出较高的去除效果，可能是生物质材料对其吸附主要以化学吸附为主，反应过程中出水 Fe^{3+} 和 Cr(Ⅵ) 浓度并未出现较大波动。而 Mn^{2+} 和 Cr^{3+} 在试验前期出现很大的浓度波动现象，可能是生物质材料对其吸附以物理吸附为主导，随着纤维素的水解过程容易出现被吸附离子反溶现象，试验 10d 后，菌株 dzl17 适应试验环境并开始较好地代谢硫酸盐，此时，Mn^{2+} 和 Cr^{3+} 通过与菌株代谢终产物 S^{2-} 反应生成金属硫化物脱离反应体系，实际观察到，在试验一周后 3 个动态柱开始出现黑色金属硫化物沉淀，说明对 Mn^{2+} 和 Cr^{3+} 的去除以硫酸盐还原菌的生物还原为主。此外，微生物产生的 EPS（胞外聚合物）含有大量的阴离子基团（羧基、羟基及氨基等）也可以通过静电作用与金属阳离子结合。

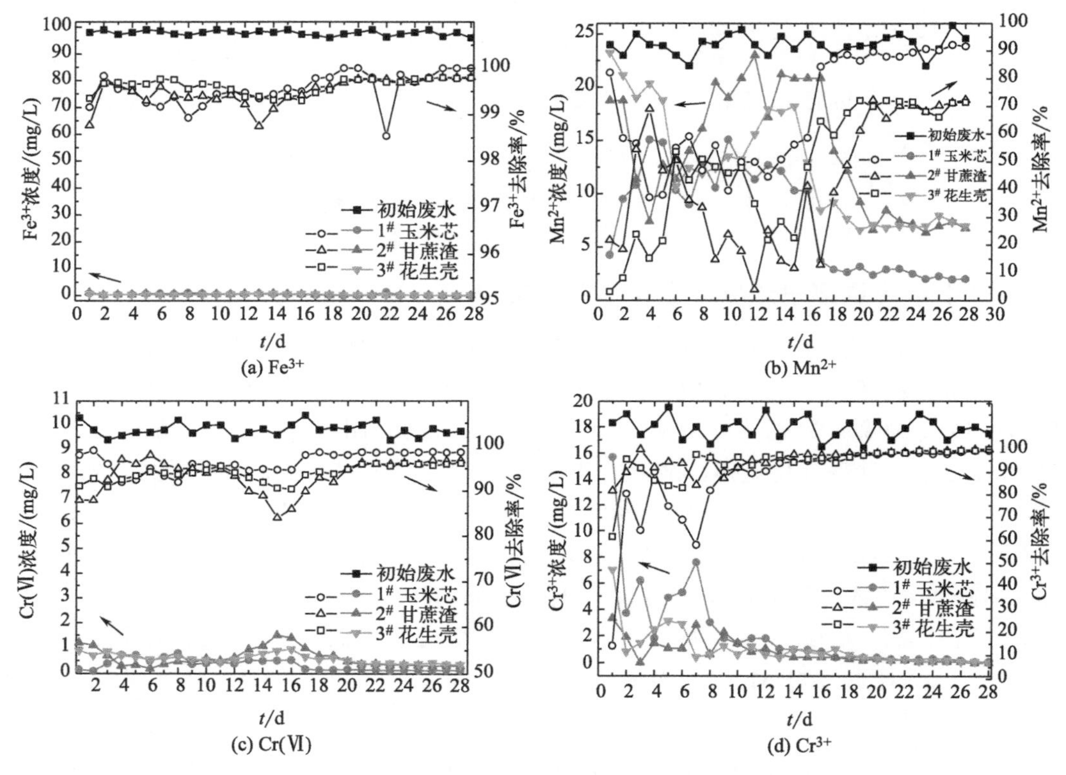

图 3.33 动态试验重金属离子浓度和去除率变化规律

（3）pH 值变化规律

图 3.34 是动态试验 pH 值变化规律，试验进水 pH 值为 4.1±0.2。1#、2#、3# 动态柱，前 12d，pH 值均逐渐上升，第 14 天，出水 pH 值分别为 5.49、6.72、6.49。1# 柱出水 pH 值在 12～16d 达到一定的稳定范围，为 5～5.49，呈弱酸性，16 天之后出水 pH 值在 4 左右。2# 柱出水 pH 值在 12～22d 达到一定的稳定范围，为 6.38～7.3，已达到中性，22d 以后出水 pH 值逐渐下降，试验结束出水 pH 值仍保持在 6 左右。3# 柱出水 pH 值在 12～22d 达到一定的稳定范围，为 5.80～6.83，接近中性，22d 之后出水 pH 值逐渐降低，试验结束出水 pH 值保持在 5.5 左右。由于生物质材料对

H^+有吸附作用，且硫酸盐还原菌代谢硫酸盐过程中会降低酸度，因此 1#、2#、3# 体系能有效缓冲溶液中 H^+ 的浓度变化。结合 3.2 部分中图 3.12(d)、图 3.13(d)、图 3.14(d)，在不同初始 pH 值条件下，玉米芯和花生壳可以将不同初始 pH 值最终调节为中性，而甘蔗渣对 pH 值的调节作用相对较弱。而图 3.34 中，2#、3# 柱对 pH 值调节较好，且 2# 柱优于 3# 柱，这是由于在以甘蔗渣为碳源条件下，菌株能够较好地还原硫酸盐降低酸度，提高出水 pH 值。试验后期出水 pH 值仍保持在 6 左右，说明了甘蔗渣的碳源缓释性能优于玉米芯和花生壳，能提供较持久碳源，供 SRB 生长代谢。

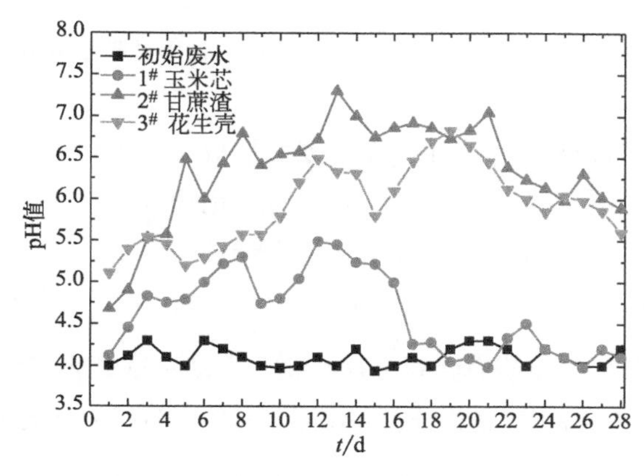

图 3.34　动态试验 pH 值变化规律

（4）SEM 分析

试验用 SEM 来观察动态试验运行前后玉米芯、甘蔗渣、花生壳表面微观形貌。对经干燥磨粉后的各生物质材料进行外表面结构扫描，得出动态试验前后玉米芯、甘蔗渣、花生壳结构特征的电镜图像，如图 3.35、图 3.36 所示。

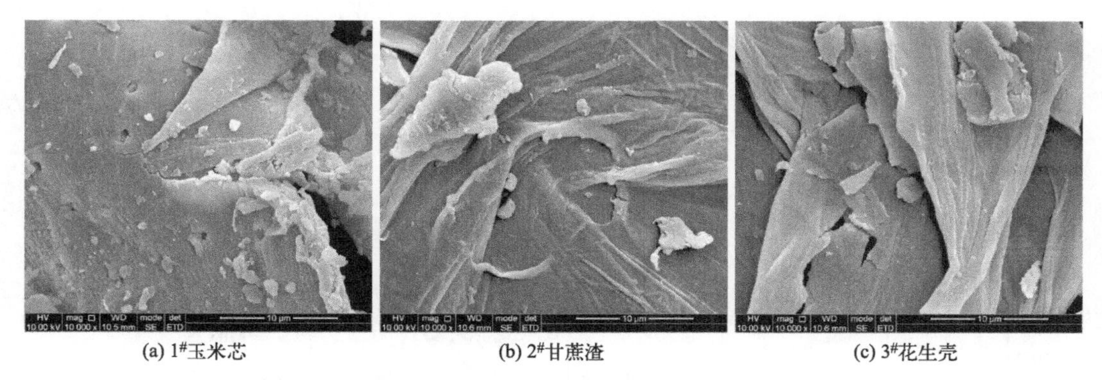

(a) 1#玉米芯　(b) 2#甘蔗渣　(c) 3#花生壳

图 3.35　电镜扫描动态柱运行前生物质材料结构图

图 3.35、图 3.36 分别是电镜扫描动态柱运行前后 1#、2#、3# 柱生物质材料结构图，放大倍数为 1 万倍。如图 3.35(a)～(c)，玉米芯、甘蔗渣、花生壳表面形态结构完整，有少量生物质粉末附着在材料上。如图 3.36(a)～(c) 所示，玉米芯、甘蔗渣、

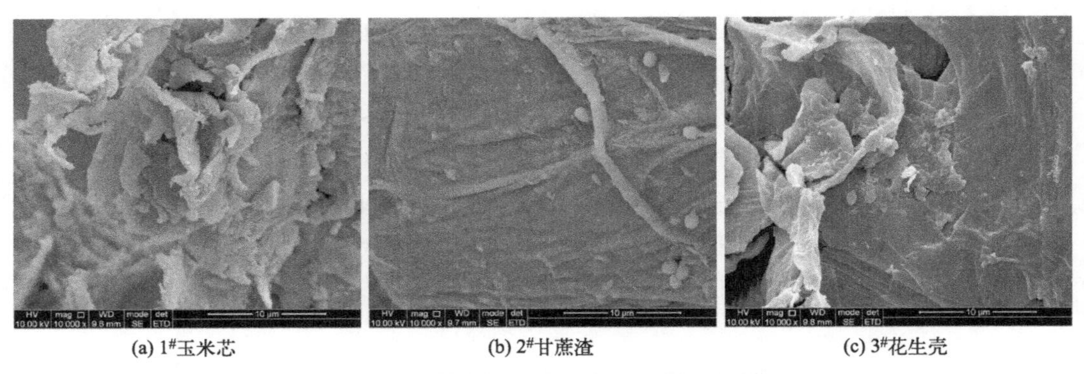

(a) 1#玉米芯　(b) 2#甘蔗渣　(c) 3#花生壳

图 3.36　电镜扫描动态柱运行后生物质材料结构图

花生壳表面形态结构均被破坏，并且已经在表面形成了一些纳米级团聚物。说明重金属离子与菌株代谢硫酸盐终产物 S^{2-} 反应生成金属硫化物，形成了纳米级沉淀物，菌株利用玉米芯、甘蔗渣和花生壳为碳源进行生长代谢活动。

（5）XRD 分析

XRD 利用 X 射线衍射现象研究物相晶体结构，本动态试验将反应前后的玉米芯、甘蔗渣、花生壳干燥磨粉，进行 XRD 物相分析并作图。其反应前后主要化学成分如图 3.37 所示。

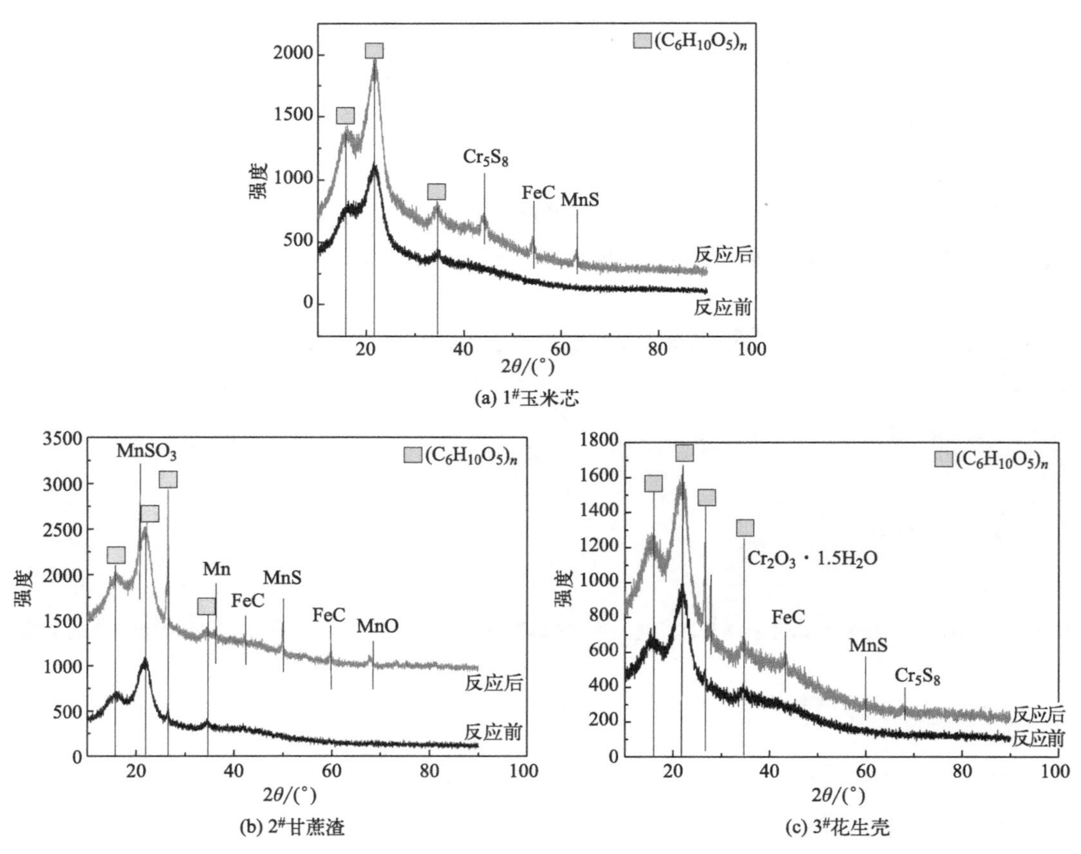

(a) 1#玉米芯

(b) 2#甘蔗渣　(c) 3#花生壳

图 3.37　动态柱反应前后生物质材料 XRD 分析

图3.37是动态柱反应前后1#、2#、3#动态柱中生物质材料物相分析图。试验反应前1#、2#、3#动态柱中只含有C、H、O元素，试验反应后1#、2#、3#动态柱中都含有Fe、Mn、Cr、S、C、H、O元素。C、H、O是生物质材料的基本组成元素，Fe、Mn、Cr是废水中的元素。其中，Fe元素主要以和生物质材料中的碳形成碳化物的形式脱离反应体系，说明本试验中Fe元素主要通过生物质材料的化学吸附方式被去除，Mn和Cr元素主要以硫化物沉淀形式脱离反应体系，也存在氧化物形态，说明Mn和Cr元素的去除主要是与SRB代谢硫酸盐的终产物发生沉淀反应，部分Mn和Cr元素也存在生物质材料吸附反应。

第4章

SRB固定化颗粒制备技术及其处理矿山酸性废水研究

AMD具有持续时间长、成分复杂、污染严重的特点，已成为世界范围内首要的环境污染问题。传统的AMD处理技术中化学中和法、人工湿地法已在实践中被证明存在诸如能耗高、效率低、处理不彻底等缺陷，因此，寻求技术可行、经济合理、环境友好的处理新方法势在必行。自1930年Elion发表一篇系统介绍SRB的论文以来，许多研究成果验证了SRB在矿山酸性废水处理中的有效性和经济性，并进行了一系列开发研究，取得了丰硕的成果。但是，SRB易受酸度、重金属和碳源等影响，导致现阶段仍未实现SRB处理AMD技术大规模的工业应用。第3章验证了玉米芯、甘蔗渣等农业固体废弃物可以作为SRB的生物质碳源，促进SRB的生长和代谢。本章将基于微生物固定化技术，将SRB污泥与生物质碳源、麦饭石、铁屑有机结合在一起，利用污泥中的水解微生物实现内聚碳源的缓释，同时结合麦饭石和铁屑对pH值双向调节能力，既可克服低pH值和高浓度重金属离子对SRB的直接抑制，又可避免外加营养物不完全利用造成的有机污染。通过优化SRB固定化颗粒制备条件，研究SRB固定化颗粒代谢过程，分析颗粒处理AMD能力，建立起SRB固定化微生物技术在AMD处理中应用的初步理论与实践参数。该技术的建立与应用势必对解决我国矿区水资源矛盾的现状具有重要的经济效益、环境效益和社会效益。

4.1 SRB固定化颗粒制备技术优化

低pH值、高浓度重金属离子抑制以及持续的碳源投加等问题是造成目前SRB未能大规模工程应用的主要原因[47-49]。微生物固定化技术能够营造适宜的微环境，已成为解决上述问题最有效的措施之一。针对现阶段应用较多的PVA-硼酸包埋交联法对微生物活性损伤严重的缺陷，选用廉价的农业废弃物玉米芯为缓释碳源，添加铁屑和麦饭石增强SRB抵抗硼酸抑制的能力，并提供微量营养元素，将经过驯化使SRB成为优势菌种的污泥与上述三种材料一同包埋固定，通过研究各材料的最优配比，分析交联过程中SRB固定化颗粒特性的变化规律，确定合理的交联时间，使制得的SRB固定化颗粒具有良好的操作稳定性与催化活性。

（1）SRB固定化颗粒制备技术优化方法

SRB固定化颗粒制备方法为：将一定量的PVA与海藻酸钠加入蒸馏水中，密封后在室温下充分溶胀24h，然后在90℃的恒温水浴锅内加热，并不断搅拌，直至凝胶中无气泡；将称量好的玉米芯（粒径<100目）、铁屑（粒径为10～30目）和麦饭石（取自辽宁阜新，粒径为0.6～0.25mm）缓缓加入凝胶中，搅拌均匀后从水浴锅中取出，冷却至（37±1）℃；将SRB污泥悬浊液经3000r/min离心10min，倾出上清液后，称量所需污泥加入上述混合物中，再充分搅拌均匀；用注射器吸取混合物，滴入含2%$CaCl_2$、pH值为6.0的饱和硼酸溶液中，在室温下以100r/min的搅拌速率交联4h；取出SRB固定化颗粒，用0.9%的生理盐水清洗3遍，吸干表面水分后，在4℃环境中密闭保存；SRB固定化颗粒使用前，在厌氧条件下用改进型Starkey式培养基去掉有机物后的溶液激活12h，以使SRB固定化颗粒富集足够的无机生长因子。SRB固定化颗粒制备流程如图4.1所示。

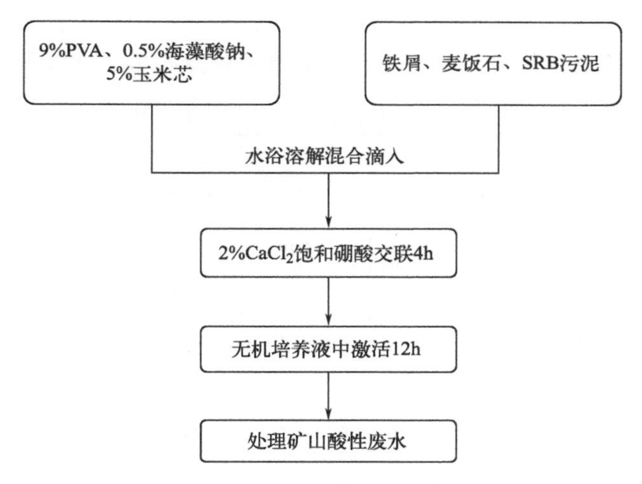

图4.1 SRB固定化颗粒制备流程

SRB固定化颗粒性能优化方法为：从SRB固定化颗粒的催化活性和操作稳定性两方面进行SRB固定化颗粒性能优化研究，其中以SO_4^{2-}还原率表示SRB固定化颗粒活性，以处理中光密度（OD_{600}值）和膨胀率表示SRB固定化颗粒稳定性。具体试验方法为：依据正交试验确定的各种材料在固定化过程中的最优配比，设置两组对比试验。A组采用PVA-硫酸盐法，即混合凝胶先在含2%$CaCl_2$的饱和硼酸溶液中交联1h，再于0.5mol/L的Na_2SO_4溶液中交联若干小时。B组仍采用PVA-硼酸法，即仅用含2%$CaCl_2$的饱和硼酸溶液为交联剂。在相同的条件下（室温、100r/min），将含有SRB污泥的混合凝胶滴入A组交联剂中，制备交联时间分别为2h、4h、8h、19h和24h的SRB固定化颗粒，记录SRB固定化颗粒处理前的直径，按固液比1g/10mL向125mL具塞锥形瓶中加入A组SRB固定化颗粒和AMD，盖上瓶塞，在30℃、100r/min的恒温摇床内反应。每间隔一段时间测量各溶液中的OD_{600}值，经0.22μm滤膜过滤后，测量试验结束时溶液中污染物的浓度和SRB固定化颗粒处理后的直径，计算去除率以及SRB固定化颗粒膨胀率，以同样的操作制备B组SRB固定化颗粒，并进行相同试验研究。

开展$L_9(3^4)$正交试验，设定的影响因素为铁屑、麦饭石和SRB污泥含量，各因素的水平设置如表4.1所列。以水样处理后污染物去除率为评价指标，进行方差分析，确定SRB固定化颗粒制备的各材料最优配比。各批次试验所制SRB固定化颗粒中都含9%PVA、0.5%海藻酸钠和5%玉米芯。

表4.1 正交试验因素水平

水平	因素		
	SRB污泥含量(A)/%	铁屑含量(B)/%	麦饭石含量(C)/%
1	10	1	1
2	20	2	2
3	30	3	3

SRB固定化颗粒制备技术优化后的正交试验结果分析如表4.2所列。

表4.2 $L_9(3^4)$试验设计与结果分析

试验	SRB污泥含量(A)/%	铁屑含量(B)/%	麦饭石含量(C)/%	SO_4^{2-}去除率/%	Mn^{2+}去除率/%	TFe残余量/(mg/L)	pH值	COD/(mg/L)
1	10	1	1	37.56	79.69	6.33	7.5	1848
2	10	2	2	67.64	71.74	6.45	7.4	1766
3	10	3	3	66.87	66.45	8.38	7.3	1152
4	20	1	2	74.93	77.59	7.00	6.8	1710
5	20	2	3	93.34	81.24	6.85	7.0	1832
6	20	3	1	79.86	80.35	5.63	7.1	1370
7	30	1	3	94.44	78.66	2.05	6.9	1460
8	30	2	1	94.67	70.70	1.98	7.0	2006
9	30	3	2	94.39	78.50	2.13	7.0	2260

由表4.2可知，各批次试验的pH值介于6.8～7.5之间，在中性范围上下波动，试验结束后COD介于1152～2260mg/L之间，水样中均剩余较高浓度的有机物未被利用，这反映出该法固定的SRB固定化颗粒具有良好的提升pH值和水解玉米芯产生可溶性有机物的能力。对表4.2中TFe残余量变化规律的初步分析发现，SRB污泥含量对溶液中TFe浓度影响较大。

SRB 污泥含量对残余 TFe 的影响及优化条件下 SO_4^{2-} 与 Mn^{2+} 的变化规律如图 4.2 所示。

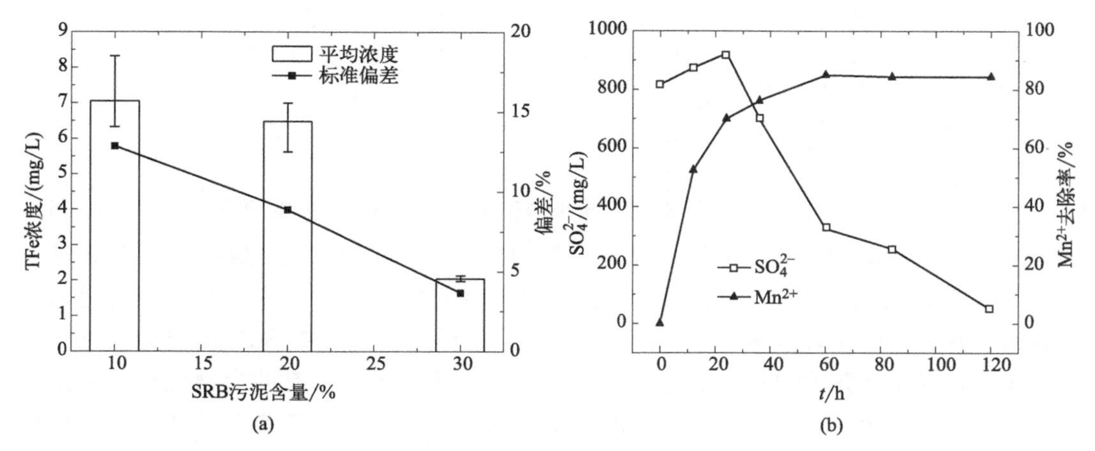

图 4.2 SRB 污泥含量对残余 TFe 的影响及优化条件下 SO_4^{2-} 与 Mn^{2+} 变化规律

由图 4.2(a) 可知，在 SRB 污泥含量相同的前提下，各批次试验中 TFe 浓度标准误差都不足 15%，并且所含 SRB 污泥的量越多，标准误差越小，含量为 30%时，标准误差仅为 3.66%，可见铁屑的反应产物 Fe^{2+}、Fe^{3+} 能在 SRB 固定化颗粒内部被固定去除，增加 SRB 污泥含量能够减小因铁屑的投加而对溶液中残余 TFe 产生的冲击。随着 SRB 污泥含量的升高，溶液中 TFe 浓度依次降低，含量为 10%时，TFe 浓度为 7.05mg/L，是含量为 30%对应的 2.05mg/L 的 3 倍多。SRB 污泥能有效地降低溶液中 TFe 的浓度，这是因为 SRB 异化还原 SO_4^{2-} 生成的 H_2S 与 Fe^{2+}、Fe^{3+} 反应生成金属硫化物沉淀；该过程又能产生碱度，提高废水 pH 值，使 Fe^{2+}、Fe^{3+} 转化成氢氧化物沉淀；另外，污泥内各种微生物细胞表面负电性和分泌的胞外物质对 Fe^{2+}、Fe^{3+} 也有较好的静电吸附及生物絮凝作用。

但是，在试验过程中发现，随着 SRB 污泥含量的增加，包埋 SRB 固定化颗粒制作越来越困难，且有研究表明污泥用量越多，所制 SRB 固定化颗粒的扩散性越差，因此，设定正交试验中污泥最高含量为 30%。对 SO_4^{2-} 和 Mn^{2+} 的方差分析如表 4.3 和表 4.4 所列。

表 4.3 SO_4^{2-} 方差分析

方差来源	平方和	自由度	均方	F	F_a	显著性
SRB 污泥含量(A)	2161.36	2.00	1080.68	45.04	$F_{0.05}(2,2)=19$	*
铁屑含量(B)	417.10	2.00	208.55	8.69	$F_{0.01}(2,2)=99$	⊙
麦饭石含量(C)	304.95	2.00	152.47	6.36	$F_{0.1}(2,2)=9$	⊙
误差(e)	47.99	2.00	23.99		$F_{0.2}(2,2)=4$	
总和	2931.40	8.00				

注：*，$P\leqslant 0.05$，显著；⊙，不显著。

表 4.4 Mn^{2+} 方差分析

方差来源	平方和	自由度	均方	F	F_a	显著性
SRB 污泥含量(A)	75.73	2.00	37.87	0.72	$F_{0.05}(2,2)=19$	⊙
铁屑含量(B)	29.60	2.00	14.80	0.28	$F_{0.01}(2,2)=99$	⊙
麦饭石含量(C)	3.34	2.00	1.67	0.03	$F_{0.1}(2,2)=9$	⊙
误差(e)	104.60	2.00	52.30		$F_{0.2}(2,2)=4$	
总和	213.27	8.00				

注：⊙，不显著。

由表 4.3 可知，只有 SRB 污泥含量是影响 SO_4^{2-} 去除效果的显著因子（$P \leqslant 0.05$），当添加 30%的 SRB 污泥时 SO_4^{2-} 去除率可达 94%以上，同时溶液中残余的 TFe 含量也最小，约为 2mg/L [如图 4.2(a) 所示]。由表 4.4 可知，改变在 SRB 污泥、铁屑以及麦饭石含量都不能显著影响 Mn^{2+} 的去除效果，这可能是因为在 SRB 固定化颗粒交联过程中形成的发达孔隙结构具有超强吸附性，加之污泥本身具有的生物吸附与沉淀作用，使该浓度下的 Mn^{2+} 发生了不饱和的吸附-解吸过程。通过正交分析和极差计算得出，正交试验的最佳材料配比为 30%SRB 污泥+2%铁屑+3%麦饭石（即 $A_3B_2C_3$），此条件下处理 AMD 时溶液中 SO_4^{2-}、Mn^{2+} 随时间的变化规律如图 4.2(b) 所示。

由图 4.2(b) 可知，在 24h 之前 SRB 处于延滞期，生物活性较低并伴有包埋基质外泄，致使 SO_4^{2-} 浓度高于初始值，24h 之后 SRB 进入生长对数期，SO_4^{2-} 浓度从 923mg/L 迅速降至 47.9mg/L。Mn^{2+} 的去除率在 60h 前不断增加至平衡，60h 后 SRB 异化还原 SO_4^{2-} 的过程并未显著促进 Mn^{2+} 的去除，可见 SRB 固定化颗粒对 Mn^{2+} 的去除机理是一种不依赖生物活性的快速吸附作用。5d 后 SRB 固定化颗粒对 SO_4^{2-}、Mn^{2+} 去除率分别为 94.13%、84.39%，溶液 pH 值为 7.03，COD 为 1872mg/L，水样中未检测到 TFe。

在交联化过程中交联时间是影响固定化微生物活性和 SRB 固定化颗粒稳定性的重要因素之一。由图 4.2(b) 可知，当交联时间为 4h 时，SRB 固定化颗粒处理 AMD 存在一段延滞期（约 24h），并且发生了包埋基质外泄，这不仅造成处理后水样感官性变差，产生二次污染，同时也会降低 SRB 固定化颗粒的稳定性，缩短使用寿命。所以为保证处理效果的长效性，研究 SRB 固定化颗粒稳定性与交联时间的关系尤为必要。由于基质外泄会造成溶液浑浊，透光率降低，因此，可用 OD_{600} 值间接表示外泄程度。

（2）基质外泄程度

由图 4.3 可知，A 组（PVA-硫酸盐法）SRB 固定化颗粒的 OD_{600} 值在经历相同交联时间的条件下，普遍高于 B 组（PVA-硼酸法）。在处理前 35h，A 组 SRB 固定化颗粒的 OD_{600} 值几乎呈线性增长，并且交联时间越短，线性增长的速率越大。35h 后增速明显减缓，至 48h 时交联 2～8h 体系中 OD_{600} 值都超过 0.8，SRB 固定化颗粒大多联结成块，甚至部分 SRB 固定化颗粒熔化，造成溶液为深黑色，含有较多的细小悬浮物，交联 19h 与 24h 体系最终的 OD_{600} 值分别为 0.73 和 0.47，溶液的感官性同样很差。B 组交联 2h 的 SRB 固定化颗粒在处理过程中 OD_{600} 值增加最明显，处理 30h 前也几乎呈

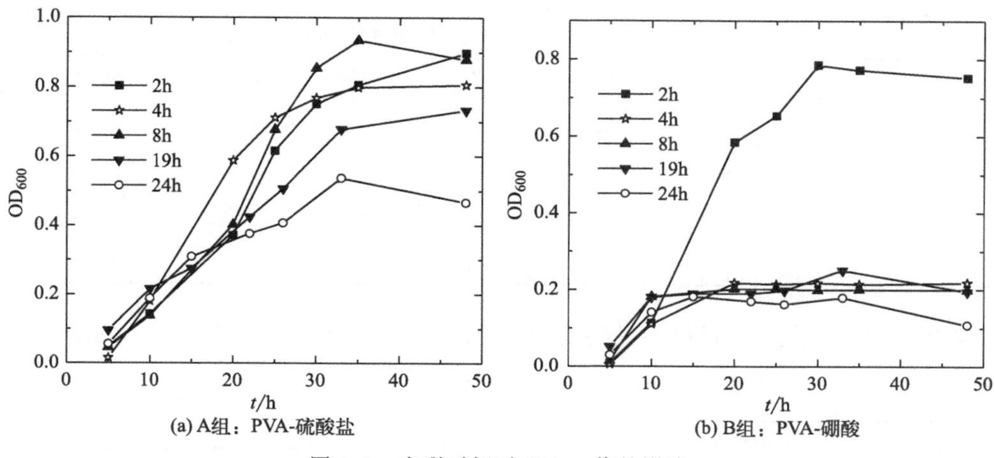

图 4.3　交联时间对 OD_{600} 值的影响

线性增长，平衡 OD_{600} 值介于 0.75～0.80 之间，SRB 固定化颗粒基质外泄严重，稳定性严重不足，溶液呈褐色且底部存在较多外泄的玉米芯粉末。当交联时间为 4～24h 时，OD_{600} 值增加规律高度一致，处理 10h 后基本平衡，OD_{600} 值约为 0.20，SRB 固定化颗粒稳定性良好，溶液较为清澈。

（3）SRB 固定化颗粒膨胀率

在连续处理过程中，SRB 固定化颗粒水溶膨胀将会破坏 SRB 固定化颗粒结构，阻塞反应器，是导致反应器提前失效的重要因素。由表 4.5 和表 4.6 可知，随着交联时间的延长，A、B 两组 SRB 固定化颗粒处理前直径都稳定在 6.0mm 左右。但是经过 48h 的厌氧处理之后，A 组中交联 2h、4h 的 SRB 固定化颗粒的膨胀率分别为 29.51%、32.20%，交联 8～24h 体系中已经不能获得完整性的 SRB 固定化颗粒。B 组中交联 2h 的 SRB 固定化颗粒直径最大为 6.2mm，交联 4～24h 的 SRB 固定化颗粒直径为 5.7～5.8mm，差异甚微。但是，随着交联时间的延长，SRB 固定化颗粒膨胀率越来越小，最大膨胀率发生在交联 2h 为 20.97%，交联 24h 的 SRB 固定化颗粒膨胀率最小为 8.62%。

表 4.5　SRB 固定化颗粒直径与膨胀率（A 组）

交联时间/h	A 组		
	处理前/mm	处理后/mm	膨胀率/%
2	6.1	7.9	29.51
4	5.9	7.8	32.20
8	5.8	—	—
19	5.9	—	—
24	6.0	—	—

表 4.6　SRB 固定化颗粒直径与膨胀率（B 组）

交联时间/h	B组		
	处理前/mm	处理后/mm	膨胀率/%
2	6.2	7.5	20.97
4	5.7	6.8	19.30
8	5.8	6.7	15.52
19	5.7	6.4	12.28
24	5.8	6.3	8.62

交联时间对 B 组 SRB 固定化颗粒膨胀率和 SRB 活性的影响如图 4.4 所示。

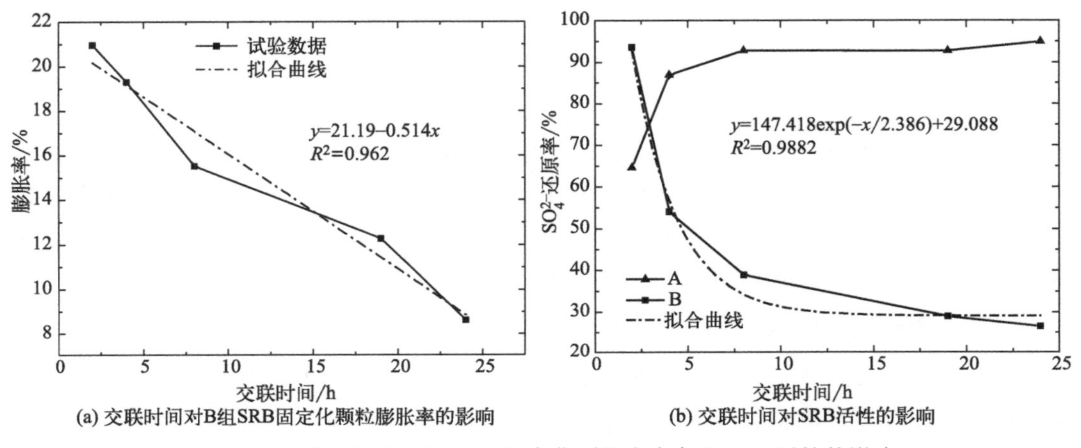

(a) 交联时间对B组SRB固定化颗粒膨胀率的影响　(b) 交联时间对SRB活性的影响

图 4.4　交联时间对 B 组 SRB 固定化颗粒膨胀率和 SRB 活性的影响

由图 4.4(a) 可知，B 组 SRB 固定化颗粒膨胀率与交联时间呈极显著的线性负相关 ($R^2=0.962$)，说明 PVA 与硼酸作用生成单二醇型凝胶的反应是一个缓慢的过程。结合 OD_{600} 值的变化规律可知，交联 4h 便可保持 SRB 固定化颗粒较好的稳定性，再延长交联时间对 SRB 固定化颗粒稳定性的促进作用不大。

在交联化过程中，PVA 与硼酸作用形成单二醇型凝胶，这比单独使用 PVA 时具有更强的稳定性，同时成球剂海藻酸钠与 $CaCl_2$ 反应生成的海藻酸钙可以改善载体表面性质，促进内部互穿网络的形成，防止 PVA 交联过程中的凝聚倾向。当交联时间不足时 (≤2h)，较多未反应的、具有 3 个羟基的 PVA 凝胶与水分子通过氢键作用产生较强的亲和力，因而发生明显的水溶膨胀现象，同时在 0.5mol/L Na_2SO_4 溶液（SO_4^{2-}浓度为 48g/L）中交联，在浓度梯度的推动下会有大量的 Na^+、SO_4^{2-}进入 SRB 固定化颗粒内部，形成由溶液向 SRB 固定化颗粒的扩散过程，这种扩散会随着交联时间的延长而强化，最终建立 SRB 固定化颗粒内外渗透压的平衡。当 SRB 固定化颗粒与激活液（SO_4^{2-}浓度约为 1.7g/L）或 AMD（SO_4^{2-}浓度为 0.816g/L）接触时，SRB 固定化颗粒内的离子浓度大于溶液中的离子浓度，浓度差变成从 SRB 固定化颗粒内指向溶液，因此，形成由 SRB 固定化颗粒内向溶液扩散的推力，加速了 SRB 固定化颗粒的破坏过程。这可能是导致A组SRB固定化颗粒的膨胀率随交联时间延长而增大，直至SRB固定化颗粒破碎的主要原因。另外，膨胀会对交联形成的微小互穿网络结构造成严重的破坏，这时SRB固定化颗粒包埋基质大量外泄。但是从图4.4(a)可知，B组SRB固定化颗粒膨胀率与交联时间呈极显著的线性负相关（$R^2=0.962$），而交联4～24h的SRB固定化颗粒基质外泄程度无显著差异，因此，膨胀的程度不是决定外泄程度的唯一因素，在处理过程中包埋基质发生的各种反应也可能会影响外泄程度。

交联时间对SRB固定化颗粒活性的影响如图4.4(b)所示。对处理后溶液中剩余的SO_4^{2-}浓度进行分析，计算SO_4^{2-}还原率以间接表示SRB固定化颗粒活性，所得结果如图4.4(b)所示。A组中SO_4^{2-}的还原率随着交联时间的延长而上升，交联2h的SRB固定化颗粒对SO_4^{2-}的还原率为64.60%，交联4h已快速升为86.93%，之后再延长交联时间SO_4^{2-}还原率增长幅度很小，交联24h后最终达到94.92%。A组SRB固定化颗粒对SO_4^{2-}的还原率在一定程度上与膨胀率呈正相关，即SRB固定化颗粒膨胀越严重，SO_4^{2-}还原率越高。这是因为包埋基质的外泄一方面使部分SRB游离于溶液中，增加与SO_4^{2-}的接触面积，另一方面也使SRB固定化颗粒具有更大的孔隙率，促进SO_4^{2-}在SRB固定化颗粒内外的扩散。交联时间对B组SRB固定化颗粒活性具有较大的影响，交联2h的SRB固定化颗粒活性最高，SO_4^{2-}还原率约95%，在交联2～4h内SRB固定化颗粒活性下降迅速，交联4h时SO_4^{2-}还原率为54.07%，至交联24h时已降至26%。由于交联是将SRB固定化颗粒浸泡在饱和硼酸溶液中，而硼酸具有损害酶活性中心的作用，随着交联时间的延长，硼酸在浓度梯度的作用下扩散进入SRB固定化颗粒内，当与微生物接触时便通过改变SRB表面电荷、抑制酶活性等作用极大地降低SRB固定化颗粒对SO_4^{2-}的还原率。有研究者应用相同的方法制得固定化微生物SRB固定化颗粒，发现交联4h后微生物活性仅剩35%左右，低于本试验得出的结果。这是因为固定化过程中加入的铁屑一方面可快速与H^+作用从而减弱硼酸的毒害，且产物H_2可作为能源被SRB利用，Fe^{2+}与S^{2-}共沉也可降低H_2S对微生物的抑制作用；另一方面通过吸氧腐蚀降低氧化还原电位，为SRB营造适宜微环境；另外麦饭石能够提供丰富的矿质元素，增强了SRB的耐受能力。对试验数据进行分析发现，可以用一阶指数衰减函数较好地拟合SRB固定化颗粒活性与交联时间的关系（$R^2=0.988$）。结合SRB固定化颗粒稳定性的要求，将交联时间设定为4～8h较为合理。

图4.5为SRB固定化颗粒在不同阶段的形态（书后另见彩图），SRB固定化颗粒处理前均重0.145g，处理后均重0.230g，将处理前后的SRB固定化颗粒在105℃下烘干2h，所得净重分别为0.053g和0.036g。对比处理前后SRB固定化颗粒质量的变化规律可以发现，处理后含水率大幅增加为84.35%，高出处理前约20%。处理后净重的减少说明缓释碳源玉米芯在处理过程中被水解微生物有效分解了。

图 4.5　各阶段 SRB 固定化颗粒形态

4.2　SRB 固定化颗粒代谢特性研究

由于 SRB 在代谢过程中需要维持一定的 COD/SO_4^{2-} 值，因此，寻找合适的缓释碳源与 SRB 共同固化具有重要的实践意义。玉米芯是玉米果穗去籽脱粒后的穗轴，我国每年的产量巨大，利用率却极低。将玉米芯与 SRB 污泥一同包埋固定，利用污泥中水解微生物实现内聚碳源缓释，探讨在多组分 AMD 条件下所制 SRB 固定化颗粒代谢特性的研究还相对较少。因此，可采用 PVA-硼酸的固定化方法，添加麦饭石与铁屑以营造 SRB 适宜的微环境，制得以玉米芯为碳源的 SRB 固定化颗粒，考察玉米芯投加量、不同污染负荷的 AMD 对 SRB 固定化颗粒代谢过程以及玉米芯缓释碳源的影响规律，分析用 SRB 固定化颗粒处理 AMD 的效果及可行性。

SRB 固定化颗粒代谢特性试验方法：在 125mL 的具塞锥形瓶中进行厌氧批次试验，根据 AMD 普遍存在的高铁锰、高矿化度和低 pH 值的特点，在 AMD 母液的基础上研究不同玉米芯含量、不同污染负荷的 SO_4^{2-}、pH 值和 Mn^{2+} 对 SRB 固定化颗粒代谢特性的影响，并初步分析 SRB 固定化颗粒作用机理。

不同玉米芯含量影响：制作玉米芯质量分数分别为 0%、1%、3%、5%的 SRB 固定化颗粒，按固液比 1g/10mL 向 125mL 具塞锥形瓶中加入 SRB 固定化颗粒和 AMD 母液，盖上橡胶塞，在 30℃、100r/min 恒温摇床内振荡，每间隔一段时间取样，经

0.22μm 微滤膜过滤，测定溶液中 SO_4^{2-}、COD 浓度以及 pH 值。

不同污染负荷的 SO_4^{2-}、Mn^{2+} 和 pH 值影响：向 125mL 具塞锥形瓶中装入 AMD 母液，用无水 Na_2SO_4 调节 SO_4^{2-} 浓度分别为 800mg/L、1500mg/L、2500mg/L，按固液比 1∶10（m∶V，g/mL）加入玉米芯质量分数为 5%的 SRB 固定化颗粒，盖上橡胶塞，在 30℃、100r/min 恒温摇床内振荡，每间隔一段时间取样，经 0.22μm 微滤膜过滤，测定溶液中 SO_4^{2-}、COD 浓度以及 pH 值。用 1mol/L HCl 和 NaOH 溶液、1000mg/L 的 Mn^{2+} 溶液调节 AMD 母液的 pH 值和 Mn^{2+} 浓度，使 pH 值分别为 2、4、6，Mn^{2+} 浓度分别为 6mg/L、17mg/L、36mg/L、55mg/L，经上述相同的操作进行试验。

玉米芯含量对 SRB 固定化颗粒代谢特性影响的试验结果如图 4.6 所示。

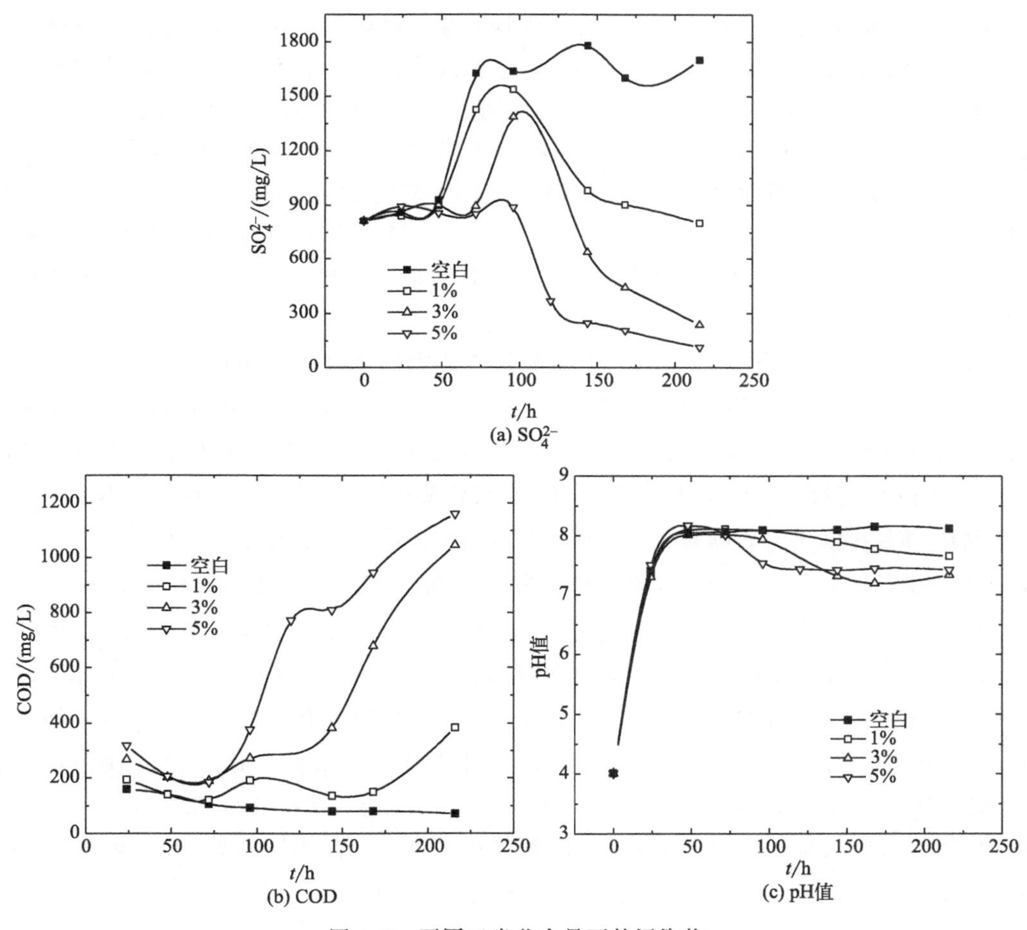

图 4.6　不同玉米芯含量下的污染物

由于 SRB 是通过氧化有机物获得电子从而实现硫酸盐还原的，它的活性很大程度上依赖于水解微生物对玉米芯的降解。由图 4.6 可知，不含玉米芯的空白样中 COD 低于 200mg/L，溶液中 SO_4^{2-} 浓度一直高于初始值，说明 SRB 无法发挥异化代谢作用。当玉米芯含量为 1%时，整个试验过程中 COD 累积缓慢，216h 之后仅为 384mg/L

（COD/SO_4^{2-}值≤0.5），较低的可利用碳源量严重抑制了SRB代谢能力，因此，对SO_4^{2-}的去除效果不理想。当玉米芯含量为3%和5%时，96h后COD开始迅速上升，216h后分别可达1046mg/L、1160mg/L，相应的SO_4^{2-}浓度分别降为216mg/L、115mg/L，可见，此条件下可保证SRB较强的代谢能力。72h前不同玉米芯含量对COD累积差异的影响很小，这是因为初期各体系中较强的酸性促使了玉米芯中半纤维素水解，同时SRB污泥中也会含有少量有机物。随着各体系中酸性环境急剧减弱［如图4.6(c)所示］以及SRB固定化颗粒代谢的消耗，在25～75h内各体系的COD均出现下降。在50～96h之间各体系均出现了溶液中SO_4^{2-}浓度升高的现象，这是因为培养过程中富集在污泥内的SO_4^{2-}在浓度梯度的作用下向溶液扩散导致的，且玉米芯含量越低，SRB还原SO_4^{2-}的量则越少，SRB固定化颗粒内外浓度差则越大，扩散也就越严重。经过96h的反应后，污泥中的水解微生物的活性已得到恢复，玉米芯在水解微生物作用下为SRB提供大量碳源，各体系中SO_4^{2-}浓度快速下降。而含量为1%的体系由于可被水解的玉米芯基质太少，在SRB消耗的同时，水解产生的有机物不足以造成COD的快速累积。由图4.6(c)可知，玉米芯的含量对溶液pH值也有一定影响，96h后伴随各体系玉米芯的大量水解，pH值缓慢下降，平衡时的pH值分别为8.12（空白）、7.85（1%）、7.44（3%）、7.45（5%）。由于玉米芯含量越高处理后水样中COD累积量越大，因此，从SO_4^{2-}还原量和降低出水COD考虑，选择5%的玉米芯含量开展后续试验。

初始SO_4^{2-}浓度对SRB固定化颗粒代谢特性影响的试验结果如图4.7所示。

由图4.7可知，在不同SO_4^{2-}浓度下，各体系中COD和pH值的变化规律几乎一致，可见初始SO_4^{2-}浓度对SRB固定化颗粒代谢过程中有机物的产生和pH值的调节影响很小。初期pH值快速提升至7.0以上，COD缓慢降低，此时SRB代谢作用不明显，溶液中SO_4^{2-}浓度略有上升。随着玉米芯在水解微生物作用下产生低分子量有机物，各体系内COD迅速上升，pH值开始缓慢下降，并维持在7.5左右，此时较高的COD/SO_4^{2-}值促使SRB代谢作用明显加快，SO_4^{2-}浓度在84～132h内迅速下降。初始SO_4^{2-}浓度对SRB固定化颗粒代谢特性的影响有如下两方面：一是在COD累积量相同的条件下，初始SO_4^{2-}浓度会通过改变体系内的COD/SO_4^{2-}值而影响SRB代谢能力，由图4.7(a)经初步计算可知，当初始SO_4^{2-}浓度从800mg/L上升至2500mg/L时，3个初始SO_4^{2-}浓度下最大还原速率分别为25.44mg/(L·h)、19.40mg/(L·h)、15.96mg/(L·h)，SRB代谢能力依次减弱，相应的平衡pH值依次升高；二是不同初始SO_4^{2-}浓度会改变SRB固定化颗粒内外浓度差，间接影响SO_4^{2-}的外泄程度，从图4.7(a)可知，初始SO_4^{2-}浓度越高，SRB固定化颗粒内SO_4^{2-}向溶液扩散的程度越低。

初始pH值对SRB固定化颗粒代谢特性影响的试验结果如图4.8所示。

由图4.8(c)可知，SRB固定化颗粒具有较强的抵抗pH值冲击能力，初始pH值从6.0降至2.0时，各体系都在20h前将溶液pH值迅速调节至中性或弱碱性范围内，三者的平衡值均在7.0左右。这是因为，首先SRB固定化颗粒中添加的铁屑能与溶液中H^+反应，快速提升pH值，同时麦饭石的化学组分中含有Al_2O_3，而Al是典型的

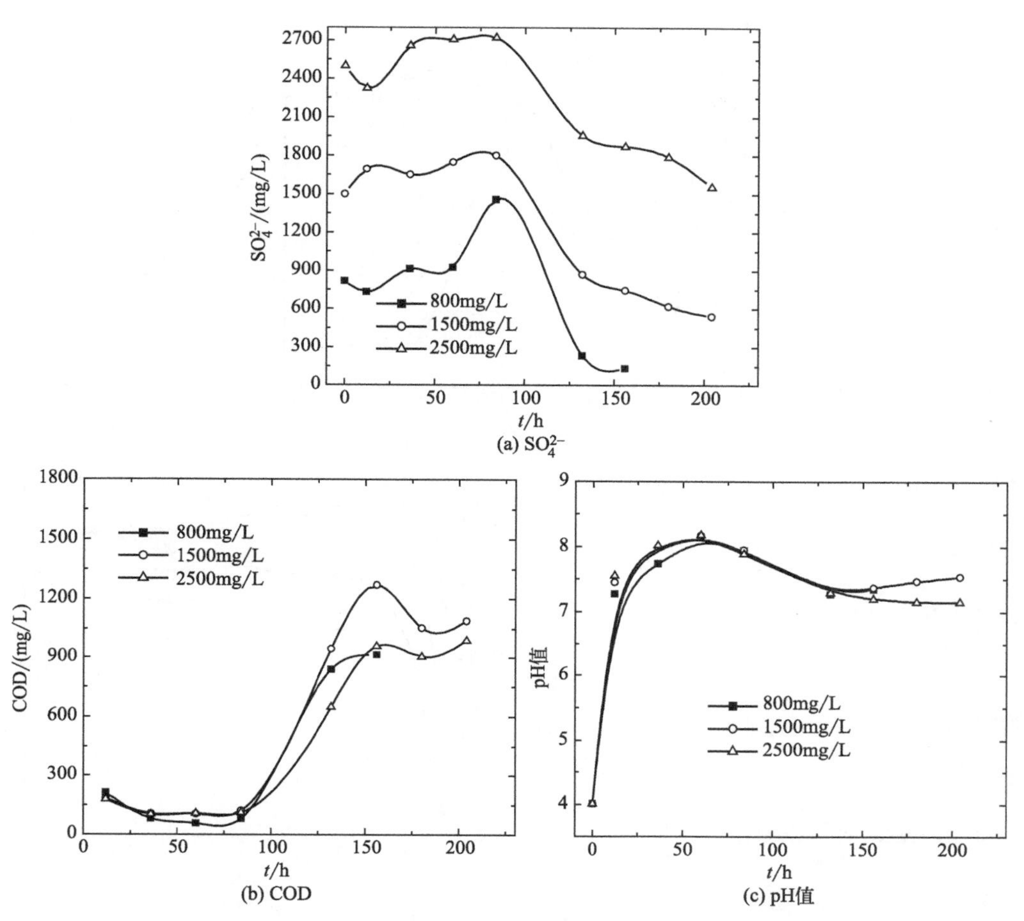

图 4.7 初始 SO_4^{2-} 浓度对 SRB 固定化颗粒代谢特性的影响

两性元素，在酸碱条件下分别能以 $Al(OH)_2^+$、$H_2AlO_3^-$ 形式存在，具有良好的 pH 值双向调节能力。其次玉米芯的水解产物中含有乙酸、乙酰丙酸等降解物，少量的蛋白质分解也会产生有机酸，因此，在 COD 迅速累积时各批试验 pH 值均出现缓慢下降。最后 SRB 在异化还原 SO_4^{2-} 的过程中产生的碱度又使 pH 值略微上升。由图 4.8(b) 可知，pH 值对 SRB 固定化颗粒有机物累积的影响较大，pH 值越低，越有利于玉米芯中半纤维素等有机质转化为可溶性糖。当初始 pH 值为 2 时，体系中的 COD 在初期迅速上升，20h 后超过 4000mg/L，致使溶液中 pH 值在该时只维持在 6.5 左右。在充足碳源和适宜微环境的保证下，SRB 的活性得以快速恢复，延滞期大大缩短，溶液中 SO_4^{2-} 浓度在经历一次急剧上升后迅速降低，试验开始 30h 后，SO_4^{2-} 浓度已小于 100mg/L。而继续降低 pH 值却发现 SRB 固定化颗粒上附着了大量由铁与 H^+ 反应生成的 H_2 微泡，造成 SRB 固定化颗粒上浮。当初始 pH 值为 4 和 6 时，两者 COD 变化规律差异不大，最大累积量分别为 915mg/L、433mg/L。由于玉米芯的水解和铁屑的消耗会在 SRB 固定化颗粒内部留出原先占据的孔位，因此，pH 值在一定程度决定了试验过程中 SRB 固定化

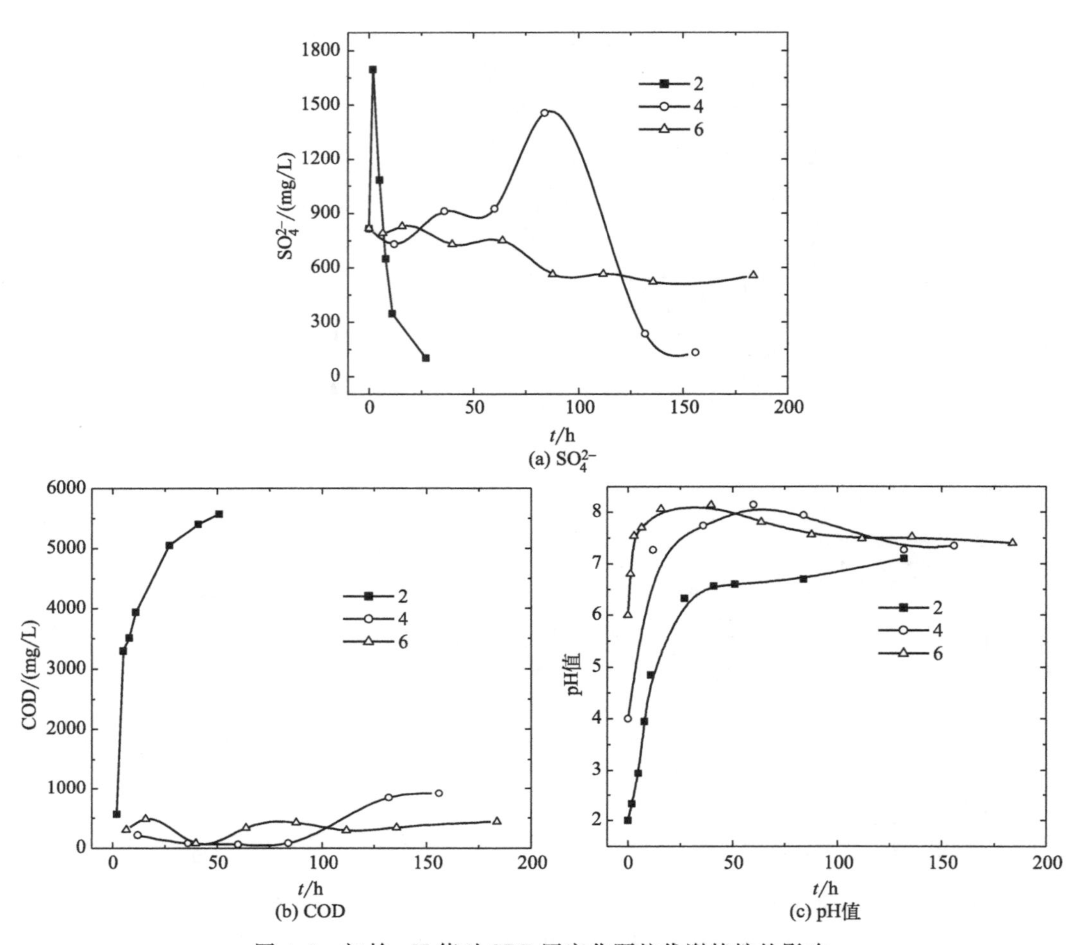

图 4.8　初始 pH 值对 SRB 固定化颗粒代谢特性的影响

颗粒孔隙结构的变化规律，进而影响到基质在 SRB 固定化颗粒内外的扩散。由图 4.8(a) 可知，pH 值越低，越有利于基质在 SRB 固定化颗粒内外的扩散。初始 pH 值为 2 时，反应 2h 内便出现 SO_4^{2-} 急剧外泄；初始 pH 值为 4 时，在 60～84h 内出现 SO_4^{2-} 严重外泄；而 pH 值为 6 时，未出现外泄。这是因为 pH 值为 6 时，溶液中的 Fe^{2+} 易发生水解氧化生成 $Fe(OH)_2$、$Fe(OH)_3$ 等絮体吸附在 SRB 固定化颗粒表面，造成了 SRB 固定化颗粒扩散性的下降，一方面阻止了 SRB 固定化颗粒内 SO_4^{2-} 在初期阶段向溶液中的扩散；另一方面溶液中的 SO_4^{2-} 也不能在较高 COD/SO_4^{2-} 值下快速扩散到 SRB 固定化颗粒内，因此，试验中 SO_4^{2-} 浓度始终处于缓慢下降的趋势。

初始 Mn^{2+} 浓度对 SRB 固定化颗粒代谢特性影响的试验结果如图 4.9 所示。

由图 4.9 可知，初始 Mn^{2+} 浓度对 SRB 固定化颗粒代谢的影响较小，试验中各浓度下的 SO_4^{2-} 还原和 pH 值变化规律高度相似，可见 SRB 固定化颗粒能够耐受较高浓度 Mn^{2+} 的抑制。由图 4.9(b) 可知，初始 Mn^{2+} 浓度越高，体系中 COD 也越高，这可能是由于玉米芯在通过羟基、羧基和氨基等活性基团吸附 Mn^{2+} 的过程中，纤维结构遭到

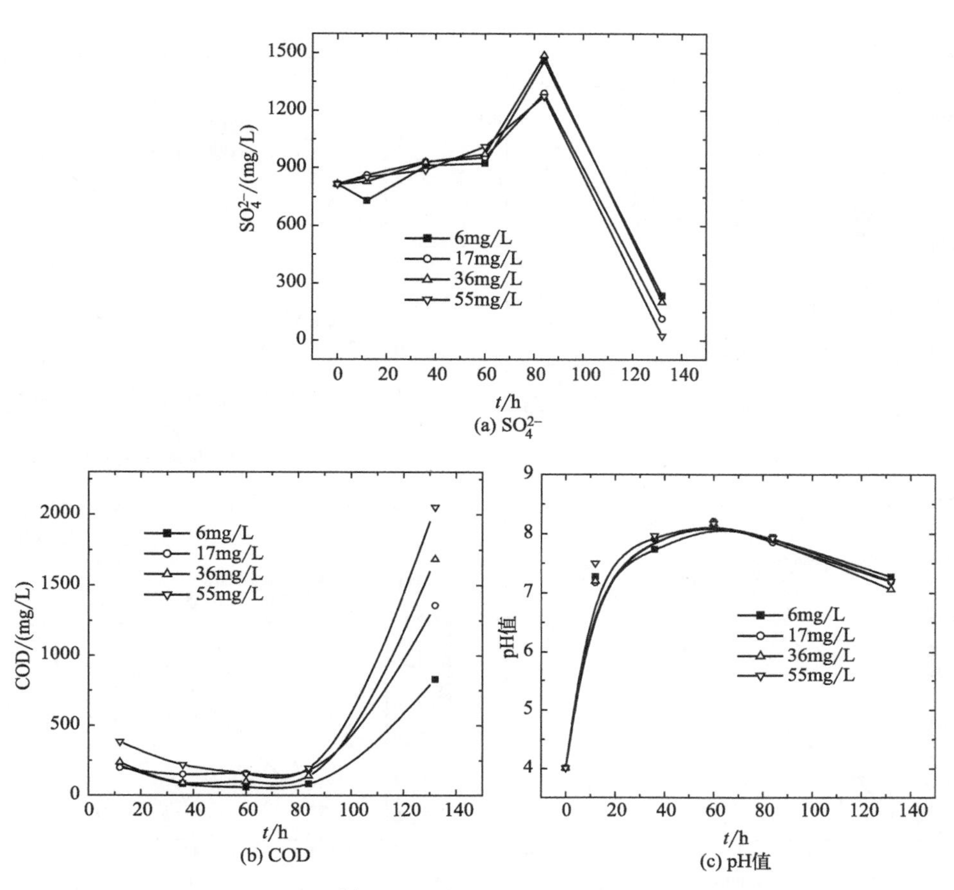

图 4.9　初始 Mn^{2+} 浓度对 SRB 固定化颗粒代谢特性的影响

破坏，使其更易水解。为探讨 SRB 固定化颗粒能够耐受较高浓度 Mn^{2+} 抑制的原因，试验中记录了初始 Mn^{2+} 浓度为 55mg/L 的溶液中反应前 500min 内的浓度变化规律，结果如图 4.10(a) 所示。

由图 4.10(a) 可知，溶液中 Mn^{2+} 浓度随反应时间的延长而快速下降，500min 后已降至 8.8mg/L，而 SRB 在 84h 后代谢能力才开始增强，可见，SRB 固定化颗粒对 Mn^{2+} 的去除不是依赖微生物活性的吸附作用完成的。应用 Langergren 伪一级动力学模型和伪二级动力学模型以及 Elovich 模型对 SRB 固定化颗粒吸附 Mn^{2+} 试验数据进行拟合，进一步揭示吸附机理，其关系式如式(4.1)～式(4.3) 所示，拟合结果如图 4.10(b)～(d) 和表 4.7 所示。

$$\ln(q_e - q_t) = \ln q_t - k_1 t \tag{4.1}$$

$$\frac{t}{q_t} = \frac{1}{k_2 q_e^2} + \frac{t}{q_e} \tag{4.2}$$

$$q_e = \frac{2.303}{\beta}\ln\left(t + \frac{1}{\alpha\beta}\right) - \frac{2.303}{\beta}\ln\frac{1}{\alpha\beta} \tag{4.3}$$

式中，q_e 和 q_t 分别为在吸附平衡和吸附时间为 t 时的 SRB 固定化颗粒对 Mn^{2+} 的

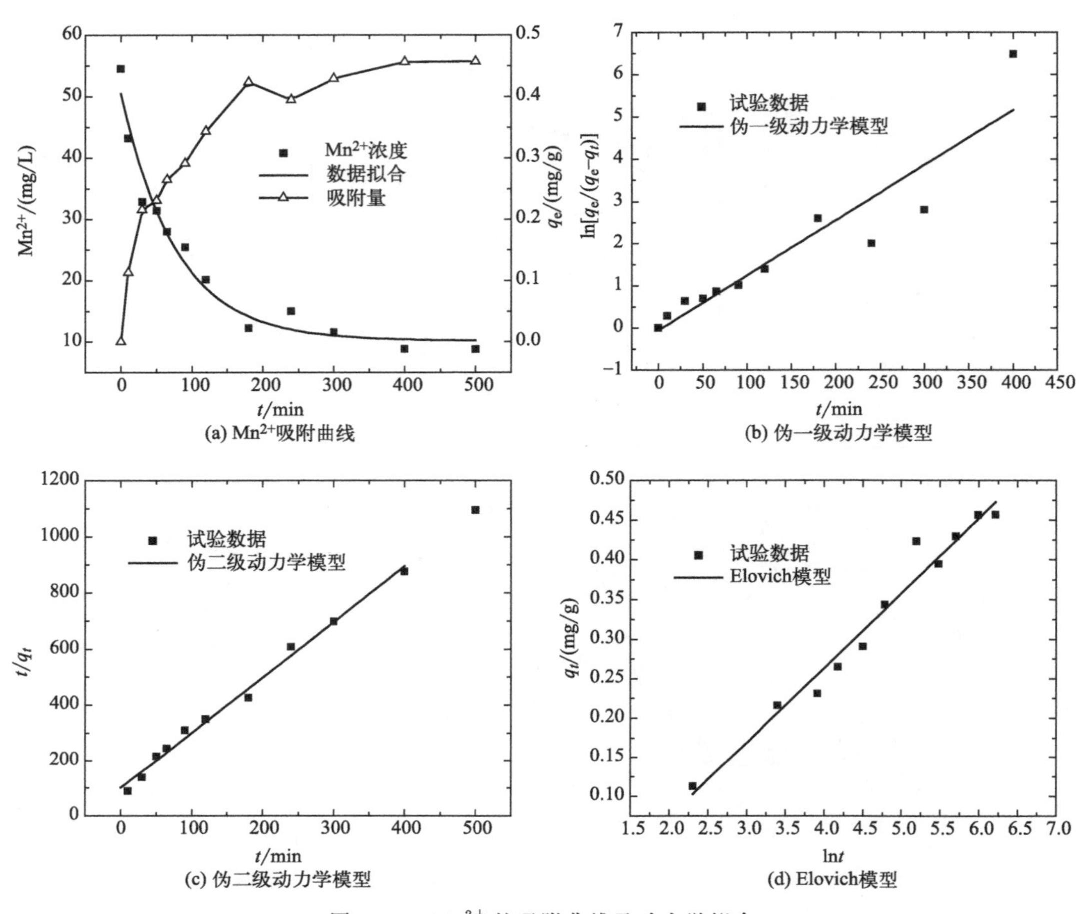

(a) Mn2+吸附曲线

(b) 伪一级动力学模型

(c) 伪二级动力学模型

(d) Elovich模型

图 4.10　Mn^{2+} 的吸附曲线及动力学拟合

吸附量，mg/g；k_1 和 k_2 分别为伪一级动力学模型和伪二级动力学模型速率常数，单位分别为 min、g/(mg·min)；α 为 Elovich 模型吸附速率常数，g/(mg·min)；β 为 Elovich 模型脱附速率常数，mg/mg。常用的简化形式为：$q_e=a+b\ln t$。

表 4.7　SRB 固定化颗粒吸附 Mn^{2+} 的动力学参数

T/K	$q_{e,exp}$/(mg/g)	伪一级动力学			伪二级动力学			Elovich		
		$q_{e,cal}$/(mg/g)	k_1/min	R^2	$q_{e,cal}$/(mg/g)	k_2/[g/(mg·min)]	R^2	a	b	R^2
303	0.46	0.93	0.013	0.87	0.50	25.26	0.995	−0.114	0.094	0.970

由表 4.7 可知，伪二级动力学方程的线性相关系数 R^2 为 0.995，能够更好地描述吸附过程，可见 SRB 固定化颗粒对 Mn^{2+} 的去除是一种化学吸附。计算出的理论平衡吸附量为 0.50mg/g，非常接近试验得出的 0.46mg/g，反应速率常数 k_2 为 25.26g/(mg·min)，表明吸附是快速发生的，不会形成高浓度 Mn^{2+} 对 SRB 的持久抑制。此外，Elovich 模型的 R^2 为 0.970，线性相关度较高，反映了吸附速率随 SRB 固定化颗

粒表面吸附量的增加而呈指数下降，初步表明SRB固定化颗粒对Mn^{2+}的吸附主要是表面吸附。

再应用Weber内扩散模型研究Mn^{2+}在SRB固定化颗粒上的扩散过程，如式(4.4)所示。

$$q_t = kt^{1/2} + c \tag{4.4}$$

式中，q_t为任意时刻SRB固定化颗粒的吸附量，mg/g；k为内扩散速率常数，mg/(g·min$^{1/2}$)，c为和边界层厚度有关的常数，mg/g。

由图4.11可知，扩散模型的表达式为$y=0.08+0.02x$，线性相关度R^2为0.903，该直线不过原点，说明SRB固定化颗粒内扩散不是控制吸附过程的唯一因素，而是由膜扩散和SRB固定化颗粒内扩散联合控制的。

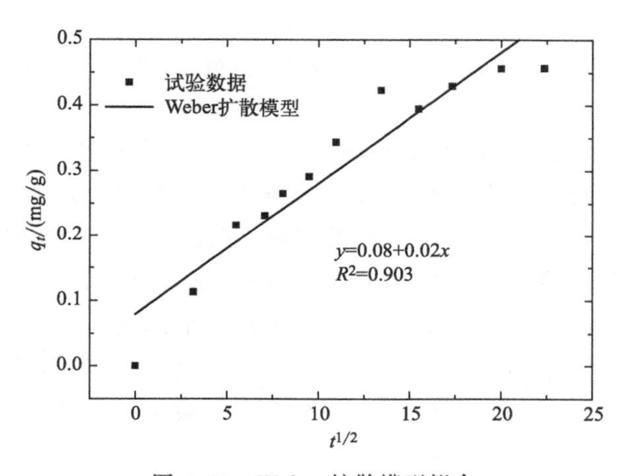

图4.11　Weber扩散模型拟合

SRB固定化颗粒在初期处理过程中存在明显的延滞期，之后活性才会逐渐增强，并且能够依靠吸附作用快速去除重金属离子，这为研究SRB固定化颗粒还原SO_4^{2-}的动力学以及重金属离子对SRB固定化颗粒还原过程的影响造成了困难。因此，应首先考察SRB固定化颗粒碳源缓释量以及对Mn^{2+}最大吸附容量，然后以经过已经完全活化的SRB固定化颗粒为研究对象，分析活化SRB固定化颗粒对硫酸盐的处理能力和在高浓度Mn^{2+}作用下的响应，探讨SRB固定化颗粒对重金属离子的耐受力。

碳源缓释规律：将SRB固定化颗粒与蒸馏水按固液比1g/10mL加入125mL具塞锥形瓶中，将锥形瓶放置于30℃、100r/min恒温摇床内，每天取样，经0.22μm微滤膜过滤，测定溶液中COD与pH值。

由图4.12可知，从反应的第2天开始有机物在体系内出现累积，平均累积速率为932mg/(L·d)，至第7天时COD上升为4671mg/L，7d以后波动性很小，有机物浓度基本稳定。依据SRB还原SO_4^{2-}所需的理论碳硫比0.67计算，该体系中的SRB固定化颗粒对SO_4^{2-}的还原速率可达1391mg/(L·d)，最大还原量为69.7mg/g固定化颗粒。此外，从图中可以发现在体系中COD增长的2～7d内，pH值从7.87下降为

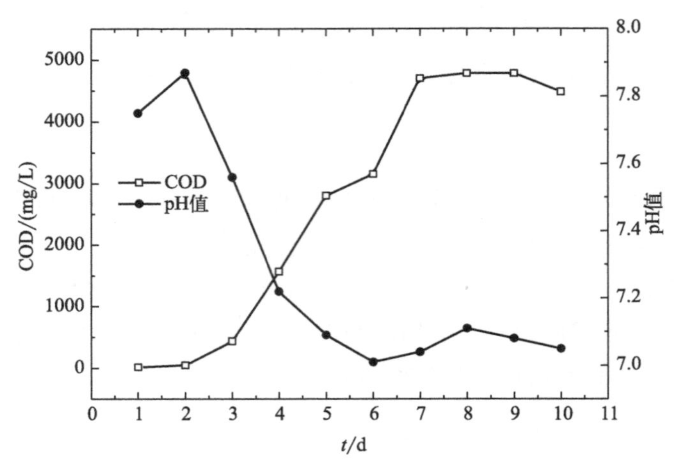

图 4.12 碳源缓释与 pH 值的关系

7.04，并随着 COD 值的稳定而保持平衡。可见，玉米芯的水解能够降低溶液 pH 值。

SRB 固定化颗粒吸附容量：用蒸馏水配制 Mn^{2+} 浓度分别为 10mg/L、20mg/L、40mg/L、60mg/L、80mg/L、100mg/L 的溶液，按固液比 1g/10mL 向 125mL 具塞锥形瓶中加入 SRB 固定化颗粒和各浓度 Mn^{2+} 溶液，盖上橡胶塞，在 30℃、100r/min 恒温摇床内振荡 48h，以保证充分吸附，试验结束后，水样经 0.22μm 微滤膜过滤，测定溶液中剩余 Mn^{2+} 浓度。按式(4.5) 计算出单位质量 SRB 固定化颗粒对 Mn^{2+} 的吸附量，用 Langmuir [式(4.6)]、Freundlich [式(4.7)]模型对吸附曲线进行拟合，计算出 SRB 固定化颗粒最大理论吸附容量。

$$q_e = \frac{(C_0 - C_e)V}{m} \tag{4.5}$$

$$q_e = \frac{bq_{max}C_e}{1 + bC_e} \tag{4.6}$$

$$q_e = kC_e^{1/n} \tag{4.7}$$

式中，q_e、q_{max} 分别为 SRB 固定化颗粒对 Mn^{2+} 的平衡吸附量和最大理论吸附量，mg/g；C_0、C_e 分别为溶液中初始和平衡 Mn^{2+} 浓度，mg/L；V 为溶液体积，L；m 为 SRB 固定化颗粒质量，g；b 为与吸附反应焓有关的常数，L/mg；k 为平衡吸附系数，表示吸附量的相对大小；n 为特征常数，表示吸附剂表面的不均匀性和吸附强度的相对大小。

从图 4.13(a) 吸附等温曲线可知，随着平衡浓度的增加，SRB 固定化颗粒对 Mn^{2+} 的吸附量也随之上升。在 C_e 为 55mg/L 之前，吸附容量增速较快，55mg/L 之后，趋于平缓，C_e 为 77mg/L 时，平衡吸附量为 0.8mg/g，整条曲线是典型的Ⅰ型吸附等温线。应用 Langmuir 与 Freundlich 模型对吸附曲线进行拟合，其结果如图 4.13 (b)、(c) 和表 4.8 所示。

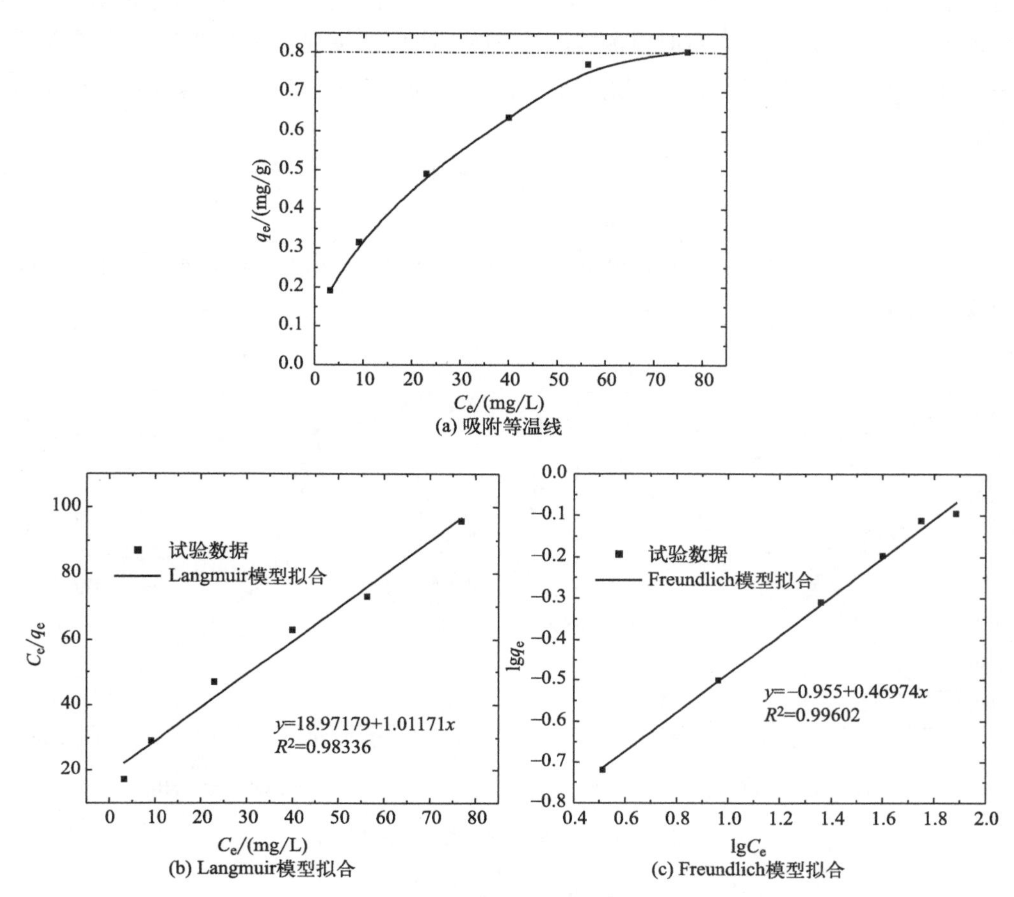

(a) 吸附等温线

(b) Langmuir模型拟合 (c) Freundlich模型拟合

图 4.13 吸附等温线及模型拟合

表 4.8 吸附等温学拟合常数

T/K	$q_{e,exp}$/(mg/g)	Langmuir			Freundlich		
		q_{max}/(mg/g)	b	R^2	$1/n$	k	R^2
303	0.803	0.998	0.053	0.983	0.470	0.111	0.996

由表 4.8 可知，Langmuir 和 Freundlich 拟合式都具有较高的线性相关度，R^2 分别为 0.983 和 0.996，表明 Mn^{2+} 在 SRB 固定化颗粒表面主要通过与某些活性基团的物理化学作用发生单层吸附。$1/n$ 为 0.470（<0.5），说明 SRB 固定化颗粒对 Mn^{2+} 的吸附性能较强，能快速降低溶液中 Mn^{2+} 浓度，避免对 SRB 的抑制作用，这正与上述研究成果所得结论一致。由 Langmuir 拟合式计算出的最大理论吸附量为 0.998mg/g，约是在 AMD 条件下所得 0.5mg/g 的 2 倍，可见，AMD 中多种阳离子间的竞争吸附会降低 Mn^{2+} 的吸附优势。

SRB 固定化颗粒的还原动力学分析：按固液比 1g/10mL 向 125mL 具塞锥形瓶中加入 SRB 固定化颗粒与 AMD，盖上橡胶塞，将锥形瓶放置于 30℃、100r/min 恒温摇床内，每天监测瓶内剩余 SO_4^{2-} 浓度。当 SO_4^{2-} 浓度由初始的 816mg/L 降至 100mg/L 以下时，认为 SRB 固定化颗粒已经激活，代谢能力得到充分恢复。倾出瓶内剩余溶液，重新加入 100mL AMD，并定时监测溶液中 SO_4^{2-} 浓度的变化。采用零级反应模型 [式(4.8)]和一级反应模型 [式(4.9)]对活化 SRB 固定化颗粒还原 SO_4^{2-} 的曲线进行动力学拟合。

$$C_t = C_0 - k_0 t \tag{4.8}$$

$$\ln C_t = \ln C_0 - k_1 t \tag{4.9}$$

式中，C_t、C_0 分别为任意时刻和初始 SO_4^{2-} 浓度，mg/L；k_0、k_1 分别为零级和一级反应速率常数。

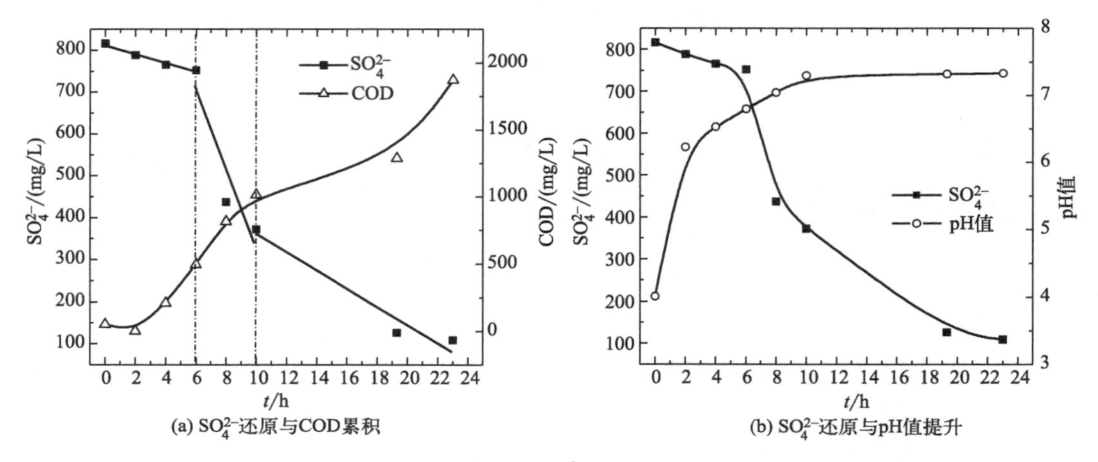

图 4.14 还原 SO_4^{2-} 动力学曲线

由图 4.14(a) 可知，活化之后的 SRB 固定化颗粒再次处理 AMD 时已无延滞期，反应 2h 后，SO_4^{2-} 浓度就开始降低，因而没有出现基质外泄现象。在 2～6h 内，SO_4^{2-} 平均还原速率为 12.75mg/(L·h)，反应 6～10h 后，SO_4^{2-} 还原速率明显加快，达到 94.88mg/(L·h)，10h 之后的速率降低，但高于 6h 之前的速率，为 21.49mg/(L·h)，至反应 23h 后，体系中 SO_4^{2-} 浓度已低于 100mg/L，较好地实现了硫酸盐的去除。体系中有机物在反应 2h 后也快速累积，10h 时体系中 COD 浓度已经为 1012mg/L，之后有机物累积速率减小，23h 达到 1870mg/L。从图中 COD 增长规律可以发现，最大 SO_4^{2-} 还原速率出现的时间段正好也是 COD 增长速率最大的阶段，COD/SO_4^{2-} 值为 0.66～2.72，正好介于理论值与抑制 MPB 活性值之间，这为 SRB 代谢提供了理想的碳源量。而在 6h 之前，COD/SO_4^{2-} 值太低，反应为受碳源限制型，10h 之后，底物 SO_4^{2-} 浓度低于 300mg/L，反应为受电子受体限制型，另外较高的 COD/SO_4^{2-} 也会使 SRB 在与 MPB 竞争中受到抑制，因此，这两个阶段中 SO_4^{2-} 还原速率都不高。由图 4.14(b) 可知，活化之后的 SRB 固定化颗粒仍具有优良的 pH 值提升能力，在 0～2h 内，pH 值由初始的 4 提升至 6.2，2～10h 内 pH 值缓慢上升，这可能是由 SRB 代谢过程产生的碱度所致，10h 后体系 pH 值基本维持在 7.3 左右。

对 SO_4^{2-} 还原曲线进行反应动力学拟合，结果如图 4.15 与表 4.9 所示。

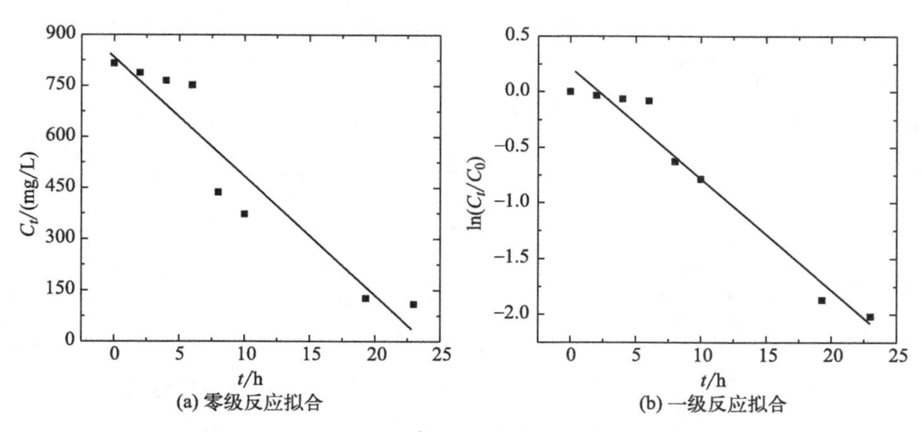

图 4.15　SO_4^{2-} 还原曲线动力学拟合

表 4.9　动力学拟合常数

T/K	零级反应		一级反应	
	k_0/[mg/(L·h)]	R^2	k_1/h^{-1}	R^2
303	34.93	0.911	0.0997	0.962

由表 4.9 可知，在 303K 下，零级反应拟合的速率常数 k_0 为 34.93mg/(L·h)，介于试验所得最大还原速率与最小还原速率之间，线性相关度 $R^2=0.911$。相比而言，一级反应拟合的线性相关度更高，$R^2=0.962$，能够更好地描述 SO_4^{2-} 的还原过程，这说明活化之后的 SRB 固定化颗粒对 SO_4^{2-} 的还原主要是受电子受体（SO_4^{2-}）的控制，这也可从图 4.15 中得以验证，即反应开始后有机物便会在颗粒内快速累积，而 SO_4^{2-} 需扩散进入 SRB 固定化颗粒内才能被还原。一级反应速率常数 $k_1=0.0997h^{-1}$，其浓度降为原来一半所需的时间，即半衰期 $t_{1/2}=6.95$h，所以可以预测，反应 24h 后，能将 AMD 中 70%左右的 SO_4^{2-} 还原。

SRB 固定化颗粒在重金属作用下的代谢响应：通过研究 Mn^{2+} 去除机理的试验发现，在 AMD 条件下，SRB 固定化颗粒对 Mn^{2+} 的最大吸附容量为 0.5mg/g。因此，在保持 AMD 其他水质不变的条件下，应提升 Mn^{2+} 浓度至 50mg/L，再按固液比 1g/10mL 向 125mL 具塞锥形瓶中加入 SRB 固定化颗粒和该溶液，在 30℃、100r/min 恒温摇床内振荡反应 5d，保证 SRB 固定化颗粒表面吸附点位充分反应。倾出瓶内溶液，重新加入 100mL AMD，反应 2.7h 后，提升溶液中 Mn^{2+} 浓度至 60mg/L、80mg/L、100mg/L，检测 Mn^{2+} 投加前后 SRB 固定化颗粒代谢能力的变化，并与未额外投加 Mn^{2+} 的活化 SRB 固定化颗粒相比较。

图 4.16(a)～(d) 分别为 SRB 固定化颗粒在高浓度重金属离子下对 pH 值、COD、SO_4^{2-} 及 Mn^{2+} 的代谢响应。

由图 4.16(a) 可知，在高浓度 Mn^{2+} 加入之前，各体系中的活化 SRB 固定化颗粒都具有较强的 pH 值提升能力，反应 2h 后 pH 值由初始的 4.0 提升至 6.3。然而，投加

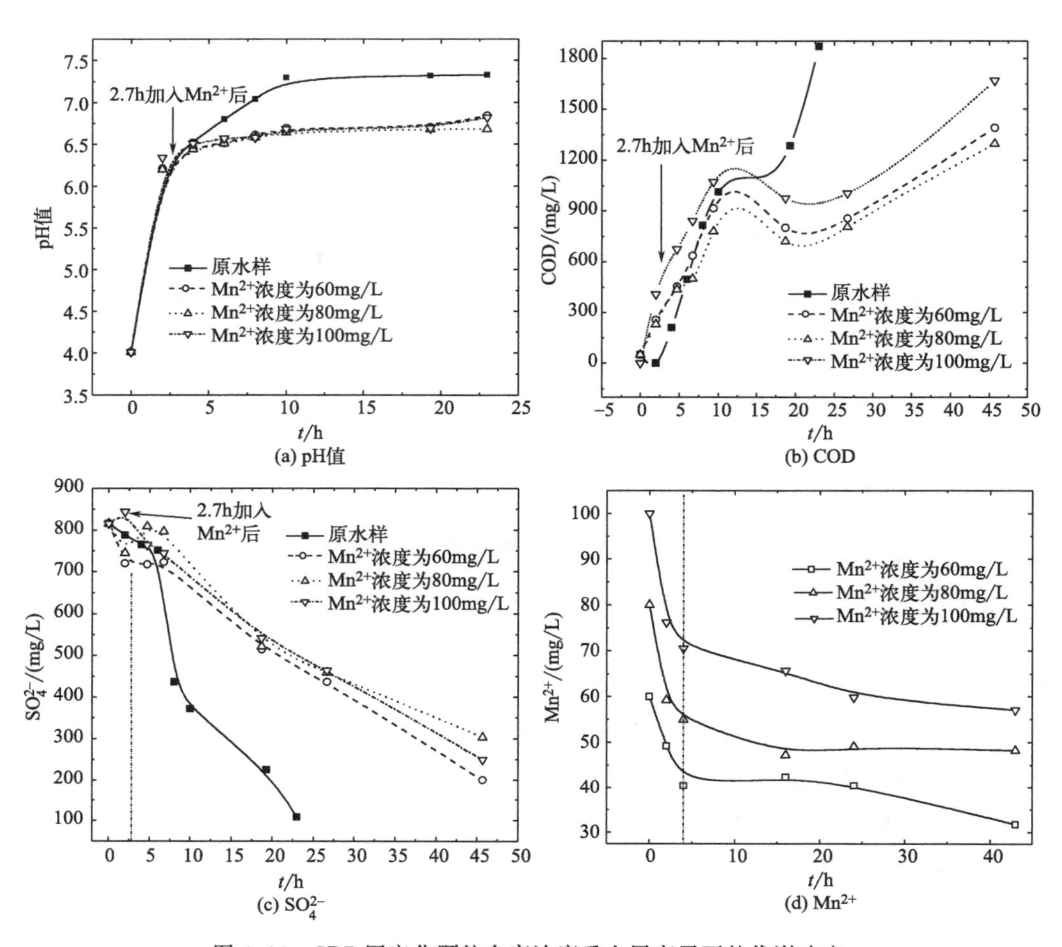

图 4.16　SRB 固定化颗粒在高浓度重金属离子下的代谢响应

高浓度 Mn^{2+} 之后，各体系内 pH 值变化规律出现了一个显著差异。含有高浓度 Mn^{2+} 的体系，尽管浓度有所不同，但 pH 值都在加入 Mn^{2+} 之后基本就保持了稳定，约为 6.5，而未加入 Mn^{2+} 的体系内 pH 值还会随着反应时间的延长而缓慢上升，10h 后才会达到平衡，为 7.3。有研究者指出，在煤矿废水的众多金属离子和离子胶体中，Mn^{2+} 具有很强的稳定性，通过硫酸盐还原反应器或人工湿地以生物作用固定 Mn^{2+} 的量是十分有限的，形成氢氧化物和碳酸盐沉淀却在 Mn^{2+} 去除机理中起着极其重要的作用。因此，Mn^{2+} 对 pH 值强烈的限制作用可能是部分 Mn^{2+} 结合溶液中 OH^-、CO_3^{2-} 释放 H^+ 所致。

由图 4.16(b) 可知，加入高浓度 Mn^{2+} 后，各体系中的 COD 增长规律并未立即受到影响，直到反应 10h 以后，含高浓度 Mn^{2+} 体系的 COD 值才低于原水样，可见包埋固定能够避免重金属离子与微生物的直接接触，Mn^{2+} 需要一段较长的时间才能从溶液中扩散进入 SRB 固定化颗粒内，并对微生物的正常代谢产生影响。前期研究表明，低浓度下 SRB 固定化颗粒吸附 Mn^{2+} 的过程有助于破坏玉米芯的结构，进而加速水解作用，但是结合图4.16(b)、(d) 可知，当SRB固定化颗粒的吸附位达到饱和时，剩余游离Mn^{2+}却能够对水解微生物的活性产生抑制，因此，出现10h后含高浓度Mn^{2+}体系中COD下降的规律。15h后，含高浓度Mn^{2+}体系中的COD又开始缓慢上升，这可能是水解微生物已适应Mn^{2+}存在的环境，再次恢复活性所致。至45h时，Mn^{2+}浓度从低到高的体系中COD分别为1390mg/L、1295mg/L、1670mg/L。不同Mn^{2+}浓度下的COD增长规律一致，并且至试验后期都呈现上升的趋势，因此，即使Mn^{2+}浓度达到100mg/L也只能延缓玉米芯的水解速率，而不会抑制水解过程。

由图4.16(c) 可知，在2.7h加入Mn^{2+}后，含高浓度Mn^{2+}体系与原水样中SO_4^{2-}还原差异发生在反应6h后，结合图4.16(b) 可知，在10h之前，含高浓度Mn^{2+}体系与原水样中的COD增长几乎是一致的，由此可以推知，高浓度Mn^{2+}具有直接降低SRB活性的作用，SRB对Mn^{2+}的敏感性高于水解微生物。但是从图中可以发现，含高浓度Mn^{2+}体系中SO_4^{2-}的还原几乎呈匀速进行，并且Mn^{2+}浓度从60mg/L增加到100mg/L也不会显著影响SO_4^{2-}还原速率，至反应46h时Mn^{2+}浓度从低到高的体系中的SO_4^{2-}浓度分别为200mg/L、303mg/L、250mg/L，差异甚微。可见，高浓度Mn^{2+}对SRB活性抑制不是致命性的，它能降低SRB活性，减小SO_4^{2-}还原反应的速率，但是不会延长延滞期，更不能降低最终去除率。

由图4.16(d) 可知，向活化SRB固定化颗粒体系中加入的高浓度Mn^{2+}在4h之内迅速下降，Mn^{2+}去除率均为30%～35%。反应4h之后，各体系内的Mn^{2+}浓度降低速率显著减小，43h后初始Mn^{2+}浓度由低至高的体系中Mn^{2+}残存量分别为31.68mg/L、48.2mg/L、57mg/L，溶液中仍保留了大量可溶态Mn^{2+}。pH值是影响溶液中Mn氧化态分布和吸附剂表面电位的重要因素，pH值的提升可以促使更多的可溶态Mn^{2+}转化成氧化物或氢氧化物沉淀，又可降低吸附剂表面电位，甚至改变电性，减小与吸附质间的排斥力，加速吸附过程。考虑到Mn^{2+}在SRB固定化颗粒上的吸附特点，即同时受到膜扩散与粒内扩散控制，得出4h之前Mn^{2+}的去除是离子在粒内扩散驱动力和pH值综合作用下的结果。而且，Mn^{2+}达到平衡的时间和SRB活性受到抑制的时间几乎是一致的，再次验证了粒内扩散作用在Mn^{2+}去除机理中的重要性。

4.3 SRB固定化颗粒协同PRB系统处理矿山酸性废水

当前，应用微生物原理成功实现硫酸盐和重金属离子同步去除的反应器有升流式厌氧污泥床（UASB）、膨胀SRB固定化颗粒污泥床（EGSR）和厌氧填充床（APB）。前两种反应器技术要求高、操作复杂，在运行过程中需确定合理的水力负荷以保证污泥（或SRB固定化颗粒）适宜的膨胀率。而厌氧填充床结构简单，抗冲击负荷能力强，尤其适用于难以流态化的固定化微生物处理工艺。由于矿井废水多产自地面以下几十米甚至几百米的矿坑内，目前对矿井水的处理与利用通常是将矿井水提升至地面进行处理，该处理方式需较大场地，而且提升动力成本较大。因此，利用采空区对矿井水进行原位处理，由于节省传统工艺地面处理的地面占地、构筑物投资和运行等费用而成为矿井水处理研究的重要内容。基于在井下空间利用、安全防爆、系统的模块化设计等方面存在明显优势的PRB（可渗透反应墙）技术进行AMD井下原位处理复用，不仅能有效克服传统技术的缺点，改善矿区生态质量，而且还能对保持地下水自然平衡起到一定的积极作用。同时，PRB是一种无需外加动力的被动处理系统，不占用地面空间，比原来的泵取地下水的地面处理技术要经济、便捷。然而，以内聚缓释营养源的固定化微生物SRB固定化颗粒作为PRB的填充介质，充分利用生物作用进行AMD的原位处理的研究报道仍十分有限。在这一部分中，以SRB固定化颗粒为填充介质，设置了UAPB和PRB两个反应器，模拟连续处理过程，分析试验结果，初步确定AMD井下处理的合理工艺，并验证SRB固定化颗粒工程应用的可行性和有效性。

SRB固定化颗粒制备方法如下：

称取0.9g PVA、0.05g海藻酸钠、0.3g麦饭石、0.5g玉米芯和0.6g铁屑，将驯化培养的SRB污泥悬浊液经离心机以3000r/min的转速进行离心，10min后取出倒掉上清液，形成浓度为500mg/L的浓缩污泥，称取3g SRB污泥。首先，将PVA、海藻酸钠溶于100mL蒸馏水中，常温下密封放置，24h达到充分溶胀后，放入90℃恒温水浴锅中，搅拌至无气泡状态形成凝胶。其次，将称好的麦饭石、铁屑和玉米芯粉分别缓慢加入凝胶中，充分搅拌至均匀后取出，密封冷却至（37±1)℃。再次，将称好的SRB污泥投加到准备好的凝胶中，搅拌均匀。采用特定注射器将凝胶混合物滴入2% $CaCl_2$ 饱和硼酸溶液中，形成SRB固定化颗粒，用六联搅拌仪以100r/min的搅拌速率进行交联。4h后取出SRB固定化颗粒，用0.9%的生理盐水进行冲洗，再吸干表面水分，往复3遍。SRB固定化颗粒使用前，在厌氧环境下用无有机成分的改进型Starkey式培养基溶液激活12h。

SRB固定化颗粒协同PRB系统处理矿山酸性废水试验材料与方法如下：

在动态试验中设置了两个反应器，分别为UAPB和PRB，两个反应器均为有机玻璃管制作，高200mm，内径60mm，总体积约为560mL。PRB的构造从下至上依次为高20mm、粒径3～5mm的碎石层，高20mm、粒径为30～60目的粗砂层，高70mm的SRB固定化颗粒层，再于顶部覆盖高30mm、粒径为60～100目的细砂，其中SRB固定化颗粒层的有效孔隙体积为85mL。在UAPB中加入的SRB固定化颗粒的量与PRB相同。取地下水流速的3倍，即300mm/d进行试验。试验装置如图4.17所示。

向已构建完成的反应器内通入水样，UAPB和PRB分别采用变频泵和流量计控制流速。分为两个阶段进行：第一阶段仍采用厌氧批次试验所用的水样，持续约50个孔隙体积数，以使SRB固定化颗粒充分活化；在第二阶段中提高模拟水样的污染负荷，以使反应器运行工况更加符合实际。第二阶段所用水样的水质如表4.10所列。

在试验过程中，收集反应器处理的水量定期测量，采用孔隙体积数（即反应器处理的累积水量与PRB污泥SRB固定化颗粒层有效孔隙体积的比值）作为横坐标，以出水中各污染物的浓度或去除率为纵坐标，分析反应器的处理时况。试验过程中的气温变化如图4.18所示，平均气温为26℃。

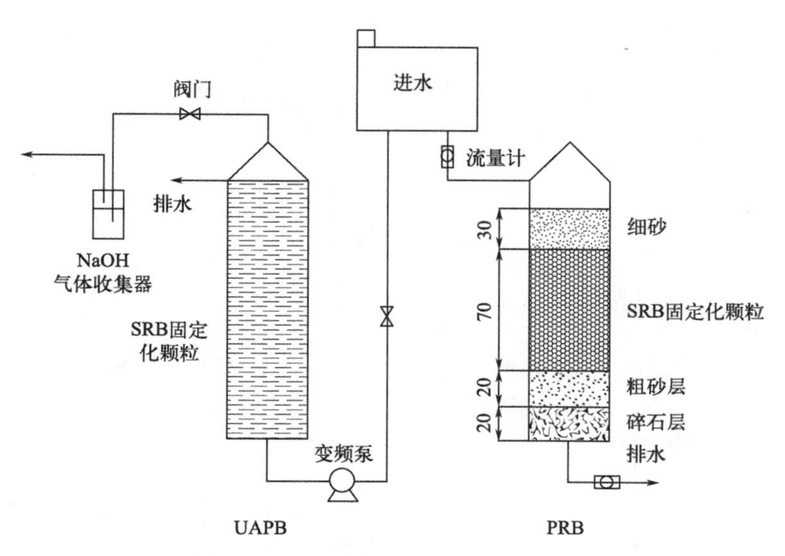

图 4.17 试验装置系统（单位：mm）

表 4.10 第二阶段水样污染负荷

SO_4^{2-}/(mg/L)	Fe^{2+}/(mg/L)	Mn^{2+}/(mg/L)	Mg^{2+}/(mg/L)	Ca^{2+}/(mg/L)	pH 值
2528±149	28.42±1.36	11.83±0.84	50	100	3.4±0.1

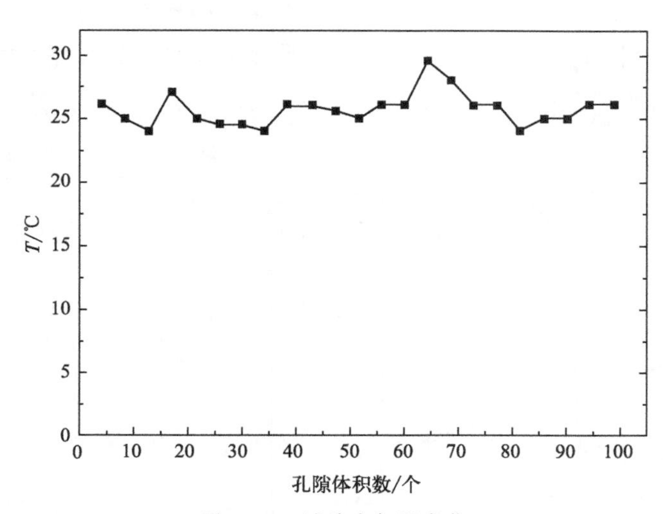

图 4.18 试验中气温变化

两反应器处理效果分析如图 4.19 所示。

由图 4.19(a) 可知，在 20 个孔隙体积数之前，UAPB 和 PRB 出水 OD_{600} 值都维持在 0.02 左右，然后 PRB 出水 OD_{600} 值开始缓慢下降，至 50 个孔隙体积数后接近进水值。可见 PRB 处理后的水样感官性良好，这使 AMD 资源化的再利用成为可能。前期两反应器出水的 OD_{600} 值之所以较高，可能是 SRB 固定化颗粒表面联结不牢固的污

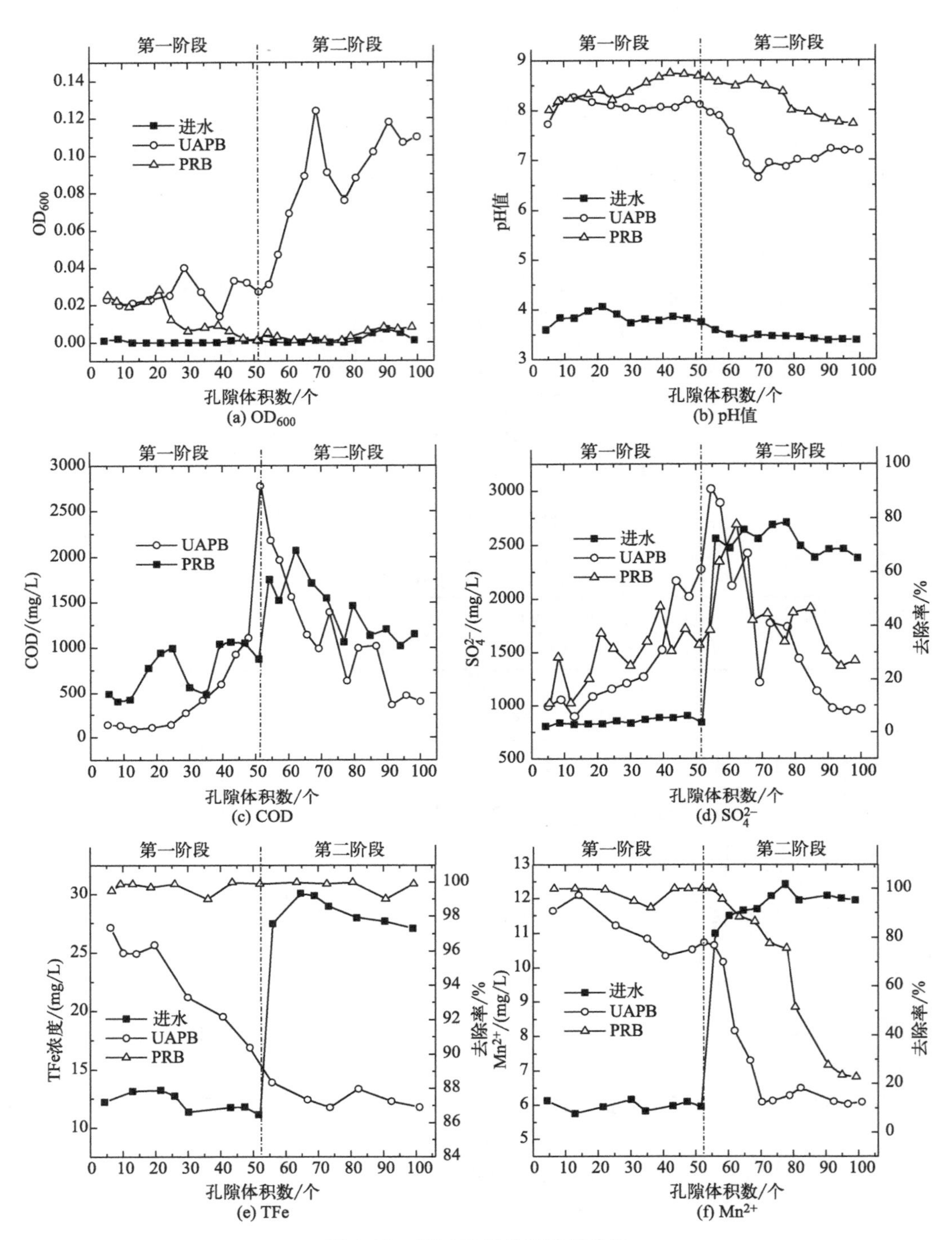

图 4.19 两反应器处理效果分析

泥在较强水力剪切作用下发生脱落溶于出水中所致。从图中可以发现，UAPB 出水 OD_{600} 值并未出现平稳下降，且在第二阶段开始快速增长，最高可达到 0.12，出水呈米黄色，并有少量悬浮 SRB 固定化颗粒，感官性较差。这是因为，与 PRB 相比，在填充床反应器中，SRB固定化颗粒既缺少其他填充介质层抵抗水力剪切的保护作用，又拥有较大的伸缩空间，更易发生水溶膨胀作用。由上述研究可知，水溶膨胀正是造成基质外泄，引发出水 OD_{600} 值迅速增大的关键原因。

由图4.19(b) 可知，在连续处理过程中两个反应器均能较好地提升AMD的pH值，第一阶段中UAPB与PRB的出水平均值分别为8.1和8.5，孔隙体积数的增加对其造成的影响很小。第二阶段中随着孔隙体积数的增加，两反应器内的pH值都略有降低，这正与图4.19(c) 中反映的有机物增加规律一致，即玉米芯的快速水解能够产生有机酸。至试验末期，两反应器内均达到动态平衡，pH值分别为7.2（UAPB）、7.8（PRB）都能较好地满足《煤炭工业污染物排放标准》(GB 20426—2006)。在SRB固定化颗粒内除了一系列生化反应导致的pH值变化之外，另一个不容忽视的作用就是麦饭石的双向调节能力。麦饭石的化学组分中有 Al_2O_3，而Al是典型的两性元素，在酸碱条件下分别能以 $Al(OH)_2^+$、$H_2AlO_3^-$ 形式存在，具有良好的pH值双向调节能力。

由图4.19(c) 可知，PRB中首先发生有机物累积，15个孔隙体积数之前，COD已维持在500mg/L左右，43个孔隙体积数时上升至1060mg/L，第一阶段的平均值为757mg/L。而UAPB中有机物的累积发生在25个孔隙体积数之后，COD几乎呈幂函数增加，至51个体积数时为2750mg/L。增大污染负荷后，PRB中COD在76个孔隙体积数之前剧烈波动，但出水值均低于第一阶段的最大值，这可能是 Mn^{2+} 对玉米芯结构的破坏和对水解微生物产生的冲击造成的。76～100个孔隙体积数间的平均值为1136mg/L，恢复至第一阶段末期的水平。在第二阶段中，UAPB中COD随孔隙体积数的增加而迅速下降，90个孔隙体积数之后COD不足500mg/L。通过两者的比较可以发现，UAPB在有机物累积方面存在延滞期，有机物的累积受污染负荷影响较大，有机物的快速累积不仅降低了有机物利用率，而且会造成出水COD值较高，产生新的污染问题。而PRB具有较强的抗冲击能力，出水COD值相对稳定，在内聚玉米芯持续利用和后续工艺开发、应用方面存在明显优势。

由图4.19(d) 可知，40个孔隙体积数前，PRB对 SO_4^{2-} 的还原率呈缓慢波动上升趋势，其值高于UAPB，第一阶段后期［SO_4^{2-} 容积负荷为2.40kg/(m^3·d)］，对 SO_4^{2-} 的去除率为34.07%，平均还原速率为351mg/(L·d)。在UAPB中15个孔隙体积数后，SO_4^{2-} 还原速率明显加快，并在40～60个孔隙体积数间超过PRB，第一阶段的最大还原速率为628mg/(L·d)。在增大 SO_4^{2-} 容积负荷后10个孔隙体积数内［SO_4^{2-} 容积负荷为7.43kg/(m^3·d)］，两反应器对 SO_4^{2-} 的去除率出现最大值，PRB为77.67%、UAPB为90.69%。70个孔隙体积数后，PRB对 SO_4^{2-} 的去除率维持在40%左右，平均还原速率为1256mg/(L·d)。而UAPB在90个孔隙体积数后对 SO_4^{2-} 的去除率达到稳定，为8.42%，平均还原速率降至269mg/(L·d)。有研究者应用土柱系统模拟SRB连续处理AMD过程，以乳酸、乙酸和甘油混合物为碳源，在进水 SO_4^{2-} 浓度为1920mg/L，水力停留时间为2.1d的条件下 SO_4^{2-} 最大还原速率为250～300mg/(L·d)，处理效果远不如本试验中的PRB，与UAPB启动后最低还原速率相近。为使SRB达到硫酸盐还原活性的要求，必须满足一些特定的环境要求，如氧化还原电位低于

$-200mV$，pH 值高于 5，存在能够作为能源被氧化的有机物或 H_2，以及适当浓度的氧化态硫。而本试验制作的 SRB 固定化颗粒中添加了铁屑，铁屑与进水中 H^+ 反应提升微生物生长环境的 pH 值，减轻强酸对 SRB 的抑制，而且可以与 H_2S 结合生成 FeS 沉淀，减轻 H_2S 对微生物的毒害作用。铁屑还原产物 H_2 还可替代部分有机物成为 SRB 代谢的电子供体。此外本试验还采用了有机质缓释技术，这对 SRB 活性的提高意义重大。结合图 4.19(c) 可知，两反应器对 SO_4^{2-} 的去除规律与反应器内有机物累积规律高度相似，COD 快速增长的阶段也正是 SO_4^{2-} 还原速率提高的阶段，因此有机物的累积是决定 SRB 活性的关键因素，有机物在两反应器内累积的差异造成了两反应器对 SO_4^{2-} 去除率的差异。另外，对比 PRB 在前后两个阶段的处理效果可以发现，第一阶段与第二阶段末期 COD 几乎维持在同一水平，约为 1000mg/L，然而，第二阶段的 SO_4^{2-} 还原速率提高了 3.5 倍，可见在 PRB 中活化后的 SRB 固定化颗粒的代谢能力得到了充分的利用。

由图 4.19(e) 可知，UAPB 中 TFe 的去除率随孔隙体积数的增加一直下降，且第一阶段的下降速率大于第二阶段，70 个孔隙体积数后，对 TFe 的去除率已降至 87%，之后保持稳定。而在 PRB 反应器出水中几乎检测不到 TFe，去除率大于 99.9%，可见该系统具有良好的抗冲击负荷能力和稳定性，不仅防止了 SRB 固定化颗粒内 Fe^{2+} 的扩散，还能有效去除 AMD 中所含的 Fe^{2+}、Fe^{3+}。SRB 去除 AMD 中重金属 Fe^{2+}、Mn^{2+} 的机理有以下几个方面：a. 异化还原 SO_4^{2-} 生成的 H_2S 与 Fe^{2+}、Mn^{2+} 反应生成金属硫化物沉淀；b. 产生碱度，提高废水 pH 值，使 Fe^{2+}、Mn^{2+} 转化成氢氧化物沉淀；c. 细胞表面负电性和分泌的胞外物质对 Fe^{2+}、Mn^{2+} 的静电吸附及生物絮凝作用。此外，当 SRB 固定化颗粒内的麦饭石处于水介质环境时，产生部分离子化，表面形成大量活性基团 $[—SiO]^-$，可以捕获重金属离子或细菌。

由图 4.19(f) 可知，在第一阶段中随着孔隙体积数的增加，UAPB 对 Mn^{2+} 的去除率缓慢下降，去除率维持在 80% 左右。当加大污染负荷时，Mn^{2+} 的去除率迅速下降，至 70 个孔隙体积数之后仅约为 10%，几乎丧失对 Mn^{2+} 的去除能力。在 PRB 中 Mn^{2+} 变化规律与 UAPB 相似，但是在处理相同孔隙体积数的前提下，去除率高于 UAPB，85 个孔隙体积数后的平衡去除率约为 25%，去除速率约为 3.74mg/(L·d)。两反应器在 70 个孔隙体积数之后出现的去除率快速下降的现象，可以理解为 SRB 固定化颗粒表面吸附位点饱和所致。在第二阶段中，两反应器稳定后对 Mn^{2+} 的去除率远低于 TFe。有研究者研究表明 Mn^{2+} 的生物氧化在 Fe^{2+} 存在的情况下很难进行，且 Mn^{2+} 的价态不稳定，不易形成稳定难溶的硫化物。而且大多数金属离子能先于 Mn^{2+} 和 H_2S 结合。此外，麦饭石对重金属离子的去除实质为一价阳离子交换过程，Fe^{2+}、Mn^{2+} 必须形成 $Fe(OH)^+$、$Mn(OH)^+$ 的形式才能与麦饭石上的阳离子（Mg^{2+}、Na^+、K^+、Ca^{2+} 等）进行交换，而 Mn^{2+} 不易形成 $Mn(OH)^+$，且 Fe^{2+}、Mn^{2+} 共存时会形成竞争吸附，使麦饭石对 Mn^{2+} 去除效果不如 Fe^{2+}。还有研究者通过中试批试验发现，生物反应器中填料及投加基质的性质对 Mn^{2+} 的固定化处理有较大影响，当有其他金属离子存在时，Mn 的硫化物很难形成，Mn^{2+} 的去除主要依靠吸附，形成氧化物、氢氧化物或者碳酸盐去除。此外，如果 Fe/Mn 值太高，Mn^{2+} 的沉淀便会被抑制，当 Fe^{2+} 浓度太高，Mn 的氧化物沉淀甚至会溶解。因此，Mn^{2+} 最初以被吸附为主要去除机理，在吸附位点饱和之后，Mn^{2+} 在较高 pH 值下形成氢氧化物和碳酸盐沉淀，同时 $Fe(OH)_2$、$Fe(OH)_3$ 絮凝体以及水解形成的 $Fe(OH)^{2+}$、$Fe(OH)_2^+$ 等络离子对 Mn^{2+} 的絮凝沉淀作用便成为主要的去除机理。

由于 Fe^{2+}、Mn^{2+} 除可被 SRB 固定化颗粒快速吸附去除外，还可以通过 SRB 的生物沉淀作用去除，即 Fe^{2+}、Mn^{2+} 与 SRB 异化代谢产物 H_2S 生成硫化物沉淀，或在较高碱度下形成氢氧化物沉淀从溶液中分离，因此，内聚碳源缓释的持久性将成为影响 PRB 系统时效的主要因素。当厌氧污泥中的少量有机物和固定化过程中投加的玉米芯消耗殆尽时，SRB 固定化颗粒也就失去了硫酸盐和重金属离子同步去除的功能。对于失效的 SRB 固定化颗粒可以在不破坏 SRB 固定化颗粒完整性的条件下将其浸泡于碳源溶液中（如玉米芯浸提液、经稀释的乳酸钠溶液），通过吸附作用再次让碳源内聚，从而实现 SRB 固定化颗粒的重复利用。

第5章

铁屑协同SRB固定化颗粒制备技术及其处理矿山酸性废水研究

基于微生物固定化技术，以 PVA-硼酸法制作了以 SRB、麦饭石、玉米芯、铁屑为主体的 SRB 固定化颗粒，通过大量的试验探究了该 SRB 固定化颗粒的代谢过程和处理 AMD 的能力。其中，铁屑作为加工过程中的废料，既廉价又含有大量铁元素，是一种高效的废水处理材料。铁屑中以 Fe^0 为主，Fe^0 在酸性环境中发生还原反应，消耗掉废水中的 H^+，提高废水的 pH 值。Fe^0 发生还原反应的同时产生 H_2，H_2 作为 SRB 的电子供体，能够促进 SRB 的生长代谢。此外，还原反应释放的 Fe^{2+}、Fe^{3+}，一方面能够与反应生成的 H_2S 生成硫化物沉淀，减弱 H_2S 对 SRB 的毒害作用；另一方面由于碱度提高，Fe^{2+}、Fe^{3+} 还原部分重金属离子以金属氢氧化物絮凝体的形式去除，能够提高 SRB 的耐受能力。因此，铁屑作为 SRB 固定化颗粒基质材料对处理 AMD 具有积极作用，但是铁屑的种类、投加量、粒径等因素影响 SRB 固定化颗粒处理 AMD 的效果尚不明确，铁屑协同 SRB 固定化颗粒制备技术尚不成熟。鉴于此，本章将重点优化铁屑协同 SRB 固定化颗粒制备技术，探究铁屑协同 SRB 固定化颗粒处理矿山酸性废水的有效性；揭示 Fe^0 与 SRB 污泥协同作用机理，完善生物与非生物强化协同去污机理，初步形成 Fe^0 协同 SRB 污泥固定颗粒处理 AMD 的理论基础与实践参数，为生物固定化技术处理 AMD 提供新思路和新材料。

5.1 铁屑协同 SRB 固定化颗粒中铁屑配比优化试验

(1) 铁屑协同 SRB 固定化颗粒的铁屑配比单因素试验

铁屑作为铁屑协同 SRB 固定化颗粒基质材料，对 AMD 处理具有积极作用，但其对处理 AMD 的影响因素尚不明确，且其与 SRB 协同作用机理的研究不深入，因此，通过单因素试验，研究铁屑的种类、投加量、粒径等因素对铁屑协同 SRB 固定化颗粒处理 AMD 的影响效果。

① 铁屑种类的确定。按上述铁屑协同 SRB 固定化颗粒制备的方法，分别制备含有粒径为 200～300 目、投加量为 0.6g 的铸铁和生铁的铁屑协同 SRB 固定化颗粒，记为 A、B 颗粒。颗粒制作完成后，在厌氧环境下用无有机成分的改进型 Starkey 式培养基溶液激活 12h，按固液比 1g/10mL 向 125mL 锥形瓶中加入铁屑协同 SRB 固定化颗粒和配制好的 AMD。AMD 的 pH＝4，SO_4^{2-}、Mn^{2+}、Ca^{2+}、Mg^{2+}、Fe^{2+} 浓度分别为 816mg/L、6mg/L、100mg/L、50mg/L 和 14mg/L。盖上橡胶塞，在 30℃、100r/min 恒温摇床内振荡，每隔一定时间取样，经 0.22μm 的膜过滤后测定溶液中 pH 值、TFe、Mn^{2+}、SO_4^{2-} 及 COD 浓度，结果如图 5.1 和图 5.2 所示。

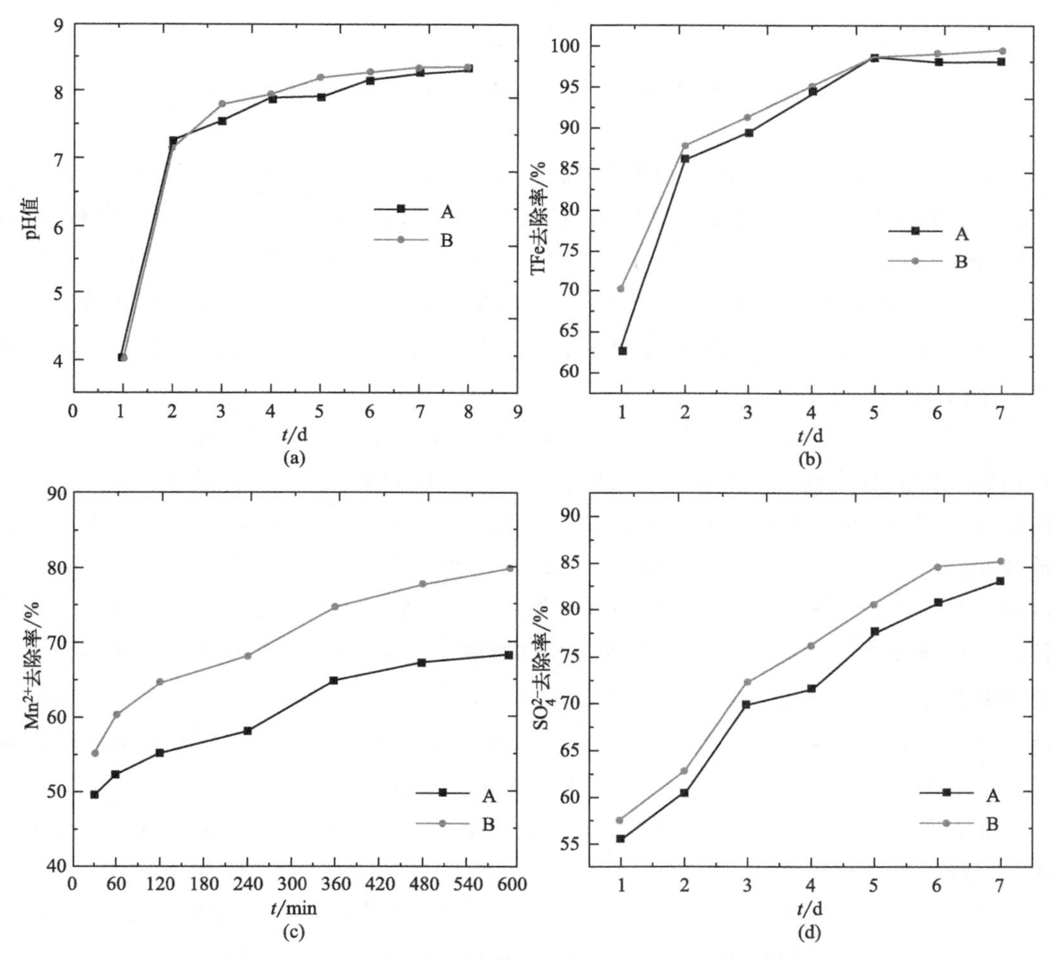

图 5.1　铁屑种类对铁屑协同 SRB 固定化颗粒去除率的影响

由图 5.1(a) 可知，A、B 颗粒调节 AMD 溶液 pH 值随时间变化曲线均呈上升趋势，颗粒 B 曲线位于颗粒 A 曲线之上。可见，颗粒 B 对 pH 值的提升幅度较大。由图 5.1(b) 可知，A、B 颗粒去除 AMD 溶液 TFe 随时间变化曲线均呈上升趋势，颗粒 B 对 TFe 的平均去除率为 92.17%，颗粒 A 对 TFe 的平均去除率为 87.60%。可见，颗

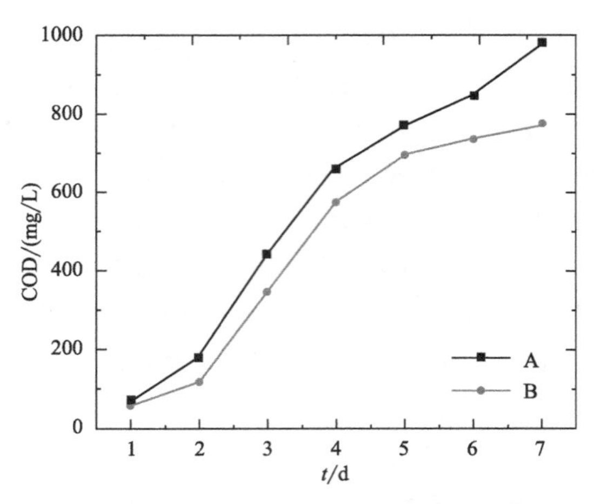

图 5.2　铁屑种类对铁屑协同 SRB 固定化颗粒 COD 累积释放量的影响

粒 B 对 TFe 的去除效率较高。由图 5.1(c) 可知，A、B 颗粒去除 AMD 溶液 Mn^{2+} 随时间变化曲线均呈上升趋势，颗粒 B 对 Mn^{2+} 的平均去除率为 68.63%，颗粒 A 对 Mn^{2+} 的平均去除率为 59.31%。可见，颗粒 B 对 Mn^{2+} 的去除效率较高。由图 5.1(d) 可知，A、B 颗粒去除 AMD 溶液 SO_4^{2-} 随时间变化曲线均呈上升趋势，颗粒 B 对 SO_4^{2-} 的最大去除率为 85.37%，颗粒 A 对 SO_4^{2-} 的最大去除率为 82.99%。可见，颗粒 B 对 SO_4^{2-} 的去除效率较高。

由图 5.2 可知，A、B 颗粒在 AMD 溶液中 COD 累积释放量随时间变化曲线均呈上升趋势，颗粒 B 曲线位于颗粒 A 曲线之下，颗粒 B 的 COD 累积释放量为 770mg/L，颗粒 A 的 COD 累积释放量为 977mg/L。可见，颗粒 B 在 AMD 溶液中 COD 累积释放量较少。图 5.2 中颗粒 A、B 曲线上升的原因，可能是溶液中 Mn^{2+} 经过扩散进入颗粒内部，对玉米芯结构产生破坏，加速水解作用，导致颗粒基质外泄，随着反应时间的延长，COD 累积释放量增加。颗粒 B 在 AMD 溶液中 COD 累积释放量较少的原因，可能是颗粒 B 中铁元素含量相对较多，且生铁中 C 主要以 Fe_3C 的形式存在，更容易形成腐蚀原电池，较好地促进了 Fe^0 与 SRB 协同作用过程，能将水中 Mn^{2+} 较快地去除，削弱其对玉米芯结构的破坏，减少玉米芯基质外泄，降低 COD 累积释放量。

综上所述，生铁作为铁屑协同 SRB 固定化颗粒基质材料优于铸铁，因此选择生铁作为后续试验的材料。

② 铁屑粒径的确定。按上述铁屑协同 SRB 固定化颗粒制备的方法，添加 0.6g 的生铁，分别制备粒径为 80～100 目、100～200 目、200～300 目的铁屑协同 SRB 固定化颗粒，记为 1#、2#、3# 颗粒。1#～3# 曲线分别表示铁屑粒径为 80～100 目、100～200 目、200～300 目的铁屑协同 SRB 固定化颗粒去除率曲线。

由图 5.3(a) 可知，1#～3# 颗粒调节 AMD 溶液 pH 值随时间变化曲线均呈上升趋势，颗粒 3# 曲线位于最上方。可见，颗粒 3# 对 pH 值的提升幅度较大。由图 5.3(b) 可知，1#～3# 颗粒去除 AMD 溶液 TFe 随时间变化曲线均呈上升趋势，颗粒 1#、2#、

3# 对 TFe 的平均去除速率分别为 0.28mg/(L·d)、0.34mg/(L·d)、0.69mg/(L·d)。可见，颗粒 3# 对 TFe 的去除效果最好。由图 5.3(c) 可知，1#～3# 颗粒去除 AMD 溶液 Mn^{2+} 随时间变化曲线均呈上升趋势，颗粒 1#、2#、3# 对 Mn^{2+} 的平均去除速率分别为 0.21mg/(L·h)、0.27mg/(L·h)、0.48mg/(L·h)。可见，颗粒 3# 对 Mn^{2+} 的去除效果最好。由图 5.3(d) 可知，1#～3# 颗粒去除 AMD 溶液 SO_4^{2-} 随时间变化曲线均呈上升趋势，颗粒 1#、2#、3# 对 SO_4^{2-} 的平均去除速率分别为 24.28mg/(L·d)、39.82mg/(L·d)、48.96mg/(L·d)。可见，颗粒 3# 对 SO_4^{2-} 的去除效果最好。图 5.3(a)～(d) 中，颗粒 1#～3# 曲线上升的原因，可能是铁屑中 Fe^0 在 AMD 中的腐蚀过程消耗水中的 H^+，产生 H_2 和 Fe^{2+}、Fe^{3+}，降低了氧化还原电位。较低的氧化还原电位促进了 SRB 的生物活性，同时，大量的 H_2 为 SRB 异化还原 SO_4^{2-} 提供电子对，促进 SO_4^{2-} 转化为 S^{2-}。而生成的 Fe^{2+}、Fe^{3+} 水解产碱，提高了 pH 值，促进了 MnS_2 沉淀的生成，消耗了水中的 Mn^{2+}。颗粒 3# 对 pH 值调节能力强及对 TFe、Mn^{2+}、SO_4^{2-} 去除效果好的原因，可能是铁屑的粒径越小，比表面积越大，单位质量生铁中铁元素含量相对较

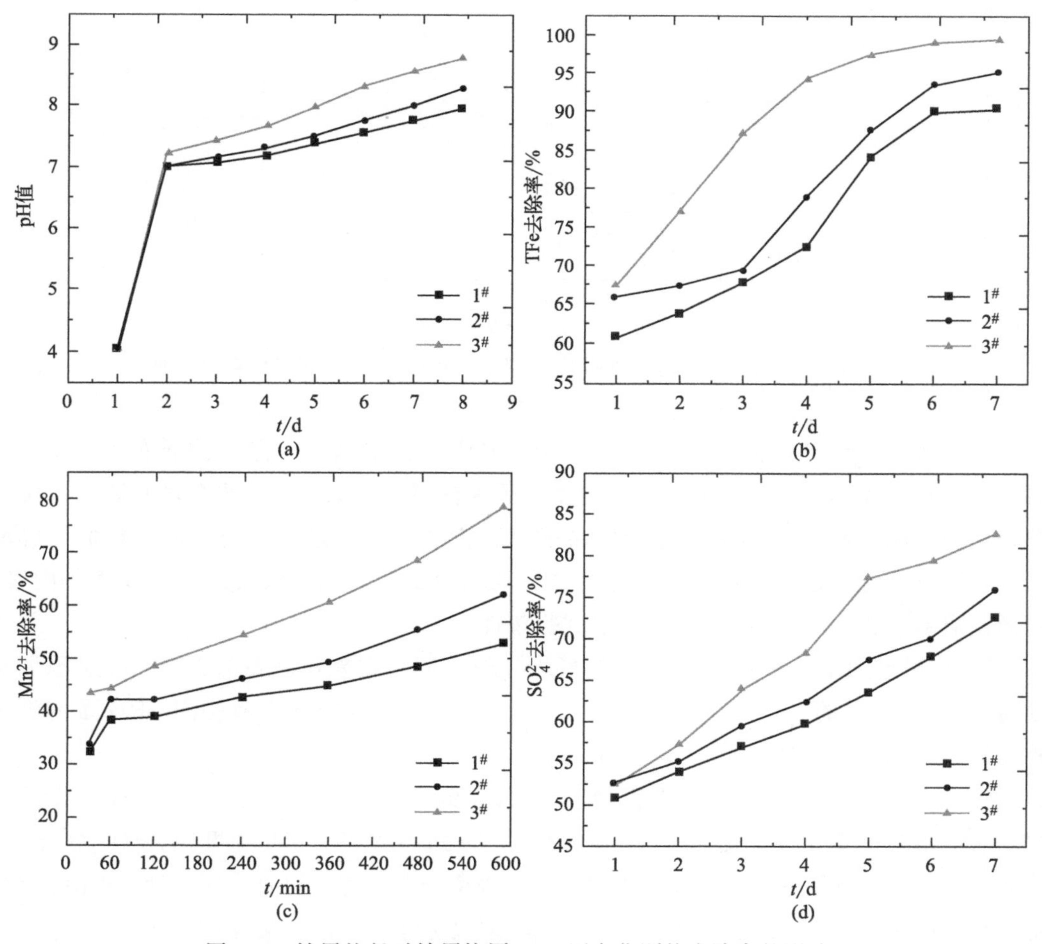

图 5.3　铁屑粒径对铁屑协同 SRB 固定化颗粒去除率的影响

多，且生铁中 C 主要以 Fe_3C 的形式存在，因此，更容易形成腐蚀原电池，较好地促进了 Fe^0 与 SRB 协同作用过程。

由图 5.4 可知，1# ～3# 颗粒在 AMD 溶液中 COD 累积释放量随时间变化曲线均呈上升趋势，颗粒 1# 、2# 、3# COD 累积释放量分别为 1127mg/L、801mg/L、670mg/L。可见，颗粒 3# 在 AMD 溶液中 COD 累积释放量最少。图 5.4 中颗粒 1# ～3# COD 累计释放量曲线上升的原因，可能是溶液中 Mn^{2+} 经过扩散进入颗粒内部，对玉米芯结构产生破坏，加速水解作用，导致颗粒基质外泄，随着反应时间的延长，COD 累积释放量增加。颗粒 3# 在 AMD 溶液中 COD 累积释放量最少的原因，可能是颗粒 3# 的粒径最小，比表面积最大，单位质量生铁中铁元素含量相对较多，且生铁中 C 主要以 Fe_3C 的形式存在，更容易形成腐蚀原电池，较好地促进了 Fe^0 与 SRB 协同作用过程，能将水中 Mn^{2+} 较快地去除，削弱其对玉米芯结构的破坏，减少玉米芯基质外泄，降低了 COD 累积释放量。

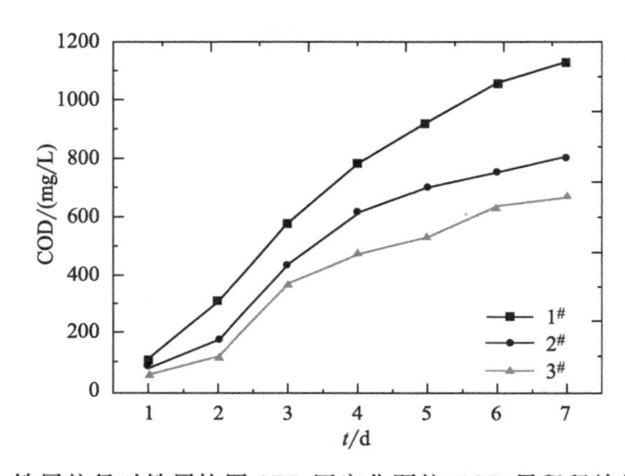

图 5.4　铁屑粒径对铁屑协同 SRB 固定化颗粒 COD 累积释放量的影响

综上所述，铁屑粒径越小，Fe^0 与 SRB 的协同作用越强，但当铁屑粒径＜300 目时，其强化幅度不大，甚至减弱，这主要是因为铁屑粒径太小，会出现堆积紧密、板结等，从而影响铁屑协同 SRB 固定化颗粒的渗透性和机械稳定性，同时还存在加工成本高、工序复杂等问题。因此，综合考虑铁屑堆积程度、经济性以及加工复杂性等因素，选择铁屑粒径为 200～300 目作为后续试验条件。

③ 铁屑投加量的确定。按上述铁屑协同 SRB 固定化颗粒制备的方法，分别添加粒径为 200～300 目的 0g、0.2g、0.4g、0.6g、0.8g 的生铁制备铁屑协同 SRB 固定化颗粒，记为 1# 、2# 、3# 、4# 、5# 颗粒。

1# ～5# 曲线分别表示铁屑投加量为 0g、0.2g、0.4g、0.6g、0.8g 的铁屑协同 SRB 固定化颗粒的去除率曲线。由图 5.5(a) 可知，1# ～5# 颗粒调节 AMD 溶液 pH 值随时间变化曲线均呈上升趋势，颗粒 4# 曲线位于最上方。可见，颗粒 4# 对 pH 值的提升幅度较大。由图 5.5(b) 可知，1# ～5# 颗粒去除 AMD 溶液 TFe 随时间变化曲线均呈上升趋势，颗粒 1# 、2# 、3# 、4# 、5# 对 TFe 的最终去除率分别为 80.56%、

98.8%、99.37%、99.49%、91.22%。可见，颗粒 4# 对 TFe 的去除效果最好。由图 5.5(c) 可知，1# ～5# 颗粒去除 AMD 溶液 Mn^{2+} 随时间变化曲线均呈上升趋势，颗粒 1# 、2# 、3# 、4# 、5# 对 Mn^{2+} 的平均去除率分别为 34.66%、40.78%、45.50%、51.36%、46.86%。可见，颗粒 4# 对 Mn^{2+} 的去除效果最好。由图 5.5(d) 可知，1# ～5# 颗粒去除 AMD 溶液 SO_4^{2-} 随时间变化曲线均呈上升趋势，颗粒 1# 、2# 、3# 、4# 、5# 对 SO_4^{2-} 的平均去除率分别为 44.90%、51.53%、63.21%、68.47%、60.86%。可见，颗粒 4# 对 SO_4^{2-} 的去除效果最好。图 5.5(a)～(d) 中，颗粒 1# ～5# 曲线上升的原因，可能是铁屑中 Fe^0 在 AMD 中的腐蚀过程消耗水中的 H^+，产生 H_2 和 Fe^{2+}、Fe^{3+}，降低了氧化还原电位。较低的氧化还原电位促进 SRB 的生物活性，同时，大量的 H_2 为 SRB 异化还原 SO_4^{2-} 提供电子，促进 SO_4^{2-} 转化为 S^{2-}。而生成的 Fe^{2+}、Fe^{3+} 水解产碱，提高了 pH 值，促进 MnS_2 沉淀的生成，消耗了水中的 Mn^{2+}。颗粒 4# 对 pH 值调节能力强及对 TFe、Mn^{2+}、SO_4^{2-} 去除效果好的原因，可能是铁屑的投加量增加，Fe^0 的腐蚀加强，强化了 SRB 异化还原作用，从而较好地促进了 Fe^0 与 SRB 协同作用过程。

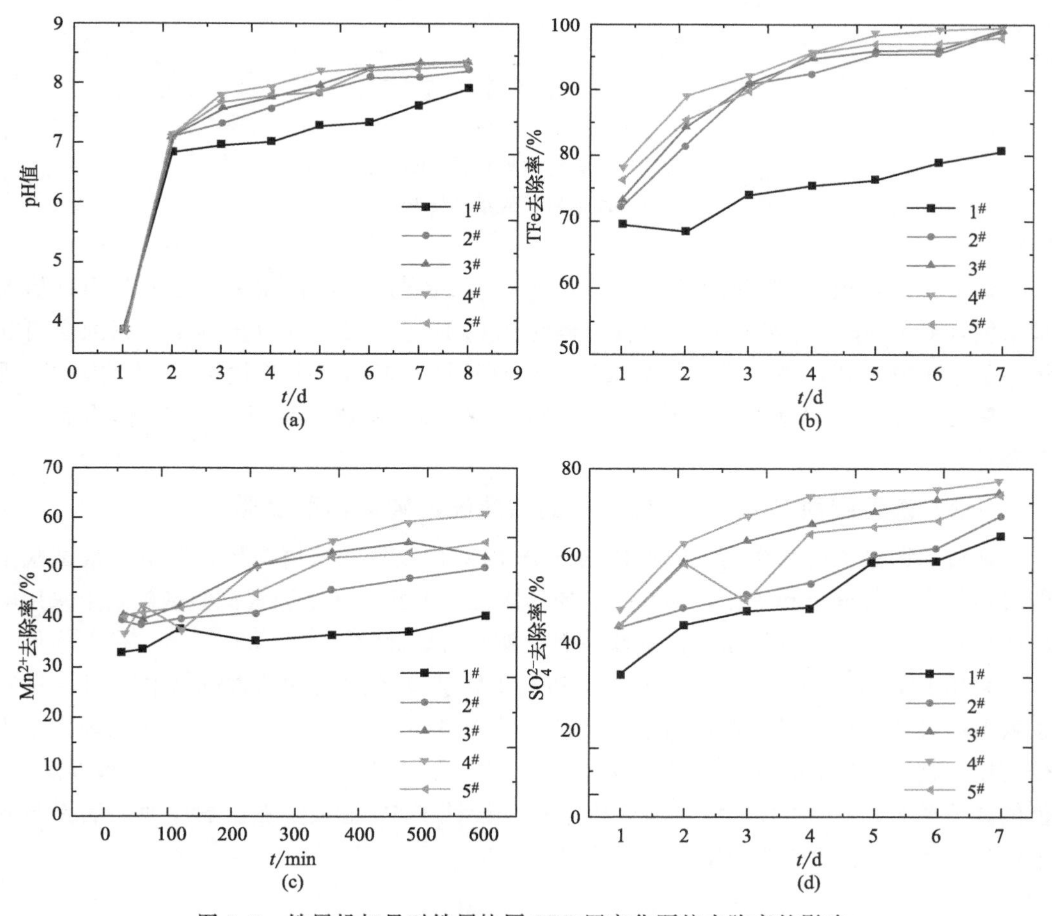

图 5.5 铁屑投加量对铁屑协同 SRB 固定化颗粒去除率的影响

由图5.6可知，1#～5#颗粒在AMD溶液中COD累积释放量随时间变化曲线均呈上升趋势，1#、2#、3#、4#、5#颗粒COD累积释放量分别为1136mg/L、796mg/L、758mg/L、670mg/L、746mg/L。可见，颗粒4#在AMD溶液中COD累积释放量最少。1#～5#曲线上升的原因，可能是溶液中Mn^{2+}经过扩散进入颗粒内部，对玉米芯结构产生破坏，加速水解作用，导致颗粒基质外泄，随着反应时间的延长，COD累积释放量增加。颗粒4#在AMD溶液中COD累积释放量最少的原因，可能是颗粒4#铁屑含量较多，较好地促进了Fe^0与SRB协同作用过程，能将水中Mn^{2+}较快地去除，削弱其对玉米芯结构的破坏，较少玉米芯基质外泄，降低COD累积释放量。

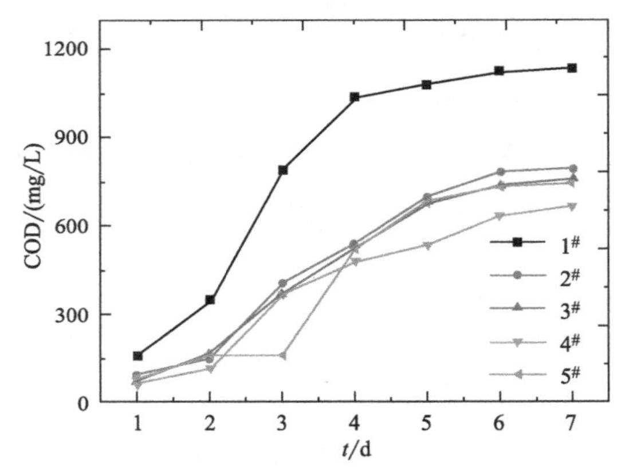

图5.6　铁屑投加量对铁屑协同SRB固定化颗粒COD累积释放量的影响

综上所述，随着铁屑投加量的增加，Fe^0与SRB的协同作用增强，但是当铁屑投加量增加到0.8g时，处理效果较投加量为0.6g时差，是因为过多的Fe^0腐蚀会引起体系的pH值升高，破坏微生物的最适宜生存环境，抑制其生长代谢过程。因此，固定化颗粒中Fe^0的投加量存在最佳投加范围，故选择铁屑投加量为0.6g作为后续试验条件。

（2）铁屑协同SRB固定化颗粒的铁屑配比响应曲面试验

通过单因素试验初步确定铁屑协同SRB固定化颗粒的铁屑配比，但单因素试验不能对连续点进行分析和优化，存在一定的局限性，因此，在单因素试验基础之上采用响应曲面法进行试验，分析相关性系数，优化铁屑的最优配比。

采用BBD（块分支图）模型对试验进行3因素3水平的响应曲面优化设计。试验以铁屑的种类、投加量、粒径为影响因素，设置编码为A、B、C，自变量三因素水平分别用−1、0、1表示三种不同状态和含量，以TFe、Mn^{2+}、SO_4^{2-}的去除率以及pH值的调节能力和COD的释放量为评价指标，设计了17组试验点。响应曲面因素与水平设计见表5.1。响应曲面试验结果数据见表5.2。

表 5.1　响应曲面因素与水平设计

因素	编码	水平		
		−1	0	1
铁屑种类	A	无	生铁	铸铁
铁屑投加量/g	B	0.2	0.4	0.6
铁屑粒径/目	C	80～100	100～200	200～300

表 5.2　响应曲面试验数据

编号	变量						响应值				
	实际值			编码值							
	铁屑种类	铁屑投加量/g	铁屑粒径/目	A	B	C	pH 值	TFe 去除率/%	Mn^{2+} 去除率/%	SO_4^{2-} 去除率/%	COD 释放量/(mg/L)
1	无	0.2	100～200	−1	−1	0	6.64	89.39	43.18	42.45	2980
2	生铁	0.6	200～300	0	1	1	7.09	97.21	62.97	82.52	980
3	无	0.4	200～300	−1	0	1	6.69	90.18	47.14	47.37	2520
4	生铁	0.4	100～200	0	0	0	6.89	94.35	55.64	67.83	1790
5	无	0.6	100～200	−1	1	0	6.66	90.09	45.97	45.4	2770
6	铸铁	0.6	100～200	1	1	0	6.83	92.08	52.75	58.35	2070
7	无	0.4	80～100	−1	0	−1	6.6	88.98	40.45	39.18	3270
8	铸铁	0.2	100～200	1	−1	0	6.77	91.77	49.93	52.77	2310
9	生铁	0.4	100～200	0	0	0	6.89	94.35	55.64	67.83	1790
10	生铁	0.2	200～300	0	−1	1	6.94	94.51	57.21	71.45	1540
11	生铁	0.4	100～200	0	0	0	6.89	94.35	55.64	67.83	1790
12	生铁	0.4	100～200	0	0	0	6.89	94.35	55.64	67.83	1790
13	铸铁	0.4	80～100	1	0	−1	6.71	90.23	48.97	50.59	2400
14	铸铁	0.4	200～300	1	0	1	7.03	95.63	59.39	75.92	1410
15	生铁	0.4	100～200	0	0	0	6.89	94.35	55.64	67.83	1790
16	生铁	0.6	80～100	0	1	−1	6.85	92.64	54.84	62.82	1980
17	生铁	0.2	80～100	0	−1	−1	6.81	91.93	51.83	53.42	2180

① pH 值结果分析。利用 Design-Expert 8.0 软件对 pH 值数据进行回归分析，得到多元二次回归方程，如式(5.1) 所示：

$$Y_{pH}=2.62+0.018A+0.006419B+0.019C+0.001907AB+0.011AC+0.005166BC-0.032A^2-0.005896B^2-0.00611C^2 \quad (5.1)$$

二阶模型方差分析结果见表 5.3。由表 5.3 可知，F 值为 50.78，$P<0.0001$（$P<0.001$），说明该模型对 pH 值的影响极其显著。相关系数 R^2 为 0.9846，说明只有 0.0154 的变异不能由该模型解释，因此，试验结果可以采用该二阶回归方程分析。修正复相关系数 R^2_{adj} 为 0.9655，说明该模型能解释 96.55%响应值的相应变化，误差极

小，且试验精确度 AP 为 24.495（>4），变异系数为 0.18%（<10%），说明该模型具有较好的可行性与精密度，拟合程度和回归性较好，适合用来对 pH 值进行预测。模型中一次项 A、C 差异极显著，B 差异高度显著，从 F 值大小可知单因素的影响顺序 $C>A>B$，说明铁屑粒径对 pH 值变化规律的响应较突出。

表 5.3 pH 值二阶模型方差分析

来源	平方和	自由度	均方	F 值	P	显著性
模型	0.011	9	1.178×10^{-3}	50.78	<0.0001	
A	2.594×10^{-3}	1	2.594×10^{-3}	111.87	<0.0001	* * *
B	3.296×10^{-4}	1	3.296×10^{-3}	14.21	0.0070	* *
C	2.766×10^{-3}	1	2.766×10^{-3}	119.27	<0.0001	* * *
AB	1.454×10^{-5}	1	1.454×10^{-5}	0.63	0.0444	*
AC	4.750×10^{-4}	1	4.750×10^{-4}	20.49	0.0027	* *
BC	1.068×10^{-4}	1	1.068×10^{-4}	4.60	0.0491	*
A^2	4.220×10^{-3}	1	4.220×10^{-3}	181.98	<0.0001	* * *
B^2	1.464×10^{-10}	1	1.464×10^{-10}	6.312×10^{-6}	0.0481	*
C^2	1.572×10^{-4}	1	1.572×10^{-4}	6.78	0.0352	*
残差项	1.623×10^{-4}	7	2.319×10^{-5}			
失拟项	1.623×10^{-4}	3	5.411×10^{-5}			
纯误差	0.000	4	0.000			
总和	0.011	16				

注：1. 试验结果，变异系数=0.18%，AP=24.495，$R^2=0.9846$，$R_{adj}^2=0.9655$。
2. * * *，$P<0.001$，极其显著；* *，$P<0.01$，高度显著；*，$P<0.05$，显著。

② TFe 去除率结果分析。利用 Design-Expert 8.0 对 TFe 去除率进行回归分析，得到多元二次回归方程，如式(5.2) 所示：

$$Y_{TFe}=9.71+0.072A+0.028B+0.089C-0.005195AB+0.054AC+0.025BC-0.16A^2-0.018B^2+0.003261C^2 \tag{5.2}$$

二阶模型方差分析结果见表 5.4。

表 5.4 TFe 去除率二阶模型方差分析

来源	平方和	自由度	均方	F 值	P	显著性
模型	0.24	9	0.027	51.04	<0.0001	
A	0.042	1	0.042	78.76	<0.0001	* * *
B	6.495×10^{-3}	1	6.495×10^{-3}	12.25	0.0100	* *
C	0.063	1	0.063	119.37	<0.0001	* * *
AB	1.080×10^{-4}	1	1.080×10^{-4}	0.20	0.0455	*
AC	0.012	1	0.012	22.14	0.0022	* *
BC	2.547×10^{-3}	1	2.547×10^{-3}	4.80	0.0445	*
A^2	0.11	1	0.11	215.73	<0.0001	* * *
B^2	1.383×10^{-3}	1	1.383×10^{-3}	2.61	0.0304	*
C^2	4.478×10^{-5}	1	4.478×10^{-5}	0.048	0.7798	⊙

续表

来源	平方和	自由度	均方	F 值	P	显著性
残差项	3.713×10^{-3}	7	5.304×10^{-4}			
失拟项	3.713×10^{-3}	3	1.238×10^{-3}			
纯误差	0.000	4	0.000			
总和	0.25	16				

注：1. 试验结果，变异系数=0.24%，AP=23.594，R^2=0.9850，R_{adj}^2=0.9657。

2. * * *，$P<0.001$，极其显著；* *，$P<0.01$，高度显著；*，$P<0.05$，显著；⊙，不显著。

由表 5.4 可知，F 值为 51.04，$P<0.0001$（$P<0.001$），说明该模型对 TFe 去除率的影响极其显著。相关系数 R^2 为 0.9850，说明只有 0.0150 的变异不能由该模型解释，因此，试验结果可以采用该二阶回归方程分析。修正复相关系数 R_{adj}^2 为 0.9657，说明该模型能解释 96.57%响应值的相应变化，误差极小，且试验精确度 AP 为 23.594（>4），变异系数为 0.24%（<10%），因此，该模型具有较好的可行性与精密度，拟合程度和回归性较好，适合用来对 TFe 去除率进行分析和预测。模型中一次项 A、C 差异极显著，B 差异高度显著，从 F 值大小可知单因素的影响顺序 $C>A>B$，说明铁屑粒径对 TFe 去除率的响应较突出。

③ Mn^{2+} 去除率结果分析。利用 Design-Expert 8.0 对 Mn^{2+} 去除率进行回归分析，得到多元二次回归方程，如式(5.3) 所示：

$$Y_{Mn^{2+}}=7.46+0.31A+0.12B+0.26C-0.003041AB+0.051AC+0.041BC-0.54A^2+0.002122B^2+0.065C^2 \tag{5.3}$$

二阶模型方差分析结果见表 5.5。

表 5.5 Mn^{2+} 去除率二阶模型方差分析

来源	平方和	自由度	均方	F 值	P	显著性
模型	2.69	9	0.30	43.73	<0.0001	
A	0.75	1	0.75	110.35	<0.0001	* * *
B	0.12	1	0.12	17.69	0.0040	* *
C	0.56	1	0.56	81.34	<0.0001	* * *
AB	3.700×10^{-3}	1	3.700×10^{-3}	5.414×10^{-3}	0.0434	*
AC	0.010	1	0.010	1.50	0.0096	* *
BC	6.851×10^{-3}	1	6.851×10^{-3}	1.00	0.3501	⊙
A^2	1.23	1	1.23	180.50	<0.0001	* * *
B^2	1.897×10^{-5}	1	1.897×10^{-5}	2.775×10^{-3}	0.9595	⊙
C^2	0.018	1	0.018	2.57	0.0028	* *
残差项	0.048	7	6.834×10^{-3}			
失拟项	0.048	3	0.016			
纯误差	0.000	4	0.000			
总和	2.74	16				

注：1. 试验结果，变异系数=1.14%，AP=23.520，R^2=0.9825，R_{adj}^2=0.9601。

2. * * *，$P<0.001$，极其显著；* *，$P<0.01$，高度显著；*，$P<0.05$，显著；⊙，不显著。

由表 5.5 可知，F 值为 43.73，$P<0.0001$（$P<0.001$），说明该模型对 Mn^{2+} 去除率的影响极其显著。相关系数 R^2 为 0.9825，说明只有 0.0175 的变异不能由该模型解释，因此，试验结果可以采用该二阶回归方程分析。修正复相关系数 R_{adj}^2 为 0.9601，说明该模型能解释 96.01%响应值的相应变化，误差极小，且试验精确度 AP 为 23.520（>4），变异系数为 1.14%（<10%），因此，该模型具有较好的可行性与精密度，拟合程度和回归性较好，适合用来对 Mn^{2+} 去除率进行分析和预测。模型中一次项 A、C 差异极显著，B 差异高度显著，从 F 值大小可知单因素的影响顺序 $A>C>B$，说明铁屑种类对 Mn^{2+} 去除率的响应较突出。

④ SO_4^{2-} 去除率结果分析。利用 Design-Expert 8.0 对 SO_4^{2-} 去除率进行回归分析，得到多元二次回归方程，如式(5.4) 所示：

$$Y_{SO_4^{2-}}=8.24+0.54A+0.23B+0.57C+0.042AB+0.24AC+0.003558BC-1.08A^2-0.12B^2+0.082C^2 \tag{5.4}$$

二阶模型方差分析结果见表 5.6。

表 5.6 SO_4^{2-} 去除率二阶模型方差分析

来源	平方和	自由度	均方	F 值	P	显著性
模型	10.60	9	1.18	44.30	<0.0001	
A	2.36	1	2.36	88.90	<0.0001	* * *
B	0.42	1	0.42	15.75	0.0054	* *
C	2.56	1	2.56	96.30	<0.0001	* * *
AB	6.947×10^{-3}	1	6.947×10^{-3}	0.26	0.0250	*
AC	0.24	1	0.24	8.98	0.0200	*
BC	5.065×10^{-5}	1	5.065×10^{-5}	1.905×10^{-3}	0.9664	⊙
A^2	4.87	1	4.87	183.27	<0.0001	* * *
B^2	0.066	1	0.066	2.47	0.1603	⊙
C^2	0.028	1	0.028	1.06	0.0375	*
残差项	0.19	7	0.027			
失拟项	0.19	3	0.062			
纯误差	0.000	4	0.000			
总和	10.79	16				

注：1. 试验结果，变异系数=2.12%，AP=21.481，$R^2=0.9827$，$R_{adj}^2=0.9606$。

2. * * *，$P<0.001$，极其显著；* *，$P<0.01$，高度显著；*，$P<0.05$，显著；⊙，不显著。

由表 5.6 可知，F 值为 44.30，$P<0.0001$（$P<0.001$），说明该模型对 SO_4^{2-} 去除率的影响极其显著。相关系数 R^2 为 0.9827，说明只有 0.0173 的变异不能由该模型解释，因此，试验结果可以采用该二阶回归方程分析。修正复相关系数 R_{adj}^2 为 0.9606，说明该模型能解释 96.06%响应值的相应变化，误差极小，且试验精确度 AP 为 21.481（>4），变异系数为 2.12%（<10%），因此，该模型具有较好的可行性与精密度，拟合程度和回归性较好，适合用来对 SO_4^{2-} 去除率进行分析和预测。模型中一次项 A、C 差异极显著，B 差异高度显著，从 F 值大小可知单因素的影响顺序 $C>A>B$，说明铁

屑粒径对 SO_4^{2-} 去除率的响应较突出。

⑤ COD 释放量结果分析。利用 Design-Expert 8.0 对 COD 释放量进行回归分析，得到多元二次回归方程，如式(5.5) 所示：

$$Y_{COD}=42.31-4.31A-1.83B-4.88C-0.15AB-1.11AC-1.44BC+7.97A^2-0.080B^2-1.79C^2 \quad (5.5)$$

二阶模型方差分析结果见表 5.7。

表 5.7　COD 释放量二阶模型方差分析

来源	平方和	自由度	均方	F 值	P	显著性
模型	655.43	9	72.80	46.35	<0.0001	
A	148.82	1	148.82	94.75	<0.0001	* * *
B	26.85	1	26.85	17.09	0.0044	* *
C	190.75	1	190.75	121.45	<0.0001	* * *
AB	0.092	1	0.092	0.059	0.0456	*
AC	4.96	1	4.96	3.16	0.0087	* *
BC	8.25	1	8.25	5.45	0.8157	⊙
A^2	267.24	1	267.24	170.15	<0.0001	* * *
B^2	0.027	1	0.027	0.017	0.8992	⊙
C^2	13.56	1	13.56	8.63	0.0218	*
残差项	10.99	7	1.57			
失拟项	10.99	3	3.66			
纯误差	0.000	4	0.000			
总和	666.23	16				

注：1. 试验结果，变异系数=2.77%，AP=25.461，$R^2=0.9835$，$R_{adj}^2=0.9623$。
2. * * *，$P<0.001$，极其显著；* *，$P<0.01$，高度显著；*，$P<0.05$，显著；⊙，不显著。

由表 5.7 可知，F 值为 46.35，$P<0.0001$（$P<0.001$），说明该模型对 COD 释放量的影响极其显著。相关系数 R^2 为 0.9835，说明只有 0.0165 的变异不能由该模型解释，因此，试验结果可以采用该二阶回归方程分析。修正复相关系数 R_{adj}^2 为 0.9623，说明该模型能解释 96.23%响应值的相应变化，误差极小，且试验精确度 AP 为 25.461（>4），变异系数为 2.77%（<10%），因此，该模型具有较好的可行性与精密度，拟合程度和回归性较好，适合用来对 COD 释放量进行分析和预测。模型中一次项 A、C 差异极显著，B 差异高度显著，从 F 值大小可知单因素的影响顺序 $C>A>B$，说明铁屑粒径对 COD 释放量的响应较突出。

综上所述，试验中铁屑种类、投加量、粒径对铁屑协同 SRB 固定化颗粒处理 AMD 过程中 pH 值变化规律、TFe 去除率、Mn^{2+} 去除率、SO_4^{2-} 去除率以及 COD 释放量均具有不同程度的影响，为了进一步研究交互影响作用，通过响应曲面图和等高线图分析交互作用对响应值的影响因素，见图 5.7～图 5.11（书后另见彩图）。

铁屑种类和投加量对 pH 值交互影响的响应面和等高线如图 5.7(a) 和 (b) 所示，当铁屑投加量为 0.6g 及种类为生铁时，对 AMD 溶液 pH 值的提升较显著，即当生铁投加量为 0.6g 时，pH 值从 4.0 提升至 7.0，提升幅度最大。根据方差分析 AB 为 0.0444（<0.05），表明两者交互作用显著。铁屑种类和粒径对 pH 值交互影响的响应面和等高线如图 5.7(c) 和（d）所示，当铁屑粒径为 200～300 目及种类为生铁时，对 AMD 溶液 pH 值的提升较显著，即当生铁粒径为 200～300 目时，pH 值由 4.0 提升至 7.0 以上，提升幅度最大。根据方差分析 AC 为 0.0027（<0.01），表明两者交互作用高度显著。铁屑投加量与粒径对 pH 值交互影响的响应面和等高线如图 5.7(e) 和（f）所示，当铁屑粒径为 200～300 目及投加量为 0.6g 时，对 AMD 溶液 pH 值的提升较显著，即

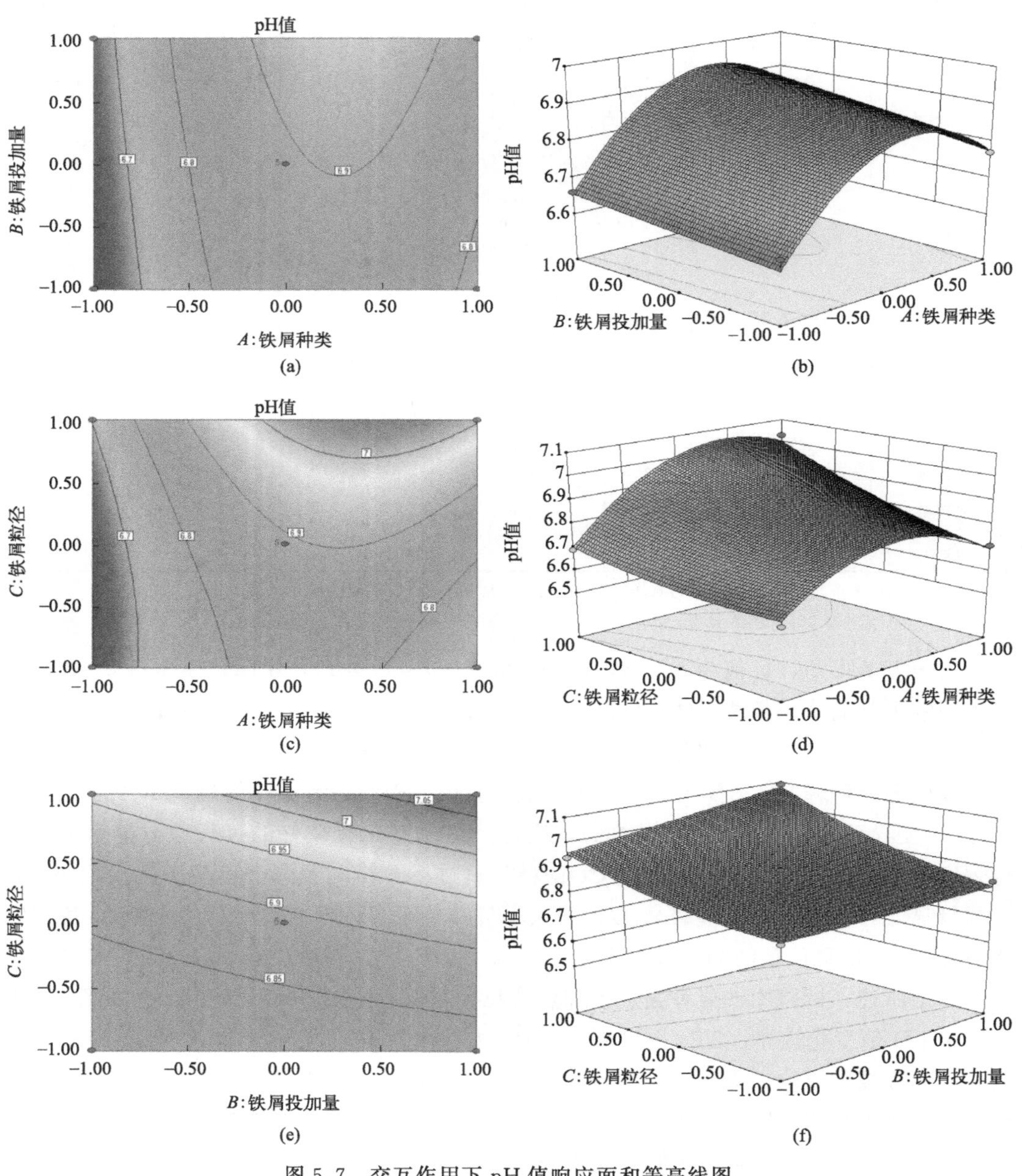

图 5.7　交互作用下 pH 值响应面和等高线图

当投加 0.6g 粒径为 200～300 目的铁屑时，pH 值由 4.0 提升至 7.05，提升幅度最大。根据方差分析 *BC* 为 0.0491（<0.05），表明两者交互作用显著。

铁屑种类和投加量对 TFe 去除率交互影响的响应面和等高线如图 5.8(a) 和 (b) 所示，当铁屑投加量为 0.6g 及种类为生铁时，对 AMD 溶液 TFe 去除率的增加较显著，即当生铁投加量为 0.6g 时，TFe 去除率可达 99%以上，去除率最高。根据方差分析 *AB* 为 0.0455（<0.05），表明两者交互作用显著。铁屑种类和粒径对 TFe 去除率交互影响的响应面和等高线如图 5.8(c) 和 (d) 所示，当铁屑粒径为 200～300 目及种类为生铁时，对 AMD 溶液 TFe 去除率的增加较显著，即当生铁粒径为 200～300 目时，

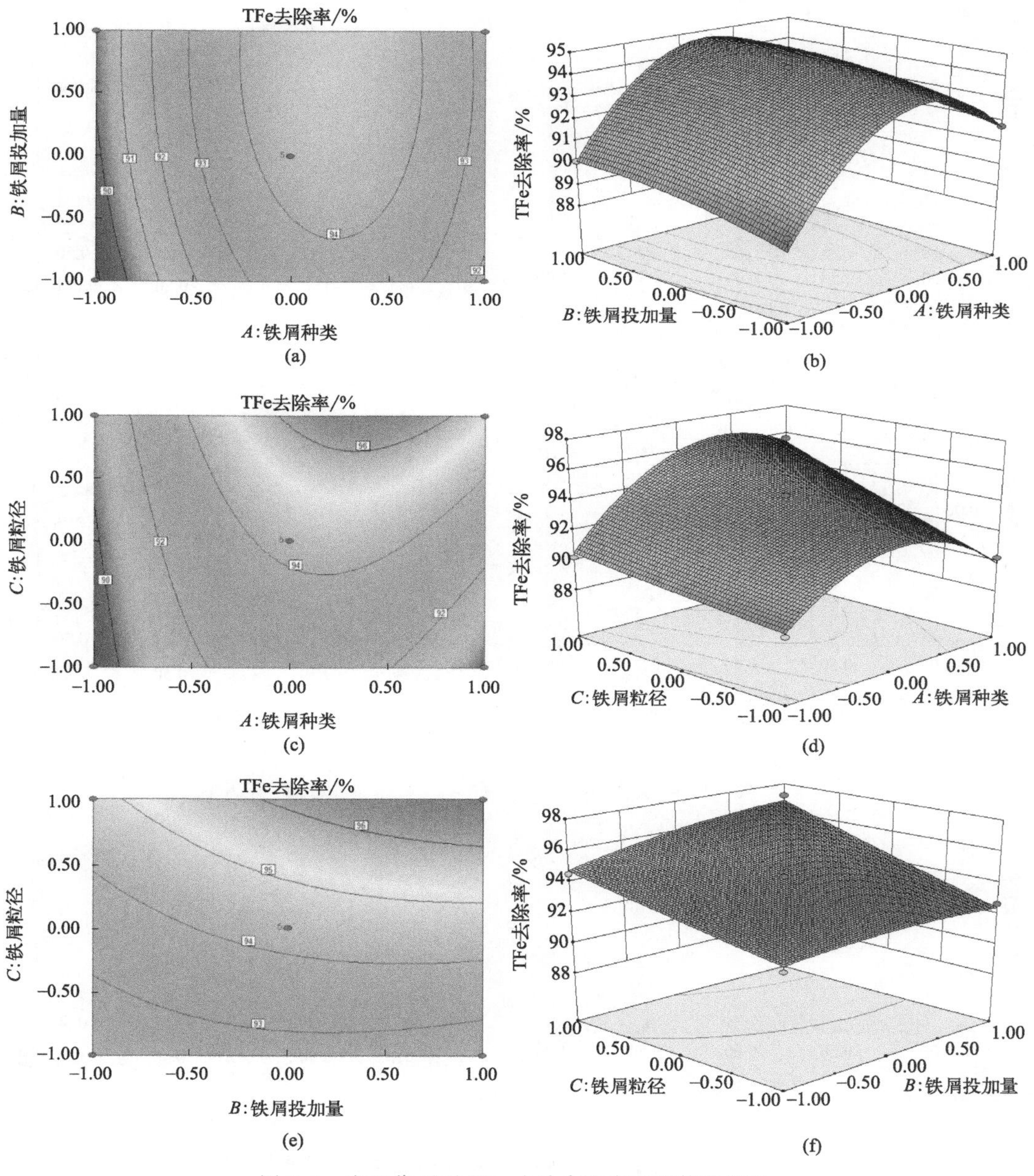

图 5.8　交互作用下 TFe 去除率响应面和等高线图

TFe 去除率可达 99%以上，去除率最高。根据方差分析 AC 为 0.0022（<0.01），表明两者交互作用高度显著。铁屑投加量和粒径对 TFe 去除率交互影响的响应面和等高线如图 5.8(e) 和（f）所示，当铁屑粒径为 200～300 目及投加量为 0.6g 时，对 AMD 溶液 TFe 去除率的增加较显著，即当投加 0.6g 粒径为 200～300 目的铁屑时，TFe 去除率可达 98%以上，去除率最高。根据方差分析 BC 为 0.0445（<0.05），表明两者交互作用显著。

铁屑种类和投加量对 Mn^{2+} 去除率交互影响的响应面和等高线如图 5.9(a) 和（b）

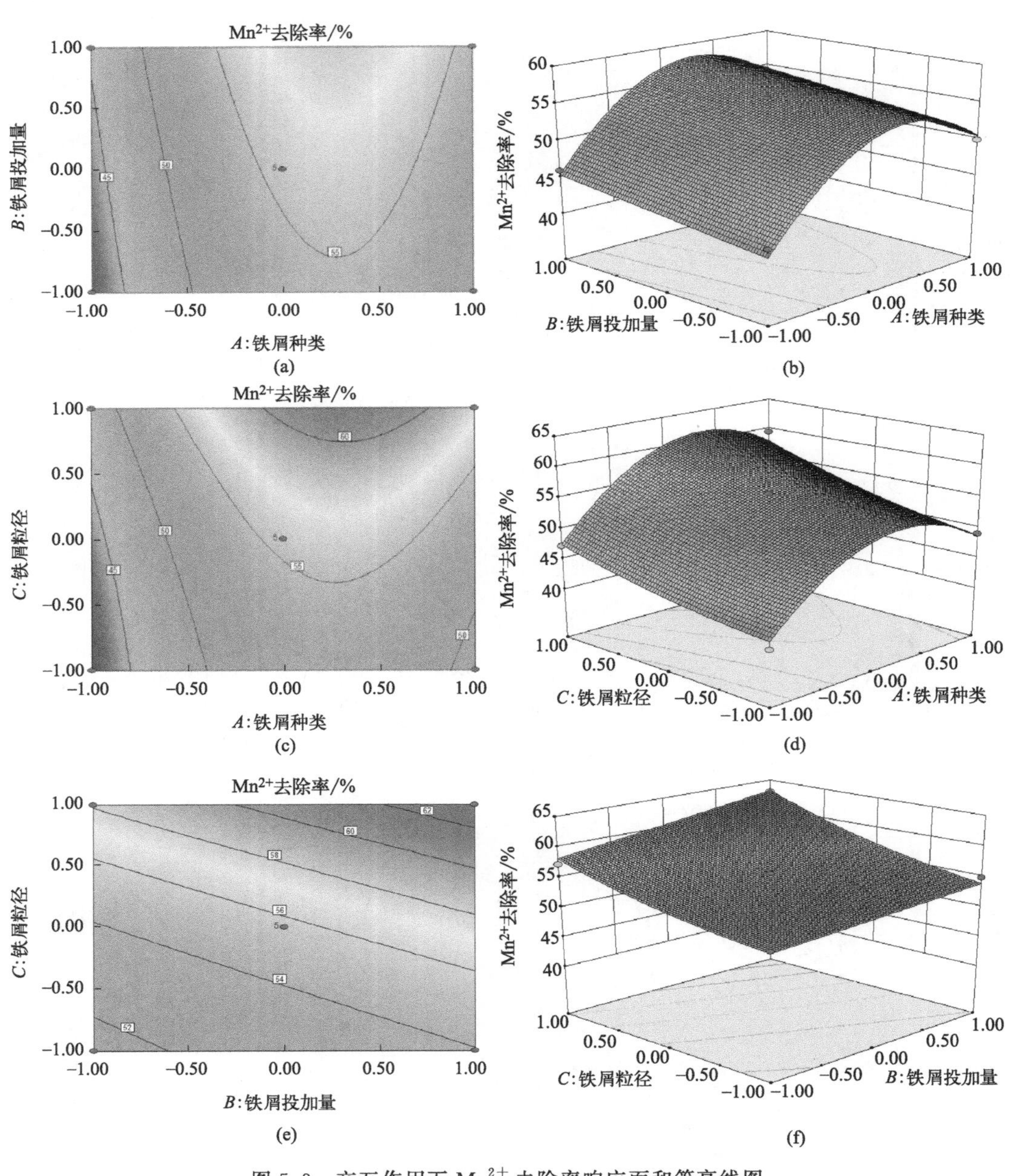

图 5.9　交互作用下 Mn^{2+} 去除率响应面和等高线图

所示，当铁屑投加量为 0.6g 及种类为生铁时，对 AMD 溶液 Mn^{2+} 去除率的增加较显著，即当生铁投加量为 0.6g 时，Mn^{2+} 去除率可达 55%以上，去除率最高。根据方差分析 *AB* 为 0.0434（<0.05），表明两者交互作用显著。铁屑种类和粒径对 Mn^{2+} 去除率交互影响的响应面和等高线如图 5.9(c) 和（d）所示，当铁屑粒径为 200～300 目及种类为生铁时，对 AMD 溶液 Mn^{2+} 去除率的增加较显著，即当生铁粒径为 200～300 目时，Mn^{2+} 去除率可达 60%以上，去除率最高。根据方差分析 *AC* 为 0.0096（<0.01），表明两者交互作用高度显著。铁屑投加量和粒径对 Mn^{2+} 去除率交互影响的响应面和等高线如图 5.9(e) 和（f）所示，当铁屑粒径为 200～300 目及投加量为 0.6g 时，对 AMD 溶液 Mn^{2+} 去除率的增加较显著，即投加 0.6g 粒径为 200～300 目的铁屑时，Mn^{2+} 去除率可达 62%以上，去除率最高。根据方差分析 *BC* 为 0.3501（>0.05），表明两者交互作用不显著。

铁屑种类和投加量对 SO_4^{2-} 去除率交互影响的响应面和等高线如图 5.10(a) 和（b）所示，当铁屑投加量为 0.6g 及种类为生铁时，对 AMD 溶液 SO_4^{2-} 去除率的增加较显著，即当生铁投加量为 0.6g 时，SO_4^{2-} 去除率可达 70%以上，去除率最高。根据方差分析 *AB* 为 0.0250（<0.05），表明两者交互作用显著。铁屑种类和粒径对 SO_4^{2-} 去除率交互影响的响应面和等高线如图 5.10(c) 和（d）所示，当铁屑粒径为 200～300 目及种类为生铁时，对 AMD 溶液 SO_4^{2-} 去除率的增加较显著，即当生铁粒径为 200～300 目时，SO_4^{2-} 去除率可达 80%以上，去除率最高。根据方差分析 *AC* 为 0.0200（<0.05），表明两者交互作用显著。铁屑投加量和粒径对 SO_4^{2-} 去除率交互影响的响应面和等高线如图 5.10(e) 和（f）所示，当铁屑粒径为 200～300 目及投加量为 0.6g 时，对 AMD 溶液 SO_4^{2-} 去除率的增加较显著，即投加 0.6g 粒径为 200～300 目的铁屑时，SO_4^{2-} 去除率可达 80%以上，去除率最高。根据方差分析 *BC* 为 0.9664（>0.05），表明两者交互作用不显著。

铁屑种类和投加量对 COD 释放量交互影响的响应面和等高线如图 5.11(a) 和（b）所示，当铁屑投加量为 0.6g 及种类为生铁时，对 AMD 溶液 COD 释放量的减少较显著，即当生铁投加量为 0.6g 时，COD 释放量<2000mg/L，释放量最少。根据方差分析 *AB* 为 0.0456（<0.05），表明两者交互作用显著。铁屑种类和粒径对 COD 释放量交互影响的响应面和等高线如图 5.11(c) 和（d）所示，当铁屑粒径为 200～300 目及种类为生铁时，对 AMD 溶液 COD 释放量的减少较显著，即当生铁粒径为 200～300 目时，COD 释放量<1500mg/L，释放量最少。根据方差分析 *AC* 为 0.0087（<0.01），表明两者交互作用高度显著。铁屑投加量和粒径对 COD 释放量交互影响的响应面和等高线如图 5.11(e) 和（f）所示，当铁屑粒径为 200～300 目及投加量为 0.6g 时，对 AMD 溶液 COD 释放量的减少较显著，即当投加 0.6g 粒径为 200～300 目的铁屑时，COD 释放量<1200mg/L，释放量最少。根据方差分析 *BC* 为 0.8157（>0.05），表明两者交互作用不显著。

综上所述，采用单因素试验方法，经过静态烧杯试验，初步拟定铁屑协同 SRB 固定化颗粒中铁屑的配比为：铁屑种类选择生铁、铁屑投加量为 0.6g、铁屑粒径大小为

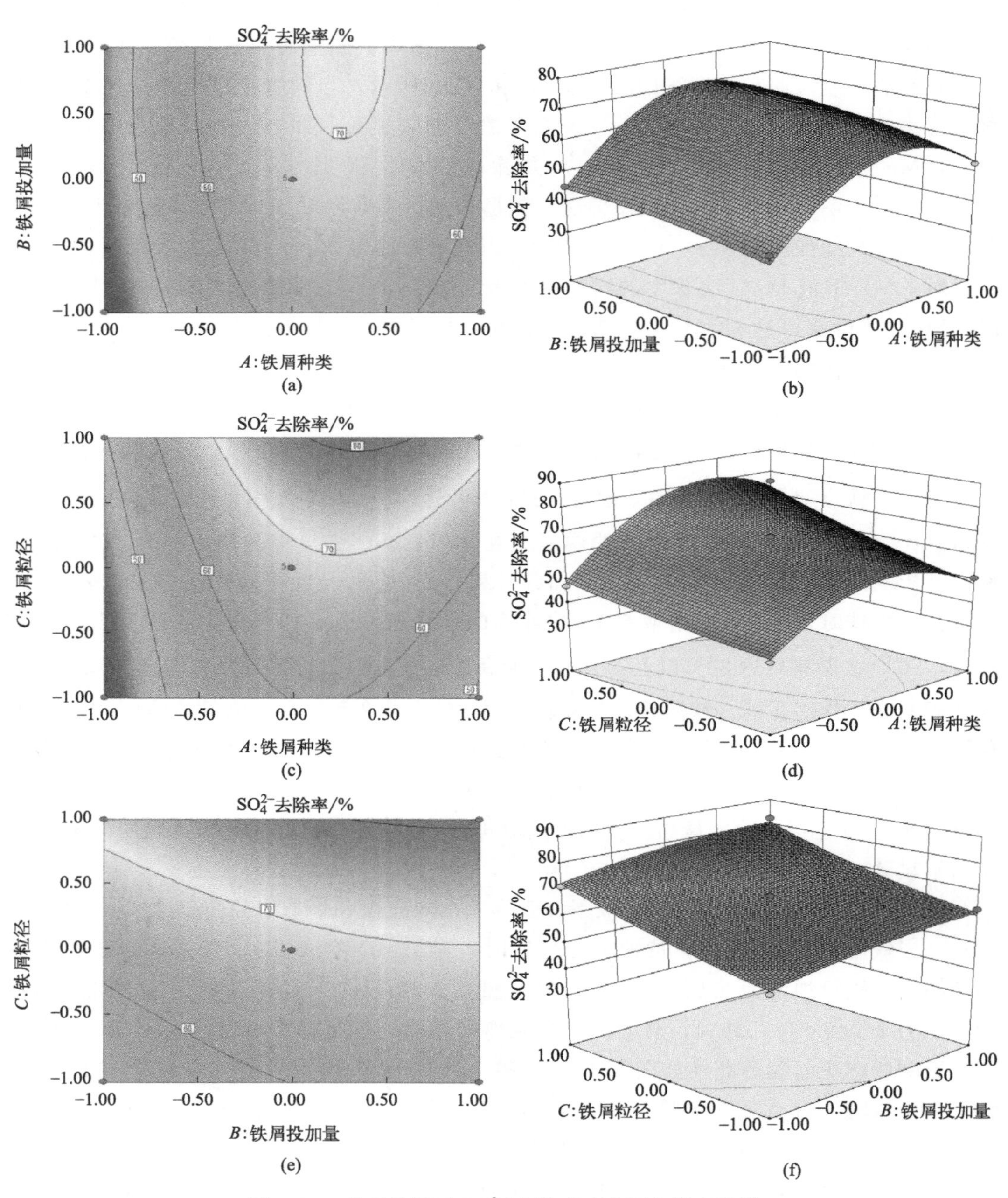

图 5.10 交互作用下 SO_4^{2-} 去除率响应面和等高线图

200～300 目。采用响应曲面法，进一步优化铁屑协同 SRB 固定化颗粒中铁屑的最佳配比，结果表明，最佳条件是铁屑种类为生铁、铁屑投加量为 0.6g、铁屑粒径为 200～300 目，此时，出水 pH 值为 7.01，TFe、Mn^{2+}、SO_4^{2-} 的平均去除率分别为 95.40%、57.82%、73.88%，COD 累积释放量为 1457mg/L。

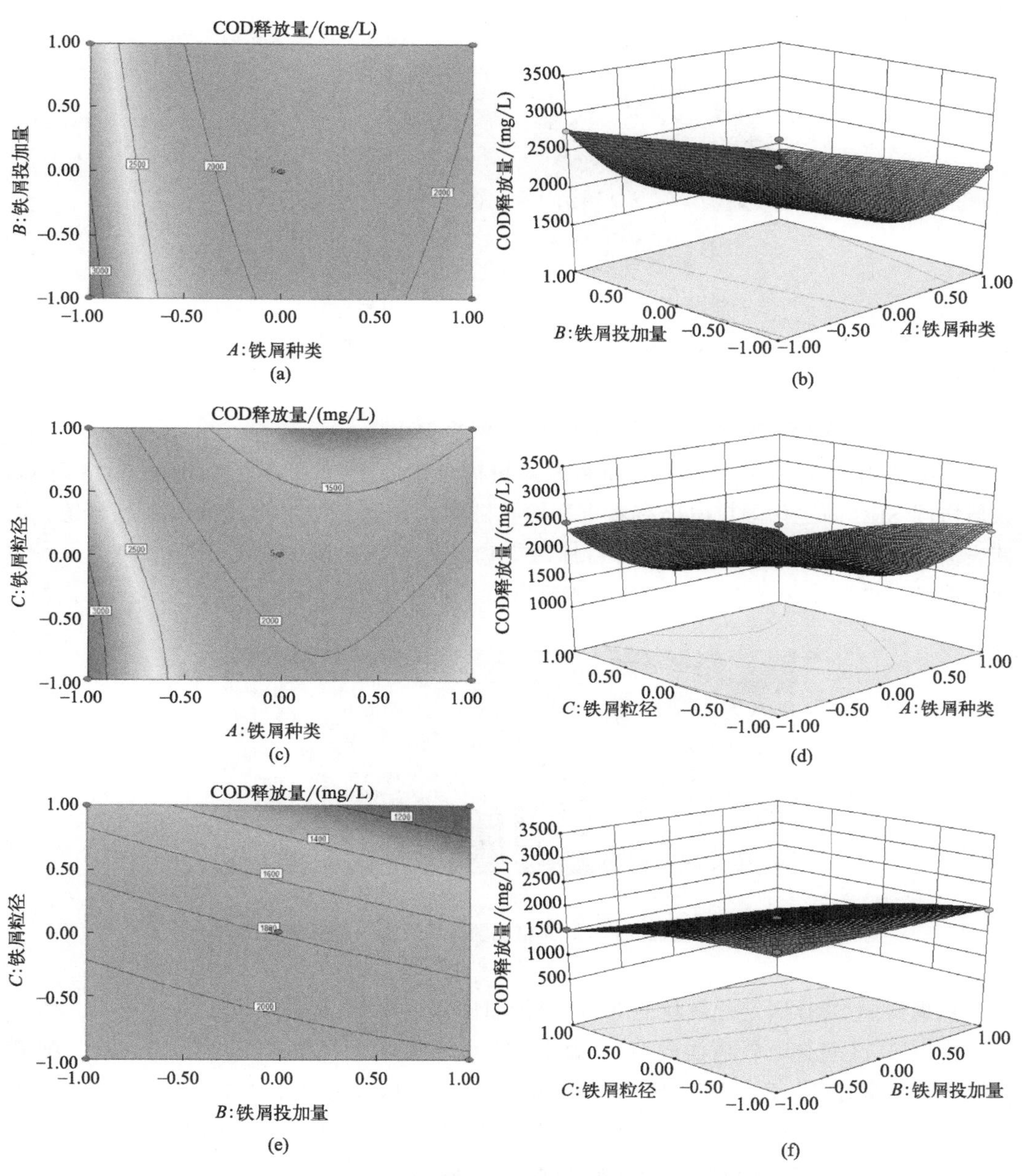

图 5.11　交互作用下 COD 释放量响应面和等高线图

5.2　铁屑协同 SRB 固定化颗粒的特性研究

铁屑协同 SRB 固定化颗粒烘干前后形态如图 5.12 所示（书后另见彩图）。图 5.12(a) 为烘干前，颗粒表面黝黑光亮，饱满水嫩有弹性，质地坚硬，表面有孔隙，边界清晰，呈球形或椭球形；图 5.12(b) 为烘干后，颗粒表面暗沉发黄，失去光泽，球体缩小变硬，无弹性。

(a) 烘干前

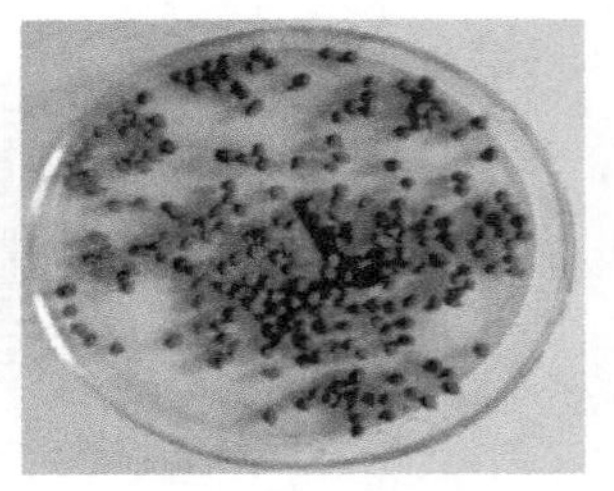

(b) 烘干后

图 5.12 铁屑协同 SRB 固定化颗粒形态

(1) 铁屑协同 SRB 固定化颗粒的表观性状

铁屑协同 SRB 固定化颗粒表面和内部扫描电镜如图 5.13 所示。由图 5.13 可知，铁屑协同 SRB 固定化颗粒内部有着丰富的孔隙结构，允许微生物在其内生长繁殖。而其表面的孔隙小，一方面能够允许目标污染物进入小球内部，代谢产物渗出；另一方面，能够有效防止细菌渗出，避免菌体流出。

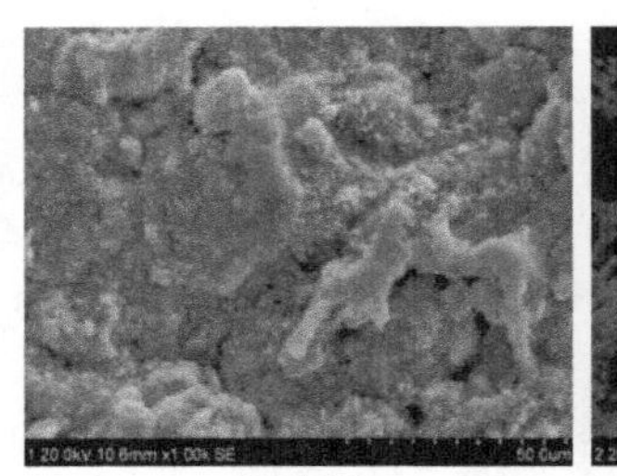

(a) 表面 (b) 内部

图 5.13 铁屑协同 SRB 固定化颗粒表面和内部扫描电镜图

铁屑协同 SRB 固定化颗粒的 XRD 分析图谱如图 5.14 所示。

由图 5.14 可知，铁屑协同 SRB 固定化颗粒主要由 C、H、O、N、Si、Fe、Al 等元素组成，其中 Fe_3C、SiC、SiS_2 主要来源于生铁屑，Al_2O_3、AlO（OH）主要来源于麦饭石，其他元素可能来源于聚乙烯醇/海藻酸钠凝胶和玉米芯等物质。

(2) 铁屑协同 SRB 固定化颗粒的物理特性

① 铁屑协同 SRB 固定化颗粒的膨胀率。铁屑协同 SRB 固定化颗粒在反应过程中，由于某些物理和化学作用，导致颗粒内部结构发生改变，组织被破坏，致使颗粒膨胀，因此，颗粒膨胀率是指膨胀前后直径变化值与正常状态下（未膨胀）的直径之比。颗粒膨胀率的大小能够间接表示颗粒内部结构的完整程度。为了分析铁屑对颗粒膨胀率的影响，制备不含铁屑和含铁屑两种铁屑协同 SRB 固定化颗粒，分别置于 AMD 中，在恒温摇床中以振荡速度 100r/min 分别振荡 6h、12h、24h、48h、96h，并测量振荡前后颗粒的直径，计算颗粒膨胀率，计算结果见表 5.8。

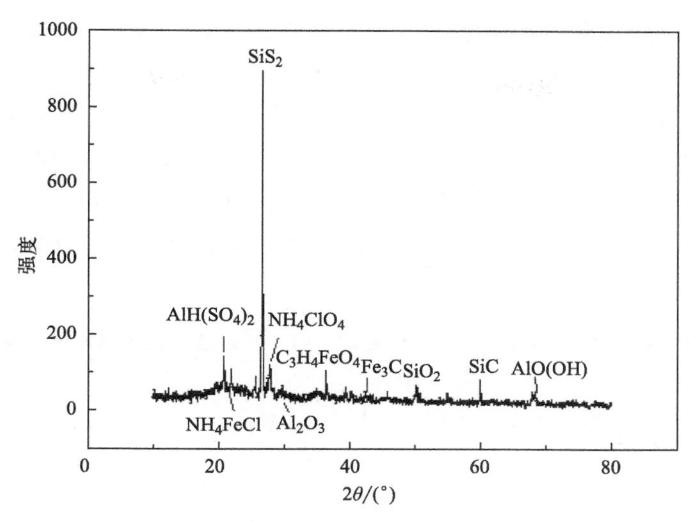

图 5.14 铁屑协同SRB固定化颗粒的XRD分析图谱

表 5.8 铁屑协同SRB固定化颗粒的膨胀率

时间/h	无铁屑			有铁屑		
	处理前直径/mm	处理后直径/mm	膨胀率/%	处理前直径/mm	处理后直径/mm	膨胀率/%
6	5.9	6.0	1.69	5.6	5.6	0.00
12	5.8	6.0	3.45	5.9	6.1	3.39
24	5.7	6.2	8.77	5.8	6.2	6.90
48	5.5	6.3	14.55	6.0	6.6	10.00
96	5.0	6.3	26.00	5.9	6.8	15.25

由表5.8可知，对于无铁屑的铁屑协同SRB固定化颗粒，振荡24h后，膨胀率达到8.77%，溶液呈乳白色，开始变浑浊，出现悬浮物；振荡48h后，膨胀率达到14.55%，溶液呈黄色，浑浊度加大，悬浮物增多；振荡96h后，膨胀率达到26.00%，溶液开始变黑，底部出现沉淀，部分颗粒出现溶解，颗粒完整性最差。而有铁屑的铁屑协同SRB固定化颗粒，振荡至48h时，膨胀率才达到10.00%，溶液呈现乳白色，开始变浑浊，出现悬浮物，直到振荡96h时溶液才呈现黄色，浑浊度加大，悬浮物增多，但颗粒完整性仍较好。振荡过程中，溶液出现浑浊和悬浮物的原因，可能是由颗粒内部组织破坏程度变大，膨胀加剧，基质外泄造成的。而有铁屑颗粒膨胀率小于无铁屑颗粒的原因，可能是生铁中Fe主要以Fe_3C的形式存在，而C与Fe之间的结合力较大，且铁屑易于堆积固结，因而，铁屑的存在强化了颗粒内部的黏结力，加强了结构的紧凑性，削弱颗粒膨胀性能，抑制颗粒溶解，更好地保证了颗粒的完整性。

② 铁屑协同SRB固定化颗粒在酸、碱、盐溶液中的机械稳定性。铁屑协同SRB固定化颗粒是微生物群体及其生长因子在一定条件下聚集而成的，颗粒不仅要保持内部微生物的活性，还要保证在酸、碱、盐溶液中的机械稳定性，颗粒在酸、碱、盐溶液中越

不容易解体，越完整，质地越坚韧，颗粒稳定性越高。为了分析颗粒在酸、碱、盐溶液中的机械稳定性，分别将 50 个颗粒置于不同浓度的 HCl、NaOH、KH_2PO_4 和蒸馏水中，其中 HCl 浓度分别为 0.0001mol/L、0.01mol/L、0.1mol/L 和 1mol/L，NaOH 浓度为 0.1mol/L，KH_2PO_4 浓度为 1mol/L，在恒温摇床内以振荡速度 100r/min 振荡 24h，考察颗粒的完整性、手感压缩以及机械强度，并观察上浮颗粒数和解体颗粒数。颗粒机械强度的测定采用注射器压缩法，即从振荡后的溶液中各选择 20 个完整性好的颗粒放入注射器中，施加 1 刻度的力，然后检查颗粒完整性，用以表示颗粒的机械强度。试验结果如表 5.9 所列。

表 5.9 铁屑协同 SRB 固定化颗粒在酸、碱、盐溶液以及蒸馏水中的稳定性

项目	HCl				NaOH	KH_2PO_4	H_2O
	0.0001mol/L	0.01mol/L	0.1mol/L	1mol/L	0.1mol/L	1mol/L	
颗粒完整性	0	0	1	1	0	0	0
手感压缩	+++	++	+	+	+++	+++	+++
机械强度	+++	++	+	+	+++	+++	+++
上浮颗粒数	2	7	27	40	0	2	0
解体颗粒数	0	2	8	22	0	0	0
溶液颜色/浑浊程度	黄/0	白/3	白/4	黑/4	黄/0	白/2	白/1

注：1. “0”，未变，完整性好；“1”，有变化，完整性差；

2. “+”，弹性很差，坚硬；“++”，弹性一般，较软；“+++”，有弹性，很软；

3. “+”，强度差（颗粒破碎数>5）；“++”，强度一般，易破碎（颗粒破碎数介于 2～5）；“+++”，强度很强，不易破碎（颗粒破碎数<2）；

4. 浑浊程度，4>3>2>1>0。

由表 5.9 可知，颗粒在酸、碱、盐溶液以及蒸馏水中的稳定性不同。在碱溶液、盐溶液和蒸馏水中颗粒非常完整，机械强度很强，不易破碎且具有弹性，上浮的颗粒和解体的颗粒极少，溶液不浑浊。可见，颗粒在碱溶液、盐溶液和蒸馏水中稳定性很好。颗粒在 0.0001mol/L 酸溶液中很完整，机械强度很好，弹性很好，颗粒上浮率为 4%，颗粒解体率为 0，溶液不浑浊，且能够将 pH 值调节至 7.15；颗粒在 0.01mol/L 酸溶液中较完整，机械强度一般，弹性一般，颗粒上浮率为 14%，颗粒解体率为 4%，溶液浑浊，且能够将 pH 值调节至 7.03；颗粒在 0.1mol/L 酸溶液中，机械强度和弹性很差，颗粒上浮率达 54%，颗粒解体率达 16%，溶液浑浊，且能够将 pH 值调节至 7.01；颗粒在 1mol/L 酸溶液中，机械强度和弹性很差，颗粒上浮率高达 80%，颗粒解体率高达 44%，溶液呈黑色混浊状态，且能够将 pH 值调节至 6.87。可见，颗粒在 0.0001mol/L 酸溶液中稳定性很好，在 0.01mol/L、0.1mol/L 和 1mol/L 酸溶液中稳定性逐渐变差。说明，颗粒能够抵抗 pH=4 的酸溶液（如 AMD），且能够提升溶液 pH 值。

③ 铁屑协同 SRB 固定化颗粒的含水率。将制备好的颗粒，置于 AMD 中，在恒温摇床中以振荡速度 100r/min 振荡 24h，称量处理前后颗粒的湿重，然后，将颗粒置于 105℃干燥箱中烘干，并称量烘干后颗粒的干重，计算处理前后颗粒含水率，所得结果如表 5.10 所列。

表5.10 颗粒处理AMD溶液前后含水率

颗粒状态	平均干重/g	平均湿重/g	含水率/%
处理前	0.066	0.156	57.69
处理后	0.033	0.247	86.64

由表5.10可知，处理前后颗粒含水率分别为57.69%和86.64%，相差28.95%，其原因可能是颗粒在处理AMD过程中，颗粒中某种基质成分水解，水分增加，从而提高了含水率。

④ 铁屑协同SRB固定化颗粒的传质性能。铁屑协同SRB固定化颗粒表面质地均匀，孔隙畅通，渗透性好，能够使营养底物和代谢产物自由进出。颗粒的传质速度能够间接表示颗粒孔隙大小。为了分析颗粒传质速度，将相同直径（6mm）的颗粒置于盛有100mL蒸馏水的烧杯中，滴加两滴红墨水，每隔10min观察红墨水浸入铁屑协同SRB固定化颗粒的深度，并计算颗粒的传质速度，所得结果如图5.15所示。

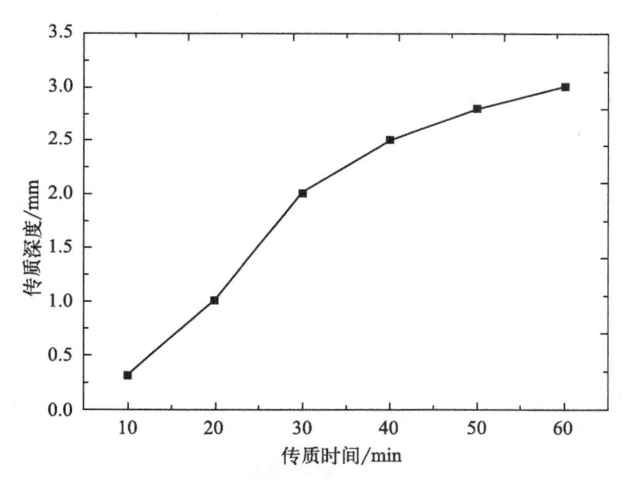

图5.15 铁屑协同SRB固定化颗粒的传质速度

由图5.15可知，前30min颗粒平均传质速度为0.0667mm/min，30～60min颗粒的平均传质速度为0.0333mm/min。可见，颗粒表面的传质速度大于内部传质速度。

（3）铁屑协同SRB固定化颗粒的化学特性

① 铁屑协同SRB固定化颗粒对Mn^{2+}吸附容量分析。分别将3g、5g、10g、15g、20g、25g铁屑协同SRB固定化颗粒加入200mL、90mg/L的$MnSO_4$溶液中，密封放置在30℃、100r/min的恒温摇床内，反应48h后，测定剩余Mn^{2+}浓度。计算单位质量颗粒对Mn^{2+}的吸附量，并绘制吸附等温线，见图5.16。采用Langmuir和Freundlich模型分别对Mn^{2+}的吸附曲线进行拟合，结果如图5.17和表5.11所示。

由图5.16可知，铁屑协同SRB固定化颗粒对Mn^{2+}的吸附量随着Mn^{2+}平衡浓度的增加而增加，当平衡浓度为65mg/L左右时，吸附量达到1.83mg/g左右。由表5.11可知，Freundlich吸附曲线拟合方程的相关系数R^2最大，为0.98868，因此，颗粒对

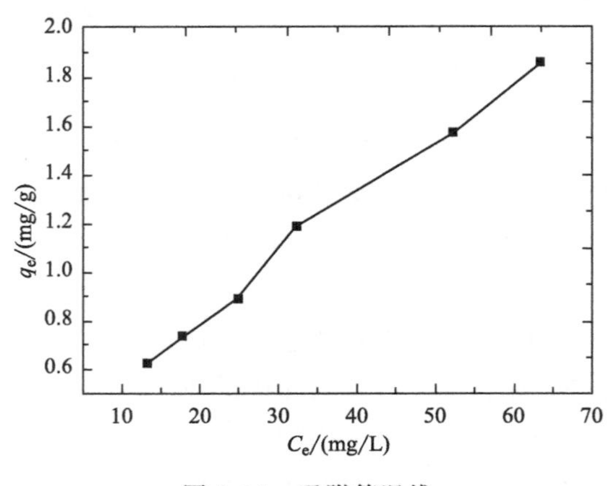

图 5.16　吸附等温线

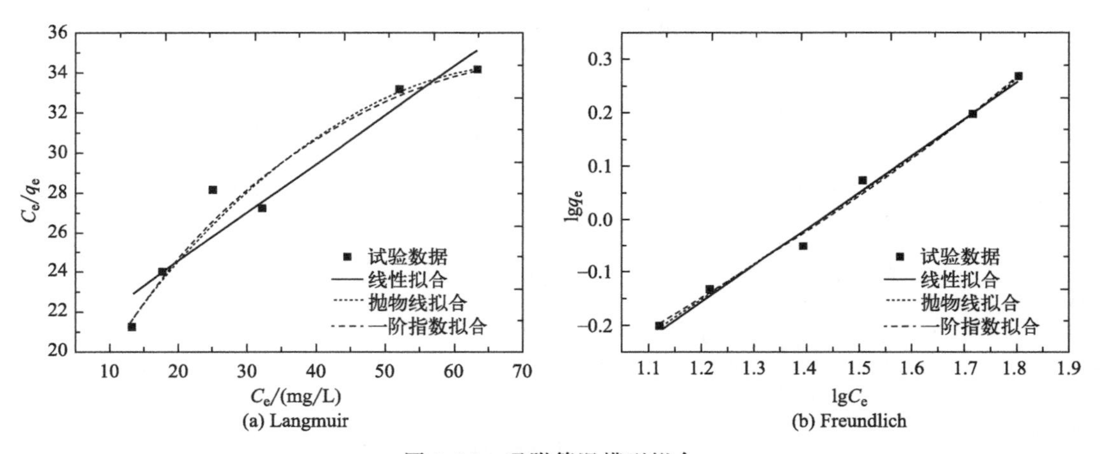

图 5.17　吸附等温模型拟合

表 5.11　拟合方程及相关系数 R^2

项目	线性回归方程	抛物线方程	一阶指数方程
Langmuir	$y=19.693+0.2444x$ $R^2=0.90036$	$y=15.463+0.5324x-0.00374x^2$ $R^2=0.92446$	$y=37.244-24.04e^{-0.0327x}$ $R^2=0.9293$
Freundlich	$y=-0.9825+0.4896x$ $R^2=0.98868$	$y=-0.7259+0.3294x+0.192x^2$ $R^2=0.98673$	$y=-1.9307+1.164e^{0.3526x}$ $R^2=0.98671$

Mn^{2+}的吸附更符合 Freundlich 等温吸附方程，且线性回归方程 $y=-0.9825+0.4896x$ 能更好地拟合等温吸附曲线。在 Freundlich 等温吸附线上，斜率为 $1/n$，$1/n$ 越小，吸附性能越好，一般认为 $1/n$ 介于 0.1～0.5 之间，容易吸附；$1/n$ 大于 2 时，难吸附。该等温吸附线中 $1/n$ 为 0.4896，介于 0.1～0.5 之间，可见，铁屑协同 SRB 固定化颗粒表面不均一，容易吸附 Mn^{2+}，且吸附能力较好。

② 铁屑协同 SRB 固定化颗粒对 Mn^{2+} 吸附动力学分析。按上述铁屑协同 SRB 固定化颗粒制备的方法制备铁屑协同 SRB 固定化颗粒，按照固液比 1g/10mL 将 20g 颗粒加入 200mL AMD 中，密封放置在 30℃、100r/min 的恒温摇床内，每隔一定时间测定溶液中剩余 Mn^{2+} 浓度。根据试验数据，绘制铁屑协同 SRB 固定化颗粒吸附时间 t 与 Mn^{2+} 的吸附量 q_t 之间的关系曲线，如图 5.18 所示。

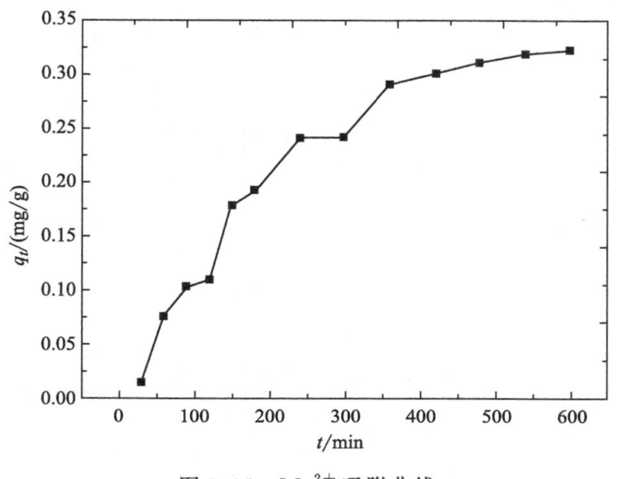

图 5.18　Mn^{2+} 吸附曲线

由图 5.18 可知，随着吸附时间的增加，吸附量逐渐增加，当吸附时间超过 600min 时，吸附量接近 0.3231mg/g，达到平衡吸附量。

采用 Langergren 准一级动力学模型、伪二级动力学模型、Elovich 模型以及 Weber 内扩散模型研究颗粒对 Mn^{2+} 的吸附动力学，结果如图 5.19 和表 5.12 所示。

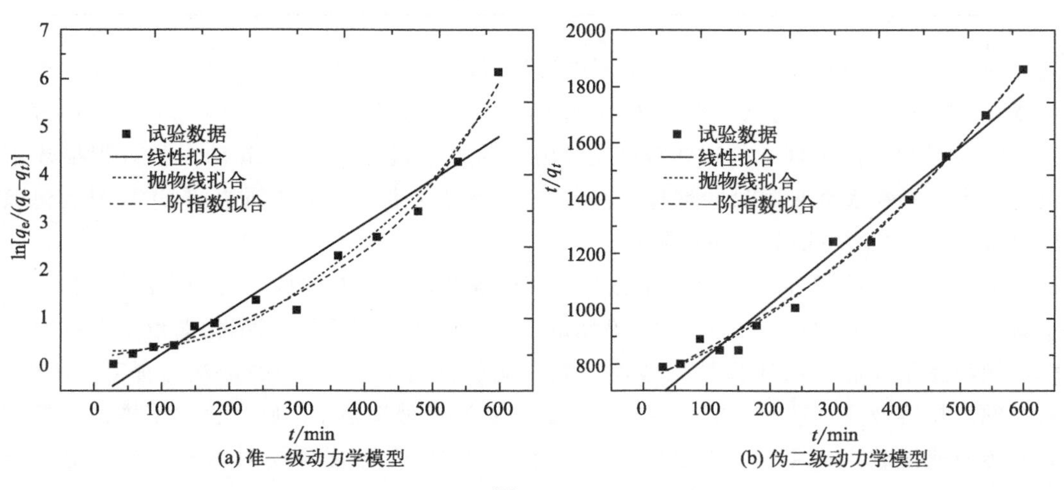

图 5.19

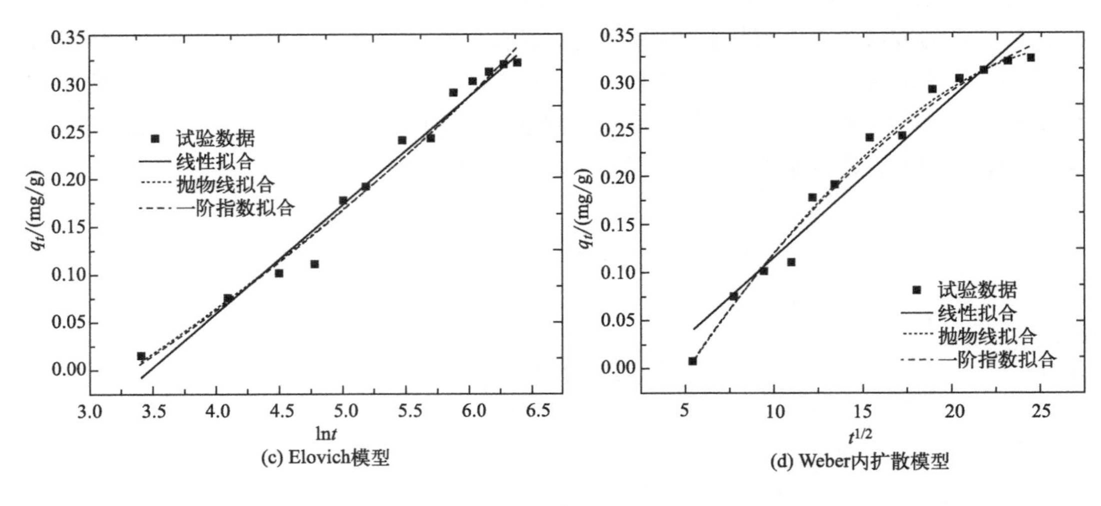

图 5.19 Mn^{2+} 吸附动力学

表 5.12 拟合方程及相关系数 R^2

模型	线性回归方程	抛物线方程	一阶指数方程
准一级	$y=-0.6581+0.0091x$ $R^2=0.90152$	$y=0.3253-0.00104x+0.000016259x^2$ $R^2=0.9715$	$y=-0.3547+0.5285e^{0.00412x}$ $R^2=0.9835$
伪二级	$y=64.0834+1.8897x$ $R^2=0.9658$	$y=749.607+0.7677x+0.00183x^2$ $R^2=0.9865$	$y=163.802+567.446e^{0.001837x}$ $R^2=0.9855$
Elovich 模型	$y=-0.3887+0.11237x$ $R^2=0.974$	$y=-0.1782+0.0255x+0.00865x^2$ $R^2=0.9769$	$y=-0.6157+0.38348e^{0.14253x}$ $R^2=0.9964$
Weber 模型	$y=-0.0494+0.01659x$ $R^2=0.954$	$y=-0.15773+0.03325x-0.000545x^2$ $R^2=0.9826$	$y=0.49075-0.6684e^{-0.05939x}$ $R^2=0.98$

由表 5.12 可知，Elovich 动力学方程的相关系数 R^2 最大，为 0.9964，因此，颗粒对 Mn^{2+} 的吸附动力学过程更符合 Elovich 动力学方程，且一阶指数方程 $y=-0.6157+0.38348e^{0.14253x}$ 能更好地描述颗粒吸附 Mn^{2+} 动力学过程，Elovich 动力学方程描述了吸附速率随颗粒表面吸附量的增加而呈指数下降的规律，可见铁屑协同 SRB 固定化颗粒对 Mn^{2+} 的吸附主要是表面吸附。

综上所述，铁屑协同 SRB 固定化颗粒表面黝黑光亮，有弹性，内部孔隙结构丰富，主要由 C、H、O、N、Si、Fe、Al 等元素组成。铁屑协同 SRB 固定化颗粒中 Fe^0 能够削弱颗粒膨胀性能，保证颗粒完整性；颗粒能够抵抗 pH=4 的酸溶液，提升 pH 值，且在碱、盐溶液及蒸馏水中能保持较好稳定性；颗粒处理 AMD 后，含水率增加，颗粒表面传质速度快，内部传质速度慢。铁屑协同 SRB 固定化颗粒对 Mn^{2+} 的吸附符合 Freundlich 等温吸附方程（$R^2=0.98868$，$1/n=0.4896$），说明颗粒表面不均一，容易吸附 Mn^{2+}，且吸附能力较好；铁屑协同 SRB 固定化颗粒对 Mn^{2+} 的吸附动力学符合 Elovich 动力学模型（$R^2=0.9964$），说明颗粒对 Mn^{2+} 的吸附主要是表面吸附。

5.3 铁屑协同SRB固定化颗粒去除污染物特性试验

为了分析铁屑协同SRB固定化颗粒去除污染物特性，通过静态烧杯试验，分别开展不同pH值、SO_4^{2-}初始浓度、Mn^{2+}初始浓度的AMD处理特性试验，分析各初始浓度变化规律，借助SEM扫描和XRD仪器分析，研究铁屑协同SRB固定化颗粒中各基质材料的作用过程，初步揭示零价铁（Fe^0）与SRB污泥协同作用机理。将制备的铁屑协同SRB固定化颗粒，按固液比1g/10mL放置于不同pH值和不同SO_4^{2-}、Mn^{2+}浓度的AMD溶液中，无氧密封于250mL具塞锥形瓶中，放置于恒温振荡摇床内，在30℃、100r/min速度下振荡，每天早晨8:00取样，测定溶液中pH值、TFe、Mn^{2+}、SO_4^{2-}以及释放COD的浓度，分析不同初始pH值、SO_4^{2-}及Mn^{2+}浓度对铁屑协同SRB固定化颗粒去污特性的影响。其中，用HCl和NaOH溶液调节pH值为2、4、6，用Na_2SO_4、$MnSO_4$分别调节SO_4^{2-}、Mn^{2+}浓度为800mg/L、1500mg/L、2500mg/L和6mg/L、20mg/L、40mg/L。

（1）初始pH值对铁屑协同SRB固定化颗粒去除率的影响

1#、2#、3#分别表示铁屑协同SRB固定化颗粒对初始pH值为2、4、6的AMD溶液去除率曲线。由图5.20(a)可知，铁屑协同SRB固定化颗粒在24h内将各溶液pH提升至中性或弱碱性。可见，铁屑协同SRB固定化颗粒对pH值具有一定的提升能力。其原因可能是生铁中Fe^0的腐蚀过程产生的Fe^{2+}、Fe^{3+}水解产碱，同时，SRB异化产碱作用和麦饭石调酸作用，均能提高pH值。由图5.20(b)可知，1#TFe平均去除率较低，为56.81%，而2#、3#TFe平均去除率较高，分别为88.48%、91.65%。可见，在低pH值条件下，铁屑协同SRB固定化颗粒对TFe去除率较低。其原因可能是，pH值越低，大量的乳酸盐会被转化为不带电荷的乳酸分子，通过扩散作用穿过菌体细胞壁对SRB产生毒害作用，抑制SO_4^{2-}转化为S^{2-}，削弱了S^{2-}与Fe^{2+}、Fe^{3+}生成硫化铁沉淀过程，TFe去除率降低。由图5.20(c)可知，反应前6h 1#、2#、3#溶液Mn^{2+}去除率快速上升，6h后去除率上升较慢，1#、2#、3#溶液Mn^{2+}平均去除率分别为57.41%、60.80%、69.11%。可见，在低pH值条件下，颗粒对Mn^{2+}平均去除率较低。其原因可能是，pH值越低，SRB活性越差，抑制了SO_4^{2-}转化为S^{2-}，削弱了S^{2-}与Mn^{2+}生成MnS沉淀过程，从而使Mn^{2+}去除率降低。由图5.20(d)可知，1#的SO_4^{2-}平均去除率较高，为63.96%，而2#、3#平均去除率较低，分别为26.61%、26.43%。可见，在低pH值条件下，颗粒对SO_4^{2-}平均去除率较高。其原因可能是，pH值越低，对SRB产生的毒害作用越大，COD释放量越大，较高的COD/SO_4^{2-}强化了SRB生物活性，抵抗了低pH值对SRB的毒害作用，使SRB异化还原SO_4^{2-}的效率保持在较高水平。由图5.20(e)可知，1#、2#、3#溶液COD累积释放量分别为5982mg/L、538mg/L、521mg/L。可见，在低pH值条件下，颗粒中COD累积释放量较多。其原因可能是，pH值越低，对SRB毒害作用越大，促进了颗粒中半纤维素有机质转化成可溶性糖的过程，导致颗粒基质外泄，提高了COD

累积释放量。

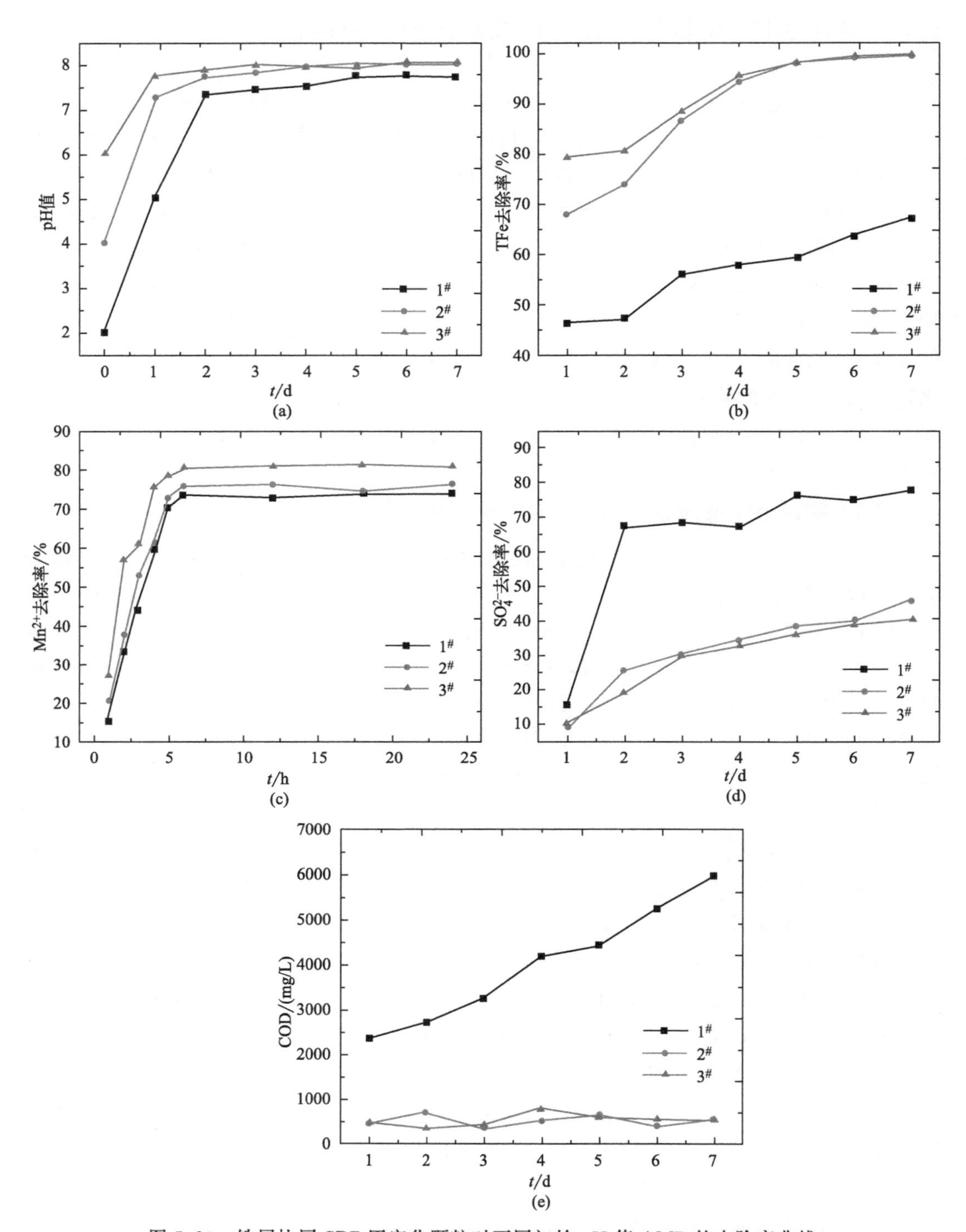

图 5.20　铁屑协同 SRB 固定化颗粒对不同初始 pH 值 AMD 的去除率曲线

铁屑协同 SRB 固定化颗粒处理初始 pH＝2 的 AMD 溶液前后，表面和内部扫描电镜如图5.21所示。由图5.21(a)和(b)可知，处理后铁屑协同SRB固定化颗粒表面质地不均匀，表面孔隙被堵塞，由图5.21(c)和(d)可知，处理后内部结构松散，部分基质有外泄的可能，其原因可能是强酸对铁屑协同SRB固定化颗粒起到破坏作用，内部的半纤维素有机质转化成可溶性糖，造成基质外泄，堵塞了表面孔隙。

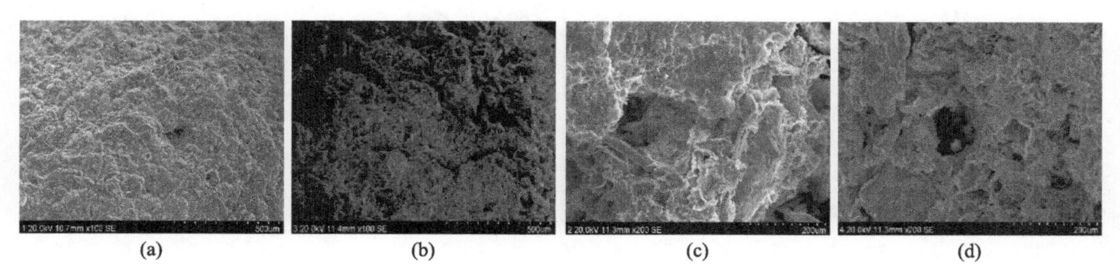

图5.21　铁屑协同SRB固定化颗粒表面和内部扫描电镜图（pH＝2）

铁屑协同SRB固定化颗粒处理pH＝2的AMD溶液前后XRD分析图谱如图5.22所示。

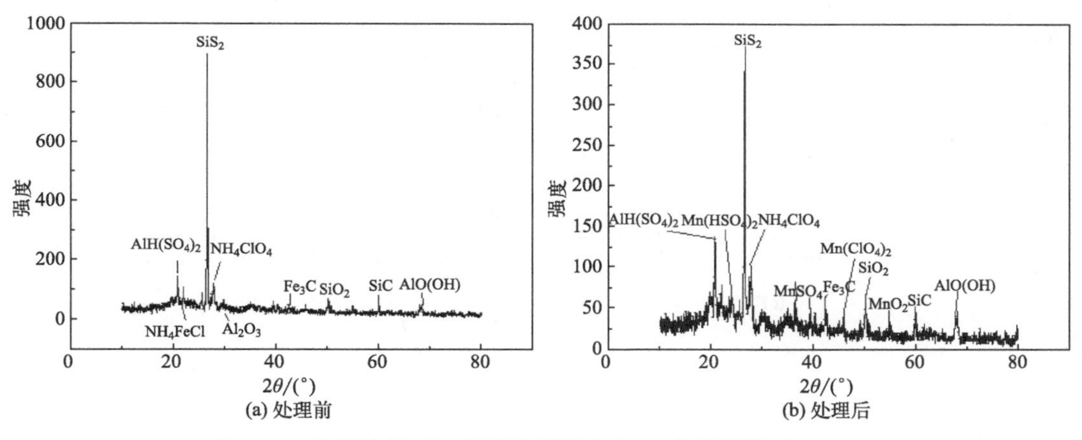

图5.22　铁屑协同SRB固定化颗粒的XRD分析图谱（pH＝2）

由图5.22可知，处理前后颗粒内部的化学成分发生变化，$Mn(HSO_4)_2$、$Mn(ClO_4)_2$、$MnSO_4$、MnO_2等氧化物的出现，说明铁屑协同SRB固定化颗粒中发生氧化酸解过程，造成基质外泄。

（2）初始SO_4^{2-}浓度对铁屑协同SRB固定化颗粒去除率的影响

1#、2#、3#分别表示铁屑协同SRB固定化颗粒对初始SO_4^{2-}浓度为800mg/L、1500mg/L、2500mg/L的AMD去除率曲线。由图5.23(a)可知，铁屑协同SRB固定化颗粒调节1#、2#、3#溶液pH值随时间变化曲线趋势一致，均能快速将pH提升至中性或弱碱性，说明初始SO_4^{2-}浓度对铁屑协同SRB固定化颗粒提升溶液pH值影响不大。由图5.23(b)可知，铁屑协同SRB固定化颗粒对1#、2#、3#溶液TFe去除率曲线均呈上升趋势，1#、2#、3#溶液TFe平均去除率分别为92.47%、89.21%、

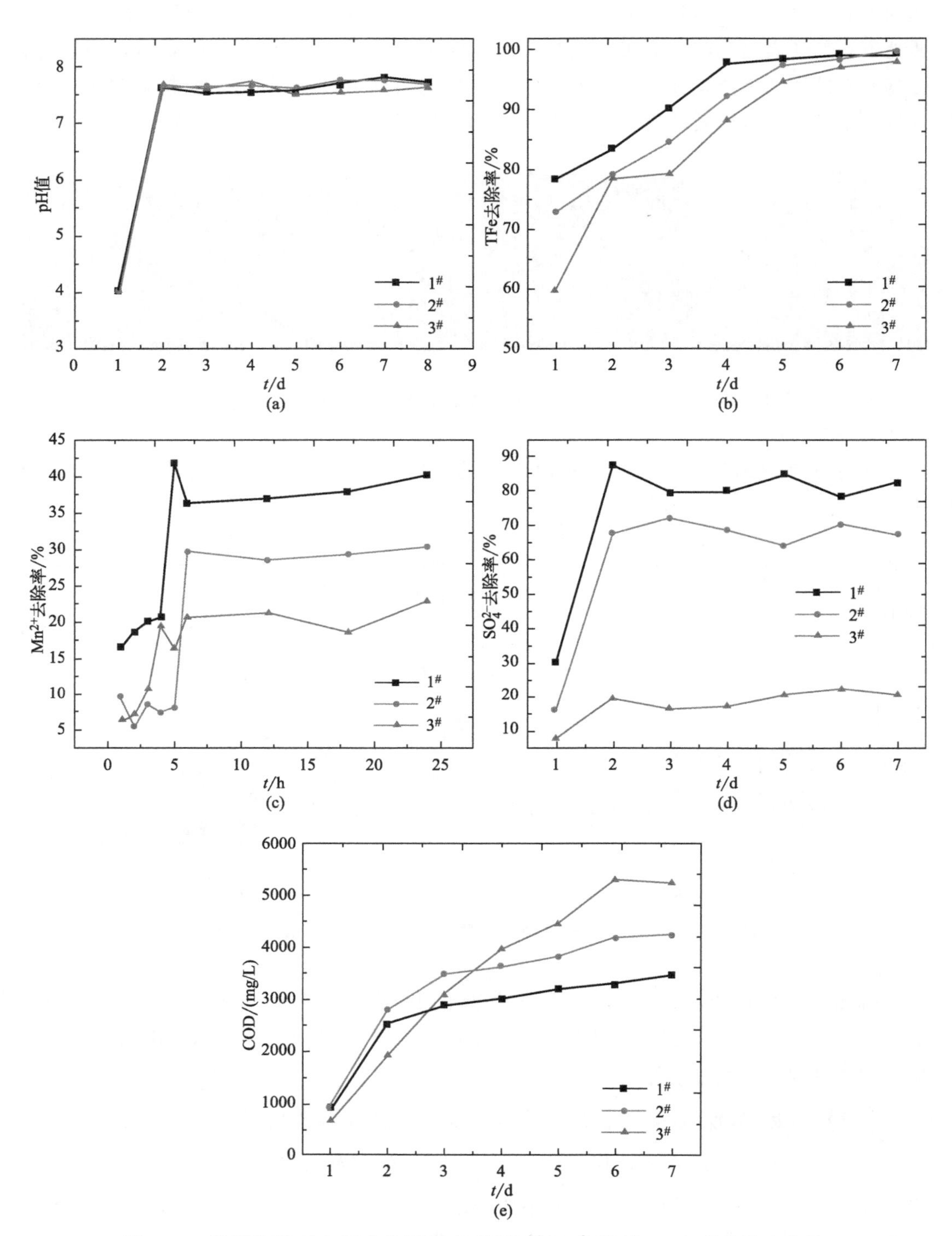

图 5.23 铁屑协同 SRB 固定化颗粒对不同初始 SO_4^{2-} 浓度 AMD 的去除率曲线

85.16%。可见，在高浓度 SO_4^{2-} 条件下，颗粒对溶液 TFe 去除率较低。其原因可能是，SO_4^{2-} 还原作用产生的 H_2S 会对 SRB 的生长代谢产生毒害作用，SO_4^{2-} 浓度过高，会产生过量的H_2S，削弱了S^{2-}与Fe^{2+}、Fe^{3+}生成硫化铁沉淀过程，从而使TFe去除率降低。由图5.23(c)可知，铁屑协同SRB固定化颗粒对1#、2#、3#溶液Mn^{2+}去除率曲线均呈上升趋势，1#、2#、3#溶液Mn^{2+}平均去除率分别为29.85%、17.36%、15.54%。可见，在高浓度SO_4^{2-}条件下，颗粒对溶液Mn^{2+}去除率较低。其原因可能是，SO_4^{2-}还原作用产生的H_2S会对SRB的生长代谢产生毒害作用，SO_4^{2-}浓度过高，会产生过量的H_2S，减缓了S^{2-}与Mn^{2+}生成MnS沉淀过程，从而使Mn^{2+}去除率降低。由图5.23(d)可知，铁屑协同SRB固定化颗粒对1#、2#、3#溶液SO_4^{2-}去除率曲线均呈上升趋势，1#、2#、3#溶液SO_4^{2-}平均去除率分别为74.61%、60.91%、17.82%。可见，在高浓度SO_4^{2-}条件下，颗粒对溶液SO_4^{2-}去除率较低。其原因可能是，SO_4^{2-}浓度越高，COD/SO_4^{2-}值越小，抑制SRB活性，减缓了SRB异化还原SO_4^{2-}过程，使SO_4^{2-}去除率降低。由图5.23(e)可知，铁屑协同SRB固定化颗粒对1#、2#、3#溶液中COD累积释放量曲线均呈上升趋势，1#、2#、3#溶液COD累积释放量分别为3453mg/L、4021mg/L、5235mg/L。可见，在高浓度SO_4^{2-}条件下，颗粒中COD累积释放量较多。其原因可能是，SO_4^{2-}浓度高，会产生大量H_2S毒害SRB，促进了颗粒中半纤维素有机质转化成可溶性糖的过程，使颗粒基质外泄，提高了COD累积释放量。

铁屑协同SRB固定化颗粒处理初始SO_4^{2-}浓度为2500mg/L的AMD溶液前后，表面和内部扫描电镜如图5.24所示。由图5.24(a)和(b)可知，处理后铁屑协同SRB固定化颗粒表面凹凸不平，由图5.24(c)和(d)可知，处理后颗粒内部结构被破坏，有杂质产生的可能，其原因可能是SRB异化还原SO_4^{2-}产生S^{2-}与扩散到颗粒内部的Mn^{2+}形成的硫化物沉淀留在颗粒内部，导致颗粒内部杂质增多。

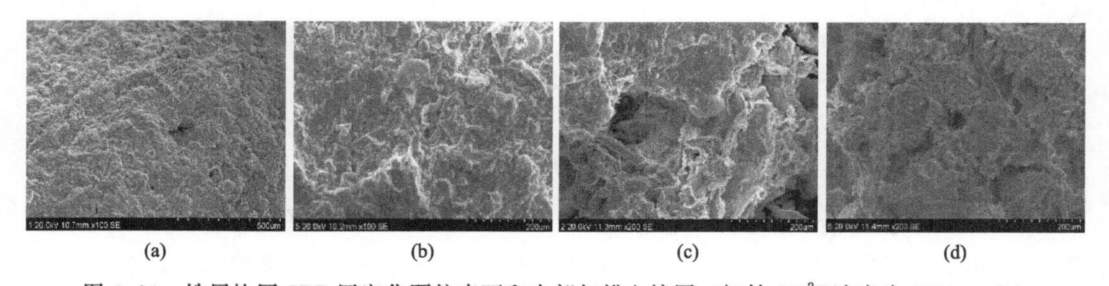

图5.24 铁屑协同SRB固定化颗粒表面和内部扫描电镜图（初始SO_4^{2-}浓度为2500mg/L）

铁屑协同SRB固定化颗粒处理初始SO_4^{2-}浓度为2500mg/L的AMD溶液前后XRD分析图谱如图5.25所示。由图5.25可知，处理前后颗粒内部的化学成分发生变化，$Mn(HSO_4)_2H_2O$、$NH_4HSO_4H_2SO_4$、S_6NH_2等硫化物的出现，说明铁屑协同SRB固定化颗粒中SO_4^{2-}被转化为S^{2-}，生成硫化物沉淀，造成颗粒内部杂质增多。

(3) 初始Mn^{2+}浓度对铁屑协同SRB固定化颗粒去除率的影响

1#、2#、3#分别表示铁屑协同SRB固定化颗粒对初始Mn^{2+}浓度为6mg/L、

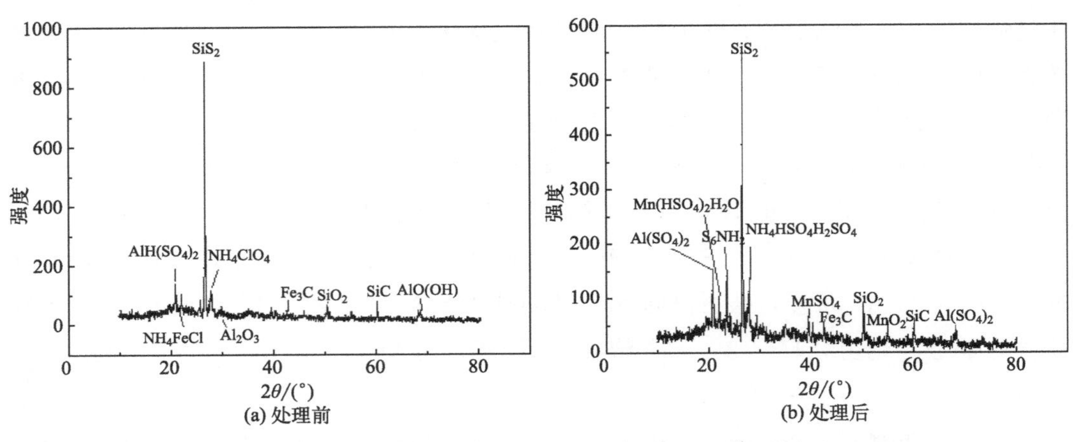

图 5.25 铁屑协同 SRB 固定化颗粒的 XRD 分析（初始 SO_4^{2-} 浓度为 2500mg/L）

20mg/L、40mg/L 的 AMD 去除率曲线。由图 5.26(a) 可知，铁屑协同 SRB 固定化颗粒调节 1#、2#、3# 溶液 pH 值随时间变化曲线趋势一致，均能快速将 pH 提升至中性或弱碱性，说明初始 Mn^{2+} 浓度对铁屑协同 SRB 固定化颗粒提升溶液 pH 值影响不大。由图 5.26(b) 可知，铁屑协同 SRB 固定化颗粒对 1#、2#、3# 溶液 TFe 平均去除率曲线均呈上升趋势，1#、2#、3# 溶液 TFe 平均去除率分别为 79.38%、76.02%、73.00%。可见，在高 Mn^{2+} 浓度条件下，铁屑协同 SRB 固定化颗粒对 TFe 去除率较低。其原因可能是，高浓度的 Mn^{2+} 毒性比较大，经过扩散进入铁屑协同 SRB 固定化颗粒中，对 SRB 产生毒害作用，降低了 SRB 活性，削弱了 S^{2-} 与 Fe^{2+}、Fe^{3+} 生成硫化铁沉淀过程，从而使 TFe 去除率降低。由图 5.26(c) 可知，铁屑协同 SRB 固定化颗粒对 1#、2#、3# 溶液 Mn^{2+} 去除率曲线均呈上升趋势，1#、2#、3# 溶液 Mn^{2+} 平均去除率分别为 46.19%、40.14%、33.21%。可见，在高 Mn^{2+} 浓度条件下，铁屑协同 SRB 固定化颗粒对 Mn^{2+} 去除率较低。其原因可能是，高浓度的 Mn^{2+} 毒性比较大，经过扩散进入铁屑协同 SRB 固定化颗粒中，对 SRB 产生毒害作用，降低了 SRB 活性，减缓了 S^{2-} 与 Mn^{2+} 生成 MnS 沉淀过程，Mn^{2+} 去除率降低。由图 5.26(d) 可知，铁屑协同 SRB 固定化颗粒对 1#、2#、3# 溶液 SO_4^{2-} 去除率曲线均呈先上升再下降趋势，1#、2#、3# 溶液 SO_4^{2-} 平均去除率分别为 67.38%、58.20%、57.52%。可见，初期随着铁屑协同 SRB 固定化颗粒中 SRB 数量的增加，SRB 对 SO_4^{2-} 的去除率增强，但是当 SRB 数量增加到一定值后，高浓度 Mn^{2+} 通过空隙渗透到铁屑协同 SRB 固定化颗粒内部，Mn^{2+} 的毒害作用导致 SRB 的活性不佳，SO_4^{2-} 去除率降低。由图 5.26(e) 可知，铁屑协同 SRB 固定化颗粒对 1#、2#、3# 溶液中 COD 累积释放量曲线均呈上升趋势，1#、2#、3# 溶液 COD 累积释放量为 2719mg/L、3082mg/L、3987mg/L。可见，在高 Mn^{2+} 浓度条件下，铁屑协同 SRB 固定化颗粒对 COD 累积释放量较多。高浓度的 Mn^{2+} 毒性比较大，会削弱 SRB 异化还原 SO_4^{2-} 产生 S^{2-}，水中 Mn^{2+} 对玉米芯结构的破坏并未减弱，导致玉米芯基质外泄，COD 累积释放量增加。

铁屑协同 SRB 固定化颗粒处理初始 Mn^{2+} 浓度为 40mg/L 的 AMD 溶液前后，表面

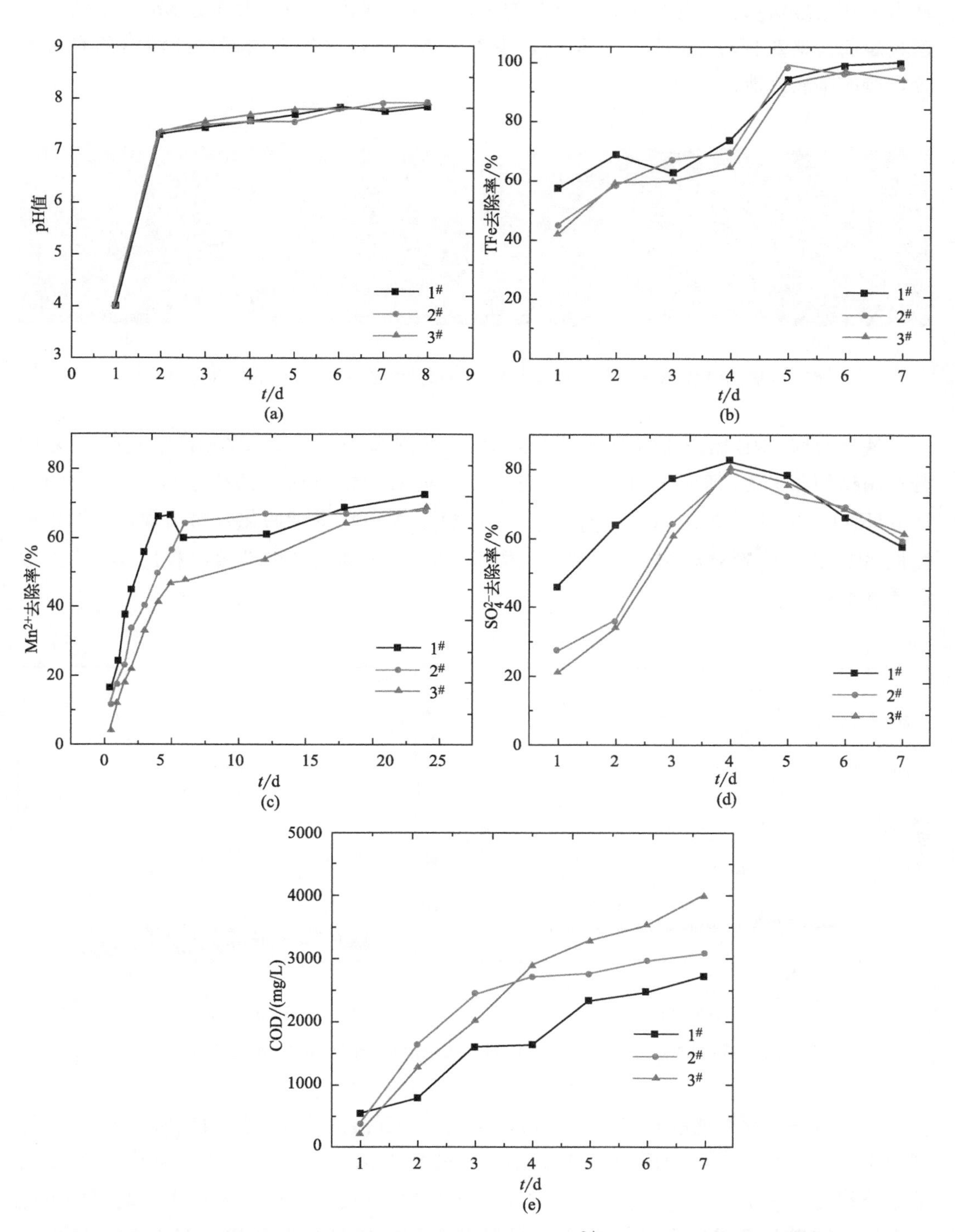

图 5.26 铁屑协同 SRB 固定化颗粒对不同初始 Mn^{2+} 浓度 AMD 的去除率曲线

和内部扫描电镜如图 5.27 所示。由图 5.27(a) 和 (b) 可知，处理后铁屑协同 SRB 固定化颗粒表面粗糙、不规则，由图 5.27(c) 和 (d) 可知，处理后内部孔隙被破坏，呈现出絮状分层结构，其原因可能是颗粒对 Mn^{2+} 具有吸附作用，大部分 Mn^{2+} 被截留在颗粒表面，堵塞颗粒表面孔隙；同时，少部分 Mn^{2+} 进入颗粒内部，破坏内部有机成分，造成基质外泄。

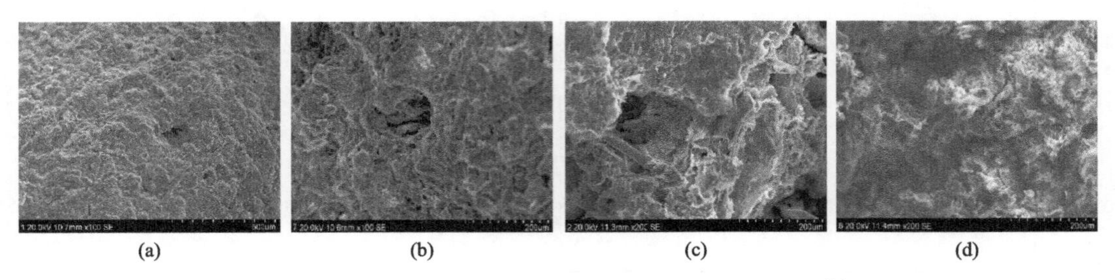

图 5.27　铁屑协同 SRB 固定化颗粒表面和内部扫描电镜图（初始 Mn^{2+} 浓度为 40mg/L）

铁屑协同 SRB 固定化颗粒处理初始 Mn^{2+} 浓度为 40mg/L 的 AMD 溶液前后 XRD 分析图谱如图 5.28 所示。由图 5.28 可知，处理前后颗粒内部的化学成分发生变化，$Mn(HSO_4)_2H_2O$、$NH_4HSO_4H_2SO_4$、$MnSO_4$、MnO_2 等锰的化合物出现，说明铁屑协同 SRB 固定化颗粒对 Mn^{2+} 具有吸附作用，Mn^{2+} 能够破坏颗粒内部有机成分，造成基质外泄。

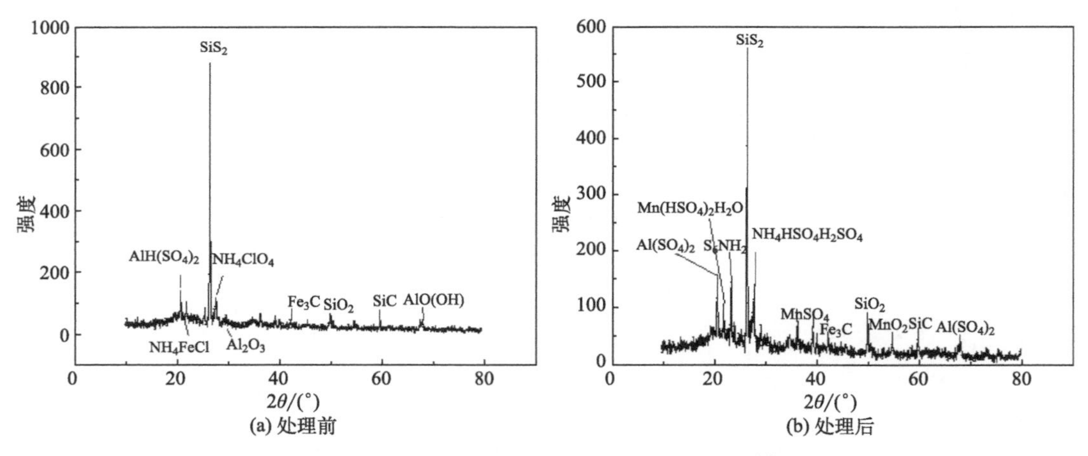

图 5.28　铁屑协同 SRB 固定化颗粒的 XRD 分析（初始 Mn^{2+} 浓度为 40mg/L）

综上所述，颗粒能够较好地抵抗 pH=4 的 AMD 溶液冲击，且 pH 值越低，颗粒处理效果越差，当 pH=2 时，处理后溶液 pH 值为 7.01，TFe、Mn^{2+}、SO_4^{2-} 的平均去除率分别为 56.81%、57.41%、63.96%，COD 累积释放量为 5982mg/L，其原因可能是大量的乳酸盐会被转化为不带电荷的乳酸分子，通过扩散作用穿过菌体细胞壁对 SRB 产生毒害作用，抑制 SRB 活性。颗粒对低浓度 SO_4^{2-} 的污染负荷处理效果更好，高浓度 SO_4^{2-} 会抑制 SRB 代谢作用，当初始 SO_4^{2-} 浓度为 2500mg/L 时，铁屑协同 SRB 固定化颗粒处理 AMD 溶液效果最差，pH 值为 7.23，TFe、Mn^{2+}、SO_4^{2-} 的平均去除率分别为 85.16%、15.54%、17.82%，COD 累积释放量为 5235mg/L，其原因可能是 SO_4^{2-} 还原作用产生的 H_2S 对 SRB 的生长代谢具有毒害作用，抑制 SRB 活性。颗粒对 Mn^{2+} 浓度的抵抗能力不同，高浓度 Mn^{2+} 会抑制 SRB 活性，当初始 Mn^{2+} 浓度为 40mg/L 时，铁屑协同 SRB 固定化颗粒处理 AMD 溶液效果最差，pH 值为 7.18，TFe、Mn^{2+}、SO_4^{2-} 的平均去除率分别为 73.00%、33.21%、57.52%，COD 累积释放量为 3987mg/L，其原因可能是，Mn^{2+} 毒性比较大，经过扩散进入铁屑协同 SRB 固定化颗粒中，对 SRB 产生毒害作用，抑制 SRB 活性。

5.4 铁屑协同 SRB 固定化颗粒处理 AMD 动态柱试验研究

设置两个内径为 55mm、高度为 200mm 的有机玻璃柱，将基质材料依次添加到有机玻璃柱中，基质材料从下至上依次为粒径 3～5mm 石英砂层（添加 10mm 高）、铁屑协同 SRB 固定化颗粒（添加 20mm 高）、粒径 3～5mm 石英砂层（添加 10mm 高），为防止进水口被堵塞，在柱子底端放入纱布，其中 1# 柱中装填不含 Fe^0 的铁屑协同 SRB 固定化颗粒，2# 柱中装填含有 Fe^0 的铁屑协同 SRB 固定化颗粒。试验装置如图 5.29 所示。

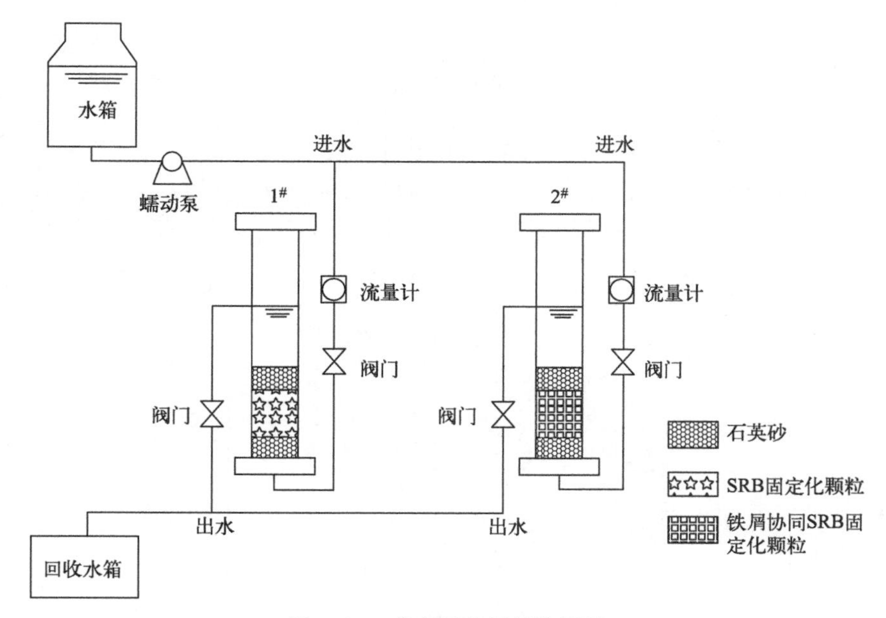

图 5.29　动态试验运行装置图

动态柱采用厌氧连续运行的方式，下端进水上端出水，流速设置为 $1\times10^{-5}m^3/s$，通过蠕动泵和流量计控制。为了考察铁屑协同 SRB 固定化颗粒的处理效果，分析系统抗污染负荷变化的能力，试验过程分高、低污染负荷两阶段进行，各阶段水质指标如表 5.13 所列。第一阶段低污染负荷运行 15d，第二段高污染负荷运行 15d。温度为（20±3）℃，每天早晨 8:00 取样并进行水质监测，试验结果如图 5.30 所示。

表 5.13 动态试验各阶段水质

项目	SO_4^{2-}/(mg/L)	Fe^{2+}/(mg/L)	Mn^{2+}/(mg/L)	pH 值
第一阶段	810～820	13.5～14.5	5.5～6.5	3.5～4.5
第二阶段	1600～1640	27.5～28.5	11.5～12.5	2.5～3.5

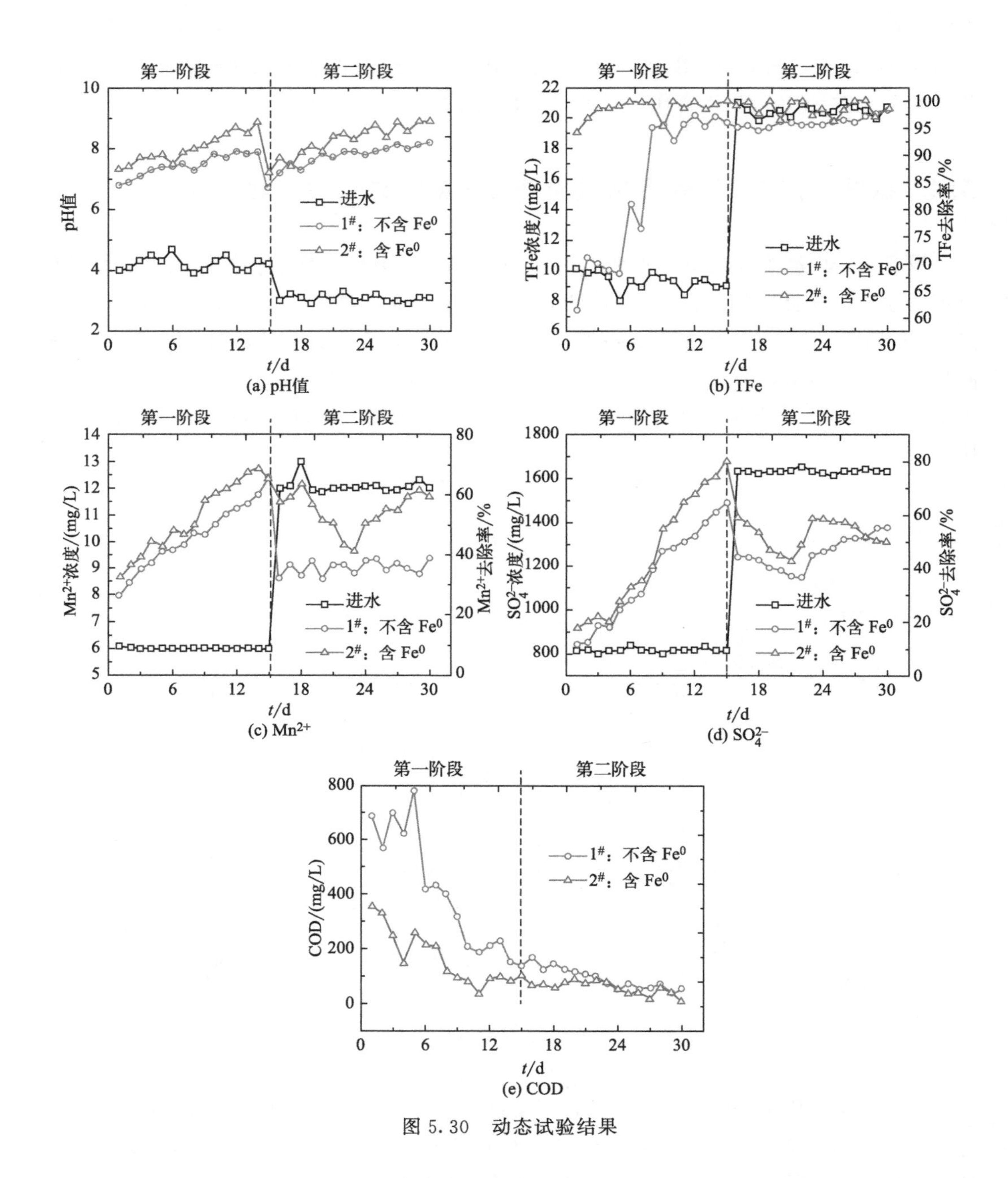

图 5.30 动态试验结果

由图 5.30(a) 可知，随着反应时间的增加，第一阶段，1# 动态柱的 pH 值由进水 4.21 提升到出水 6.8～7.8，2# 动态柱的 pH 值由进水 4.21 提升到出水 8.1～8.7；第二阶段，1# 动态柱的pH值由3.07提升到6.5～7.7，2# 动态柱的pH值由进水3.07提升到出水7.2～8.4。可见，两个动态柱都能够较好地提升溶液的pH值，且2# 动态柱对pH值的提升能力大于1# 动态柱。1# 动态柱对pH值的提升主要是由于麦饭石调节酸性和SRB异化产碱作用。2# 动态柱对pH值的提升能力大于1# 动态柱，说明Fe^0的存在对pH值的提升有很大的帮助，可能是铁屑中Fe^0在AMD中的腐蚀过程消耗水中的H^+，产生H_2和Fe^{2+}、Fe^{3+}，降低了氧化还原电位。较低的氧化还原电位促进了SRB异化产碱作用，同时生成的Fe^{2+}、Fe^{3+}水解产碱，提高了pH值。

由图5.30(b) 可知，随着反应时间的增加，第一阶段，1# 动态柱的TFe平均去除率为84.07%，2# 动态柱的TFe平均去除率为98.57%；第二阶段，1# 动态柱的TFe平均去除率为96.03%，2# 动态柱的TFe平均去除率为98.58%；2# 动态柱平均去除率较稳定，而1# 动态柱初期去除率较低。可见，两动态柱对TFe的平均去除率均较高，可达90%以上。两动态柱对TFe平均去除率较高的原因，可能是Fe^{2+}作为SRB的生长因子，被细菌细胞壁吸附，同时SRB异化还原作用产生S^{2-}，与Fe^{2+}、Fe^{3+}结合生成硫化铁沉淀，提高了TFe去除率。反应初期，2# 动态柱处理效果优于1# 动态柱，可能是铁屑中Fe^0在AMD中的腐蚀过程产生大量H_2，大量的H_2为SRB异化还原SO_4^{2-}提供电子，促进SO_4^{2-}转化为S^{2-}，与Fe^{2+}、Fe^{3+}结合生成硫化铁沉淀。

由图5.30(c) 可知，随着反应时间的增加，两动态柱对Mn^{2+}去除率曲线呈先上升，再下降，后上升的趋势，第一阶段，1# 动态柱的Mn^{2+}平均去除率为46.13%，2# 动态柱的Mn^{2+}平均去除率为52.62%；第二阶段，1# 动态柱的Mn^{2+}平均去除率为35.61%，2# 动态柱的Mn^{2+}平均去除率为54.60%。可见，2# 动态柱对Mn^{2+}的去除效果优于1# 动态柱。两动态柱去除率曲线变化的原因，可能是反应初期，SRB异化还原SO_4^{2-}产生的S^{2-}能够与AMD中Mn^{2+}生成MnS沉淀，且SRB表面的负电性和分泌的胞外聚合物对Mn^{2+}具有较强的静电吸附和生物絮凝作用，消耗了Mn^{2+}；但第二阶段，AMD中Mn^{2+}浓度增加，会迅速对SRB产生毒害作用，降低了SRB活性，抑制了SO_4^{2-}转化为S^{2-}，降低了Mn^{2+}去除率；同时，Mn^{2+}对SRB的毒害是一个驯化的过程，铁屑协同SRB固定化颗粒中不能够忍耐Mn^{2+}毒性的SRB逐渐减少，而能够忍耐高浓度Mn^{2+}毒性的SRB逐渐增多，并成为优势菌群，随着SRB优势菌种的形成，SRB异化还原SO_4^{2-}，并产生S^{2-}与Mn^{2+}生成MnS沉淀，提高了Mn^{2+}去除率。2# 动态柱对Mn^{2+}的去除效果明显优于1# 动态柱，可能是铁屑中Fe^0在AMD中的腐蚀过程产生大量H_2，大量的H_2为SRB异化还原SO_4^{2-}提供电子，促进SO_4^{2-}转化为S^{2-}，与Mn^{2+}结合生成MnS沉淀，提高Mn^{2+}去除率。

由图5.30(d) 可知，随着反应时间的增加，第一阶段，两动态柱对SO_4^{2-}去除率均呈上升趋势，1# 动态柱的SO_4^{2-}平均去除率为37.47%，2# 动态柱的SO_4^{2-}平均去除率为45.95%；第二阶段，两动态柱对SO_4^{2-}去除率曲线先下降后上升，1# 动态柱的SO_4^{2-}平均去除率为45.82%，2# 动态柱的SO_4^{2-}平均去除率为52.95%。可见，2# 动态柱对SO_4^{2-}的去除效果优于1# 动态柱。第一阶段，两动态柱去除率曲线上升的原因，是因为SRB异化还原作用，将SO_4^{2-}转化为S^{2-}，并产生碱度。第二阶段，去除率曲线变化的原因，可能是反应负荷增加，SRB 受 Mn^{2+} 毒害作用，活性降低，异化还原 SO_4^{2-} 能力降低，SO_4^{2-} 去除率下降，随着反应时间增加，SRB 的活性恢复，SO_4^{2-} 去除率提高。2# 动态柱对 SO_4^{2-} 的去除效果优于 1# 动态柱的原因，可能是铁屑中 Fe^0 在 AMD 中的腐蚀过程产生 H_2，降低了氧化还原电位，较低的氧化还原电位促进了 SRB 的生物活性，同时，大量的 H_2 为 SRB 异化还原 SO_4^{2-} 提供电子，促进 SO_4^{2-} 转化为 S^{2-}。

由图 5.30(e) 可知，随着反应时间的增加，第一阶段，1# 动态柱的 COD 平均释放量为 401mg/L，2# 动态柱的 COD 平均释放量为 164mg/L；第二阶段，1# 动态柱的 COD 平均释放量为 97mg/L，2# 动态柱的 COD 平均释放量为 60mg/L。可见，2# 动态柱 COD 平均释放量较少。AMD 中 COD 释放的原因，可能是 AMD 中 Mn^{2+} 经过扩散进入颗粒内部，对玉米芯结构产生破坏，加速水解过程，导致颗粒基质外泄。COD 释放量逐渐减少的原因，可能是随着 SRB 异化还原作用的进行，Mn^{2+} 浓度逐渐减少，减弱对玉米芯的破坏，基质外泄减少，同时，微生物会快速分解消耗基质内部有机物，反应后期便出现了有机物不足的现象，导致出水 COD 值较低，并未产生新的污染问题。2# 动态柱 COD 平均释放量较少的原因，可能是铁屑中 Fe^0 的腐蚀过程，促进了 SO_4^{2-} 转化为 S^{2-}，能将水中 Mn^{2+} 较快去除，削弱其对玉米芯结构的破坏，减少玉米芯基质外泄，降低 COD 累积释放量。

综上所述，2# 动态柱对 AMD 溶液 pH 值的提升及 TFe、Mn^{2+}、SO_4^{2-} 去除效果优于 1# 动态柱，可能是由于铁屑协同 SRB 固定化颗粒中 Fe^0 的存在，其腐蚀过程消耗水中的 H^+，产生 H_2 和 Fe^{2+}、Fe^{3+}，降低了氧化还原电位。较低的氧化还原电位促进了 SRB 的生物活性，同时，大量的 H_2 为 SRB 异化还原 SO_4^{2-} 提供电子，促进 SO_4^{2-} 转化为 S^{2-}。而生成的 Fe^{2+}、Fe^{3+} 水解产碱，提高了 pH 值，促进 MnS 沉淀的生成，消耗了水中的 Mn^{2+}。2# 动态柱对 AMD 溶液中 COD 释放少于 1# 动态柱，可能是由于铁屑协同 SRB 固定化颗粒中 Fe^0 的存在，其腐蚀过程促进 SO_4^{2-} 转化为 S^{2-}，能将水中 Mn^{2+} 较快去除，削弱其对玉米芯结构的破坏，减少玉米芯基质外泄，降低 COD 累积释放量。

第6章

改性玉米芯协同SRB固定化颗粒制备技术及其协同PRB系统处理矿山酸性废水研究

基于微生物固定化技术，制作了以SRB、麦饭石、玉米芯、铁屑为主体的SRB固定化颗粒，并探究了SRB固定化颗粒的代谢过程和处理AMD的能力，初步揭示了SRB固定化颗粒处理矿山酸性废水的机制。其中，玉米芯作为SRB固定化颗粒中微生物代谢的主要碳源，特别是作为SRB代谢硫酸盐的主要营养物质，在SRB固定化颗粒处理矿山酸性废水污染中起到重要的作用。玉米芯主要由纤维素、半纤维素、木质素和灰分、果胶构成。在SRB固定化颗粒处理矿山酸性废水过程中，由于反应初期微生物可利用玉米芯中的可溶性碳源和易分解物质，碳源充足，微生物代谢速率较高，但半纤维素较易水解，糖类释放量大且集中，故对缓释控制生物质碳源极为不利。反应后期微生物所需碳源必须通过分解利用不溶性的纤维素获得，但又由于晶格结构的影响，以及纤维素、半纤维素和木质素的相互交联作用不利于碳源的分解利用，进而导致后期供碳不足，SRB代谢速率降低，处理AMD效果不佳。利用改性的方法改造玉米芯中的纤维素、半纤维素、木质素等有机质成分，可以提高玉米芯中有机质的利用率和控制碳源释放的能力。基于此，本章提出了采用碱性H_2O_2改性玉米芯的方法，以获得有效的缓释碳源，利用单因素试验和正交试验的方法，确定最佳改性方法，并将改性玉米芯与驯化的SRB污泥进行有机结合，优化制备改性玉米芯协同SRB固定化颗粒，以期获得处理效率高、适应能力强、能有效缓释碳源的颗粒。并在此基础上，通过构建不含玉米芯、含未改性玉米芯和含改性玉米芯的3组动态PRB系统，对比分析不同污染负荷条件下，3种颗粒体系处理AMD的效能及其抗冲击负荷的能力。最后，通过对反应前后的颗粒进行XRD和SEM分析，进一步研究固定化颗粒去除污染物的内在机制，以期对改性玉米芯协同SRB固定化颗粒的实际运用提供一定的科学理论依据。

6.1 玉米芯的改性方法试验研究

在玉米芯作为内聚碳源处理 AMD 的过程中，由于反应初期微生物可利用玉米芯中的可溶性碳源和易分解物质，碳源充足，微生物代谢速率较高，反应后期微生物所需碳源必须通过分解利用不溶性的纤维素获得，但是由于受晶格结构的影响，以及纤维素、半纤维素和木质素的相互交联作用不利于碳源的分解利用，进而导致后期供碳不足，SRB 代谢速率降低，不利于 AMD 的处理。因此，通过改性的方式进一步对纤维素的晶格结构和木质素进行处理，有利于提高对纤维素的分解能力。但玉米芯处理程度要适宜，如果处理程度过大，就会不可避免地造成微生物可利用的碳源损失，从而缩短碳源使用周期，降低碳源利用率。

玉米芯改性方法：试验所用玉米芯经过干燥、粉碎等一系列处理后，制成粒径 100 目左右的颗粒。按照试验所需不同浓度称取 NaOH 后，加入 50mL 水溶于烧杯中，待溶液温度恢复至常温，转移到 100mL 容量瓶中，加入所需的 H_2O_2 量，定容至 100mL 后备用。将 5g 玉米芯分别置于不同浓度的碱性 H_2O_2 溶液中，按照试验所需的时间放入摇床中，待所有样品处理完毕后，过滤烘干后备用。结合有研究者在用玉米芯作为反硝化固体碳源时所进行的单因素试验和本次试验，确定改性时间、NaOH 浓度和 H_2O_2 浓度为单因素。改性时间分别设定为 6h、12h、18h、24h、30h，NaOH 浓度分别设定为 3%、4%、5%、6%、7%，H_2O_2 浓度分别设定为 0.5%、1%、1.5%、2%、2.5%（表 6.1）。以 COD 释放量和 SO_4^{2-} 去除率为主要评价指标，通过试验，确定玉米芯改性最优配置，为正交试验做准备。其中，改性玉米芯协同 SRB 固定化颗粒制备方法如图 6.1 所示。

表 6.1 单因素试验设计

分组	改性时间(*A*)/h	NaOH 浓度(*B*)/%	H_2O_2 浓度(*C*)/%
1	6	3	0.5
2	12	4	1.0
3	18	5	1.5
4	24	6	2.0
5	30	7	2.5

玉米芯改性条件的单因素试验结果如图 6.2～图 6.4 所示。

由图 6.2 可知，随着改性时间不断增加，COD 释放量呈现先上升再下降再上升的趋势，SO_4^{2-} 剩余浓度呈现先下降后上升的趋势。COD 释放量呈现此现象的可能原因是反应时间影响玉米芯的改性程度，前期玉米芯释放大量水溶性有机物使 COD 增加明显，促使 SRB 代谢 SO_4^{2-} 能力增强，随着时间的继续增加，玉米芯中的木质素不能够溶解完全，COD 含量降低，导致 SRB 代谢 SO_4^{2-} 能力减弱，使 SO_4^{2-} 剩余浓度减少，但减少的程度降低。反应时间过长会导致玉米芯的内部结构进一步被破坏，COD 含量增加，但由于前期部分 SRB 因没有充足的碳源而死亡导致这一阶段 SRB 数量少，代谢 SO_4^{2-}

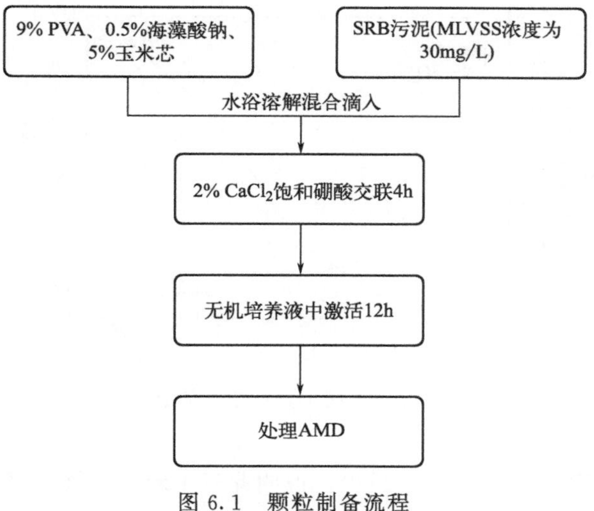

图 6.1　颗粒制备流程

MLVSS—混合液挥发性悬浮固体

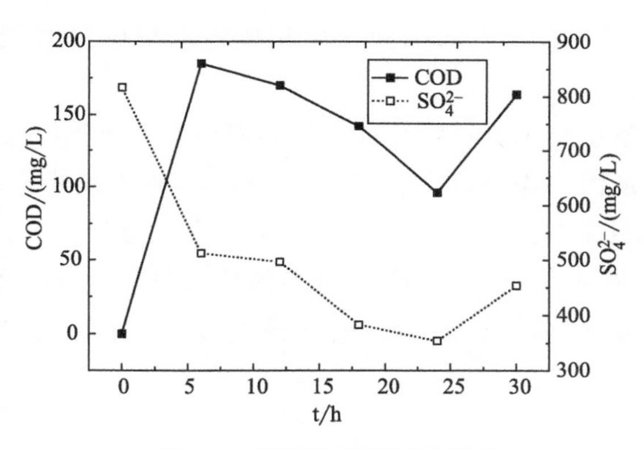

图 6.2　不同改性时间的影响

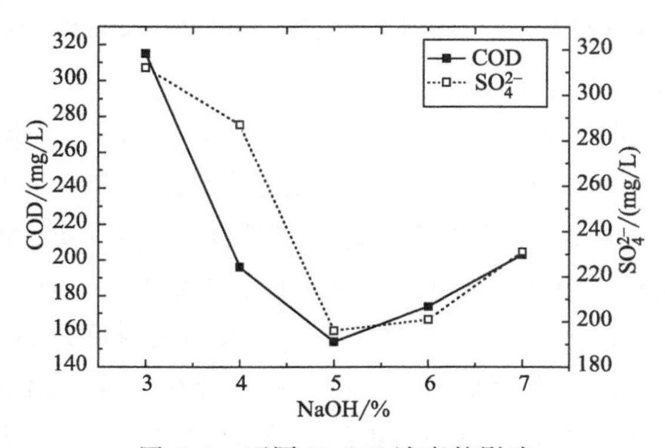

图 6.3　不同 NaOH 浓度的影响

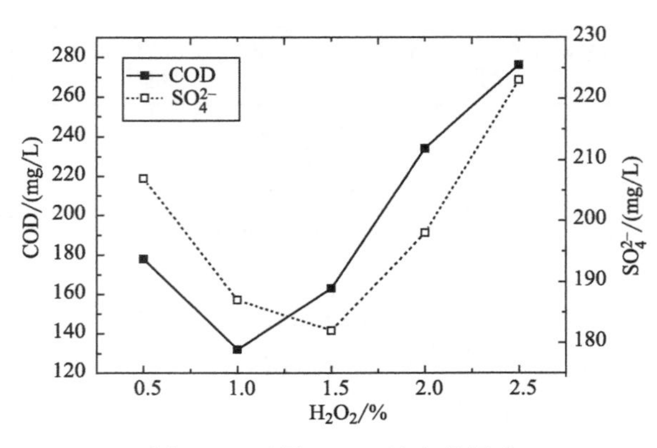

图 6.4　不同 H_2O_2 浓度的影响

能力不佳。在 24h 时，COD 释放量最少，说明此时玉米芯能够很好地被 SRB 所利用。

由图 6.3 可知，随着 NaOH 浓度的增加，COD 释放量和 SO_4^{2-} 剩余浓度呈现先下降后上升的趋势，可能原因是 OH^- 使木质素的醚键断裂，与此同时 OH^- 会使得半纤维素与木质素之间发生皂化反应，导致很大一部分木质素溶解，并且溶解了其中部分半纤维素。改变了玉米芯内部结构，使其作为内聚碳源时能更好地被微生物吸收利用。

由图 6.4 可知，随着 H_2O_2 浓度增加，COD 释放量和 SO_4^{2-} 剩余浓度都呈现先下降后上升的趋势，主要是因为 H_2O_2 利用自带的过氧根离子氧化木质素使其发生降解，进而破坏木质素相对复杂的空间结构。但如果 H_2O_2 含量过高，在配制碱性 H_2O_2 溶液时就会与 NaOH 溶液反应生成 Na_2O_2，使溶液成分发生改变，不能达到预期的改性效果。综上所述，选取改性时间 24h、NaOH 浓度 5%、H_2O_2 浓度 1%为之后的正交试验做准备。

6.2　玉米芯改性条件的正交试验

基于玉米芯改性条件的影响，以改性时间、NaOH 浓度和 H_2O_2 浓度为因素，进行 $L_9(3^4)$ 正交试验。

根据正交试验的因素水平（表 6.2），改性时间分别设定为 18h、24h、30h，NaOH 浓度分别设定为 4%、5%、6%，H_2O_2 浓度分别设定为 0.5%、1%、1.5%。按照此条件对玉米芯进行改性处理，待各组玉米芯处理完毕后，与 SRB 污泥结合制备成 SRB 污泥颗粒，然后按固液比 1g/10mL 向 250mL 的锥形瓶加入 20g 颗粒及 200mL 模拟废水后，将锥形瓶放入 100r/min 的恒温摇床内，每天固定时间进行取样，并检测 COD、SO_4^{2-}、Mn^{2+}、Fe^{2+} 和 pH 值。结合试验数据进行分析，确定最佳改性条件中改性时间、NaOH 浓度和 H_2O_2 浓度的最优组合正交试验各因素-水平设计以及对 COD、SO_4^{2-} 等的影响，结果见表 6.3。

表 6.2 正交试验因素水平

水平	因素		
	改性时间(*A*)/h	NaOH浓度(*B*)/%	H_2O_2浓度(*C*)/%
1	18	4	0.5
2	24	5	1
3	30	6	1.5

表 6.3 $L_9(3^4)$ 正交试验设计与结果

试验号	改性时间(*A*)/h	NaOH浓度(*B*)/%	H_2O_2浓度(*C*)/%	SO_4^{2-}去除率/%	Mn^{2+}去除率/%	Fe^{2+}去除率/%	pH值	COD/(mg/L)
1	18	4	0.5	86.20	76.44	93.57	7.89	296
2	18	5	1	89.69	66.25	86.64	7.77	267
3	18	6	1.5	81.65	80.93	82.42	8.07	254
4	24	4	1	82.07	72.53	87.42	7.79	252
5	24	5	1.5	79.06	75.38	84.85	7.84	240
6	24	6	0.5	85.44	79.22	86.00	7.91	227
7	30	4	1.5	90.17	75.06	89.92	7.74	280
8	30	5	0.5	82.94	69.18	90.14	7.87	305
9	30	6	1	87.33	68.61	84.78	7.91	282

正交试验被分为9组不同试验批次进行，反应后各种指标为：SO_4^{2-}去除率为79.06%～90.17%；Mn^{2+}去除率为66.25%～80.93%；Fe^{2+}去除率为82.42%～93.57%；COD释放为227～305mg/L；pH值则介于7.74～8.07之间。不同批次试验出水SO_4^{2-}、Mn^{2+}、Fe^{2+}去除率都相对较高，分析结果如下。

(1) SO_4^{2-}试验结果分析

由表6.4可以得到，在影响玉米芯改性的因素中，依据极差的不同分析出，对于SO_4^{2-}去除率影响：*A*>*C*>*B*。由于*B*的极差相对较小，所以以*B*项为误差进行下一步的方差分析。由表6.5可以得到SO_4^{2-}去除率只和改性时间有关。因此，根据均值大小确定SO_4^{2-}去除率的最佳因素组合为$A_3B_1C_2$，即改性时间30h，NaOH浓度为4%，H_2O_2浓度为1%。玉米芯在此条件下改性效果为最佳。

表 6.4 SO_4^{2-}直观分析表

试验号	改性时间(*A*)/h	NaOH浓度(*B*)/%	H_2O_2浓度(*C*)/%	试验结果/%
1	18	4	0.5	86.20
2	18	5	1	89.69
3	18	6	1.5	81.65
4	24	4	1	82.07
5	24	5	1.5	79.06
6	24	6	0.5	85.44

续表

试验号	改性时间(A)/h	NaOH浓度(B)/%	H_2O_2浓度(C)/%	试验结果/%
7	30	4	1.5	90.17
8	30	5	0.5	82.94
9	30	6	1	87.33
均值1/%	85.847	86.147	84.860	
均值2/%	82.190	83.897	86.363	
均值3/%	86.813	85.807	83.627	
极差/%	4.623	2.250	2.736	

表6.5 SO_4^{2-}方差分析

方差来源	平方和	自由度	均方	F	P	显著水平
改性时间(A)	877.65	2	435.82	38.82	<0.05	*
NaOH浓度(B)	124.54	2	65.77	5.90	>0.1	⊙
H_2O_2浓度(C)	25.66	2	12.42	1.00	>0.1	⊙
误差	22.43	2	12.32			
总和	1050.28	8				

注：1. $F_{0.1}$ (2,2) =9，$F_{0.05}$ (2,2) =19，$F_{0.01}$ (2,2) =99。
2. *，$P \leqslant 0.05$，显著；⊙，不显著。

(2) Mn^{2+}试验结果分析

由表6.6可以得到，在影响玉米芯改性的因素中，依据极差的不同分析出，对于Mn^{2+}去除率：$C>B>A$。由表6.7可以得到，影响Mn^{2+}去除率的显著性因子与其他因子无关。因此，根据均值大小确定Mn^{2+}去除率的最佳因素组合为$A_2B_3C_3$，即改性时间24h，NaOH浓度为6%，H_2O_2浓度为1.5%。玉米芯在此条件下改性效果为最佳。

表6.6 Mn^{2+}直观分析表

试验号	改性时间(A)/h	NaOH浓度(B)/%	H_2O_2浓度(C)/%	试验结果/%
1	18	4	0.5	76.44
2	18	5	1	66.25
3	18	6	1.5	80.93
4	24	4	1	72.53
5	24	5	1.5	75.38
6	24	6	0.5	79.22
7	30	4	1.5	75.06
8	30	5	0.5	69.18
9	30	6	1	68.61
均值1/%	74.540	74.677	74.957	
均值2/%	75.710	70.270	69.130	
均值3/%	70.950	76.253	77.123	
极差/%	4.760	5.983	7.993	

表 6.7 Mn^{2+} 方差分析

方差来源	平方和	自由度	均方	F	P	显著水平
改性时间(A)	43.40	2	32.70	13.05	<0.1	⊙
NaOH 浓度(B)	14.86	2	5.84	3.39	>0.1	⊙
H_2O_2 浓度(C)	5.09	2	1.58	1.00	>0.1	⊙
误差	6.0	2	1.58			
总和	69.35	8				

注：1. $F_{0.1}$ (2,2) =9，$F_{0.05}$ (2,2) =19，$F_{0.01}$ (2,2) =99。
2. ⊙，不显著。

(3) Fe^{2+} 试验结果分析

由表6.8可以得到，在影响玉米芯改性的因素中，依据极差的不同分析出，对于Fe^{2+}去除率：$B>C>A$。由表6.9可以得到，影响Fe^{2+}去除率的显著性因子与其他因子无关。因此，根据均值大小确定Fe^{2+}去除率的最佳因素组合为$A_3B_1C_1$，即改性时间30h，NaOH浓度为4%，H_2O_2浓度为0.5%。玉米芯在此条件下改性效果为最佳。

表 6.8 Fe^{2+} 直观分析表

试验号	改性时间(A)/h	NaOH 浓度(B)/%	H_2O_2 浓度(C)/%	试验结果/%
1	18	4	0.5	93.57
2	18	5	1	86.64
3	18	6	1.5	82.42
4	24	4	1	87.42
5	24	5	1.5	84.85
6	24	6	0.5	86.00
7	30	4	1.5	89.92
8	30	5	0.5	90.14
9	30	6	1	84.78
均值 1/%	87.543	90.303	89.903	
均值 2/%	86.090	87.210	86.280	
均值 3/%	88.280	84.400	85.730	
极差/%	2.190	5.903	4.173	

表 6.9 Fe^{2+} 方差分析

方差来源	平方和	自由度	均方	F	P	显著水平
改性时间(A)	124.90	2	76.76	12.95	<0.1	⊙
NaOH 浓度(B)	14.18	2	6.80	1.00	>0.1	⊙
H_2O_2 浓度(C)	164.53	2	67.78	13.00	<0.1	⊙
误差	13.1	2	32.67			
总和	316.71	8				

注：1. $F_{0.1}$ (2,2) =9，$F_{0.05}$ (2,2) =19，$F_{0.01}$ (2,2) =99。
2. ⊙，不显著。

(4) COD试验结果分析

由表6.10可以得到，在影响玉米芯改性的因素中，依据极差的不同分析出，对于COD释放量：$B>A>C$。由表6.11可以得到，影响COD释放量的显著性因子与其他因子无关。因此，根据均值大小确定COD释放量的最佳因素组合为$A_1B_1C_2$，即改性时间18h，NaOH浓度为4%，H_2O_2浓度为1%。玉米芯在此条件下改性效果为最佳。

表6.10 COD直观分析表

试验号	改性时间(A)/h	NaOH浓度(B)/%	H_2O_2浓度(C)/%	试验结果
1	18	4	0.5	296
2	18	5	1	267
3	18	6	1.5	254
4	24	4	1	252
5	24	5	1.5	240
6	24	6	0.5	227
7	30	4	1.5	280
8	30	5	0.5	205
9	30	6	1	282
均值1	272.333	276.000	242.667	
均值2	239.667	239.667	267.000	
均值3	255.667	255.667	258.000	
极差	32.667	36.333	4.173	

表6.11 COD方差分析

方差来源	平方和	自由度	均方	F	P	显著水平
改性时间(A)	15467.34	2	5678.85	2.21	>0.1	⊙
NaOH浓度(B)	13467.87	2	4512.34	1.00	>0.1	⊙
H_2O_2浓度(C)	56989.09	2	23879.09	7.83	>0.1	⊙
误差	8765.87	2	3348.89			
总和	94690.17	8				

注：1. $F_{0.1}(2,2)=9$，$F_{0.05}(2,2)=19$，$F_{0.01}(2,2)=99$。
2. ⊙，不显著。

(5) pH值正交试验结果分析

由表6.12可以得到，在影响玉米芯改性的因素中，依据极差的不同分析出，对于pH值：$B>A>C$。由表6.13可以得到，影响pH值的显著性因子与其他因子无关。因此，根据均值大小确定pH值的最佳因素组合为$A_1B_3C_1$，即改性时间18h、NaOH浓度为6%、H_2O_2浓度为0.5%。玉米芯在此条件下改性效果为最佳。

表 6.12 pH值直观分析表

试验号	改性时间(A)/h	NaOH浓度(B)/%	H_2O_2浓度(C)/%	试验结果
1	18	4	0.5	7.89
2	18	5	1	7.77
3	18	6	1.5	8.07
4	24	4	1	7.79
5	24	5	1.5	7.84
6	24	6	0.5	7.91
7	30	4	1.5	7.74
8	30	5	0.5	7.87
9	30	6	1	7.91
均值1	7.910	7.807	7.890	
均值2	7.847	7.827	7.823	
均值3	7.840	7.963	7.883	
极差	0.070	0.156	0.067	

表 6.13 pH值方差分析

方差来源	平方和	自由度	均方	F	P	显著水平
改性时间(A)	0.054	2	0.02	1.00	>0.1	⊙
NaOH浓度(B)	0.756	2	0.37	11.63	<0.1	⊙
H_2O_2浓度(C)	0.165	2	0.04	1.89	>0.1	⊙
误差	0.045	2	0.03			
总和	1.020	8				

注：1. $F_{0.1}(2,2)=9$，$F_{0.05}(2,2)=19$，$F_{0.01}(2,2)=99$。
2. ⊙，不显著。

(6) 正交试验设计结果

综合正交试验结果（分别为$A_3B_1C_2$、$A_2B_3C_3$、$A_3B_1C_1$、$A_1B_1C_2$、$A_1B_3C_1$），确定SRB固定化颗粒成分最优配比为$A_2B_3C_3$，即改性时间24h、NaOH浓度为6%、H_2O_2浓度为1.5%。玉米芯在此条件下改性效果为最佳。

综上所述，采用单因素试验方法，选取改性时间24h、NaOH浓度5%、H_2O_2浓度1%为之后的正交试验做准备。进行正交试验，进一步确定玉米芯的最佳改性条件，经过方差分析得到玉米芯在改性时间24h、NaOH浓度为6%、H_2O_2浓度为1.5%时制备得到的SRB固定化颗粒处理AMD效果最好。故选取此条件作为玉米芯的最佳改性条件。

6.3 改性玉米芯协同SRB固定化颗粒特性试验

(1) 特性试验方法

分别通过改性玉米芯颗粒与未改性玉米芯颗粒对SO_4^{2-}还原动力学、Mn^{2+}和Fe^{2+}

的吸附动力学及其 COD 释放量和对溶液 pH 值调节能力进行对比试验分析，进一步研究 SRB 固定化颗粒去除污染物的机理，探讨改性玉米芯对 SRB 固定化颗粒的强化协同作用。

按固液比 1g/10mL，向 250mL 锥形瓶中分别加入 20g 的改性玉米芯颗粒和未改性玉米芯颗粒及 200mL 模拟废水，记为颗粒 1# 和颗粒 2#。将颗粒 1# 和颗粒 2# 同时放入转速为 100r/min、温度为 25℃的恒温摇床中，每隔 24h 取样 2mL 废水，检测分析 SO_4^{2-}、Mn^{2+}、Fe^{2+}、COD 的浓度及 pH 值。

（2）SO_4^{2-} 还原动力学

根据上述溶液中 SO_4^{2-} 浓度随时间变化的分析检测值，用零级反应和一级反应动力学模型对 SO_4^{2-} 还原过程进行拟合，还原动力学拟合曲线如图 6.5 所示。

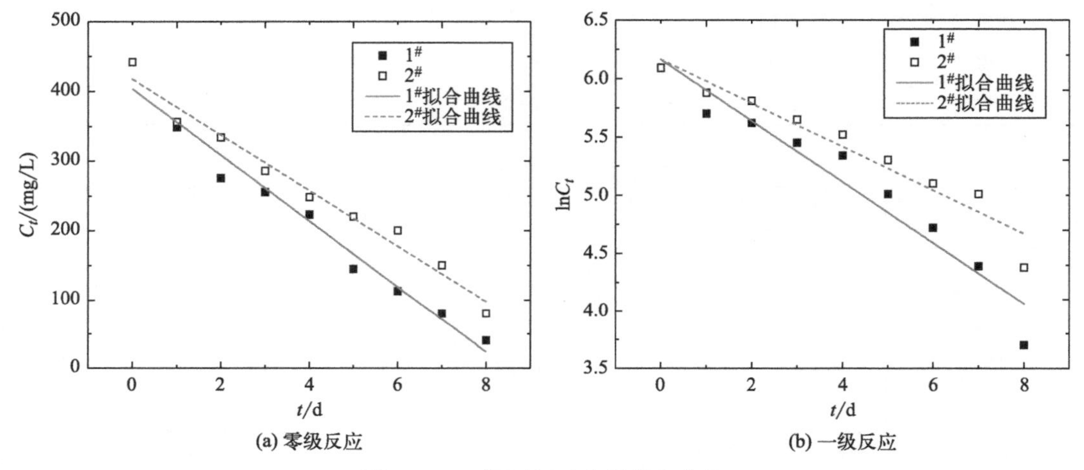

图 6.5　SO_4^{2-} 还原动力学拟合曲线

其中，零级反应和一级反应动力学模型分别用式(6.1) 和式(6.2) 表示。

$$C_t = C_0 - k_0 t \tag{6.1}$$

$$\ln C_t = \ln C_0 - k_1 t \tag{6.2}$$

式中，C_0 为初始 SO_4^{2-} 浓度，mg/L；C_t 为 t 时刻 SO_4^{2-} 浓度，mg/L；k_0 为零级反应速率常数，mg/(L·h)；k_1 为一级反应速率常数，h^{-1}。

颗粒 1# 和颗粒 2# 中 SO_4^{2-} 的还原动力学参数如表 6.14 所列。

表 6.14　SO_4^{2-} 还原动力学拟合参数

对象	零级反应		一级反应	
	k_0/[mg/(L·h)]	R^2	k_1/h^{-1}	R^2
1#	47.46	0.9269	0.262	0.9706
2#	39.96	0.9268	0.187	0.9736

由表 6.14 可知，颗粒 1# 和颗粒 2# 体系中，一级还原动力学模型相关系数 R^2（分别为 0.9706 和 0.9736）均大于零级还原动力学模型的相关系数 R^2（分别为 0.9269 和 0.9268），表明一级还原动力学模型能更好地描述 SO_4^{2-} 还原过程，与前人得出 SRB 还原 SO_4^{2-} 的动力学模型的研究结果一致。在一级还原动力学模型中，颗粒 1# 的反应速率常数 0.262h^{-1} 大于颗粒 2# 的反应速率常数 0.187h^{-1}，均大于前人研究得出的 SRB 反应速率常数 0.08506h^{-1}，表明改性玉米芯颗粒对 SO_4^{2-} 的异化还原速率大于未改性玉米芯颗粒，且 SRB 固定化颗粒中玉米芯与 SRB 协同作用提高了对 SO_4^{2-} 的异化还原速率。

一级反应动力学模型能更好地描述 SO_4^{2-} 还原过程，其原因是 SO_4^{2-} 的去除是颗粒吸附和 SRB 异化还原协同作用的结果，而 SRB 的异化还原是其主要的去除过程，其反应主要是受到电子受体 SRB 的生物活性影响。颗粒 1# 的反应速率常数大于颗粒 2#，且大于前人所研究的结果，其原因主要是，改性玉米芯中的纤维素晶格结构和木质素保护层受到碱性 H_2O_2 破坏，转化为易于被微生物利用的小分子有机物，促进了 SRB 生物活性，且改性玉米芯中松散的孔隙结构易于颗粒 1# 形成较大的孔隙率，使得溶液中 SO_4^{2-} 更易进入 SRB 固定化颗粒内部，强化 SRB 异化还原 SO_4^{2-} 的过程，从而提高颗粒 1# 的反应速率常数。综上表明，碱性 H_2O_2 改性玉米芯颗粒，由于存在的较多的小分子有机碳源和较大的孔隙结构，对 SO_4^{2-} 的去除效果优于未改性玉米芯颗粒。

（3）Mn^{2+} 吸附动力学

根据上述溶液中 Mn^{2+} 浓度随时间变化的分析检测值，用拟一级反应动力学和拟二级反应动力学模型对 Mn^{2+} 吸附过程进行拟合，吸附动力学拟合曲线如图 6.6 所示。

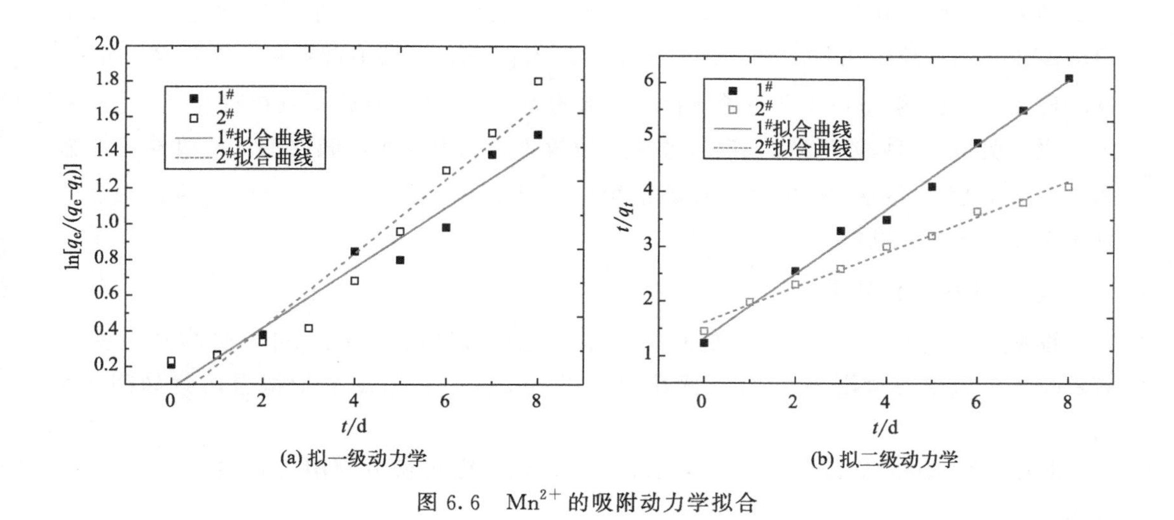

图 6.6 Mn^{2+} 的吸附动力学拟合

其中，拟一级吸附动力学用方程 Lagergren 表示，拟二级吸附动力学模型用方程 McKay 表示，分别如式(6.3) 和式(6.4) 所示。

$$\ln(q_e - q_t) = \ln q_e - \frac{k_1}{2.323}t \tag{6.3}$$

$$\frac{t}{q_t} = \frac{1}{k_2 q_e^2} + \frac{t}{q_e} \tag{6.4}$$

式中，q_e 为吸附平衡时的吸附量，mg/g；q_t 为吸附时间为 t 时刻的吸附量，mg/g；k_1 为拟一级动力学反应的速率常数，h^{-1}；k_2 为拟二级动力学反应的速率常数，g/(mg·h)。

颗粒 1# 和颗粒 2# 体系中 Mn^{2+} 的吸附动力学参数如表 6.15 所列。

表 6.15　Mn^{2+} 吸附动力学拟合参数

对象	q_e	拟一级动力学		拟二级动力学	
		k_1/h^{-1}	R^2	k_2/[g/(mg·h)]	R^2
1#	0.425	0.168	0.93267	0.5920	0.99302
2#	0.386	0.208	0.93354	0.3229	0.98803

由表 6.15 可知，颗粒 1# 和颗粒 2# 体系中，拟二级吸附动力学模型相关系数 R^2（分别为 0.99302 和 0.98803）均大于拟一级吸附动力学模型相关系数 R^2（分别为 0.93267 和 0.93354），表明拟二级吸附动力学模型能更好地描述 Mn^{2+} 吸附过程，且在拟二级吸附动力学模型中，颗粒 1# 的反应速率常数 0.5920g/(mg·h) 大于颗粒 2# 的反应速率常数 0.3229g/(mg·h)，表明改性玉米芯颗粒对 Mn^{2+} 吸附速率大于未改性玉米芯颗粒。拟二级吸附动力学模型能更好地描述 Mn^{2+} 吸附过程，其原因是颗粒对 Mn^{2+} 的去除是吸附和 SRB 异化还原产物沉淀的协同作用结果，而颗粒的化学吸附为其主要的控制步骤。颗粒 1# 的反应速率常数大于颗粒 2#，其原因除了 1# 颗粒中 SRB 还原活性较强和孔隙结构较大外，还与玉米芯经碱性 H_2O_2 溶液改性后，会残留一部分 NaOH 有关，因为 NaOH 会与进入颗粒内部的 Mn^{2+} 反应，强化了颗粒对 Mn^{2+} 化学吸附过程，使得 1# 颗粒的 Mn^{2+} 反应速率常数较大。综上表明，碱性 H_2O_2 改性玉米芯颗粒，由于 SRB 还原活性较强、孔隙结构较大以及碱度的存在，对 Mn^{2+} 的去除效果优于未改性玉米芯颗粒。

（4）Fe^{2+} 吸附动力学

根据上述溶液中 Fe^{2+} 浓度随时间变化的分析检测值，用 Elovich 吸附动力学和 Weber 内扩散动力学模型对 Fe^{2+} 吸附过程进行拟合，吸附动力学拟合曲线如图 6.7 所示。

其中，Elovich 吸附动力学和 Weber 内扩散动力学模型分别用式(6.5) 和式(6.6) 表示。

$$q_e = \frac{2.303}{\beta}\ln\left(t + \frac{1}{\alpha\beta}\right) - \frac{2.303}{\beta}\ln\frac{1}{\alpha\beta} \tag{6.5}$$

$$q_t = kt^{1/2} + c \tag{6.6}$$

式中，α 为吸附速率常数，g/(mg·h)；β 为脱附速率常数，mg/h；q_e 为吸附平衡时的

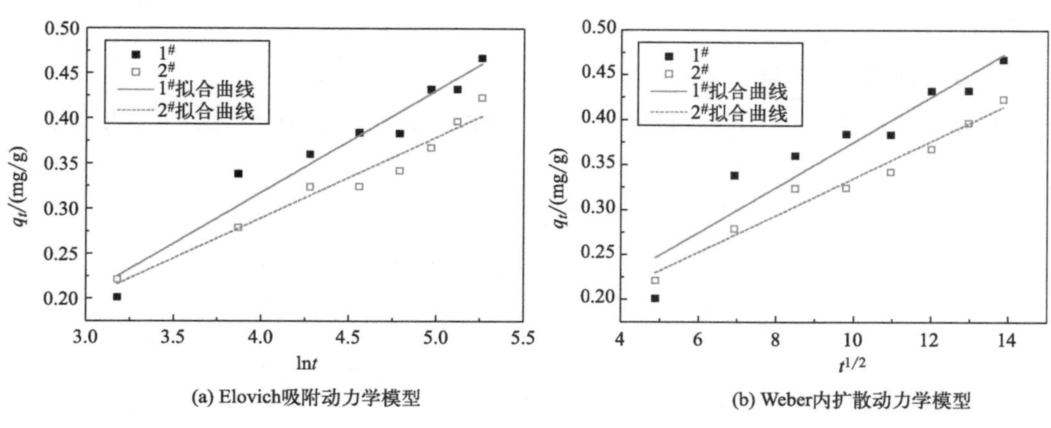

(a) Elovich吸附动力学模型　　(b) Weber内扩散动力学模型

图 6.7 Fe^{2+} 的吸附动力学拟合

吸附量，mg/g；q_t 为 t 时刻的吸附量，mg/g；k 为粒内扩散的速率常数，mg/(g·$h^{1/2}$)；c 为与边界层厚度有关常数，mg/g。

颗粒 1# 和颗粒 2# 体系中 Fe^{2+} 的吸附动力学参数如表 6.16 所列。

表 6.16 Fe^{2+} 吸附动力学拟合参数

对象	q_e	Elovich 吸附动力学模型			Weber 内扩散动力学模型		
		α/[g/(mg·h)]	β/(mg/h)	R^2	q_t/(mg/g)	k/[mg/(g·$h^{1/2}$)]	R^2
1#	0.642	0.034	0.012	0.925	0.849	0.023	0.874
2#	0.581	0.028	0.015	0.902	0.76	0.017	0.846

由表 6.16 可知，颗粒 1# 和颗粒 2# 体系中，Elovich 吸附动力学模型相关系数 R^2（分别为 0.925 和 0.902）均大于 Weber 内扩散动力学模型相关系数 R^2（分别为 0.874 和 0.846），表明 Elovich 吸附动力学模型能更好地描述 Fe^{2+} 吸附过程，且在 Elovich 吸附动力学模型中，颗粒 1# 的吸附速率常数 0.034g/(mg·h) 大于颗粒 2# 的反应速率常数 0.028g/(mg·h)，表明改性玉米芯颗粒对 Fe^{2+} 吸附速率大于未改性玉米芯颗粒。Elovich 吸附动力学模型能更好地描述 Fe^{2+} 吸附过程，其原因是颗粒对 Fe^{2+} 的去除是吸附和 SRB 异化还原产物沉淀的协同作用结果。颗粒 1# 的反应速率常数大于颗粒 2#，其原因除了 1# 颗粒中 SRB 还原活性较强和孔隙结构较大外，还与玉米芯经碱性 H_2O_2 溶液改性后，会残留一部分 NaOH 有关，因为 NaOH 会与进入颗粒内部的 Fe^{2+} 反应，强化了颗粒对 Fe^{2+} 的化学吸附过程，使得 1# 颗粒的 Fe^{2+} 反应速率常数较大。综上表明，碱性 H_2O_2 改性玉米芯颗粒，由于 SRB 还原活性较强、孔隙结构较大以及碱度的存在，对 Fe^{2+} 的去除效果优于未改性玉米芯颗粒。对比发现，Fe^{2+} 的吸附平衡容量（q_e 分别为 0.642mg/g 和 0.581mg/g）要高于 Mn^{2+} 的吸附平衡容量（q_e 分别为 0.425mg/g 和 0.386mg/g），其主要原因是 SRB 固定化颗粒去除 Mn^{2+} 的过程在 Fe^{2+} 存在时很难进行，不易形成稳定难溶的硫化物，且大多数金属离子能先于 Mn^{2+} 与 H_2S 结合。因此，Fe^{2+} 与 Mn^{2+} 共存时形成的竞争吸附影响，使固定化颗粒对 Mn^{2+} 的去除

效果不如对 Fe^{2+} 的去除效果，从而导致 Fe^{2+} 的吸附平衡容量要高于 Mn^{2+} 的吸附平衡容量。

（5）COD 释放量

根据上述溶液中 COD 浓度随时间变化的分析检测值，绘制曲线如图 6.8 所示。

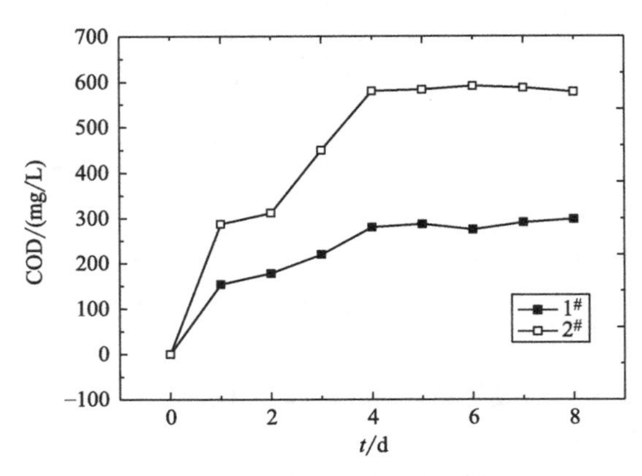

图 6.8 特性试验中 COD 释放量

由图 6.8 可知，在试验开始的前 4d，颗粒 1# 和颗粒 2# 体系中释放 COD 浓度曲线均呈上升趋势，颗粒 2# 体系的上升幅度浓度大于颗粒 1# 体系。第 4 天之后，颗粒 1# 和颗粒 2# 体系中释放 COD 浓度值趋于稳定，分别稳定在 250mg/L 和 575mg/L 左右，此时两体系中平均 COD/SO_4^{2-} 分别为 2.78 和 4.06。反应开始阶段两体系中释放 COD 浓度增加较快，其主要原因可能是颗粒中污泥有机质和的玉米芯的泄漏，而反应后期释放 COD 浓度较稳定，主要是由玉米芯缓慢水解产生的未被 SRB 利用的有机质泄漏造成的。颗粒 2# 体系的上升幅度浓度大于颗粒 1# 体系，结合 SO_4^{2-} 还原动力学过程，主要原因是改性玉米芯中的纤维素晶格结构和木质素保护层受到碱性 H_2O_2 破坏，转化为易被微生物利用的小分子有机物，促进了颗粒 1# 中 SRB 的生物活性，从而颗粒 1# 中释放 COD 浓度较小。综上表明，碱性 H_2O_2 改性玉米芯的作用过程，对颗粒缓释碳源起到了促进作用。

（6）pH 值

根据上述溶液中 pH 值随时间变化的分析检测值，绘制曲线如图 6.9 所示。

由图 6.9 可知，在试验开始的第 1 天，颗粒 1# 和颗粒 2# 体系中的 pH 值分别从 4 快速提升至 6.5 和 6.2，随着反应时间的延长，颗粒 1# 和颗粒 2# 体系中的 pH 值分别稳定在 7.7 和 7.3。颗粒对溶液中 H^+ 的去除主要是吸附和 SRB 的异化还原产物的中和。颗粒对 H^+ 的吸附作用是两体系快速提升溶液 pH 值的主要原因，而颗粒 1# 体系中 pH 值高于颗粒 2# 体系，是碱性 H_2O_2 改性玉米芯过程中颗粒中含有碱性物质所致。综上表明，碱性 H_2O_2 改性玉米芯的作用过程，对颗粒提升溶液 pH 值有促进作用。

综上所述，颗粒的 SO_4^{2-} 还原动力学研究表明：一级反应动力学模型能更好地描述

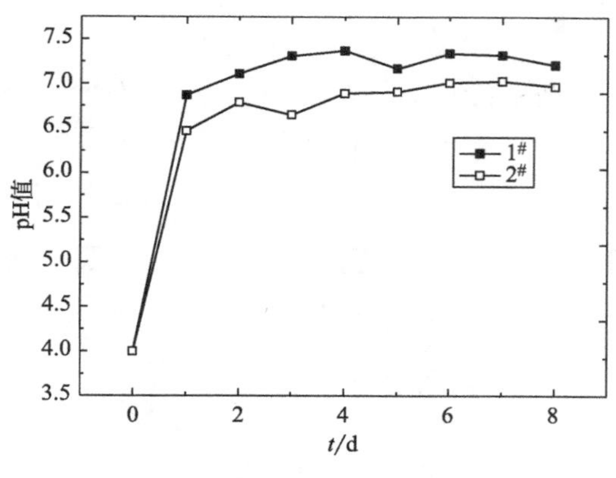

图6.9 特性试验中pH值变化

SO_4^{2-}还原过程，改性玉米芯颗粒中SRB能更好地利用有机碳源，对SO_4^{2-}的去除效果优于未改性玉米芯颗粒。颗粒的Mn^{2+}吸附动力学研究表明：拟二级动力学模型能够较为准确地描述颗粒对Mn^{2+}的吸附作用，是以化学吸附为主要控制步骤的吸附反应过程，改性玉米芯相对于未改性玉米芯能更好地促进颗粒对Mn^{2+}吸附。颗粒的Fe^{2+}吸附动力学研究表明：Elovich吸附动力学模型能够较为准确地描述颗粒对Fe^{2+}的吸附作用，改性玉米芯相对于未改性玉米芯能更好地促进颗粒对Fe^{2+}的吸附。通过改性玉米芯颗粒和未改性玉米芯颗粒对比分析，改性玉米芯颗粒COD释放量少于未改性玉米芯颗粒，但对于pH值的提升大于未改性玉米芯颗粒，说明改性玉米芯作为碳源效果优于未改性玉米芯。

6.4 改性玉米芯SRB固定化颗粒协同动态PRB系统处理矿山酸性废水

结合前期的试验结果，为了进一步分析改性玉米芯颗粒处理AMD的能力和效果，探讨SRB固定化颗粒中玉米芯作为内聚碳源的缓释过程，揭示SRB固定化颗粒中玉米芯与SRB协同作用机理，通过构建不含玉米芯、含未改性玉米芯和含改性玉米芯的SRB污泥颗粒动态柱，开展SRB固定化颗粒处理AMD动态试验研究。

（1）试验装置及方法

试验选用3个内径为60mm、高度为400mm的玻璃柱，分别装填不含玉米芯的SRB固定化颗粒、含有未改性玉米芯SRB固定化颗粒和含有改性玉米芯SRB固定化颗粒40mm。SRB固定化颗粒的上下各装填20mm、粒径为3～5mm的石英砂，起固定和保护颗粒的作用，3个玻璃柱分别记为1#、2#和3#柱。试验装置如图6.10所示。

为了保证SRB生物生长所需的厌氧环境，利用蠕动泵采用“下进上出”的方式运行，用流量计控制流速为$1\times10^{-5}m^3/s$。为了分析SRB固定化颗粒在不同环境下的处理效果，探讨系统在污染负荷发生变化时的处理能力，分别采用低和高两阶段不同污染

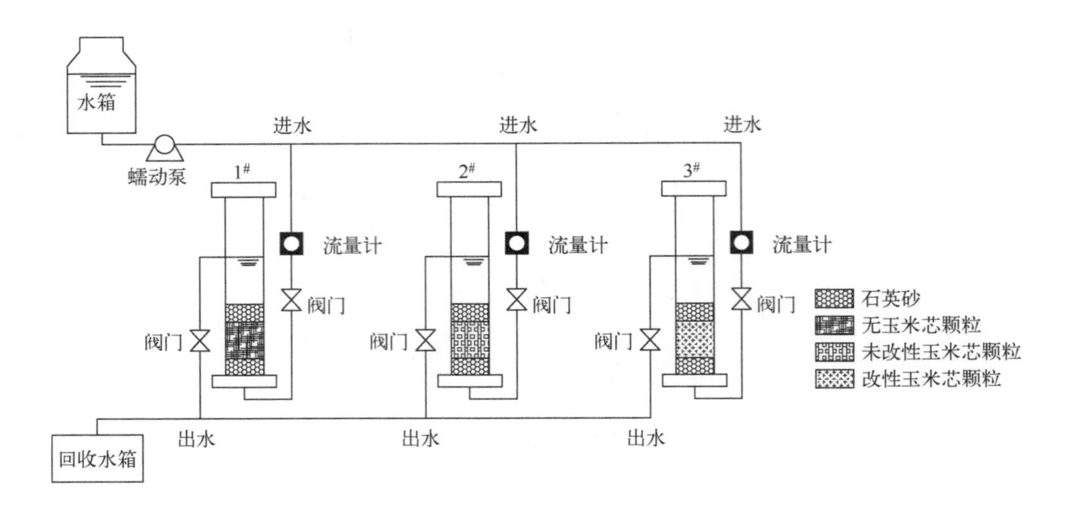

图 6.10　动态试验运行装置

负荷进行试验，两阶段水质指标如表 6.17 所列。低污染负荷和高污染负荷持续时间均为 7d。每天固定时间取样并检测水质指列，得出各指标的变化规律。

表 6.17　动态试验两阶段水质

项目	SO_4^{2-}/(mg/L)	Fe^{2+}/(mg/L)	Mn^{2+}/(mg/L)	pH 值
第一阶段	800～850	14.5～15	8.5～9	4～4.5
第二阶段	1450～1500	24.5～25	13.5～14	3～3.5

(2) SO_4^{2-} 的变化规律

由图 6.11 (a) 和 (b) 可知，在试验第一阶段，3 个动态柱中 SO_4^{2-} 剩余量均呈现不同程度的下降趋势，在第 5～6 天，3 个体系的 SO_4^{2-} 剩余量下降最为明显，分别为 583.6～587.2mg/L、453～423.3mg/L 和 226.3～254mg/L，此时，对应的 SO_4^{2-} 去除率分别为 26.5%、45%和 70%。在试验第二阶段，3 个动态柱中 SO_4^{2-} 剩余量呈现出先下降后上升的趋势，在第 12～13 天，3 个体系的 SO_4^{2-} 剩余量下降最为明显，分别为 992～999mg/L、876～921mg/L 和 549～766mg/L，此时，对应的 SO_4^{2-} 去除率分别为 35%、39.5%和 56%。在反应第一阶段，3 个体系中 SO_4^{2-} 去除率增加较快，其主要原因可能是反应初期，SRB 代谢旺盛，能够在低污染负荷的条件下，很好地异化还原 SO_4^{2-}，其中 3# 去除效果要优于 2#，主要原因是改性玉米芯中的有机小分子能够更好地被 SRB 利用，提高了 SRB 活性，2# 和 3# 去除效果均优于 1#，主要原因是 1# 颗粒中没有外加的碳源，只能利用污泥有机质，所以导致 1# 去除效果差。在反应第二阶段，3 个体系中 SO_4^{2-} 去除率呈现出不同的增长趋势后降低，其主要原因是初始反应负荷增加，对 SRB 活性影响不大，SRB 能很好地异化还原 SO_4^{2-}，随着反应的不断进行和颗粒中碳源的不断消耗，COD/SO_4^{2-} 值下降，加上持续高浓度 Mn^{2+} 对 SRB 造成的毒害，

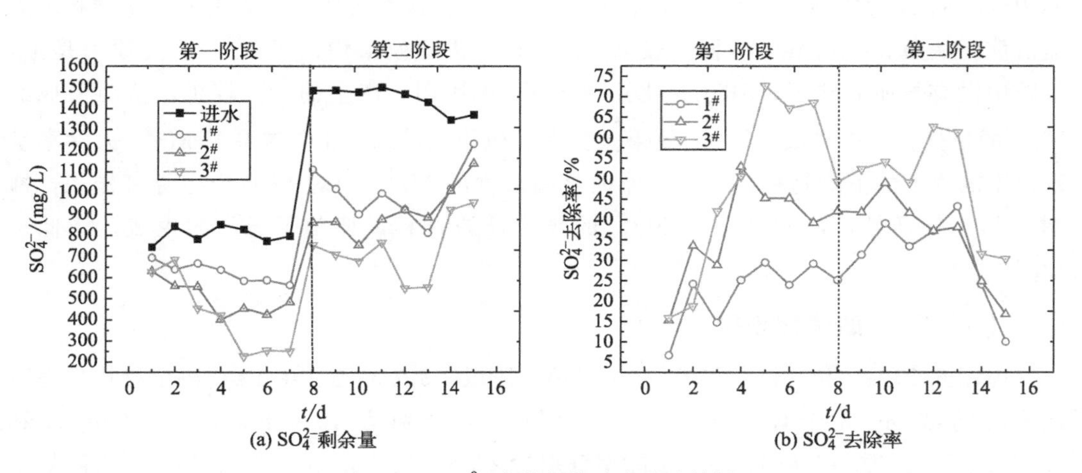

图 6.11　SO_4^{2-}变化规律动态试验结果

都导致了反应后期 SO_4^{2-}去除率下降。

（3）Mn^{2+}的变化规律

由图 6.12(a) 和（b）可知，在试验第一阶段，3 个动态柱中 Mn^{2+} 剩余量均呈现不同程度的波动，3 个体系的 Mn^{2+} 平均剩余量分别为 6.69mg/L、4.56mg/L 和 4.18mg/L，此时，对应的 Mn^{2+} 去除率分别为 23.15%、47.68%和 51.96%，去除效果 3#>2#>1#。在试验第二阶段，3 个动态柱中 Mn^{2+} 剩余量总体呈现上升的趋势，3 个体系的 Mn^{2+} 剩余量分别为 10.53mg/L、9.19mg/L 和 8.46mg/L，此时，对应的 Mn^{2+} 去除率分别为 23.46%、33.16%和 38.48%。在反应第一阶段，3 个体系中 Mn^{2+} 去除率较高，其主要原因可能是反应过程中，SRB 异化还原 SO_4^{2-} 产生的 S^{2-} 与 Mn^{2+} 形成沉淀，SRB 表面所具有的负电性对 Mn^{2+} 具有静电吸附作用，SRB 的胞外聚合物同时也对 Mn^{2+} 具有生物絮凝作用。其中 3# 去除效果要优于 2#，主要原因是改性玉米

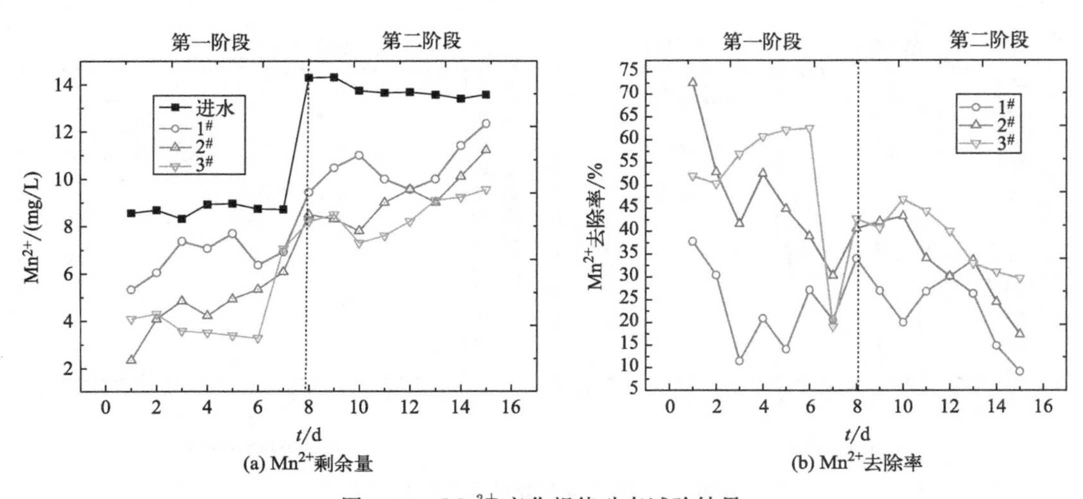

图 6.12　Mn^{2+} 变化规律动态试验结果

芯中含有的 NaOH 使得体系中 pH 值提高，Mn^{2+} 在这种条件下会形成氢氧化物和碳酸盐沉淀，从而 3# 中 Mn^{2+} 去除率较高，2# 和 3# 去除效果均优于 1#，主要原因是 1# 颗粒中没有外加的碳源，SRB 异化还原 SO_4^{2-} 作用弱，产生的 S^{2-} 较少，从而形成的 MnS 的量少，所以导致 1# 去除效果差。在反应第二阶段，3 个体系中 Mn^{2+} 去除率呈现出不同程度的下降趋势，其主要原因是高浓度的 Mn^{2+} 会对 SRB 产生毒害作用，抑制了其生物活性，从而减缓了 SO_4^{2-} 的异化还原过程，抑制了 S^{2-} 的生成，降低了 Mn^{2+} 去除率。

（4）Fe^{2+} 的变化规律

由图 6.13(a) 和 (b) 可知，在试验第一阶段，3 个动态柱中 Fe^{2+} 剩余量均呈现不同程度的波动，3 个体系的 Fe^{2+} 平均剩余量分别为 10.95mg/L、8.36mg/L 和 7.28mg/L，此时，对应的 Fe^{2+} 去除率分别为 22.51%、53.08%和 60.49%。去除效果 3#＞2#＞1#。在试验第二阶段，3 个动态柱中 Fe^{2+} 剩余量均呈现上升的趋势，3 个体系的 Fe^{2+} 剩余量分别为 22.03mg/L、19.34mg/L 和 18.46mg/L，此时，对应的 Fe^{2+} 去除率分别为 11.05%、21.91%和 25.45%。在反应第一阶段，3 个体系中 Fe^{2+} 去除率较高，其主要原因可能是反应过程中，SRB 异化还原 SO_4^{2-} 产生的 S^{2-} 与 Fe^{2+} 形成沉淀，SRB 表面所具有的负电性对 Fe^{2+} 具有静电吸附作用，SRB 的胞外聚合物同时也对 Fe^{2+} 具有生物絮凝作用。其中 3# 去除效果要优于 2#，主要原因是改性玉米芯中的含有的 NaOH 使得体系中 pH 值提高，Fe^{2+} 在这种条件下会形成氢氧化物和碳酸盐沉淀，从而 3# 中 Fe^{2+} 去除率较高，2# 和 3# 去除效果均优于 1#，主要原因是 1# 颗粒中没有外加的碳源，SRB 异化还原 SO_4^{2-} 作用弱，产生的 S^{2-} 较少，从而形成的 FeS 的量少，所以导致 1# 去除效果差。在反应第二阶段，3 个体系中 Fe^{2+} 去除率呈现出不同程度的下降趋势，其主要原因是高浓度的 Mn^{2+} 对 SRB 产生毒害作用，抑制了其生物活性，从而减缓了 SO_4^{2-} 的异化还原过程，抑制了 S^{2-} 的生成，降低了 Fe^{2+} 去除率。

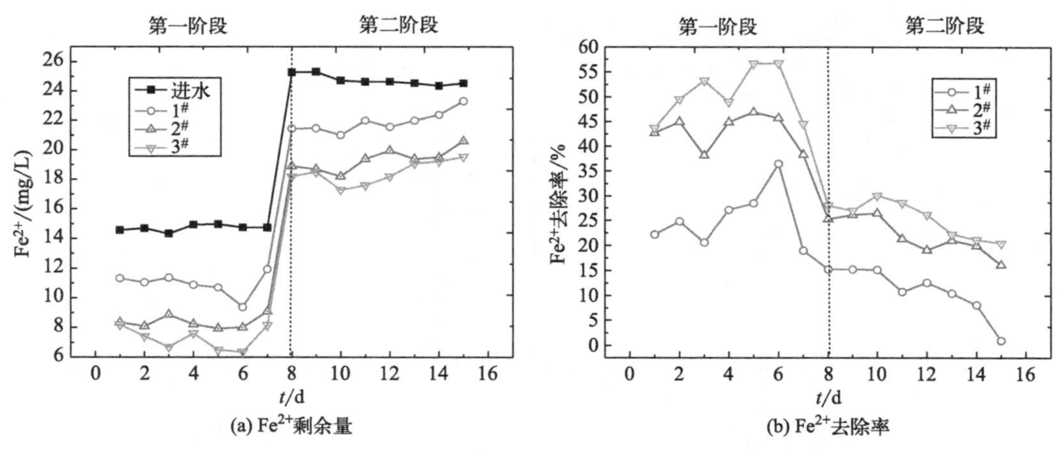

图 6.13　Fe^{2+} 变化规律动态试验结果

（5）COD的变化规律

由图6.14可知，在试验第一阶段，3个动态柱中出水COD释放量均呈现先上升后下降的趋势，在反应第4～5天，3个体系的COD释放量相对较高，平均释放量分别为179.5mg/L、677mg/L和363.5mg/L。在试验第二阶段，3个动态柱中COD释放量呈现平稳下降的趋势，3个体系的COD平均释放量分别为36.75mg/L、152.88mg/L和102.75mg/L。在反应第一阶段，3个体系中COD释放量增加较快，其主要原因可能是反应初期，颗粒中碳源充足，SRB代谢旺盛，促使Mn^{2+}进入颗粒内部，对玉米芯结构造成破坏，导致玉米芯没能够被充分利用就外泄到体系中，使得体系中COD含量增加。3个体系中COD含量1#＜3#＜2#，1#中COD含量最低的原因是1#颗粒中不含有机碳源，其COD的释放主要来自SRB污泥中的有机质，所以出水COD含量小于含有有机碳源的2#和3#，3#＜2#的原因是改性玉米芯中的有机小分子物质相较于未改性中的有机大分子物质被分解利用得比较彻底，所以3#中COD含量要少于2#。在反应第二阶段，3个体系中COD释放量均处于比较低的水平，其主要原因是随着反应不断进行，碳源的不断消耗，COD/SO_4^{2-}值下降，加上高浓度Mn^{2+}对SRB的毒害作用，使得SRB异化还原SO_4^{2-}速率降低，碳源能够较为平稳地被SRB所利用，从而有机物质不会快速累积，所以出水COD值较低，此时3#＜2#，也说明了改性玉米芯在两个阶段的反应过程中均能够很好地提供碳源，且出水COD值低，效果优于未改性玉米芯。

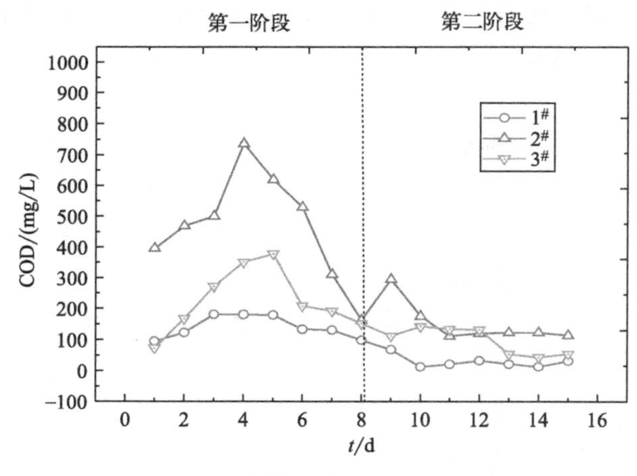

图6.14 COD变化规律动态试验结果

（6）pH值的变化规律

由图6.15可知，在试验第一阶段，3个动态柱中出水pH值均呈现较大幅度的上升，在反应第4～5天，3个体系的pH值相对较高，平均pH值分别为6.35、6.68和7.23。在试验第二阶段，3个动态柱中pH值呈现不同程度的下降趋势，3个体系的平均pH值分别为5.96、6.36和6.65。在反应的两个阶段中，pH值的提高较为明显，其原因是 pH 值的提高依靠颗粒对 H^+ 的吸附作用和 SRB 的异化还原产物的中和，颗粒对 H^+ 的吸附作用是体系快速提升溶液 pH 值的主要原因。而 $3^\# > 2^\#$，是由碱性 H_2O_2 改性玉米芯过程中颗粒中含有碱性物质所致，使得 $3^\#$ 中 pH 值高于 $2^\#$。说明改性玉米芯颗粒对提升溶液 pH 值有促进作用。

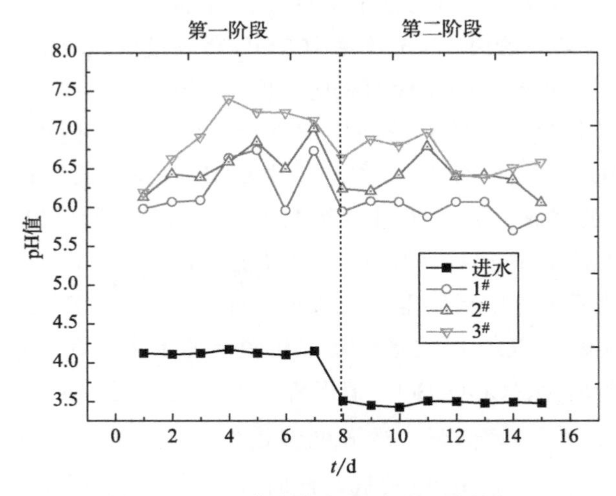

图 6.15　pH 值变化规律动态试验结果

（7）XRD 分析

SRB 固定化颗粒在上述动态试验分析后，将其干燥处理后研磨成粉末，进行 XRD 分析，结果如图 6.16～图 6.18 所示。

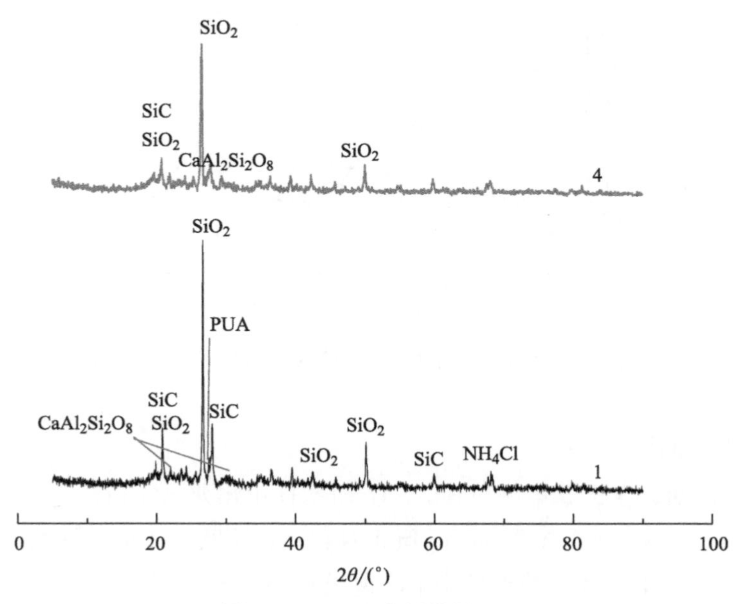

图 6.16　XRD 分析结果（1）

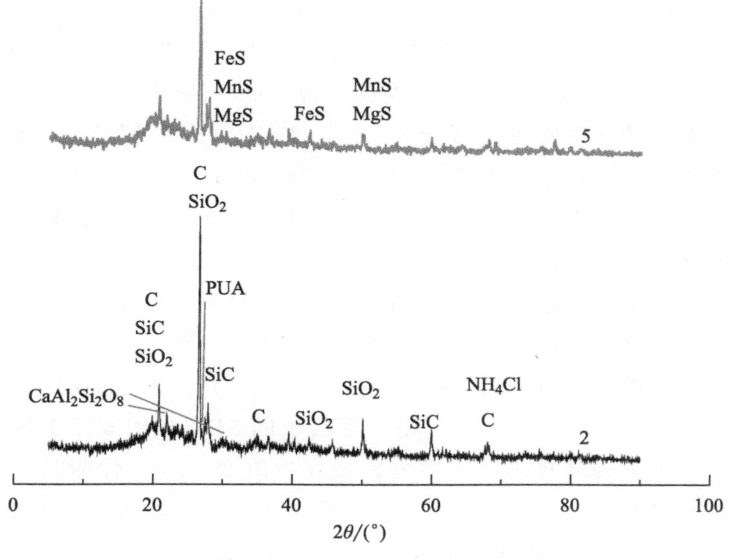

图 6.17 XRD分析结果（2）

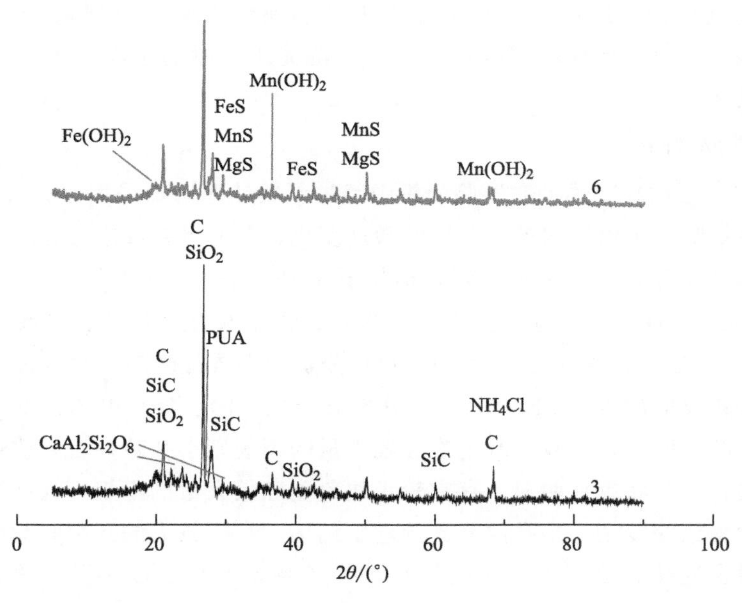

图 6.18 XRD分析结果（3）

图6.16中1、4分别为无玉米芯颗粒处理AMD前后的XRD图谱，可以看出无玉米芯颗粒主要含有SiO_2、SiC、NH_4Cl、$CaAl_2Si_2O_8$等物质。处理废水后的颗粒在2θ为21°、27°、50°左右的SiO_2峰峰值发生改变，说明颗粒中的SiO_2对废水具有一定的处理效果。相关研究表明石英可以吸附一些二价的金属离子，即金属离子与表面SiO^-发生表面配位反应，形成$SiOM^+$、SiOMOH及$(SiO)_2M$等配位形态。

图6.17中2、5分别为未改性玉米芯颗粒处理AMD前后的XRD图谱，可以看出未改性玉米芯的颗粒主要含有SiO_2、C、SiC、NH_4Cl、$CaAl_2Si_2O_8$等物质。其中，在2θ为21°、27°、37°、68°左右C峰峰值和峰形在处理废水后发生改变，说明颗粒中的未改性玉米芯为SRB的生长提供了一定的碳源，为SRB在颗粒中的存活提供物质条件。未改性玉米芯颗粒处理废水后在2θ为30°、34°、49°左右出现MgS、MnS、FeS峰，说明颗粒去除废水中离子的机制主要依靠SRB作用，SRB利用自身代谢产生的S^{2-}与废水中的物质反应产生硫化物沉淀。有研究发现SRB在厌氧条件下可以催化氧化有机碳、提高pH值和沉淀溶液中的金属离子，有微生物修复作用。

图6.18中3、6分别为改性玉米芯颗粒处理AMD前后的XRD图谱，可以看出改性玉米芯的颗粒主要含有SiO_2、C、SiC、NH_4Cl、$CaAl_2Si_2O_8$等物质。对比改性玉米芯颗粒处理废水前后的XRD图谱发现，在2θ为21°、27°和37°左右的C峰峰值由194、614和70分别减弱到152、502和56，说明颗粒中的SRB利用改性玉米芯作为营养物质进行生长代谢，使处理废水前后的C峰峰值发生改变。SRB代谢时以改性玉米芯为材料进一步增加了颗粒内部的孔隙度，加速了颗粒内外的物质传递。改性玉米芯颗粒处理废水后在2θ为30°和34°左右出现的MgS、FeS峰，峰值由38和44分别增加到88和52，在2θ为49°左右出现的MgS、MnS峰，峰形发生改变，且峰值由64减少到42。此外，6中有$Mn(OH)_2$和$Fe(OH)_2$存在，说明重金属离子与改性玉米芯中的NaOH反应生成了氢氧化物，这更加提高了改性玉米芯颗粒去除重金属离子的能力。说明SRB在厌氧条件下可高效地利用改性玉米芯和沉淀废水中的金属离子，有较强的重金属离子修复机制。

（8）SEM分析

SRB固定化颗粒在上述动态试验分析中经过干燥处理后，采用SEM来扫描颗粒的表面结构，观察颗粒表面结构反应前后的微观变化，分析颗粒反应过程，进一步揭示颗粒协同处理AMD的机理。SEM微观扫描如图6.19和图6.20所示。

图6.19(a)、(b)、(c)分别为不含玉米芯、含未改性玉米芯、含改性玉米芯颗粒反应前表面SEM图，图6.19(d)、(e)、(f)分别为不含玉米芯、含未改性玉米芯、含改性玉米芯颗粒反应后表面SEM图。由图6.19(a)、(b)、(c)可知，不含玉米芯颗粒表面粗糙，凹凸状明显，存在大块龟裂和较少量的不规则小孔隙；含未改性玉米芯颗粒表面更加粗糙，凹凸状更加明显，存在较小块龟裂和较大量的不规则大孔隙；含改性玉米芯颗粒表面呈错综复杂、多孔隙交叉的丝状结构，存在较大的孔隙和裂隙，各空隙间相互贯穿、紧密连接。表明玉米芯的添加增加了颗粒的粗糙度和孔隙度，碱性H_2O_2改性过程使玉米芯中大量的纤维素晶格结构和木质素被破坏，生成了较低分子量的纤维状结构。由图6.19(d)、(e)、(f)可知，不含玉米芯颗粒表面在反应后沉积了大量的颗粒物，含未改性玉米芯颗粒表面在反应后沉积的颗粒物较少，而含改性玉米芯颗粒表面在反应后几乎没有颗粒物沉积，丝状结构消失，出现了更大的孔隙和裂隙。表明不含玉米芯的颗粒由于孔隙较小和SRB活性较弱，金属离子被吸附在表面而沉积下来，含有改性玉米芯的颗粒由于具有较大的孔隙结构和较强的SRB生物活性，金属离子能顺利进入颗粒内部而发生反应沉积，且由于SRB利用有机碳源，可使颗粒表面的纤维状

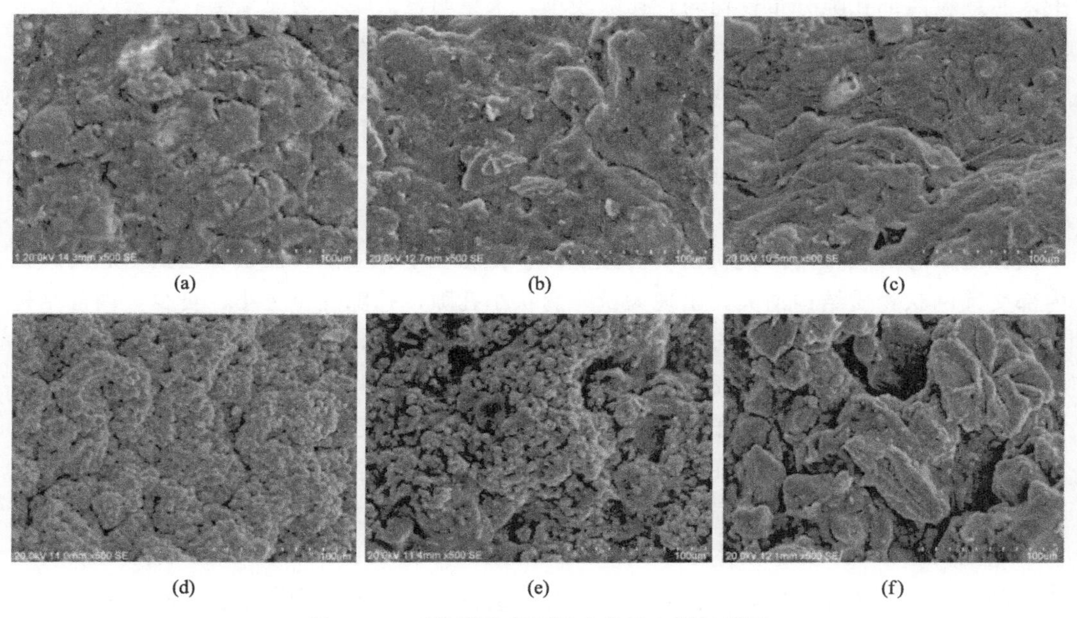

图 6.19　三种颗粒表面反应前后电镜扫描图

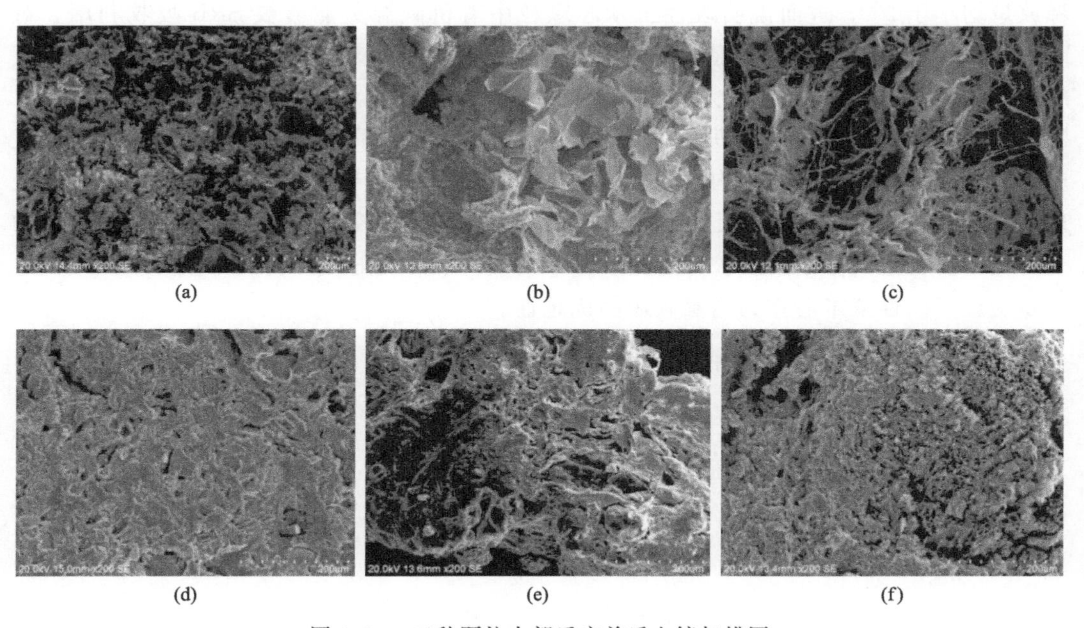

图 6.20　三种颗粒内部反应前后电镜扫描图

结构消失。

图 6.20(a)、(b)、(c) 分别为不含玉米芯、含未改性玉米芯、含改性玉米芯颗粒反应前内部结构 SEM 图，图 6.20(d)、(e)、(f) 分别为不含玉米芯、含未改性玉米芯、含改性玉米芯颗粒反应后内部结构 SEM 图。由图 6.20(a)、(b)、(c) 可知，不含

玉米芯颗粒内部孔隙分布较均匀，孔隙较小，未见明显大块状物质结构；含未改性玉米芯颗粒内部孔隙分布不均匀，孔隙较大，明显见块状物质结构；含改性玉米芯颗粒内部孔隙分布更不均匀，孔隙更大，明显见交叉网状物质结构。表明玉米芯的添加使颗粒内部孔隙变多、变大，增加了颗粒孔隙结构的不均匀性，明显块状结构可能是因为碱性 H_2O_2 改性过程使玉米芯结构发生了变化，从而呈现出含改性玉米芯颗粒内部的交叉网状物质结构。由图 6.20(d)、(e)、(f) 可知，不含玉米芯的颗粒内部结构变化不大，含未改性玉米芯的颗粒内部块状物质明显消失，孔隙变小、变少，而含改性玉米芯的颗粒内部交叉网状物质结构消失，出现大量蜂窝状小孔隙，孔隙变得更小、更少，内部结构发生了很大的变化。表明含有未改性和改性玉米芯的颗粒，由于具有发达的孔隙和良好的渗透性，颗粒体系内外物质交换较容易，能够保证微生物生长所需的营养物质和代谢活动产物的自由进出，有利于促进颗粒的吸附和 SRB 异化还原活性的增强，而改性玉米芯颗粒含有 SRB 易于利用的有机碳源和更加丰富的孔隙通道，因此，含有改性玉米芯的颗粒内部结构变化最为显著。

综上所述，3 个动态柱体系中对 AMD 溶液中 SO_4^{2-}、Mn^{2+} 和 Fe^{2+} 去除均表现出一定的效果。3# 体系在 SO_4^{2-}、Mn^{2+} 和 Fe^{2+} 去除率方面优于 2# 体系，说明改性玉米芯比未改性玉米芯更适合作为 SRB 处理 AMD 的内聚碳源。3 个动态柱体系在 COD 释放量和 pH 值的提升方面均起到了一定作用，对 COD 而言，3# 在 2 个反应过程中 COD 释放量均小于 2#，进而说明改性玉米芯颗粒中有机碳源更能够被 SRB 吸收利用。对 pH 值而言，3 个体系中 pH 值均发生了较大程度的提升，3# ＞2#，改性玉米芯中含有的碱性物质使得 3# 体系中的 pH 值提升更为明显。这些都说明改性玉米芯 SRB 固定化颗粒对 AMD 具有较好的处理效果。XRD 和 SEM 分析结果显示，SRB 固定化颗粒在反应前后的化学成分和表面结构都发生了比较明显的变化，也说明了 SRB 固定化颗粒处理 AMD 的过程是多种复杂反应的综合。改性玉米心颗粒较未改性玉米芯颗粒内部结构变得疏松多孔且大分子物质被分解为小分子物质，能够更好地作为内聚碳源被利用，进一步验证了改性玉米芯作为内聚碳源的优越性。

第7章

改性麦饭石协同SRB固定化颗粒制备技术及其处理矿山酸性废水研究

麦饭石具有一定的生物活性，能释放必需的矿物元素，置换有害重金属元素，利于维持有机体的弱碱环境，提高抵抗力，还能增强生物活性。因此，在SRB固定化颗粒的制作中，可将麦饭石作为一种主要的基质材料，以增强SRB的生物活性。但实际应用过程中发现，麦饭石的应用受到利用率低和未完全体现其性能价值等问题的制约。因此，针对天然麦饭石的不足，麦饭石的高效利用及其改性研究成为新的发展趋势。由于麦饭石表面孔道中含有大量杂质，影响其性能发挥，所以改性就是利用一些方法消除杂质以疏通孔道和增加比表面积，由此极大地提高了麦饭石的溶出吸附能力及生物活性。麦饭石经过改性能改变其内部微观结构，增强物理吸附性能、化学催化性能以及离子交换性能，使应用性能和使用价值得到提升。由于改性麦饭石具有独特而良好的生物性能，因此对改性麦饭石的研究和应用越来越多，在水处理领域发展也越来越快，一系列相关产业也应运而生。同时一些新的相关工艺和改性方法不断出现，使改性麦饭石在水处理领域已成为一个新的研究关注点。基于微生物固定化技术，将SRB与改性麦饭石有机结合在一起，制备改性麦饭石协同SRB固定化颗粒，并利用其对AMD进行处理，既能克服低pH值和高浓度重金属离子对SRB的直接抑制，又可应用改性麦饭石独特良好的生物活性和吸附性。通过正交和响应曲面试验优化改性麦饭石协同SRB固定化颗粒的组成及含量；结合静态续批试验，对改性麦饭石协同SRB固定化颗粒进行离子响应及动力学特性分析；同时，通过动态连续柱试验，对改性麦饭石协同SRB固定化颗粒去除效能和抗污染负荷变化能力进行了分析，探究改性麦饭石协同SRB固定化颗粒在处理矿山酸性废水污染领域的应用效果。

7.1 改性麦饭石协同 SRB 固定化颗粒制备技术及其特性分析

（1）改性麦饭石协同 SRB 固定化颗粒制备技术的优化研究

选用粒径 200～300 目的天然麦饭石用不同方式分别进行改性。

① 盐改性：1mol/L Na_2SO_4，100mL，浸泡 1h，常温，蒸馏水冲洗 3 遍，风干。

② 碱改性：2.5mol/L NaOH，250mL，浸泡 5h，常温，蒸馏水冲洗 3 遍，风干。

③ 酸改性：0.5mol/L H_2SO_4，100mL，浸泡 1h，室温，蒸馏水冲洗 3 遍，风干。

④ 热改性：密封状态下 300℃烘烤 4h。

⑤ 未改性：用蒸馏水清洗麦饭石 3 遍，风干。

麦饭石对 Mn^{2+} 的去除作用：按固液比 1g/10mL，将 5 种麦饭石各称取 20g 分别装入 200mL Mn^{2+} 浓度为 8mg/L 的 AMD 原液中，在 (30±5)℃下，放置在转速 100r/min 的恒温振荡器中，反应 24h 后测 Mn^{2+} 浓度值。不同方式改性麦饭石除锰效果如图 7.1 所示。

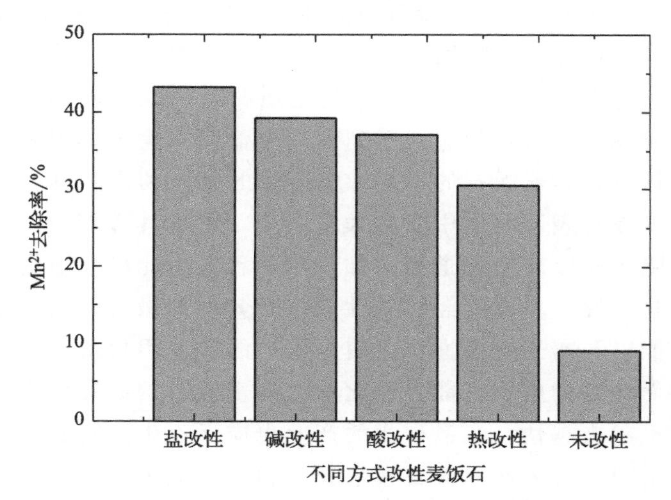

图 7.1　不同方式改性麦饭石除锰效果对比

由图 7.1 可知，盐改性、碱改性、酸改性、热改性、未改性的麦饭石对 Mn^{2+} 的去除率分别为 43.21%、39.26%、37.15%、30.41%、9.13%。其中盐改性后的麦饭石对 Mn^{2+} 的去除效果最好，其他的依次递减。盐改性麦饭石采用硫酸钠、硫酸钾等强酸强碱盐进行盐处理的效果比较好，这是因为强酸强碱盐的电解离充分。因此，在改性效果上，盐溶液的阴离子是强酸根时优于阴离子是弱酸根时，无机盐优于有机盐。除盐的种类外，改性时间、盐溶液的浓度、用量、温度和 pH 值，甚至是盐溶液的离子大小也都影响着改性的效果。酸改性和碱改性麦饭石对 Mn^{2+} 的去除效果不同，是因为酸碱与麦饭石中的物质会产生不同反应。酸碱在清除麦饭石孔道内杂质的过程中，除了和麦饭石孔道内杂质产生反应外，也会与麦饭石本身的物质产生反应，这些复杂的反应过程不仅对酸碱产生消耗，也对麦饭石孔道产生破坏作用。另外，麦饭石也会吸附酸碱溶液中的离子，这既阻碍了酸碱对杂质的清除，也影响了麦饭石对 Mn^{2+} 的吸附效果。H_2SO_4 中的 H^+ 在向麦饭石表面孔道深处扩散过程中极易被阳离子置换，而 NaOH 中的 OH^- 不易被置换掉，可以更好地清除其孔道深处内的杂质。杂质的清除需要一定时间，因此酸碱的浸泡时间、浓度和用量是影响改性麦饭石吸附效果的重要因素。热改性麦饭石的加热过程处理不当会破坏麦饭石表面结构，导致麦饭石的吸附性能不升反降，这也是热改性麦饭石的处理效果最低的原因，但其处理能力仍比未改性强。

麦饭石对 pH 值的调节作用：按固液比 1∶10，将 5 种麦饭石各称取 20g 分别装入 200mL 的 pH＝4 和 pH＝10 两种 AMD 原液中，在 (30±5)℃下放置在转速 100r/min 的恒温振荡器中，定时测溶液 pH 值，不同方式改性麦饭石对酸碱溶液的 pH 值调节能力如图 7.2 所示。

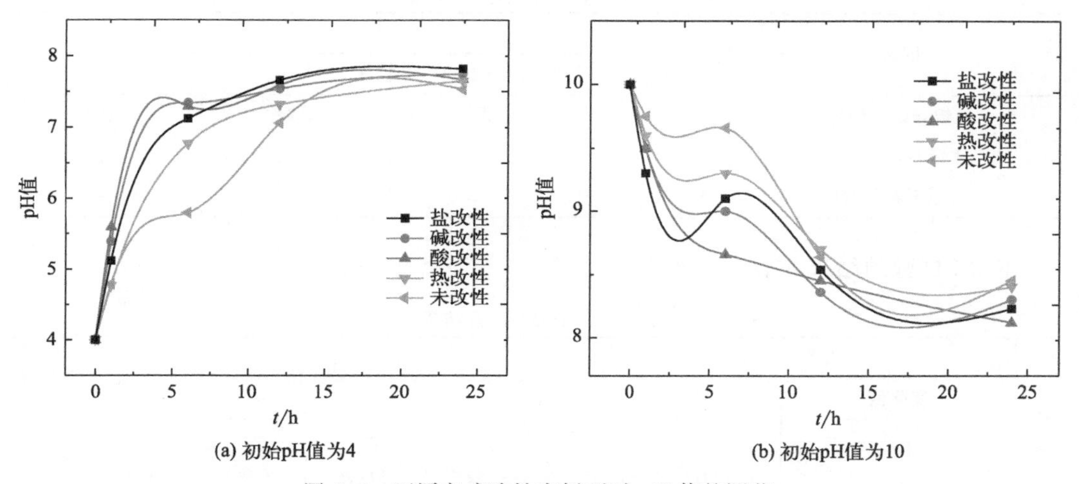

图 7.2　不同方式改性麦饭石对 pH 值的调节

由图 7.2 可知，初始 pH 值为 4 和 10 的溶液经过 25h 后均趋向中性，说明麦饭石对 pH 值有双向调节作用。主要原因是麦饭石内含有 Al 元素，Al 作为典型的两性元素，在酸性溶液中，Al 元素转化成 $Al(OH)_2^+$，显正电性；在碱性溶液中，Al 元素转化成 $H_2AlO_3^-$，显负电性。可见，改性麦饭石的调节 pH 值作用稍好于未改性麦饭石，改性方法不同，对 pH 值的调节效果有所不同。

综上，对麦饭石的改性应采用对 pH 值的调节相对迅速且均衡的盐改性。

改性麦饭石协同 SRB 固定化颗粒的制备方法如下。称取 9%PVA、0.5%海藻酸钠溶于蒸馏水中，常温下密封放置，24h 达到充分溶胀后，放入恒温水浴锅，在 90℃下进行搅拌至无气泡状态。将称好的盐改性麦饭石、铁屑和玉米芯粉分别缓慢加入凝胶中，充分搅拌至均匀后取出，室温下密封冷却至 (37±1)℃。将 SRB 污泥悬浊液经离心机以 3000r/min 的转速进行离心，10min 后取出倒掉上清液，称取底泥加入准备好的凝胶混合物，搅拌均匀。其中，SRB 污泥添加量占 30%、玉米芯占 5%、铁屑占 5%。采用特定注射器制作改性麦饭石协同 SRB 固定化颗粒，直接滴入 2%$CaCl_2$ 饱和硼酸溶液中，搅拌仪以 100r/min 的搅拌速率进行交联。4h 后取出改性麦饭石协同 SRB 固定化颗粒，用 0.9%的生理盐水进行冲洗，再吸干表面水分，往复 3 遍。改性麦饭石协同 SRB 固定化颗粒使用前，在厌氧环境下用无有机成分的改进型 Starkey 式培养基溶液激活 12h。

改性麦饭石协同 SRB 固定化颗粒制备技术优化的响应曲面试验设计方案如下。基于响应面法（RSM）设计原理，开展 3 因素 3 水平的响应曲面优化设计。试验以麦饭石改性情况、麦饭石含量、麦饭石粒径为影响因素，分别设定编码为“A、B、C”，自变量水平设置则采用“−1、0、1”分别代表 3 种不同的状态或含量，以水样处理后特征污染物去除率为评价指标，考察控制污染物释放量等因素，最终设计了 17 组试验点的响应面分析试验，测定反应平衡后结果。改性麦饭石协同 SRB 固定化颗粒的其他成分配比采用正交试验的方法，具体设置见表 7.1。

表 7.1　RSM 设计因素水平编码表

因素	编码	水平		
		−1	0	1
麦饭石改性情况	A	无	未改性	改性
麦饭石含量/%	B	5	10	15
麦饭石粒径/目	C	80～100	100～200	200～300

RSM 试验的结果如表 7.2 所列。

表 7.2　RSM 试验结果

编号	变量						响应值					
	实际值			编码值								
	A	B	C	A	B	C	SO_4^{2-}去除率/%	Mn^{2+}去除率/%	TFe 释放量/(mg/L)	COD 释放量/(mg/L)	pH 值	浊度/NTU
1	未	15	200～300	0	1	1	94.51	81.45	6.54	1820	6.85	57.79
2	改	10	200～300	1	0	1	97.21	82.52	4.97	1530	7.11	48.00
3	无	5	100～200	−1	−1	0	89.39	71.2	9.32	3070	6.69	21.90
4	改	5	100～200	1	−1	0	92.64	80.83	6.82	2390	6.96	27.20
5	未	10	100～200	0	0	0	92.08	78.35	7.32	2430	6.83	25.40
6	改	15	100～200	1	1	0	95.63	82.92	2.89	2000	7.01	28.90
7	未	5	200～300	0	−1	1	94.35	80.45	8.25	2180	6.76	42.20
8	未	10	100～200	0	0	0	92.08	78.35	7.32	2430	6.83	25.40
9	未	10	100～200	0	0	0	92.08	78.35	7.32	2430	6.83	25.40
10	无	15	100～200	−1	1	0	89.39	71.20	9.32	3070	6.69	21.90
11	改	10	80～100	1	0	−1	91.93	80.42	7.01	2310	6.87	10.87
12	无	10	80～100	−1	0	−1	89.39	71.20	9.32	3070	6.69	21.90
13	未	5	80～100	0	−1	−1	88.97	79.18	9.53	2280	6.70	34.10

续表

编号	变量						响应值					
	实际值			编码值								
	A	B	C	A	B	C	SO_4^{2-}去除率/%	Mn^{2+}去除率/%	TFe释放量/(mg/L)	COD释放量/(mg/L)	pH值	浊度/NTU
14	未	15	80～100	0	1	−1	90.28	80.59	6.95	2260	6.72	20.86
15	未	10	100～200	0	0	0	92.08	78.35	7.32	2430	6.83	25.40
16	无	10	200～300	−1	0	1	89.39	71.20	9.32	3070	6.69	21.90
17	未	10	100～200	0	0	0	92.08	78.35	7.32	2430	6.83	25.40

根据表7.2结果，运用Design-Expert软件进行拟合，并采用二阶经验模型对各因素与去除率进行表示，如下所示：

$$Y=\beta_0+\sum_{i=1}^{k}\beta_i X_i+\sum_{i=1}^{k}\beta_{ii}X_i^2+\sum_{i<j}\beta_{ij}X_iX_j+\varepsilon$$

式中，Y为系统响应值；β_0为偏移项偏移系数；β_i为线性偏移系数；β_{ii}为二阶偏移系数；β_{ij}为交互效应系数；X_i、X_j、X_iX_j分别为各因素水平值的主效应和交互效应。

以麦饭石改性情况、麦饭石含量、麦饭石粒径作为影响因素，以SO_4^{2-}去除率、Mn^{2+}去除率、COD释放量、TFe释放量、pH值以及浊度为响应值，根据设计的17组试验点进行试验，得到的结果运用Design-Expert 8.0软件进行计算分析，得出相应的二阶模型，并进行分析拟合。图7.3～图7.8为影响因素和响应值的响应曲面图和等高线图（书后另见彩图）。

① SO_4^{2-}试验结果分析。利用软件对结果进行回归分析，得到如下多元二次回归模型：

$$SO_4^{2-}去除率=91.94+2.41A+0.56B+1.79C+0.75AB+1.17AC-0.29BC$$

对上述二阶模型进行方差分析，如表7.3所列。

表7.3　SO_4^{2-}去除率回归方程的方差分析

来源	平方和	自由度	均方	F值	P	显著性
模型	82.59	6	13.76	38.12	<0.0001	
A	46.42	1	46.42	128.54	<0.0001	* * *
B	2.49	1	2.49	6.89	0.0254	*
C	25.60	1	25.60	70.88	<0.0001	* * *
AB	2.24	1	2.24	6.19	0.0321	*
AC	5.52	1	5.52	15.29	0.0129	*
BC	0.33	1	0.33	0.92	0.3612	⊙
残差项	3.61	10	0.36			
失拟项	3.61	6	0.60	1.67		
纯误差	0.000	4	0.000			
总和	86.20	16				

注：1. 试验结果，变异系数=0.65%，AP=21.771，$R^2=0.9581$，$R^2_{adj}=0.9330$，$R^2_{pred}=0.7896$。
2. * * *，$P<0.001$，极其显著；*，$P<0.05$，显著；⊙，不显著。

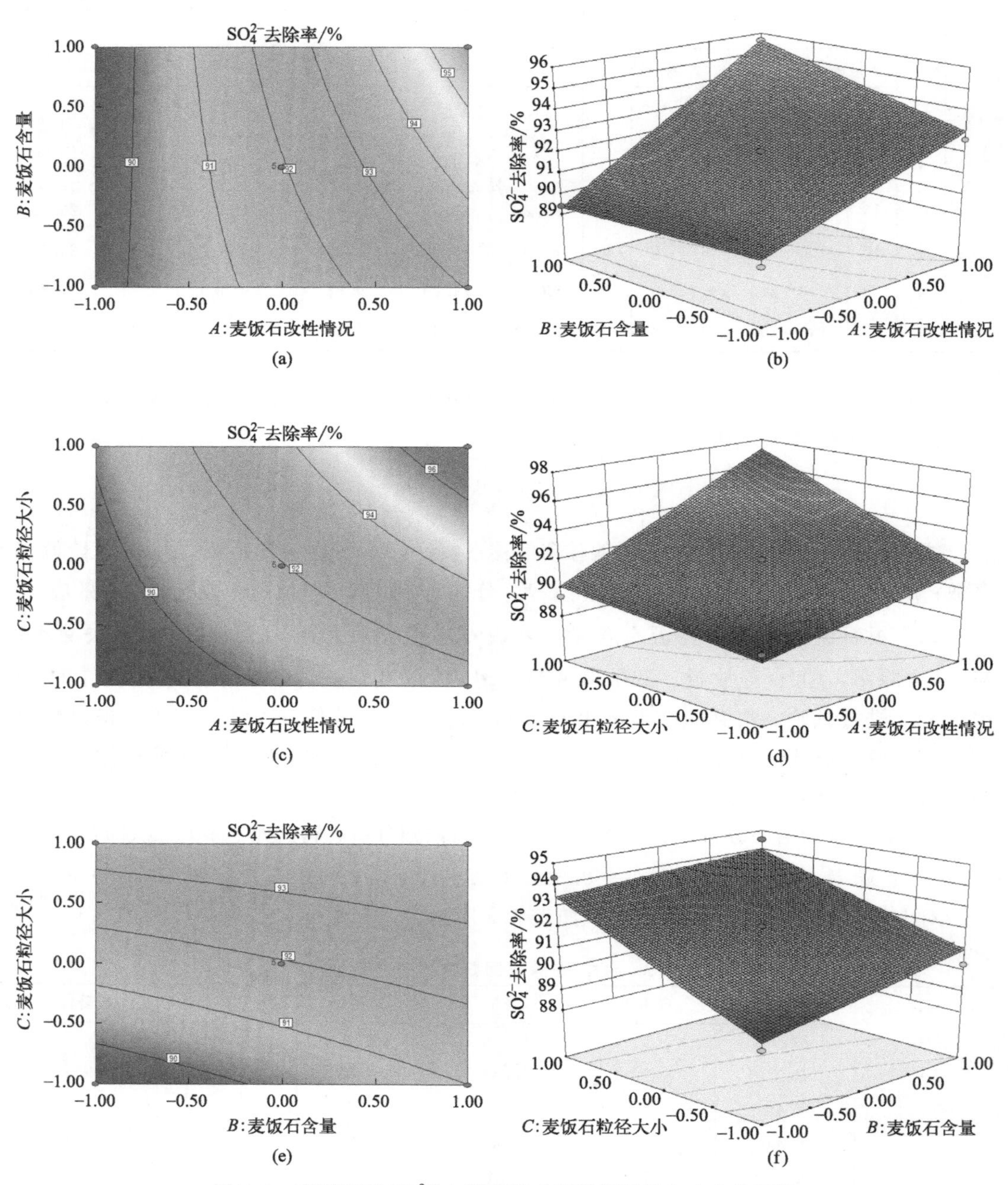

图 7.3 麦饭石对 SO_4^{2-} 去除率影响的等高线图和响应曲面图

由表 7.3 可知，模型的方差分析结果显示，上述各因素与响应值之间线性关系显著性，由 P 值来检验判定，概率 P 值越小，则其相应变量的显著性越高。F 值为 38.12，$P<0.0001$，远小于 0.05，表明回归效果较好，该模型显著。$R^2=0.9581$，说明有 0.0419 的变异不能由该模型来解释，与实际拟合较好，失拟项小，因此试验结果可采用该回归方程进行分析。修正复相关系数 $R_{adj}^2=0.9330$，说明该模型能解释 93.30%响

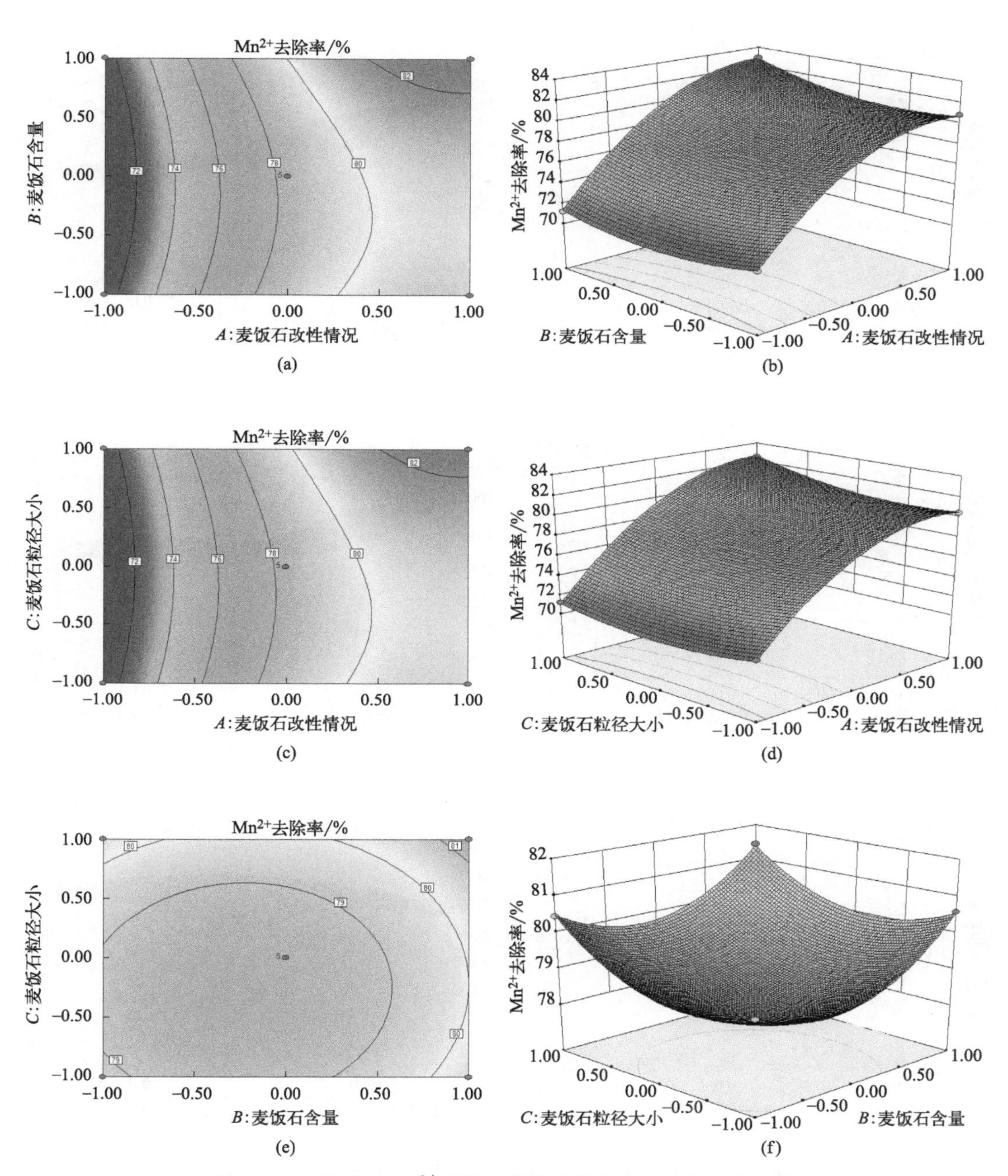

图 7.4　麦饭石对 Mn^{2+} 去除率影响的等高线图和响应曲面图

应值的相应变化，该模型拟合程度和回归性较好，误差较小，因此该模型适合用来对 SO_4^{2-} 去除率进行分析和预测。试验精确度 AP 为 21.771（>4），较为合理。变异系数为 0.65%（<10%），失拟项>0.05，说明该模型具有较好的可行度与精密度。模型中一次项 A、C 差异极其显著，B 差异显著，从 F 值大小可知单因素的影响顺序 $A>C>B$；交互项 AB、AC 差异显著，BC 差异不显著。综上可见，RSM 可以较好地模拟改

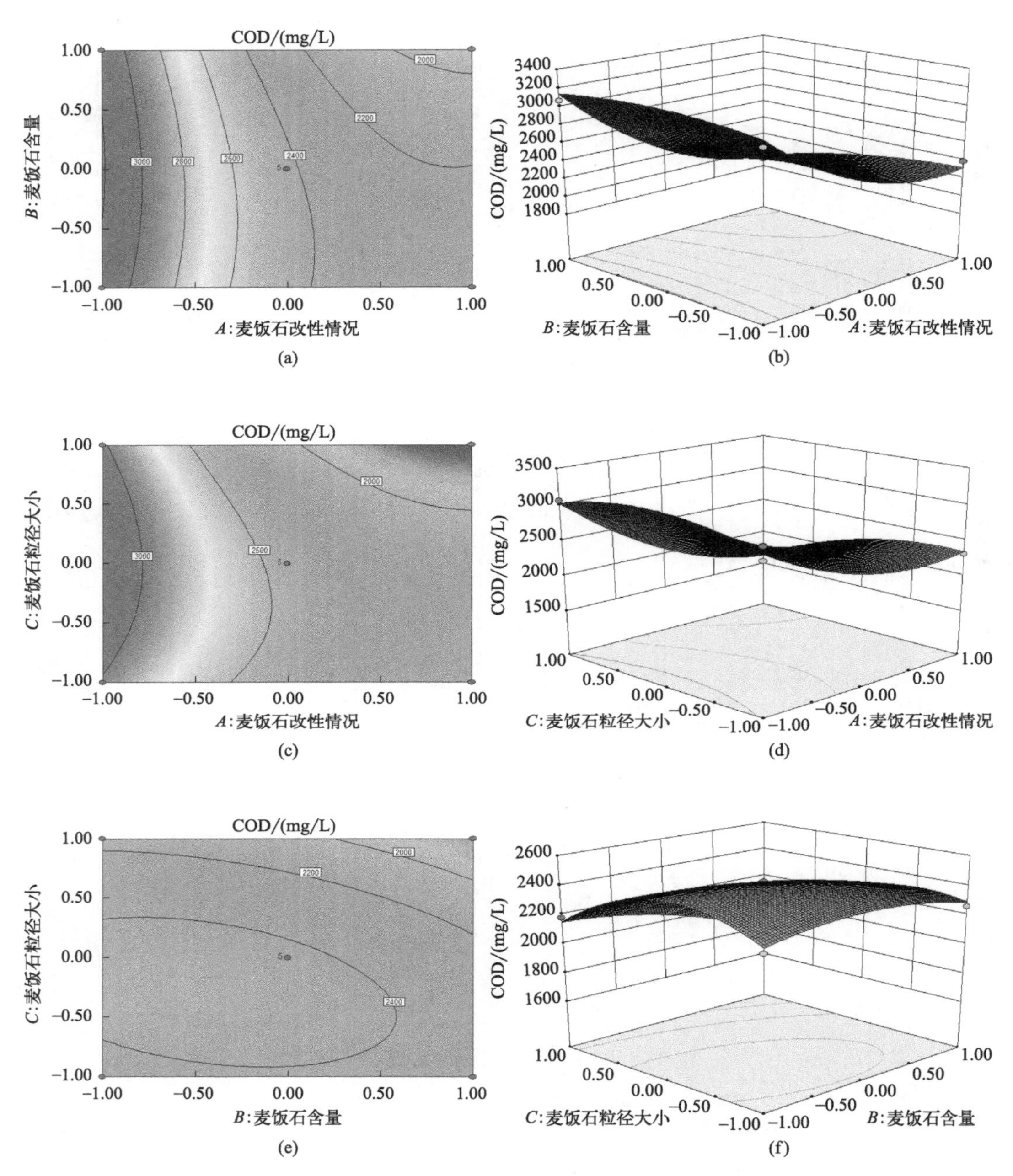

图 7.5 麦饭石对 COD 释放量影响的等高线图和响应曲面图

性麦饭石协同 SRB 固定化颗粒对 SO_4^{2-} 的去除，为其提供了较为合适的模型。

② Mn^{2+} 试验结果分析。利用软件对结果进行回归分析，得到如下多元二次回归模型：

$$Mn^{2+}\text{去除率}=78.35+5.24A+0.56B+0.53C+0.52AB+0.52AC-0.10BC-2.95A^2+1.13B^2+0.93C^2$$

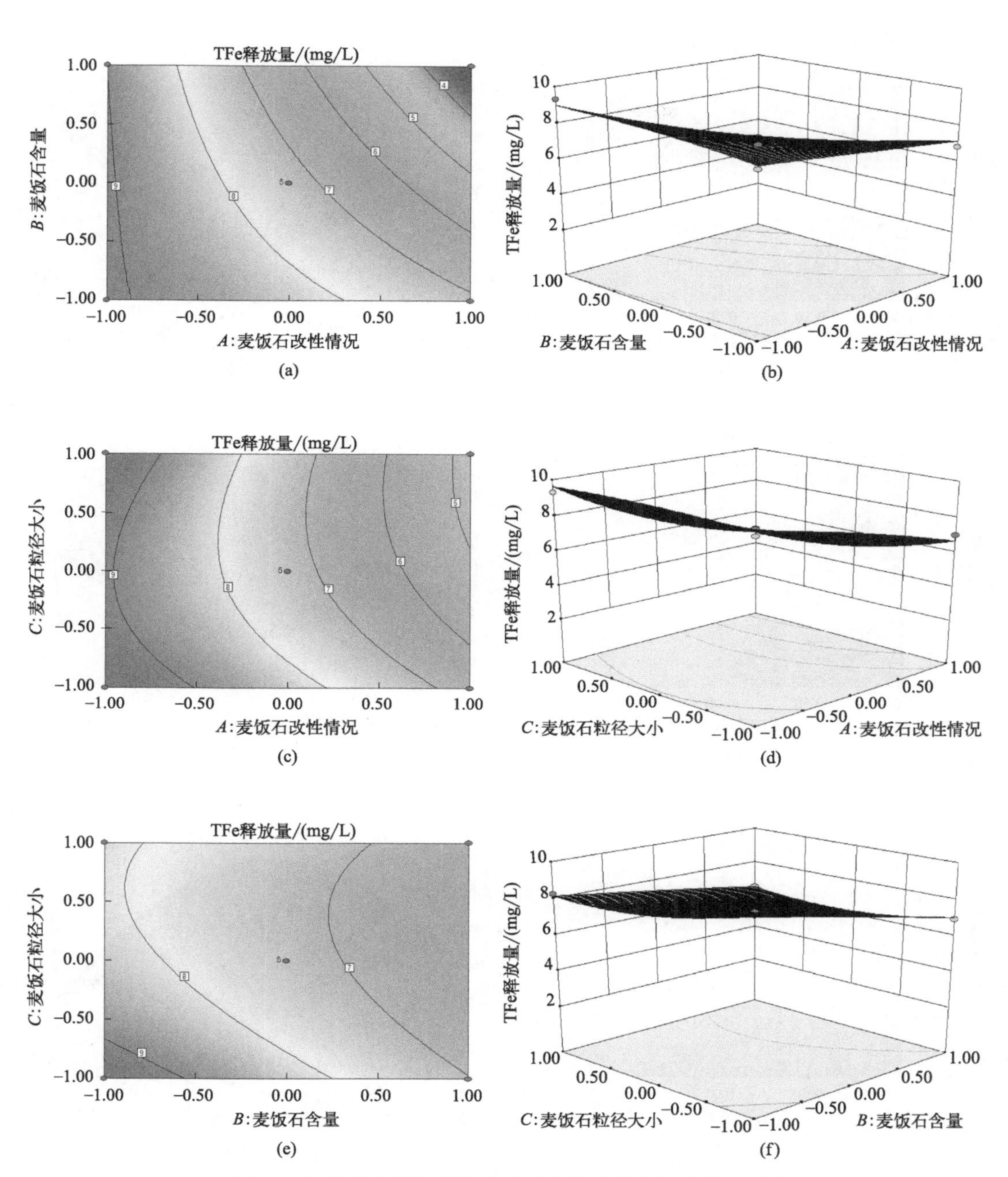

图 7.6　麦饭石对 TFe 释放量影响的等高线图和响应曲面图

对上述二阶模型进行方差分析，如表 7.4 所列。

由表 7.4 可知，模型的方差分析结果显示，F 值为 2211.58，$P<0.0001$，远小于 0.05，表明回归效果较好，该模型显著。$R^2=0.9996$，说明有 0.0004 的变异不能由该模型来解释，与实际拟合较好，失拟项小，因此试验结果可采用该回归方程进行分析。修正复相关系数 $R^2_{adj}=0.9992$，说明该模型能解释 99.92%响应值的相应变化，因此该模

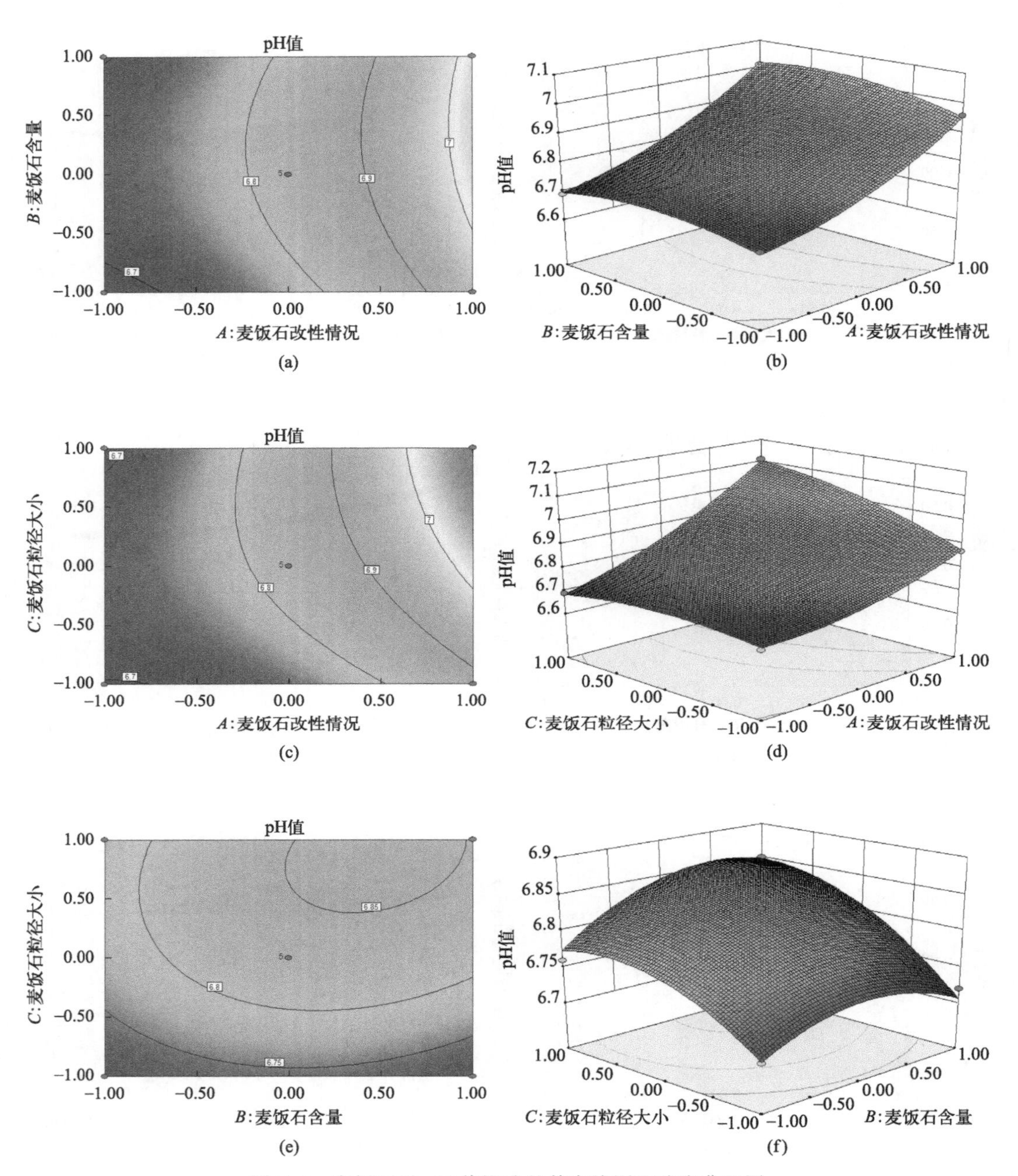

图 7.7　麦饭石对 pH 值影响的等高线图和响应曲面图

型拟合程度和回归性较好，误差较小，因此该模型适合用来对 Mn^{2+} 去除率进行分析和预测。试验精确度 AP 为 131.713（>4），较为合理。同时变异系数为 0.15%（<10%），失拟项>0.05，说明该模型具有较好的可行度与精密度。模型中一次项 A、B、C 差异极其显著，从 F 值大小可知单因素的影响顺序 $A>B>C$；二次项 A^2、B^2、C^2 差异极显著；交互项 AB、AC 差异极其显著，BC 差异不显著。综上可见，RSM 可以较好地

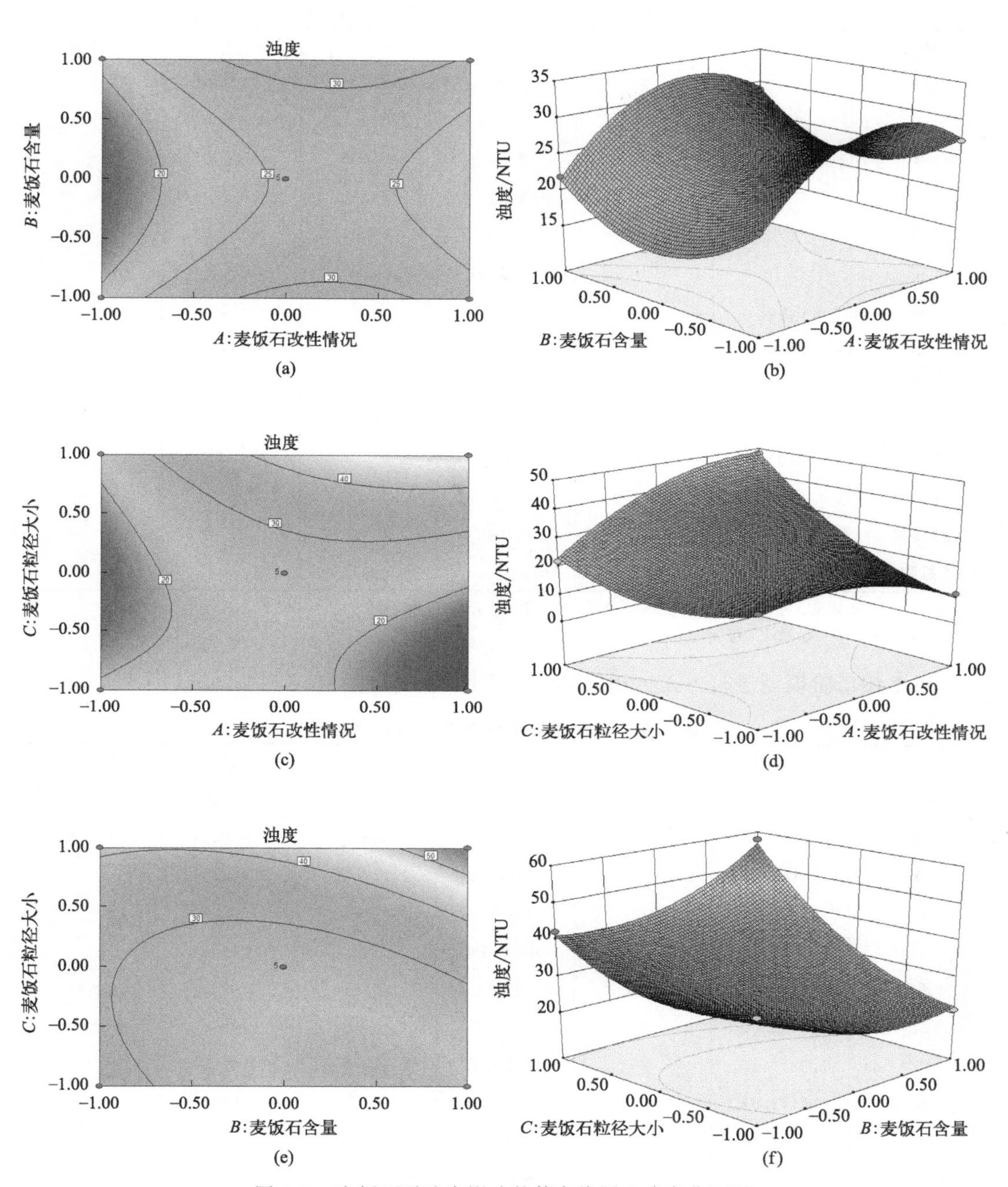

图 7.8 麦饭石对浊度影响的等高线图和响应曲面图

模拟改性麦饭石协同SRB固定化颗粒对 Mn^{2+} 的去除，为其提供了较为合适的模型。

③ COD试验结果分析。利用软件对结果进行回归分析，得到如下多元二次回归模型：

$$\text{COD释放量} = 2430 - 506.25A - 96.25B - 165C - 97.5AB - 195AC - 85BC + 281.25A^2 - 78.75B^2 - 216.25C^2$$

表 7.4　Mn^{2+}去除率回归方程的方差分析

来源	平方和	自由度	均方	F 值	P	显著性
模型	269.92	9	29.99	2211.58	<0.0001	—
A	219.35	1	219.35	16175.14	<0.0001	* * *
B	2.53	1	2.53	186.66	<0.0001	* * *
C	2.24	1	2.24	164.93	<0.0001	* * *
AB	1.09	1	1.09	80.53	<0.0001	* * *
AC	1.10	1	1.10	81.30	<0.0001	* * *
BC	0.042	1	0.042	3.10	0.1217	⊙
A^2	36.58	1	36.58	2697.50	<0.0001	* * *
B^2	5.42	1	5.42	399.99	<0.0001	* * *
C^2	3.66	1	3.66	269.99	<0.0001	* * *
残差项	0.095	7	0.014			
失拟项	0.095	3	0.032	2.29		
纯误差	0.000	4	0.000			
总和	270.01	16				

注：1. 试验结果，变异系数=0.15%，AP=131.713，R^2=0.9996，R^2_{adj}=0.9992，R^2_{pred}=0.9944。
2. * * *，P<0.001，极其显著；⊙，不显著。

对上述二阶模型进行方差分析，如表 7.5 所列。

表 7.5　COD 释放量回归方程的方差分析

来源	平方和	自由度	均方	F 值	P	显著性
模型	3.090×10^6	9	3.433×10^5	53.37	<0.0001	
A	2.050×10^6	1	2.050×10^6	318.76	<0.0001	* * *
B	74112.50	1	74112.50	11.52	0.0115	*
C	2.178×10^5	1	2.178×10^5	33.86	0.0007	* * *
AB	38025.00	1	38025.00	5.91	0.0453	*
AC	1.521×10^5	1	1.521×10^5	23.65	0.0018	* *
BC	28900.00	1	28900.00	4.49	0.0718	⊙
A^2	3.331×10^5	1	3.331×10^5	51.78	0.0002	* * *
B^2	26111.84	1	26111.84	4.06	0.0838	⊙
C^2	1.969×10^5	1	1.969×10^5	30.61	0.0009	* * *
残差项	45025.00	7	6432.14			
失拟项	45025.00	3	15008.33	2.33		
纯误差	0.000	4	0.000			
总和	3.135×10^6	16				

注：1. 试验结果，变异系数=3.31%，AP=24.569，R^2=0.9856，R^2_{adj}=0.9672，R^2_{pred}=0.7702。
2. * * *，P<0.001，极其显著；* *，P<0.01，高度显著；*，P<0.05，显著；⊙，不显著。

由表 7.5 可知，模型的方差分析结果显示，F 值为 53.37，P<0.0001，远小于 0.05，表明回归效果较好，该模型显著。R^2=0.9856，说明有 0.0144 的变异不能由该

模型来解释，与实际拟合较好，失拟项小，因此试验结果可采用该回归方程进行分析。修正复相关系数 $R_{adj}^2=0.9672$，说明该模型能解释96.72%响应值的相应变化，因此该模型拟合程度和回归性较好，误差较小，因此该模型适合用来对COD释放量进行分析和预测。试验精确度AP为24.569（>4），较为合理。同时变异系数为3.31%（<10%），失拟项>0.05，说明该模型具有较好的可行度与精密度。模型中一次项 A、C 差异极其显著，B 差异显著，从 F 值大小可知单因素的影响顺序 $A>C>B$；二次项 A^2、C^2 差异极其显著，B^2 差异不显著；交互项 AB 差异显著，AC 差异高度显著，BC 差异不显著。综上可见，RSM可以较好地模拟改性麦饭石协同SRB固定化颗粒对COD的释放，为其提供了较为合适的模型。

④ TFe试验结果分析。利用软件对结果进行回归分析，得到如下多元二次回归模型：

$$\text{TFe释放量}=7.32-1.95A-1.03B-0.47C-0.98AB-0.51AC+0.22BC-0.20A^2-0.035B^2+0.53C^2$$

对上述二阶模型进行方差分析，如表7.6所列。

表7.6　TFe释放量回归方程的方差分析

来源	平方和	自由度	均方	F 值	P	显著性
模型	46.97	9	5.22	54.08	<0.0001	
A	30.38	1	30.38	314.77	<0.0001	* * *
B	8.45	1	8.45	87.51	<0.0001	* * *
C	1.74	1	1.74	18.02	0.0038	* *
AB	3.86	1	3.86	40.01	0.0004	* * *
AC	1.04	1	1.04	10.78	0.0134	*
BC	0.19	1	0.19	1.96	0.2042	⊙
A^2	0.16	1	0.16	1.7	0.2333	⊙
B^2	5.16×10^{-3}	1	5.16×10^{-3}	0.053	0.8238	⊙
C^2	1.19	1	1.19	12.37	0.0098	* *
残差项	0.68	7	0.097			
失拟项	0.68	3	0.23	2.37		
纯误差	0	4	0			
总和	47.65	16				

注：1. 试验结果，变异系数=4.16%，AP=27.358，$R^2=0.9858$，$R_{adj}^2=0.9676$，$R_{pred}^2=0.7734$。
2. * * *，$P<0.001$，极其显著；* *，$P<0.01$，高度显著；*，$P<0.05$，显著；⊙，不显著。

由表7.6可知，模型的方差分析结果显示，F 值为54.08，$P<0.0001$，远小于0.05，表明回归效果较好，该模型显著。$R^2=0.9858$，说明有0.0142的变异不能由此模型来解释，与实际拟合较好，失拟项小，因此试验结果可采用该回归方程进行分析。修正复相关系数 $R_{adj}^2=0.9676$，说明该模型能解释96.76%响应值的相应变化，因此该模型拟合程度和回归性较好，误差较小，因此该模型适合用来对TFe释放量进行分析和预测。试验精确度AP为27.358（>4），较为合理。同时变异系数为4.16%（<10%），

失拟项>0.05，说明该模型具有较好的可行度与精密度。模型中一次项 A、B 差异极其显著，C 差异高度显著，从 F 值大小可知单因素的影响顺序 $A>B>C$；二次项 C^2 差异高度显著，A^2、B^2 差异不显著；交互项 AB 差异极其显著，AC 差异显著，BC 差异不显著。综上可见，RSM 可以较好地模拟改性麦饭石协同 SRB 固定化颗粒对 TFe 的释放，为其提供了较为合适的模型。

⑤ pH 值试验结果分析。利用软件对结果进行回归分析，得到如下多元二次回归模型：

$$\text{pH}=6.83+0.15A+0.02B+0.054C+0.012AB+0.06AC \\ +0.018BC+0.045A^2-0.038B^2-0.035C^2$$

对上述二阶模型进行方差分析，如表 7.7 所列。

表 7.7 pH 值回归方程的方差分析

来源	平方和	自由度	均方	F 值	P	显著性
模型	0.24	9	0.026	239.23	<0.0001	
A	0.18	1	0.18	1598.82	<0.0001	* * *
B	3.20×10^{-3}	1	3.20×10^{-3}	28.9	0.001	* *
C	0.023	1	0.023	208.76	<0.0001	* * *
AB	6.25×10^{-4}	1	6.25×10^{-4}	5.65	0.0492	*
AC	0.014	1	0.014	130.06	<0.0001	* * *
BC	1.23×10^{-3}	1	1.23×10^{-3}	11.06	0.0127	*
A^2	8.53×10^{-3}	1	8.53×10^{-3}	77.01	<0.0001	* * *
B^2	5.92×10^{-3}	1	5.92×10^{-3}	53.48	0.0002	* * *
C^2	5.16×10^{-3}	1	5.16×10^{-3}	46.59	0.0002	* * *
残差项	7.75×10^{-4}	7	1.11×10^{-4}			
失拟项	7.75×10^{-4}	3	2.58×10^{-4}	2.32		
纯误差	0	4	0			
总和	0.24	16				

注：1. 试验结果，变异系数=0.15%，AP=52.199，$R^2=0.9968$，$R^2_{adj}=0.9926$，$R^2_{pred}=0.9482$。
2. * * *，$P<0.001$，极其显著；* *，$P<0.01$，高度显著；*，$P<0.05$，显著。

由表 7.7 可知，模型的方差分析结果显示，F 值为 239.23，$P<0.0001$，远小于 0.05，表明回归效果较好，该模型显著。$R^2=0.9968$，说明有 0.0032 的变异不能由此模型来解释，与实际拟合较好，失拟项小，因此试验结果可采用该回归方程进行分析。修正复相关系数 $R^2_{adj}=0.9926$，说明该模型能解释 99.26%响应值的相应变化，因此该模型拟合程度和回归性较好，误差较小，因此该模型适合用来对 pH 值变化规律进行分析和预测。试验精确度 AP 为 52.199（>4），较为合理。同时变异系数为 0.15%（<10%），失拟项>0.05，说明该模型具有较好的可行度与精密度。模型中一次项 A、C 差异极其显著，B 差异高度显著，从 F 值大小可知单因素的影响顺序 $A>C>B$；二次项 A^2、B^2、C^2 差异极其显著；交互项 AC 差异极其显著，AB、BC 差异显著。综上可见，RSM 可以较好地模拟改性麦饭石协同 SRB 固定化颗粒对 pH 值的规律，为其提供了较为合适的模型。

⑥ 浊度试验结果分析。利用软件对结果进行回归分析，得到如下多元二次回归模型：

$$浊度 = 25.40 + 3.42A + 0.51B + 10.27C + 0.43AB + 9.28AC + 7.21BC - 6.75A^2 + 6.32B^2 + 7.02C^2$$

对上述二阶模型进行方差分析，如表 7.8 所列。

表 7.8　浊度回归方程的方差分析

来源	平方和	自由度	均方	F 值	P	显著性
模型	2041.72	9	226.86	180.19	<0.0001	
A	93.64	1	93.64	74.37	<0.0001	* * *
B	2.05	1	2.05	1.63	0.2426	⊙
C	843.78	1	843.78	670.19	<0.0001	* * *
AB	0.72	1	0.72	0.57	0.4735	⊙
AC	344.66	1	344.66	273.75	<0.0001	* * *
BC	207.79	1	207.79	165.04	<0.0001	* * *
A^2	191.7	1	191.7	152.26	<0.0001	* * *
B^2	168	1	168	133.68	<0.0001	* * *
C^2	207.2	1	207.2	164.57	<0.0001	* * *
残差项	8.81	7	1.26			
失拟项	8.81	3	2.94	2.33		
纯误差	0	4	0			
总和	2050.53	16				

注：1. 试验结果，变异系数=3.94%，AP=54.829，R^2=0.9957，R^2_{adj}=0.9902，R^2_{pred}=−0.9312。
2. * * *，P<0.001，极其显著；⊙，不显著。

由表 7.8 可知，模型的方差分析结果显示，F 值为 180.19，P<0.0001，远小于 0.05，表明回归效果较好，该模型显著。R^2=0.9957，说明有 0.0043 的变异不能由此模型来解释，与实际拟合较好，失拟项小，因此试验结果可采用该回归方程进行分析。修正复相关系数 R^2_{adj}=0.9902，说明该模型能解释 99.02%响应值的相应变化，因此该模型拟合程度和回归性较好，误差较小，因此该模型适合用来对浊度的去除率进行分析和预测。试验精确度 AP 为 54.829（>4），较为合理。同时变异系数为 3.94%（<10%），失拟项>0.05，说明该模型具有较好的可行度与精密度。模型中一次项 A、C 差异极其显著，B 差异不显著，从 F 值大小可知单因素的影响顺序 C>A；二次项 A^2、B^2、C^2 差异极其显著；交互项 AC、BC 差异极其显著，AB 差异不显著。综上可见，RSM 可以较好地模拟改性麦饭石协同 SRB 固定化颗粒对浊度的去除，为其提供了较为合适的模型。

⑦ SO_4^{2-} 去除率响应曲面分析。图 7.3(a) 和 (b) 是麦饭石改性情况和麦饭石含量对 SO_4^{2-} 去除率交互影响的等高线图和响应曲面图。可以发现，SO_4^{2-} 去除率随麦饭石含量增大而升高，在改性的情况下去除率升高趋势增强，说明麦饭石改性促进了

改性麦饭石协同SRB固定化颗粒对SO_4^{2-}的去除。麦饭石具有一定的生物活性，改性麦饭石影响了SRB的生物活性，在一定范围内增加麦饭石含量会增强改性麦饭石协同SRB固定化颗粒对SO_4^{2-}的去除效果。当改性麦饭石含量为15%时，SO_4^{2-}去除率最高。结合响应曲面图和等高线图，根据方差分析结果（$P_{AB}=0.0321$，<0.05），表明两者交互作用显著。图7.3(c)和(d)是麦饭石改性情况和麦饭石粒径大小对SO_4^{2-}去除率交互影响的等高线图和响应曲面图。可以发现，SO_4^{2-}去除率随麦饭石粒径减小而升高，在改性的情况下，去除率升高趋势增强，说明增大改性麦饭石比表面积可以促进改性麦饭石协同SRB固定化颗粒对SO_4^{2-}的去除。当改性麦饭石粒径为200～300目时，SO_4^{2-}去除率最高。若等高线图呈现锥形，则可说明该两因素交互作用明显，结合响应曲面图和等高线图，根据方差分析结果（$P_{AC}=0.0129$，<0.05），表明两者交互作用显著。图7.3(e)和(f)是麦饭石含量和麦饭石粒径大小对SO_4^{2-}去除率交互影响的等高线图和响应曲面图。可以发现，对于SO_4^{2-}去除率，麦饭石粒径大小比麦饭石含量的影响显著。当麦饭石粒径为200～300目、含量为15%时，SO_4^{2-}去除率最高。根据响应曲面图和等高线图以及方差分析结果（$P_{BC}=0.3612$，>0.05），得出两者交互作用并不显著。

⑧ Mn^{2+}去除率响应曲面分析。图7.4(a)和(b)是麦饭石改性情况和麦饭石含量对Mn^{2+}去除率交互影响的等高线图和响应曲面图。麦饭石改性前Mn^{2+}去除率并不随麦饭石含量增大而升高，麦饭石改性后对Mn^{2+}的去除效果明显，说明改性麦饭石协同SRB固定化颗粒对Mn^{2+}的去除不仅是其表面发达孔隙结构的吸附，而且麦饭石对Mn^{2+}有较好的吸附特性。改性增加了麦饭石表面的负电荷，使其能够更好地快速吸附阳离子，增强了改性麦饭石协同SRB固定化颗粒对Mn^{2+}的吸附能力。麦饭石含量与改性麦饭石协同SRB固定化颗粒对Mn^{2+}的去除效果并不呈简单线性正相关，当改性麦饭石含量为15%时，Mn^{2+}去除率最高。根据响应曲面图和等高线图以及方差分析结果（$P_{AB}<0.0001$），得出两者交互作用极其显著。图7.4(c)和(d)是麦饭石改性情况和麦饭石粒径大小对Mn^{2+}去除率交互影响的等高线图和响应曲面图。麦饭石改性前，Mn^{2+}去除率与麦饭石粒径大小并不呈简单线性正相关，改性前麦饭石粒径大小为100～200目时，改性麦饭石协同SRB固定化颗粒的Mn^{2+}去除率低于麦饭石粒径为80～100目和200～300目的Mn^{2+}去除率。在改性麦饭石条件下，麦饭石粒径到达最小的200～300目时，改性麦饭石协同SRB固定化颗粒对Mn^{2+}的去除率最高。根据响应曲面图和等高线图以及方差分析结果（$P_{AC}<0.0001$），得出两者交互作用极其显著。图7.4(e)和(f)是麦饭石含量和麦饭石粒径大小对Mn^{2+}去除率交互影响的等高线图和响应曲面图。响应曲面图呈中间凹、四角凸的下球面形状，球面最低点为改性麦饭石协同SRB固定化颗粒对Mn^{2+}去除率最低点。当麦饭石粒径为200～300目、含量为15%时，Mn^{2+}去除率最高。根据响应曲面图和等高线图以及方差分析结果（$P_{BC}=0.1217$，>0.05），得出两者交互作用并不显著。

⑨ COD响应曲面分析。图7.5(a)和(b)是麦饭石改性情况和麦饭石含量对COD释放量交互影响的等高线图和响应曲面图。可以发现，无麦饭石时较有麦饭石时

的出水COD高，说明麦饭石能够促进微生物降解玉米芯及改性麦饭石协同SRB固定化颗粒吸收COD。麦饭石改性前，COD释放量随麦饭石含量增大而减小，麦饭石改性后，这种趋势更加明显。说明麦饭石改性在一定程度上抑制了改性麦饭石协同SRB固定化颗粒对COD的释放作用。当改性麦饭石含量为15%时，COD释放量最少。根据响应曲面图和等高线图以及方差分析结果（$P_{AB}=0.0453$，<0.05），得出两者交互作用显著。图7.5(c)和(d)是麦饭石改性情况和麦饭石粒径大小对COD释放量交互影响的等高线图和响应曲面图。可以发现，COD释放量随麦饭石的存在和改性而减少。麦饭石未改性时，COD释放量并不随麦饭石粒径的改变而改变。麦饭石改性后，粒径到达最小的200～300目时，COD释放量最少。根据响应曲面图和等高线图以及方差分析结果（$P_{AC}=0.0018$，<0.01），得出两者交互作用高度显著。图7.5(e)和(f)是麦饭石含量和麦饭石粒径大小对COD释放量交互影响的等高线图和响应曲面图。可以发现，响应曲面图呈上凸曲面状，曲面最高点为COD释放量最大点。当麦饭石粒径为200～300目、含量为15%时，COD释放量最少。根据响应曲面图和等高线图以及方差分析结果（$P_{BC}=0.0718$，>0.05），得出两者交互作用并不显著。

⑩ TFe响应曲面分析。图7.6(a)和(b)是麦饭石改性情况和麦饭石含量对TFe释放量交互影响的等高线图和响应曲面图。可以发现，TFe释放量随麦饭石含量增加和麦饭石的改性而减小。当改性麦饭石含量为15%时，TFe释放量最低。根据响应曲面图和等高线图以及方差分析结果（$P_{AB}=0.0004$，<0.001），得出两者交互作用极其显著。图7.6(c)和(d)是麦饭石改性情况和麦饭石粒径大小对TFe释放量交互影响的等高线图和响应曲面图。可以发现，改性前麦饭石粒径大小为100～200目时，TFe释放量低于麦饭石粒径为80～100目和200～300目时。改性后麦饭石粒径为200～300目时，TFe释放量最少。根据响应曲面图和等高线图以及方差分析结果（$P_{AC}=0.0134$，<0.05），得出两者交互作用显著。图7.6(e)和(f)是麦饭石含量和麦饭石粒径大小对TFe释放量交互影响的等高线图和响应曲面图。可以发现，改性麦饭石协同SRB固定化颗粒粒径趋于最小的200～300目、含量趋于最高的15%时，TFe释放量趋于最低。根据响应曲面图和等高线图以及方差分析结果（$P_{BC}=0.2042$，>0.05），得出两者交互作用并不显著。

⑪ pH值响应曲面分析。图7.7(a)和(b)是麦饭石改性情况和麦饭石含量对出水pH值交互影响的等高线图和响应曲面图。可以发现，麦饭石对pH值提升影响显著，而麦饭石含量为10%时的pH值要稍高于其他条件时的pH值，说明在一定范围内增加麦饭石含量并不能直接提高pH值。麦饭石经过改性后，其表面结构发生改变，可提高pH值提升能力。当改性麦饭石含量为10%～15%时，出水pH值最高。根据响应曲面图和等高线图以及方差分析结果（$P_{AB}=0.0492$，<0.05），得出两者交互作用显著。图7.7(c)和(d)是麦饭石改性情况和麦饭石粒径大小对出水pH值交互影响的等高线图和响应曲面图。可以发现，麦饭石粒径越小，比表面积越大，pH值提升得越快。麦饭石改性后，粒径到达最小的200～300目时，出水pH最高。根据响应曲面图和等高线图以及方差分析结果（$P_{AC}<0.0001$），得出两者交互作用极其显著。图7.7(e)和(f)是麦饭石含量和麦饭石粒径大小对出水pH值交互影响的等高线图和响应曲面

图。可以发现，响应曲面图呈上凸曲面状，曲面最高点为 pH 值最大点。当麦饭石粒径为 200～300 目、含量为 10%～15%时，出水 pH 值最高。根据响应曲面图和等高线图以及方差分析结果（P_{BC}=0.0127，<0.05），得出两者交互作用显著。

⑫ 浊度响应曲面分析。图 7.8(a) 和（b）是麦饭石改性情况和麦饭石含量对出水浊度交互影响的等高线图和响应曲面图。可以发现，无麦饭石时浊度最小，且麦饭石含量为 10%时，相对于其他含量浊度较小。可能是麦饭石对生物活性的影响，间接引起内部一些改性麦饭石协同 SRB 固定化颗粒的外泄，加重了溶液的浑浊程度。根据响应曲面图和等高线图以及方差分析结果（P_{AB}=0.4735，>0.05），得出两者交互作用不显著。图 7.8(c) 和（d）是麦饭石改性情况和麦饭石粒径大小对出水浊度交互影响的等高线图和响应曲面图。可以发现，麦饭石粒径越小，浊度增加越快，并且麦饭石改性后加重了这种趋势，粒径到达最小的 200～300 目时，浊度最大。根据响应曲面图和等高线图以及方差分析结果（P_{AC}<0.0001），得出两者交互作用极其显著。图 7.8(e) 和（f）是麦饭石含量和麦饭石粒径大小对出水浊度交互影响的等高线图和响应曲面图。可以发现，响应曲面图呈下凹曲面状，曲面最低点为浊度最小点。当麦饭石粒径为 80～100 目、含量在 10%～15%之间时，出水浊度最低。根据响应曲面图和等高线图以及方差分析结果（P_{BC}<0.0001），得出两者交互作用极其显著。

⑬ 响应曲面试验优化结果。在试验模型的基础上，利用 Design-Expert 的优化功能，预测麦饭石最优条件及效果，从而得到试验的优化结果。如表 7.9 所列，预测计算结果为：麦饭石为改性，含量为 15%，粒径分别在 100～200 目和 200～300 目之间。将优化结果做一定调整，最终将麦饭石最优条件确定为：改性麦饭石，含量 15%，粒径 200～300 目。

表 7.9　优化结果及预测效果

项目	A	B	C	Mn^{2+} 去除率/%	SO_4^{2-} 去除率/%	TFe 释放量/(mg/L)	COD 释放量/(mg/L)	pH 值	浊度/NTU	期望
结果	1.00	1.00	1.00	83.10	96.22	2.99	1828.54	7.05	35.31	0.188

综上所述，采用 $L_9(3^4)$ 正交试验，经过方差分析和极差分析，除麦饭石因素外，确定制备改性麦饭石协同 SRB 固定化颗粒各成分的最优配比为：SRB 污泥 30%，玉米芯 5%，铁屑 5%。改性麦饭石协同 SRB 固定化颗粒在此成分配比下性能最佳。采用响应曲面法，确定改性麦饭石协同 SRB 固定化颗粒主要成分麦饭石的最优条件为：改性麦饭石，含量 15%，粒径 200～300 目。

（2）改性麦饭石协同 SRB 固定化颗粒的特征研究

① 改性麦饭石协同 SRB 固定化颗粒的物理特征。按上述研究的最优成分配比及优化条件进行改性麦饭石协同 SRB 固定化颗粒制作，所制作的改性麦饭石协同 SRB 固定化颗粒形态如图 7.9 所示（书后另见彩图）。成品改性麦饭石协同 SRB 固定化颗粒为黑色有光泽、不规则球状的含水活性颗粒，质地坚韧有弹性，表面粗糙并富有孔隙。烘干后改性麦饭石协同 SRB 固定化颗粒颜色发灰偏黄，球体变硬变小，质量变轻。

如图 7.10 所示，扫描电镜图表明，改性麦饭石协同 SRB 固定化颗粒外表面质地均

图 7.9　改性麦饭石协同 SRB 固定化颗粒形态：成品及烘干后

匀规整，孔隙畅通，内部孔隙发达，渗透性好。由于改性麦饭石协同 SRB 固定化颗粒具有发达的多孔结构，能够使营养底物和代谢产物自由进出，有利于吸附与生物还原。改性麦饭石协同 SRB 固定化颗粒的孔隙大小适宜，既确保了内部微生物能够正常生长代谢，又能避免微生物通过孔隙流失，同时减少了孔径过小导致部分孔道被堵塞的情况发生。

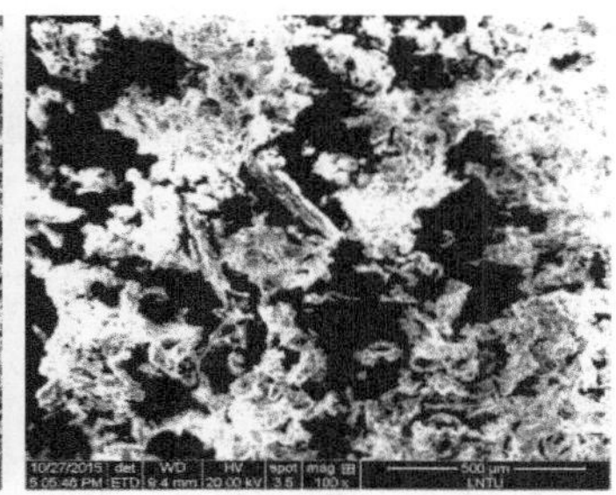

图 7.10　改性麦饭石协同 SRB 固定化颗粒表面及内部扫描电镜图

② 改性麦饭石协同 SRB 固定化颗粒的饱和湿密度。改性麦饭石协同 SRB 固定化颗粒的制作方法较为特殊，其成分除了固定比例的基质材料，大部分都是纯净水。饱和湿密度反映了改性麦饭石协同 SRB 固定化颗粒在制成之后、处理水样之前含水饱和状态下的密度。改性麦饭石协同 SRB 固定化颗粒制成后，取出一定数量快速测重量和量半径，计算出饱和湿密度，取平均值。结果显示，改性麦饭石协同 SRB 固定化颗粒湿重在 0.25～0.39g 范围内，平均值为 0.318g；粒径为 0.6～0.8cm，平均值为 0.75cm；可得到改性麦饭石协同 SRB 固定化颗粒的平均饱和湿密度为 0.720g/cm^3。将同组改性麦饭石协同 SRB 固定化颗粒在 105℃下烘干，得到干重平均值为 0.134g，粒径范围在 0.5～0.7cm 内，其平均干密度为 0.350g/cm^3。对比改性麦饭石协同 SRB 固定化颗粒质量的变化情况，饱和状态下改性麦饭石协同 SRB 固定化颗粒的含水率可达到 51.39%左右。对比改性麦饭石协同 SRB 固定化颗粒按不同成分配比制作的最终成球状态，交联激活前与交联激活后，其含水量都会产生一定变化，但范围不会太大。

③ 改性麦饭石协同 SRB 固定化颗粒的稳定性。合适的固定化载体，不仅要使其内

部的微生物保持较高活性，而且还要保证后续试验具有可操作性，因此要求改性麦饭石协同SRB固定化颗粒必须具备一定的稳定性，这样才能保证其短时间内不会解体，既延长使用寿命，又不至于使内部成分流失而造成二次污染。采用将改性麦饭石协同SRB固定化颗粒分别浸入酸、碱、盐溶液及蒸馏水等不同液体的试验方法，观察改性麦饭石协同SRB固定化颗粒的完整度及相对机械强度，以此来研究改性麦饭石协同SRB固定化颗粒的物理稳定性。具体操作方法：制成改性麦饭石协同SRB固定化颗粒后，取数量相同大小一致的改性麦饭石协同SRB固定化颗粒，分别放置于0.1mol/L和0.01mol/L的HCl、0.1mol/L的NaOH、1mol/L的KH_2PO_4溶液和蒸馏水中，在恒温式摇床中以振荡速度100r/min振荡24h，观察改性麦饭石协同SRB固定化颗粒的外观完整性及其机械强度的变化。

如表7.10所列，在相同的时间内，改性麦饭石协同SRB固定化颗粒浸泡在不同的液体中会表现出不同的稳定性，而对于不同浓度的相同溶液，改性麦饭石协同SRB固定化颗粒稳定性也不同。经对比发现，改性麦饭石协同SRB固定化颗粒对较高浓度酸的抵抗性最差，稳定性也就最弱；而对碱、蒸馏水和较低浓度酸的稳定性表现相对较好，液体内的杂质也最少，对盐溶液的表现一般。除较高浓度酸外，改性麦饭石协同SRB固定化颗粒并无破损现象，说明改性麦饭石协同SRB固定化颗粒的机械强度较高，在大部分溶液内长时间浸泡，其整体仍能保持较好的完整性。

表7.10 改性麦饭石协同SRB固定化颗粒在酸、碱、盐溶液及蒸馏水中的稳定性

项目	HCl		NaOH	KH_2PO_4	H_2O
	0.1mol/L	0.01mol/L	0.1mol/L	1mol/L	
完整性	1	0	0	0	0
相对机械强度	+	+++	++++	++	+++
改性麦饭石协同SRB固定化颗粒上浮率/%	60	0	0	0	0
改性麦饭石协同SRB固定化颗粒解体率/%	10	0	0	0	0
溶液颜色/浑浊程度	白/4	白/3	黄/0	白/2	白/1

注：1.“0”为未变，完整性好；“1”为有变化，完整性差。

2.“+”为膨胀发泡，结构松散易碎；“++”为膨胀变软，弹性差；“+++”为稍膨胀变软，弹性较差；“++++”为稍变软，弹性稍差。

3.浑浊程度：4>3>2>1>0。

其中，在较高浓度酸（0.1mol/L的HCl）溶液内浸泡后的改性麦饭石协同SRB固定化颗粒完整性最差，相对机械强度也最低，大部分颗粒发泡膨胀，膨胀率最大可达25%左右，并且液面上浮率达到了60%，解体率约10%。PVA材料具有吸水膨胀性，其分子中含大量高度亲水性羟基，同时过低酸度条件下改性麦饭石协同SRB固定化颗粒发生氧化酸解反应，膨胀现象加剧，弹性随之变差，导致其极易破碎。同时H^+和铁屑发生反应导致质量减轻，造成改性麦饭石协同SRB固定化颗粒上浮。少量稳定性差的改性麦饭石协同SRB固定化颗粒发生部分解体，形成沉淀和悬浮物，这也是导致其液体浑浊程度最大的原因。改性麦饭石协同SRB固定化颗粒对较高浓度酸的稳定性最差，是因为酸选取的浓度较大，致使pH值过低。对于含SRB污泥的改性麦饭石协同SRB固定化颗粒来说，pH值过低不仅会使改性麦饭石协同SRB固定化颗粒易酸化溶解，也会致使SRB失活甚至死亡。SRB活性最佳pH值为6.48～7.43，保证其活性的pH值在2以上。针对处理AMD，改性麦饭石协同SRB固定化颗粒在较低浓度酸（0.01mol/L的HCl）溶液内浸泡后的稳定性较好，此时pH＝2可以保证SRB具有活性。由于我国AMD的pH值通常小于6.0，在4.0～6.3范围内，所以本改性麦饭石协同SRB固定化颗粒可以抵抗一般AMD的酸度影响，稳定性较好。

（3）改性麦饭石在改性麦饭石协同SRB固定化颗粒中的作用

分别制作含有麦饭石和无麦饭石的两组改性麦饭石协同SRB固定化颗粒，除麦饭石成分，其他成分相同。按固液比1g/10mL将改性麦饭石协同SRB固定化颗粒放入AMD中，在恒温式摇床中以振荡速度100r/min振荡，定时检测溶液的OD_{600}值和SO_4^{2-}浓度。反应前后，测量并统计改性麦饭石协同SRB固定化颗粒直径，计算膨胀率。

① 改性麦饭石对改性麦饭石协同SRB固定化颗粒基质外泄的影响。OD_{600}指的是某种溶液在600nm波长处的吸光值，能反映液体中微生物的生长情况。由于微生物固定在改性麦饭石协同SRB固定化颗粒内部，若溶液OD_{600}值较大，说明溶液中微生物较多，则间接表明改性麦饭石协同SRB固定化颗粒内部基质外泄，物理稳定性相对较差。由图7.11可知，含麦饭石的改性麦饭石协同SRB固定化颗粒所产生的OD_{600}整体要小于无麦饭石的。前24h两组改性麦饭石协同SRB固定化颗粒的OD_{600}几乎相同，由0.05左右升到0.15左右，说明早期微生物活性相差无几。微生物生长需要一定时间，伴随其活性增强，少量微生物随基质缓慢外泄到体外溶液。48h后两条曲线开始小幅波动，然后平缓上升，80h后无麦饭石的改性麦饭石协同SRB固定化颗粒的OD_{600}开始高于含麦饭石的，达到0.2左右，说明改性麦饭石协同SRB固定化颗粒内的麦饭石产生了影响。麦饭石内的有益成分可以促进微生物生长，同时也可以强化改性麦饭石协同SRB固定化颗粒体结构，改善其表面结构形态，抵挡水力冲刷。到120h后，随着改性麦饭石协同SRB固定化颗粒膨胀松散现象加重，溶液的水力剪切作用对改性麦饭石协同SRB固定化颗粒产生冲击，导致基质外泄情况加重，两组改性麦饭石协同SRB固定化颗粒的OD_{600}分别达到了0.65和0.75。此时，改性麦饭石协同SRB固定化颗粒稳定性严重不足，并连接成块，部分改性麦饭石协同SRB固定化颗粒趋于溶解，悬浮物较多，有些杂质沉在底部。含麦饭石的改性麦饭石协同SRB固定化颗粒的OD_{600}值后期始终低于无麦饭石的，并且溶液开始呈褐色，而无麦饭石的改性麦饭石协同SRB固定化颗粒显深黑色，说明含麦饭石的改性麦饭石协同SRB固定化颗粒的基质外泄情况优于无麦饭石的改性麦饭石协同SRB固定化颗粒。麦饭石除了能强化改性麦饭石协同SRB固定化颗粒体结构，改善其表面形态，增加其颗粒密度外，也会通过调节溶液pH值来削弱溶液对改性麦饭石协同SRB固定化颗粒的腐蚀性。可见，麦饭石对改性麦饭石协同SRB固定化颗粒的物理稳定性有一定的增强作用，一定程度上缓解了基质外泄现象。

② 改性麦饭石对改性麦饭石协同SRB固定化颗粒膨胀率的影响。在改性麦饭石协同SRB固定化颗粒反应一定时间后，经过某些生化反应和物理作用，组织结构发生改变和破坏，表面形成微小裂纹或穿孔，产生一定程度的膨胀，加重改性麦饭石协同

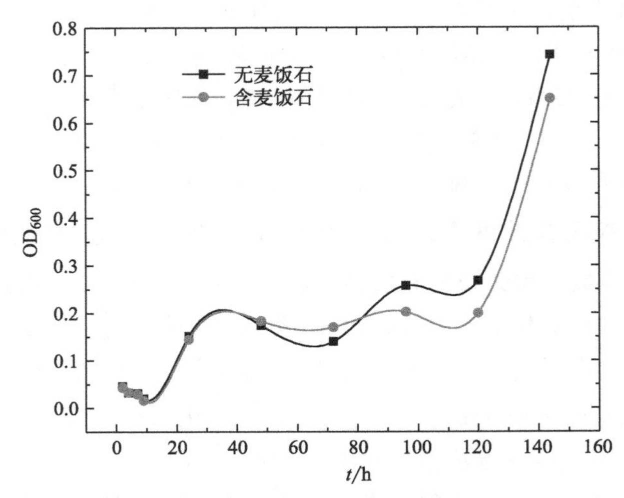

图 7.11 麦饭石对改性麦饭石协同 SRB 固定化颗粒出水 OD_{600} 的影响

SRB 固定化颗粒包埋基质的外泄及加速其破碎的进程。膨胀率能够反映改性麦饭石协同 SRB 固定化颗粒的物理稳定程度。

由表 7.11 可知，含麦饭石的改性麦饭石协同 SRB 固定化颗粒的膨胀率整体要小于无麦饭石的改性麦饭石协同 SRB 固定化颗粒的膨胀率。两组改性麦饭石协同 SRB 固定化颗粒反应前的直径都在 7mm 左右，随着在 AMD 中反应时间的延长，改性麦饭石协同 SRB 固定化颗粒直径缓慢变大，膨胀率逐渐升高。第 48 小时开始，改性麦饭石协同 SRB 固定化颗粒膨胀率达到 10%左右，此时改性麦饭石协同 SRB 固定化颗粒基质开始外泄，溶液内出现悬浮物。第 96 小时，改性麦饭石协同 SRB 固定化颗粒膨胀率在 15%以上，此时膨胀加剧，基质外泄严重，溶液悬浮物增多，颜色开始变深。第 144 小时，改性麦饭石协同 SRB 固定化颗粒膨胀率都达到 20%以上，部分改性麦饭石协同 SRB 固定化颗粒已有溶解迹象，溶液颜色开始变黑，底部有较多沉淀。可以发现，从第 24 小时开始，含麦饭石的改性麦饭石协同 SRB 固定化颗粒的膨胀率要小于无麦饭石的改性麦饭石协同 SRB 固定化颗粒的膨胀率约 1%，这种差距在后期开始变大，144h 时达到 4%左右。说明麦饭石能缓解膨胀率的快速增大，同时麦饭石也能增加改性麦饭石协同 SRB 固定化颗粒的密度和强化其颗粒体结构，使改性麦饭石协同 SRB 固定化颗粒不上浮和不易被冲刷，保证了改性麦饭石协同 SRB 固定化颗粒的稳定性。

表 7.11 麦饭石对改性麦饭石协同 SRB 固定化颗粒直径与膨胀率的影响

反应时间/h	无麦饭石的改性麦饭石协同 SRB 固定化颗粒			含麦饭石的改性麦饭石协同 SRB 固定化颗粒		
	反应前/mm	反应后/mm	膨胀率/%	反应前/mm	反应后/mm	膨胀率/%
12	7.1	7.3	2.82	7.0	7.2	2.86
24		7.5	5.63		7.3	4.29
48		7.8	9.86		7.6	8.57
96		8.3	16.90		8.1	15.71
144		8.8	23.94		8.4	20.00

③ 改性麦饭石对改性麦饭石协同 SRB 固定化颗粒生物活性的影响。麦饭石能够溶出丰富的有益元素，改善水环境，为微生物提供良好的生长环境，同时麦饭石表面具有良好的孔隙结构，能够吸附水中有害离子。麦饭石被包埋在改性麦饭石协同 SRB 固定化颗粒内，与活性污泥接触并释放有益因子，进而影响生物活性，对包括 SRB 在内的微生物群的生物活性有着积极的促进作用。

由图 7.12 可知，前 10h 水样中 SO_4^{2-} 的浓度急速下降，说明改性麦饭石协同 SRB 固定化颗粒活性较好，孔隙畅通且比表面积大，外部 SO_4^{2-} 不断进入改性麦饭石协同 SRB 固定化颗粒内部。之后 SO_4^{2-} 浓度小幅度上升，这可能是因为随着生物活性增强，改性麦饭石协同 SRB 固定化颗粒内 SRB 污泥中含有的 SO_4^{2-} 及水解微生物分解玉米芯产生的含硫化物，在浓度梯度作用下发生向外扩散现象所导致。此时，改性麦饭石协同 SRB 固定化颗粒表层孔隙开始产生堵塞，有的也会松垮变大，局部孔隙向外泄漏有机物。随着水解微生物活性增强，提供给 SRB 的碳源和能源增多，第 25 小时以后，COD/SO_4^{2-} 值≥0.5 时，改性麦饭石协同 SRB 固定化颗粒对 SO_4^{2-} 的去除效果开始变得明显，含麦饭石的改性麦饭石协同 SRB 固定化颗粒曲线快速下降，而无麦饭石的改性麦饭石协同 SRB 固定化颗粒曲线产生较大波动，说明了含麦饭石的改性麦饭石协同 SRB 固定化颗粒生物活性较强，对 SO_4^{2-} 的去除能力较强，此时水样中 COD 积累速度较快。第 75 小时，含麦饭石的改性麦饭石协同 SRB 固定化颗粒曲线趋于稳定，而无麦饭石的改性麦饭石协同 SRB 固定化颗粒曲线开始急速下降，第 100 小时趋于平缓。含麦饭石的改性麦饭石协同 SRB 固定化颗粒提前实现动态平衡，说明麦饭石对改性麦饭石协同 SRB 固定化颗粒生物活性具有一定的促进作用，不仅能够促进微生物对 SO_4^{2-} 的去除，推动大量的 Na^+、SO_4^{2-} 进入改性麦饭石协同 SRB 固定化颗粒内部，而且麦饭石能够吸收 Mn^{2+}，使溶液中离子向改性麦饭石协同 SRB 固定化颗粒内部渗透和扩散，保证了其内外渗透压加速平衡的趋势。反应达到动态平衡之后，水样中 SO_4^{2-} 浓度保持在较低的范围内波动，整体上含麦饭石的改性麦饭石协同 SRB 固定化颗粒的曲线低于

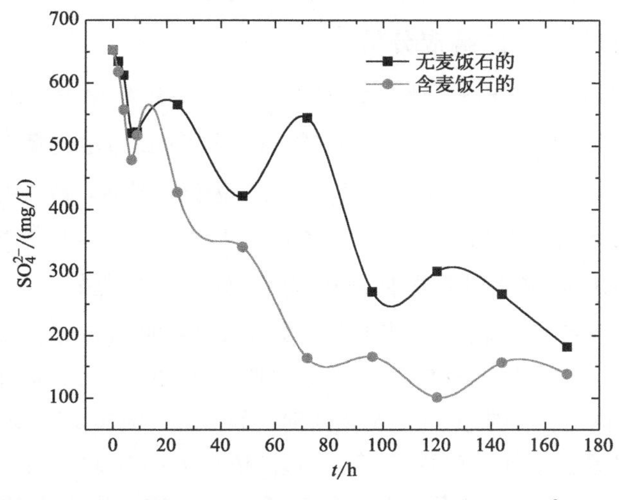

图 7.12　麦饭石对改性麦饭石协同 SRB 固定化颗粒出水 SO_4^{2-} 浓度的影响

无麦饭石的改性麦饭石协同 SRB 固定化颗粒的曲线，说明了麦饭石可增强改性麦饭石协同 SRB 固定化颗粒活性，加速了微生物对 SO_4^{2-} 的去除。

综上所述，采用 PVA-硼酸包埋交联法制得的改性麦饭石协同 SRB 固定化颗粒，为质地坚韧、有弹性的含水活性改性麦饭石协同 SRB 固定化颗粒，具有多孔、粗糙的结构。改性麦饭石协同 SRB 固定化颗粒的平均饱和湿密度为 0.720g/cm^3，平均干密度为 0.350g/cm^3，饱和状态下含水率可达 51.39%左右。通过对比改性麦饭石协同 SRB 固定化颗粒针对酸、碱、盐溶液和蒸馏水的稳定性发现，改性麦饭石协同 SRB 固定化颗粒对较高浓度酸的稳定性最差，对碱、蒸馏水和较低浓度酸的稳定性表现相对较好，对盐溶液的表现一般。通过对比含麦饭石的改性麦饭石协同 SRB 固定化颗粒和无麦饭石的改性麦饭石协同 SRB 固定化颗粒的 OD_{600} 变化规律、膨胀率和 SO_4^{2-} 处理效果发现，含麦饭石的改性麦饭石协同 SRB 固定化颗粒的结构膨胀、基质外泄情况和 SO_4^{2-} 去除效果都优于无麦饭石的改性麦饭石协同 SRB 固定化颗粒。

7.2 改性麦饭石协同 SRB 固定化颗粒对不同污染离子的响应分析

按上述研究结果最优成分配比及优化条件制作改性麦饭石协同 SRB 固定化颗粒，考察改性麦饭石协同 SRB 固定化颗粒对 SO_4^{2-}、Mn^{2+} 和 pH 值等不同污染负荷的响应规律，分析改性麦饭石协同 SRB 固定化颗粒反应动力学过程和吸附容量，研究其作用机理。采用 250mL 具塞锥形瓶，装入 AMD 原液，用 Na_2SO_4、$MnSO_4$ 溶液分别调节 SO_4^{2-}、Mn^{2+} 浓度为 1000mg/L、1500mg/L、2000mg/L 和 12mg/L、28mg/L、56mg/L，用 HCl 和 NaOH 溶液调节 pH 值为 2、4、6，按固液比 1g/10mL 加入改性麦饭石协同 SRB 固定化颗粒，无氧密封，在 30℃、100r/min 恒温摇床内振荡，每天固定时间取样，测定溶液中 SO_4^{2-}、Mn^{2+}、COD、TFe 的浓度以及 pH 值和浊度。试验结束后，进行 XRD 和 SEM 分析，对比其内部成分变化、表面及内部结构变化，以进一步研究不同污染负荷对改性麦饭石协同 SRB 固定化颗粒的影响。

(1) 初始 SO_4^{2-} 浓度的响应分析

1#、2#、3# 分别代表 SO_4^{2-} 浓度为 1000mg/L、1500mg/L、2000mg/L 的溶液曲线（图 7.13）。由图 7.13(a) 可知，改性麦饭石协同 SRB 固定化颗粒对不同 SO_4^{2-} 浓度的去除率曲线变化规律比较明显，浓度最高的 3# 位于最下端，浓度最低的 1# 位于最上端，2# 次之。说明 SO_4^{2-} 浓度高会导致较低的 COD/SO_4^{2-}，抑制了 SRB 代谢作用，而改性麦饭石协同 SRB 固定化颗粒对低浓度 SO_4^{2-} 处理效果更好。由图 7.13(b) 可知，第 10 小时 Mn^{2+} 去除率伴随较大波动上升，3# 最高达到 56.06%，之后去除率有所回落，第 24 小时，1#、2# 上升至最高，2# 的去除率为 66.19%，高于 1# 的 62.18%及 3# 的 59.12%。整体上三条曲线并无太大区别，因 Mn^{2+} 的去除主要是靠改性麦饭石协同 SRB 固定化颗粒表面的快速吸附，所以 SO_4^{2-} 浓度大小对 Mn^{2+} 的去除没有绝对性影响。由图 7.13(c) 可知，pH 值的变化规律几乎一致，第 1 天上升较快，从 4 升至 7.8

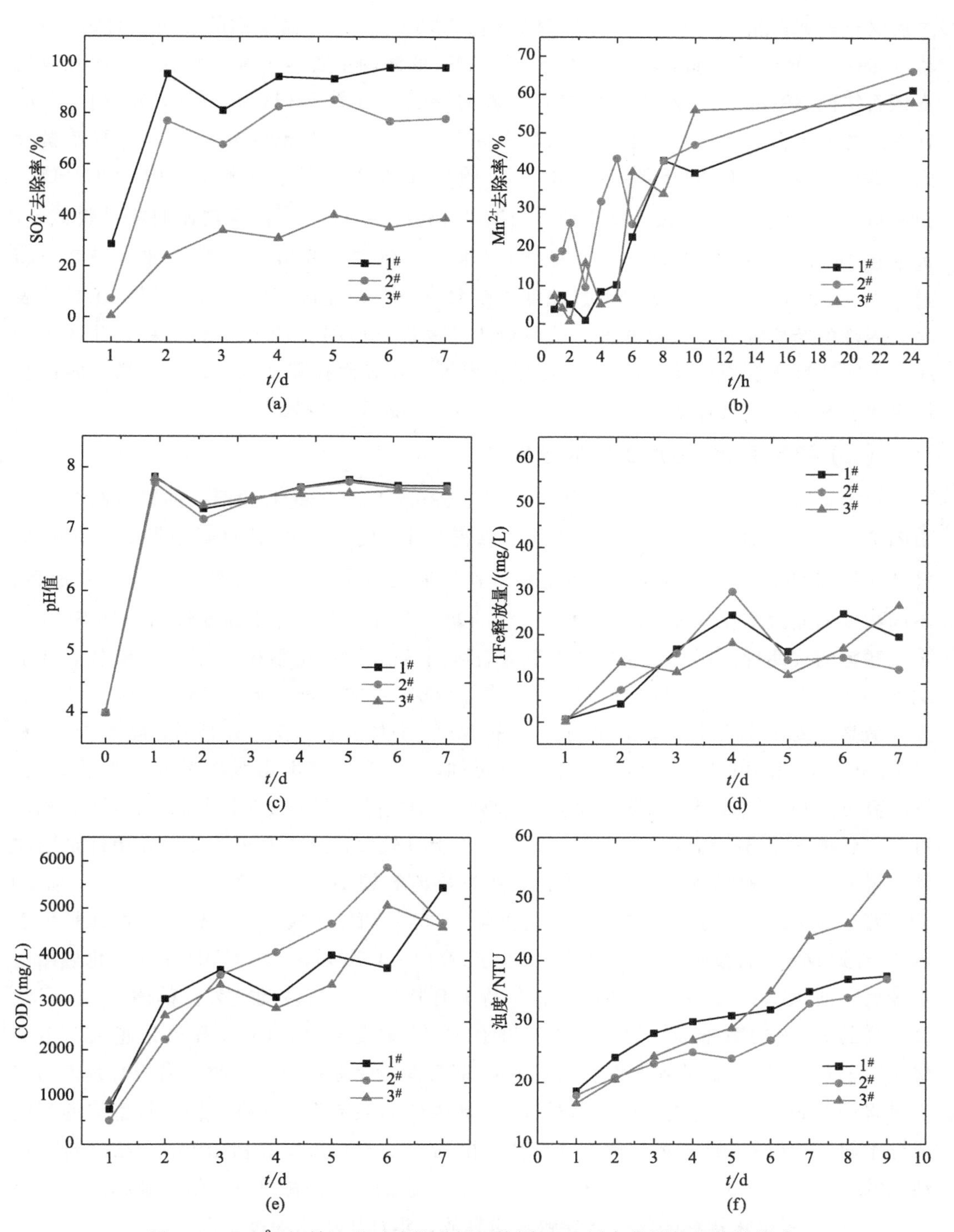

图 7.13　SO_4^{2-}初始浓度对改性麦饭石协同 SRB 固定化颗粒性能的影响

左右，之后在 7～8 范围波动。pH 值提升主要是铁屑和麦饭石的调节作用，同时 SRB 对 SO_4^{2-}的异化还原过程中会释放碱度。由图 7.13(d) 可知，TFe 释放量一直波动较大，第 4 天升至最高，2# 达到 36.59mg/L，高于 1# 的 24.95mg/L 和 3# 的 18.24mg/L，之后又迅速回落至之前水平。由于SRB异化还原SO_4^{2-}过程需要铁的参与，因此SO_4^{2-}浓度影响SRB活性进而影响TFe的释放。TFe的波动主要是受微生物活性影响及改性麦饭石协同SRB固定化颗粒基质泄漏释放的影响。由图7.13(e)可知，前3d，COD释放量急速上升，而且总体波动较大，在3000～6000mg/L范围波动。COD释放量较大，保证了较高的COD/SO_4^{2-}值。由于3#的COD最低，SO_4^{2-}值最高，则COD/SO_4^{2-}值最低，故导致其SO_4^{2-}去除率最低。由图7.13(f)可知，3#浊度规律曲线平缓上升，范围在16.6～37NTU之间，3#由最低升至最高，第3天开始超过2#，第6天开始超过1#，第9天最高达到54NTU。浊度主要取决于改性麦饭石协同SRB固定化颗粒表面和内部的杂质释放，一定的水力负荷对改性麦饭石协同SRB固定化颗粒表面产生冲刷，同时改性麦饭石协同SRB固定化颗粒膨胀导致表面孔隙变大，结构松散，内部物质也很容易释放到外部溶液中。浊度对出水水质和感官影响较大。

（2）初始Mn^{2+}浓度的响应分析

1#、2#、3#分别代表Mn^{2+}为12mg/L、28mg/L、56mg/L的溶液曲线（图7.14）。由图7.14(a)可知，前4h，SO_4^{2-}去除率急速上升，此时SO_4^{2-}浓度降至最低，COD量升高，较高COD/SO_4^{2-}值保证了微生物适宜的生长环境，因此SO_4^{2-}去除率达到最高。不同浓度的曲线变化规律相似，说明一定的初始Mn^{2+}浓度对改性麦饭石协同SRB固定化颗粒的代谢性能影响较小，改性麦饭石协同SRB固定化颗粒内SRB能够较好地抵抗不同浓度Mn^{2+}对其活性的抑制。由图7.14(b)可知，前10h，Mn^{2+}去除率波动上升，最高达到50%～60%之后平衡。3#的Mn^{2+}平均去除率为43.25%，略大于1#和2#的39.18%和39.34%。由动力学分析可知，Mn^{2+}的扩散由膜扩散和内扩散组成，浓度高可加强扩散效果，吸附量相应有所增加，但去除率并不会明显升高。由图7.14(c)可知，各浓度下pH值变化规律相似，第1天上升较快，从4升至7.3后在中性范围波动。说明一定的初始Mn^{2+}浓度对pH值提升影响较小。由图7.14(d)可知，前5d TFe释放量曲线波动上升，之后有一定下降。3#的TFe释放量相对较少，可能是由于Fe参与到Mn^{2+}的吸附和置换过程中。由图7.14(e)可知，3条COD曲线变化规律区别较大，前4d，COD释放量曲线一直保持上升趋势，之后波动较大。整体上Mn^{2+}浓度最高的3#依次高于2#、1#，说明初始Mn^{2+}浓度越高，COD释放量越大。由于Mn^{2+}经过一定时间扩散到改性麦饭石协同SRB固定化颗粒内，短时间内会对微生物产生毒害和抑制，导致曲线波动。同时Mn^{2+}能够破坏玉米芯的纤维结构，将更多的有机成分水解，所以COD基本保持上升趋势。由图7.14(f)可知，初始Mn^{2+}浓度对出水浊度的影响较为明显，浊度一直保持快速增长。这是因为高浓度的Mn^{2+}破坏改性麦饭石协同SRB固定化颗粒的结构，导致内质释放，提高了出水浊度。

（3）初始pH值的响应分析

1#、2#、3#分别代表pH值为2、4、6的溶液曲线（图7.15）。如图7.15(a)所示，第2天，pH值最低的1#的SO_4^{2-}去除率最高，而2#、3#在下端波动。此时1#的COD释放量最高，充足的碳源加快了SRB活性的恢复，减弱了低pH值的抑制作用，

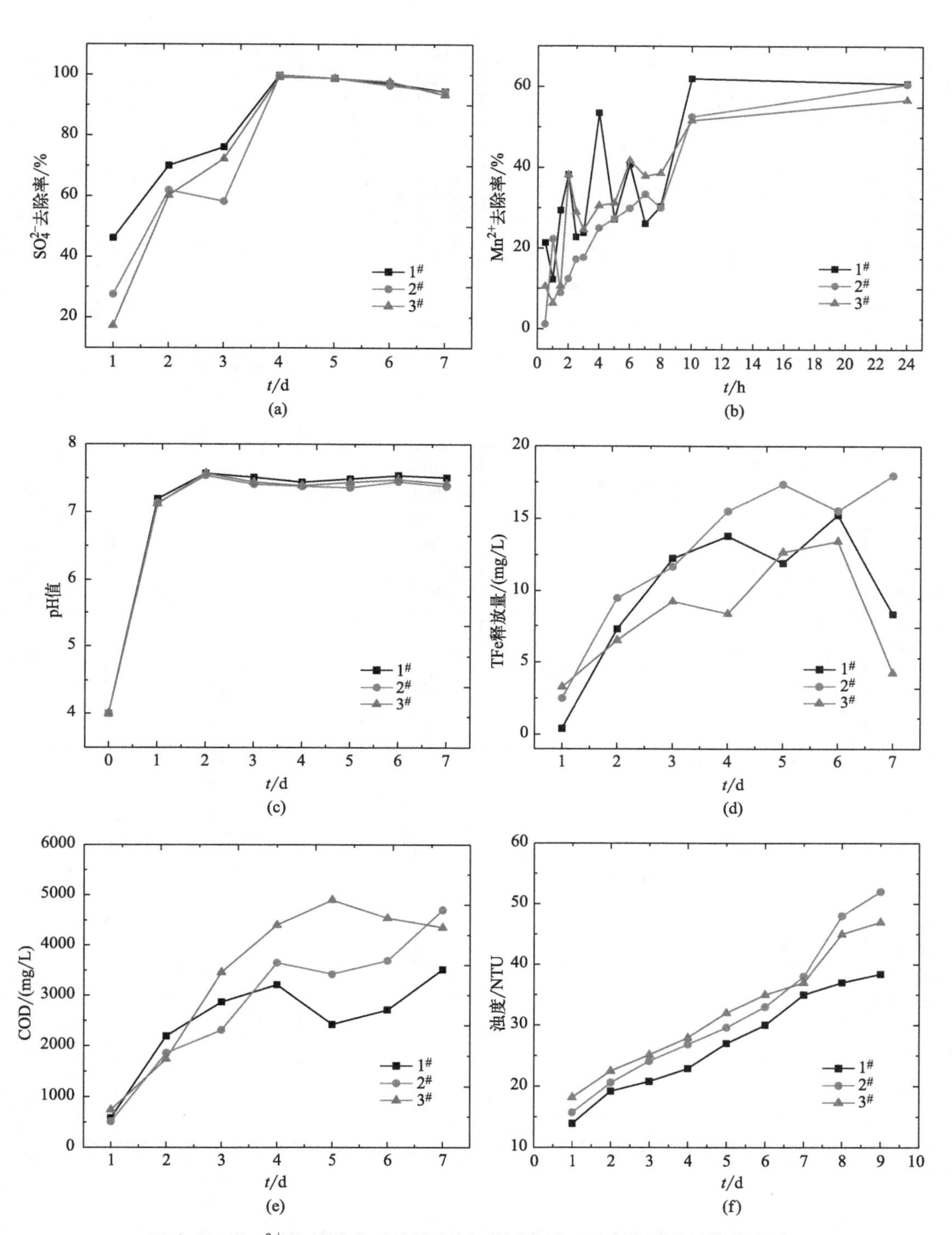

图 7.14　Mn^{2+}初始浓度对改性麦饭石协同 SRB 固定化颗粒性能的影响

较高的 COD/SO_4^{2-} 值使其 SO_4^{2-} 去除率保持最高。由图 7.15(b) 可知，前 5h Mn^{2+} 的去除率快速上升，最高达到 90%以上，第 5h 达到动态平衡。曲线区别不大，说明 pH 值并不影响 Mn^{2+} 的去除效果。由图 7.15(c) 可知，在不同 pH 值下，2# 和 3# 在第 1

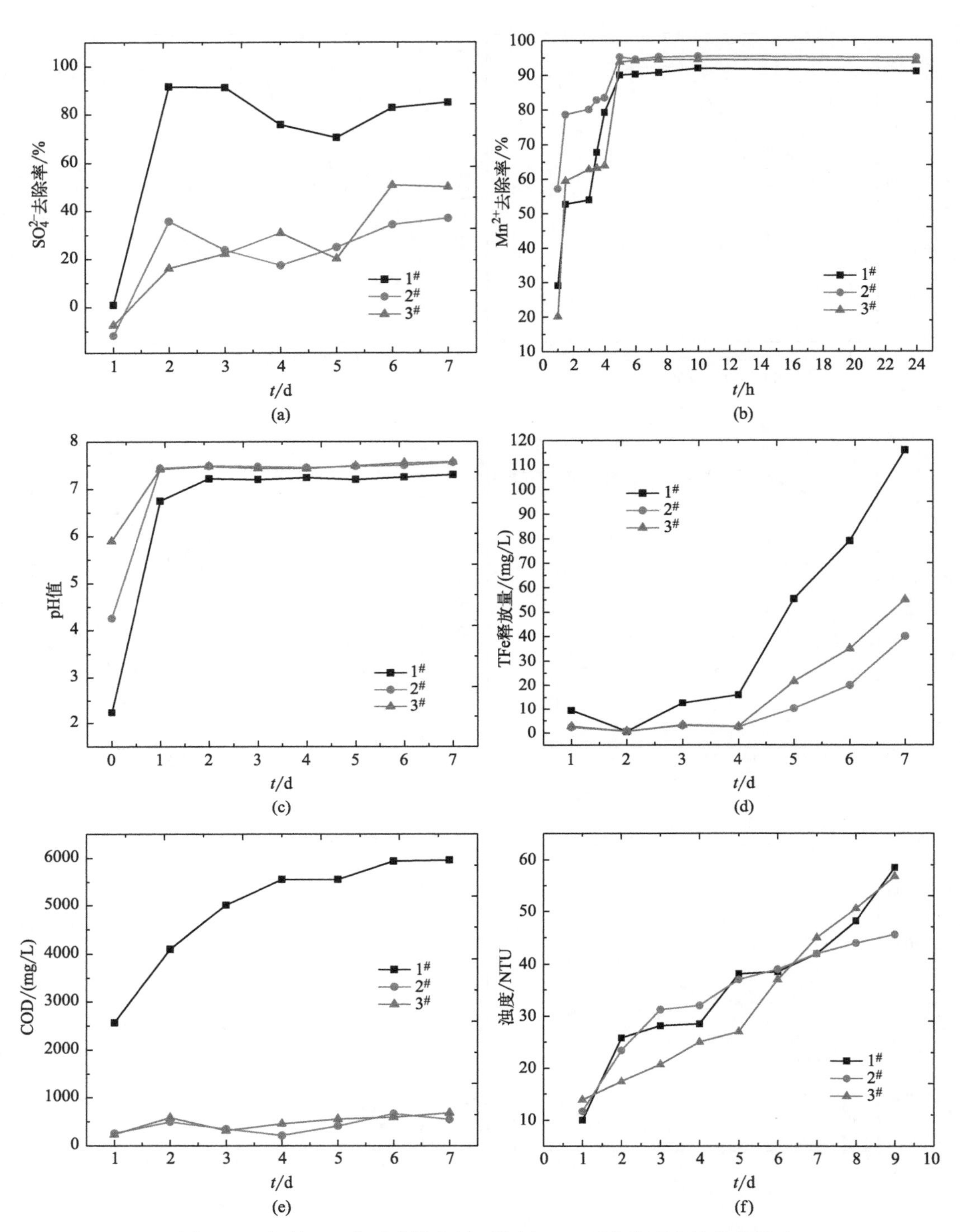

图 7.15 初始 pH 值对改性麦饭石协同 SRB 固定化颗粒性能的影响

天升至 7.5 左右，1# 在第 2 天升至 7.2 左右；之后 2# 和 3# 一直高于 1#，保持平衡。改性麦饭石协同 SRB 固定化颗粒有较好的抗 pH 值冲击能力，并会将溶液 pH 值迅速提升至中性或弱碱性。由于改性麦饭石协同 SRB 固定化颗粒内部的铁屑与麦饭石具有调节pH值的作用，以及SRB在异化还原SO_4^{2-}的过程中能够产生碱度，所以提升了出水pH值。由图7.15(d) 可知，前4d TFe释放量并不高，都低于20mg/L，第5天开始急速上升。1#的TFe释放量最高，第7天可达到117.20mg/L。由于微生物从铁素上获取活性电子以及铁与H^+反应，导致pH值降低，生成较多的阳离子外泄到溶液中。而pH值越大，溶液中的Fe^{2+}越容易被水解氧化成$Fe(OH)_2$、$Fe(OH)_3$等絮凝体，容易造成改性麦饭石协同SRB固定化颗粒孔隙堵塞，一定时间内影响SO_4^{2-}和Mn^{2+}的双向扩散，从而造成曲线波动较大。由图7.15(e) 可知，pH值最低的1#，其COD释放量最高并保持增长，2#及3#位于最低，在1000mg/L以下波动。由于pH值对改性麦饭石协同SRB固定化颗粒内有机物的积累有一定的影响，低pH值有利于促进半纤维素有机质转化成可溶性糖的过程，使1#改性麦饭石协同SRB固定化颗粒内玉米芯降解释放了更多COD。由图7.15(f) 可知，3条曲线整体保持波动上升，变化最大的1#由最低10NTU升至最高59NTU左右。说明pH值越低，造成的浊度越高，主要是因为低pH值对改性麦饭石协同SRB固定化颗粒的腐蚀酸解作用。但由于改性麦饭石协同SRB固定化颗粒具有耐腐蚀性，对pH值为2～6的溶液具有较好的抵抗性，因此浊度相差不大。

(4) XRD分析

将上述几种不同初始污染物处理后的改性麦饭石协同SRB固定化颗粒与原改性麦饭石协同SRB固定化颗粒干燥磨粉，进行XRD物相分析，并进行作图。改性麦饭石协同SRB固定化颗粒主要化学成分如图7.16所示。

由图7.16(a) 可知，改性麦饭石协同SRB固定化颗粒表面有C、H、O、N、Si、Fe、Al等元素。其中，C、O和H等是聚乙烯醇+海藻酸钠凝胶和玉米芯的基本组成元素，Si、Al是麦饭石的组成元素，Fe主要来自铁屑。由图7.16(b) 可知，改性麦饭石协同SRB固定化颗粒经过较低pH值条件下反应后，内部成分发生一定的变化，较低pH值能够氧化改性麦饭石协同SRB固定化颗粒内部金属离子，并加速其分解，导致内部有机物等成分泄漏。从元素角度看，Al的存在是pH值升高的主要原因之一。由图7.16(c) 可知，处理较高浓度Mn^{2+}后的改性麦饭石协同SRB固定化颗粒，内部含锰元素的分子明显增多，说明了改性麦饭石协同SRB固定化颗粒对Mn^{2+}具有吸附作用，同时一些其他元素减少也说明可能发生阳离子置换反应。锰可分解有机物，因此破坏有机物分子结构的现象较明显。由图7.16(d) 可知，处理较高浓度SO_4^{2-}后的改性麦饭石协同SRB固定化颗粒，与原改性麦饭石协同SRB固定化颗粒相比图谱变化较大，内部S元素明显增多。这是因为SO_4^{2-}主要是被SRB异化还原去除，最终生成的硫化物沉淀大部分留于改性麦饭石协同SRB固定化颗粒内。从XRD图谱的分析结果可以看出，改性麦饭石协同SRB固定化颗粒反应前后内部成分变化较大，这种差别说明了改性麦饭石协同SRB固定化颗粒处理污染物时发生了一系列复杂反应，直接影响了出水水质。

(5) SEM分析

本试验用SEM来观察改性麦饭石协同SRB固定化颗粒的微观形貌。同上将处理一

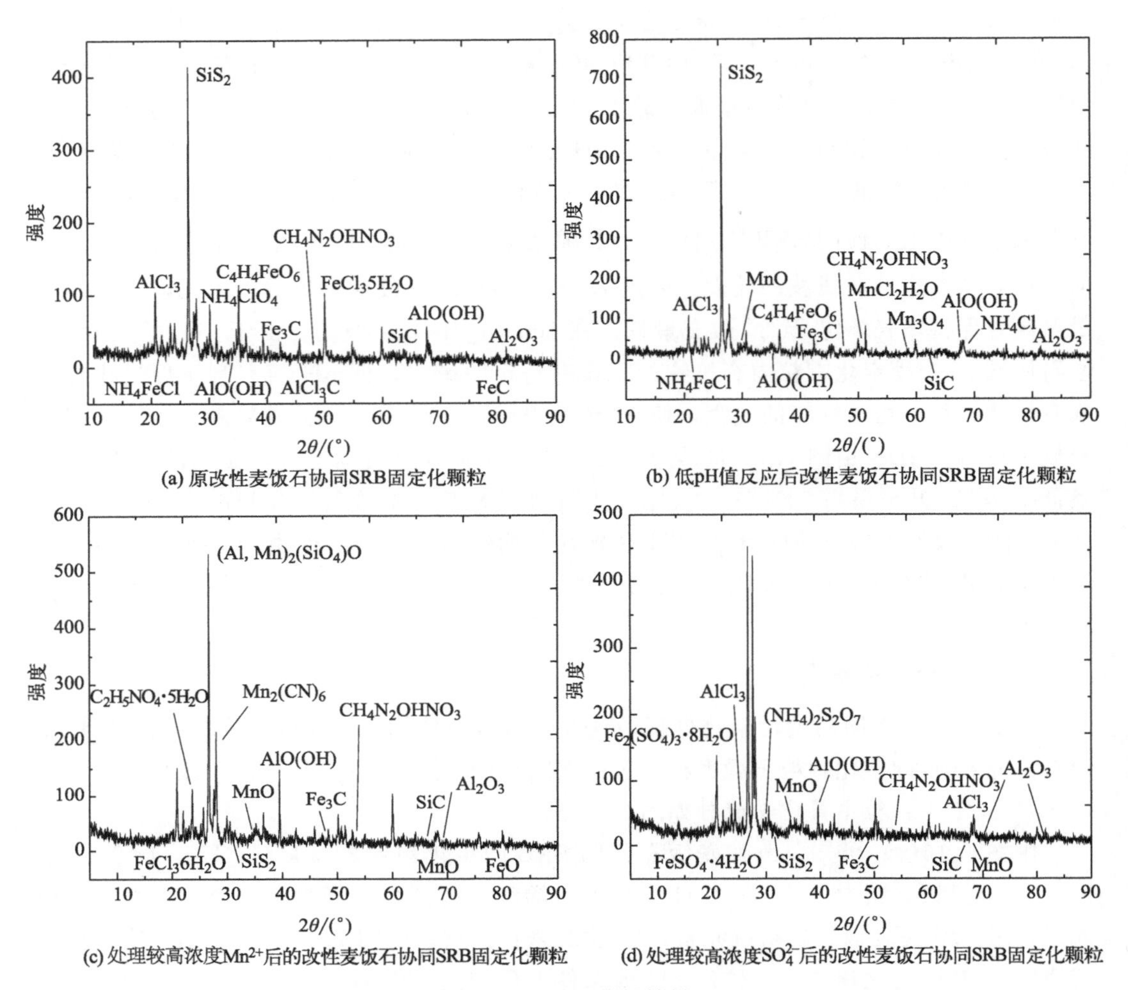

(a) 原改性麦饭石协同SRB固定化颗粒

(b) 低pH值反应后改性麦饭石协同SRB固定化颗粒

(c) 处理较高浓度Mn^{2+}后的改性麦饭石协同SRB固定化颗粒

(d) 处理较高浓度SO_4^{2-}后的改性麦饭石协同SRB固定化颗粒

图 7.16　XRD 分析结果

定浓度污染物后的改性麦饭石协同 SRB 固定化颗粒与原改性麦饭石协同 SRB 固定化颗粒干燥后，进行外表面和内部的结构扫描，得出反映改性麦饭石协同 SRB 固定化颗粒结构特征的电镜图像，如图 7.17 所示。

图 7.17 为原改性麦饭石协同 SRB 固定化颗粒和反应后改性麦饭石协同 SRB 固定化颗粒的外表面和内部的结构成像图，放大倍数 100 倍。图 7.17(a) 表明，原改性麦饭石协同 SRB 固定化颗粒表面质地均匀规整，孔隙畅通，内部孔隙发达，渗透性好，生物活性强。由图 7.17(b) 可知，对比较低 pH 值条件下反应后的改性麦饭石协同 SRB 固定化颗粒与原改性麦饭石协同 SRB 固定化颗粒发现，反应后的颗粒表面质地不均匀，结构松散，一些内含矿物质外漏，内部部分孔隙被破坏，说明酸度对改性麦饭石协同 SRB 固定化颗粒的破坏性较强。虽然改性麦饭石协同 SRB 固定化颗粒对较低酸度有一定的抵抗能力，但仍可导致其基质泄漏及结构损坏，造成出水浊度升高、COD 释放量增大，同时影响 SRB 的生物活性，一定程度抑制了改性麦饭石协同 SRB 固定化颗粒的处理效果。由图 7.17(c) 可知，对比处理较高浓度 Mn^{2+} 后的改性麦饭石协同 SRB

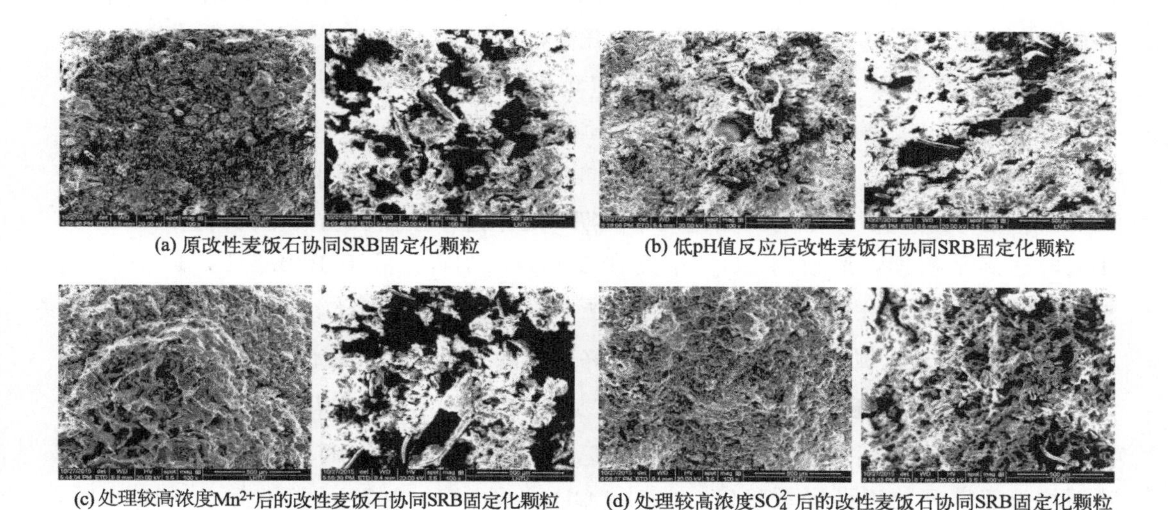

(a) 原改性麦饭石协同SRB固定化颗粒　(b) 低pH值反应后改性麦饭石协同SRB固定化颗粒

(c) 处理较高浓度Mn^{2+}后的改性麦饭石协同SRB固定化颗粒　(d) 处理较高浓度SO_4^{2-}后的改性麦饭石协同SRB固定化颗粒

图7.17　电镜扫描改性麦饭石协同SRB固定化颗粒的结构图

固定化颗粒与原改性麦饭石协同SRB固定化颗粒发现，前者表面结构发生较大变化，出现大范围的类似于结块晶体状的结构形态，部分区域表面孔道变小或堵塞，而内部孔隙仍较发达，无明显变化。说明改性麦饭石协同SRB固定化颗粒对Mn^{2+}的去除主要是表面吸附，并且吸附较为快速，造成表面孔道堵塞，只有很少一部分Mn^{2+}通过向改性麦饭石协同SRB固定化颗粒内部扩散被去除。由图7.17(d)可知，对比处理较高浓度SO_4^{2-}后的改性麦饭石协同SRB固定化颗粒与原改性麦饭石协同SRB固定化颗粒发现，前者表面质地凹凸不均匀，渗透性较差，内部杂质增多，孔隙变小。说明改性麦饭石协同SRB固定化颗粒对SO_4^{2-}的去除在表面和内部同时发生，SO_4^{2-}从外部经孔隙进入内部，主要经生物还原反应被去除，形成的含硫元素产物基本留在内部，造成内部杂质增多，孔隙变小和堵塞。因此，改善改性麦饭石协同SRB固定化颗粒孔隙结构有利于SO_4^{2-}的去除。从SEM结构图的分析结果可以看出，改性麦饭石协同SRB固定化颗粒反应前后结构变化较大，说明了改性麦饭石协同SRB固定化颗粒在去除污染物的过程中发生了一系列的物化及生物反应，这些反应的激烈程度也直接反映了改性麦饭石协同SRB固定化颗粒对水质变化的明显影响。

（6）改性麦饭石协同SRB固定化颗粒动力学分析

为了研究改性麦饭石协同SRB固定化颗粒去除污染物的代谢机理，进一步证明改性麦饭石对改性麦饭石协同SRB固定化颗粒活性的积极影响作用，采用改性麦饭石协同SRB固定化颗粒与未改性麦饭石协同SRB固定化颗粒对SO_4^{2-}还原动力学和Mn^{2+}吸附动力学进行对比试验。按固液比1g/10mL向250mL的具塞锥形瓶中加入20g改性麦饭石协同SRB固定化颗粒及200mL模拟AMD后，将锥形瓶放入30℃、100r/min的恒温摇床内，按计划时间点进行取样并检测SO_4^{2-}、Mn^{2+}浓度。其中1#瓶加入改性麦饭石协同SRB固定化颗粒，2#瓶加入未改性麦饭石协同SRB固定化颗粒。

① SO_4^{2-}还原动力学分析。由图7.18(a)可知，前1h为运行初期，SO_4^{2-}浓度小幅

度下落，由 1016mg/L 下降到 733.3～743.6mg/L。第 2～6 小时为缓冲期，两条曲线开始拉开差距，1# 持续降低，而 2# 小幅升高，直到第 4 小时时开始回落，之后一直略高于 1#，此时 1#、2# 的 SO_4^{2-} 的平均还原速率分别可达到 24.1mg/(L·h) 和 6.225mg/(L·h)。第 6～10 小时为加速期，改性麦饭石协同 SRB 固定化颗粒的 SO_4^{2-} 还原速率明显加快，此时 1#、2# 的 SO_4^{2-} 平均还原速率分别为 82.4mg/(L·h) 和 88.2mg/(L·h)。第 10 小时开始进入平缓期，还原速率减慢但仍具有较高速率，至 24 小时时达到平衡期，溶液内 SO_4^{2-} 浓度在 50mg/L 左右，低于 100mg/L，1#、2# 的 SO_4^{2-} 平均还原速率分别可达到 25.76mg/(L·h) 和 24.81mg/(L·h)。说明改性麦饭石协同 SRB 固定化颗粒对 SO_4^{2-} 达到了较好的去除效果，并且改性麦饭石协同 SRB 固定化颗粒对 SO_4^{2-} 的还原去除效果比含普通麦饭石协同 SRB 固定化颗粒的更好更稳定。与此同时，SO_4^{2-} 的还原伴随着 COD 的升高，第 1～8 小时，COD 浓度急速增高，第 10 小时增长速率开始逐渐平缓稳定，此时 COD 浓度 956～1077mg/L。第 4～10 小时，COD/SO_4^{2-} 值为 0.56～2.51，位于最佳碳硫比范围内，此时溶液环境能够提供给 SRB 充足的碳源和能源，使生物活性达到最佳，SO_4^{2-} 的还原速率最高。COD/SO_4^{2-} 太高，反应受电子受体限制，COD/SO_4^{2-} 值太低，反应受碳源限制。从第 12 小时开始，COD 浓度高于 1000mg/L，SO_4^{2-} 浓度低于 300mg/L，COD/SO_4^{2-} 值较高，SRB 受到竞争性抑制，还原速率有所降低。可以发现，对于 COD 的释放，2# 要略高于 1#，这也导致出水水质相对较差，也间接说明了改性麦饭石的影响。

由图 7.18(b) 可知，1# 和 2# 的 pH 值，第 0～1 小时分别由 4 提升至 6.76 和 6.01，第 2 小时升至 7.04 和 7，之后缓慢上升，基本维持在 7.3 左右。改性麦饭石协同 SRB 固定化颗粒能够提升 pH 值的主要原因有：一是 SRB 在低 pH 值下能产生一定的碱度；二是改性麦饭石协同 SRB 固定化颗粒内含有铁屑和麦饭石，铁屑是碱性材料，内部发生还原反应可以消耗大量的 H^+，提高了出水 pH 值，麦饭石具有良好的 pH 值双向调节能力。1# pH 值稍高于 2#，说明了改性麦饭石对改性麦饭石协同 SRB 固定化颗粒有一定的积极影响。

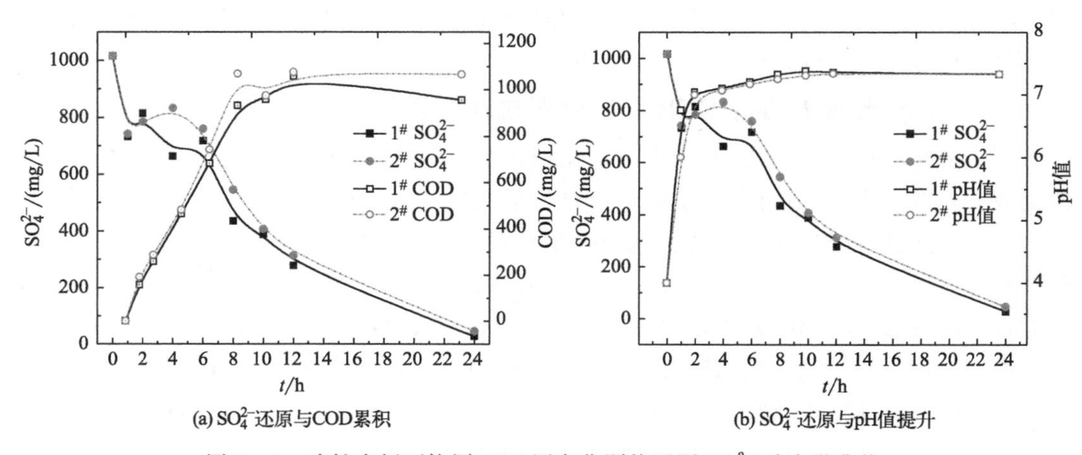

图 7.18　改性麦饭石协同 SRB 固定化颗粒还原 SO_4^{2-} 动力学曲线

研究改性麦饭石协同SRB固定化颗粒对SO_4^{2-}的吸附动力学采用零级反应模型和一级反应模型进行动力学拟合，温度为303K，结果如图7.19和表7.12所示。

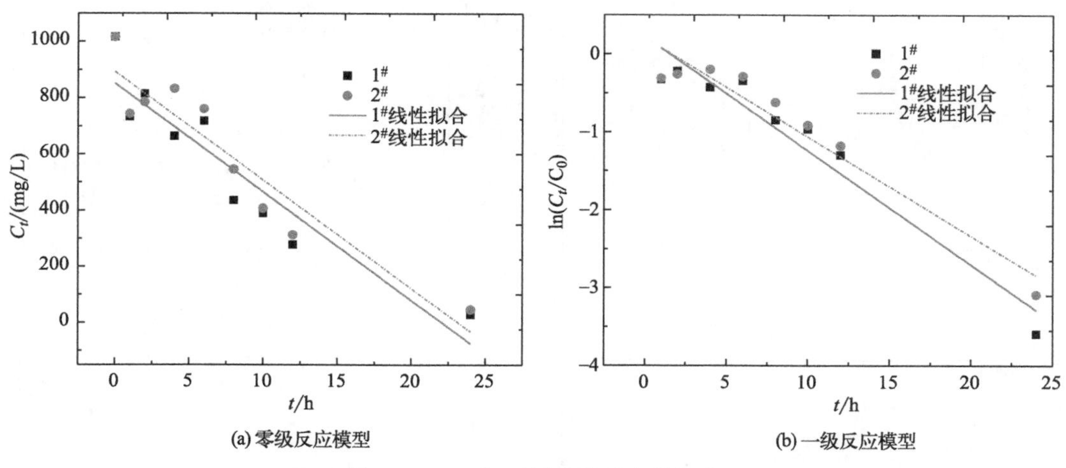

图7.19　SO_4^{2-}还原曲线动力学拟合

表7.12　SO_4^{2-}动力学拟合常数

对象	零级反应		一级反应	
	k_0/[mg/(L·h)]	R^2	k_1/h^{-1}	R^2
1#	38.626	0.88481	0.146	0.93966
2#	38.578	0.89375	0.127	0.93629

由表7.12可知，对于线性拟合相关系数R^2，一级反应模型大于零级反应模型，说明一级反应模型能够更好地描述SO_4^{2-}还原反应过程，其主要是受电子受体的影响。在改性麦饭石协同SRB固定化颗粒中，涉及电子得失的过程就只有在SRB生物反应的过程中才可能具备。所以在改性麦饭石协同SRB固定化颗粒内部SRB被激活的条件下，为提高改性麦饭石协同SRB固定化颗粒对SO_4^{2-}的还原量，就需要改善改性麦饭石协同SRB固定化颗粒内部结构，使溶液中的SO_4^{2-}扩散进入改性麦饭石协同SRB固定化颗粒内，同时增强SRB活性。这种情况下，SRB可以消耗更多的SO_4^{2-}，进而形成一定的浓度梯度差，从而有利于改性麦饭石协同SRB固定化颗粒外部的污染物向内部扩散，产生了良性循环。零级反应模型的速率常数k_0，1#略大于2#，说明了1#的SO_4^{2-}还原速率大于2#；一级反应模型的速率常数k_1，1#>2#，说明了1#使SO_4^{2-}降低到一定浓度的时间要少于2#。这都表明改性麦饭石对于改性麦饭石协同SRB固定化颗粒还原SO_4^{2-}的促进作用要优于普通麦饭石。

② Mn^{2+}吸附动力学分析。分别采用拟一级动力学模型、拟二级动力学模型、Elovich动力学模型和Weber内扩散模型研究改性麦饭石协同SRB固定化颗粒对Mn^{2+}的吸附动力学。拟合曲线如图7.20所示，结果见表7.13。

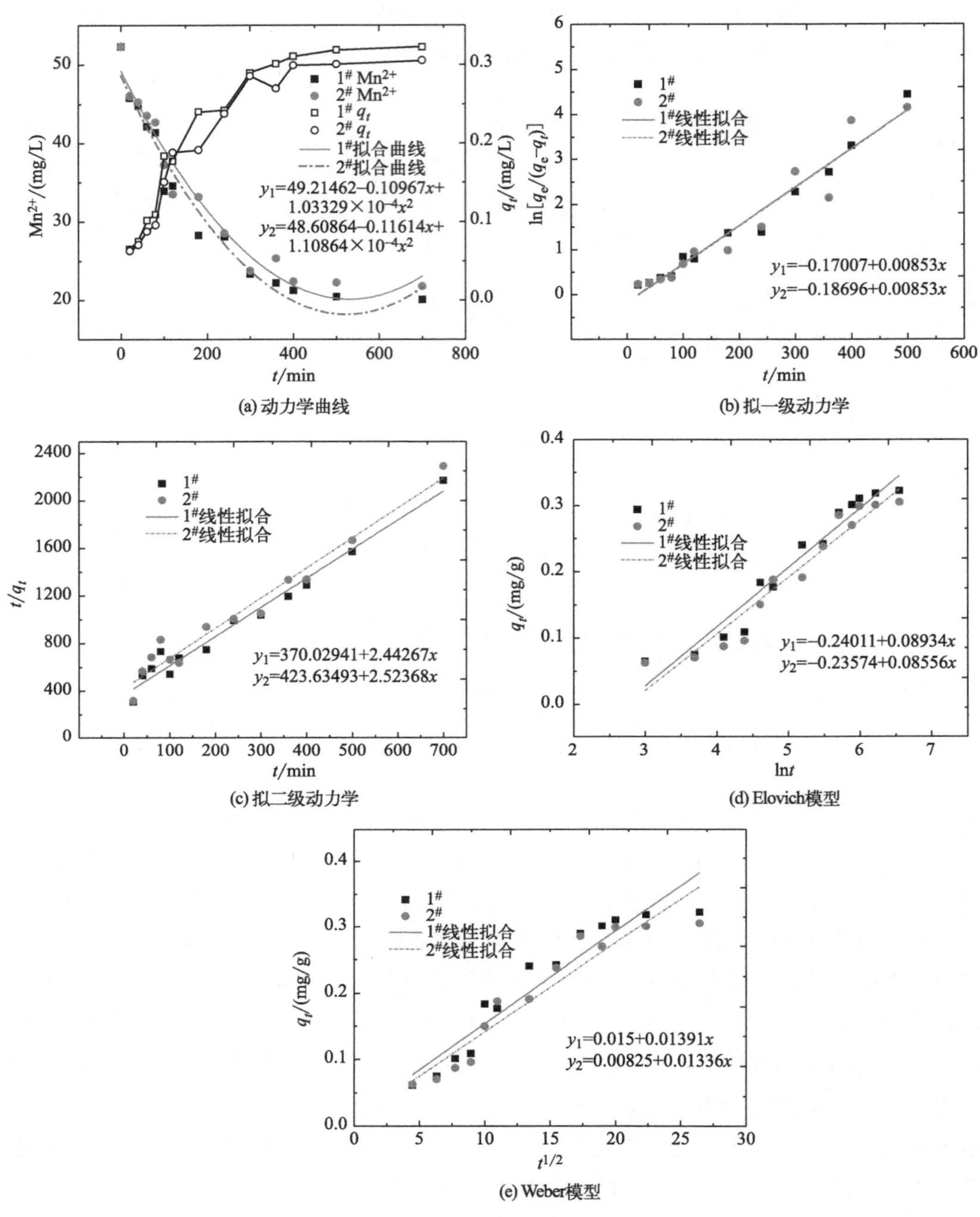

图 7.20 Mn^{2+} 的吸附曲线

表 7.13 改性麦饭石协同 SRB 固定化颗粒吸附 Mn^{2+} 动力学参数

对象	$q_{e,exp}$	拟一级动力学			拟二级动力学			Elovich 模型		
		$q_{e,cal}$	k_1	R^2	$q_{e,cal}$	k_2	R^2	a	b	R^2
1#	0.322	0.940	0.009	0.971	0.409	0.016	0.974	−0.240	0.089	0.948
2#	0.305	0.737	0.009	0.933	0.396	0.015	0.961	−0.236	0.086	0.934

应用Lagergren拟一级动力学方程来描述吸附动力学过程，将不同改性麦饭石协同SRB固定化颗粒对Mn^{2+}吸附量作$t\sim\ln[q_e/(q_e-q_t)]$动力学拟合图，见如图7.20(b)。应用McKay拟二级模型来描述吸附动力学过程，将不同改性麦饭石协同SRB固定化颗粒对Mn^{2+}吸附量作$t\sim(t/q_t)$动力学拟合图，见图7.20(c)。利用Elovich吸附动力学模型将改性麦饭石协同SRB固定化颗粒对Mn^{2+}吸附量作$\ln t\sim q_t$动力学拟合图，见图7.20(d)。利用Weber内扩散动力学模型将改性麦饭石协同SRB固定化颗粒对Mn^{2+}吸附量作$t^{1/2}\sim q_t$动力学拟合图，见图7.20(e)。

由表7.13可知，1#和2#的吸附动力学常数k_1相同，说明不同改性麦饭石协同SRB固定化颗粒对Mn^{2+}的吸附达到平衡的时间相同。对于相关系数R^2，1#大于0.95，略大于2#，说明1#吻合度更好。拟一级动力学模型被大范围地应用于描述各种试验的吸附过程，但它也有一定制约。因为拟一级线性图作图前必须要得到q_e值，但在实际中不能准确测得q_e值，所以拟一级动力学模型往往只可以应用在对吸附过程初始阶段动力学的解释，因此其并不能精确地描述吸附全过程。

由表7.13可知，1#和2#的吸附动力学常数k_2几乎相同，这也同样说明不同改性麦饭石协同SRB固定化颗粒对Mn^{2+}的吸附达到平衡的时间相同。对于相关系数R^2，1#略大于2#，都大于0.95，相对于拟一级动力学模型，拟二级动力学模型相关性较好，说明拟二级动力学模型更能如实地反映出改性麦饭石协同SRB固定化颗粒吸附Mn^{2+}的机理。初始吸附率$h_1>h_2$，说明改性麦饭石相对于普通麦饭石是有一定促进改性麦饭石协同SRB固定化颗粒对Mn^{2+}吸附作用的，这可能是因为改性麦饭石对于改性麦饭石协同SRB固定化颗粒表面结构有积极的影响。比较表7.13中几种模型对改性麦饭石协同SRB固定化颗粒吸附Mn^{2+}的动力学描述，发现拟二级动力学模型的相关系数R^2相对较高，因此拟二级动力学模型能够更好地描述改性麦饭石协同SRB固定化颗粒对Mn^{2+}的吸附行为。这说明改性麦饭石协同SRB固定化颗粒对Mn^{2+}的吸附主要是一种由化学反应控制的过程，其影响要高于传质步骤控制的影响。由于改性麦饭石协同SRB固定化颗粒对Mn^{2+}的吸附是快速发生的，则大部分吸附过程很可能发生在改性麦饭石协同SRB固定化颗粒表面的发达孔隙内，一小部分则是通过孔隙进入改性麦饭石协同SRB固定化颗粒内部被去除。

Elovich动力学方程描述了吸附速率随改性麦饭石协同SRB固定化颗粒表面吸附量的增大而呈指数下降的过程。由于拟一级动力学模型及拟二级动力学模型是用来描述离子向改性麦饭石协同SRB固定化颗粒内部扩散的过程的，常温下离子在其内部扩散可以忽略，因此，改性麦饭石协同SRB固定化颗粒对Mn^{2+}的吸附为表面吸附。由表7.13可知，相关系数R^2较大，说明线性相关度较高，1#大于2#，说明含有改性麦饭石的改性麦饭石协同SRB固定化颗粒相对于含有普通麦饭石的更符合模型，表面吸附的现象更明显。

由图7.20(e)可知，Weber内扩散模型拟合图直线不过原点，说明吸附不可能只由内扩散控制。所以可以推断，改性麦饭石协同SRB固定化颗粒对Mn^{2+}的吸附速率是由内扩散和膜扩散共同控制的。

综上，一级反应模型和拟二级动力学模型分别能够很好地描述改性麦饭石协同

SRB 固定化颗粒的 SO_4^{2-} 还原反应过程及 Mn^{2+} 吸附机理。

(7) 改性麦饭石协同 SRB 固定化颗粒吸附容量分析

在 200mL、浓度为 90mg/L 的 $MnSO_4$ 溶液中分别加入 3g、5g、10g、15g、20g、25g 改性麦饭石协同 SRB 固定化颗粒，密封放置在 30℃、100r/min 的恒温摇床内，充分吸附 48h 后，测定剩余 Mn^{2+} 的浓度，计算单位质量改性麦饭石协同 SRB 固定化颗粒对 Mn^{2+} 的吸附量。其中，1# 瓶中加入改性麦饭石协同 SRB 固定化颗粒，2# 瓶中加入未改性麦饭石协同 SRB 固定化颗粒。按 Langmuir 和 Freundlich 式作改性麦饭石协同 SRB 固定化颗粒对 Mn^{2+} 的吸附等温拟合，温度为 303K，如图 7.21 所示，结果见表 7.14。

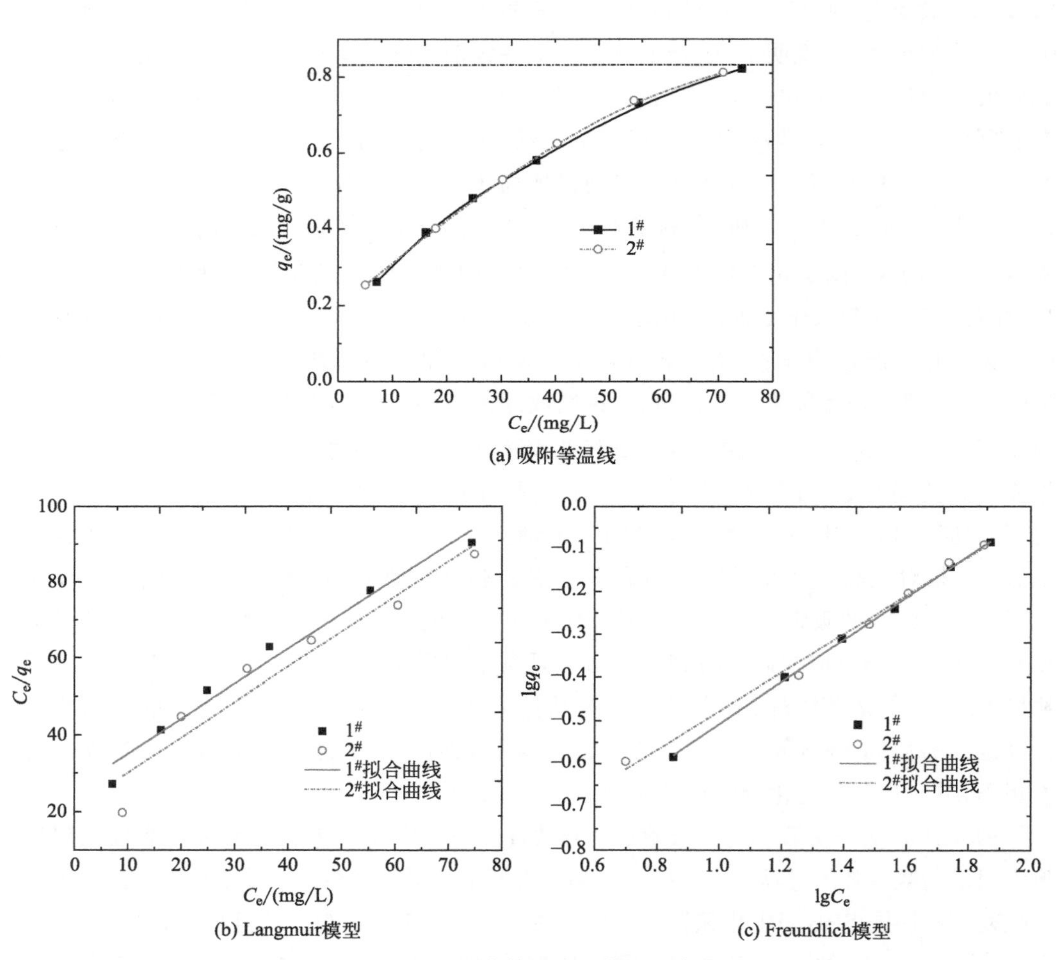

图 7.21 吸附等温线及模型拟合

表 7.14 吸附等温学拟合常数

对象	$q_{e,exp}$	Langmuir 模型			Freundlich 模型		
		q_{max}	b	R^2	$1/n$	k	R^2
1#	0.830	1.094	0.035	0.977	0.489	0.103	0.991
2#	0.822	1.116	0.042	0.934	0.448	0.119	0.989

由图7.21(a)可知，改性麦饭石协同SRB固定化颗粒对Mn^{2+}的平衡吸附量随平衡浓度的增加而增加，吸附等温线属于Ⅰ型吸附等温线，吸附速率的增速逐渐平缓，达到顶部时可接近改性麦饭石协同SRB固定化颗粒对Mn^{2+}的吸附量$q_{e,exp}$。图7.21(b)及(c)分别为Langmuir与Freundlich模型对吸附曲线的拟合图，由表7.14可知，改性麦饭石协同SRB固定化颗粒吸附Mn^{2+}的Langmuir模型和Freundlich模型的线性相关系数R^2（0.977、0.991）都大于0.95，相关性较高，说明改性麦饭石协同SRB固定化颗粒表面对Mn^{2+}的吸附主要是通过在某些活性基团上发生物理化学作用而进行的单层吸附，且1#>2#。其中对于改性麦饭石协同SRB固定化颗粒，由Freundlich模型拟合结果可知，$1/n$为0.489，<0.5，说明改性麦饭石协同SRB固定化颗粒具有能够快速吸附溶液中Mn^{2+}的能力；由Langmuir模型拟合结果可知吸附量的最大理论计算值为1.094mg/g，远大于改性麦饭石协同SRB固定化颗粒在AMD条件下0.409mg/g的吸附量，说明AMD中阳离子间存在竞争吸附，对Mn^{2+}的吸附产生较大影响。同时，在只含有Mn^{2+}的溶液与多种阳离子共存的AMD溶液条件下的改性麦饭石协同SRB固定化颗粒吸附量最大理论值差，1#要小于2#（0.685<0.720），说明了在改性麦饭石条件下，阳离子间竞争吸附的影响要稍小于普通麦饭石。

综上所述，改性麦饭石协同SRB固定化颗粒对不同污染负荷（SO_4^{2-}、Mn^{2+}、pH值）的AMD的响应规律表明：高浓度SO_4^{2-}会抑制SRB代谢作用，改性麦饭石协同SRB固定化颗粒对低浓度SO_4^{2-}的污染负荷处理效果更好；初始Mn^{2+}浓度对改性麦饭石协同SRB固定化颗粒的代谢性能的影响较小，SRB能够较好地抵抗不同浓度Mn^{2+}对其活性的抑制；改性麦饭石协同SRB固定化颗粒具有较好的抗溶液pH值冲击的能力。XRD和SEM分析结果显示，改性麦饭石协同SRB固定化颗粒经反应前后内部成分和内外结构变化较大，改性麦饭石协同SRB固定化颗粒在净化水质的过程中发生了一系列复杂反应。改性麦饭石协同SRB固定化颗粒的动力学研究表明：一级反应模型能够很好地描述SO_4^{2-}还原反应过程，改性麦饭石对于改性麦饭石协同SRB固定化颗粒还原SO_4^{2-}的促进作用要优于普通麦饭石；拟二级动力学模型能够更好地描述改性麦饭石协同SRB固定化颗粒对Mn^{2+}的吸附行为，多为表面吸附，改性麦饭石协同SRB固定化颗粒对Mn^{2+}的吸附速率是由内扩散和膜扩散共同控制的，改性麦饭石相对于普通麦饭石能更好地促进改性麦饭石协同SRB固定化颗粒对Mn^{2+}吸附。改性麦饭石协同SRB固定化颗粒的吸附容量研究表明：改性麦饭石协同SRB固定化颗粒对Mn^{2+}的平衡吸附量随平衡浓度的增加而增加，吸附等温线属于Ⅰ型吸附等温线，吸附量最大理论计算值为1.094mg/g。改性麦饭石协同SRB固定化颗粒具有快速吸附溶液中Mn^{2+}的能力，同时改性麦饭石条件下阳离子间竞争吸附的影响要小于普通麦饭石。

7.3　改性麦饭石协同SRB固定化颗粒协同PRB系统处理矿山酸性废水研究

试验动态柱采用高150mm、内径60mm的圆柱形有机玻璃管，内部基质填料从下至上为高 10mm 粒径 3～5mm 石英砂层、高 20mm 改性麦饭石协同 SRB 固定化颗粒层、高 10mm 粒径 3～5mm 石英砂层，进水采用自下而上的连续运行方式，进水量用蠕动泵和流量计调节控制。固液比为 2∶11。试验装置如图 7.22 所示。

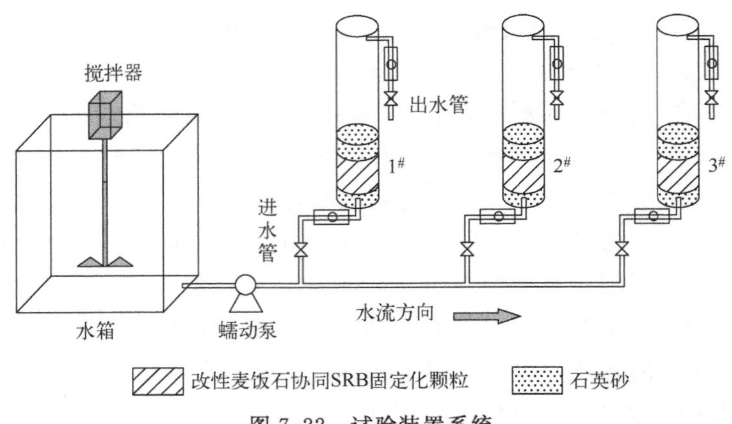

图 7.22　试验装置系统

设置 3 组动态柱，按不同水力负荷及水力停留时间分为 1#、2#、3# 动态柱，如表 7.15 所列。试验分为两阶段进行，第一阶段采用低浓度水样，第二阶段提高污染负荷，采用高浓度水样，如表 7.16 所列。试验温度 (28±4)℃，每天定时取样进行水质监测，结果如图 7.23 所示。

表 7.15　动态试验运行工况

组别	1#	2#	3#
水力负荷/[$m^3/(m^2 \cdot d)$]	0.255	0.127	0.085
水力停留时间/h	12.24	22.6	32.495

表 7.16　试验水样污染负荷

阶段	SO_4^{2-}浓度/(mg/L)	Mn^{2+}浓度/(mg/L)	Mg^{2+}浓度/(mg/L)	Ca^{2+}浓度/(mg/L)	pH 值
第一阶段	738±78	6.9±0.4	50	100	3.95±0.22
第二阶段	2657±96	13.33±1.75	50	100	3.95±0.22

由图 7.23(a) 可知，第一阶段进水 SO_4^{2-} 浓度在 (738±78)mg/L，3 条曲线伴随波动小幅上升，从 14%～22%达到 65%～79%。一定的水力负荷对改性麦饭石协同 SRB 固定化颗粒产生冲击，造成曲线波动较大。此时 COD 释放量也处于较高水平，有机物的积累增强了 SRB 的活性，保证了去除率曲线的上升趋势。当 COD/SO_4^{2-} 值≥0.5 时，充足的能源和适宜的碳硫比增强了 SRB 的活性，SO_4^{2-} 还原率最高。3# 曲线基本处于最上端，说明适当增加水力停留时间可加快改性麦饭石协同 SRB 固定化颗粒 SO_4^{2-} 还原速率。第 17 天，第二阶段进水 SO_4^{2-} 浓度在 (2657±96)mg/L，之后 SO_4^{2-} 还原速率开始急速下降。早期 1# 急速下降到最低，3# 由于水力停留时间最长处于最高，2#

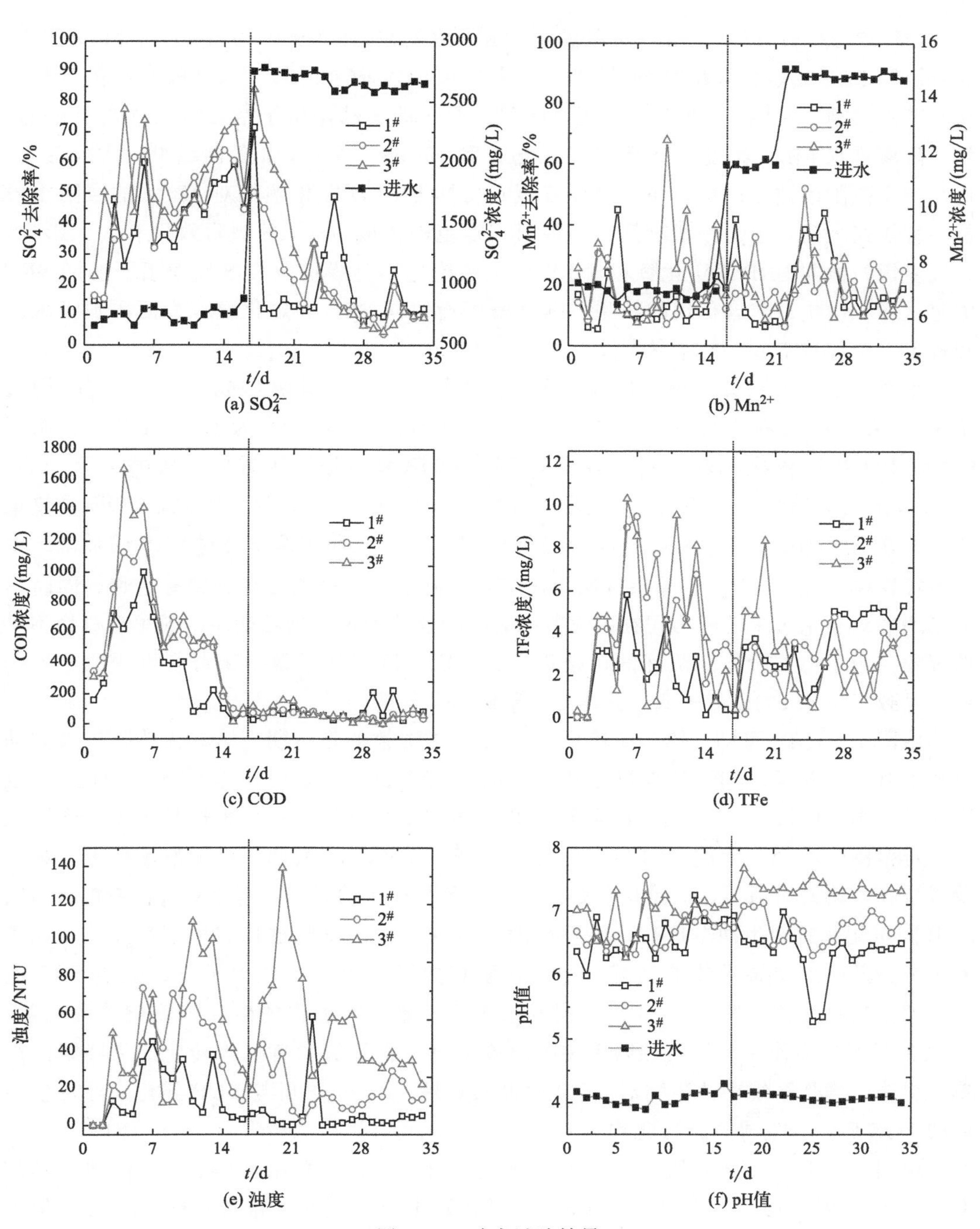

图 7.23 动态试验结果

次之。此时COD释放量已降到最低，<100mg/L，有机物释放量的减少已经影响到了SRB的活性及其对SO_4^{2-}的去除效果，后期SO_4^{2-}还原率下降到最低水平，10%左右。3#由于前期活性较高，消耗了大量的有机物，后期有机物不足，使其SO_4^{2-}还原率降低。第二阶段开始溶液中Mn^{2+}过高而直接抑制了SRB的活性，导致SO_4^{2-}还原率快速

降低。

由图 7.23(b) 可知，第一阶段进水 Mn^{2+} 浓度在（6.9±0.4)mg/L，此时改性麦饭石协同 SRB 固定化颗粒对 Mn^{2+} 的去除率为 6.17%～67.9%，3 条曲线基本在 10%～50%范围波动，后期 3# 去除效果相对明显。曲线的波动是由于水力负荷冲击造成的。第二阶段进水 Mn^{2+} 浓度提升至 11.50mg/L 和 15mg/L 左右，3 条曲线没有太大变化，仍在一定范围内波动，这说明了改性麦饭石协同 SRB 固定化颗粒对 Mn^{2+} 的吸附主要是一种快速吸附，水力停留时间并不能对一定范围浓度 Mn^{2+} 的吸附效果有太大影响。改性麦饭石协同 SRB 固定化颗粒对 Mn^{2+} 的吸附主要是膜扩散和改性麦饭石协同 SRB 固定化颗粒内扩散综合作用的结果，改性麦饭石协同 SRB 固定化颗粒表面出现吸附饱和现象，会导致 Mn^{2+} 去除率降低。

由图 7.23(c) 可知，第一阶段进水各污染指标较低，早期 COD 释放量快速升高。第 4～6 天，3# 最高达到 1067mg/L，2# 次之为 1210mg/L，1# 为 1001mg/L，说明了 3 组微生物活性依次减弱，此时对应的 SO_4^{2-} 去除率也是依次减弱。从第 7 天开始，COD 释放量开始波动下降，第 15 天降至最低，＜100mg/L。第二阶段，COD 释放量仍保持在低于 100mg/L 的水平，COD/SO_4^{2-} 值较小，说明碳源不足对 SRB 的活性产生了消极影响，此时 SO_4^{2-} 去除率开始快速下降。由于改性麦饭石可分解有机物，同时早期微生物对包括玉米芯和污泥在内含有的有机物快速消耗，到后期便出现了有机物不足的现象。由于第二阶段高浓度的污染指标，一定程度抑制了微生物对有机物的分解作用，导致了出水 COD 值较低，并未产生新的污染问题。

由图 7.23(d) 可知，第一阶段早期 TFe 经过短暂的延滞期，第 3 天伴随较大波动急速上升，第 6 天，TFe 释放量达到最高的 10.28mg/L，之后在 1.83～9.51mg/L 范围波动。第二阶段，3# 突然急速上升至 8.35mg/L 后回落，之后 3 条曲线相互交叉且在一定范围内波动，后期 1# 曲线升至最高，2# 次之，3# 最低。对于波动范围，第一阶段较大，第二阶段较小。这应该是一定水力负荷产生的影响，水流对改性麦饭石协同 SRB 固定化颗粒产生冲击负荷，并且早期大量铁元素可以通过孔隙快速释放，后期铁元素减少及孔隙堵塞导致波动减小。铁元素有如下作用：a. 铁离子可以提供 SRB 电子，增强生物活性；b. 产生碱度，提高 pH 值，益于微生物的生存与污染物的去除；c. 铁素具有还原作用，可使难以生物降解或不可生物降解的有机物转化成易降解的简单有机物，增强系统中微生物对 COD 的去除效果；d. Fe^{2+} 可与 SRB 异化还原反应生成的 H_2S 反应，生成金属硫化物。

由图 7.23(e) 可知，第一阶段浊度逐渐上升，受水力负荷影响，3 条曲线波动较大，3# 最高可达到 111NTU。后期 3 条曲线出现下降，1# 位于最低，＜10NTU。第二阶段，3# 突然增高后迅速回落，但仍高于其他两条曲线，2# 次之，1# 仍在最低。后期 3 条曲线保持稳定。浊度曲线出现 3#＞2#＞1# 的规律，说明浊度大小与水力停留时间成呈相关关系。浊度的产生基本是由改性麦饭石协同 SRB 固定化颗粒释放的小粒径物质导致的，受水力负荷的冲击及水力停留时间的影响，改性麦饭石协同 SRB 固定化颗粒体表面出现部分分解，内部细小物质通过改性麦饭石协同 SRB 固定化颗粒孔隙外泄等。浊度较大影响出水质量，过于严重会产生二次污染问题。但 3 组改性麦饭石协同

SRB 固定化颗粒后期出水基本小于 30NTU，最低接近零，说明本改性麦饭石协同 SRB 固定化颗粒结构稳定，浊度不会造成新的污染。

由图 7.23(f) 可知，第一阶段 pH 值波动较大，进水 pH 值在 3.95±0.22 范围内时，改性麦饭石协同 SRB 固定化颗粒的提升能力较大，可到达 6.26～7.32，后期 3# 升至最高。第二阶段开始，pH 值波动相对较小，维持在 6.24～7.45 范围内，并且 3#>2#>1#，说明水力停留时间与 pH 值呈正相关关系。pH 值是影响微生物活性的关键因素之一，适当的 pH 值可以促进微生物的生长，增强其活性，同时 pH 值也影响着生物反应及化学反应的进行。对于 pH 值大小的影响，主要有以下几点：a. 铁屑的提升作用；b. 麦饭石的双向调节作用；c. SRB 在生物化学反应中对 H^+ 的消耗，提升了 pH 值；d. 水解微生物对玉米芯的水解反应会产生有机酸，降低 pH 值。

最后阶段，pH 值维持在 5.90～7.65，出水 pH 值达到规范要求。

综上所述，Mn^{2+} 对 SRB 的抑制影响了 SO_4^{2-} 还原率，同时 COD/SO_4^{2-} 值是 SO_4^{2-} 还原率的一个主要影响因素，改性麦饭石协同 SRB 固定化颗粒对 Mn^{2+} 的吸附主要是一种快速吸附。出水 pH 接近中性或弱碱性，水力停留时间与 pH 值呈正相关关系；浊度容易受水力负荷和水力停留时间的影响。COD、TFe 和浊度释放指标较低，并不会产生新的污染问题。改性麦饭石协同 SRB 固定化颗粒对 AMD 具有较好的处理效果，该方法具有一定的可行性和有效性。

第8章

铁系材料强化SRB固定化颗粒制备技术及其处理矿山酸性废水研究

AMD存在污染严重、处理难度大、处理成本高等问题，SRB处理AMD时SRB的代谢活性易受低pH值和高浓度重金属离子的影响，且与体系内COD/SO_4^{2-}值呈一定正相关关系。因此，为使SRB能更好地大规模应用于AMD处理，必须寻求一种可迅速提升体系pH值、沉淀重金属离子的活性物质。基于SRB能够还原硫酸盐、沉淀重金属离子的特点以及铁系材料能够吸附还原重金属离子、高效释氢等特性，选用磁性纳米Fe_3O_4（nFe_3O_4）、纳米零价铁（nano zero valent iron，NZVI）、零价铁屑（zero valent scrap iron，ZVSI）三种铁系材料，采用微生物固定化技术，分别与SRB菌液混合，以玉米芯作为生物碳源，开展单因素和正交试验，制备nFe_3O_4-SRB、NZVI-SRB、ZVSI-SRB固定化颗粒，考察SRB与三种铁系材料协同作用对AMD中特征污染物的去除效果，并利用相关还原和吸附动力学模型及吸附等温曲线对单一污染物离子去除过程进行拟合，对比分析颗粒对特征污染物去除的反应速率及相关机理。最后，将3种铁系颗粒填充于模拟原位处理AMD的装置中，进一步考察其在实际工程应用中的可行性和有效性。在动态试验后期，通过再生技术手段对处理效率不高的颗粒进行再生回用，以延长颗粒的使用寿命，降低工程应用成本。最后，利用EDS、XRD、SEM进行仪器表征分析，揭示3种铁系颗粒在去除污染物过程中内在成分物相及颗粒内部结构的变化，深入揭示纳米氧化物材料、纳米零价金属材料、常规零价金属材料与微生物的交互影响作用及其协同处理污染物的相关机理，以期为处理AMD提供新材料和新方法。

8.1 铁系颗粒成分配比单因素试验

铁系材料强化SRB固定化颗粒的制备方法如下。称取质量分数为9%的聚乙烯醇和1%的海藻酸钠溶于蒸馏水中，室温下密封放置，至24h后达到充分溶胀，放入恒温水浴锅内，在90℃下加热1.5h，并持续搅拌至无气泡状态。试验所用ZVSI取自学校金工实训工厂车间，经研磨筛分后取粒径100目的ZVSI，用0.1mol/L盐酸和无菌去离子水对其进行浸泡清洗，以去除表面附着的油污和氧化膜。洗净后利用真空干燥箱进行烘干，密封备用。试验所用NZVI、nFe_3O_4均购自北京德科岛金科技有限公司，粒径为100nm，纯度为99.99%。将相应规格的铁系材料和玉米芯粉分别缓慢加入凝胶中，充分搅拌均匀后取出，室温下密封冷却至(37±1)℃。将驯化培养的SRB菌液经离心机以3000r/min的转速进行离心，10min后取出倒掉上清液，称取下层浓缩菌液加入准备好的凝胶混合物中，搅拌均匀。利用蠕动泵吸取凝胶混合物，直接滴入pH=6的2% $CaCl_2$饱和硼酸溶液中，其间利用搅拌器以100r/min的搅拌速率进行交联。4h后取出颗粒，用0.9%的生理盐水进行冲洗，再吸干表面水分，往复3遍。铁系颗粒模拟处理AMD前，在厌氧环境下用无有机成分的改进型Starkey式培养基激活12h。其中，模拟AMD依据当地矿区企业排放的AMD中污染物浓度范围配制，模拟AMD水质指标为：pH=4.0、SO_4^{2-}浓度为816mg/L、Cr(Ⅵ)浓度为10mg/L、Cr^{3+}浓度为20mg/L、Ca^{2+}浓度为100mg/L、Mg^{2+}浓度为50mg/L。

(1) SRB投加量的确定

按上述SRB固定化颗粒制备方法，在混合物凝胶中投加质量分数为5%的200目玉米芯，搅拌均匀后冷却至室温。而后加入质量分数分别为10%、20%、30%、40%、50%的浓缩SRB菌液，充分搅拌均匀，用于制备1#、2#、3#、4#、5#颗粒。按固液比1g/10mL将5种颗粒分别投加到等量AMD中，每日定时取样，测定特征污染物去除率及控制污染物释放量。

如图8.1所示，随着反应进行，SO_4^{2-}浓度缓慢下降，去除率缓慢上升。对比5种颗粒，SO_4^{2-}平均去除率分别为45.44%、55.72%、65.61%、57.09%、53.04%，去除率大小顺序为3#>4#>2#>5#>1#。这表明SRB异化还原SO_4^{2-}的能力受SRB投加量的影响。当SRB投加量较低时，过少的菌种不能很好地适应强酸环境对其活性的抑制，故SRB异化还原SO_4^{2-}能力下降。而当SRB投加量过大时，由于菌群内部菌种存

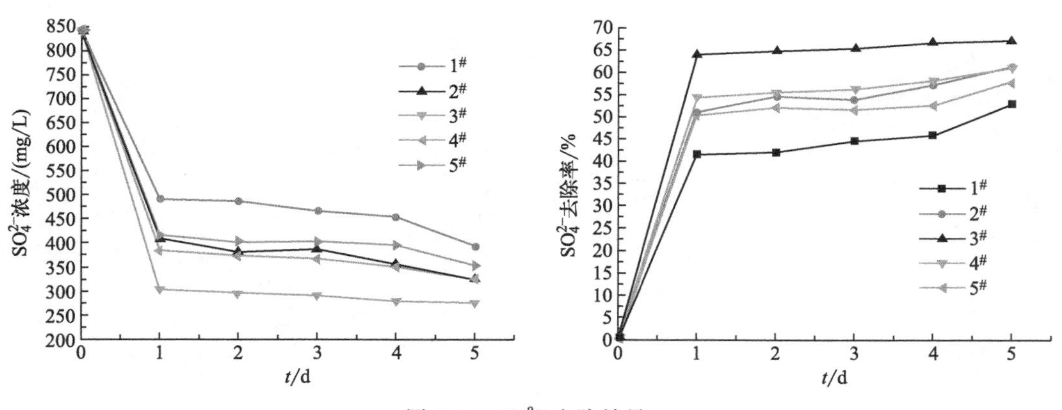

图8.1 SO_4^{2-}去除效果

在竞争生长关系，过多的菌种会使这种竞争关系更为显著，致使一部分 SRB 活性下降，进而影响 SO_4^{2-} 去除效果。

如图 8.2 所示，随着反应进行，Cr(Ⅵ) 浓度显著下降，去除率明显提升。对比 5 种颗粒，Cr(Ⅵ) 平均去除率分别为 72.86%、71.14%、73.01%、71.00%、70.75%，去除率大小顺序为 3# >1# >2# >4# >5#。这是由于当 SRB 投加量较少时，Cr(Ⅵ) 对 SRB 毒害作用较强，进而使得 SRB 还原沉淀 Cr(Ⅵ) 能力减弱，故 1#、2# 颗粒对 Cr(Ⅵ) 去除效果较差。而当 SRB 投加量较高时，由于菌种间存在竞争关系，SRB 活性受到抑制，Cr(Ⅵ) 生物沉淀作用及胞外聚合物吸附 Cr(Ⅵ) 能力减弱，故 4#、5# 颗粒的 Cr(Ⅵ) 去除率处于较低水平。

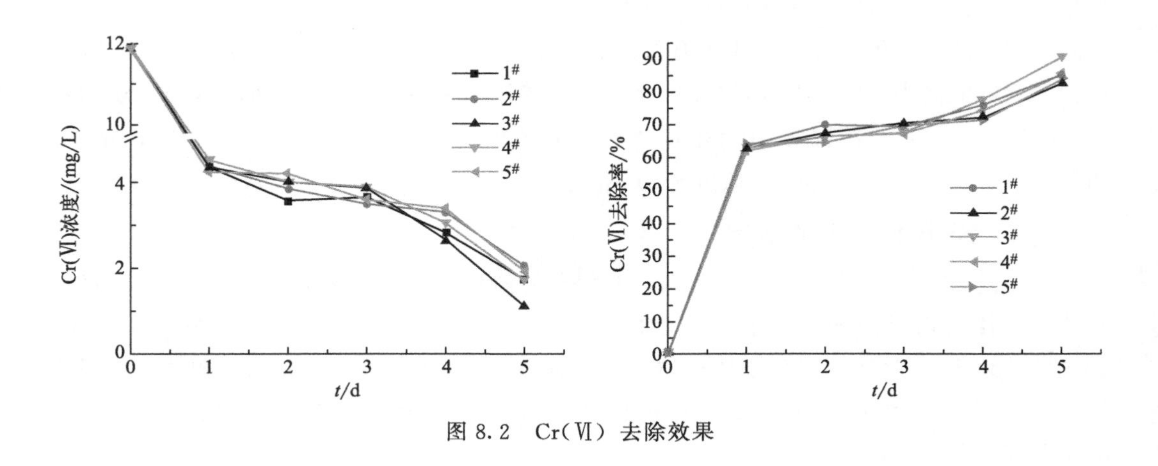

图 8.2 Cr(Ⅵ) 去除效果

如图 8.3 所示，随着反应进行，Cr^{3+} 浓度显著下降，去除率明显提升。5 种颗粒对 Cr^{3+} 的平均去除率分别为 12.44%、15.52%、20.24%、17.42% 和 18.40%，去除率大小顺序为 3# >5# >4# >2# >1#。Cr^{3+} 平均去除率仅为 20%左右，这是由于废水中除已存在的 Cr^{3+} 外，Cr(Ⅵ) 可被某些还原性材料及微生物还原为 Cr^{3+}，致使 Cr^{3+} 浓度高于初始浓度，故去除效果不佳。对比 5 种颗粒，当 SRB 投加量较少时，因其异

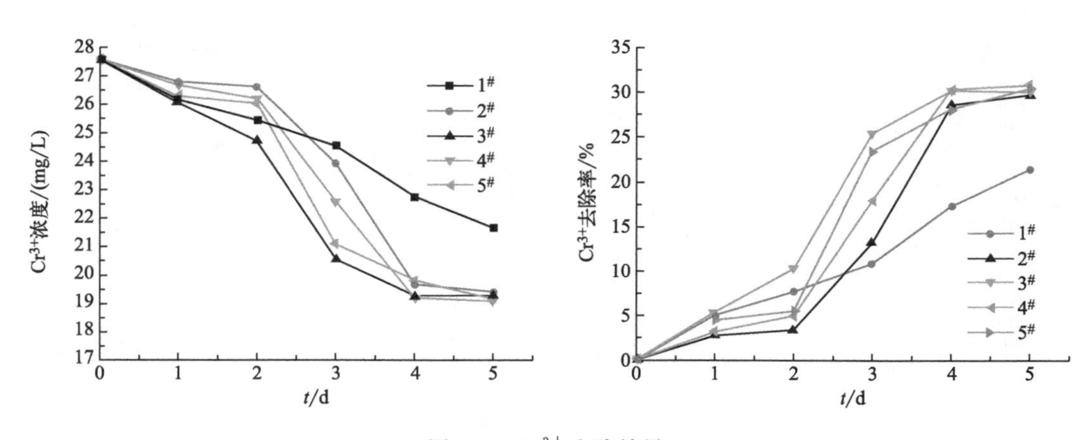

图 8.3 Cr^{3+} 去除效果

化还原SO_4^{2-}能力较弱，Cr^{3+}生物沉淀作用及胞外聚合物吸附能力下降，故去除率不高。而当SRB投加量较高时，因大量SRB代谢需要较多碳源，颗粒内剩余未水解玉米芯吸附能力减弱，故Cr^{3+}去除效率也处于较低水平。

如图8.4所示，随着反应进行，COD释放量呈先上升后下降再上升趋势。对比5种颗粒，COD平均释放量分别为700.2mg/L、727.4mg/L、612.8mg/L、776mg/L、626mg/L，大小顺序为4#>2#>1#>5#>3#。在第1天内，颗粒表面黏附的玉米芯首先快速水解，生成较多葡萄糖、果糖等单糖类物质。此时SRB利用碳源能力有限，大量有机物积累释放到水中，故COD释放量较高。而后，SRB代谢活性增强，碳源利用率显著增加，水中积累的碳源迅速被消耗，故COD呈下降趋势。在反应后期，因颗粒浸泡发生溶胀效应，玉米芯基质出现泄漏，故COD释放量显著增加。对比5种颗粒，当SRB投加量较少时，其利用碳源能力有限，水解产生的大量有机物累积进入水中，故1#、2#颗粒COD释放量较高。当SRB投加量增加后，水解释放的有机物可被SRB充分利用，故3#颗粒水中COD剩余量处于最低水平。但当SRB投加量过高时，因菌群内竞争生长关系会抑制SRB代谢活性，致使SRB碳源利用率显著下降，大量有机物累积进入水中，故4#颗粒体系内COD含量处于最高水平。

如图8.5所示，随着反应进行，pH值波动上升后略有下降。对比5种颗粒，平均出水pH值分别为5.718、5.692、5.624、5.698、5.756，提升效果差别不大。在反应初期玉米芯尚未大量水解，其吸附H^+能力较强，故pH值提升显著。而后，随着未水解玉米芯含量的减少，其吸附H^+能力减弱，而此时碳源充足，SRB代谢产碱能力增强，故pH值仍可维持在一定水平。对比5种颗粒，SRB投加量对pH值提升效果影响不显著，这表明SRB代谢产碱过程对体系pH值影响较小。考虑到各组pH值均未提至中性水平，故后续考虑加入零价铁及铁氧化物等材料强化pH值提升效果。

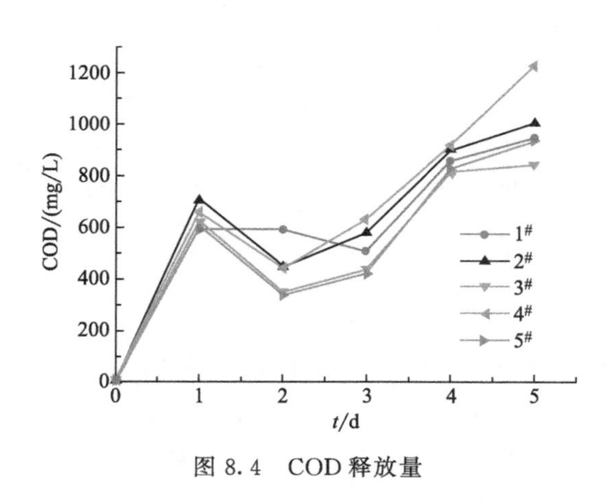

图8.4　COD释放量

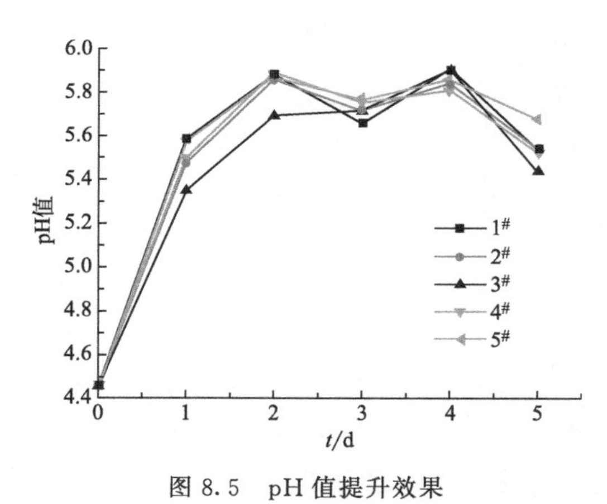

图8.5　pH值提升效果

综上，用SRB菌液投加量分别为10%、20%、30%、40%、50%制备的1#、2#、3#、4#、5#颗粒，对溶液中SO_4^{2-}、Cr(Ⅵ)、Cr^{3+}去除率大小顺序分别为3#>4#>2#>5#>1#、3#>1#>2#>4#>5#和3#>5#>4#>2#>1#，对溶液中COD释

放量大小顺序为 4# >2# >1# >5# >3#，对溶液 pH 值提升能力差别不大。综合五组指标变化情况，确定 SRB 菌液的最佳投加量为 30%。

（2）nFe_3O_4 投加量的确定

在混合物凝胶中投加质量分数 5% 的 200 目玉米芯和质量分数分别为 1%、2%、3%、4%、5% 的 nFe_3O_4，搅拌均匀后冷却至室温。而后加入质量分数为 30% 的浓缩 SRB 菌液，充分搅拌均匀，用于制备 1#、2#、3#、4#、5# 颗粒。按固液比 1g/10mL 将 5 种颗粒分别投加到等量 AMD 中，每日定时取样，测定特征污染物去除率及控制污染物释放量。

如图 8.6 所示，随着反应进行，SO_4^{2-} 浓度显著下降，去除率明显提升。对比 5 种颗粒，SO_4^{2-} 平均去除率分别为 31.44%、36.83%、49.96%、49.94%、43.02%，去除率大小顺序为 3# >4# >5# >2# >1#。这表明 nFe_3O_4 具有较大的比表面积和一定还原能力，可吸附还原 SO_4^{2-}。此时去除率水平略低于前述 SRB 固定化颗粒。这是由于 nFe_3O_4 尺寸较小，其会破坏细胞表面蛋白酶，抑制 SRB 代谢活性，故 SO_4^{2-} 去除率有所下降。对比 5 种颗粒，1# 和 2# 颗粒因 nFe_3O_4 投加量较少，吸附还原能力有限，故 SO_4^{2-} 去除率不高。但当 nFe_3O_4 投加量过高时，其会抑制 SRB 代谢活性，故 5# 颗粒去除率也处于较低水平。仅当 nFe_3O_4 投加量为 3% 时，nFe_3O_4 吸附还原能力与毒性抑制作用恰可达到平衡，SO_4^{2-} 去除率最高。

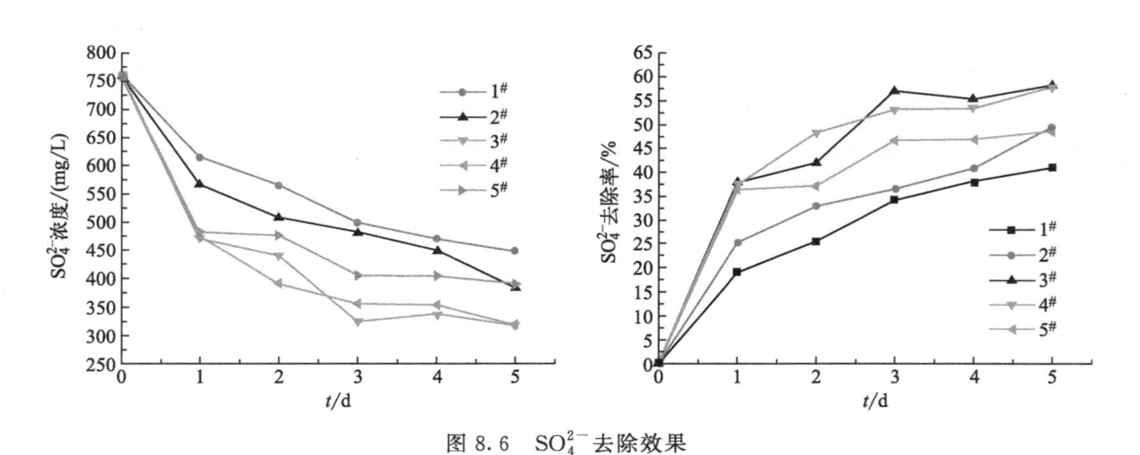

图 8.6 SO_4^{2-} 去除效果

如图 8.7 所示，随着反应进行，Cr(Ⅵ) 浓度显著下降，去除率明显提升。5 种颗粒对 Cr(Ⅵ) 的平均去除率分别为 59.47%、63.87%、69.68%、75.42%、76.36%，去除率大小顺序为 5# >4# >3# >2# >1#。这表明 nFe_3O_4 具有一定的还原能力，可将 Cr(Ⅵ) 还原为 Cr^{3+}，且 nFe_3O_4 吸附能力较强，可将 Cr(Ⅵ) 吸附至表面活性位点上，提升 Cr(Ⅵ) 去除效果，故 nFe_3O_4-SRB 固定化颗粒对 Cr(Ⅵ) 去除效果明显优于 SRB 固定化颗粒。随着 nFe_3O_4 投加量增加，其在水中吸附还原能力增强，Cr(Ⅵ) 去除效果显著提升，即 Cr(Ⅵ) 去除率与 nFe_3O_4 投加量呈正相关关系。

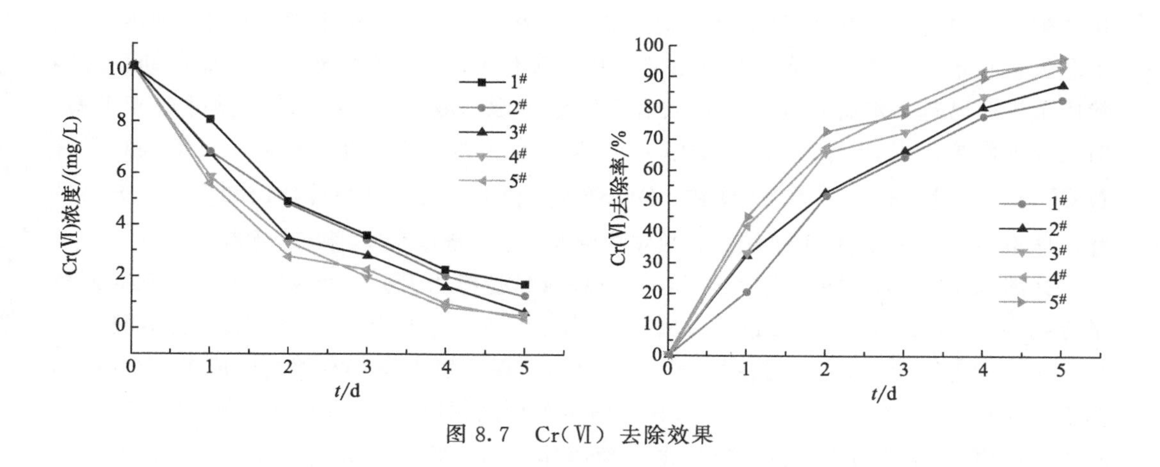

图 8.7 Cr(Ⅵ)去除效果

如图8.8所示，随着反应进行，Cr^{3+}浓度显著下降，去除率明显提升。对比5种颗粒，Cr^{3+}平均去除率分别为11.89%、25.52%、36.95%、34.36%、28.02%，去除率大小顺序为3#>4#>5#>2#>1#。这表明nFe_3O_4可利用自身吸附特性高效去除Cr^{3+}。对比5种颗粒，当nFe_3O_4投加量较少时，其对Cr^{3+}吸附效果减弱，故1#和2#颗粒去除率处于较低水平。但当nFe_3O_4投加量过高时，纳米材料潜在的生物毒性会抑制SRB代谢活性，致使Cr^{3+}生物沉淀效果不佳，故4#和5#颗粒的Cr^{3+}去除效果弱于3#颗粒。

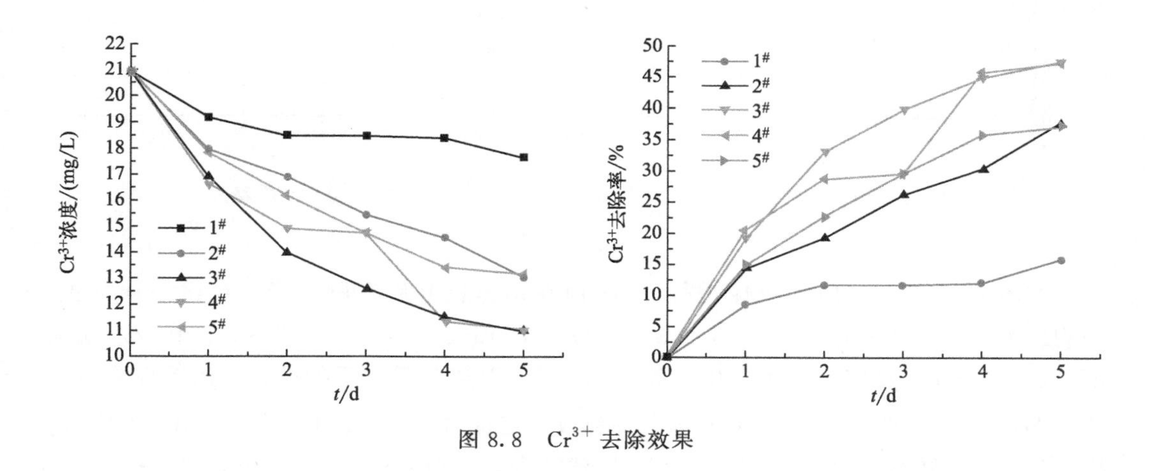

图 8.8 Cr^{3+}去除效果

如图8.9所示，随着反应进行，COD释放量先上升后略有下降，而后继续上升再下降至平稳。5种颗粒的平均COD释放量分别为934.2mg/L、973.6mg/L、986.2mg/L、1047.4mg/L、1022.2mg/L，大小顺序为4#>5#>3#>2#>1#。相比SRB固定化颗粒，此时COD释放量较高。这是由于nFe_3O_4具有一定催化水解玉米芯能力，有助于将纤维素、半纤维素、木质素等大分子有机物转化为葡萄糖、果糖等小分子有机物。在反应第1天，颗粒表面黏附的玉米芯首先快速水解，生成较多单糖物质，因SRB利用碳源能力有限，故COD显著上升。随着反应进行，SRB活性逐渐增强，水中积累的有机物被大量消耗，COD浓度有所下降。而后，在nFe_3O_4催化水解作用下，颗粒内玉米芯大量水解，生成大量有机物释放于水中，致使COD显著增加。在反应后期，因颗粒内玉米芯已基本水解，向水中释放有机物量有限，故COD呈下降趋势并趋于平稳。对比5种颗粒，当nFe_3O_4投加量较高时，其催化玉米芯水解能力较强，故4#和5#颗粒COD释放量较高，1#和2#颗粒COD释放量较低。而3#颗粒因对SO_4^{2-}去除效果较好，体系内SRB碳源利用率较高，故水中剩余COD量低于4#和5#颗粒。

如图8.10所示，随着反应进行，TFe释放量持续上升。5种颗粒的平均TFe释放量分别为1.67mg/L、1.49mg/L、3.37mg/L、2.54mg/L和3.79mg/L，大小顺序为5#>3#>4#>1#>2#。这表明nFe_3O_4可在酸性环境中发生水解，生成Fe^{2+}释放到水中。随着nFe_3O_4投加量增加，其在水中水解程度相应增强，故TFe释放量较高。同时水中游离的Fe^{2+}可发生絮凝反应形成絮凝体，污染物离子吸附去除。综上，TFe释放量与nFe_3O_4投加量间呈一定正相关关系，且TFe释放量较大的颗粒对Cr(Ⅵ)、Cr^{3+}絮凝效果较好，在评价时应综合考虑。

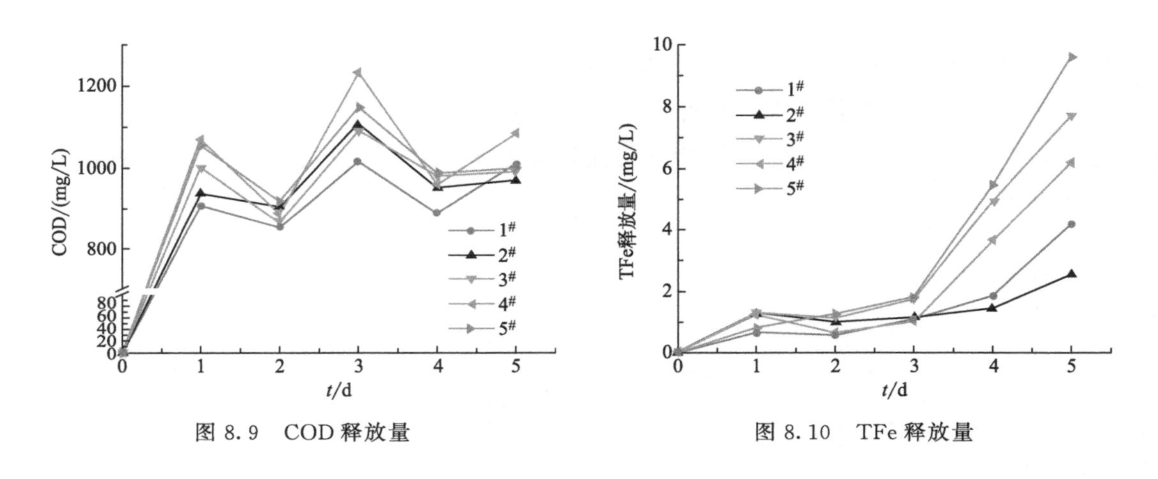

图8.9　COD释放量　　图8.10　TFe释放量

如图8.11所示，随着反应进行，pH值在迅速提升后有所下降。对比5种颗粒，平均出水pH值分别为6.014、5.966、6.090、6.150、6.046，差别不大。在反应初期nFe_3O_4可与H^+反应，快速提升体系的pH值。而随着反应不断进行，体系内更多的Fe^{2+}发生水解形成$Fe(OH)_2$絮凝体，并释放一定量的H^+，致使后期pH值略有降低。整体观察5种颗粒，nFe_3O_4投加量对pH值提升影响不大，平均pH值均只能提升至6左右。这表明nFe_3O_4不能很好调控pH值，后续考虑利用零价铁强化pH值提升效果。

综上，以nFe_3O_4质量分数分别为1%、2%、3%、4%、5%制备的1#、2#、3#、4#、5#颗粒，对溶液中SO_4^{2-}、Cr(Ⅵ)、Cr^{3+}去除率大小顺序分别为3#>4#>5#>2#>1#、5#>4#>3#>2#>1#和3#>4#>5#>2#>1#，对溶液中COD和TFe释放量大小顺序分别为4#>5#>3#>2#>1#和5#>3#>4#>1#>2#，对溶液pH值提升能力差别不大。综合5组指标变化情况，确定nFe_3O_4最佳质量分数为3%。

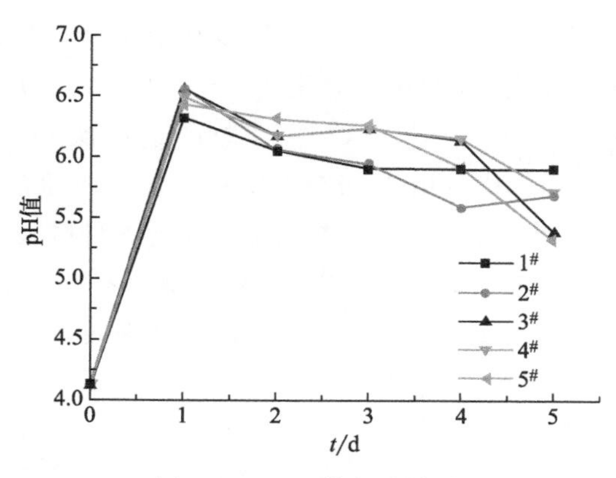

图 8.11　pH 值提升效果

（3）NZVI 投加量的确定

在混合物凝胶中投加质量分数为 5%的 200 目玉米芯和质量分数分别为 1%、2%、3%、4%、5%的 NZVI，搅拌均匀后冷却至室温。而后加入质量分数为 30%的浓缩 SRB 菌液，充分搅拌均匀，用于制备 1#、2#、3#、4#、5# 颗粒。按固液比 1g/10mL 将 5 种颗粒分别投加到等量 AMD 中，每日定时取样，测定特征污染物去除率及控制污染物释放量。

由图 8.12 可知，随着反应进行 SO_4^{2-} 浓度显著下降，去除率明显升高。对比 5 种颗粒，SO_4^{2-} 平均去除率分别为 79.35%、90.62%、93.32%、85.53%、74.28%，去除率大小顺序为 3# > 2# > 4# > 1# > 5#。相比 nFe_3O_4-SRB 固定化颗粒，此颗粒去除率明显提升。这是由于 NZVI 表面活性极强，在酸性环境中迅速发生水解反应生成氢氧化物胶体吸附 SO_4^{2-}，同时反应释放充足还原电子提升 SRB 活性，故 SO_4^{2-} 去除效果显著。对比 5 种颗粒，当 NZVI 投加量较少时，其不能充分发挥吸附还原能力，故 1# 颗粒去除率处于较低水平。而当 NZVI 投加量过高时，其潜在的生物毒性会抑制 SRB 代谢，故 5# 颗粒去除率处于最低水平。其余 3 种颗粒由于 NZVI 对 SO_4^{2-} 还原吸附能力强于毒性抑制作用，故去除率均可达到近 90%。

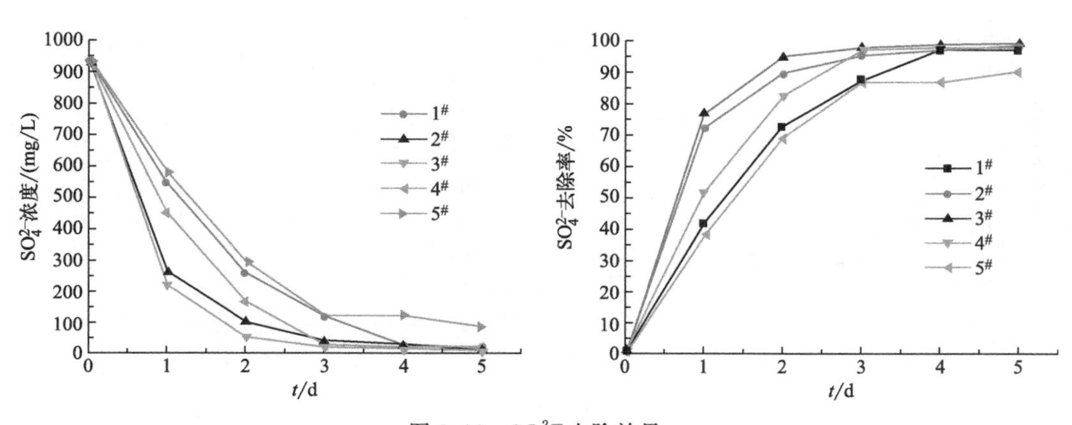

图 8.12　SO_4^{2-} 去除效果

如图 8.13 所示，随着反应进行，Cr(Ⅵ) 浓度显著下降，12h 后可达到近 100%的去除率。5 种颗粒的 Cr(Ⅵ) 平均去除率分别为 73.31%、73.99%、75.52%、76.65%、78.16%，去除率大小顺序为 5# >4# >3# >2# >1#。相比 nFe_3O_4-SRB 固定化颗粒，此时颗粒去除效果明显提升。这是由于 NZVI 具有极强的还原活性，可快速将 Cr(Ⅵ) 还原为 Cr^{3+}，短期内实现对 Cr(Ⅵ) 的高效去除。对比 5 种颗粒，当 NZVI 投加量增加时，颗粒还原 Cr(Ⅵ) 能力相应增强，故 Cr(Ⅵ) 去除率有所提高，但差别不大。这进一步证明 NZVI 活性极强，少量添加即可达到极好的处理效果。

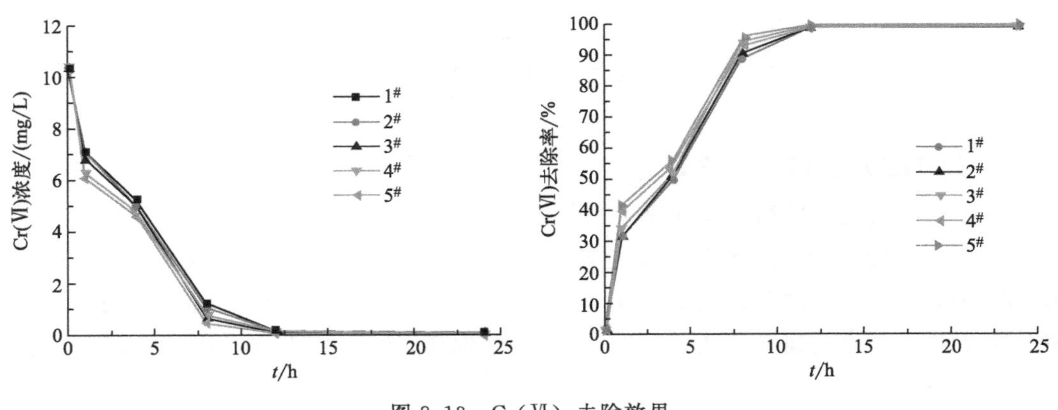

图 8.13 Cr(Ⅵ) 去除效果

如图 8.14 所示，随着反应进行，Cr^{3+} 浓度显著下降，去除率明显提升。5 种颗粒的 Cr^{3+} 平均去除率分别为 74.07%、75.98%、80.93%、81.51%、76.07%，去除率大小顺序为 4# >3# >5# >2# >1#。这表明 NZVI 比表面积较大，对 Cr^{3+} 具有较好的吸附效果，且 NZVI 释放还原电子可增强 SRB 活性，生成更多的 S^{2-} 与 Cr^{3+} 形成沉淀。当 NZVI 投加量较少时，其对 Cr^{3+} 吸附能力及生物沉淀作用较弱，故 1# 和 2# 颗粒去除率较低。而当 NZVI 投加量过高时，因 NZVI 潜在的生物毒性会抑制 SRB 代谢，故 5# 颗粒去除率低于 3# 和 4# 颗粒。

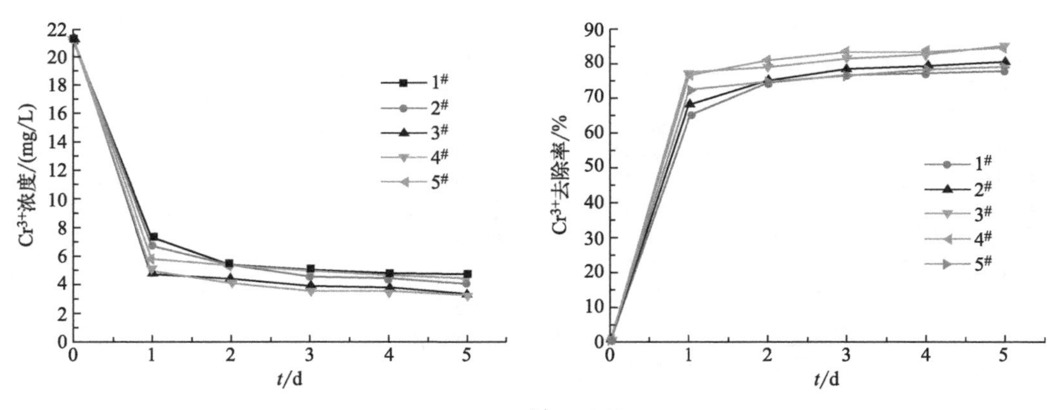

图 8.14 Cr^{3+} 去除效果

如图8.15所示，随着反应进行，COD释放量先显著上升后趋于平稳。5种颗粒的平均COD释放量分别为1336.6mg/L、1311.2mg/L、1277.4mg/L、1254.6mg/L、1219.4mg/L，大小顺序为1#＞2#＞3#＞4#＞5#。相比nFe_3O_4-SRB固定化颗粒，此颗粒COD释放量偏高。这是由于NZVI相比nFe_3O_4对玉米芯催化水解能力更强，可将玉米芯中大分子有机物彻底水解为单糖类物质，且因过量NZVI会抑制SRB利用碳源，故出水COD明显升高。对比5种颗粒，NZVI投加量与COD释放量间呈一定负相关关系。这是由于NZVI虽可促进玉米芯水解，但当NZVI投加量较高时，玉米芯内部结构会遭到破坏，影响其水解有机物能力，且过量NZVI产生的毒性会抑制水解微生物活性，降低分解玉米芯能力，故COD有所下降。

如图8.16所示，随着反应进行，TFe释放量持续上升。对比5种颗粒，平均TFe释放量分别为1.40mg/L、1.35mg/L、1.77mg/L、1.98mg/L、2.28mg/L，大小顺序为5#＞4#＞3#＞1#＞2#。这表明活性极强的NZVI可迅速与H^+反应，生成较多Fe^{2+}释放到水中，故TFe含量持续增加。对比5种颗粒，TFe释放量与NZVI投加量之间呈一定正相关关系。随着NZVI投加量增加，其与H^+反应程度逐渐增强，释放更多的Fe^{2+}进入水中，TFe释放量呈上升趋势。而Fe^{2+}的消耗主要依靠生物质材料吸附及S^{2-}和OH^-沉淀作用去除，故废水中TFe剩余量不致过高，可以满足相关废水排放标准。

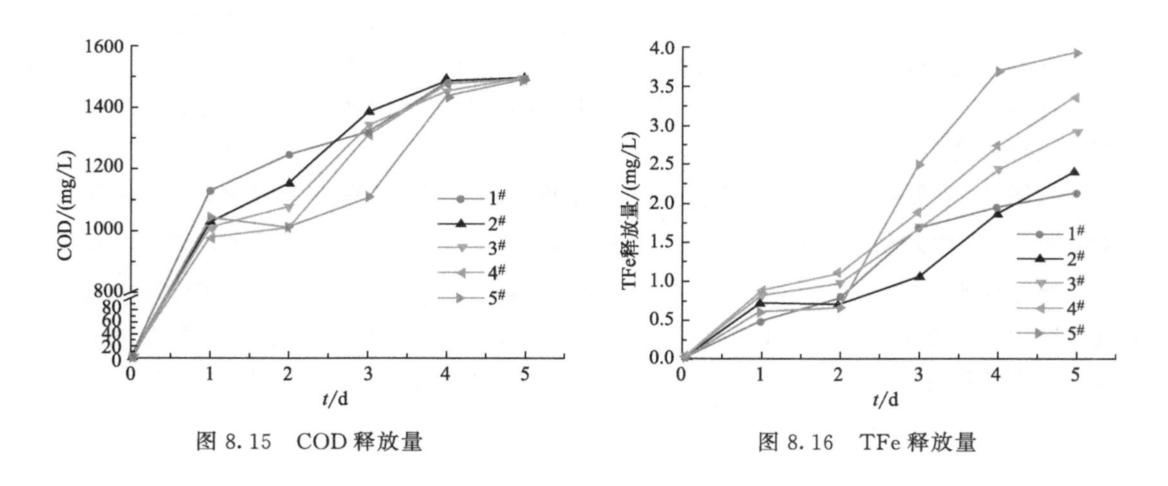

图8.15　COD释放量　　　图8.16　TFe释放量

如图8.17所示，随着反应进行，pH值迅速提升后趋于平稳。对比5种颗粒，平均出水pH值分别为7.448、7.604、7.716、7.752、7.774，差别不大。这表明NZVI还原活性极强，可与H^+快速反应，故初期pH值迅速提升至中性水平。而后，因水中剩余H^+较少，同时NZVI氧化形成的氢氧化物及SRB还原释放的碱度进入水中，故pH呈弱碱性状态。对比5种颗粒，pH均可提升至中性或弱碱性状态。这表明少量NZVI即可实现对pH值较好的提升效果，可有效解决nFe_3O_4对pH值提升能力有限的问题。

综上，用NZVI质量分数分别为1%、2%、3%、4%、5%制备的1#、2#、3#、

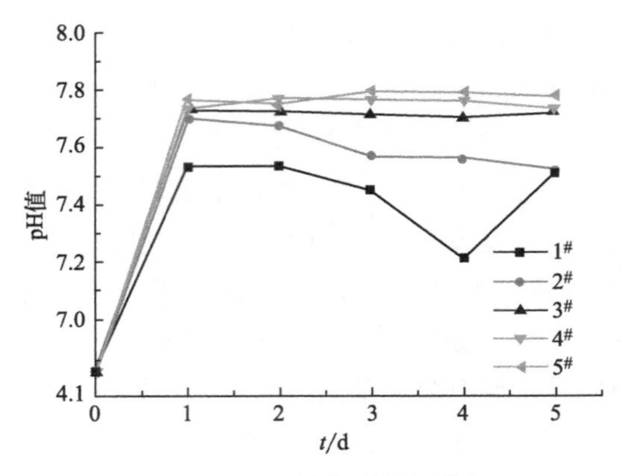

图 8.17　pH 值提升效果分析

4#、5#颗粒，对溶液中 SO_4^{2-}、Cr(Ⅵ)、Cr^{3+} 去除率大小顺序分别为 3#＞2#＞4#＞1#＞5#、5#＞4#＞3#＞2#＞1#和 4#＞3#＞5#＞2#＞1#，对溶液 COD 和 TFe 释放量大小顺序分别为 1#＞2#＞3#＞4#＞5#和 5#＞4#＞3#＞1#＞2#，对溶液 pH 值提升能力差别不大。综合五组指标变化情况，确定 NZVI 最佳质量分数为 3%。

（4）ZVSI 投加量的确定

在混合物凝胶中投加质量分数为 5%的 200 目玉米芯和质量分数分别为 1%、2%、3%、4%、5%的 ZVSI，搅拌均匀后冷却至室温。而后加入质量分数为 30%的浓缩 SRB 菌液，充分搅拌均匀，用于制备 1#、2#、3#、4#、5#颗粒。按固液比 1g/10mL 将 5 种颗粒分别投加到等量的 AMD 中，每日定时取样，测定特征污染物去除率及控制污染物释放量。

如图 8.18 所示，随着反应进行，SO_4^{2-}浓度显著下降，去除率明显升高。5 种颗粒对 SO_4^{2-}的平均去除率分别为 92.56%、92.84%、94.30%、93.57%、92.77%，去除率大小顺序为 3#＞4#＞2#＞5#＞1#。相比 nFe_3O_4-SRB 和 NZVI-SRB 固定化颗粒，此颗粒去除效果最佳。这是由于 ZVSI 电极电位较低、还原能力较强且生物毒性作用较弱，可有效弥补前述两种颗粒的缺陷。当 ZVSI 投加量较少时，其与 H^+ 反应不充分，

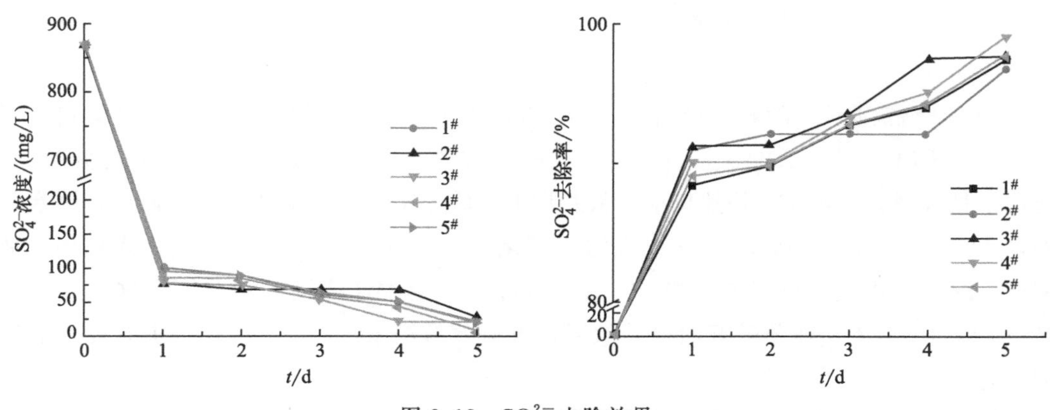

图 8.18　SO_4^{2-} 去除效果

难以为 SRB 营造适宜的生长环境及提供充足还原电子，故 1# 和 2# 颗粒 SO_4^{2-} 去除率偏低。而当 ZVSI 投加量较高时，其在水中发生钝化，阻碍颗粒内部 ZVSI 高效释氢及 SO_4^{2-} 吸附还原反应的进行，故 5# 颗粒去除率也处于较低水平。故仅当 ZVSI 投加量在适当范围内时，SO_4^{2-} 去除效果才可达到最佳。

如图 8.19 所示，随着反应进行，Cr(Ⅵ) 浓度显著下降，12h 左右即可达近 100% 去除率。对比 5 种颗粒，Cr(Ⅵ) 平均去除率分别为 62.01%、62.86%、66.60%、70.15%、72.42%，去除率大小顺序为 5#>4#>3#>2#>1#。相比 nFe_3O_4-SRB 和 NZVI-SRB 固定化颗粒，此时颗粒去除效果明显优于 nFe_3O_4-SRB 固定化颗粒，略差于 NZVI-SRB 固定化颗粒，其原因是 ZVSI 还原能力强于 nFe_3O_4 但弱于 NZVI。对比 5 种颗粒，Cr(Ⅵ) 去除效果与 ZVSI 投加量间呈一定正相关关系。当 ZVSI 投加量较高时，颗粒还原能力较强，可还原更多 Cr(Ⅵ)，且 ZVSI 氧化过程可为 SRB 提供充足还原电子，促进 Cr^{3+} 的生物沉淀去除。

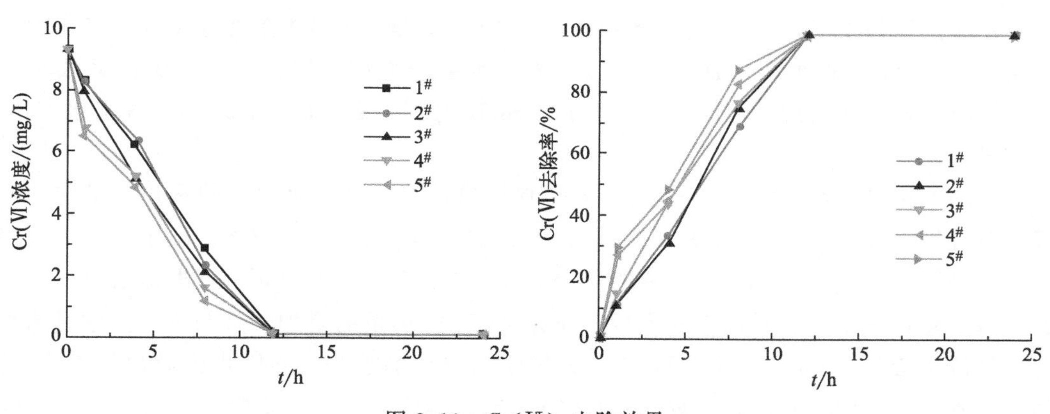

图 8.19　Cr(Ⅵ) 去除效果

如图 8.20 所示，随着反应进行，Cr^{3+} 浓度显著下降，去除率明显提升。对比 5 种颗粒，Cr^{3+} 平均去除率分别为 18.72%、24.64%、47.45%、56.07%、59.27%，去除率大小顺序为 5#>4#>3#>2#>1#。这表明 ZVSI 可通过促进 SRB 还原 SO_4^{2-} 进而提升 Cr^{3+} 生物沉淀效率。但因受 Cr(Ⅵ) 还原过程影响，表观 Cr^{3+} 去除率未能达到较高水平。相比 nFe_3O_4-SRB 和 NZVI-SRB 固定化颗粒，此时颗粒去除率低于 NZVI-SRB，但明显优于 nFe_3O_4-SRB。这是由于 NZVI 比表面积较大，除生物沉淀作用外，Cr^{3+} 还可通过吸附被去除。而 nFe_3O_4 因电极电位较高还原能力有限，故 Cr^{3+} 生物沉淀能力较低。对比 5 种颗粒，ZVSI 投加量与 Cr^{3+} 去除率间呈一定正相关关系。当 ZVSI 投加量较高时，其催化玉米芯水解释放更多碳源及还原电子以促进 SRB 代谢，进而提升 Cr^{3+} 生物沉淀去除率，故 5# 颗粒去除率处于最高水平。

如图 8.21 所示，随着反应进行，COD 释放量先显著上升后略有下降。对比 5 种颗粒，平均 COD 释放量分别为 1088.6mg/L、1038mg/L、1122.8mg/L、1232.8mg/L、1301.2mg/L，大小顺序为 5#>4#>3#>1#>2#。相比 nFe_3O_4-SRB 和 NZVI-SRB

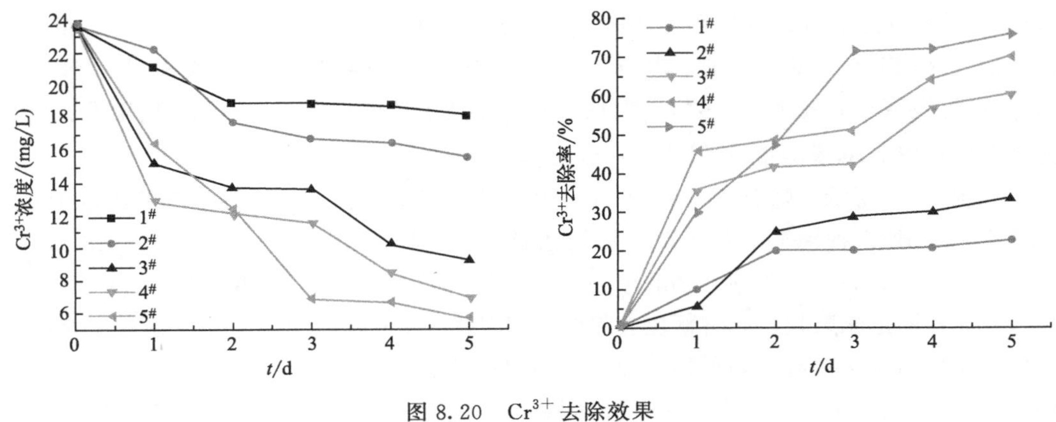

图 8.20 Cr^{3+} 去除效果

固定化颗粒，此时颗粒 COD 释放量明显高于 nFe_3O_4-SRB 固定化颗粒，但低于 NZVI-SRB 固定化颗粒。这是由于零价铁相比铁氧化物对玉米芯具有更强的催化水解作用，且 NZVI 活性强于 ZVSI。对比 5 种颗粒，ZVSI 投加量与 COD 释放量间呈一定正相关关系。随着 ZVSI 投加量增加，其促进玉米芯水解能力相应增强，更多碳源释放到水中，有机物量有所增加。但因 ZVSI 可促进 SRB 代谢，提升碳源利用率，故出水 COD 不致过高。

如图 8.22 所示，随着反应进行，TFe 释放量持续上升。对比 5 种颗粒，平均 TFe 释放量分别为 3.37mg/L、3.88mg/L、3.46mg/L、4.13mg/L、3.83mg/L，大小顺序为 4#＞2#＞5#＞3#＞1#。这表明 ZVSI 可与 H^+ 反应生成 Fe^{2+} 释放到水中，致使 TFe 释放量持续增加。对比 5 种颗粒，随着 ZVSI 投加量的增加，其与 H^+ 反应更为彻底，释放大量 Fe^{2+} 进入水中，故 TFe 含量呈一定增加趋势。而因水中游离的 Fe^{2+} 可与 S^{2-} 或 OH^- 形成沉淀或絮凝体，且氢氧化物絮凝体对水中污染物也具有一定的吸附作用，故最终出水 TFe 剩余量不致过高。

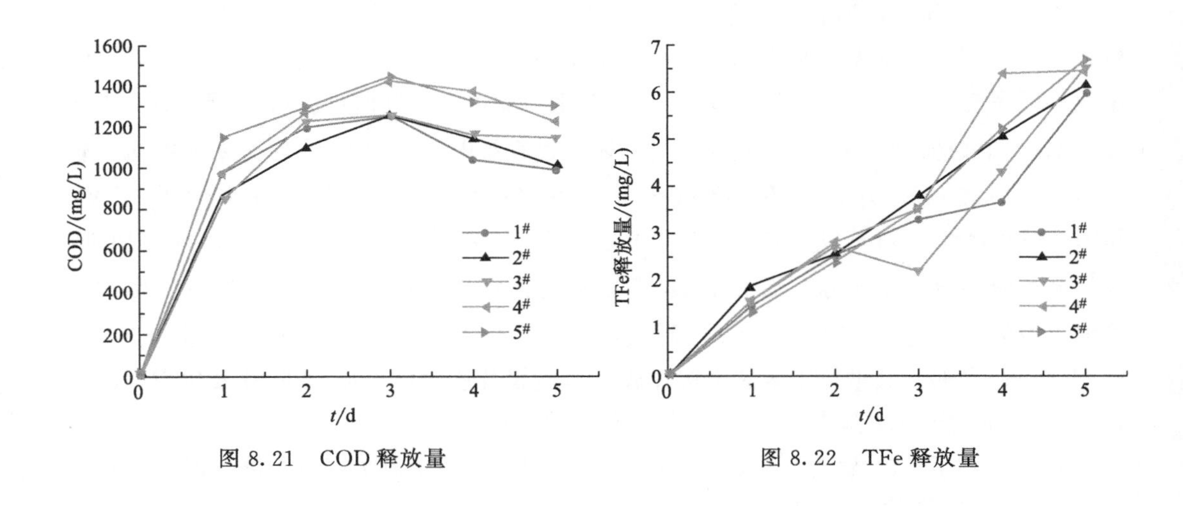

图 8.21 COD 释放量

图 8.22 TFe 释放量

如图 8.23 所示，随着反应进行，pH 值先迅速提升后略有下降。对比 5 种颗粒，平均出水 pH 值分别为 6.270、7.036、7.246、7.366、7.582，大小顺序为 5#>4#>3#>2#>1#。相比 nFe_3O_4-SRB 和 NZVI-SRB 固定化颗粒，此时颗粒对 pH 值提升效果优于 nFe_3O_4-SRB 固定化颗粒，但略差于 NZVI-SRB 固定化颗粒。这进一步证实 ZVSI 还原能力强于 nFe_3O_4 而弱于 NZVI。在反应后期，pH 值略有下降，此时 ZVSI 发生表面钝化且生成的氢氧化物沉积在颗粒表面，阻碍内部 ZVSI 与 H^+ 继续反应。对比 5 种颗粒，ZVSI 投加量与 pH 值间呈正相关关系。5 种颗粒出水 pH 均可提升至中性或弱碱性状态，表明 ZVSI 对 pH 值具有较好的调控效果。

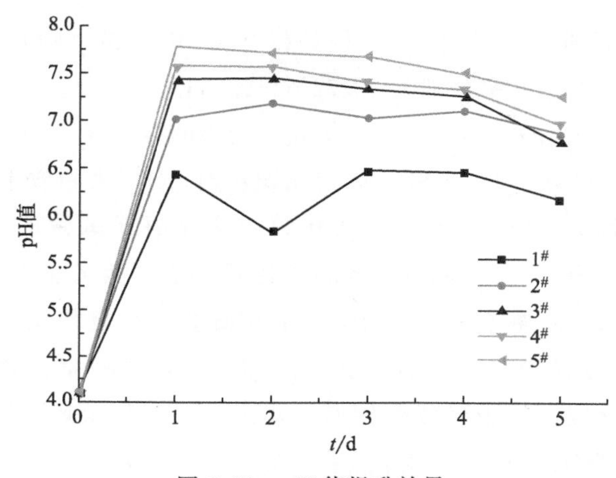

图 8.23 pH 值提升效果

综上，用 ZVSI 质量分数分别为 1%、2%、3%、4%、5% 制备的 1#、2#、3#、4#、5# 颗粒，对溶液中 SO_4^{2-}、Cr(Ⅵ)、Cr^{3+} 去除率大小顺序分别为 3#>4#>2#>5#>1#、5#>4#>3#>2#>1# 和 5#>4#>3#>2#>1#，对溶液 COD 和 TFe 释放量大小顺序为 5#>4#>3#>1#>2# 和 4#>2#>5#>3#>1#，对溶液 pH 值提升能力大小顺序为 5#>4#>3#>2#>1#。综合五组指标变化情况，确定 ZVSI 最佳质量分数为 4%。

（5）玉米芯粒径的确定

按前述 SRB 固定化颗粒制备方法，分别制备 1#、2#、3#、4#、5#、6#、7#、8#、9# 颗粒。各颗粒基质成分规格参数如表 8.1 所列。按固液比 1g/10mL 将 9 种颗粒分别投加到等量 AMD 中，每日定时取样，测定特征污染物去除率及控制污染物释放量。

表 8.1 颗粒基质成分规格参数设置

编号	SRB 投加量/%	铁系材料种类	铁系材料投加量/%	玉米芯投加量/%	玉米芯粒径/目
1#	30	nFe_3O_4	3	5	60
2#	30	nFe_3O_4	3	5	100
3#	30	nFe_3O_4	3	5	200

续表

编号	SRB投加量/%	铁系材料种类	铁系材料投加量/%	玉米芯投加量/%	玉米芯粒径/目
4#	30	NZVI	3	5	60
5#	30	NZVI	3	5	100
6#	30	NZVI	3	5	200
7#	30	ZVSI	4	5	60
8#	30	ZVSI	4	5	100
9#	30	ZVSI	4	5	200

如图8.24所示，随着反应进行，9种颗粒 SO_4^{2-} 浓度呈下降趋势，去除率显著上升。9种颗粒 SO_4^{2-} 平均去除率分别为48.72%、60.56%、54.72%、92.32%、90.74%、93.42%、93.43%、93.48%、74.62%。去除率大小顺序为8#>7#>6#>4#>5#>9#>2#>3#>1#。可见，ZVSI-SRB固定化颗粒对 SO_4^{2-} 去除效果略优于NZVI-SRB固定化颗粒，远好于 nFe_3O_4-SRB固定化颗粒，这与前述试验所得结论一致。对比1#、2#和3#颗粒，SO_4^{2-} 去除率随玉米芯粒径减小表现为先上升后下降趋势。这是由于过大粒径的玉米芯水解不充分，SRB可利用碳源较少且代谢活性有限，故 SO_4^{2-} 去除率不高。而当玉米芯粒径过小时，其会阻塞颗粒内部孔道，致使 SO_4^{2-} 难以进入颗粒内部进行代谢反应，故去除效果较差。综上，nFe_3O_4-SRB固定化颗粒采用100目玉米芯时 SO_4^{2-} 去除效果最佳。对比4#、5#和6#颗粒，SO_4^{2-} 去除率随玉米芯粒径减小表现为先降低后升高趋势。这是由于当玉米芯粒径较大时，在NZVI催化水解作用下，其可水解释放充足碳源供SRB代谢，故 SO_4^{2-} 去除率较高。当玉米芯粒径减小时，因其更易水解，剩余玉米芯含量减少，故其吸附 SO_4^{2-} 能力减弱，去除率略有下降。而当玉米芯粒径极小时，因其水解充分，水中累积碳源量较高，SRB活性较强，故去除率有所提升。但考虑到高COD会造成水体有机污染，NZVI-SRB固定化颗粒采用60目玉米芯时 SO_4^{2-} 去除效果最佳。对比7#、8#和9#颗粒，SO_4^{2-} 去除率随玉米芯粒径减小呈一定下降趋势。这是由于当玉米芯粒径较大时，在ZVSI催化作用下其可水解较多有机物供SRB代谢活动，故当玉米芯粒径为60目、100目时

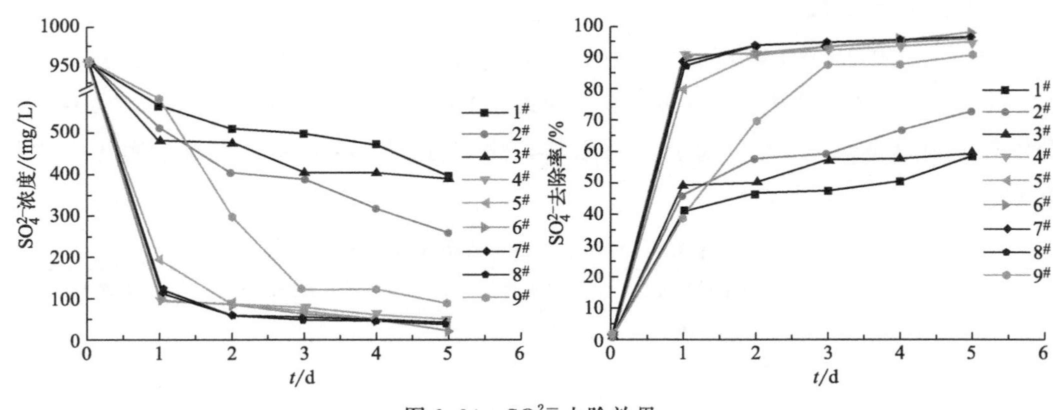

图8.24 SO_4^{2-} 去除效果

SO_4^{2-}去除效果较好。但当玉米芯粒径过小时，其会阻塞颗粒内部孔道致使SO_4^{2-}去除效果变差。考虑到颗粒后期碳源持续供应问题，ZVSI-SRB 固定化颗粒采用 100 目玉米芯时SO_4^{2-}去除效果最佳。

如图 8.25 所示，随着反应进行，9 种颗粒 Cr(Ⅵ) 浓度呈下降趋势，去除率显著上升。9 种颗粒 Cr(Ⅵ) 平均去除率分别为 75.32%、76.47%、72.21%、97.95%、97.53%、97.84%、97.16%、96.92%、96.74%。去除率大小顺序为 4# ＞6# ＞5# ＞7# ＞8# ＞9# ＞2# ＞1# ＞3#。可见，NZVI-SRB 固定化颗粒对 Cr(Ⅵ) 去除效果略优于 ZVSI-SRB 固定化颗粒，远好于 nFe_3O_4-SRB 固定化颗粒，这与前述试验所得结论一致。对比 1#、2# 和 3# 颗粒，Cr(Ⅵ) 去除率随玉米芯粒径减小呈先上升后下降趋势。这是由于当玉米芯粒径较大时，其为 SRB 水解提供碳源能力有限，故 Cr(Ⅵ) 生物沉淀效率降低。当玉米芯粒径减小时，SRB 可利用碳源量充足，Cr(Ⅵ) 生物沉淀效果显著提升。但当玉米芯粒径过小时，其会阻塞颗粒内部孔道，降低 Cr(Ⅵ) 与内部基质接触反应效率，且因剩余未水解玉米芯量较少，很难充分发挥吸附作用，故 Cr(Ⅵ) 去除率较低。综上，nFe_3O_4-SRB 固定化颗粒采用 100 目玉米芯时 Cr(Ⅵ) 去除效果最佳。对比 4#、5# 和 6# 颗粒，Cr(Ⅵ) 去除率随玉米芯粒径减小略有下降。这是由于当玉米芯粒径较大时，因其水解不充分仍可对 Cr(Ⅵ) 进行吸附去除，故去除效果显著。而当粒径减小时，由于玉米芯水解更彻底，虽吸附去除能力减弱，但因水解可释放充足碳源供 SRB 代谢活动，强化 Cr(Ⅵ) 生物沉淀作用，故去除率也处于较高水平。综上，为控制 COD 释放量，NZVI-SRB 固定化颗粒采用 60 目玉米芯时 Cr(Ⅵ) 去除效果最佳。对比 7#、8# 和 9# 颗粒，Cr(Ⅵ) 去除率随玉米芯粒径减小略有下降。这是由于小粒径玉米芯水解更充分，相应吸附 Cr(Ⅵ) 能力减弱，且因较小粒径的玉米芯会阻塞颗粒内部孔道，影响 Cr(Ⅵ) 吸附还原反应的进行，故去除率略有降低。综上，ZVSI-SRB 固定化颗粒采用 60 目玉米芯时 Cr(Ⅵ) 去除效果最佳。

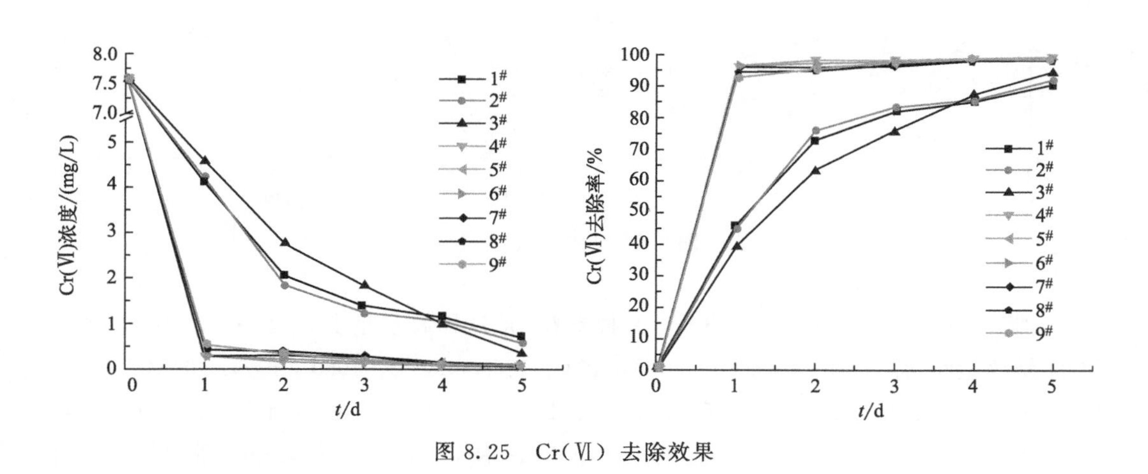

图 8.25　Cr(Ⅵ) 去除效果

如图 8.26 所示，随着反应进行，9 种颗粒 Cr^{3+} 浓度呈下降趋势，去除率显著提升。9 种颗粒的 Cr^{3+} 平均去除率分别为 34.56%、39.46%、32.68%、82.09%、79.46%、

77.59%、59.38%、73.64%、57.16%。去除率大小顺序为4#>5#>6#>8#>7#>9#>2#>1#>3#。可见，NZVI-SRB固定化颗粒对Cr^{3+}去除效果较优于ZVSI-SRB固定化颗粒，远好于nFe_3O_4-SRB固定化颗粒，这与前述试验所得结论一致。对比1#、2#和3#颗粒，Cr^{3+}去除率随玉米芯粒径减小呈先上升后下降趋势。当玉米芯粒径较大时，水解释放碳源量有限，SRB活性不高，故Cr^{3+}生物沉淀能力较低。而当玉米芯粒径减小时，SRB可利用碳源充足，活性较强，Cr^{3+}沉淀去除率增加。但当玉米芯粒径过小时，因其会阻塞颗粒内部孔道，抑制与Cr^{3+}接触反应，故去除率有所下降。综上，nFe_3O_4-SRB固定化颗粒采用100目玉米芯时Cr^{3+}去除效果最佳。对比4#、5#和6#颗粒，Cr^{3+}去除率随玉米芯粒径减小呈下降趋势。当玉米芯粒径较大时，Cr^{3+}可依靠玉米芯吸附作用去除。而当玉米芯粒径减小时，其在NZVI催化作用下水解速率加快，减弱玉米芯吸附Cr^{3+}能力。且因小粒径玉米芯会阻塞颗粒孔道，影响离子传质运输，故去除率略有下降。综上，NZVI-SRB固定化颗粒采用60目玉米芯时Cr^{3+}去除效果最佳。对比7#、8#和9#颗粒可知，Cr^{3+}去除率随玉米芯粒径减小呈先上升后下降趋势。当玉米芯粒径较大时，SRB活性不高，Cr^{3+}沉淀去除率较低。随着玉米芯粒径的减小，水中碳源充足，Cr^{3+}生物沉淀及玉米芯吸附作用显著，故去除率达到最高。而当玉米芯粒径过小时，因水解充分致使其吸附能力减弱且小粒径玉米芯会阻塞颗粒内部孔道，影响离子传质运输，故去除率有所下降。综上，ZVSI-SRB固定化颗粒采用100目玉米芯时Cr^{3+}去除效果最佳。

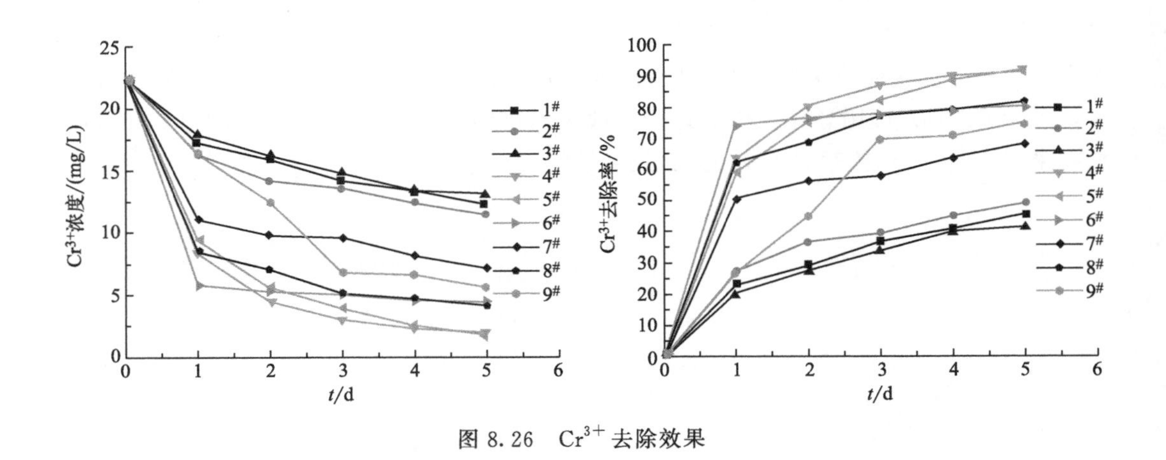

图8.26 Cr^{3+}去除效果

如图8.27所示，随着反应进行，9种颗粒COD释放量呈上升趋势。9种颗粒平均COD释放量分别为978.4mg/L、1007.6mg/L、1009.6mg/L、1080.2mg/L、1134.2mg/L、1260.6mg/L、1009.8mg/L、1085.6mg/L、1143.2mg/L，大小顺序为6#>9#>5#>8#>4#>7#>3#>2#>1#。可见，NZVI-SRB固定化颗粒COD释放量略高于ZVSI-SRB固定化颗粒和nFe_3O_4-SRB固定化颗粒，这与前述试验所得结论一致。对比1#、2#和3#颗粒，平均COD释放量随玉米芯粒径减小呈上升趋势。这是由于较小粒径的玉米芯在水中水解充分，生成的碳源除被SRB利用外，大部分累积释放到水中，故出水COD显著上升。考虑到COD过高会引发有机污染，nFe_3O_4-SRB固定化颗粒采用100目玉米芯时COD释放量最佳。对比4#、5#和6#颗粒，平均COD释放量随玉米芯粒径减小呈上升趋势。考虑到NZVI对玉米芯催化水解作用较强，为避免COD过高的问题，NZVI-SRB固定化颗粒采用60目玉米芯时COD释放量最佳。对比7#、8#和9#颗粒，平均COD释放量随玉米芯粒径减小呈上升趋势。综合考虑出水COD不宜过高及微生物生长所需适宜COD/SO_4^{2-}等问题，ZVSI-SRB固定化颗粒采用100目玉米芯时COD释放量最佳。

如图8.28所示，随着反应进行，9种颗粒TFe释放量呈上升趋势。9种颗粒平均TFe释放量分别为0.244mg/L、0.208mg/L、1.994mg/L、3.198mg/L、3.250mg/L、3.478mg/L、1.446mg/L、1.264mg/L、1.330mg/L，大小顺序为6#>5#>4#>3#>7#>9#>8#>1#>2#。可见，NZVI-SRB固定化颗粒TFe释放量高于ZVSI-SRB固定化颗粒，nFe_3O_4-SRB固定化颗粒处于最低水平。对比1#、2#和3#颗粒，平均TFe释放量随玉米芯粒径减小呈上升趋势。这是由于小粒径玉米芯在水中水解充分，产生的乳酸类物质可与nFe_3O_4反应，进而生成Fe^{2+}进入水中。且Fe^{2+}可在水中水解形成絮凝体，吸附污染物离子，终以沉淀形式去除。故仅当TFe释放和沉淀作用达到平衡时，TFe含量可达最低水平。综上，nFe_3O_4-SRB固定化颗粒采用100目玉米芯时TFe释放量最佳。对比4#、5#和6#颗粒，平均TFe释放量随玉米芯粒径减小呈上升趋势。这是由于小粒径玉米芯水解更为彻底，SRB活性提升显著。NZVI作为电子供体释放还原电子进程加快，同时生成大量Fe^{2+}进入水中，致使TFe含量处于较高水平。综上，NZVI-SRB固定化颗粒采用60目玉米芯时TFe释放量最佳。对比7#、8#和9#颗粒，平均TFe释放量随玉米芯粒径减小呈先降低后升高趋势。这是由于当玉米芯粒径减小时，SRB可利用碳源充足，还原能力增强，Fe^{2+}与S^{2-}生物沉淀作用显著，故TFe释放量有所降低。但当玉米芯粒径极小时，因其会阻塞颗粒传质孔道，阻碍Fe^{2+}沉淀反应的进行，故TFe释放量有所升高。综上，ZVSI-SRB固定化颗粒采用100目玉米芯时TFe释放量最佳。

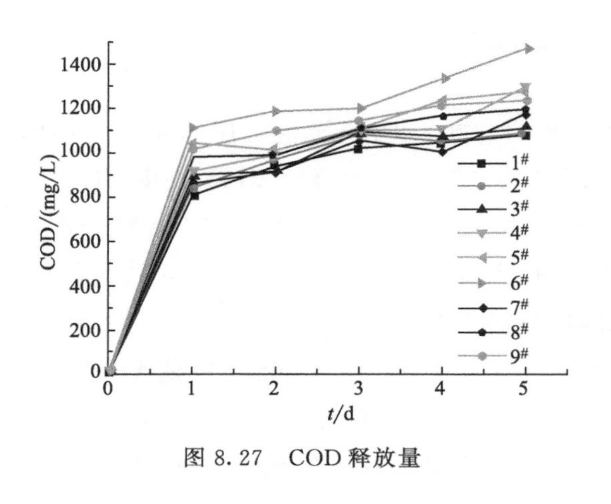

图8.27 COD释放量

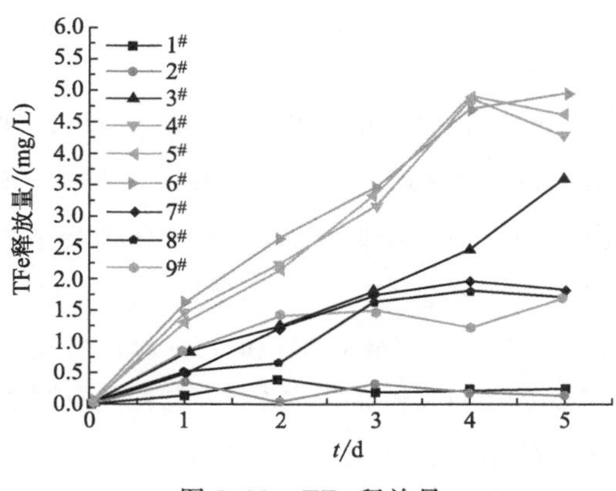

图8.28 TFe释放量

如图8.29所示，随着反应进行，9种颗粒pH值呈上升趋势。9种颗粒平均出水pH值分别为5.218、5.236、6.446、7.826、7.902、7.774、7.658、7.712、7.582，大小顺序为5#>4#>6#>8#>7#>9#>3#>2#>1#。可见，NZVI-SRB固定化颗粒对pH值提升效果略好于ZVSI-SRB固定化颗粒，远好于nFe_3O_4-SRB固定化颗粒。对比1#、2#和3#颗粒，平均出水pH值随玉米芯粒径减小呈上升趋势。这是由于小粒径玉米芯拥有更大的比表面积，可更好地吸附水中H^+，且其水解更充分，SRB碳源充足代谢产碱能力增强，故pH值有所提升。综上，nFe_3O_4-SRB固定化颗粒采用200目玉米芯时pH值提升效果最佳。对比4#、5#和6#颗粒，平均出水pH值随玉米芯粒径减小整体变化不大，均呈弱碱性状态。这表明NZVI活性极强，可迅速与H^+反应，且因氧化锈蚀生成碱性氢氧化物，故出水呈一定弱碱性。考虑到出水碱度不宜过大，NZVI-SRB固定化颗粒采用60目玉米芯时pH值提升效果最佳。对比7#、8#和9#颗粒，平均出水pH值随玉米芯粒径减小略上升后有所下降。出水pH呈弱碱性状态，碱度略低于NZVI-SRB固定化颗粒。这是由于小粒径玉米芯对H^+吸附能力较强，故pH值略有提升。但当玉米芯粒径过小时，其会阻塞颗粒内部孔道，影响H^+进入颗粒内部发生氧化还原反应，致使出水pH值略有下降。综上，ZVSI-SRB固定化颗粒采用100目玉米芯时pH值提升效果最佳。

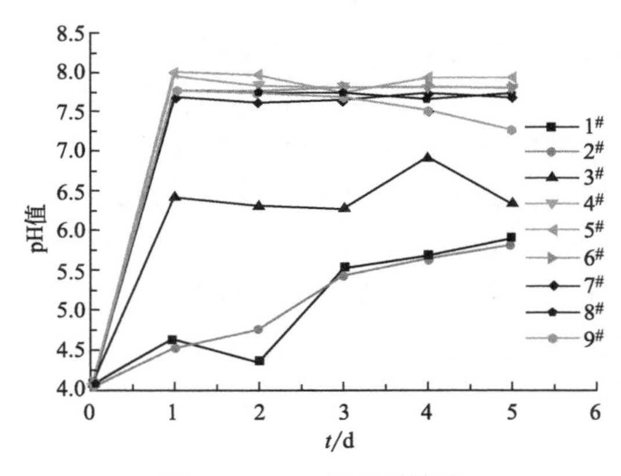

图8.29 pH值提升效果

综上，以质量分数5%，粒径为60目、100目、200目的玉米芯，质量分数3%的nFe_3O_4、NZVI和质量分数4%的ZVSI制备的1#～9#颗粒，对溶液中SO_4^{2-}、Cr(Ⅵ)、Cr^{3+}去除率大小顺序分别为8#>7#>6#>4#>5#>9#>2#>3#>1#、4#>6#>5#>7#>8#>9#>2#>1#>3#和4#>5#>6#>8#>7#>9#>2#>1#>3#，对溶液COD和TFe释放量大小顺序分别为6#>9#>5#>8#>4#>7#>3#>2#>1#和6#>5#>4#>3#>7#>9#>8#>1#>2#，对溶液pH值提升能力大小顺序为5#>4#>6#>8#>7#>9#>3#>2#>1#。综合以上9个指标变化情况，确定nFe_3O_4-SRB固定化颗粒采用100目、NZVI-SRB固定化颗粒采用60目、ZVSI-SRB固定化颗粒采用100目的玉米芯，为最佳粒径。

(6)玉米芯投加量的确定

按前述SRB固定化颗粒制备方法，分别制备1#～9#颗粒。各颗粒基质成分规格参数如表8.2所列。按固液比1g/10mL将9种颗粒分别投加到等量AMD中，每日定时取样，测定特征污染物去除率及控制污染物释放量。

表8.2 颗粒基质成分规格参数设置

编号	SRB投加量/%	铁系材料种类	铁系材料投加量/%	玉米芯投加量/%	玉米芯粒径/目
1#	30	nFe_3O_4	3	1	100
2#	30	nFe_3O_4	3	3	100
3#	30	nFe_3O_4	3	5	100
4#	30	NZVI	3	1	60
5#	30	NZVI	3	3	60
6#	30	NZVI	3	5	60
7#	30	ZVSI	4	1	100
8#	30	ZVSI	4	3	100
9#	30	ZVSI	4	5	100

如图8.30所示，随着反应进行，9种颗粒SO_4^{2-}浓度显著下降，去除率明显提升。9种颗粒SO_4^{2-}平均去除率分别为70.32%、76.24%、76.84%、77.81%、81.03%、81.31%、85.83%、87.07%、84.25%。去除率大小顺序为8#>7#>9#>6#>5#>4#>3#>2#>1#。可见，ZVSI-SRB固定化颗粒对SO_4^{2-}去除效果略优于NZVI-SRB固定化颗粒，远好于nFe_3O_4-SRB固定化颗粒，这与前述研究所得结论一致。对比1#、2#和3#颗粒，SO_4^{2-}去除率随玉米芯投加量的增加呈上升趋势。这是由于大量玉米芯水解可释放充足碳源以供SRB代谢活动，故去除率显著提升。但考虑到过量玉米芯投加会造成水体有机污染，且当投加量为3%和5%时SO_4^{2-}去除率差别不大。综上，nFe_3O_4-SRB固定化颗粒玉米芯投加量为3%时SO_4^{2-}去除效果最佳。对比4#、5#和6#颗粒，SO_4^{2-}去除率随玉米芯投加量的增加呈上升趋势。这是由于大量玉米芯在NZVI催化作用下可水解释放充足碳源供SRB代谢，故去除率有所提升。但过量玉米

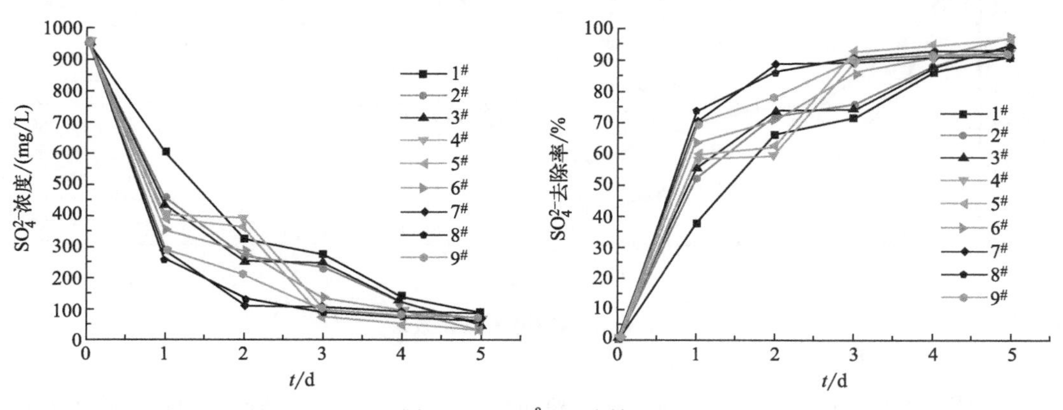

图8.30 SO_4^{2-}去除效果

芯投加会造成水体有机污染，且过高的COD会抑制SRB活性，致使SO_4^{2-}去除率降低。综上，NZVI-SRB固定化颗粒玉米芯投加量为3%时SO_4^{2-}去除效果最佳。对比7#、8#和9#颗粒，SO_4^{2-}去除率随玉米芯投加量的增加呈先上升后下降趋势。这是由于大量玉米芯在ZVSI催化作用下可释放较多小分子有机物，且ZVSI可为SRB提供充足电子对，故去除率显著提升。但当玉米芯投加量过高时，其水解会释放大量有机物。相关研究表明过高的COD/SO_4^{2-}值会抑制SRB活性。综上，ZVSI-SRB固定化颗粒玉米芯投加量为3%时SO_4^{2-}去除效果最佳。

如图8.31所示，随着反应进行，9种颗粒Cr(Ⅵ)浓度显著下降，去除率明显提升。9种颗粒Cr(Ⅵ)平均去除率分别为81.15%、88.90%、89.25%、99.67%、99.78%、99.82%、99.63%、99.87%、99.85%。去除率大小顺序为8#>9#>6#>5#>4#>7#>3#>2#>1#。可见，ZVSI-SRB固定化颗粒对Cr(Ⅵ)去除效果略优于NZVI-SRB固定化颗粒，远好于nFe_3O_4-SRB固定化颗粒。对比1#、2#和3#颗粒，Cr(Ⅵ)去除率随玉米芯投加量的增加呈上升趋势。这是由于大量玉米芯水解可释放充足碳源，SRB活性提升显著，Cr(Ⅵ)生物沉淀效率显著提高。但考虑到过量玉米芯会造成水体有机污染，且玉米芯投加量为3%和5%时，Cr(Ⅵ)去除率差别不大，综上，nFe_3O_4-SRB固定化颗粒玉米芯投加量为3%时Cr(Ⅵ)去除效果最佳。对比4#、5#和6#颗粒，Cr(Ⅵ)去除率随玉米芯投加量的增加略有升高，差别不大，去除率均可达99%以上。这是由于Cr(Ⅵ)主要依靠NZVI还原反应去除，玉米芯对其吸附作用较弱，故玉米芯投加量对去除率影响不大。考虑到制备成本及控制COD释放量，NZVI-SRB固定化颗粒玉米芯投加量为1%时Cr(Ⅵ)去除效果最佳。对比7#、8#和9#颗粒，Cr(Ⅵ)去除率随玉米芯投加量增加略有升高，差别不大，去除率均可达99%以上。这是由于Cr(Ⅵ)主要依靠ZVSI还原反应去除。8#对Cr(Ⅵ)的去除效果略优于9#和7#，说明玉米芯投加3%时对Cr(Ⅵ)去除效果相对较好。综上，ZVSI-SRB固定化颗粒玉米芯投加量为3%时Cr(Ⅵ)去除效果最佳。

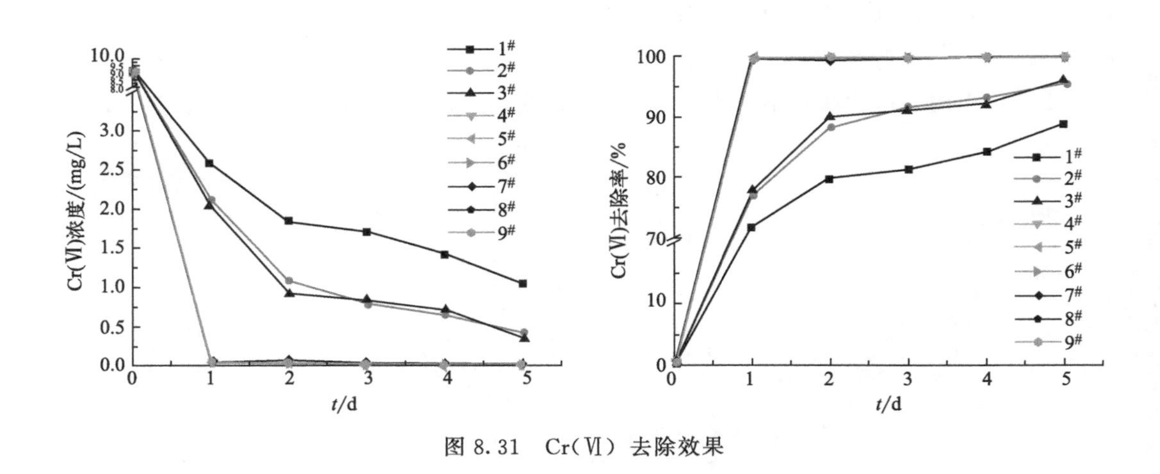

图8.31 Cr(Ⅵ)去除效果

如图8.32所示，随着反应进行，9种颗粒Cr^{3+}浓度显著下降，去除率明显提升。

9种颗粒 Cr^{3+} 平均去除率分别为74.72%、79.57%、72.95%、82.74%、84.45%、81.57%、76.31%、80.82%、78.59%。去除率大小顺序为5#>4#>6#>8#>2#>9#>7#>1#>3#。可见，NZVI-SRB固定化颗粒对 Cr^{3+} 去除效果较优于ZVSI-SRB固定化颗粒，远好于 nFe_3O_4-SRB固定化颗粒，这与前述研究所得结论一致。对比1#、2#和3#颗粒，Cr^{3+} 去除率随玉米芯投加量增加先上升后下降。这是由于大量玉米芯水解使得SRB碳源充足，活性增强，Cr^{3+} 生物沉淀作用显著，且玉米芯多孔结构对 Cr^{3+} 也有一定吸附作用，故去除率有所提升。但当玉米芯投加量过高时，过高的COD/SO_4^{2-} 值会抑制SRB代谢活性，致使 Cr^{3+} 生物沉淀作用减弱，且因玉米芯水解后内部结构遭到破坏，吸附能力相应降低。综上，nFe_3O_4-SRB固定化颗粒玉米芯投加量为3%时 Cr^{3+} 去除效果最佳。对比4#、5#和6#颗粒，Cr^{3+} 去除率随玉米芯投加量增加先上升后下降。这是由于大量玉米芯在NZVI催化下水解释放充足碳源供SRB代谢，Cr^{3+} 生物沉淀作用彻底，且更多玉米芯对 Cr^{3+} 吸附能力相应增强，故有助于提升去除率。但当玉米芯投加量过高时，过高的COD/SO_4^{2-} 会抑制SBR代谢，进而影响 Cr^{3+} 沉淀去除效率。综上，NZVI-SRB固定化颗粒玉米芯投加量为3%时 Cr^{3+} 去除效果最佳。对比7#、8#和9#颗粒，Cr^{3+} 去除率随玉米芯投加量增加先上升后下降。这是由于大量玉米芯在ZVSI催化下水解转化单糖量相应增加，COD/SO_4^{2-} 值较高，SRB生物沉淀能力相应增强。但当玉米芯投加量过高时，过高的COD/SO_4^{2-} 值会抑制SRB代谢，进而影响去除效果。但因玉米芯仍具一定吸附能力，故玉米芯投加量为3%时的 Cr^{3+} 去除率仍高于1%时。综上，ZVSI-SRB固定化颗粒玉米芯投加量为3%时 Cr^{3+} 去除效果最佳。

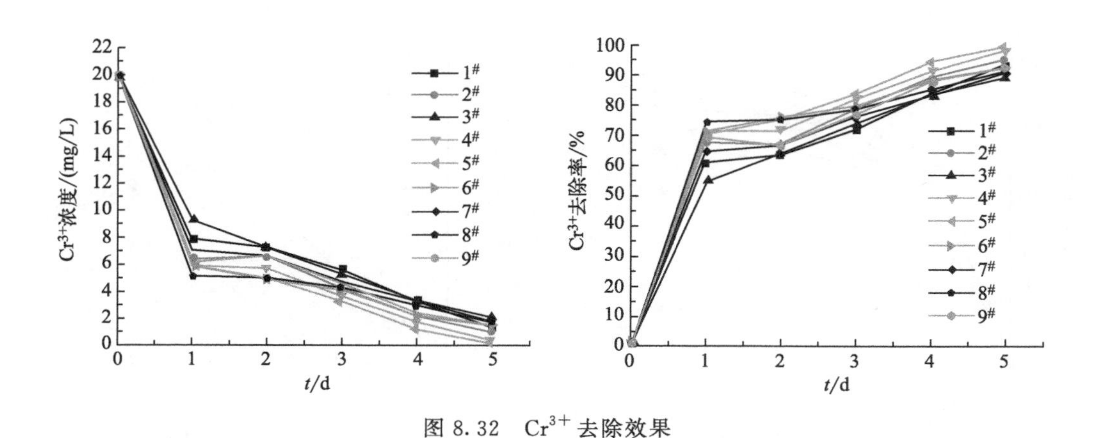

图8.32 Cr^{3+} 去除效果

如图8.33所示，随着反应进行，9种颗粒COD释放量呈上升趋势。9种颗粒平均COD释放量分别为609.4mg/L、676.6mg/L、685.2mg/L、746.8mg/L、758.2mg/L、830.4mg/L、698.2mg/L、704.6mg/L、738.2mg/L，大小顺序为6#>5#>4#>9#>8#>7#>3#>2#>1#。可见，NZVI-SRB固定化颗粒COD释放量高于ZVSI-SRB固定化颗粒和 nFe_3O_4-SRB固定化颗粒，这与前述研究所得结论一致。分别对比3种铁系颗粒，COD释放量均随玉米芯投加量的增加呈上升趋势。这是由于大量玉米芯在铁系材料催化作用下可水解释放较多有机物。因 SRB 利用能力有限，大部分未利用碳源被释放到水中，故出水 COD 较高。考虑到 SRB 生长需要适宜 COD/SO_4^{2-} 值，过高的 COD 还会造成水体有机污染，nFe_3O_4-SRB、NZVI-SRB 和 ZVSI-SRB 固定化颗粒均在玉米芯投加量为 3%时 COD 释放量最佳。

如图 8.34 所示，随着反应进行，9 种颗粒 TFe 释放量呈上升趋势。9 种颗粒平均 TFe 释放量分别为 0.356mg/L、0.348mg/L、0.340mg/L、1.410mg/L、1.228mg/L、0.858mg/L、0.810mg/L、0.450mg/L、0.396mg/L，大小顺序为 4# >5# >6# >7# >8# >9# >1# >2# >3# 。可见，NZVI-SRB 固定化颗粒 TFe 释放量高于 ZVSI-SRB 固定化颗粒，nFe_3O_4-SRB 固定化颗粒处于较低水平，这与前述研究所得结论一致。对比 1# 、2# 和 3# 颗粒，TFe 释放量随玉米芯投加量增加呈下降趋势。这是由于大量玉米芯对 Fe^{2+} 及 H^+ 吸附能力较强。除玉米芯吸附作用外，水中游离的 OH^- 还可与 Fe^{2+} 形成沉淀，故出水 TFe 含量显著下降。综上，nFe_3O_4-SRB 固定化颗粒玉米芯投加量为 5%时 TFe 释放量最佳。对比 4# 、5# 和 6# 颗粒，TFe 释放量随玉米芯投加量增加呈下降趋势。这是由于大量玉米芯对 Fe^{2+} 及 H^+ 吸附能力较强，且因体系内碳源及还原电子充足，SRB 代谢及产碱能力相应增强，体系内 Fe^{2+} 可与 OH^- 及 S^{2-} 形成沉淀强化去除，故出水 TFe 含量有所下降。综上，NZVI-SRB 固定化颗粒玉米芯投加量为 5%时 TFe 释放量最佳。对比 7# 、8# 和 9# 颗粒，TFe 释放量随玉米芯投加量增加呈下降趋势。这是由于大量玉米芯对 Fe^{2+} 及 H^+ 吸附作用较强，同时 SRB 代谢产碱过程可释放大量碱度，致使 Fe^{2+} 吸附及沉淀去除效率相应提升，故 TFe 释放量有所下降。综上，ZVSI-SRB 固定化颗粒玉米芯投加量为 5%时 TFe 释放量最佳。

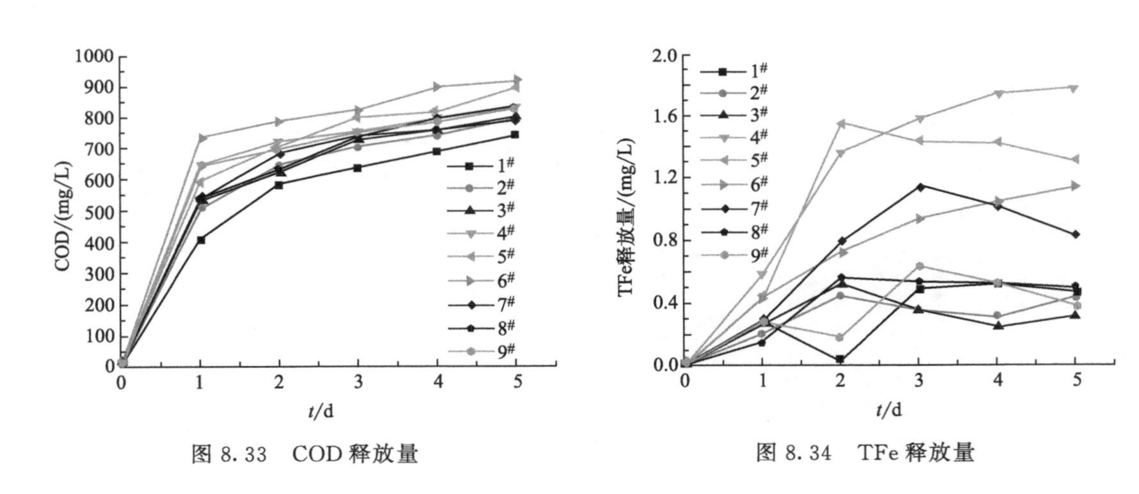

图 8.33　COD 释放量　　　图 8.34　TFe 释放量

如图 8.35 所示，随着反应进行，9 种颗粒 pH 值先显著上升后趋于平稳。9 种颗粒平均出水 pH 值分别为 5.480、5.902、6.192、7.770、7.862、7.900、7.680、7.698、7.764，大小顺序为 6# >5# >4# >9# >8# >7# >3# >2# >1# 。可见，NZVI-SRB 固定化颗粒 pH 值提升效果略好于 ZVSI-SRB 固定化颗粒，远好于 nFe_3O_4-SRB 固定化颗粒，这与前述研究所得结论一致。对比 1# 、2# 和 3# 颗粒，出水 pH 值随玉米芯投加量增加呈上升趋势。这是由于大量玉米芯具有较多活性位点可吸附 H^+，且因玉米芯水解碳源充足 SRB 代谢产碱能力相应增强，故 pH 值显著提升。综上，nFe_3O_4-SRB 固定化颗粒玉米芯投加量为 5%时 pH 值提升效果最佳。对比 4#、5# 和 6# 颗粒，出水 pH 值随玉米芯投加量增加呈上升趋势，但差别不大。这是由于此时体系内 H^+ 去除主要依靠 NZVI 氧化反应。大量的玉米芯投加有助于改善吸附 H^+ 效能及提升 SRB 代谢产碱能力，但该作用影响不大。综上，NZVI-SRB 固定化颗粒玉米芯投加量为 5%时 pH 值提升效果最佳。对比 7#、8# 和 9# 颗粒，出水 pH 值随玉米芯投加量增加呈上升趋势，但差别不大。这是由于此时 pH 值提升主要依靠 ZVSI 与 H^+ 发生还原反应。大量玉米芯投加虽对改善 H^+ 吸附作用及 SRB 代谢产碱能力具有一定贡献，但影响不大，出水 pH 值仅略有提升。综上，ZVSI-SRB 固定化颗粒玉米芯投加量为 5%时 pH 值提升效果最佳。

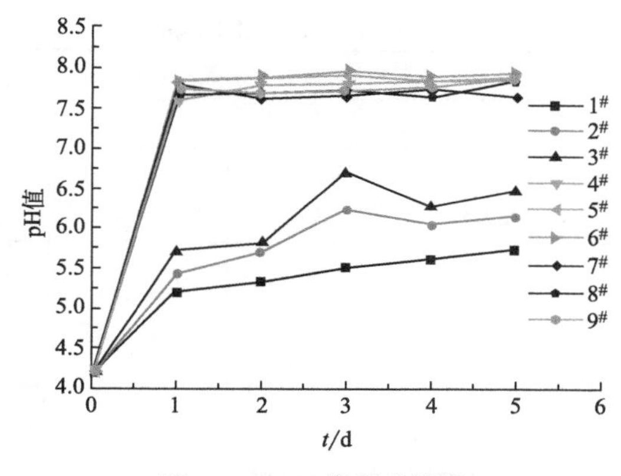

图 8.35 pH 值提升效果

综上，以质量分数为 1%、3%、5%的玉米芯，质量分数 3%的 nFe_3O_4（100 目玉米芯）、NZVI（60 目玉米芯）和质量分数 4%的 ZVSI（100 目玉米芯）制备的 1#、2#、3#、4#、5#、6#、7#、8#、9# 颗粒，对溶液中 SO_4^{2-}、Cr(Ⅵ)、Cr^{3+} 去除率大小顺序分别为 8#>7#>9#>6#>5#>4#>3#>2#>1#、8#>9#>6#>5#>4#>7#>3#>2#>1# 和 5#>4#>6#>8#>2#>9#>7#>1#>3#，对溶液 COD 和 TFe 释放量大小顺序为 6#>5#>4#>9#>8#>7#>3#>2#>1# 和 4#>5#>6#>7#>8#>9#>1#>2#>3#，对溶液 pH 值提升能力大小顺序为 6#>5#>4#>9#>8#>7#>3#>2#>1#。综合以上 9 个指标变化情况，确定 3 种铁系颗粒中玉米芯最佳投加量为 3%。

综上所述，通过单因素试验，nFe_3O_4-SRB 固定化颗粒中 SRB 菌液投加量为 30%、nFe_3O_4 投加量为 3%、玉米芯粒径为 100 目和投加量为 3%时，对 AMD 溶液中 SO_4^{2-}、Cr(Ⅵ)、Cr^{3+} 去除效果较好，COD 和 TFe 释放量较低，pH 值提升能力较好；NZVI-SRB 固定化颗粒中 SRB 菌液投加量为 30%、NZVI 投加量为 3%、玉米芯粒径为 60 目和投加量为 3%时，对 AMD 溶液中 SO_4^{2-}、Cr(Ⅵ)、Cr^{3+} 去除效果较好，COD 和 TFe

释放量较低，pH 值提升能力较好；ZVSI-SRB 固定化颗粒中 SRB 菌液投加量为 30%、ZVSI 投加量为 4%、玉米芯粒径为 100 目和投加量为 3%时，对 AMD 溶液中 SO_4^{2-}、Cr(Ⅵ)、Cr^{3+} 去除效果较好，COD 和 TFe 释放量较低，pH 值提升能力较好。

8.2 铁系颗粒成分配比正交试验

基于前述研究铁系颗粒成分组成，依据单因素试验结果选取三水平值，以 SRB 投加量、铁系材料（nFe_3O_4、NZVI、ZVSI）投加量、玉米芯粒径、玉米芯投加量为 4 个因素，开展 $L_9(3^4)$ 正交试验，各因素水平见表 8.3。评价指标为特征污染物去除率及控制污染物释放量。通过极差与方差分析确定铁系颗粒中 SRB、铁系材料（nFe_3O_4、NZVI、ZVSI）、玉米芯最优规格配比。

表 8.3　正交试验因素水平

水平	因素					
	SRB 含量(*A*)/%	铁系材料含量/%			玉米芯粒径(*E*)/目	玉米芯量(*F*)/%
		nFe_3O_4 含量(*B*)	NZVI 含量(*C*)	ZVSI 含量(*D*)		
1	20	2	2	3	60	1
2	30	3	3	4	100	3
3	40	4	4	5	200	5

注：表中百分数均为质量分数。

(1) nFe_3O_4-SRB 固定化颗粒正交试验结果

nFe_3O_4-SRB 固定化颗粒正交试验结果如表 8.4 所列。

表 8.4　$L_9(3^4)$ 试验设计与结果分析

试验号	SRB(*A*)/%	nFe_3O_4(*B*)/%	玉米芯粒径(*E*)/目	玉米芯含量(*F*)/%	SO_4^{2-} 去除率/%	Cr(Ⅵ) 去除率/%	Cr^{3+} 去除率/%	COD 释放量/(mg/L)	TFe 释放量/(mg/L)	pH 值
1	20	2	60	1	64.30	75.53	66.23	1077.4	0.334	6.196
2	20	3	100	3	27.49	76.50	68.22	1001.6	0.880	5.982
3	20	4	200	5	51.97	80.37	84.28	1013.2	0.130	6.090
4	30	2	100	5	23.29	81.15	72.25	1033.0	0.036	6.016
5	30	3	200	1	22.17	77.34	57.80	1058.8	0.512	5.136
6	30	4	60	3	21.16	79.91	67.63	1044.2	1.052	5.214
7	40	2	200	3	61.35	80.67	56.51	1006.8	0.316	6.082
8	40	3	60	5	53.65	83.65	58.96	955.0	0.038	6.298
9	40	4	100	1	70.54	84.75	73.80	1104.0	1.086	6.268

由表 8.4 可知，正交试验被分为 9 组不同批次试验，反应平衡后各批次试验出水中

特征污染物SO_4^{2-}、Cr(Ⅵ)、Cr^{3+}去除率分别介于21.16%～70.54%、75.53%～84.75%、56.51%～84.28%，控制污染物TFe、COD释放量分别介于0.036～1.086mg/L、955～1104mg/L，pH值为5.136～6.298。

SO_4^{2-}试验结果分析如表8.5和表8.6所列。

表8.5 SO_4^{2-}直观分析表

试验号	SRB(*A*)	nFe_3O_4(*B*)	玉米芯粒径(*E*)	玉米芯含量(*F*)	试验结果/%
1	1	1	1	1	64.30
2	1	2	2	2	27.49
3	1	3	3	3	51.97
4	2	1	2	3	23.29
5	2	2	3	1	22.17
6	2	3	1	2	21.16
7	3	1	3	2	61.35
8	3	2	1	3	53.65
9	3	3	2	1	70.54
均值1/%	47.920	49.647	46.370	52.337	
均值2/%	22.207	34.437	40.440	36.667	
均值3/%	61.847	47.890	45.163	42.970	
极差/%	39.640	15.210	5.930	15.670	

某影响因素极差值越大，其对试验结果的影响也越大。由表8.5可知，在4个因素中，根据极差大小看出，对SO_4^{2-}去除率影响大小顺序为：$A>F>B>E$。E的极差最小，故以E项为误差项进行方差分析。

表8.6 SO_4^{2-}方差分析

方差来源	平方和	自由度	均方	*F*	*P*	显著水平
SRB(*A*)	2426.457	2	1213.229	41.174	>0.05	*
nFe_3O_4(*B*)	415.422	2	207.711	7.049	<0.05	⊙
玉米芯粒径(*E*)	58.931	2	29.466	1	<0.05	⊙
玉米芯含量(*F*)	373.015	2	186.508	6.330	<0.05	⊙
误差	0.0002	0	29.466			
总和	3273.825	8				

注：1. $F_{0.05}(2,2)=19$，$F_{0.01}(2,2)=99$。
2. *，0.05≤P≤0.01，显著；⊙，P<0.05，不显著。

由表8.6可知，方差分析A因素有显著性差异，B、E、F无显著性差异，这说明影响SO_4^{2-}去除率的显著性因子只有SRB含量一项。因此，根据均值大小确定SO_4^{2-}去除率最佳因素组合为$A_3B_1E_1F_1$，即SRB菌液投加量为40%，nFe_3O_4质量分数为2%，玉米芯粒径为60目、质量分数为1%，在此成分配比下nFe_3O_4-SRB固定化颗粒对SO_4^{2-}有最佳去除效果。

Cr(Ⅵ)试验结果分析如表8.7和表8.8所列。

表 8.7　Cr(Ⅵ) 直观分析表

试验号	SRB (*A*)	nFe_3O_4 (*B*)	玉米芯粒径 (*E*)	玉米芯含量 (*F*)	试验结果 /%
1	1	1	1	1	75.53
2	1	2	2	2	76.50
3	1	3	3	3	80.37
4	2	1	2	3	81.15
5	2	2	3	1	77.34
6	2	3	1	2	79.91
7	3	1	3	2	80.67
8	3	2	1	3	83.65
9	3	3	2	1	84.75
均值 1/%	77.467	79.117	79.697	79.207	
均值 2/%	79.467	79.163	80.800	79.027	
均值 3/%	83.023	81.677	79.460	81.723	
极差/%	5.556	2.560	1.340	2.696	

由表 8.7 可知，在 4 个因素中，根据极差大小看出，对 Cr(Ⅵ) 去除率影响大小顺序为：*A*＞*F*＞*B*＞*E*。*E* 的极差最小，故以 *E* 项为误差项进行方差分析。

表 8.8　Cr(Ⅵ) 方差分析

方差来源	平方和	自由度	均方	*F*	*P*	显著水平
SRB(*A*)	47.674	2	23.837	14.769	＜0.05	⊙
nFe_3O_4(*B*)	13.036	2	6.518	4.038	＜0.05	⊙
玉米芯粒径(*E*)	3.228	2	1.614	1	＜0.05	⊙
玉米芯含量(*F*)	13.791	2	6.896	4.273	＜0.05	⊙
误差	0.623	0	1.614			
总和	78.352	8				

注：1. $F_{0.05}(2,2)=19$，$F_{0.01}(2,2)=99$。
2. ⊙，$P<0.05$，不显著。

由表 8.8 可知，方差分析 *A*、*B*、*E*、*F* 均无显著性差异。因此，根据均值大小确定 Cr(Ⅵ) 去除率最佳因素组合为 $A_3B_3E_2F_3$，即 SRB 菌液投加量为 40%，nFe_3O_4 质量分数为 4%，玉米芯粒径为 100 目、质量分数为 5%，在此成分配比下 nFe_3O_4-SRB 固定化颗粒对 Cr(Ⅵ) 有最佳去除效果。

Cr^{3+} 试验结果分析如表 8.9 和表 8.10 所列。

表 8.9　Cr^{3+} 直观分析表

试验号	SRB (*A*)	nFe_3O_4 (*B*)	玉米芯粒径 (*E*)	玉米芯含量 (*F*)	试验结果 /%
1	1	1	1	1	66.23
2	1	2	2	2	68.22

续表

试验号	SRB (A)	nFe_3O_4 (B)	玉米芯粒径 (E)	玉米芯含量 (F)	试验结果 /%
3	1	3	3	3	84.28
4	2	1	2	3	72.25
5	2	2	3	1	57.80
6	2	3	1	2	67.63
7	3	1	3	2	56.51
8	3	2	1	3	58.96
9	3	3	2	1	73.80
均值 1/%	72.910	64.997	64.273	65.943	
均值 2/%	65.893	61.660	71.423	64.120	
均值 3/%	63.090	75.237	66.197	71.830	
极差/%	9.820	13.577	7.150	7.710	

由表 8.9 可知，在 4 个因素中，根据极差大小看出，对 Cr^{3+} 去除率影响大小顺序为：$B>A>F>E$。E 的极差最小，故以 E 项为误差项进行方差分析。

表 8.10　Cr^{3+} 方差分析

方差来源	平方和	自由度	均方	F	P	显著水平
SRB(A)	153.525	2	76.763	1.869	<0.05	⊙
nFe_3O_4(B)	300.317	2	150.159	3.656	<0.05	⊙
玉米芯粒径(E)	82.140	2	41.070	1	<0.05	⊙
玉米芯含量(F)	97.421	2	48.711	1.186	<0.05	⊙
误差	0	0	41.070			
总和	633.403	8				

注：1. $F_{0.05}(2,2)=19$，$F_{0.01}(2,2)=99$。
2. ⊙，$P<0.05$，不显著。

由表 8.10 可知，方差分析 A、B、E、F 均无显著性差异。因此，根据均值大小确定 Cr^{3+} 去除率最佳因素组合为 $A_1B_3E_2F_3$，即 SRB 菌液投加量为 20%，nFe_3O_4 质量分数为 4%，玉米芯粒径为 100 目、质量分数为 5%，在此成分配比下 nFe_3O_4-SRB 固定化颗粒对 Cr^{3+} 有最佳去除效果。

COD 试验结果分析如表 8.11 和表 8.12 所列。

表 8.11　COD 直观分析表

试验号	SRB (A)	nFe_3O_4 (B)	玉米芯粒径 (E)	玉米芯含量 (F)	试验结果 /(mg/L)
1	1	1	1	1	1077.4
2	1	2	2	2	1001.6
3	1	3	3	3	1013.2
4	2	1	2	3	1033.0

续表

试验号	SRB (A)	nFe_3O_4 (B)	玉米芯粒径 (E)	玉米芯含量 (F)	试验结果 /(mg/L)
5	2	2	3	1	1058.8
6	2	3	1	2	1044.2
7	3	1	3	2	1006.8
8	3	2	1	3	955.0
1	3	3	2	1	1104.0
均值 1/(mg/L)	1030.733	1039.067	1025.533	1080.067	
均值 2/(mg/L)	1045.333	1005.133	1046.200	1017.533	
均值 3/(mg/L)	1021.933	1053.800	1026.267	412.494	
极差/(mg/L)	23.400	48.667	20.667	79.667	

由表 8.11 可知，在 4 个因素中，根据极差大小看出，对 COD 释放量影响大小顺序为：$F>B>A>E$。E 的极差最小，故以 E 项为误差项进行方差分析。

表 8.12　COD 方差分析

方差来源	平方和	自由度	均方	F	P	显著水平
SRB(A)	838.160	2	419.080	1.016	<0.05	⊙
nFe_3O_4(B)	3736.987	2	1868.494	4.530	<0.05	⊙
玉米芯粒径(E)	824.987	2	412.494	1	<0.05	⊙
玉米芯含量(F)	10550.747	2	5275.374	12.789	<0.05	⊙
误差	0.006	0	412.494			
总和	15950.887	8				

注：1. $F_{0.05}(2,2)=19$，$F_{0.01}(2,2)=99$。
2. ⊙，$P<0.05$，不显著。

由表 8.12 可知，方差分析 A、B、E、F 均无显著性差异。因此，根据均值大小确定 COD 释放量最佳因素组合为 $A_2B_3E_2F_1$，即 SRB 菌液投加量为 30%，nFe_3O_4 质量分数为 4%，玉米芯粒径为 100 目、质量分数为 1%，在此成分配比下 nFe_3O_4-SRB 固定化颗粒对 COD 释放量效果最佳。

TFe 试验结果分析如表 8.13 和表 8.14 所列。

表 8.13　TFe 直观分析表

试验号	SRB (A)	nFe_3O_4 (B)	玉米芯粒径 (E)	玉米芯含量 (F)	试验结果 /(mg/L)
1	1	1	1	1	0.334
2	1	2	2	2	0.880
3	1	3	3	3	0.130
4	2	1	2	3	0.036
5	2	2	3	1	0.512
6	2	3	1	2	1.052
7	3	1	3	2	0.316

续表

试验号	SRB (A)	nFe_3O_4 (B)	玉米芯粒径 (E)	玉米芯含量 (F)	试验结果 /(mg/L)
8	3	2	1	3	0.038
9	3	3	2	1	1.086
均值 1/(mg/L)	0.448	0.229	0.475	0.749	
均值 2/(mg/L)	0.533	0.477	0.667	0.644	
均值 3/(mg/L)	0.480	0.756	0.319	0.068	
极差/(mg/L)	0.085	0.527	0.348	0.681	

由表8.13可知，在4个因素中，根据极差大小看出，对TFe释放量影响大小顺序为：$F>B>E>A$。A的极差最小，故以A项为误差项进行方差分析。

表8.14 TFe方差分析

方差来源	平方和	自由度	均方	F	P	显著水平
SRB(A)	0.012	2	0.006	1	<0.05	⊙
nFe_3O_4(B)	0.418	2	0.209	34.833	>0.05	*
玉米芯粒径(E)	0.183	2	0.092	15.333	<0.05	⊙
玉米芯含量(F)	0.808	2	0.404	67.333	>0.05	*
误差	0.002	0	0.006			
总和	1.423	8				

注：1. $F_{0.05}(2,2)=19$，$F_{0.01}(2,2)=99$。
2. *，$0.05\leqslant P\leqslant 0.01$，显著；⊙，$P<0.05$，不显著。

由表8.14可知，方差分析B、F因素有显著性差异，A、E无显著性差异，这说明影响TFe释放量的显著性因子有nFe_3O_4和玉米芯含量两项。因此，根据均值大小确定TFe释放量最佳因素组合为$A_2B_3E_2F_1$，即SRB菌液投加量为30%，nFe_3O_4质量分数为4%，玉米芯粒径为100目、质量分数为1%，在此成分配比下nFe_3O_4-SRB固定化颗粒对TFe释放量效果最佳。

pH值试验结果分析如表8.15和表8.16所列。

表8.15 pH值直观分析表

试验号	SRB (A)	nFe_3O_4 (B)	玉米芯粒径 (E)	玉米芯含量 (F)	试验结果
1	1	1	1	1	6.196
2	1	2	2	2	5.982
3	1	3	3	3	6.090
4	2	1	2	3	6.016
5	2	2	3	1	5.136
6	2	3	1	2	5.214
7	3	1	3	2	6.082
8	3	2	1	3	6.298

续表

试验号	SRB (*A*)	nFe_3O_4 (*B*)	玉米芯粒径 (*E*)	玉米芯含量 (*F*)	试验结果
9	3	3	2	1	6.268
均值1	6.089	6.098	5.903	5.867	
均值2	5.455	5.805	6.089	5.759	
均值3	6.216	5.857	5.769	6.135	
极差	0.761	0.293	0.320	0.376	

由表8.15可知，在4个因素中，根据极差大小看出，对pH值影响大小顺序为：$A>F>E>B$。B的极差最小，故以B项为误差项进行方差分析。

表8.16　pH值方差分析

方差来源	平方和	自由度	均方	*F*	*P*	显著水平
SRB(*A*)	0.997	2	0.499	6.743	<0.05	⊙
nFe_3O_4(*B*)	0.147	2	0.074	1	<0.05	⊙
玉米芯粒径(*E*)	0.155	2	0.078	1.054	<0.05	⊙
玉米芯含量(*F*)	0.225	2	0.113	1.527	<0.05	⊙
误差	0.002	0	0.074			
总和	1.526	8				

注：1. $F_{0.05}(2,2)=19$，$F_{0.01}(2,2)=99$。
2. ⊙，$P<0.05$，不显著。

由表8.16可知，方差分析A、B、E、F均无显著性差异。因此，根据均值大小确定pH值最佳因素组合为$A_3B_1E_2F_3$，即SRB菌液投加量为40%，nFe_3O_4质量分数为2%，玉米芯粒径为100目、质量分数为5%，在此成分配比下nFe_3O_4-SRB固定化颗粒对pH值有最佳提升效果。

综上所述，正交试验结果$A_3B_1E_1F_1$、$A_3B_3E_2F_3$、$A_1B_3E_2F_3$、$A_2B_3E_2F_1$、$A_2B_3E_2F_1$、$A_3B_1E_2F_3$，可确定nFe_3O_4-SRB固定化颗粒成分最优配比为$A_3B_3E_2F_1$，即SRB投加量40%，nFe_3O_4投加量4%，玉米芯粒径100目、投加量1%，nFe_3O_4-SRB固定化颗粒在此成分配比下性能最佳。

（2）NZVI-SRB固定化颗粒正交试验结果

NZVI-SRB固定化颗粒正交试验结果如表8.17所列。

表8.17　$L_9(3^4)$试验设计与结果分析

因素 试验	SRB (*A*) /%	NZVI (*C*) /%	玉米芯粒径 (*E*) /目	玉米芯含量 (*F*) /%	SO_4^{2-}去除率/%	Cr(Ⅵ)去除率/%	Cr^{3+}去除率/%	COD释放量/(mg/L)	TFe释放量/(mg/L)	pH值
1	20	2	60	1	54.60	96.69	11.35	971.0	5.276	5.592
2	20	3	100	3	64.97	99.20	45.88	1000.0	1.490	6.568
3	20	4	200	5	38.17	99.81	48.61	929.0	1.614	7.780

续表

因素 试验	SRB (A) /%	NZVI (C) /%	玉米芯粒径 (E) /目	玉米芯含量 (F) /%	SO_4^{2-} 去除率 /%	Cr(Ⅵ) 去除率 /%	Cr^{3+} 去除率 /%	COD 释放量 /(mg/L)	TFe 释放量 /(mg/L)	pH值
4	30	2	100	5	65.74	98.16	21.80	1014.2	4.252	7.104
5	30	3	200	1	47.01	98.29	29.21	967.2	4.038	7.454
6	30	4	60	3	82.99	99.78	38.78	1033.4	4.262	8.400
7	40	2	200	3	88.17	97.60	21.77	1044.4	4.120	5.882
8	40	3	60	5	68.93	99.67	14.52	1024.2	1.978	7.630
9	40	4	100	1	96.39	96.82	33.46	1058.2	3.968	7.030

由表8.17可知，正交试验被分为9组不同批次试验，反应平衡后各批次试验出水中特征污染物SO_4^{2-}、Cr(Ⅵ)、Cr^{3+}去除率分别介于38.17%～96.39%、96.69%～99.81%、11.35%～48.61%，控制污染物TFe、COD释放量分别介于1.490～5.276mg/L、929.0～1058.2mg/L，pH值为5.592～8.400。

SO_4^{2-}试验结果分析如表8.18和表8.19所列。

表8.18　SO_4^{2-}直观分析表

试验号	SRB (A)	NZVI (C)	玉米芯粒径 (E)	玉米芯含量 (F)	试验结果 /%
1	1	1	1	1	54.60
2	1	2	2	2	64.97
3	1	3	3	3	38.17
4	2	1	2	3	65.74
5	2	2	3	1	47.01
6	2	3	1	2	82.99
7	3	1	3	2	88.17
8	3	2	1	3	68.93
9	3	3	2	1	96.39
均值1/%	52.580	69.503	68.840	66.000	
均值2/%	65.247	60.303	75.700	78.710	
均值3/%	84.497	72.517	57.783	57.613	
极差/%	31.917	12.214	17.917	21.097	

由表8.18可知，在4个因素中，根据极差大小看出，对SO_4^{2-}去除率影响大小顺序为：$A>F>E>C$。C的极差最小，故以C项为误差项进行方差分析。

表8.19　SO_4^{2-}方差分析

方差来源	平方和	自由度	均方	F	P	显著水平
SRB(A)	1549.681	2	774.841	6.380	<0.05	⊙
NZVI(C)	242.886	2	121.443	1	<0.05	⊙

续表

方差来源	平方和	自由度	均方	F	P	显著水平
玉米芯粒径(E)	490.317	2	245.159	2.019	<0.05	⊙
玉米芯含量(F)	676.950	2	338.475	2.787	<0.05	⊙
误差	0.0015	0	121.443			
总和	2959.836	8				

注：1. $F_{0.05}(2,2)=19$，$F_{0.01}(2,2)=99$。
2. ⊙，$P<0.05$，不显著。

由表 8.19 可知，方差分析 A、C、E、F 均无显著性差异。因此，根据均值大小确定 SO_4^{2-} 去除率最佳因素组合为 $A_3C_3E_2F_2$，即 SRB 菌液投加量为 40%，NZVI 质量分数为 4%，玉米芯粒径为 100 目、质量分数为 3%，在此成分配比下 NZVI-SRB 固定化颗粒对 SO_4^{2-} 有最佳去除效果。

Cr(Ⅵ) 试验结果分析如表 8.20 和表 8.21 所列。

表 8.20　Cr(Ⅵ) 直观分析表

试验号	SRB (A)	NZVI (C)	玉米芯粒径 (E)	玉米芯含量 (F)	试验结果 /%
1	1	1	1	1	96.69
2	1	2	2	2	99.20
3	1	3	3	3	99.81
4	2	1	2	3	98.16
5	2	2	3	1	98.29
6	2	3	1	2	99.78
7	3	1	3	2	97.60
8	3	2	1	3	99.67
9	3	3	2	1	96.82
均值 1/%	98.567	97.483	98.713	97.267	
均值 2/%	98.743	99.053	98.060	98.860	
均值 3/%	98.030	98.803	98.567	99.213	
极差/%	0.713	1.570	0.653	1.946	

由表 8.20 可知，在 4 个因素中，根据极差大小看出，对 Cr(Ⅵ) 去除率影响大小顺序为：$F>C>A>E$。E 的极差最小，故以 E 项为误差项进行方差分析。

表 8.21　Cr(Ⅵ) 方差分析

方差来源	平方和	自由度	均方	F	P	显著水平
SRB(A)	0.828	2	0.414	1.173	<0.05	⊙
NZVI(C)	4.269	2	2.135	6.048	<0.05	⊙
玉米芯粒径(E)	0.705	2	0.353	1	<0.05	⊙
玉米芯含量(F)	6.453	2	3.227	9.142	<0.05	⊙

续表

方差来源	平方和	自由度	均方	F	P	显著水平
误差	0.001	0	0.353			
总和	12.256	8				

注：1. $F_{0.05}(2,2)=19$，$F_{0.01}(2,2)=99$。

2. ⊙，$P<0.05$，不显著。

由表 8.21 可知，方差分析 A、C、E、F 均无显著性差异。因此，根据均值大小确定 Cr(Ⅵ) 去除率最佳因素组合为 $A_2C_2E_1F_3$，即 SRB 菌液投加量为 30%，NZVI 质量分数为 3%，玉米芯粒径为 60 目、质量分数为 5%，在此成分配比下 NZVI-SRB 固定化颗粒对 Cr(Ⅵ) 有最佳去除效果。

Cr^{3+} 试验结果分析如表 8.22 和表 8.23 所列。

表 8.22　Cr^{3+} 直观分析表

试验号	SRB (A)	NZVI (C)	玉米芯粒径 (E)	玉米芯含量 (F)	试验结果 /%
1	1	1	1	1	11.35
2	1	2	2	2	45.88
3	1	3	3	3	48.61
4	2	1	2	3	21.80
5	2	2	3	1	29.21
6	2	3	1	2	38.78
7	3	1	3	2	21.77
8	3	2	1	3	14.52
9	3	3	2	1	33.46
均值 1/%	35.280	18.307	21.550	24.673	
均值 2/%	29.930	29.870	33.713	35.477	
均值 3/%	23.250	40.283	33.197	28.310	
极差/%	12.030	21.976	12.163	10.804	

由表 8.22 可知，在 4 个因素中，根据极差大小看出，对 Cr^{3+} 去除率影响大小顺序为：$C>E>A>F$。F 的极差最小，故以 F 项为误差项进行方差分析。

表 8.23　Cr^{3+} 方差分析

方差来源	平方和	自由度	均方	F	P	显著水平
SRB(A)	217.965	2	108.983	1.202	<0.05	⊙
NZVI(C)	725.122	2	362.561	3.400	<0.05	⊙
玉米芯粒径(E)	283.858	2	141.929	1.566	<0.05	⊙
玉米芯含量(F)	181.298	2	90.649	1	<0.05	⊙
误差	0.001	0	90.649			
总和	1408.244	8				

注：1. $F_{0.05}(2,2)=19$，$F_{0.01}(2,2)=99$。

2. ⊙，$P<0.05$，不显著。

由表 8.23 可知，方差分析 A、C、E、F 均无显著性差异。因此，根据均值大小确定 Cr^{3+} 去除率最佳因素组合为 $A_1C_3E_2F_2$，即 SRB 菌液投加量为 20%，NZVI 质量分数为 4%，玉米芯粒径为 100 目、质量分数为 3%，在此成分配比下 NZVI-SRB 固定化颗粒对 Cr^{3+} 有最佳去除效果。

COD 试验结果分析如表 8.24 和表 8.25 所列。

表 8.24　COD 直观分析表

试验号	SRB（A）	NZVI（C）	玉米芯粒径（E）	玉米芯含量（F）	试验结果/(mg/L)
1	1	1	1	1	971.0
2	1	2	2	2	1000.0
3	1	3	3	3	929.0
4	2	1	2	3	1014.2
5	2	2	3	1	967.2
6	2	3	1	2	1033.4
7	3	1	3	2	1044.4
8	3	2	1	3	1024.2
9	3	3	2	1	1058.2
均值 1/(mg/L)	966.667	1009.867	1009.533	998.800	
均值 2/(mg/L)	1004.933	997.133	1024.133	1025.933	
均值 3/(mg/L)	1042.267	1006.867	980.200	989.133	
极差/(mg/L)	75.600	12.734	43.933	36.800	

由表 8.24 可知，在 4 个因素中，根据极差大小看出，对 COD 释放量影响大小顺序为：$A>E>F>C$。C 的极差最小，故以 C 项为误差项进行方差分析。

表 8.25　COD 方差分析

方差来源	平方和	自由度	均方	F	P	显著水平
SRB(A)	8573.476	2	4286.738	32.246	>0.05	*
NZVI(C)	265.876	2	132.938	1	<0.05	⊙
玉米芯粒径(E)	3003.743	2	1501.872	11.298	<0.05	⊙
玉米芯含量(F)	2183.903	2	1091.952	8.214	<0.05	⊙
误差	0.002	0	132.938			
总和	14027.000	8				

注：1. $F_{0.05}(2,2)=19$，$F_{0.01}(2,2)=99$。
2. *，$0.05 \leqslant P \leqslant 0.01$，显著；⊙，$P<0.05$，不显著。

由表 8.25 可知，方差分析 A 因素有显著性差异，C、E、F 无显著性差异，这说明影响 COD 释放量的显著性因子只有 SRB 含量一项。因此，根据均值大小确定 COD 释放量最佳因素组合为 $A_3C_1E_2F_2$，即 SRB 菌液投加量为 40%，NZVI 质量分数为 2%，玉米芯粒径为 100 目、质量分数为 3%，在此成分配比下 NZVI-SRB 固定化颗粒对 COD 释放量效果最佳。

TFe 试验结果分析如表 8.26 和表 8.27 所列。

表 8.26　TFe 直观分析表

试验号	SRB (*A*)	NZVI (*C*)	玉米芯粒径 (*E*)	玉米芯含量 (*F*)	试验结果 /(mg/L)
1	1	1	1	1	5.276
2	1	2	2	2	1.490
3	1	3	3	3	1.614
4	2	1	2	3	4.252
5	2	2	3	1	4.038
6	2	3	1	2	4.262
7	3	1	3	2	4.120
8	3	2	1	3	1.978
9	3	3	2	1	3.968
均值 1/(mg/L)	2.793	4.549	3.839	4.427	
均值 2/(mg/L)	4.184	2.502	3.237	3.291	
均值 3/(mg/L)	3.355	3.281	3.257	2.615	
极差/(mg/L)	1.391	2.047	0.602	1.812	

由表 8.26 可知，在 4 个因素中，根据极差大小看出，对 TFe 释放量影响大小顺序为：$C>F>A>E$。E 的极差最小，故以 E 项为误差项进行方差分析。

表 8.27　TFe 方差分析

方差来源	平方和	自由度	均方	F	P	显著水平
SRB(*A*)	2.936	2	1.468	4.182	<0.05	⊙
NZVI(*C*)	6.407	2	3.204	9.128	<0.05	⊙
玉米芯粒径(*E*)	0.701	2	0.351	1	<0.05	⊙
玉米芯含量(*F*)	5.035	2	2.518	7.174	<0.05	⊙
误差	0	0	0.351			
总和	15.079	8				

注：1. $F_{0.05}(2,2)=19$，$F_{0.01}(2,2)=99$。
2. ⊙，$P<0.05$，不显著。

由表 8.27 可知，方差分析 A、C、E、F 均无显著性差异。因此，根据均值大小确定 TFe 释放量最佳因素组合为 $A_2C_1E_1F_1$，即 SRB 菌液投加量为 30%，NZVI 质量分数为 2%，玉米芯粒径为 60 目、质量分数为 1%，在此成分配比下 NZVI-SRB 固定化颗粒对 TFe 释放量效果最佳。

pH 值试验结果分析如表 8.28 和表 8.29 所列。

表 8.28　pH 值直观分析表

试验号	SRB (*A*)	NZVI (*C*)	玉米芯粒径 (*E*)	玉米芯含量 (*F*)	试验结果
1	1	1	1	1	5.592
2	1	2	2	2	6.568

续表

试验号	SRB (*A*)	NZVI (*C*)	玉米芯粒径 (*E*)	玉米芯含量 (*F*)	试验结果
3	1	3	3	3	7.780
4	2	1	2	3	7.104
5	2	2	3	1	7.454
6	2	3	1	2	8.400
7	3	1	3	2	5.882
8	3	2	1	3	7.630
9	3	3	2	1	7.030
均值 1	6.647	6.193	7.207	6.692	
均值 2	7.653	7.217	6.901	6.950	
均值 3	6.847	7.737	7.039	7.505	
极差	1.006	1.544	0.306	0.813	

由表 8.28 可知，在 4 个因素中，根据极差大小看出，对 pH 值影响大小顺序为：$C>A>F>E$。E 的极差最小，故以 E 项为误差项进行方差分析。

表 8.29 pH 值方差分析

方差来源	平方和	自由度	均方	F	P	显著水平
SRB(*A*)	1.700	2	0.850	11.972	<0.05	⊙
NZVI(*C*)	3.703	2	1.852	26.085	>0.05	*
玉米芯粒径(*E*)	0.141	2	0.071	1	<0.05	⊙
玉米芯含量(*F*)	1.034	2	0.517	7.282	<0.05	⊙
误差 e	0.002	0	0.071			
总和	6.580	8				

注：1. $F_{0.05}(2,2)=19$，$F_{0.01}(2,2)=99$。
2. *，$0.05 \leqslant P \leqslant 0.01$，显著；⊙，$P<0.05$，不显著。

由表 8.29 可知，方差分析 C 因素有显著性差异，A、E、F 无显著性差异，这说明影响 pH 值的显著性因子只有 NZVI 含量一项。因此，根据均值大小确定 pH 值最佳因素组合为 $A_2C_3E_1F_3$，即 SRB 菌液投加量为 30%，NZVI 质量分数为 4%，玉米芯粒径为 60 目、质量分数为 5%，在此成分配比下 NZVI-SRB 固定化颗粒对 pH 值有最佳提升效果。

综上所述，正交试验结果 $A_3C_3E_2F_2$、$A_2C_2E_1F_3$、$A_1C_3E_2F_2$、$A_3C_1E_2F_2$、$A_2C_1E_1F_1$、$A_2C_3E_1F_3$，可确定 NZVI-SRB 固定化颗粒成分最优配比为 $A_2C_3E_1F_2$，即 SRB 投加量 30%，NZVI 投加量 4%，玉米芯粒径 60 目、投加量为 3%，NZVI-SRB 固定化颗粒在此成分配比下性能最佳。

（3）ZVSI-SRB 固定化颗粒正交试验结果

ZVSI-SRB 固定化颗粒正交试验结果如表 8.30 所列。

表 8.30　$L_9(3^4)$ 试验设计与结果分析

因素试验	SRB (*A*) /%	ZVSI (*D*) /%	玉米芯粒径 (*E*) /目	玉米芯含量 (*F*) /%	SO_4^{2-} 去除率 /%	Cr(Ⅵ) 去除率 /%	Cr^{3+} 去除率 /%	COD 释放量 /(mg/L)	TFe 释放量 /(mg/L)	pH 值
1	20	3	60	1	90.74	93.32	72.69	909.2	0.116	7.302
2	20	4	100	3	89.92	98.31	62.94	895.4	0.638	7.468
3	20	5	200	5	82.17	96.85	65.66	864.4	4.558	7.226
4	30	3	100	5	91.89	97.78	74.10	934.6	3.704	7.008
5	30	4	200	1	91.16	98.34	77.06	924.8	0.078	7.366
6	30	5	60	3	83.13	98.66	69.33	876.4	0.966	7.474
7	40	3	200	3	87.41	97.80	63.62	874.0	1.776	7.540
8	40	4	60	5	86.31	98.01	74.00	866.6	2.346	7.356
9	40	5	100	1	95.22	98.88	85.13	862.6	3.114	7.556

由表 8.30 可知，正交试验被分为 9 组不同批次试验，反应平衡后各批次试验出水中特征污染物 SO_4^{2-}、Cr(Ⅵ)、Cr^{3+} 去除率分别介于 82.17%～95.22%、93.32%～98.88%、62.94%～85.13%，控制污染物 TFe、COD 释放量分别介于 0.078～4.558mg/L、862.6～934.6mg/L，pH 值为 7.008～7.556。

SO_4^{2-} 试验结果分析如表 8.31 和表 8.32 所列。

表 8.31　SO_4^{2-} 直观分析表

试验号	SRB (*A*)	ZVSI (*D*)	玉米芯粒径 (*E*)	玉米芯含量 (*F*)	试验结果 /%
1	1	1	1	1	90.74
2	1	2	2	2	89.92
3	1	3	3	3	82.17
4	2	1	2	3	91.89
5	2	2	3	1	91.16
6	2	3	1	2	83.13
7	3	1	3	2	87.41
8	3	2	1	3	86.31
9	3	3	2	1	95.22
均值 1/%	87.610	90.010	86.727	92.373	
均值 2/%	88.727	89.130	92.343	86.820	
均值 3/%	89.647	86.840	86.913	86.790	
极差/%	2.037	3.170	5.616	5.583	

由表 8.31 可知，在 4 个因素中，根据极差大小看出，对 SO_4^{2-} 去除率影响大小顺序为：*E*＞*F*＞*D*＞*A*。*A* 的极差最小，故以 *A* 项为误差项进行方差分析。

表 8.32 SO_4^{2-} 方差分析

方差来源	平方和	自由度	均方	F	P	显著水平
SRB(A)	6.241	2	3.121	1	<0.05	⊙
ZVSI(D)	16.094	2	8.047	2.578	<0.05	⊙
玉米芯粒径(E)	61.066	2	30.533	9.783	<0.05	⊙
玉米芯含量(F)	62.014	2	31.007	9.935	<0.05	⊙
误差	0.001	0	3.121			
总和	145.416	8				

注：1. $F_{0.05}(2,2)=19$，$F_{0.01}(2,2)=99$。
2. ⊙，$P<0.05$，不显著。

由表 8.32 可知，方差分析 A、D、E、F 均无显著性差异。因此，根据均值大小确定 SO_4^{2-} 去除率最佳因素组合为 $A_3D_1E_2F_1$，即 SRB 菌液投加量为 40%，ZVSI 质量分数为 3%，玉米芯粒径为 100 目、质量分数为 1%，在此成分配比下 ZVSI-SRB 固定化颗粒对 SO_4^{2-} 有最佳去除效果。

Cr(Ⅵ) 试验结果分析如表 8.33 和表 8.34 所列。

表 8.33 Cr(Ⅵ) 直观分析表

试验号	SRB (A)	ZVSI (D)	玉米芯粒径 (E)	玉米芯含量 (F)	试验结果 /%
1	1	1	1	1	93.32
2	1	2	2	2	98.31
3	1	3	3	3	96.85
4	2	1	2	3	97.78
5	2	2	3	1	98.34
6	2	3	1	2	98.66
7	3	1	3	2	97.80
8	3	2	1	3	98.01
9	3	3	2	1	98.88
均值 1/%	96.160	96.300	96.663	96.847	
均值 2/%	98.260	98.220	98.323	98.257	
均值 3/%	98.230	98.130	97.663	97.547	
极差/%	2.100	1.920	1.660	1.410	

由表 8.33 可知，在 4 个因素中，根据极差大小看出，对 Cr(Ⅵ) 去除率影响大小顺序为：$A>D>E>F$。F 的极差最小，故以 F 项为误差项进行方差分析。

表 8.34 Cr(Ⅵ) 方差分析

方差来源	平方和	自由度	均方	F	P	显著水平
SRB(A)	8.695	2	4.348	2.916	<0.05	⊙
ZVSI(D)	7.043	2	3.522	2.362	<0.05	⊙

续表

方差来源	平方和	自由度	均方	F	P	显著水平
玉米芯粒径(E)	4.191	2	2.096	1.406	<0.05	⊙
玉米芯含量(F)	2.982	2	1.491	1	<0.05	⊙
误差	0.001	0	1.491			
总和	22.912	8				

注：1. $F_{0.05}(2,2)=19$，$F_{0.01}(2,2)=99$。

2. ⊙，$P<0.05$，不显著。

由表8.34可知，方差分析A、D、E、F均无显著性差异。因此，根据均值大小确定Cr(Ⅵ)去除率最佳因素组合为$A_2D_2E_2F_2$，即SRB菌液投加量为30%，ZVSI质量分数为4%，玉米芯粒径为100目、质量分数为3%，在此成分配比下ZVSI-SRB固定化颗粒对Cr(Ⅵ)有最佳去除效果。

Cr^{3+}试验结果分析如表8.35和表8.36所列。

表8.35 Cr^{3+}直观分析表

试验号	SRB (A)	ZVSI (D)	玉米芯粒径 (E)	玉米芯含量 (F)	试验结果 /%
1	1	1	1	1	72.69
2	1	2	2	2	62.94
3	1	3	3	3	65.66
4	2	1	2	3	74.10
5	2	2	3	1	77.06
6	2	3	1	2	69.33
7	3	1	3	2	63.62
8	3	2	1	3	74.00
9	3	3	2	1	85.13
均值1/%	67.097	70.137	72.007	78.293	
均值2/%	73.497	71.333	74.057	65.297	
均值3/%	74.250	73.373	68.780	71.253	
极差/%	7.153	3.236	5.277	12.996	

由表8.35可知，在4个因素中，根据极差大小看出，对Cr^{3+}去除率影响大小顺序为：$F>A>E>D$。D的极差最小，故以D项为误差项进行方差分析。

表8.36 Cr^{3+}方差分析

方差来源	平方和	自由度	均方	F	P	显著水平
SRB(A)	92.698	2	46.349	5.768	<0.05	⊙
ZVSI(D)	16.070	2	8.035	1	<0.05	⊙
玉米芯粒径(E)	42.457	2	21.229	2.642	<0.05	⊙
玉米芯含量(F)	253.957	2	126.979	15.803	<0.05	⊙

续表

方差来源	平方和	自由度	均方	F	P	显著水平
误差	0.001	0	8.035			
总和	405.183	8				

注：1. $F_{0.05}(2,2)=19$，$F_{0.01}(2,2)=99$。
2. ⊙，$P<0.05$，不显著。

由表 8.36 可知，方差分析 A、D、E、F 均无显著性差异。因此，根据均值大小确定 Cr^{3+} 去除率最佳因素组合为 $A_3D_3E_2F_1$，即 SRB 菌液投加量为 40%，ZVSI 质量分数为 5%，玉米芯粒径为 100 目、质量分数为 1%，在此成分配比下 ZVSI-SRB 固定化颗粒对 Cr^{3+} 有最佳去除效果。

COD 试验结果分析如表 8.37 和表 8.38 所列。

表 8.37　COD 直观分析表

试验号	SRB（A）	ZVSI（D）	玉米芯粒径（E）	玉米芯含量（F）	试验结果/(mg/L)
1	1	1	1	1	909.2
2	1	2	2	2	895.4
3	1	3	3	3	864.4
4	2	1	2	3	934.6
5	2	2	3	1	924.8
6	2	3	1	2	876.4
7	3	1	3	2	874.0
8	3	2	1	3	866.6
9	3	3	2	1	862.6
均值 1/(mg/L)	889.667	905.933	884.067	898.867	
均值 2/(mg/L)	911.933	895.600	897.533	881.933	
均值 3/(mg/L)	867.733	867.800	887.733	888.533	
极差/(mg/L)	44.200	38.133	13.466	16.934	

由表 8.37 可知，在 4 个因素中，根据极差大小看出，对 COD 释放量影响大小顺序为：$A>D>F>E$。E 的极差最小，故以 E 项为误差项进行方差分析。

表 8.38　COD 方差分析

方差来源	平方和	自由度	均方	F	P	显著水平
SRB(A)	2930.516	2	1465.258	10.076	<0.05	⊙
ZVSI(D)	2333.769	2	1166.885	8.024	<0.05	⊙
玉米芯粒径(E)	290.836	2	145.418	1	<0.05	⊙
玉米芯含量(F)	437.076	2	218.538	1.503	<0.05	⊙
误差	0.001	0	145.418			
总和	5992.198	8				

注：1. $F_{0.05}(2,2)=19$，$F_{0.01}(2,2)=99$。
2. ⊙，$P<0.05$，不显著。

由表8.38可知，方差分析 A、D、E、F 均无显著性差异。因此，根据均值大小确定COD释放量最佳因素组合为 $A_2D_1E_2F_1$，即SRB菌液投加量为30%，ZVSI质量分数为3%，玉米芯粒径为100目、质量分数为1%，在此成分配比下ZVSI-SRB固定化颗粒对COD释放量效果最佳。

TFe试验结果分析如表8.39和表8.40所列。

表8.39 TFe直观分析表

试验号	SRB (A)	ZVSI (D)	玉米芯粒径 (E)	玉米芯含量 (F)	试验结果 /(mg/L)
1	1	1	1	1	0.116
2	1	2	2	2	0.638
3	1	3	3	3	4.558
4	2	1	2	3	3.704
5	2	2	3	1	0.078
6	2	3	1	2	0.966
7	3	1	3	2	1.776
8	3	2	1	3	2.346
9	3	3	2	1	3.114
均值1/(mg/L)	1.771	1.865	1.143	1.103	
均值2/(mg/L)	1.583	1.021	2.485	1.127	
均值3/(mg/L)	2.412	2.879	2.137	3.536	
极差/(mg/L)	0.829	1.858	1.342	2.433	

由表8.39可知，在4个因素中，根据极差大小看出，对TFe释放量影响大小顺序为：$F>D>E>A$。A 的极差最小，故以 A 项为误差项进行方差分析。

表8.40 TFe方差分析

方差来源	平方和	自由度	均方	F	P	显著水平
SRB(A)	1.135	2	0.568	1	<0.05	⊙
ZVSI(D)	5.196	2	2.598	4.574	<0.05	⊙
玉米芯粒径(E)	2.913	2	1.457	2.565	<0.05	⊙
玉米芯含量(F)	11.727	2	5.864	10.324	<0.05	⊙
误差	0	0	0.568			
总和	20.971	8				

注：1. $F_{0.05}(2,2)=19$，$F_{0.01}(2,2)=99$。
2. ⊙，$P<0.05$，不显著。

由表8.40可知，方差分析 A、D、E、F 均无显著性差异。因此，根据均值大小确定TFe释放量最佳因素组合为 $A_3D_3E_2F_3$，即SRB菌液投加量为40%，ZVSI质量分数为5%，玉米芯粒径为100目、质量分数为5%，在此成分配比下ZVSI-SRB固定化颗粒对TFe释放量效果最佳。

pH值试验结果分析如表8.41和表8.42所列。

表 8.41　pH 值直观分析表

试验号	SRB (*A*)	ZVSI (*D*)	玉米芯粒径 (*E*)	玉米芯含量 (*F*)	试验结果
1	1	1	1	1	7.302
2	1	2	2	2	7.468
3	1	3	3	3	7.226
4	2	1	2	3	7.008
5	2	2	3	1	7.366
6	2	3	1	2	7.474
7	3	1	3	2	7.540
8	3	2	1	3	7.356
9	3	3	2	1	7.556
均值 1	7.332	7.283	7.377	7.408	
均值 2	7.283	7.397	7.344	7.494	
均值 3	7.484	7.419	7.377	7.197	
极差	0.201	0.136	0.033	0.297	

由表 8.41 可知，在 4 个因素中，根据极差大小看出，对 pH 值影响大小顺序为：$F>A>D>E$。E 的极差最小，故以 E 项为误差项进行方差分析。

表 8.42　pH 值方差分析

方差来源	平方和	自由度	均方	F	P	显著水平
SRB(*A*)	0.066	2	0.033	33	>0.05	*
ZVSI(*D*)	0.032	2	0.016	16	<0.05	⊙
玉米芯粒径(*E*)	0.002	2	0.001	1	<0.05	⊙
玉米芯含量(*F*)	0.141	2	0.071	71	>0.05	*
误差	0.001	0	0.001			
总和	0.242	8				

注：1. $F_{0.05}(2,2)=19$，$F_{0.01}(2,2)=99$。
2. *，$0.05 \leqslant P \leqslant 0.01$，显著；⊙，$P<0.05$，不显著。

由表 8.42 可知，方差分析 A、F 因素有显著性差异，D、E 无显著性差异，这说明影响 pH 值的显著性因子有 SRB 和玉米芯含量两项。因此，根据均值大小确定 pH 值最佳因素组合为 $A_3D_3E_1F_2$，即 SRB 菌液投加量为 40%，ZVSI 质量分数为 5%，玉米芯粒径为 60 目、质量分数为 3%，在此成分配比下 ZVSI-SRB 固定化颗粒对 pH 值提升效果最佳。

综上所述，正交试验结果 $A_3D_1E_2F_1$、$A_2D_2E_2F_2$、$A_3D_3E_2F_1$、$A_2D_1E_2F_1$、$A_3D_3E_2F_3$、$A_3D_3E_1F_2$，可确定 ZVSI-SRB 固定化颗粒成分最优配比为 $A_3D_3E_2F_1$，即 SRB 投加量 40%，ZVSI 投加量 5%，玉米芯粒径 100 目、投加量为 1%，ZVSI-SRB 固定化颗粒在此成分配比下性能最佳。

综上所述，nFe_3O_4-SRB 固定化颗粒成分最优配比为 $A_3B_3E_2F_1$，即 SRB 投加量 40%，nFe_3O_4 投加量 4%，玉米芯粒径 100 目、投加量 1%，nFe_3O_4-SRB 固定化颗粒

在此成分配比下性能最佳。NZVI-SRB 固定化颗粒成分最优配比为 $A_2C_3E_1F_2$，即 SRB 投加量 30%，NZVI 投加量 4%，玉米芯粒径 60 目、投加量 3%，NZVI-SRB 固定化颗粒在此成分配比下性能最佳。ZVSI-SRB 固定化颗粒成分最优配比为 $A_3D_3E_2F_1$，即 SRB 投加量 40%，ZVSI 投加量 5%，玉米芯粒径 100 目、投加量 1%，ZVSI-SRB 固定化颗粒在此成分配比下性能最佳。

8.3 铁系颗粒特性试验研究

（1）颗粒表观性状分析

按前述正交试验确定的最优配比分别制备 nFe_3O_4-SRB 固定化颗粒、NZVI-SRB 固定化颗粒和 ZVSI-SRB 固定化颗粒。制备的成品铁系颗粒表观形态如图 8.36 所示（书后另见彩图）。

(a) nFe_3O_4-SRB固定化颗粒

(b) NZVI-SRB固定化颗粒

(c) ZVSI-SRB固定化颗粒

图 8.36 三种铁系 SRB 固定化颗粒表观形态

由图 8.36 可知，nFe_3O_4-SRB 固定化颗粒为灰色球状或椭球状颗粒，表面光亮且具有丰富的孔隙结构，质地水嫩有弹性。NZVI-SRB 固定化颗粒为暗棕色球状或椭球状颗粒，表面粗糙附有一层铁氧化膜，孔隙分布均匀，质地坚硬，密度较大，有一定弹性。ZVSI-SRB 固定化颗粒为浅棕色球状或椭球状颗粒，表面有一层铁氧化膜，孔隙丰富且明显，质地较硬有一定弹性。利用这三种铁系颗粒开展特性研究，进一步探究颗粒去除特征污染物的内在机理。

（2）SO_4^{2-} 还原动力学

用无水 Na_2SO_4 配制质量浓度为 816mg/L 的废水，并调节 pH 值至 4.0，而后按固液比 1g/10mL 分别加入 20g 三种铁系颗粒及 200mL 含 SO_4^{2-} 酸性废水，将其放入转速为 100r/min、温度为 25℃的恒温摇床中。定时取样，分析测定 SO_4^{2-} 剩余浓度、COD 释放量、TFe 释放量及 pH 值提升值。试验分别测定 6h、12h、24h、48h、72h、96h、120h 时 SO_4^{2-} 剩余浓度变化情况，利用 Origin8.0 软件绘图，如图 8.37 所示。分别采用零级和一级反应动力学模型对 SO_4^{2-} 还原过程进行拟合，还原动力学拟合曲线如图 8.38 和图 8.39

所示。其中，零级反应和一级反应动力学模型分别用式(8.1) 和式(8.2) 表示：

$$C_t = C_0 - k_0 t \tag{8.1}$$

$$\ln C_t = \ln C_0 - k_1 t \tag{8.2}$$

式中，C_0 为初始 SO_4^{2-} 浓度，mg/L；C_t 为 t 时刻 SO_4^{2-} 浓度，mg/L；k_0 为零级反应速率常数，mg/(L·h)；k_1 为一级反应速率常数，h^{-1}。

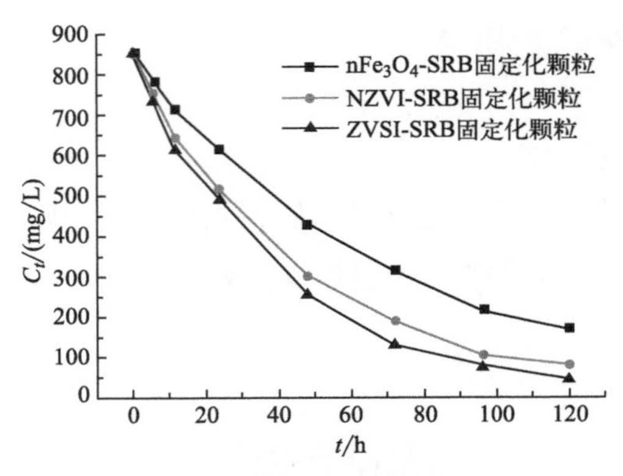

图 8.37　SO_4^{2-} 还原过程动力学曲线

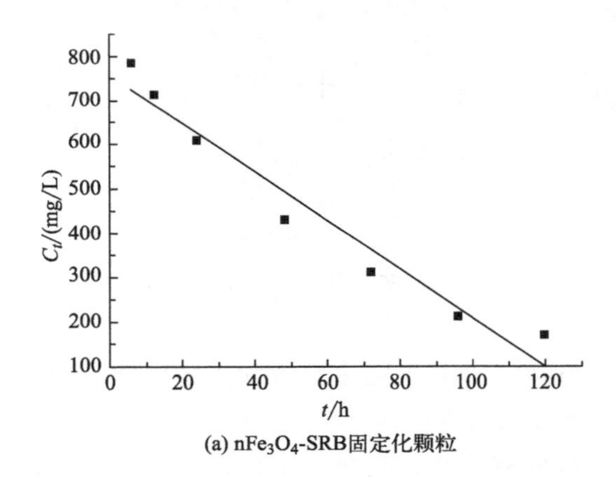

(a) nFe_3O_4-SRB固定化颗粒

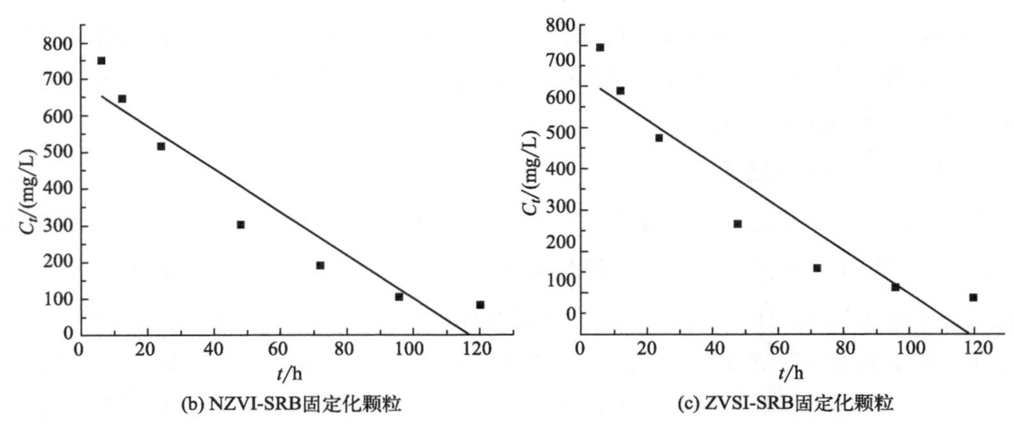

(b) NZVI-SRB固定化颗粒　(c) ZVSI-SRB固定化颗粒

图 8.38　SO_4^{2-} 还原零级反应动力学模型拟合

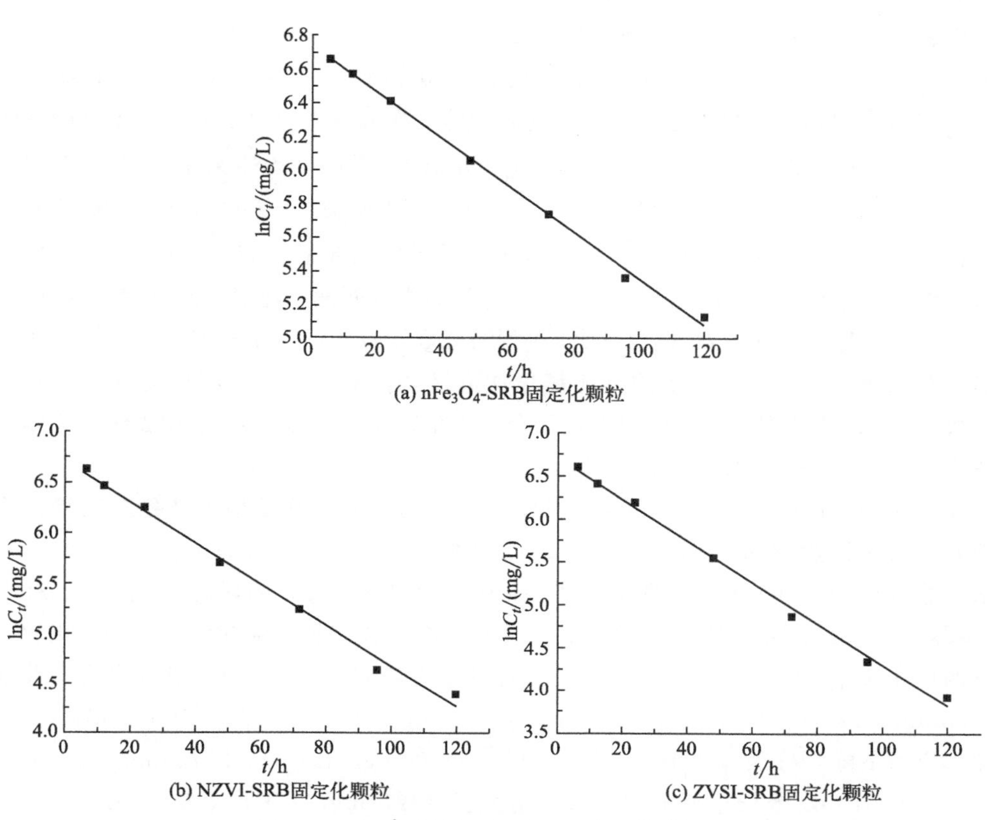

(a) nFe$_3$O$_4$-SRB固定化颗粒

(b) NZVI-SRB固定化颗粒

(c) ZVSI-SRB固定化颗粒

图 8.39　SO_4^{2-}还原一级反应动力学模型拟合

由图8.37可知，ZVSI-SRB固定化颗粒对SO_4^{2-}还原速率略优于NZVI-SRB固定化颗粒，明显优于nFe_3O_4-SRB固定化颗粒。在反应24h内，三种铁系颗粒对SO_4^{2-}还原速率均较快，分别为10.086mg/(L·h)、14.019mg/(L·h)、15.153mg/(L·h)。这是由于在反应初期，过酸性的水环境可促进铁在水中释放还原电子，SRB作为电子受体可获得更多的电子对，故SO_4^{2-}还原能力较强。在反应1～3d，还原速率均有所降低，分别为6.222mg/(L·h)、6.826mg/(L·h)、7.470mg/(L·h)。这是由于此时溶液pH值显著提升至近中性，铁系材料水解释放电子能力减弱，SRB可利用电子数减少，故还原速率相应下降。在反应3～5d，SO_4^{2-}还原速率继续降低至趋于平稳，分别为2.969mg/(L·h)、2.241mg/(L·h)、1.659mg/(L·h)。这是由于玉米芯后期水解释放COD量有限且平稳，而ZVSI和NZVI钝化将阻碍电子传递，故SRB活性不高，还原速率相应降低。

三种铁系颗粒对SO_4^{2-}还原动力学参数如表8.43所列。

表8.43　SO_4^{2-}还原动力学拟合参数

对象	零级反应		一级反应	
	k_0/[mg/(L·h)]	R^2	k_1/h^{-1}	R^2
1	5.46255	0.94743	0.01370	0.99702
2	5.87158	0.89456	0.02026	0.99228
3	5.96538	0.87191	0.02413	0.99482

由表 8.43 可知，一级反应动力学模型（R^2＝0.99702、0.99228、0.99482）相比零级反应动力学模型（R^2＝0.94743、0.89456、0.87191）可更好地描述三种铁系颗粒对 SO_4^{2-} 的还原过程。SO_4^{2-} 还原过程与其浓度的一次方成正比，主要是受电子受体的影响。对比三种铁系颗粒，ZVSI-SRB 固定化颗粒对 SO_4^{2-} 的平均还原速率（0.02413）最快，略优于 NZVI-SRB 固定化颗粒（0.02026），明显快于 nFe_3O_4-SRB 固定化颗粒（0.01370）。三种铁系颗粒对 SO_4^{2-} 的去除主要是颗粒内基质材料的吸附和 SRB 异化还原协同作用的结果，而 SRB 异化还原是其主要的去除过程。造成三种铁系颗粒还原速率差别的主要原因在于 SRB 还原 SO_4^{2-} 过程需要电子参与，铁系材料作为电子供体可为 SRB 提供所需电子对。由于单质铁比氧化铁电极电位低，单位时间内能提供更多的电子，故 SO_4^{2-} 还原速率较高。但因 NZVI 会产生生物毒性，故 NZVI-SRB 固定化颗粒还原速率略低于 ZVSI-SRB 固定化颗粒。

如图 8.40 所示，三种铁系颗粒 COD 释放量先显著上升后趋于平稳，三组铁系颗粒平均 COD 释放量分别为 757.57mg/L、940.71mg/L、900.57mg/L。可见 NZVI-SRB 固定化颗粒 COD 释放量略高于 ZVSI-SRB 固定化颗粒，明显高于 nFe_3O_4-SRB 固定化颗粒。这与前述研究结论一致，进一步证明单质铁相比铁氧化物对玉米芯水解具有更好的催化作用。在反应初期 24h 内，三种铁系颗粒 COD 增长速率显著提升，分别为 29.708mg/(L·h)、40.125mg/(L·h)、38.917mg/(L·h)。在反应 1～3d，COD 增长速率有所下降，分别为 4.167mg/(L·h)、3.104mg/(L·h)、2.729mg/(L·h)。在反应 3～5d，COD 增长速率显著下降，分别为 1.271mg/(L·h)、0.417mg/(L·h)、0.458mg/(L·h)。这是由于在反应初期，铁系颗粒表层玉米芯在铁系材料的催化水解作用下快速水解，故出水 COD 显著升高。在反应中期，单质铁在酸性水中发生钝化，对玉米芯催化水解作用减弱，且反应生成沉积物覆盖在铁系颗粒表面，阻碍碳源释放，故 COD 增长速率降低。此时 nFe_3O_4-SRB 固定化颗粒 COD 释放速率处于较高水平。这是由于颗粒内玉米芯前期水解不充分，剩余玉米芯含量高于 NZVI-SRB 固定化颗粒和 ZVSI-SRB 固定化颗粒，故单位时间内 COD 释放量维持在较高水平。在反应末期，剩余未水解玉米芯含量较少，且因铁系材料钝化对玉米芯催化作用减弱，故 COD 释放速率显著降低并趋于平稳。

如图 8.41 所示，三种铁系颗粒 TFe 释放量先显著上升后趋于平稳，平均 TFe 释放量分别为 0.12mg/L、0.87mg/L、0.52mg/L。可见 NZVI-SRB 固定化颗粒 TFe 释放量高于 ZVSI-SRB 固定化颗粒，二者均远高于 nFe_3O_4-SRB 固定化颗粒。这与前述试验研究成果相符，表明三种铁系材料还原活性由强到弱依次为 NZVI、ZVSI、nFe_3O_4。在反应初期 24h，三种铁系颗粒 TFe 释放速率显著增加，分别为 0.00375mg/(L·h)、0.015mg/(L·h)、0.01mg/(L·h)。在反应 1～3d，TFe 释放速率有所下降，分别为 0.00002mg/(L·h)、0.01mg/(L·h)、0.004mg/(L·h)。在反应 3～5d，TFe 释放速率趋于平稳，分别为 0.0008mg/(L·h)、0.006mg/(L·h)、0.005mg/(L·h)。这是由于在反应初期，铁系颗粒表面黏附的铁系材料率先与 H^+ 反应，生成 Fe^{2+} 释放到周围水环境中，故 TFe 含量显著升高。随着反应进行，铁系材料会发生钝化且生成的沉积物覆盖在颗粒表面，阻碍与 H^+ 接触反应，故 TFe 释放速率显著降低。在反应末期，

溶液中游离 H^+ 含量较少，铁系材料还原反应速率下降，且铁系颗粒表面及孔道中存在大量沉积物，阻碍 Fe^{2+} 释放到水中，故 TFe 释放速率变化不大。

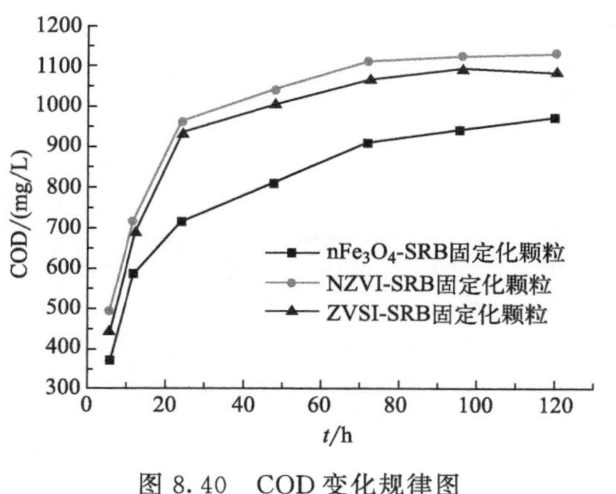

图 8.40　COD 变化规律图

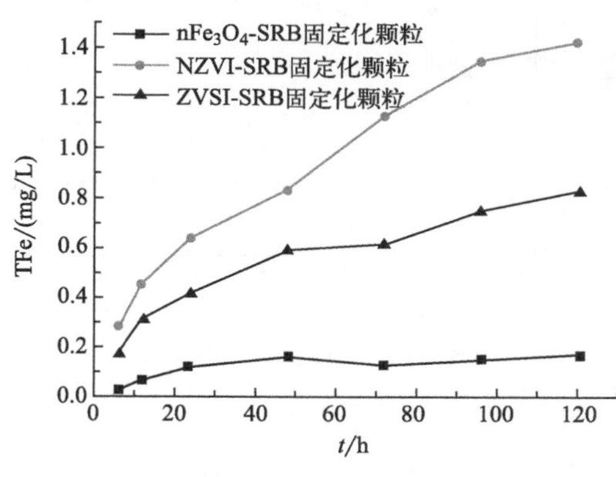

图 8.41　TFe 变化规律图

如图 8.42 所示，三种铁系颗粒 pH 值先显著上升后趋于平稳，平均 pH 值分别为 6.21、7.31、6.90。可见 NZVI-SRB 固定化颗粒 pH 值提升效果好于 ZVSI-SRB 固定化颗粒，二者均远高于 nFe_3O_4-SRB 固定化颗粒。这与前述试验研究成果相符。在反应初期 24h，三种铁系颗粒 pH 值迅速提升，提升速率分别为 $0.060h^{-1}$、$0.071h^{-1}$、$0.07h^{-1}$。在反应 1～3d，pH 值提升速率有所下降，分别为 $0.010h^{-1}$、$0.011h^{-1}$、$0.017h^{-1}$。在反应 3～5d，pH 值提升速率趋于平稳，分别为 $0.003h^{-1}$、$0.002h^{-1}$、$0.003h^{-1}$。这是由于在反应初期，水环境中 H^+ 含量较高，铁系材料活性较强，可迅速与 H^+ 反应，故 pH 值迅速提升。在反应中期，此时溶液 pH 值已呈近中性状态，水中 H^+ 含量较少，铁系材料还原反应速率下降，故 pH 值提升不显著。在反应末期，水中 H^+ 含量极低，故 pH 值提升效果不显著。此时 NZVI-SRB 固定化颗粒 pH 值提升速率处于最低水平，这是由于 NZVI 后期水解钝化及沉积物覆盖阻碍颗粒与 H^+ 进一步反应。而 nFe_3O_4 因化学性质稳定，不易发生钝化及颗粒表面沉积，故后期 nFe_3O_4-SRB 固定化颗粒 pH 值提升速率略高于 NZVI-SRB 固定化颗粒。

(3) Cr(Ⅵ)还原动力学

用无水 K_2CrO_4 配制质量浓度为 10mg/L 的废水，并调节 pH 值至 4.0，而后按固液比 1g/10mL 分别加入 20g 三种铁系颗粒及 200mL 含 Cr(Ⅵ) 酸性废水，将其放入转速为 100r/min、温度为 25℃的恒温摇床中。定时取样，分析测定 Cr(Ⅵ) 剩余浓度、COD 释放量、TFe 释放量及 pH 值提升值。试验分别测定 5min、12min、30min、60min、120min、180min、240min、300min、1440min、2880min、4320min、5760min、7200min 时 Cr(Ⅵ) 剩余浓度变化情况，利用 Origin8.0 软件绘图，如图 8.43 所示。分别采用零级和一级反应动力学模型对 Cr(Ⅵ) 还原过程进行拟合，还原动力学拟合曲线如图 8.44 和图 8.45 所示。

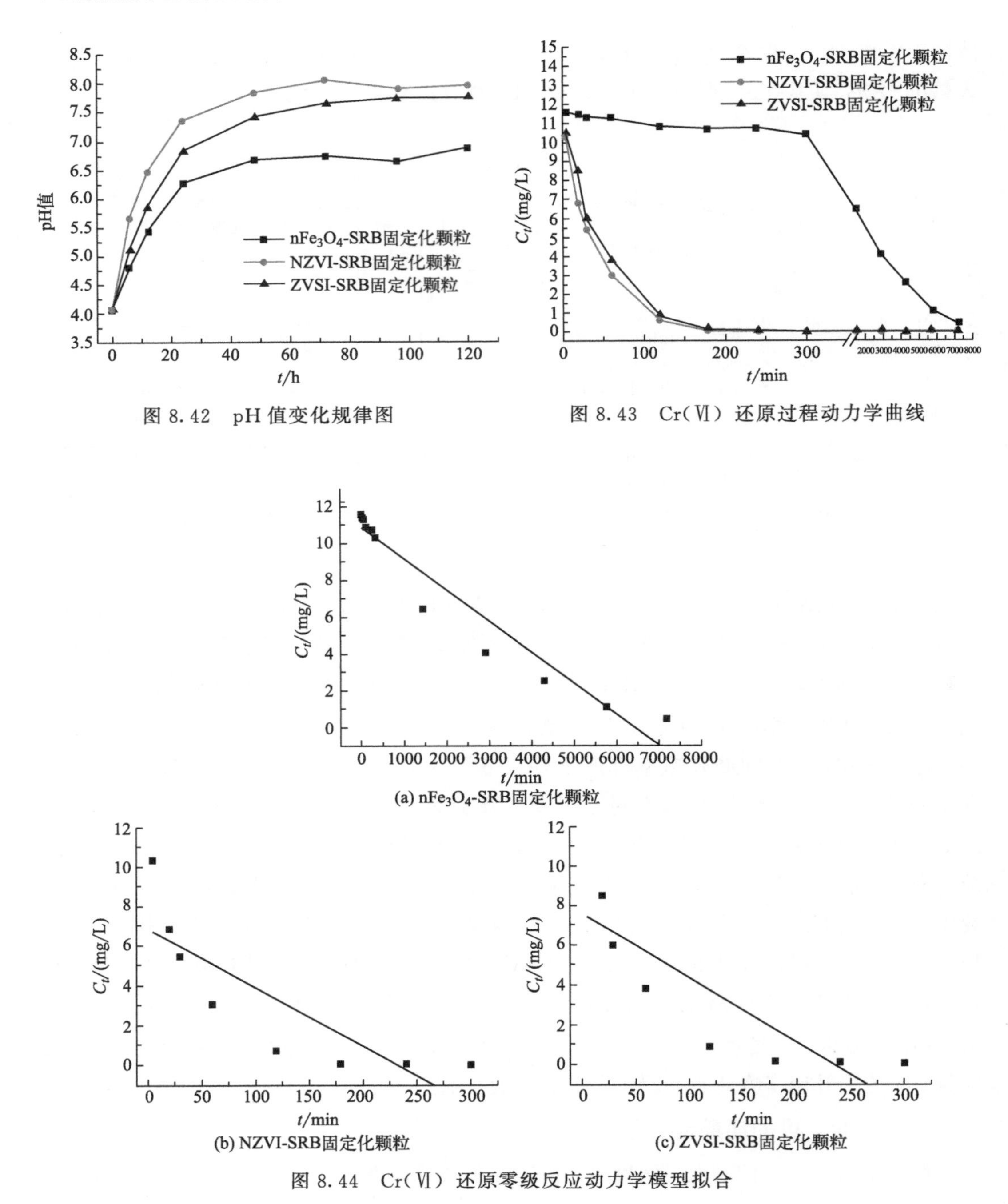

图 8.42 pH 值变化规律图

图 8.43 Cr(Ⅵ) 还原过程动力学曲线

图 8.44 Cr(Ⅵ) 还原零级反应动力学模型拟合

由图 8.43 可知，NZVI-SRB 固定化颗粒对 Cr(Ⅵ) 还原速率略优于 ZVSI-SRB 固定化颗粒，明显优于 nFe_3O_4-SRB 固定化颗粒。在反应 120min 内，三种铁系颗粒平均还原速率分别为 0.006mg/(L·min)、0.080mg/(L·min)、0.079mg/(L·min)。这是由于初期铁系材料还原活性极强，可迅速还原 Cr(Ⅵ)，故单位时间内 Cr(Ⅵ) 浓度显著下降。在反应 180～300min，三种铁系颗粒平均还原速率分别为 0.0025mg/(L·min)、0.0008mg/(L·min)、0.0005mg/(L·min)。此时大部分 Cr(Ⅵ) 已被还原，

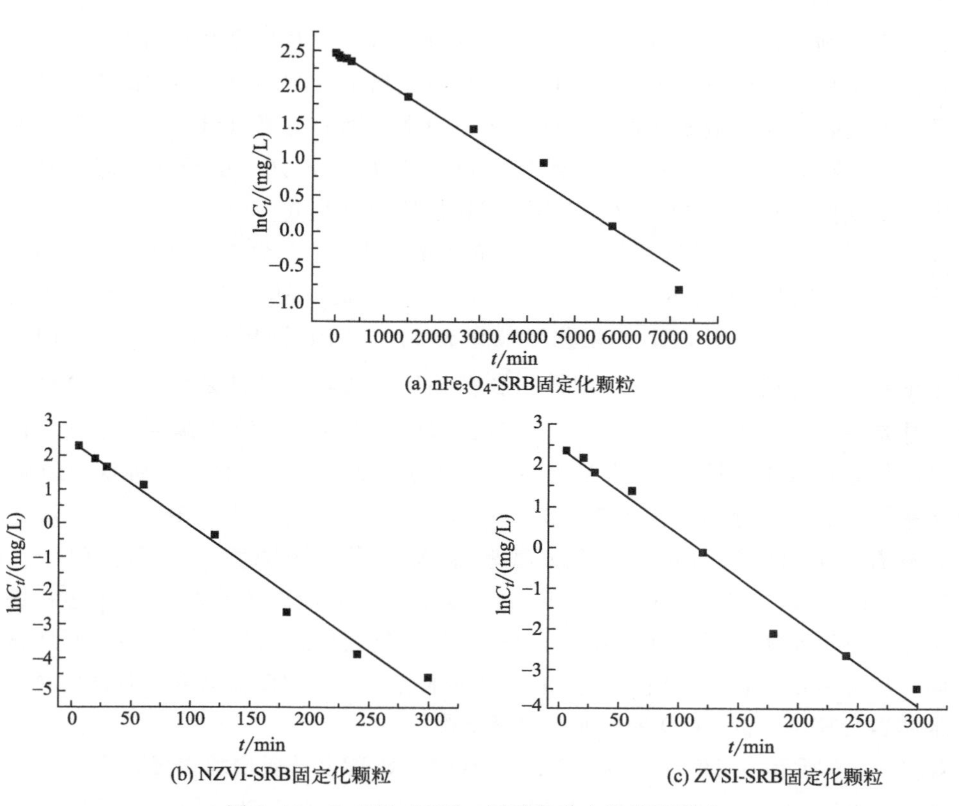

(a) nFe_3O_4-SRB固定化颗粒

(b) NZVI-SRB固定化颗粒

(c) ZVSI-SRB固定化颗粒

图 8.45　Cr(Ⅵ) 还原一级反应动力学模型拟合

故NZVI-SRB固定化颗粒和ZVSI-SRB固定化颗粒还原速率较低且趋于平稳。而nFe_3O_4-SRB固定化颗粒还原速率较高，这是由于nFe_3O_4可缓慢释放还原性Fe^{2+}与Cr(Ⅵ)反应，因释放速率有限且受Fe^{2+}还原能力制约，故Cr(Ⅵ)还原速率不高。在反应1440～7200min，NZVI-SRB固定化颗粒和ZVSI-SRB固定化颗粒已将Cr(Ⅵ)全部还原，nFe_3O_4-SRB固定化颗粒对Cr(Ⅵ)还原速率为0.001mg/(L·min)，进一步证实其活性有限，还原效率不高。

三种铁系颗粒对Cr(Ⅵ)还原动力学参数如表8.44所列。

表 8.44　Cr(Ⅵ) 还原动力学拟合参数

对象	零级反应		一级反应	
	k_0/[mg/(L·min)]	R^2	k_1/min^{-1}	R^2
1	0.00169	0.93554	0.00042	0.98680
2	0.02935	0.65568	0.02506	0.98386
3	0.03260	0.70272	0.02114	0.97690

由表8.44可知，一级反应动力学模型（R^2=0.98680、0.98386、0.97690）相比零级反应动力学模型（R^2=0.93554、0.65568、0.70272）可更好地描述Cr(Ⅵ)还原过程。Cr(Ⅵ)还原过程与其浓度的一次方成正比，主要受氧化还原电位的影响。对比三种铁系颗粒，NZVI-SRB固定化颗粒对Cr(Ⅵ)平均还原速率最快，略优于ZVSI-

SRB固定化颗粒，明显快于nFe_3O_4-SRB固定化颗粒。三种铁系颗粒对Cr(Ⅵ)的去除主要是铁系材料氧化还原过程、生物质材料吸附及离子沉淀协同作用的结果，其中氧化还原是主要去除方式。造成三种铁系颗粒还原速率差别的主要原因在于NZVI还原活性强于ZVSI，故NZVI-SRB固定化颗粒还原速率略高。nFe_3O_4由于铁价态较高，还原能力比零价铁低，故nFe_3O_4-SRB固定化颗粒还原速率最低。

如图8.46所示，三种铁系颗粒COD释放量先显著上升后趋于平稳，平均COD释放量分别为596.38mg/L、690.62mg/L、646.46mg/L。可见，NZVI-SRB固定化颗粒COD释放量略高于ZVSI-SRB固定化颗粒和nFe_3O_4-SRB固定化颗粒，这与前述试验所得结论相符。与单一SO_4^{2-}废水中铁系颗粒相比，此时三种铁系颗粒COD释放量均较高。这是由于Cr(Ⅵ)相比SO_4^{2-}对SRB毒害作用更强，SRB碳源利用能力下降，大量有机物积累在水中，故COD含量偏高。在反应初期1440min内，三种铁系颗粒COD释放速率显著提升，分别为0.708mg/(L·min)、0.825mg/(L·min)、0.765mg/(L·min)。随着反应的进行，COD释放速率显著下降，分别为0.044mg/(L·min)、0.051mg/(L·min)、0.048mg/(L·min)。这是由于初期铁系颗粒内玉米芯在铁系材料催化作用下可水解生成大量有机物，此时SRB代谢能力有限，故出水COD显著增加。而在反应后期，铁系材料发生钝化，对玉米芯催化水解能力减弱，且此时剩余未分解玉米芯含量较少，故COD释放速率显著下降。

如图8.47所示，三种铁系颗粒TFe释放量先显著上升后增加缓慢，平均TFe释放量分别为0.22mg/L、1.24mg/L、1.01mg/L。可见，NZVI-SRB固定化颗粒TFe释放量高于ZVSI-SRB固定化颗粒，二者均远高于nFe_3O_4-SRB固定化颗粒，这与前述试验所得结论相符。在反应初期1440min内，三种铁系颗粒TFe释放速率显著提升，分别为0.0002mg/(L·h)、0.0014mg/(L·h)、0.0010mg/(L·h)。随着反应进行，TFe释放速率有所下降，分别为0.00002mg/(L·h)、0.00008mg/(L·h)、0.0001mg/(L·h)。这是由于在反应初期，NZVI活性较强，可迅速与H^+反应生成Fe^{2+}释放到水中，故TFe释放速率最快。而ZVSI比NZVI活性要弱，故TFe释放速率略低。nFe_3O_4由于还原能力有限，与H^+反应速率最低，故TFe释放速率处于最低水平。在反应后期，ZVSI-SRB固定化颗粒TFe释放速率略高于NZVI-SRB固定化颗粒，明显高于

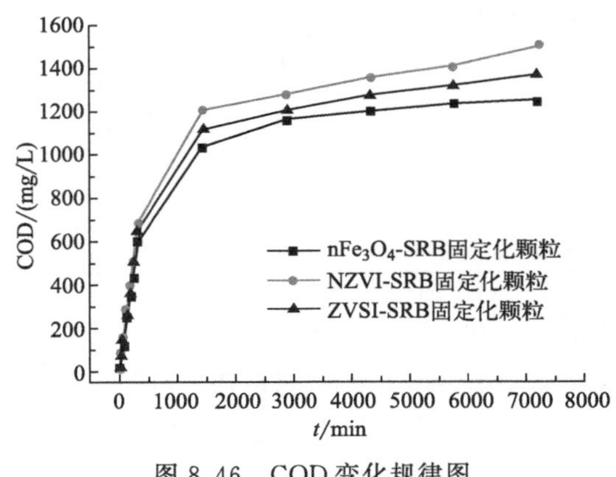

图8.46　COD变化规律图

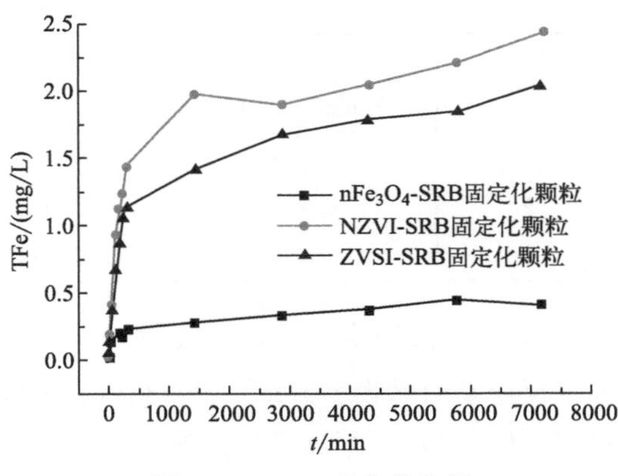

图8.47　TFe变化规律图

nFe_3O_4-SRB固定化颗粒。这是由于后期NZVI-SRB固定化颗粒表面沉积物较多，阻碍NZVI与H^+快速反应，故TFe释放速率显著降低。而因ZVSI活性较弱，颗粒表面沉积物较少，故TFe释放速率略高。nFe_3O_4由于与H^+发生置换反应速率较低，故nFe_3O_4-SRB固定化颗粒TFe释放速率处于最低水平。

如图8.48所示，三种铁系颗粒pH值先显著上升后趋于平稳，平均pH值分别为5.41、6.65、6.43。可见，NZVI-SRB固定化颗粒和ZVSI-SRB固定化颗粒对pH值提升差别不大，二者均远好于nFe_3O_4-SRB固定化颗粒，这与前述试验研究所得结论相符。在反应初期1440min内，三种铁系颗粒pH值迅速提升，分别为0.0015min^{-1}、0.0024min^{-1}、0.0022min^{-1}。此时NZVI-SRB固定化颗粒对pH值提升速率高于其余两组颗粒，这与前述研究中TFe释放规律相符。随着反应的进行，pH值提升速率有所下降，分别为0.00009min^{-1}、0.00005min^{-1}、0.00007min^{-1}。此时，nFe_3O_4-SRB固定化颗粒对pH值提升速率最高，NZVI-SRB固定化颗粒处于最低水平。这是由于前期NZVI已将体系pH值提升至中性状态，此时剩余H^+含量较低且NZVI发生钝化阻碍与H^+高效接触反应，故pH值提升速率下降。nFe_3O_4-SRB固定化颗粒由于前期对H^+反应速率有限，此时体系中仍存在大量H^+，故pH值提升速率最高。

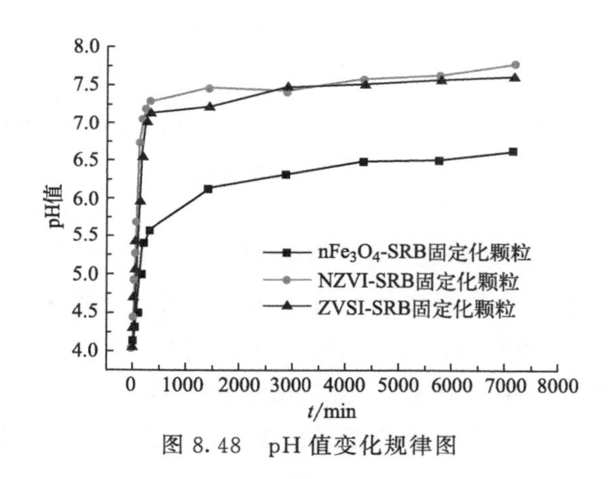

图8.48 pH值变化规律图

(4) Cr^{3+}吸附容量分析

用$CrCl_3 \cdot 5H_2O$配制质量浓度为20mg/L的废水，并调节pH值至4.0，而后分别加入3g、5g、10g、15g、20g、25g三种铁系颗粒及200mL含Cr^{3+}酸性废水，将其放入转速为100r/min、温度为25℃的恒温摇床中。经过120h充分吸附后，分析测定Cr^{3+}剩余浓度。根据试验数据，按式(8.3)计算单位质量颗粒对Cr^{3+}吸附量，并绘制吸附等温线，如图8.49所示。

$$q_e = \frac{(C_0 - C_e) \cdot V}{m} \tag{8.3}$$

式中，q_e为颗粒对Cr^{3+}的平衡吸附量，mg/g；C_0、C_e分别为溶液中Cr^{3+}的初始浓度和平衡浓度，mg/L；V为Cr^{3+}溶液体积，L；m为颗粒的投加质量，g。

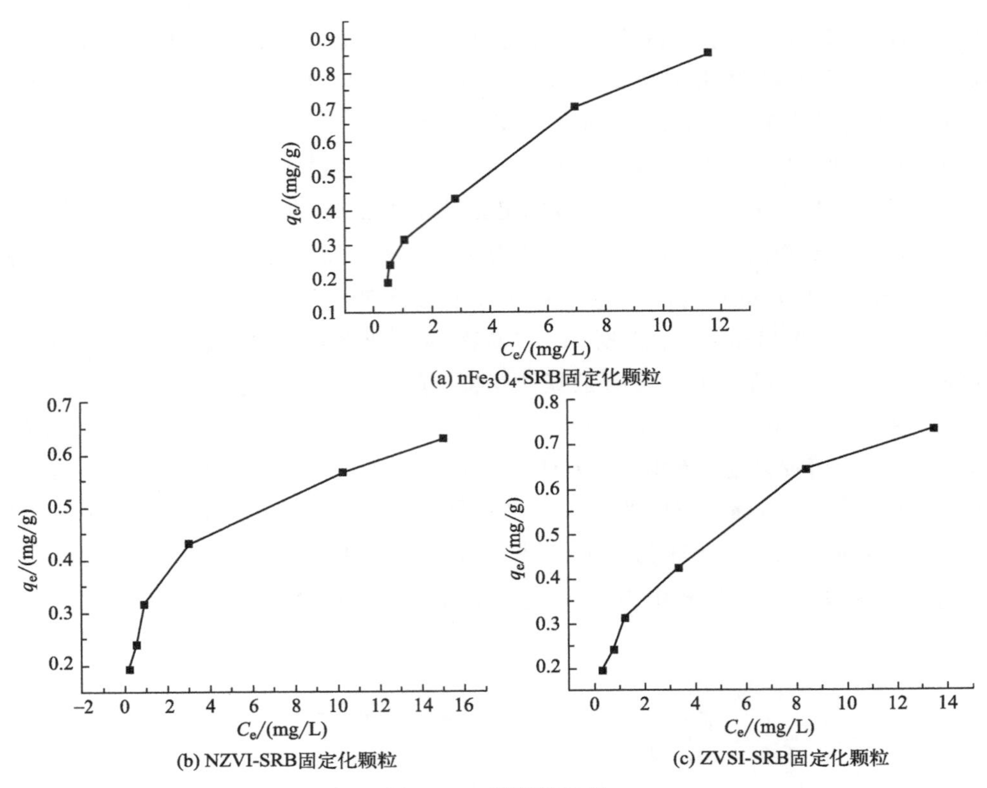

图 8.49 吸附等温线

由图 8.49 可知，三种铁系颗粒对 Cr^{3+} 吸附量随平衡浓度增加而增加。其中，对于 nFe_3O_4-SRB 固定化颗粒，当平衡浓度为 11.68mg/L 时，吸附量达到 0.85mg/g；对于 NZVI-SRB 固定化颗粒，当平衡浓度为 15.05mg/L 时，吸附量达到 0.63mg/g；对于 ZVSI-SRB 固定化颗粒，当平衡浓度为 13.51mg/L 时，吸附量达到 0.73mg/g。

等温吸附方程是对吸附剂的吸附容量与被吸附金属离子平衡浓度之间的相关性进行拟合而得到的方程。最常用的是 Langmuir 和 Freundlich 等温吸附方程。

① Langmuir 等温吸附方程是在可逆吸附且有单层分子吸附的假设条件下提出的，如式(8.4) 所示：

$$q_e=\frac{bq_{max}C_e}{1+bC_e} \tag{8.4}$$

式中，q_e 为颗粒对 Cr^{3+} 的平衡吸附量，mg/g；b 为常数，与吸附反应焓有关；C_e 为溶液 Cr^{3+} 的平衡浓度，mg/L；q_{max} 为颗粒对 Cr^{3+} 的最大理论吸附量，mg/g。

② Freundlich 等温吸附方程是在单层吸附且吸附剂表面不均一的假设条件下提出的，如式(8.5) 所示：

$$q_e=kC_e^{\frac{1}{n}} \tag{8.5}$$

式中，q_e 为颗粒对 Cr^{3+} 的平衡吸附量，mg/g；k 为 Freundlich 吸附系数；n 为常

数，表示吸附剂表面的不均匀性和吸附强度的相对大小，通常大于 1；C_e 为溶液 Cr^{3+} 的平衡浓度，mg/L。

利用 Origin8.0 按 Langmuir 和 Freundlich 两种等温吸附方程分别对 nFe_3O_4-SRB 固定化颗粒、NZVI-SRB 固定化颗粒、ZVSI-SRB 固定化颗粒吸附 Cr^{3+} 过程进行拟合。拟合结果如图 8.50 和图 8.51 所示，拟合方程及相关系数 R^2 如表 8.45 所列。

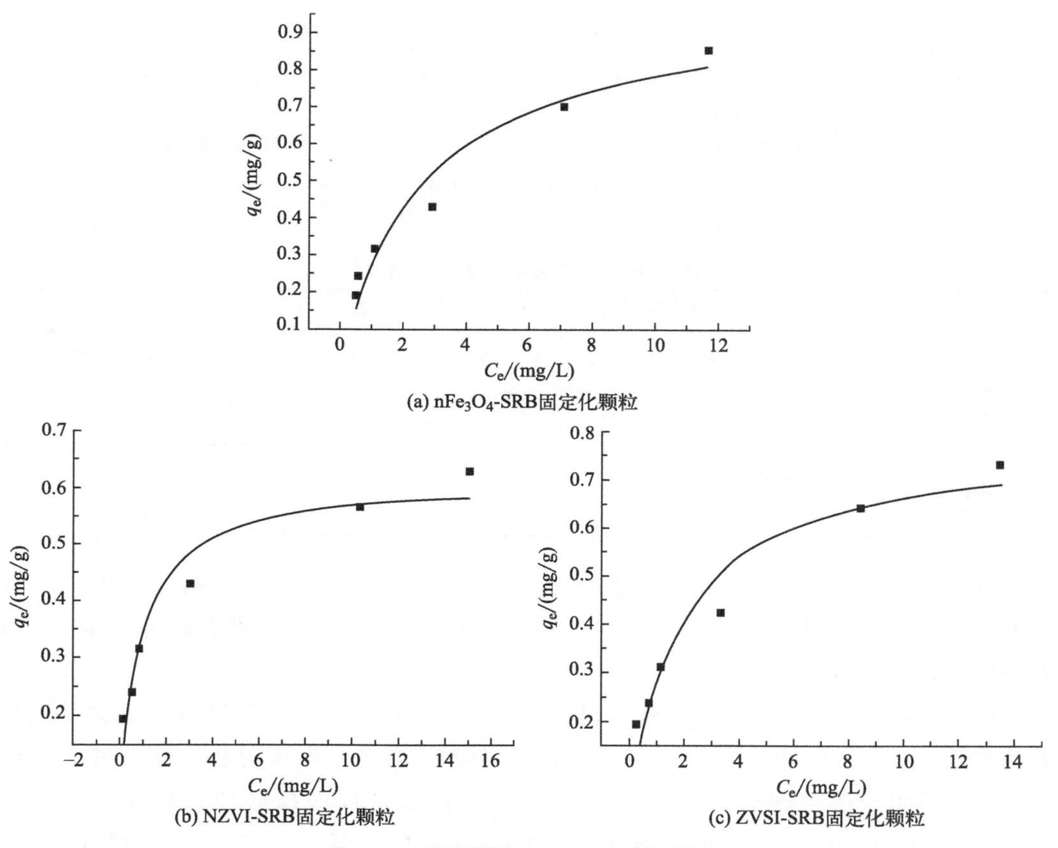

图 8.50　吸附等温 Langmuir 模型拟合

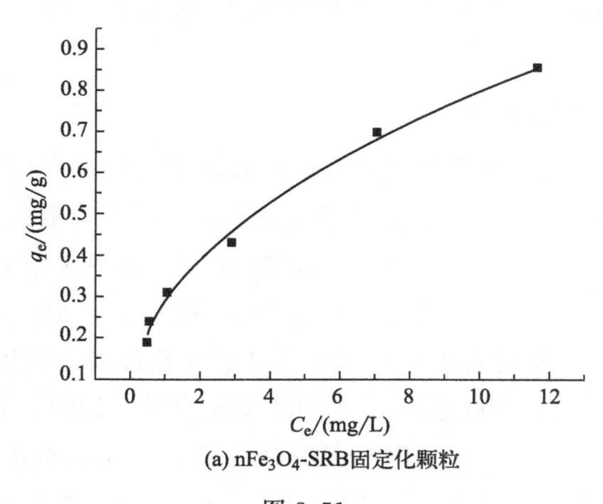

图 8.51

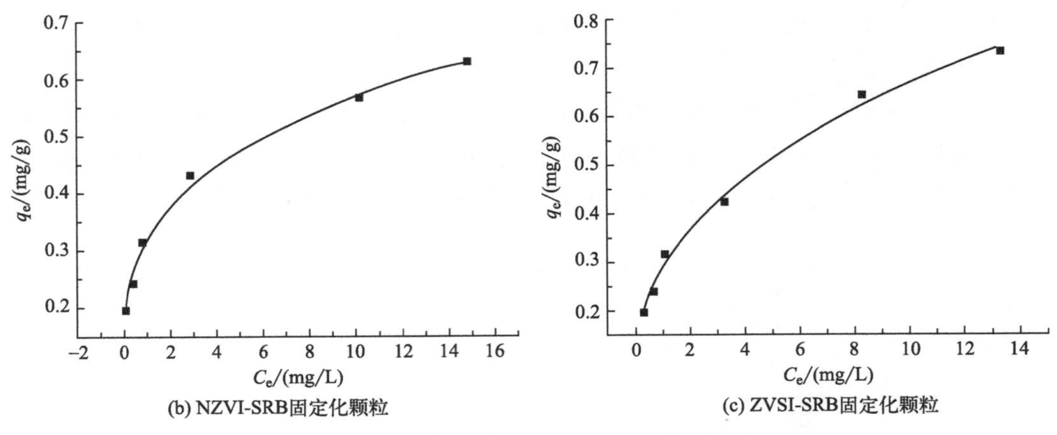

(b) NZVI-SRB固定化颗粒

(c) ZVSI-SRB固定化颗粒

图 8.51 吸附等温 Freundlich 模型拟合

表 8.45 拟合方程及相关系数 R^2

项目	nFe_3O_4-SRB 固定化颗粒	NZVI-SRB 固定化颗粒	ZVSI-SRB 固定化颗粒
Langmuir	$q_e=\frac{0.3676\times0.9973C_e}{1+0.3676C_e}$ $R^2=0.94493$	$q_e=\frac{1.2999\times0.61275C_e}{1+1.2999C_e}$ $R^2=0.90425$	$q_e=\frac{0.5370\times0.7875C_e}{1+0.5370C_e}$ $R^2=0.92449$
Freundlich	$q_e=0.28257C_e^{0.45155}$ $R^2=0.9935$	$q_e=0.3103C_e^{0.26208}$ $R^2=0.99281$	$q_e=0.28164C_e^{0.37211}$ $R^2=0.99257$

由表 8.45 可知，Freundlich 等温吸附方程（R^2=0.9935、0.99281、0.99257）相比 Langmuir 等温吸附方程（R^2=0.94493、0.90425、0.92449）可更好地描述三种铁系颗粒对 Cr^{3+} 吸附过程。

研究表明，在 Freundlich 等温吸附方程中，$1/n$ 越小，说明该种材料对离子的吸附性能越好，当 $1/n$ 处于 0.1～0.5 之间时，材料对离子的吸附过程容易，当 $1/n>2$ 时，材料对离子的吸附过程较难。本试验中三种铁系颗粒拟合曲线的 $1/n$ 分别为 0.45155、0.26208、0.37211，均处于 0.1～0.5 之间。可见，三种铁系颗粒对 Cr^{3+} 吸附过程均属容易吸附，容易吸附的程度大小关系为：NZVI-SRB＞ZVSI-SRB＞nFe_3O_4-SRB。

（5）Cr^{3+} 吸附动力学

用 $CrCl_3\cdot5H_2O$ 配制质量浓度为 20mg/L 的废水，并调节 pH 值至 4.0，而后按固液比 1g/10mL 分别加入 20g 三种铁系颗粒及 200mL 含 Cr^{3+} 酸性废水，将其放入转速为 100r/min、温度为 25℃的恒温摇床中。定时取样，分析测定 Cr^{3+} 剩余浓度、COD 释放量、TFe 释放量及 pH 值提升值。试验分别测定 3h、6h、9h、12h、24h、48h、72h、96h、120h 时 Cr^{3+} 剩余浓度变化情况，根据试验数据，利用 Origin8.0 软件，绘制三种铁系颗粒吸附时间 t 与吸附量 q_t 之间的关系曲线，如图 8.52 所示。

由图 8.52 可知，三种铁系颗粒随吸附时间的延长，吸附量逐渐增加。当吸附时间超过 120h 时，三种铁系颗粒吸附量分别接近 0.2343mg/g、0.2386mg/g、0.2368mg/g，

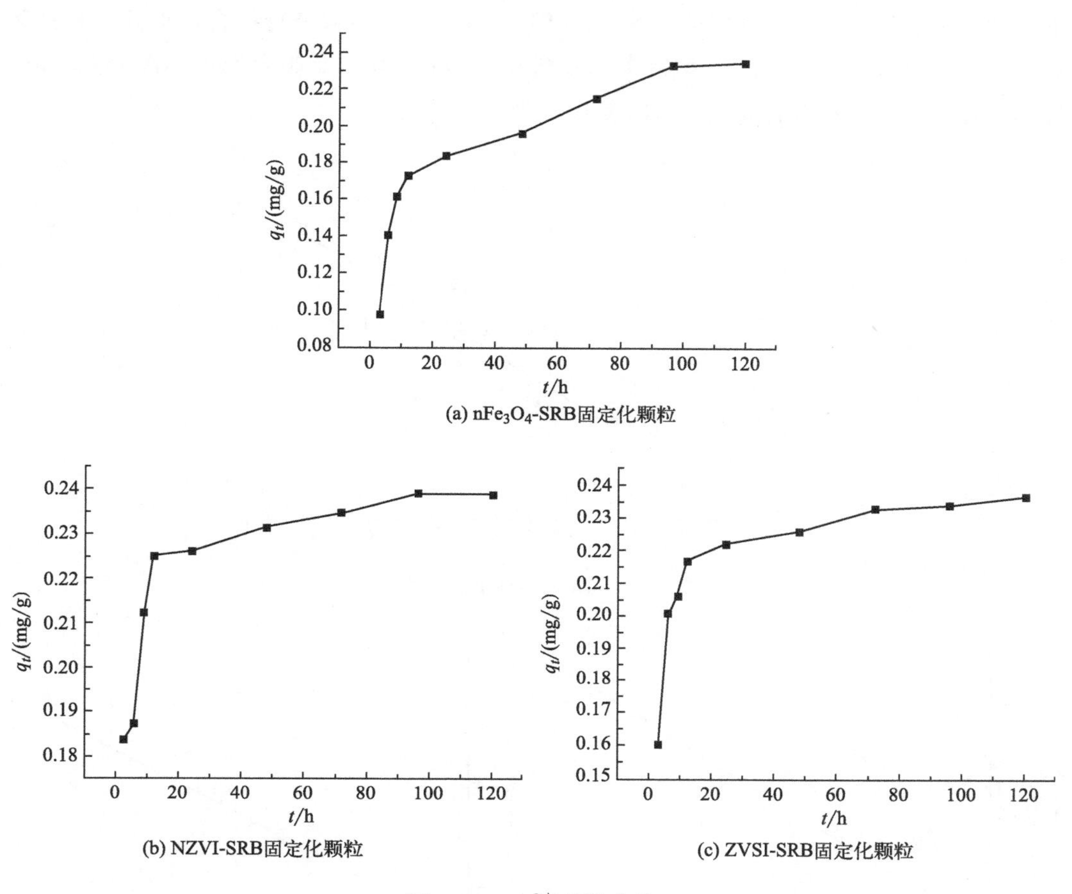

(a) nFe_3O_4-SRB固定化颗粒

(b) NZVI-SRB固定化颗粒

(c) ZVSI-SRB固定化颗粒

图 8.52　Cr^{3+} 吸附曲线

达到平衡吸附量。

为进一步探究铁系颗粒对 Cr^{3+} 吸附机理，采用 Langergren 拟一级动力学模型和 McKay 拟二级动力学模型对 Cr^{3+} 吸附过程进行拟合，分析三种铁系颗粒对 Cr^{3+} 吸附动力学过程。

① Langergren 拟一级动力学模型经验公式如式(8.6) 所示。

$$\ln(q_e - q_t) = \ln q_t - k_1 t \tag{8.6}$$

式中，q_e 为吸附平衡时的吸附量，mg/g；q_t 为 t 时刻的吸附量，mg/g；t 为吸附时间，h；k_1 为拟一级动力学反应速率常数，h^{-1}。

② McKay 拟二级动力学模型经验公式如式(8.7) 所示。

$$\frac{t}{q_t} = \frac{1}{h} + \frac{t}{q_e} \tag{8.7}$$

$$h = k_2 q_e^2$$

式中：q_e 为吸附平衡时的吸附量，mg/g；q_t 为 t 时刻的吸附量，mg/g；t 为吸附时间，h；k_2 为拟二级动力学反应速率常数，g/(mg・h)；h 为初始吸附率，mg/(g・h)。

按 Langergren 拟一级动力学模型和 McKay 拟二级动力学模型分别对 nFe_3O_4-SRB

固定化颗粒、NZVI-SRB固定化颗粒、ZVSI-SRB固定化颗粒进行拟合，得到三种铁系颗粒的 $t \sim \ln[q_e/(q_e-q_t)]$ 动力学拟合图和 $t \sim t/q_t$ 动力学拟合图，如图8.53和图8.54，拟合方程及相关性系数 R^2 如表8.46所列。

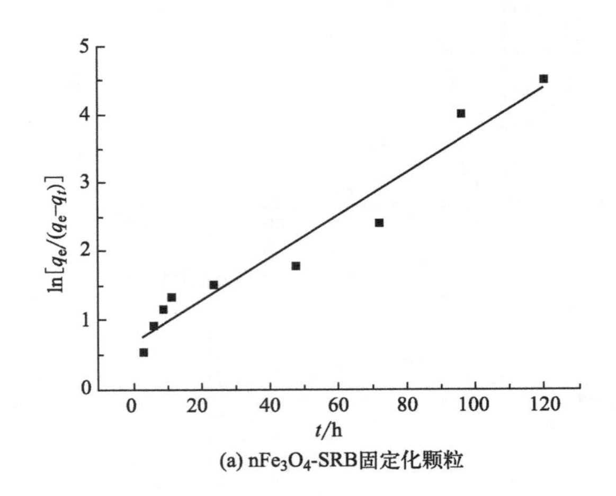

(a) nFe_3O_4-SRB固定化颗粒

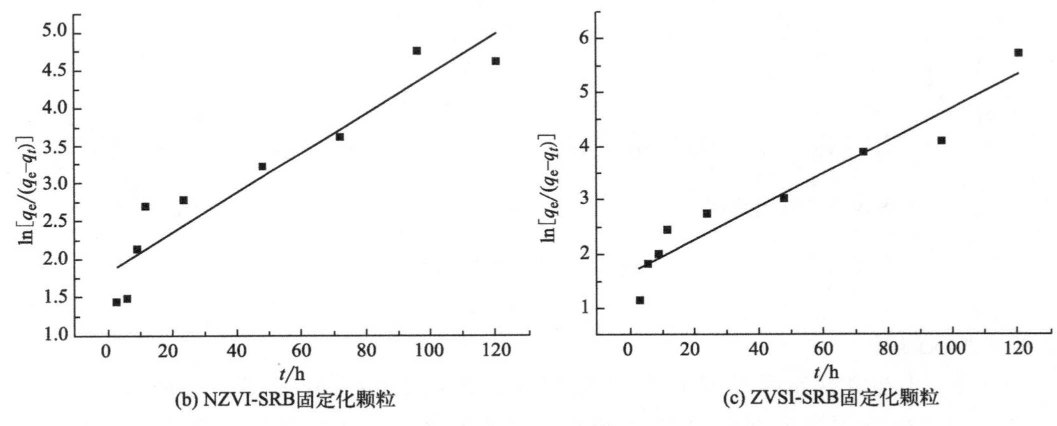

(b) NZVI-SRB固定化颗粒　　(c) ZVSI-SRB固定化颗粒

图8.53　拟一级动力学模型

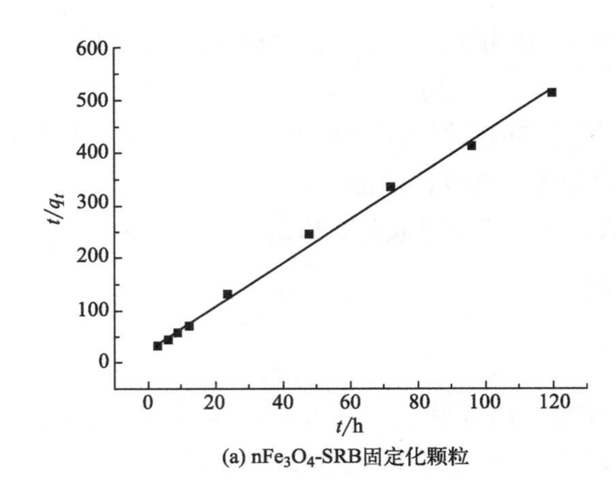

(a) nFe_3O_4-SRB固定化颗粒

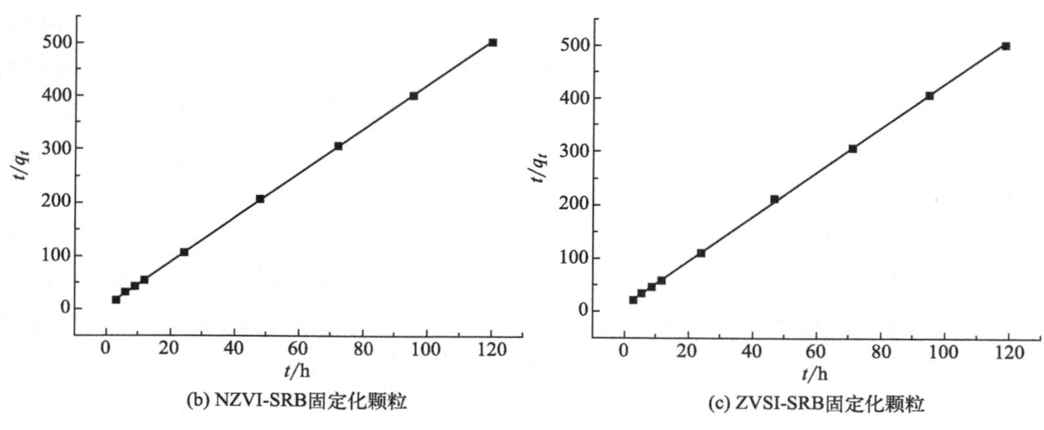

(b) NZVI-SRB固定化颗粒　　(c) ZVSI-SRB固定化颗粒

图 8.54　拟二级动力学模型

表 8.46　拟合方程及相关系数 R^2

项目	nFe_3O_4-SRB 固定化颗粒	NZVI-SRB 固定化颗粒	ZVSI-SRB 固定化颗粒
一级	$y=0.65902+0.03092x$ $R^2=0.94571$	$y=1.83129+0.02635x$ $R^2=0.88086$	$y=1.63806+0.03092x$ $R^2=0.92074$
二级	$y=24.32459+4.13887x$ $R^2=0.99575$	$y=5.67145+4.14973x$ $R^2=0.99987$	$y=6.55835+4.19607x$ $R^2=0.99983$

由表 8.46 可知，McKay 拟二级动力学模型（R^2=0.99575、0.99987、0.99983）相比 Langergren 拟一级动力学模型（R^2=0.94571、0.88086、0.92074）可更好地描述铁系颗粒对 Cr^{3+} 的吸附过程。对比三种铁系颗粒，NZVI-SRB 固定化颗粒对 Cr^{3+} 平均吸附速率最快，略优于 ZVSI-SRB 固定化颗粒，明显快于 nFe_3O_4-SRB 固定化颗粒。三种铁系颗粒对 Cr^{3+} 吸附过程是一个复合效应，生物质材料及铁系材料均对其存在吸附作用。

如图 8.55 所示，三种铁系颗粒 COD 释放量先显著上升后趋于平稳，平均 COD 释放量分别为 934.89mg/L、1070.33mg/L、1025.11mg/L。可见，NZVI-SRB 固定化颗粒 COD 释放量略高于 ZVSI-SRB 固定化颗粒和 nFe_3O_4-SRB 固定化颗粒，这与前述试验所得结论相符。在反应初期 12h 内，三种铁系颗粒 COD 释放速率显著提升，分别为 81.25mg/(L·h)、95.50mg/(L·h)、91.17mg/(L·h)。相比前述单一 Cr(Ⅵ) 废水体系，此时 COD 释放速率较快。这是由于 Cr^{3+} 毒性弱于 Cr(Ⅵ)，其对水解微生物活性抑制作用较弱，故玉米芯水解能力较强。随着反应进行，COD 释放速率明显下降并趋于平稳，分别为 2.417mg/(L·h)、2.370mg/(L·h)、2.481mg/(L·h)。此时 ZVSI-SRB 固定化颗粒 COD 释放速率高于 nFe_3O_4-SRB 固定化颗粒，NZVI-SRB 固定化颗粒处于最低。这是由于后期 NZVI-SRB 固定化颗粒表面沉积物较多，阻碍玉米芯水解产物释放，故 COD 释放速率较低。而 ZVSI-SRB 固定化颗粒和 nFe_3O_4-SRB 固定化颗粒，由于活性不高，颗粒表面附着沉积物量较少且 nFe_3O_4-SRB 固定化颗粒前期玉米芯水解量较低，故后期仍具备较高的 COD 释放速率。

如图 8.56 所示，三种铁系颗粒 TFe 释放量先显著上升后增加缓慢，平均 TFe 释放量分别为0.62mg/L、1.88mg/L、1.65mg/L。可见，NZVI-SRB固定化颗粒TFe释放量高于ZVSI-SRB固定化颗粒，二者均远高于nFe_3O_4-SRB固定化颗粒，这与前述试验所得结论相符。在反应初期24h内，三种铁系颗粒TFe释放速率显著提升，分别为0.0258mg/(L·h)、0.0779mg/(L·h)、0.0696mg/(L·h)。随着反应进行，TFe释放速率有所下降，分别为0.0052mg/(L·h)、0.0084mg/(L·h)、0.0077mg/(L·h)。这是由于在反应初期，铁系材料还原能力较强，可迅速与H^+反应，并生成Fe^{2+}释放到周围水环境中，故TFe释放量迅速升高。因NZVI还原活性强于ZVSI和nFe_3O_4，故NZVI-SRB固定化颗粒TFe释放速率处于最高水平。在反应后期体系内H^+含量较少，铁系材料还原反应进程减慢，故TFe释放速率显著下降。

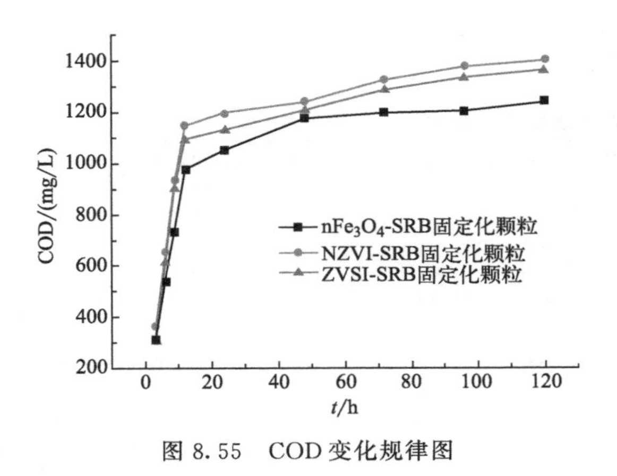

图8.55 COD变化规律图

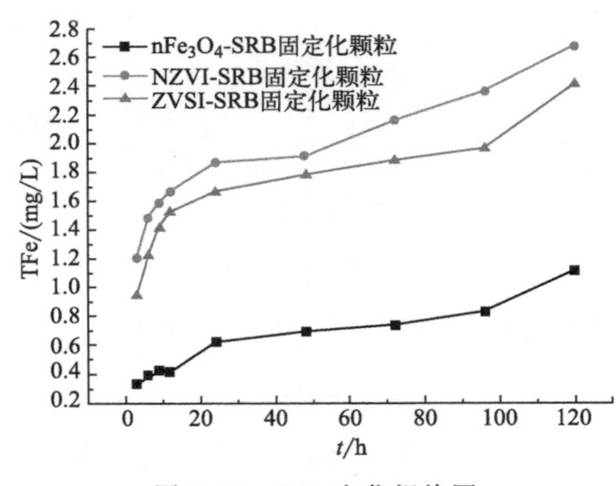

图8.56 TFe变化规律图

如图8.57所示，三种铁系颗粒pH值先显著上升后趋于平稳，平均pH值分别为6.19、7.55、7.29。可见，NZVI-SRB固定化颗粒对pH值提升效果略好于ZVSI-SRB固定化颗粒，远高于nFe_3O_4-SRB固定化颗粒，这与前述试验研究所得结论相符。在反应初期24h内，三种铁系颗粒体系pH值迅速提升，提升速率分别为$0.0829h^{-1}$、$0.1471h^{-1}$、$0.1367h^{-1}$。这与TFe释放规律相符，进一步证实NZVI还原活性高于ZVSI和nFe_3O_4。随着反应进行，pH值提升速率有所下降，分别为$0.0089h^{-1}$、$0.0035h^{-1}$、$0.0042h^{-1}$。

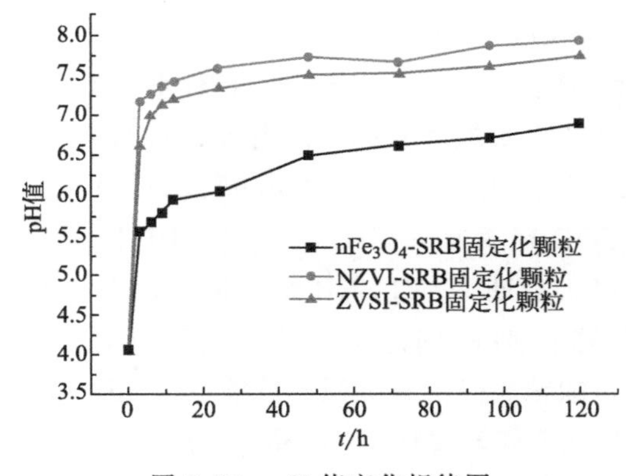

图8.57 pH值变化规律图

此时，nFe_3O_4-SRB固定化颗粒对pH值提升速率远高于ZVSI-SRB固定化颗粒和NZVI-SRB固定化颗粒，这也符合前述特性研究所得结论。综上表明，NZVI-SRB固定化颗粒和ZVSI-SRB固定化颗粒可在短期内迅速提升pH值至中性状态，而后提升速率明显下降至趋于平稳。nFe_3O_4-SRB固定化颗粒可持续缓慢地提升废水pH值，在后期仍具备一定提升速率。但因提升效果不显著，在短期内难以满足排放要求，故nFe_3O_4-SRB固定化颗粒应用受到一定限制。

综上所述，nFe_3O_4-SRB固定化颗粒为灰色球状或椭球状颗粒，表面光亮且具有丰富的孔隙结构，质地水嫩有弹性。NZVI-SRB固定化颗粒为暗棕色球状或椭球状颗粒，表面粗糙附有一层铁氧化膜，孔隙分布均匀，质地坚硬，密度较大，有一定弹性。ZVSI-SRB固定化颗粒为浅棕色球状或椭球状颗粒，表面有一层铁氧化膜，孔隙丰富且明显，质地较硬且有一定弹性。三种铁系颗粒对SO_4^{2-}还原动力学均更符合一级反应动力学模型，SO_4^{2-}还原过程与其浓度一次方成正比，主要受电子受体影响。ZVSI-SRB固定化颗粒对SO_4^{2-}还原速率快于NZVI-SRB固定化颗粒，明显快于nFe_3O_4-SRB固定化颗粒。三种铁系颗粒对Cr(Ⅵ)还原动力学均更符合一级反应动力学模型，Cr(Ⅵ)还原过程与其浓度一次方成正比，主要受氧化还原电位影响。NZVI-SRB固定化颗粒对Cr(Ⅵ)还原速率略快于ZVSI-SRB固定化颗粒，明显快于nFe_3O_4-SRB固定化颗粒。三种铁系颗粒对Cr^{3+}吸附量均随平衡浓度的增加而增加，其中nFe_3O_4-SRB固定化颗粒当平衡浓度为11.68mg/L时，吸附量达到0.85mg/g；NZVI-SRB固定化颗粒当平衡浓度为15.05mg/L时，吸附量达到0.63mg/g；ZVSI-SRB固定化颗粒当平衡浓度为13.51mg/L时，吸附量达到0.73mg/g。三种铁系颗粒对Cr^{3+}等温吸附过程均更符合Freundlich等温吸附方程。三种铁系颗粒均为表面不均一状态，对Cr^{3+}吸附过程属容易吸附。NZVI-SRB固定化颗粒对Cr^{3+}吸附效果好于ZVSI-SRB固定化颗粒，远好于nFe_3O_4-SRB固定化颗粒。三种铁系颗粒对Cr^{3+}吸附动力学均更符合McKay拟二级动力学模型。颗粒对Cr^{3+}吸附过程是一个复合效应，生物质材料及铁系材料均对其存在吸附作用。NZVI-SRB固定化颗粒对Cr^{3+}平均吸附速率快于ZVSI-SRB固定化颗粒，明显快于nFe_3O_4-SRB固定化颗粒。

8.4 铁系颗粒动态试验研究

为进一步考察三种铁系颗粒在实际运行中的稳定性及有效性，进一步揭示铁系材料协同SRB处理AMD的内在机理，通过构建含nFe_3O_4-SRB固定化颗粒、NZVI-SRB固定化颗粒和ZVSI-SRB固定化颗粒的3组动态柱，开展铁系颗粒处理AMD动态试验研究。为提高颗粒利用效率，在动态试验后期对铁系颗粒进行再生回用，延长颗粒的使用寿命，以便更好地应用于工程实际。

动态试验共设置3组内径为54mm、高度为500mm的亚克力柱，按固液比2∶3，分别向3组动态柱内从下至上依次装填高50mm粒径3～5mm的石英砂层、高200mm的铁系颗粒、高50mm粒径3～5mm的石英砂层，其中1～3号动态柱内分别装填

nFe_3O_4-SRB固定化颗粒、NZVI-SRB固定化颗粒、ZVSI-SRB固定化颗粒。装置采用“下进上出”连续运行方式，采用蠕动泵和流量计调节进水流量为0.3925mL/min，如图8.58所示。3组动态柱采用厌氧方式持续运行40d。每天定时取样测定SO_4^{2-}、Cr(Ⅵ)、Cr^{3+}浓度和COD、TFe释放量及出水pH值。在反应30d时，向三组动态柱内加入等量玉米芯发酵再生液，使铁系颗粒被完全浸没。静置24h后，排出剩余再生液，继续运行10d，考察铁系颗粒再生后运行效果。

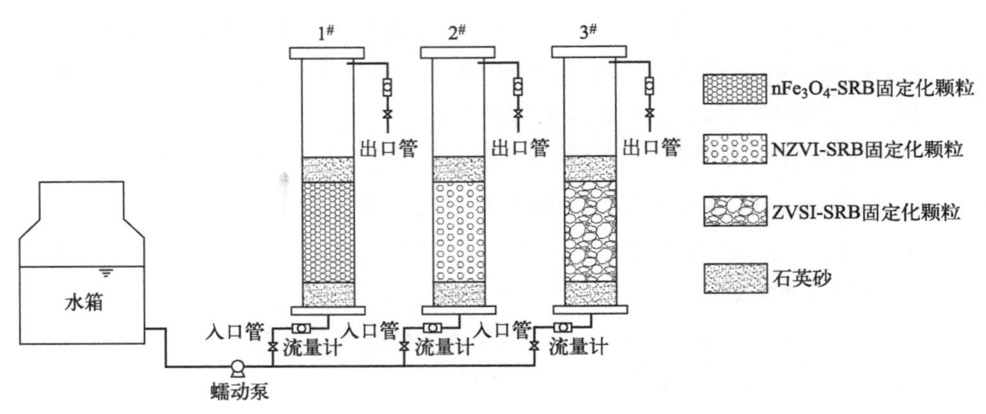

图8.58　动态试验运行装置图

玉米芯发酵再生液制备方法如下。采用粒径为60目的玉米芯粉和浓缩EM原种(有机肥发酵剂)，按固液比500∶1的比例，将玉米芯粉和浓缩菌种发酵液在发酵装置内混合均匀，并加入适量无菌去离子水至玉米芯被完全浸没。而后用保鲜膜封口，置于微生物恒温培养箱内，在35℃环境条件下发酵一周。待发酵完毕后，取上层液体用离心机以3000r/min的转速离心，进行固液分离，上清液即颗粒再生液。

(1) SO_4^{2-}去除效果分析

由图8.59可知，在反应第一阶段（1～30d），前11d SO_4^{2-}去除率呈显著升高趋势；而后在反应第12～22天，去除率曲线波动平稳。反应22d后，SO_4^{2-}去除率显著下降。对比3组动态试验柱，SO_4^{2-}平均去除率分别为33.92%、45.12%、50.95%。由此可见，ZVSI-SRB固定化颗粒对SO_4^{2-}去除效果略好于NZVI-SRB固定化颗粒，远好于nFe_3O_4-SRB固定化颗粒。这是由于在反应初期SRB代谢活性有限，不能很好地适应废水过酸性环境及抵抗重金属对其活性的抑制，故去除率较低。随着反应的进行，玉米芯不断水解释放有机碳源，较高的COD/SO_4^{2-}值降低了重金属对SRB活性的抑制作用，去除效果显著提升。当水中碳源量较高且铁系材料为SRB提供充足还原电子时，SRB活性处于最高水平，此时SO_4^{2-}去除效果最佳。而后，由于末期玉米芯释放碳源不足，COD/SO_4^{2-}值较低，SRB活性显著下降，且铁系材料易形成较多沉积物覆盖在颗粒表面，阻碍碳源释放并提供还原电子，故去除率显著下降。造成3组动态柱SO_4^{2-}去除率差异的主要原因在于SRB异化还原SO_4^{2-}需要还原电子参与，由于单质铁相比氧化铁电极电位较低，单位时间内能提供更多的还原电子，故2#和3#动态柱内SRB代谢活性强，SO_4^{2-}还原速率较高。但因NZVI会对微生物产生毒性，故2#动态柱SO_4^{2-}还原速率略低于3#动态柱。在反应第二阶段（31～40d），SO_4^{2-}去除率呈先显著上升而后波动平稳再急剧下降的趋势。对比3组动态试验柱，SO_4^{2-}平均去除率分别为34.63%、37.25%、40.70%。可见，ZVSI-SRB固定化颗粒对SO_4^{2-}去除效果仍好于NZVI-SRB固定化颗粒和nFe_3O_4-SRB固定化颗粒。这是由于玉米芯发酵再生液的主要成分为乳酸、半乳糖、葡萄糖等小分子有机物，其通过浸泡黏附在颗粒表面和内部孔隙中，因初期再生液内可利用有机碳源充足，故SO_4^{2-}去除率明显升高。但由于单糖类物质极易被SRB利用，且动态水环境会对颗粒造成冲刷，致使一部分碳源随水流出，故后期因碳源不足SRB活性显著下降，进而影响SO_4^{2-}去除效果。

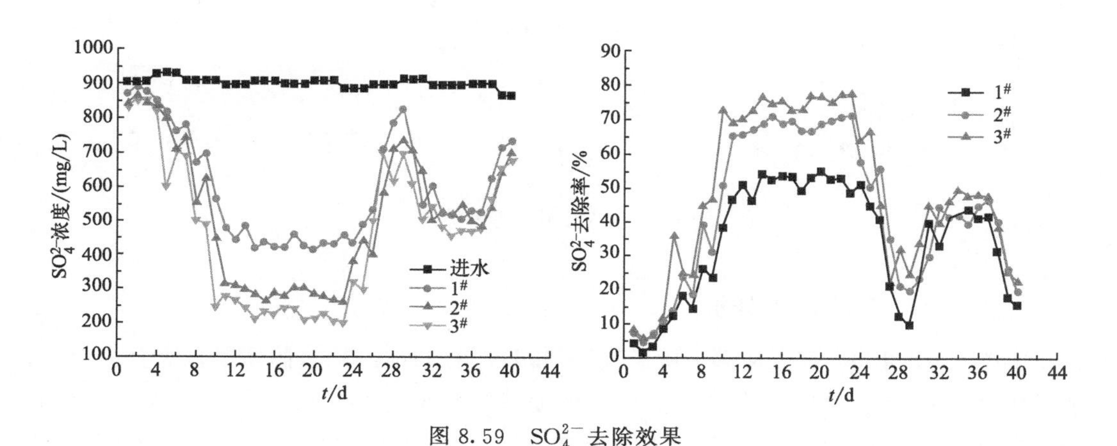

图8.59 SO_4^{2-}去除效果

（2）Cr（Ⅵ）去除效果分析

由图8.60可知，在反应第一阶段（1～30d），1#动态柱在前11d内Cr(Ⅵ)去除率显著升高，而后在反应第12～22天，去除率呈平稳状态。反应22d后，Cr(Ⅵ)去除率显著下降。而2#和3#动态柱Cr(Ⅵ)去除率在反应30d内均一直保持较高水平。对比3组动态试验柱，Cr(Ⅵ)平均去除率分别为78.78%、97.18%、96.03%。由此可见，NZVI-SRB固定化颗粒对Cr(Ⅵ)去除效果略好于ZVSI-SRB固定化颗粒，远好于nFe_3O_4-SRB固定化颗粒。这是由于1#动态柱所填颗粒中nFe_3O_4可逐步催化玉米芯水解碳源供SRB代谢，故初期去除率呈稳步上升趋势。随着SRB活性的增强，其可还原SO_4^{2-}产生大量S^{2-}与Cr(Ⅵ)形成金属硫化物沉淀，去除率呈稳定状态。在反应后期，SRB活性减弱且颗粒内未水解玉米芯较少，颗粒吸附沉淀能力均较弱，故去除率呈下降趋势。而对于2#和3#动态柱，由于零价铁还原能力较强，可快速还原Cr(Ⅵ)进而通过形成硫化物沉淀或玉米芯吸附方式去除，故去除率一直处于较高水平。在反应第二阶段（31～40d），1#动态柱Cr(Ⅵ)去除率呈先显著上升而后波动平稳再显著下降趋势，而2#和3#动态柱Cr(Ⅵ)去除率依旧维持在较高水平。对比3组动态试验柱，Cr(Ⅵ)平均去除率分别为84.98%、97.65%、96.15%。可见，NZVI-SRB固定化颗粒对 Cr(Ⅵ) 去除效果仍好于 ZVSI-SRB 固定化颗粒和 nFe_3O_4-SRB 固定化颗粒。这是由于初期体系碳源充足，SRB 活性较强，Cr(Ⅵ) 与 S^{2-} 形成沉淀，去除率提升显著。后期因补充碳源不足 SRB 活性再度下降，Cr(Ⅵ) 去除率随之降低。而 2# 和 3# 动态柱因零价铁还原活性强，可迅速还原 Cr(Ⅵ) 形成 Cr^{3+}，且可为 SRB 提供代谢所需还原电子，故 Cr(Ⅵ) 去除率一直处于较高水平。

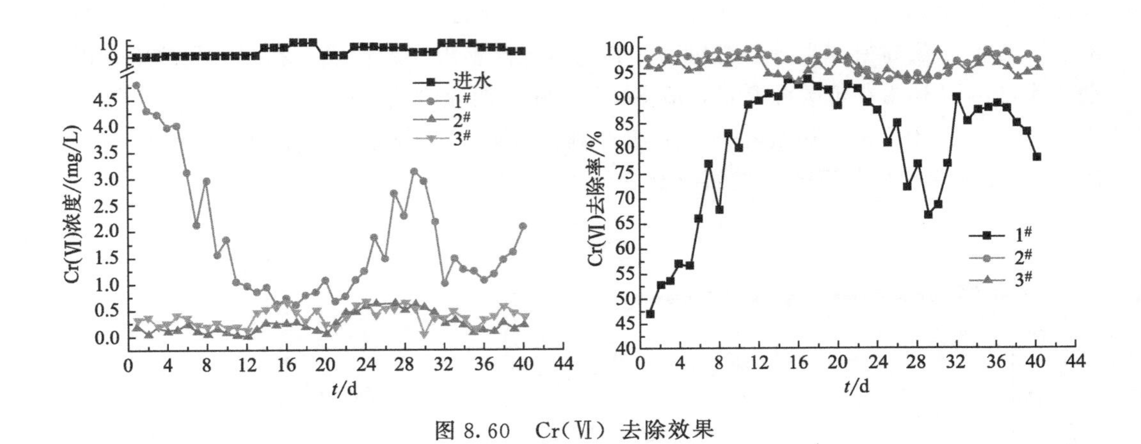

图 8.60 Cr(Ⅵ) 去除效果

(3) Cr^{3+} 去除效果分析

由图 8.61 可知，在反应第一阶段（1～30d），前 11d Cr^{3+} 去除率呈显著升高趋势，而后在反应第 12～22 天，去除率曲线呈波动状态。反应 22d 后，Cr^{3+} 去除率显著下降。对比 3 组动态试验柱，Cr^{3+} 平均去除率分别为 57.84%、65.63%、59.63%。由此可见，NZVI-SRB 固定化颗粒对 Cr^{3+} 去除效果好于 ZVSI-SRB 固定化颗粒和 nFe_3O_4-SRB 固定化颗粒。这是由于初期 SRB 活性有限，Cr^{3+} 与 S^{2-} 形成沉淀率较低，且玉米芯对 Cr^{3+} 吸附去除不彻底，故去除率较低且呈波动状态。随着体系内 COD/SO_4^{2-} 增加，SRB 活性逐渐增强，Cr^{3+} 可与更多的 S^{2-} 形成硫化物沉淀，故去除率呈上升趋势。在反应后期，由于水中 COD 含量下降，SRB 活性不高且剩余未水解玉米芯及铁系材料含量较低，颗粒沉淀及吸附去除能力减弱，故去除率显著下降。造成 3 组动态柱 Cr^{3+} 去除率差异的主要原因在于零价铁可为 SRB 提供充足的还原电子以保证其代谢活性，从而生成更多的 S^{2-}，与 Cr^{3+} 形成沉淀，故 2# 和 3# 动态柱去除率高于 1# 动态柱。而由于 NZVI 相比 ZVSI 比表面积大，吸附能力强，具有更多的活性位点吸附 Cr^{3+}，故 2# 动态柱去除效果最佳。在反应第二阶段（31～40d），Cr^{3+} 去除率呈先显著上升而后急剧下降的趋势。对比 3 组动态试验柱，Cr^{3+} 平均去除率分别为 54.06%、60.03%、53.70%。可见，NZVI-SRB 固定化颗粒对 Cr^{3+} 去除效果仍好于 ZVSI-SRB 固定化颗粒和 nFe_3O_4-SRB 固定化颗粒。这是由于初期体系内碳源充足，SRB 活性增强，Cr^{3+} 沉淀去除率较高。而后因碳源不足 SRB 活性再度下降，水中 S^{2-} 含量降低，故 Cr^{3+} 去除率随之下降。

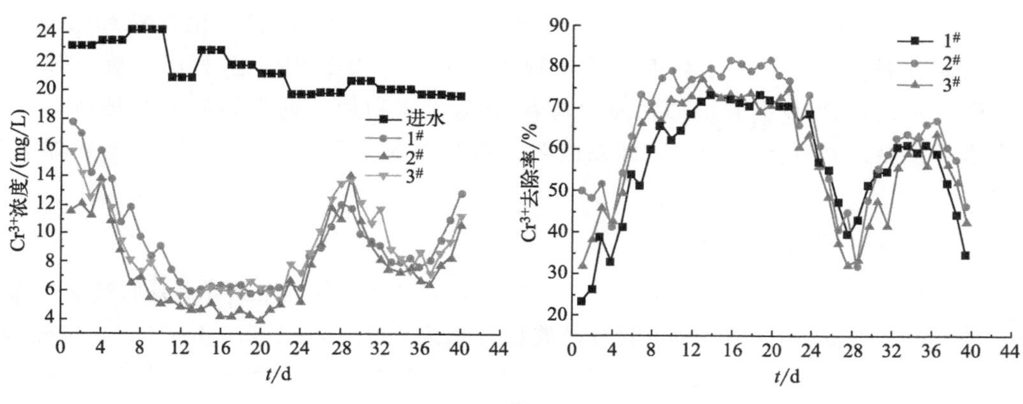

图 8.61　Cr^{3+} 去除效果

（4）COD 释放量分析

由图 8.62 可知，在反应第一阶段（1～30d），前 11d COD 释放量呈显著升高趋势，而后在反应第 12～22 天，COD 释放量较平稳。反应 22d 后，COD 释放量显著下降至最低。3 组动态柱的平均 COD 释放量分别为 591.69mg/L、797.34mg/L 和 699.45mg/L。可见，NZVI-SRB 固定化颗粒 COD 释放量最高，nFe_3O_4-SRB 固定化颗粒 COD 释放量最低。这是由于在反应初期，颗粒表面黏附的少量玉米芯首先迅速水解，释放较多小分子有机物，出水 COD 有所增加。随着颗粒浸泡时间的延长，内部包裹的玉米芯也开始在水解微生物及铁系材料的催化作用下水解，此时碳源充足，COD 释放量提升显著。当玉米芯水解释放量和 SRB 代谢利用量达到平衡时，COD 释放量达到最高并保持平稳。在反应后期，大部分玉米芯已被水解，易被微生物降解的纤维素（半纤维素）含量减少，同时铁系材料由于表面钝化对玉米芯水解催化作用减弱，COD 释放量显著下降至最低水平。造成 3 组动态柱 COD 释放量差异的主要原因是零价铁对玉米芯水解具有一定的催化作用，而由于 NZVI 催化活性极强，故 2# 动态柱 COD 释放量处于较高水平。相比之下 nFe_3O_4 作为一种金属氧化物活性较差，催化作用不明显，故 1# 动态柱 COD 释放量处于最低水平。在反应第二阶段（31～40d），COD 释放量经显著提升后再次下降。对比 3 组动态试验柱，平均 COD 释放量分别为 565.6mg/L、663.2mg/L、593.7mg/L。

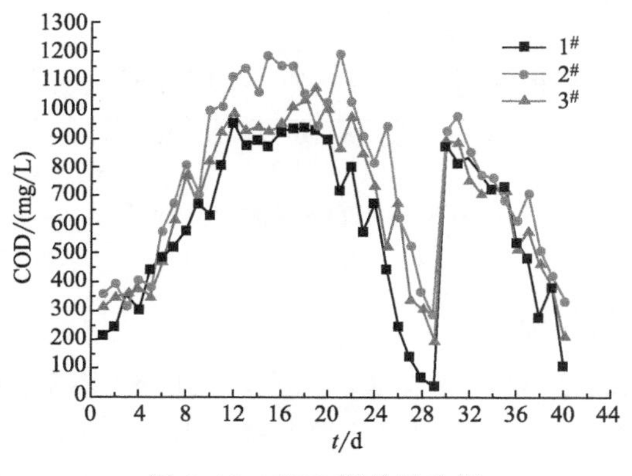

图 8.62　COD 释放量分析

可见，NZVI-SRB 固定化颗粒 COD 释放量仍高于 ZVSI-SRB 固定化颗粒和 nFe_3O_4-SRB 固定化颗粒。这是由于初期所补充碳源短期不能被 SRB 完全利用，故一部分有机物随水带出，COD 显著增加。而后随着 SRB 代谢利用，补充碳源逐渐被消耗，且动态水环境会对颗粒造成冲刷，体系内剩余有机物量显著下降，故 COD 迅速降至较低水平。

（5）TFe 释放量分析

由图 8.63 可知，在反应第一阶段（1～30d），TFe 释放量呈先显著上升后波动下降趋势。对比 3 组动态试验柱，平均 TFe 释放量分别为 0.92mg/L、2.35mg/L、1.90mg/L。可见，NZVI-SRB 固定化颗粒 TFe 释放量最高，nFe_3O_4-SRB 固定化颗粒 TFe 释放量最低。这是由于初期铁系材料可与 H^+ 和 Cr(Ⅵ) 迅速发生氧化还原反应，生成 Fe^{2+} 进入水中，造成 TFe 释放量呈显著上升趋势。随着反应进行，铁系材料被快速消耗且在酸性环境中发生钝化，阻碍氧化还原反应高效进行。此时，Fe^{2+} 消耗主要依靠生物质材料吸附及 S^{2-} 和 OH^- 沉淀作用，故 TFe 释放量显著下降。造成三组动态柱 TFe 释放量差异的主要原因在于 NZVI 还原活性极强，可迅速与 H^+ 反应生成 Fe^{2+}，造成 2# 动态柱出水 TFe 含量较高。相比下 nFe_3O_4 作为一种金属氧化物，单位时间内置换铁离子能力较弱，故 1# 动态柱 TFe 释放量处于较低水平。在反应第二阶段（31～40d），TFe 释放量仍呈显著下降趋势。对比 3 组动态试验柱，平均 TFe 释放量分别为 0.51mg/L、0.73mg/L、0.7mg/L。可见，NZVI-SRB 固定化颗粒 TFe 释放量仍高于 ZVSI-SRB 固定化颗粒和 nFe_3O_4-SRB 固定化颗粒。这是由于此时大部分铁系材料已被消耗，剩余还原性铁含量较低，水中 Fe^{2+} 主要以氢氧化物沉积在颗粒表面，故出水 TFe 含量呈显著下降趋势。

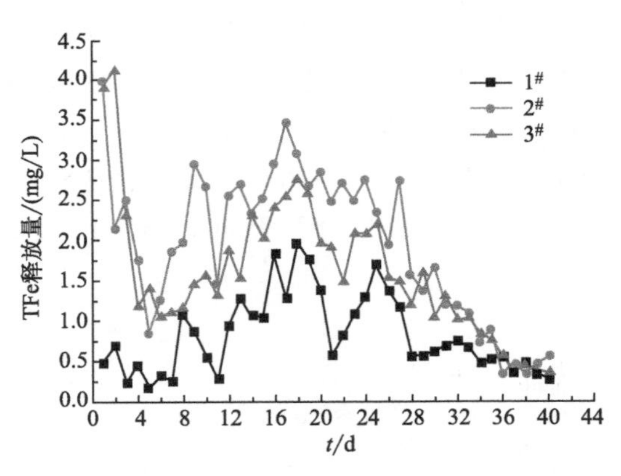

图 8.63 TFe 释放量分析

（6）pH 值提升效果分析

由图 8.64 可知，在反应第一阶段（1～30d），前 16d 体系 pH 值呈显著上升趋势，在反应第 16～30 天，体系 pH 值呈波动下降趋势。对比 3 组动态试验柱，平均出水 pH 值分别为 6.77、7.61、7.38。可见，NZVI-SRB 固定化颗粒对 pH 值提升效果最显著，

nFe_3O_4-SRB固定化颗粒对pH值提升效果最差。这是由于在反应初期，三种铁系材料还原能力较强，可迅速还原水中游离H^+，且此时SRB活性较强，代谢产碱效率较高，故提升效果显著。随着反应进行，铁系材料逐渐被消耗且发生表面钝化，阻碍与H^+发生还原反应，同时SRB代谢产碱能力下降，故pH值呈一定下降趋势。造成3组动态柱pH值提升效果差异的主要原因在于NZVI还原能力极强，可迅速与H^+反应，生成的Fe^{2+}会与水中游离的OH^-形成$Fe(OH)_2$悬浮或沉积在颗粒表面，造成出水呈弱碱性状态。而ZVSI和nFe_3O_4还原水解能力弱于NZVI，故单位时间内pH值提升效果较差。在反应第二阶段（31～40d），出水pH值呈先上升后下降趋势。对比3组动态试验柱，平均pH值分别为5.25、5.99、5.58。可见，NZVI-SRB固定化颗粒和ZVSI-SRB固定化颗粒对pH值提升效果差别不大，均好于nFe_3O_4-SRB固定化颗粒。这是由于玉米芯发酵再生液可显著提升SRB活性，使其产碱能力相应增强，故对pH值有一定的提升效果。而后随着体系内COD含量的降低，SRB产碱能力相应下降，故溶液pH值显著降低。

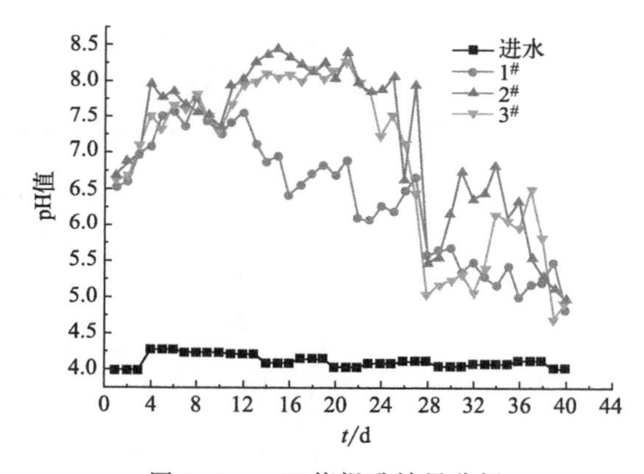

图8.64　pH值提升效果分析

（7）EDS分析

将上述动态试验反应前后的3组铁系颗粒在60℃条件下干燥处理，进行EDS分析，分析颗粒反应前后内部所含元素种类变化情况，结果如图8.65所示。

由图8.65可知，1#颗粒反应前主要含C、O、Mg、Cl、K、Ca、Fe元素，其质量分数分别为44.41%、44.34%、0.19%、1.06%、0.17%、2.19%、5.82%。反应后颗粒主要含C、O、Cr、Fe元素，其质量分数分别为34.74%、25.96%、1.10%、38.20%。颗粒在反应后明显出现Cr元素峰。这是由于颗粒中nFe_3O_4和玉米芯均对Cr具有良好的吸附效果，故在反应后颗粒内出现明显Cr元素峰。2#颗粒反应前主要含C、O、Cl、Ca、Fe元素，其质量分数分别为10.09%、21.90%、1.09%、1.58%、65.34%。反应后颗粒主要含C、O、S、Ca、Cr、Fe元素，其质量分数分别为9.22%、20.19%、05.10%、00.44%、04.29%、60.57%。颗粒在反应后明显出现S和Cr元素峰。这是由于SRB异化还原SO_4^{2-}生成S^{2-}，进而通过玉米芯吸附和生物沉淀作用进入

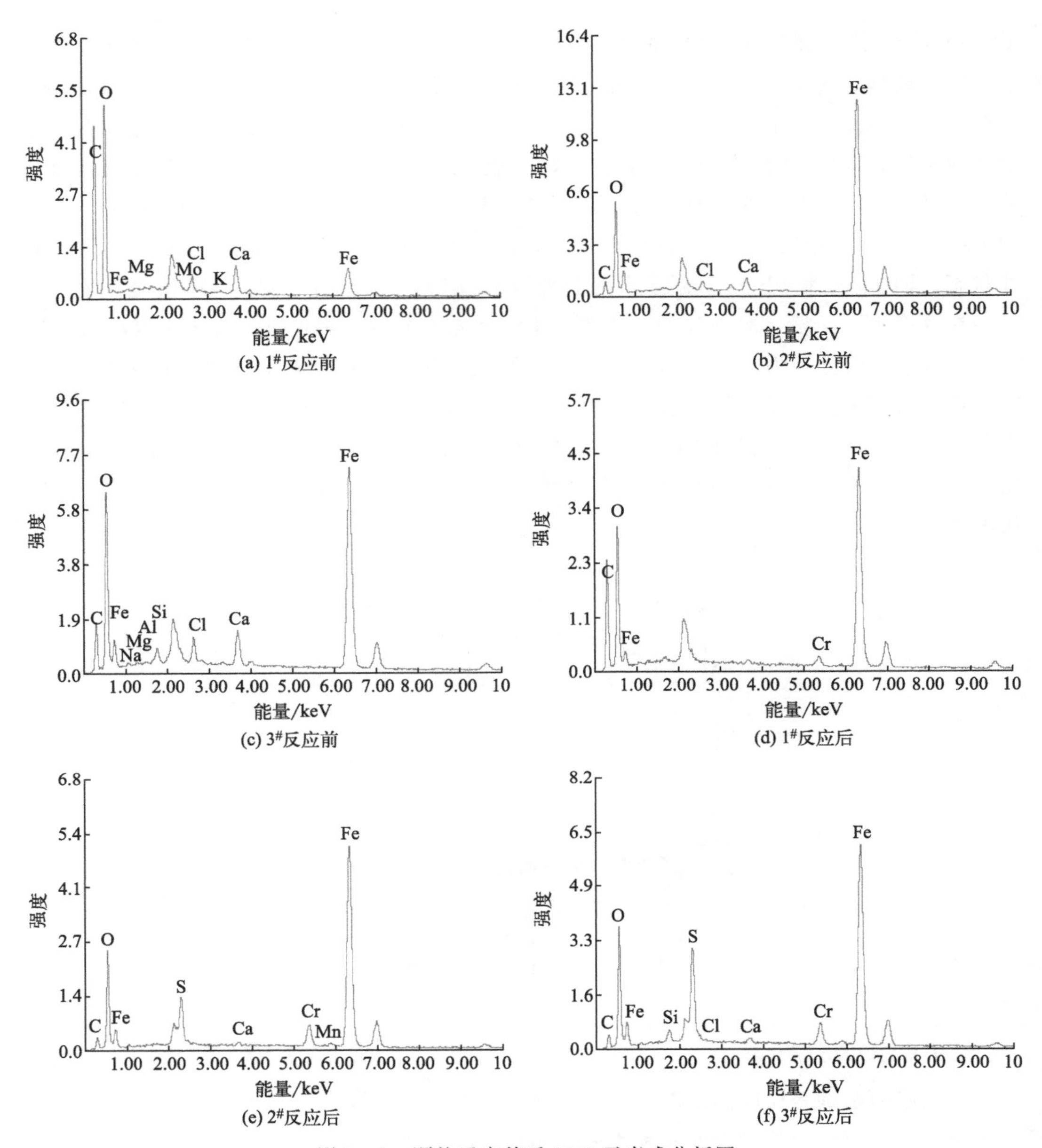

(a) 1#反应前　(b) 2#反应前　(c) 3#反应前　(d) 1#反应后　(e) 2#反应后　(f) 3#反应后

图 8.65　颗粒反应前后 EDS 元素成分析图

颗粒内部，故反应后颗粒内明显出现 S 元素峰。同时在 NZVI 强还原作用下，Cr(Ⅵ)转化为 Cr^{3+}，进而通过吸附或生物沉淀方式进入颗粒内部，致使反应后出现明显 Cr 元素峰。3#颗粒反应前主要含 C、O、Na、Mg、Si、Cl、Ca、Fe 元素，其质量分数分别为 20.66%、30.79%、0.63%、0.30%、1.24%、1.91%、2.76%、41.52%。反应后颗粒主要含 C、O、Si、S、Cl、Ca、Cr、Fe 元素，其质量分数分别为 9.82%、22.63%、1.46%、8.57%、0.24%、0.57%、3.68%、53.03%。颗粒在反应后明显出现 Cr 和 S 元素峰。这是由于 SRB 还原 SO_4^{2-} 可生成 S^{2-}，其可与 Cr^{3+} 形成沉淀沉积在颗粒内部，同时玉米芯对 S^{2-} 及 Cr^{3+} 也具有一定的吸附能力，故在反应后颗粒中出现明显 Cr 和 S

元素峰。

（8）XRD分析

将上述动态试验反应前后的3组铁系颗粒在60℃下干燥并研磨至200目，利用X射线衍射仪进行XRD物相分析，分析颗粒所含元素的存在物相。XRD扫描速度为3°/min、扫描范围为10°～90°，结果如图8.66所示。

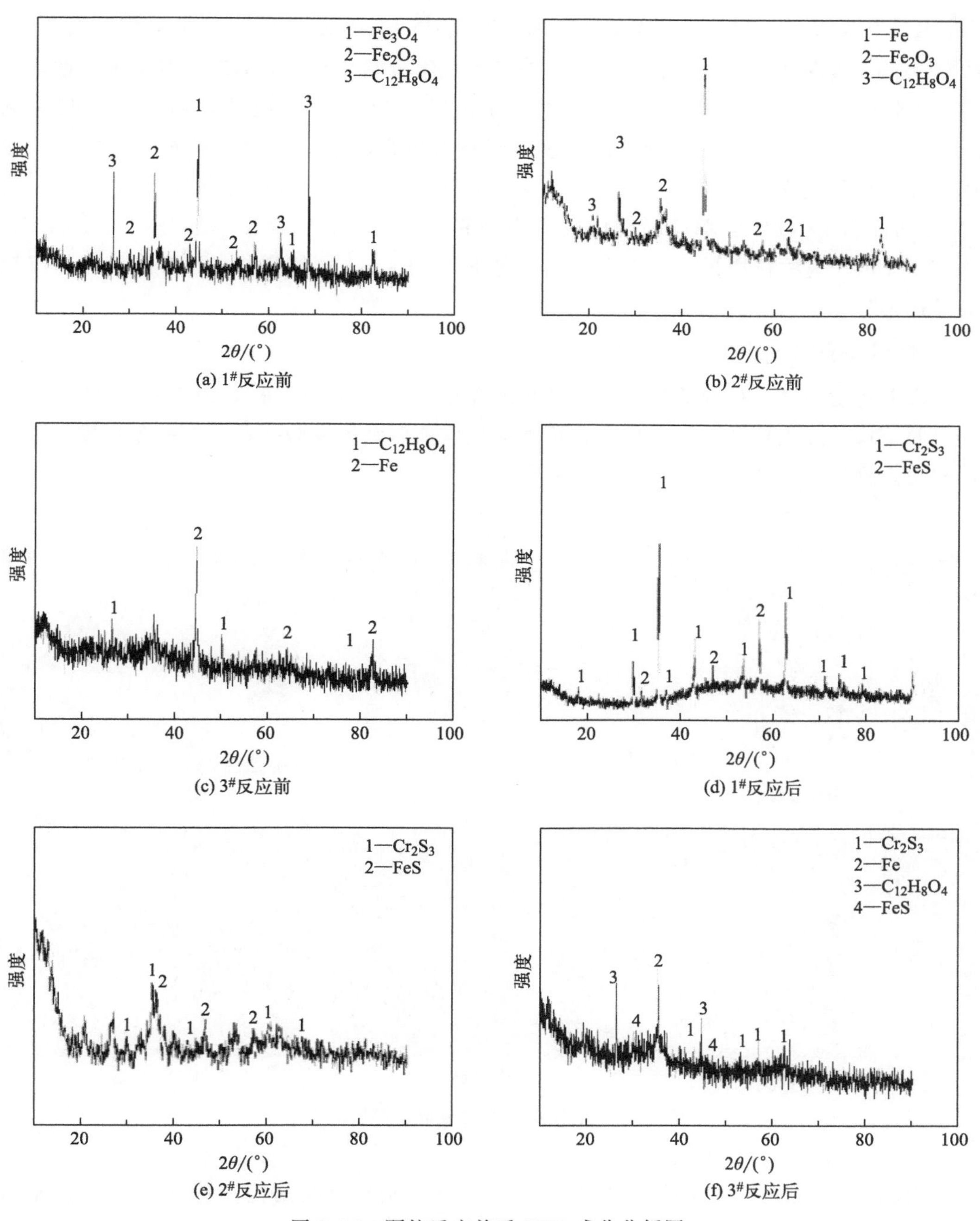

图8.66　颗粒反应前后XRD成分分析图

由图 8.66 可知，1# 颗粒反应前铁元素主要存在形态为 Fe_3O_4 和 Fe_2O_3，同时存在有机物 $C_{12}H_8O_4$。这是由于颗粒主要成分为 nFe_3O_4 及玉米芯等有机材料。Fe_3O_4 暴露于空气中，表层还原性材料会被氧化成 Fe_2O_3。在反应后，Fe_3O_4 和 Fe_2O_3 物相消失，出现两种新物相 Cr_2S_3 和 FeS。这表明废水中 Cr^{3+} 和 Fe^{2+} 可与 S^{2-} 形成沉淀去除。反应后有机组分消失，表明玉米芯已完全被 SRB 分解利用。2# 颗粒反应前铁元素主要存在形态为 Fe 和 Fe_2O_3。这是由于颗粒表层 NZVI 极易被氧化，故颗粒内存在少量 Fe_2O_3。在反应后，颗粒出现新表征物相 Cr_2S_3 和 FeS。这进一步证实颗粒对 Cr^{3+} 及 Fe^{2+} 去除主要依靠与 S^{2-} 形成沉淀。反应后有机组分消失，表明 NZVI 对玉米芯催化水解作用较强。3# 颗粒反应前铁元素主要存在形态为 Fe。相比纳米材料，此时未见 Fe_2O_3 组分，这表明纳米材料相比常规材料具有更强的表面活性，易被空气氧化。在反应后，颗粒物相仍存在 Fe 和 $C_{12}H_8O_4$ 且出现 Cr_2S_3、FeS 两种新物相。这表明 ZVSI 活性弱于 NZVI，单位时间内反应不彻底，故反应后仍存在一部分有机物和 Fe。Cr_2S_3 和 FeS 两种新物相的出现表明体系内 Fe^{2+} 和 Cr^{3+} 可依靠与 S^{2-} 形成硫化物沉淀的方式去除。

（9）SEM 分析

将上述动态试验反应前后的 3 组铁系颗粒在 60℃下干燥，采用 SEM 观察颗粒表面及切面结构，放大倍数为 200 倍。分析颗粒反应前后结构微观变化，探究颗粒反应过程及相关去除机理，如图 8.67 和图 8.68 所示。

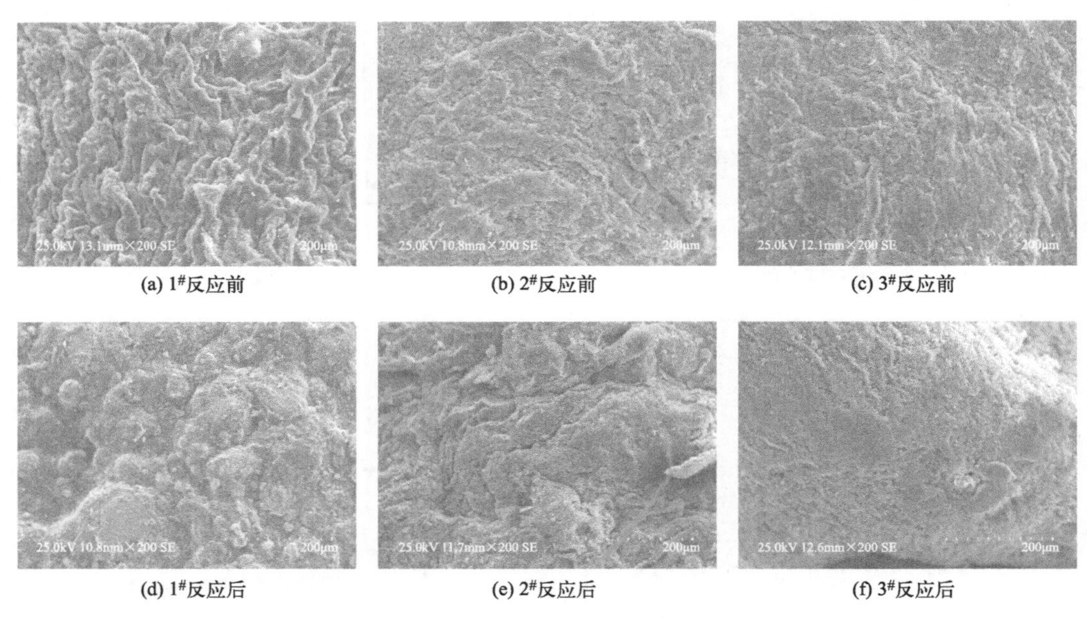

(a) 1#反应前　(b) 2#反应前　(c) 3#反应前

(d) 1#反应后　(e) 2#反应后　(f) 3#反应后

图 8.67　颗粒反应前后表面 SEM 结构图

由图 8.67 可知，反应前 1# 颗粒表面呈多交叉条状褶皱结构；2# 颗粒表面质地较均匀规整，无明显凸起褶皱，孔隙通畅，大小适宜；3# 颗粒表面存在较小块褶皱及较

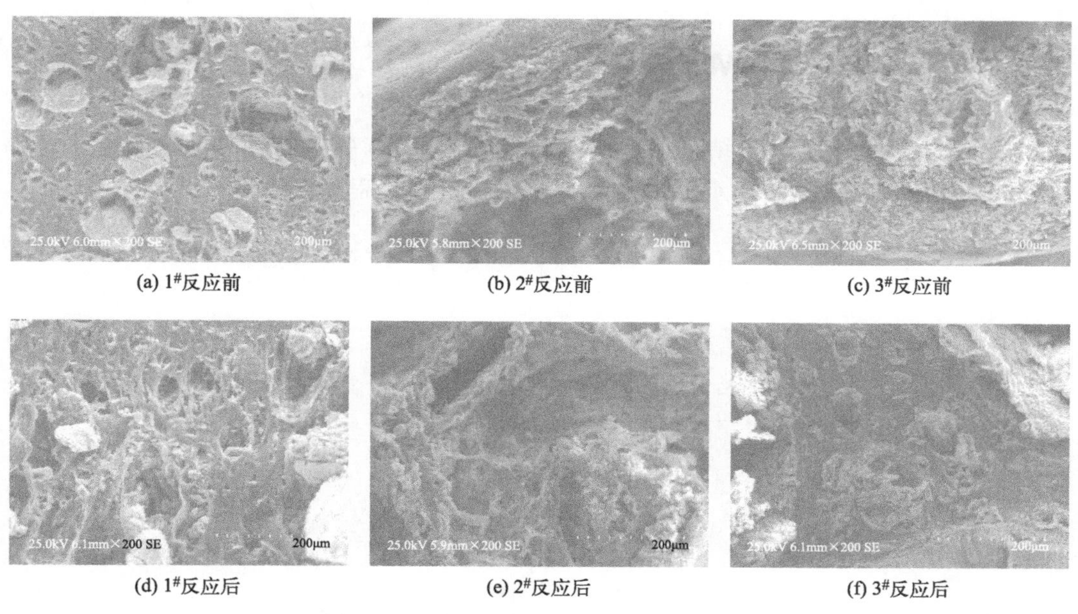

(a) 1#反应前　(b) 2#反应前　(c) 3#反应前

(d) 1#反应后　(e) 2#反应后　(f) 3#反应后

图 8.68　颗粒反应前后切面 SEM 结构图

大量不规则孔隙。综上，成品颗粒结构满足对污染物离子去除要求。在反应后，1# 颗粒表面出现大块球形褶皱，表面明显可见大量沉积物。这是由于 nFe_3O_4 具有一定吸附能力，吸附在其表层的铬离子会抑制 SRB 活性，造成表面褶皱结构变化。反应生成的 FeS 和 Cr_2S_3 沉积在颗粒表面，出现明显颗粒物沉积。2# 颗粒表面几乎没有颗粒物沉积，可见明显褶皱凸起及较大孔隙。这是由于颗粒具有丰富的孔隙结构及较强生物活性，重金属可顺利地进入颗粒内部，故表面无明显颗粒物沉积。3# 颗粒表面未见明显褶皱，表面孔隙不明显。这是由于 ZVSI 活性有限，主要依靠表层材料发生代谢反应，生成的硫化物大量沉积于颗粒表面，造成表层孔隙阻塞。

由图 8.68 可知，反应前 1# 颗粒内部孔隙发达，未见明显块状物质结构；2# 颗粒内部孔隙均匀规整，明显可见交叉网状结构；3# 颗粒内部孔隙发达，明显可见块状褶皱。综上，成品颗粒内部孔隙发达，渗透性能良好，满足营养物质进出及特征污染物接触反应要求。在反应后，1# 颗粒内部孔道仍通畅，未见明显块状结晶。这表明 nFe_3O_4 颗粒对污染物离子去除主要依靠表面吸附还原，内部基质未充分发挥作用。2# 颗粒反应后孔道内壁沉积大量颗粒物及出现明显丝状物。这是由于反应生成的 FeS 和 Cr_2S_3 通过孔道进入颗粒内部，沉积在内壁上进而造成孔道阻塞。3# 颗粒反应后内部孔道变窄，出现少量沉积物。这表明 ZVSI 活性较弱，颗粒基质材料并未完全消耗，故内部孔道中 FeS 与 Cr_2S_3 沉积物含量相对较少。

综上，在反应前后，三种铁系颗粒表面及内部结构变化较大。这表明颗粒在去除污染物过程中发生了一系列复杂的物理、化学及生物反应，进而实现多种污染物离子的同步去除，对 AMD 具有较好的处理效果。

8.5 铁系颗粒处理 AMD 机理分析

依据上述仪器表征分析结果，三种铁系颗粒与 AMD 的反应过程可归纳为五个阶段，铁系颗粒内部成分结构示意图及各阶段反应机理过程如图 8.69 所示（书后另见彩图）。

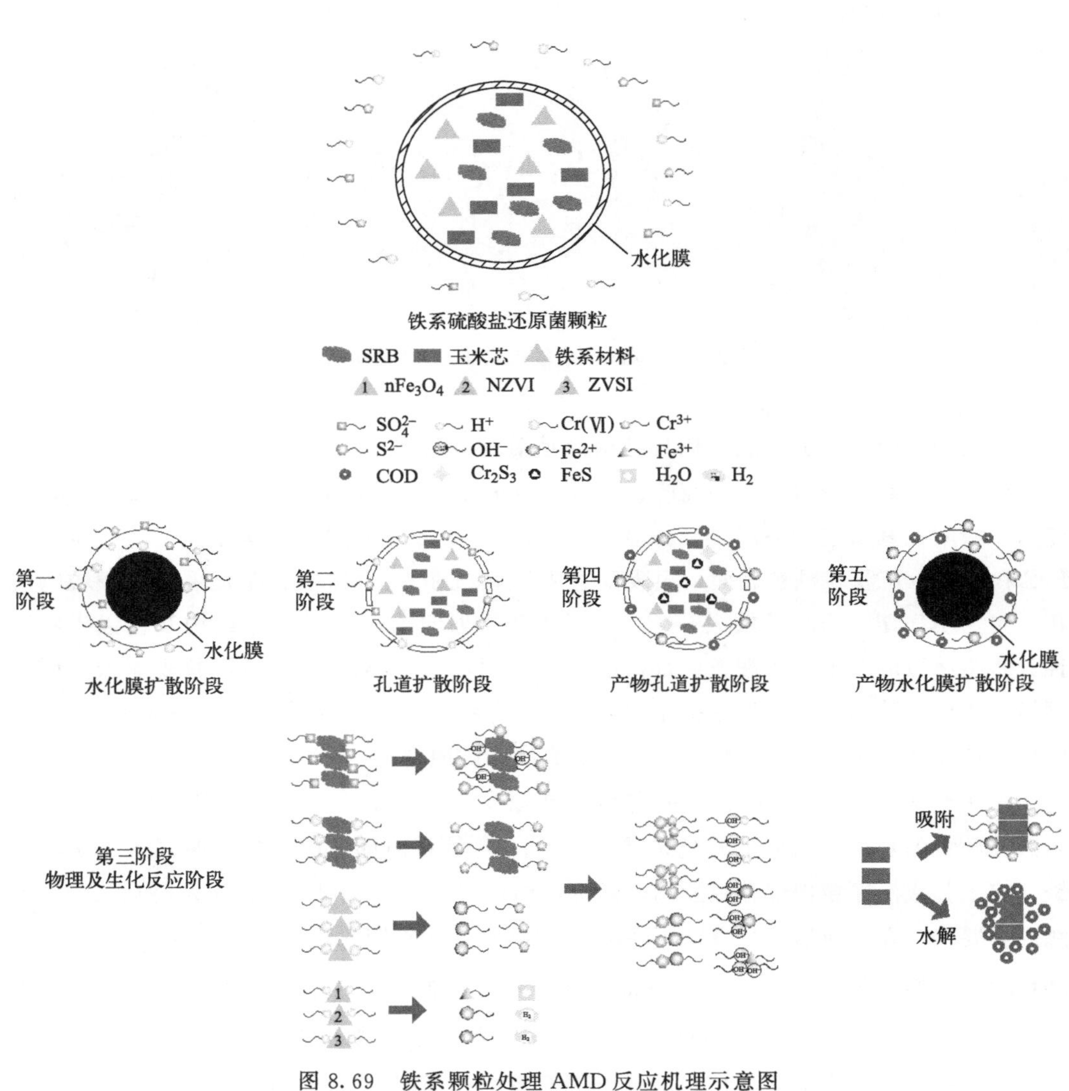

图 8.69 铁系颗粒处理 AMD 反应机理示意图

第一阶段为水化膜扩散阶段。由于三种铁系颗粒均为亲水性颗粒，故其表面均紧密贴合有一层水化膜。AMD 中的 SO_4^{2-}、Cr(Ⅵ)、Cr^{3+} 和 H^+ 首先在浓度梯度、静电引力等作用下，通过颗粒表面水化膜，并最终穿过水化膜到达颗粒表面。

第二阶段为孔道扩散阶段。到达颗粒表面的 SO_4^{2-}、Cr(Ⅵ)、Cr^{3+} 和 H^+ 首先与颗粒表面基质材料接触并发生反应，同时污染物离子通过颗粒表面丰富的孔隙结构进入颗粒内部，与内部基质材料进一步发生吸附及相关生化反应。

第三阶段为物理及生化反应阶段。此时 SO_4^{2-}、Cr(Ⅵ)、Cr^{3+} 和 H^+ 进入颗粒内部，与内部各基质材料发生相关物理、化学及生物反应，各基质材料主要反应过程如下。

① SRB主要反应过程。进入颗粒内的 SO_4^{2-}、Cr(Ⅵ) 通过离子扩散的方式与SRB接触，SRB利用颗粒内玉米芯水解生成的小分子有机物作为生长碳源以及铁系材料作为还原电子供体，与 SO_4^{2-}、Cr(Ⅵ) 发生异化还原反应。反应生成的 S^{2-} 可与还原反应形成的及废水中原有的 Cr^{3+} 形成 Cr_2S_3 沉淀，且铁系材料反应生成的 Fe^{2+} 也会与 S^{2-} 形成FeS沉淀，最终二者沉积在颗粒表面及内部孔道中，实现了污染物离子的同步去除。此外，SRB异化还原反应的同时释放一定的 OH^-，其可与体系内的 H^+ 结合，提升废水的pH值。

② 铁系材料主要反应过程。由于铁系材料具有一定的还原能力，Cr(Ⅵ) 与其发生氧化还原反应，生成的 Fe^{2+} 和 Cr^{3+} 游离于颗粒内部孔道与SRB代谢生成的 S^{2-} 形成 Cr_2S_3 和FeS沉淀，以实现污染物离子的去除。此外，铁系材料还可与AMD中的 H^+ 发生反应，提升体系pH值，并释放还原电子以供SRB代谢反应。其中 nFe_3O_4 与 H^+ 反应生成 Fe^{3+} 及 H_2O，而NZVI、ZVSI与 H^+ 发生氧化还原反应生成 Fe^{2+} 及 H_2。因 H_2 亦可作为SRB电子供体，故NZVI-SRB、ZVSI-SRB固定化颗粒内的SRB可利用还原电子充足，活性较强，对特征污染物的还原沉淀去除效率较高。而生成的 Fe^{2+}、Fe^{3+} 在酸性环境下发生水解反应形成碱性 $Fe(OH)_2$、$Fe(OH)_3$，并释放一定量的 H^+ 进入颗粒孔道与游离的 OH^- 或铁系材料发生反应而被去除。

③ 玉米芯主要吸附过程。由于玉米芯是一种多孔性的介质材料，其表面具有较多吸附活性位点，且玉米芯内含有巯基、氨基、酰氨基和羟基等多种官能团，使表面呈一定电负性，故其对颗粒体系内的Cr(Ⅵ)、Cr^{3+}、Fe^{2+} 和 H^+ 具有较好的吸附去除效果。同时，玉米芯在铁系材料的催化作用及水解微生物的分解作用下，发生水解反应，可将玉米芯内纤维素、半纤维素、木质素等大分子有机物分解为葡萄糖、果糖等单糖类物质，释放到颗粒孔道体系内。其中一部分作为生物碳源被SRB代谢消耗，而另一部分则随水流出颗粒，进入周围水环境。

第四阶段为产物孔道扩散阶段。进入颗粒内的 SO_4^{2-}、Cr(Ⅵ)、Cr^{3+} 和 H^+ 经发生上述一系列物理、化学、生物反应后，生成的 Cr_2S_3 和FeS沉积在颗粒表面及内部孔道中。而因 Cr_2S_3 的溶度积小于FeS，故依据溶度积原理，体系内的 Cr^{3+} 会与FeS发生置换反应，形成稳定性更强的 Cr_2S_3，而置换出的 Fe^{2+} 将通过颗粒孔道逆向扩散出颗粒。此外，颗粒内未被SRB利用的小分子碳源也将随水从颗粒孔道流出，进入颗粒周围水环境中。

第五阶段为产物水化膜扩散阶段。流出颗粒孔道的 Fe^{2+} 及小分子有机物通过离子及分子扩散的方式穿过颗粒表层水化膜，进入外界水环境中，故试验出水可检出TFe及COD含量。

综上所述，动态试验结果表明，三种铁系颗粒持续反应 30d 内稳定性能良好，其中 ZVSI-SRB 固定化颗粒动态柱对 SO_4^{2-} 去除效果最佳，平均去除率为 50.95%，NZVI-SRB 固定化颗粒动态柱对 Cr(Ⅵ) 和 Cr^{3+} 去除及 pH 值提升效果最佳，相应平均去除率分别为 97.18%和 65.63%，平均 pH 值为 7.61。nFe_3O_4-SRB 固定化颗粒动态柱 COD 和 TFe 释放量最低，分别为 591.69mg/L 和 0.92mg/L。可见，不同动态柱对不同污染物离子具有不同的最佳去除率。在动态反应 22d 后，各组动态柱对特征污染物去除率均显著下降，于反应第 30 天降至最低水平。基于此，将活性下降的颗粒浸泡于玉米芯发酵液内 24h 进行再生，而后继续反应 10d，各组动态柱去除效果均显著增强。此时 ZVSI-SRB 固定化颗粒动态柱仍对 SO_4^{2-} 去除效果最佳，平均去除率为 40.70%，NZVI-SRB 固定化颗粒动态柱仍对 Cr(Ⅵ) 和 Cr^{3+} 去除及 pH 值提升效果最佳，平均去除率分别为 97.65%和 60.03%，平均 pH 值为 5.99。nFe_3O_4-SRB 固定化颗粒动态柱 COD 和 TFe 释放量仍处于最低水平，分别为 565.6mg/L 和 0.51mg/L。综上，该再生方法具有一定的可行性和有效性。EDS 分析显示，三种铁系颗粒在反应后明显出现 Cr 和 S 元素峰。XRD 分析显示，Cr 和 S 元素主要以 Cr_2S_3 和 FeS 两种物相形式存在。SEM 分析显示，三种铁系颗粒在处理 AMD 过程中表面及切面结构均变化较大，发生了一系列复杂的物化及生化反应。三种铁系颗粒与 AMD 的反应过程可归纳为水化膜扩散阶段、孔道扩散阶段、物理及生化反应阶段、产物孔道扩散阶段、产物水化膜扩散阶段。其中在物理及生化反应阶段，SRB 主要通过生物还原作用还原 SO_4^{2-}、Cr(Ⅵ) 并释放 S^{2-}、Cr^{3+} 和 OH^-；铁系材料主要通过化学反应作用还原 Cr(Ⅵ)、H^+ 并释放 Fe^{2+} 及为 SRB 提供还原电子；玉米芯主要通过物理吸附作用吸附 Cr(Ⅵ)、Cr^{3+}、Fe^{2+} 和 H^+ 并水解释放小分子有机物作为 SRB 代谢碳源。最终反应生成的 Cr_2S_3 和 FeS 沉积在颗粒表面及内部孔道中，而游离的 Fe^{2+} 及未被 SRB 利用的碳源通过颗粒孔道释放到外界水环境中，致使出水呈现出一定的 COD 及 TFe 释放量。

第9章

生物活化褐煤-SRB固定化颗粒制备技术及其处理矿山酸性废水研究

SRB能在厌氧条件下，利用有机质作为碳源和能源，将SO_4^{2-}还原为S^{2-}，S^{2-}与废水中的金属离子生成硫化物沉淀，从而将AMD中的硫酸盐和重金属离子去除。但在实际处理过程中，因AMD的酸性条件抑制SRB的生长，且AMD中的重金属离子对SRB具有毒害作用，从而导致在处理AMD过程中，SRB生长活性较低，AMD处理效率不高。同时，SRB碳源的经济性是目前影响SRB处理AMD的重要因素，因此，寻找一种经济且对酸性条件和重金属毒性效应有缓冲效果的碳源是提高微生物法处理AMD效果的关键。褐煤在我国储量丰富，易获得。褐煤的比表面积大，表面有丰富的官能团，且呈负电性，对H^+和重金属离子具有较好的亲和性，可提升AMD的pH值和去除AMD中重金属离子。同时，褐煤中富含腐殖酸，具有作为SRB碳源的潜质。本章基于褐煤能够吸附重金属、提升pH值的特性，以球红假单胞菌活化褐煤作为SRB有机碳源，探究生物活化褐煤替代玉米芯和麦饭石的特性，为生物活化褐煤-SRB固定化颗粒处理AMD提供经济有效的技术参考。

9.1 生物活化褐煤-SRB固定化颗粒配比单因素试验

(1) 球红假单胞菌的投加量

生物活化褐煤-SRB固定化颗粒的制备方法如下。在混合物凝胶中加入质量分数为5%、粒径为200目的褐煤，搅拌均匀冷却至室温，然后分别加入质量分数为0%、10%、20%、30%、40%、50%的球红假单胞菌，而后加入30%的SRB浓缩菌液，搅拌均匀，制备1[#]、2[#]、3[#]、4[#]、5[#]、6[#]生物活化褐煤-SRB固定化颗粒，在不含有机成分的改进型Starkey式培养基溶液中进行激活12h。按照固液比1g/10mL分别与等体积的废水于30℃、150r/min恒温摇床内反应，持续振荡，每天定时取样，测废水中

Cu^{2+}、Zn^{2+}及SO_4^{2-}剩余浓度，pH值、ORP提升效果，COD的数值变化六项指标。

如图9.1所示，随着反应的进行，2#、3#、4#、5#、6#中SO_4^{2-}去除率逐渐增加，SO_4^{2-}浓度逐渐下降且逐渐变缓，且4#生物活化褐煤-SRB固定化颗粒对SO_4^{2-}去除率始终优于其他4种生物活化褐煤-SRB固定化颗粒。1#生物活化褐煤-SRB固定化颗粒对SO_4^{2-}几乎没有去除作用。6种生物活化褐煤-SRB固定化颗粒的SO_4^{2-}去除率大小分别为1.96%、57.26%、47.65%、66.30%、39.54%、36.23%，其去除率大小顺序为4#＞2#＞3#＞5#＞6#＞1#。没有加入球红假单胞菌的1#生物活化褐煤-SRB固定化颗粒对SO_4^{2-}几乎没有去除作用，这表明SRB没有对SO_4^{2-}起到还原作用，也说明若没有可以供SRB生长利用的有机碳源，SRB不能直接利用褐煤。而2#、3#、4#、5#、6#这5种生物活化褐煤-SRB固定化颗粒随着反应的进行，SO_4^{2-}去除率逐渐升高，主要是因为SRB对SO_4^{2-}起到还原作用，也说明SRB活性较好，生物活化褐煤-SRB固定化颗粒内有可以供SRB生长利用的有机碳源，而溶液内又没有外加碳源，与1#形成对比，充分说明SRB可以利用经球红假单胞菌降解后的褐煤。因为球红假单胞菌可以利用褐煤中的某种物质，并将褐煤中的大分子物质降解成小分子物质，而降解后的有机小分子物质可以被SRB生长代谢所利用，所以SO_4^{2-}去除率会逐渐升高。随着反应的进行，菌的活性逐渐下降，且菌种之间有一定的竞争，所以SRB还原SO_4^{2-}能力逐渐降低，SO_4^{2-}去除率逐渐趋于平缓。1#生物活化褐煤-SRB固定化颗粒对SO_4^{2-}几乎没有去除作用，主要是因为没有投加球红假单胞菌。2#、3#生物活化褐煤-SRB固定化颗粒较4#生物活化褐煤-SRB固定化颗粒去除率低，主要是因为球红假单胞菌投加量不足，对褐煤的降解没有4#生物活化褐煤-SRB固定化颗粒充分，所以可以供SRB生长代谢的有机物不足，导致SRB对SO_4^{2-}去除率没有4#生物活化褐煤-SRB固定化颗粒好。随着反应进行，两菌种之间存在竞争关系，且定量的褐煤不足以供多量的球红假单胞菌降解，所以导致后期SRB可以利用的有机质较少，SO_4^{2-}去除率逐渐降低。综上，30%球红假单胞菌投加量为最佳反应条件。

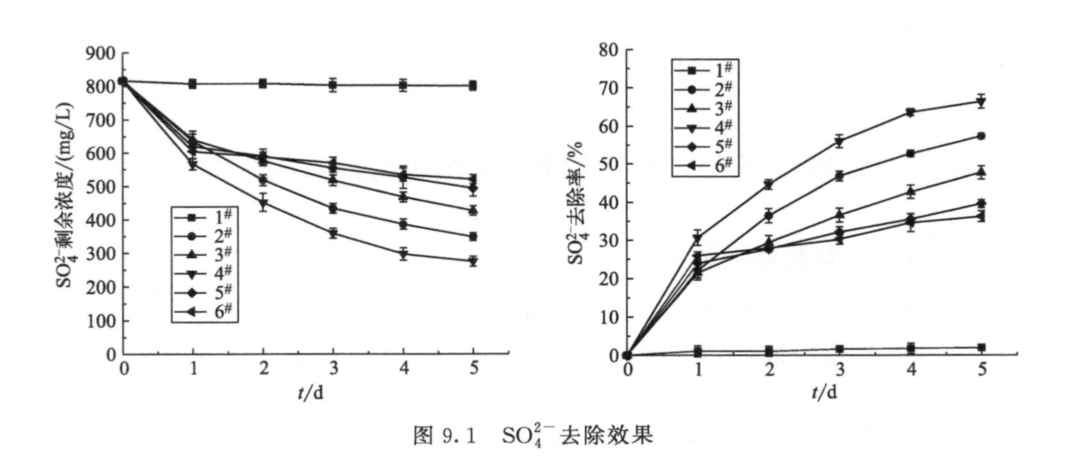

图9.1　SO_4^{2-}去除效果

如图9.2所示，随着反应的进行，Cu^{2+}的剩余浓度逐渐下降，反应1d内，6种生物活化褐煤-SRB固定化颗粒对Cu^{2+}去除速度呈直线上升且基本完成了对Cu^{2+}的去除。6种生物活化褐煤-SRB固定化颗粒对Cu^{2+}的去除率分别为90.4%、97.3%、99.0%、97.1%、93.0%、95.0%，其去除率大小顺序为3#>2#>4#>6#>5#>1#，3#对Cu^{2+}去除率最高。反应初期，Cu^{2+}去除率直线上升，主要是因为褐煤本身带负电，可以与带正电的金属离子发生强烈的离子交换、配位络合等反应，所以Cu^{2+}去除率迅速升高。其他5种生物活化褐煤-SRB固定化颗粒对Cu^{2+}去除率比1#高，主要由于球红假单胞菌对褐煤的降解提高了褐煤对金属离子的吸附能力；又由于SRB在还原SO_4^{2-}的过程中会产生HS^-，其分解出的S^{2-}与Cu^{2+}生成CuS沉淀，进而去除了一部分离子。反应后期，由于褐煤的吸附位点有限，前期吸附较多的金属离子导致后期位点不足，Cu^{2+}去除率趋于稳定。综上所述，30%球红假单胞菌的投加量为最佳。

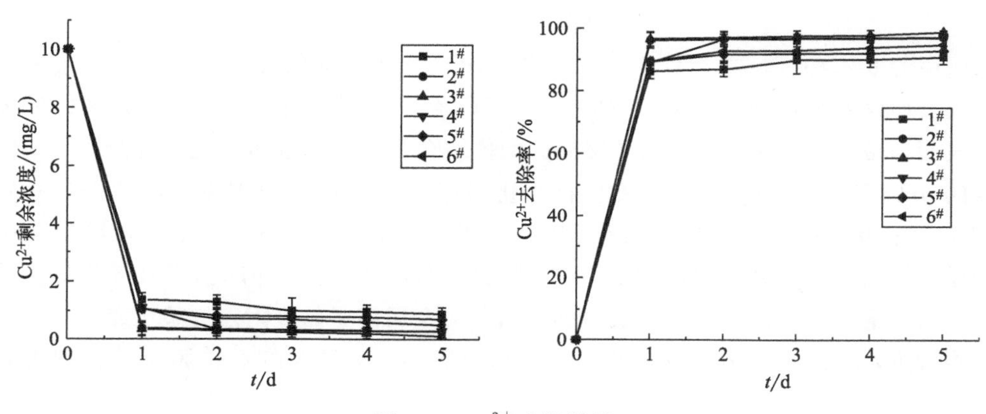

图9.2 Cu^{2+}去除效果

如图9.3所示，随着反应的进行，Zn^{2+}的剩余浓度逐渐降低至稳定不变。反应1d内，6种生物活化褐煤-SRB固定化颗粒对Zn^{2+}去除率呈直线上升，其剩余浓度直线下降至稳定，6种生物活化褐煤-SRB固定化颗粒对Zn^{2+}去除率分别为92.655%、98.555%、99.160%、93.220%、93.950%、93.055%，去除率大小顺序为3#>2#>5#>4#>6#>1#。反应前期去除速率较快，主要是因为褐煤本身的吸附位点较多且表面带负电，极易吸附带正电的金属阳离子。2#、3#、4#、5#、6#5种生物活化褐煤-SRB固定化颗粒由于球红假单胞菌的作用，提高了对金属离子的吸附能力，而SRB在还原SO_4^{2-}的过程中会产生HS^-，形成部分S^{2-}，与Zn^{2+}结合生成ZnS沉淀进而被去除，同时又可以与SRB的还原产物OH^-生成氢氧化物沉淀，从而导致反应前期Zn^{2+}去除率较高。反应后期，6种生物活化褐煤-SRB固定化颗粒对Zn^{2+}去除率下降，主要是因为褐煤空余的吸附位点不足，导致对Zn^{2+}的吸附能力下降。

如图9.4所示，随着反应的进行，2#、3#、4#、5#、6#5种生物活化褐煤-SRB固定化颗粒对pH值的提升效果呈直线上升且逐渐趋于中性，而1#生物活化褐煤-SRB固定化颗粒对pH值的提升效果比其他5种粒差。经6种生物活化褐煤-SRB固定化颗粒处理后的废水出水pH值分别为6.90、7.39、7.42、7.32、7.29、7.45，pH值提升

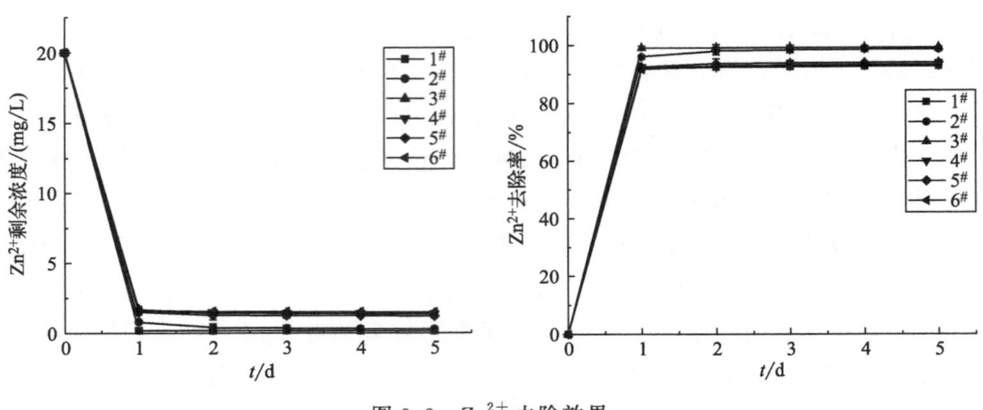

图 9.3　Zn^{2+}去除效果

效果顺序为 6# >3# >2# >4# >5# >1#。1d 内对 pH 值的提升极其迅速，主要是因为褐煤表面含有大量的—OH、—COO、—CO 等含氧官能团，空余位点较多的带负电褐煤表面与带正电的 H^{+}发生离子交换、配位络合等反应，从而消耗一部分 H^{+}，使得溶液的 pH 值迅速上升。其他 5 种生物活化褐煤-SRB 固定化颗粒对 pH 值提升效果比 1# 的好，主要是由于球红假单胞菌可以将褐煤结构中的一部分大分子物质降解成小分子物质，提高了其吸附能力，对 H^{+}的吸附也逐渐增多，所以 pH 值提升效果好。反应后期，由于褐煤大量的吸附位点被占据，所以对金属离子的吸附能力趋于稳定，对 H^{+}的吸附较少，导致出水 pH 值趋于稳定。综上所述，30%球红假单胞菌的投加量为最适宜。

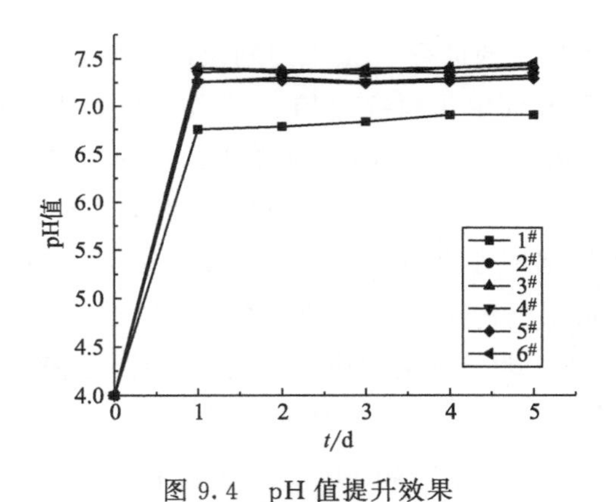

图 9.4　pH 值提升效果

如图 9.5 所示，1# 生物活化褐煤-SRB 固定化颗粒 COD 的释放量逐渐升高，2#、3#、4#、5#、6# 生物活化褐煤-SRB 固定化颗粒 COD 的释放量先上升再下降后上升，其 COD 释放量分别为 613mg/L、410mg/L、426mg/L、379mg/L、452mg/L、465mg/L，6 种生物活化褐煤-SRB 固定化颗粒的 COD 释放量大小顺序为 1# >6# >5# >3# >2# >4#，1# 曲线一直在其他 5 个曲线上方，其 COD 释放量最多。6 种生物活化褐煤-SRB

固定化颗粒COD释放量在反应初始阶段呈上升趋势，主要是因为球红假单胞菌对褐煤的降解释放出小分子物质，反应初期的SRB不能完全利用充足的有机物，导致一部分有机物外泄，所以溶液内的COD逐渐上升。随着反应的进行，2#、3#、4#、5#、6#生物活化褐煤-SRB固定化颗粒COD有小幅下降趋势，主要是因为SRB的生长较旺盛，可以利用体系内较多的有机物，对有机物的去除能力较强，导致体系内的COD有小幅下降。而在反应后期，由于微生物所需的营养物质不足，代谢活动较慢，导致水中的COD逐渐上升。而1#生物活化褐煤-SRB固定化颗粒COD释放量持续升高，主要是因为生物活化褐煤-SRB固定化颗粒内可以供给SRB生长利用的碳源较少，SRB活性较差，水中有机物持续积累。

如图9.6所示，随着反应的进行，6种生物活化褐煤-SRB固定化颗粒所在的溶液ORP逐渐下降，最后保持不变。6种生物活化褐煤-SRB固定化颗粒所在的溶液ORP最终数值分别为120mV、－105mV、－80mV、－111mV、－60mV、－50mV，ORP数值越低说明体系内菌的活性越好，对SO_4^{2-}去除率越高，所以4#体系内菌的活性最好。2#、3#、4#、5#、6#生物活化褐煤-SRB固定化颗粒所在的溶液ORP持续下降的主要原因是，生物活化褐煤-SRB固定化颗粒内的褐煤不断吸收溶液中的重金属离子，对H^+的吸附远不及对金属阳离子的吸附，所以可以为SRB还原SO_4^{2-}提供充足的电子，导致溶液中的ORP持续下降。同时又由于球红假单胞菌对褐煤有降解作用，可将褐煤中的大分子物质降解成小分子物质，SRB充分利用褐煤降解后的有机小分子促进自身的生长代谢，将溶液中的SO_4^{2-}还原成HS^-，一部分生成H_2S气体，另一部分与重金属Cu^{2+}、Zn^{2+}生成CuS、ZnS沉淀，所以ORP会持续下降，说明体系内菌的活性较好。而1#生物活化褐煤-SRB固定化颗粒所在溶液ORP下降趋势不大，主要是因为体系内没有可以供给SRB生长利用的有机碳源，导致菌的活性逐渐下降。综上所述，SRB不能直接利用褐煤，而球红假单胞菌的加入可以将褐煤中的大分子物质降解成SRB可以利用的小分子物质，为SRB生长代谢提供碳源。所以，生物活化褐煤-SRB固定化颗粒中球红假单胞菌的最佳投量为30%。

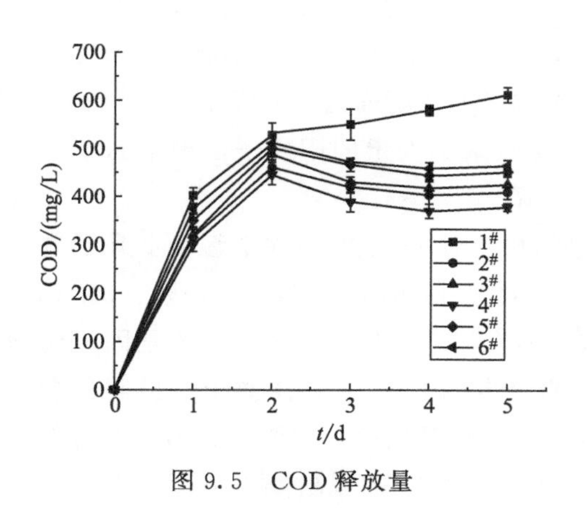

图9.5 COD释放量

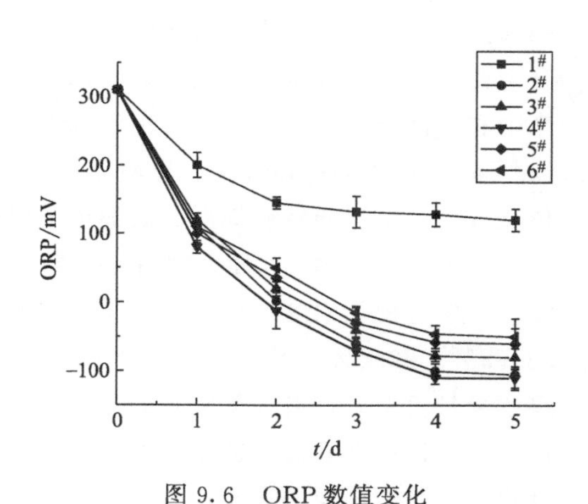

图9.6 ORP数值变化

（2）褐煤投加量

在混合物凝胶中分别加入质量分数为1%、3%、5%、7%，粒径为200目的褐煤，搅拌均匀冷却至室温，而后加入质量分数为30%的球红假单胞菌，而后加入质量分数为30%的SRB浓缩菌液，搅拌均匀，制备出1#、2#、3#、4#生物活化褐煤-SRB固定化颗粒。

如图9.7所示，SO_4^{2-}的去除率随着反应的进行逐渐上升至平稳。4种生物活化褐煤-SRB固定化颗粒对SO_4^{2-}的去除率分别为93.03%、76.77%、94.44%、89.41%，其大小顺序为3#＞1#＞4#＞2#。反应前期，SO_4^{2-}的去除率逐渐升高，主要是因为SRB对SO_4^{2-}的还原能力较强。同时又由于球红假单胞菌对褐煤的降解，SRB可以利用降解后的褐煤，所以SRB的活性较好，SO_4^{2-}的浓度越来越低。而反应后期，SO_4^{2-}的去除率缓慢下降，主要是因为后期存在营养源不足、菌种之间的竞争等一系列问题，从而导致SRB的活性下降，SO_4^{2-}的剩余浓度逐渐趋于稳定。

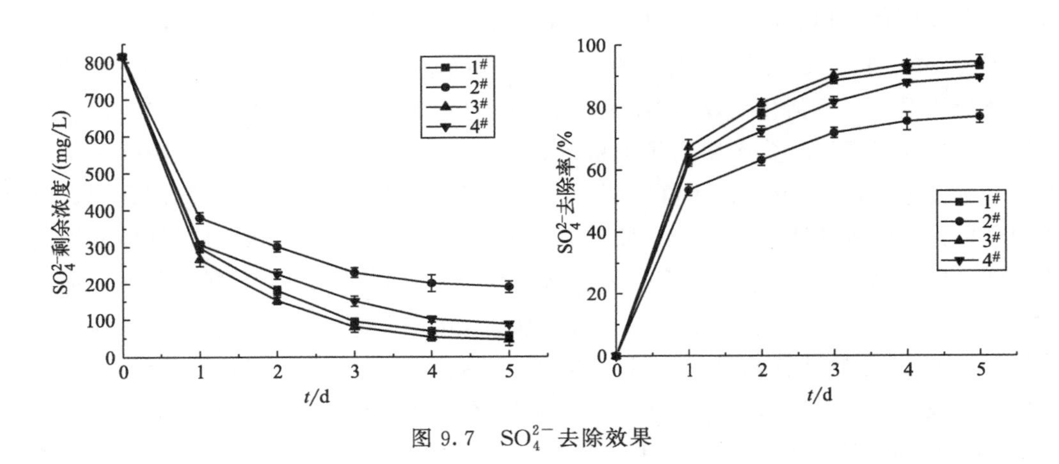

图9.7　SO_4^{2-}去除效果

如图9.8所示，4种生物活化褐煤-SRB固定化颗粒对Cu^{2+}的去除率直线上升至稳定。4种生物活化褐煤-SRB固定化颗粒对Cu^{2+}的去除率分别为92.6%、91.3%、94.6%、91.0%，其去除率大小顺序为3#＞1#＞2#＞4#。反应前期，去除率直线上升主要是因为褐煤本身带负电，可以与带正电的Cu^{2+}发生离子交换、配位络合等反应来中和一部分阴离子，同时又由于球红假单胞菌对褐煤的降解增强了其吸附能力，所以Cu^{2+}的去除率会逐渐升高。反应至后期，由于褐煤吸附了大量的阳离子，剩余的空余位点较少，所以导致后期对金属离子的吸附能力下降。

如图9.9所示，4种生物活化褐煤-SRB固定化颗粒对Zn^{2+}的去除率逐渐上升至平缓。4种生物活化褐煤-SRB固定化颗粒对Zn^{2+}的去除率分别为95.45%、86%、93.65%、92.4%，其去除率大小顺序为1#＞3#＞4#＞2#。反应前期，主要是因为褐煤本身带负电并且有大量的吸附位点，极易吸附带正电的Zn^{2+}，发生离子交换等化学反应，所以前期其去除速率较快。反应后期，去除速率逐渐变缓，主要是因为褐煤前期吸附了大量的金属阳离子，空余吸附位点不足，导致对Zn^{2+}的吸附能力下降，去除率保持不变。

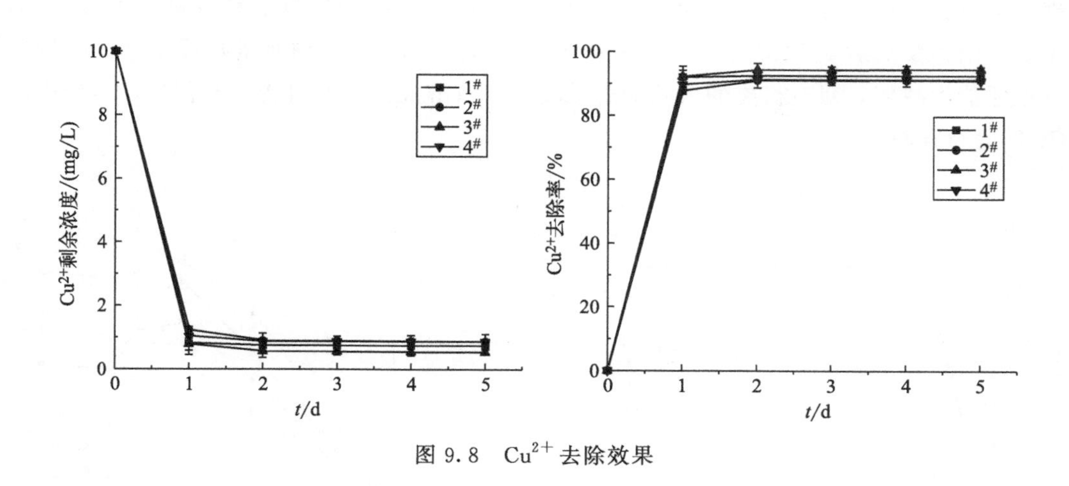

图9.8 Cu^{2+}去除效果

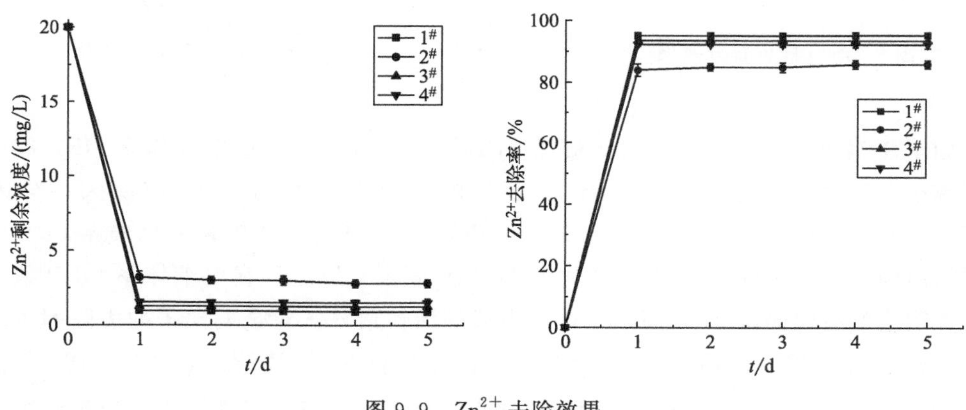

图9.9 Zn^{2+}去除效果

如图9.10所示，随着反应的进行，pH值逐渐上升至中性。经4种生物活化褐煤-SRB固定化颗粒处理后的出水pH值分别为7.47、7.39、7.48、7.45，其大小顺序为3#>1#>4#>2#。反应前期上升速度较快主要是因为初期褐煤表面含有较多的空余位点，在吸附重金属离子的同时会吸附一部分H^+，所以体系的pH值逐渐上升。反应后期，由于褐煤表面吸附了大量的金属阳离子，剩余位点不足，导致对H^+的吸附能力下降，所以溶液的pH值趋于稳定。

如图9.11所示，4种生物活化褐煤-SRB固定化颗粒COD的释放量随着反应的进行先上升再下降再上升。4种生物活化褐煤-SRB固定化颗粒COD释放量分别为520mg/L、650mg/L、826mg/L、703mg/L，COD释放量大小顺序为3#>4#>2#>1#。反应初期，COD的释放量逐渐上升，主要是由于反应初期球红假单胞菌对褐煤的降解会释放出一部分有机物，初期的SRB不足以利用较多的有机物，导致体系内的一部分有机物泄漏到溶液中，所以溶液中的有机物逐渐积累，COD逐渐上升。随着反应的进行，COD释放量有下降的趋势，主要是因为SRB活性较好，SRB可以还原溶液中部分有机物，所以溶液中的COD有下降趋势。反应后期，COD的释放量有上升趋势，主要是因为反应后期SRB生长代谢活动较慢，可供SRB生长的有机物逐渐减少，导致其还原能力减弱，对有机物的去除能力减弱，导致溶液中的有机物逐渐积累，溶液中的COD逐渐升高。

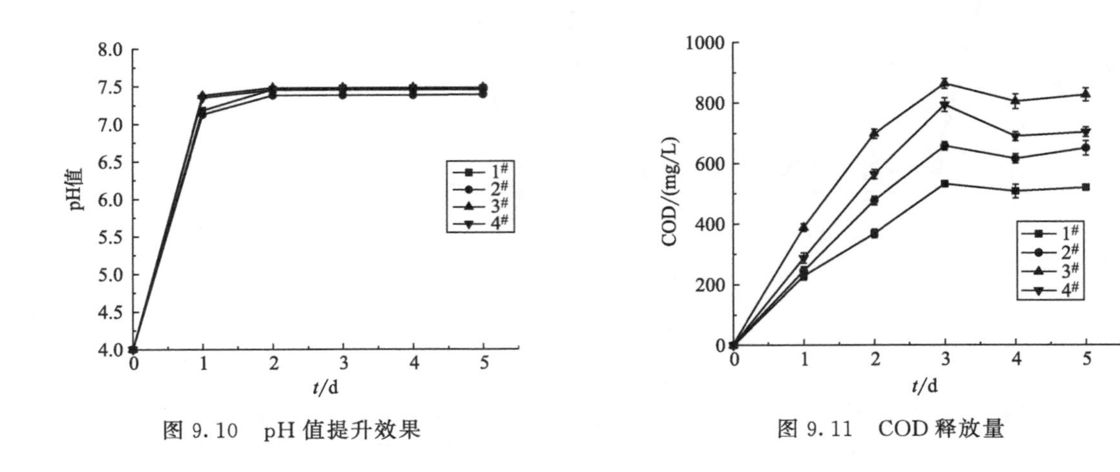

图 9.10　pH 值提升效果　　图 9.11　COD 释放量

如图9.12所示，4种生物活化褐煤-SRB固定化颗粒所在的溶液体系ORP数值在不断减小。4种生物活化褐煤-SRB固定化颗粒所在体系的ORP数值大小分别为−55mV、−60mV、−110mV、−69mV。ORP数值越低说明生物活化褐煤-SRB固定化颗粒内菌的活性越好。3#生物活化褐煤-SRB固定化颗粒所在溶液体系ORP数值最低，说明生物活化褐煤-SRB固定化颗粒内菌的活性最好，对金属离子的去除率也相对较高，SRB对SO_4^{2-}的还原能力也相对较强，SRB将SO_4^{2-}还原成HS^-，HS^-与溶液中的H^+结合生成H_2S，导致体系内的ORP明显下降。反应后期，由于褐煤吸附了大量的金属离子和H^+，导致后期体系内含有的H^+较少，可以为SRB还原SO_4^{2-}提供的电子较少，所以ORP下降缓慢。综上所述，3#生物活化褐煤-SRB固定化颗粒的处理能力最好，所以，褐煤的投加量确定为5%。

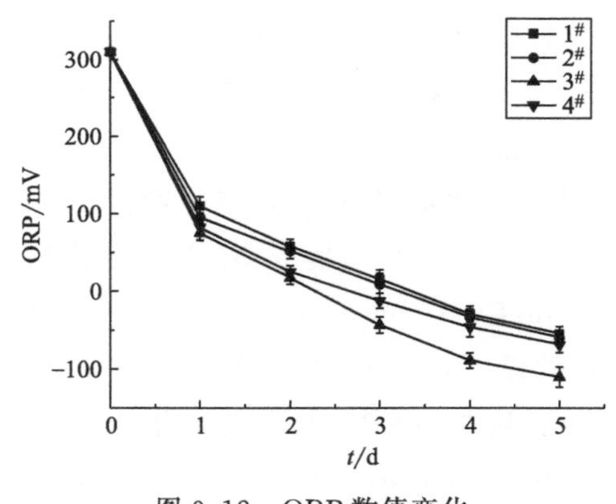

图 9.12　ORP 数值变化

（3）SRB投加量

在混合物凝胶中加入质量分数为5%、粒径为200目的褐煤，搅拌均匀并冷却至室温，然后加入质量分数为30%的球红假单胞菌，而后加入10%、30%、50%的SRB浓缩菌液，搅拌均匀，制备出1#、2#、3#生物活化褐煤-SRB固定化颗粒。

如图9.13所示，随着反应的进行，SO_4^{2-}的去除率逐渐升高至稳定。2#曲线始终在1#、3#曲线上方，3种生物活化褐煤-SRB固定化颗粒对SO_4^{2-}去除率大小分别为63.19%、68.92%、65.86%，其大小顺序为2#>3#>1#。反应初期，SO_4^{2-}去除率较高，主要是因为SRB的活性较好，体系内可以供给SRB生长的碳源较多，这表明球红假单胞菌的作用是将褐煤中的大分子物质降解成小分子物质，所以SRB生长代谢较旺盛，将SO_4^{2-}还原成HS^-的能力较强。1#对SO_4^{2-}去除率较2#生物活化褐煤-SRB固定化颗粒差，主要是因为SRB投加量过少，对SO_4^{2-}的还原率不足，所以SO_4^{2-}去除率比较低。3#较2#生物活化褐煤-SRB固定化颗粒处理效果差主要是因为SRB投加量过多，一定量的有机质不足以供给过量的SRB生长代谢，尤其是菌种之间的竞争会导致对SO_4^{2-}去除率较差。所以，最适的SRB投加量为30%。

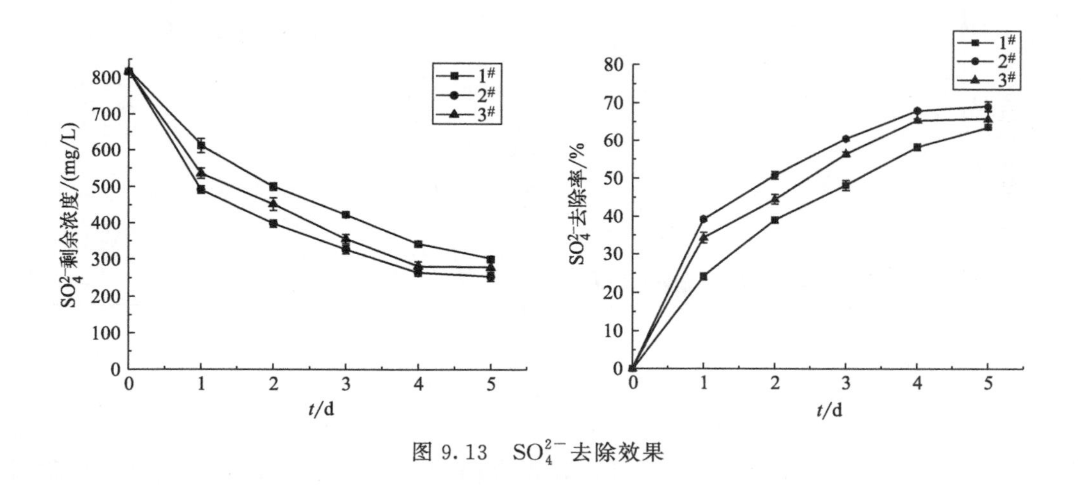

图9.13　SO_4^{2-}去除效果

如图9.14所示，随着反应的进行，Cu^{2+}的剩余浓度逐渐降低至稳定。反应1d时，对Cu^{2+}的去除呈直线上升。3种生物活化褐煤-SRB固定化颗粒对Cu^{2+}的去除率分别为99.81%、96.10%、98.80%，其大小顺序为1#>3#>2#。1d时反应基本完成，对Cu^{2+}吸附达到饱和。反应初期，Cu^{2+}去除率较高，主要是因为带负电基团的褐煤极易吸附带正电的金属离子来中和电荷，达到平衡。反应后期，由于褐煤表面空余的位点较少，所以吸附Cu^{2+}的能力减弱。

如图9.15所示，随着反应的进行，Zn^{2+}剩余浓度逐渐降至0mg/L。反应至1d时3种生物活化褐煤-SRB固定化颗粒对Zn^{2+}的去除基本完成，且3种生物活化褐煤-SRB固定化颗粒对Zn^{2+}的去除率相差不大，分别为93.60%、94.42%、91.10%，其大小顺序为2#>1#>3#。反应至1d时Zn^{2+}去除率较高，主要是因为带负电的褐煤表面与

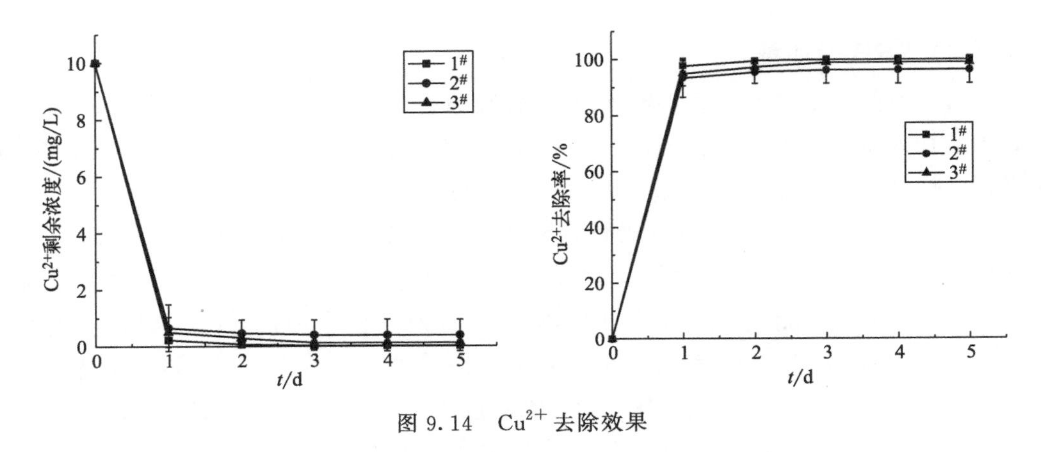

图 9.14 Cu^{2+} 去除效果

带正电的金属阳离子发生结合，且位点较多的褐煤对金属阳离子有较强的吸附能力。反应后期，去除速率较慢主要是因为褐煤的吸附位点被占满，对金属离子的吸附能力下降，所以反应后期金属离子的剩余浓度几乎不变。

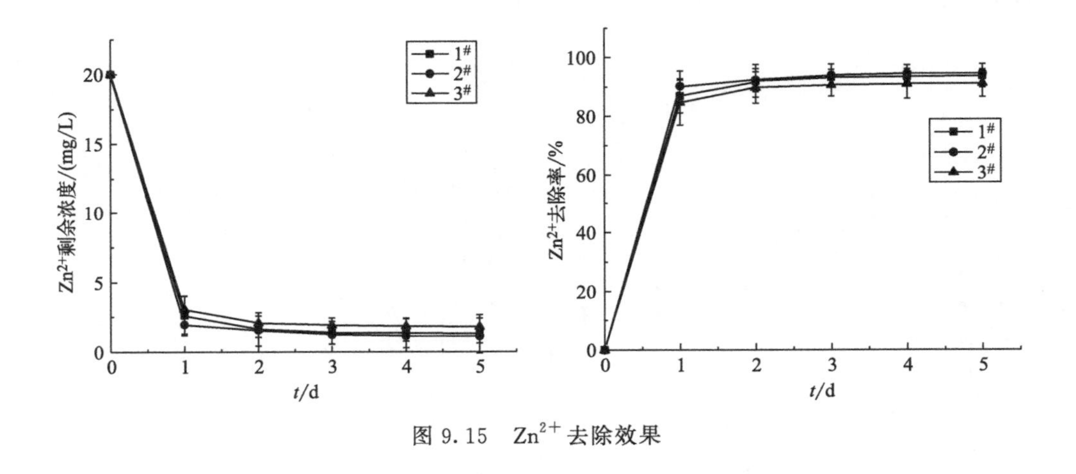

图 9.15 Zn^{2+} 去除效果

如图 9.16 所示，随着反应的进行，溶液的 pH 值逐渐上升至中性，且 3 种生物活化褐煤-SRB 固定化颗粒对 pH 值的提升在 1d 内基本达到中性。3 种生物活化褐煤-SRB 固定化颗粒分别可将溶液 pH 值提升至 7.35、7.32、7.28，其大小顺序为 $1^{\#}>2^{\#}>3^{\#}$，三者相差不大。反应前期，pH 值提升迅速，主要是因为褐煤表面存在大量的吸附位点，吸附重金属离子的同时吸附大量的 H^{+}，使得溶液中的 H^{+} 逐渐减少，导致体系的 pH 值逐渐升高。反应后期，由于褐煤表面空余位点较少，吸附 H^{+} 的能力逐渐降低，使得溶液中 H^{+} 的浓度变化缓慢，导致溶液的 pH 值几乎不变。

如图 9.17 所示，随着反应的进行，3 种生物活化褐煤-SRB 固定化颗粒 COD 的释放量先上升高再下降再上升。且 $2^{\#}$ 生物活化褐煤-SRB 固定化颗粒 COD 释放量较 $1^{\#}$、$3^{\#}$ 多，$2^{\#}$ 曲线一直在 $1^{\#}$、$3^{\#}$ 曲线上方。3 种生物活化褐煤-SRB 固定化颗粒 COD 累积释放量分别为 437mg/L、701mg/L、405mg/L，大小顺序为 $2^{\#}>1^{\#}>3^{\#}$。反应至 1d 时，COD 释放量逐渐升高，主要是因为反应初期，球红假单胞菌对褐煤的降解释放出大量的小分子物质，而初期的 SRB 不足以利用较多的有机物，导致体系内的有机物外泄，溶液中有机物逐渐积累，从而导致 COD 逐渐上升。随着反应进行，SRB 活性较高，将 SO_4^{2-} 还原成 HS^- 的能力逐渐提高，可以消耗溶液中部分有机物，导致溶液中的 COD 有下降的趋势。反应后期，由于 SRB 代谢能力有限，导致消耗溶液中有机物的能力不足，所以溶液中有机物逐渐积累，导致 COD 逐渐上升。

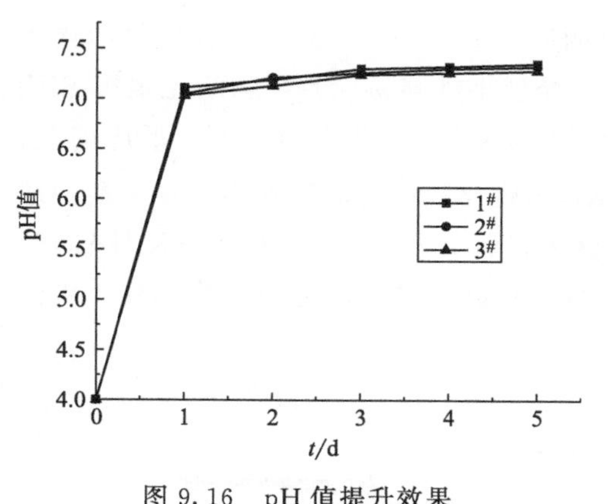

图 9.16　pH 值提升效果

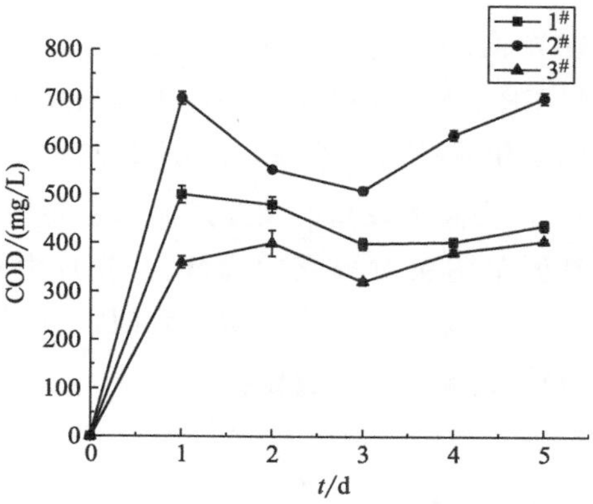

图 9.17　COD 释放量

如图 9.18 所示，3 种生物活化褐煤-SRB 固定化颗粒的 ORP 逐渐下降，且 2# 曲线一直在 1#、3# 曲线下方。反应至后期 3 种生物活化褐煤-SRB 固定化颗粒所在溶液体系的 ORP 均为负值，说明生物活化褐煤-SRB 固定化颗粒内菌的活性较好。3 种生物活化褐煤-SRB 固定化颗粒所在溶液 ORP 最终值为 −55mV、−97mV、−88mV，ORP 数值越低说明菌的活性越好。3 种生物活化褐煤-SRB 固定化颗粒所在溶液的 ORP 持续下降的主要原因是，球红假单胞菌对褐煤的降解为 SRB 提供了生长代谢的条件。由于存在竞争吸附，对 H^+ 的吸附远不及对金属阳离子的吸附，所以导致体系内 H^+ 下降较缓慢。活性较好的 SRB 菌能够将溶液中的 SO_4^{2-} 还原成 HS^-，一部分与 H^+ 结合生成 H_2S，另一部分与金属离子结合生成 CuS、ZnS。此反应的不断进行促进了溶液内 ORP 的持续下降。综上所述，SRB 菌的最佳投加量确定为 30%。

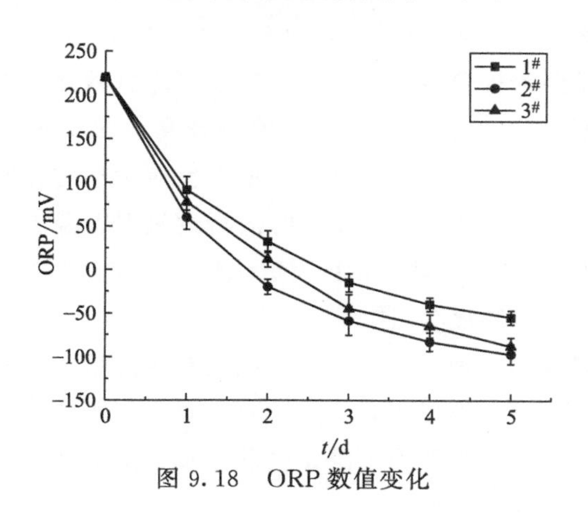

图 9.18　ORP 数值变化

（4）褐煤粒径

在混合物凝胶中分别加入质量分数为5%，粒径为80目、100目、200目的褐煤，搅拌均匀冷却至室温，而后加入30%球红假单胞菌，间隔一段时间后加入30%的SRB浓缩菌液，搅拌均匀，制备出1^#^、2^#^、3^#^生物活化褐煤-SRB固定化颗粒。

如图9.19所示，SO_4^{2-}去除率随着反应的进行逐渐升高至趋于稳定，且2^#^曲线一直在1^#^、3^#^曲线上方。1^#^、2^#^、3^#^生物活化褐煤-SRB固定化颗粒对SO_4^{2-}去除率分别为91.29%、92.14%、91.04%，去除率大小顺序为2^#^>1^#^>3^#^。3种生物活化褐煤-SRB固定化颗粒分别代表的褐煤粒径不同，粒径越小越容易导致生物活化褐煤-SRB固定化颗粒内部堵塞，SO_4^{2-}越难进入生物活化褐煤-SRB固定化颗粒内部。反应前期，SO_4^{2-}去除率较高，主要是因为生物活化褐煤-SRB固定化颗粒内部营养物质较丰富，球红假单胞菌对褐煤的降解为SRB生长代谢提供了条件，所以SRB的生长活性较好，SO_4^{2-}去除速率较快。反应后期，由于基质内部的营养物质较少，菌的活性下降，所以SO_4^{2-}去除率趋于稳定。

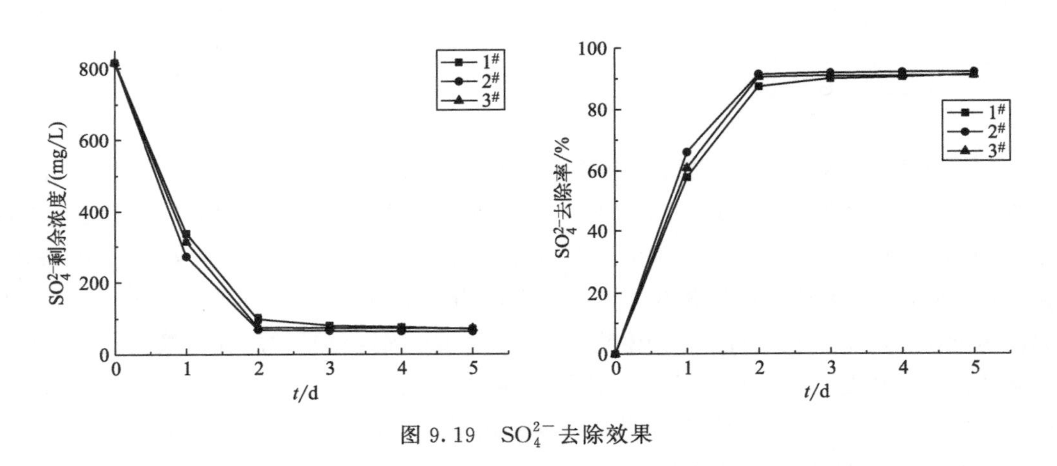

图9.19 SO_4^{2-}去除效果

根据图9.20可知，随着反应的进行，Cu^{2+}的剩余浓度逐渐降至0mg/L，去除率接近100%。3种生物活化褐煤-SRB固定化颗粒对Cu^{2+}的去除率分别为98.58%、95.65%、97.64%，其去除率大小顺序为：1^#^>3^#^>2^#^。反应至1d时，对Cu^{2+}的去除率直线上升，主要是因为褐煤表面有大量的空余位点且褐煤表面带负电，极易吸附带正电的金属阳离子，所以反应前期Cu^{2+}的去除率较高。而反应后期，由于褐煤表面吸附了大量的金属阳离子，已经达到饱和状态，所以反应后期对金属离子的吸附较慢。

如图9.21所示，Zn^{2+}去除率随着反应的进行逐渐升高至趋于稳定，反应至1d时去除率达到最大。3种生物活化褐煤-SRB固定化颗粒对Zn^{2+}的去除率分别为98.02%、96.53%、98.51%，其大小顺序为3^#^>1^#^>2^#^。反应初期，去除速率较快，主要是因为初期褐煤空余位点较多且带负电的褐煤表面极易吸附带正电的金属阳离子，所以去除速率较快。反应后期，由于褐煤空余位点不足，对金属阳离子的吸附已经达到饱和状态，导致后期对金属离子的吸附能力下降，去除速率逐渐下降。

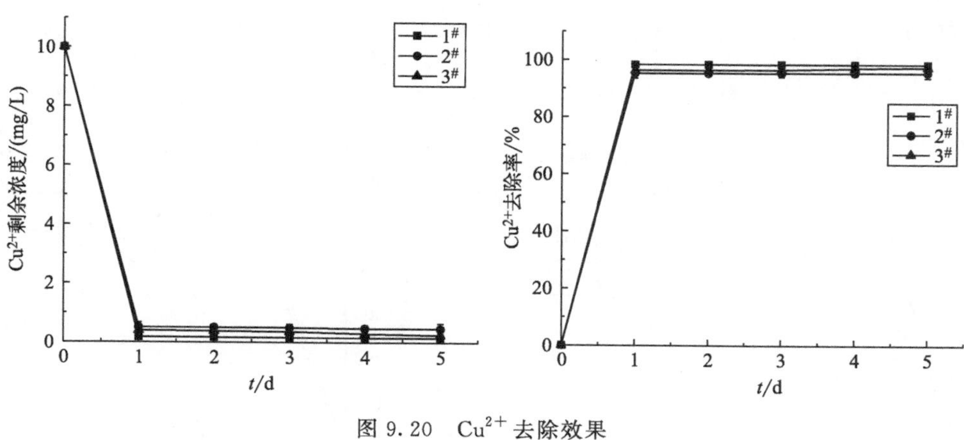

图 9.20　Cu^{2+} 去除效果

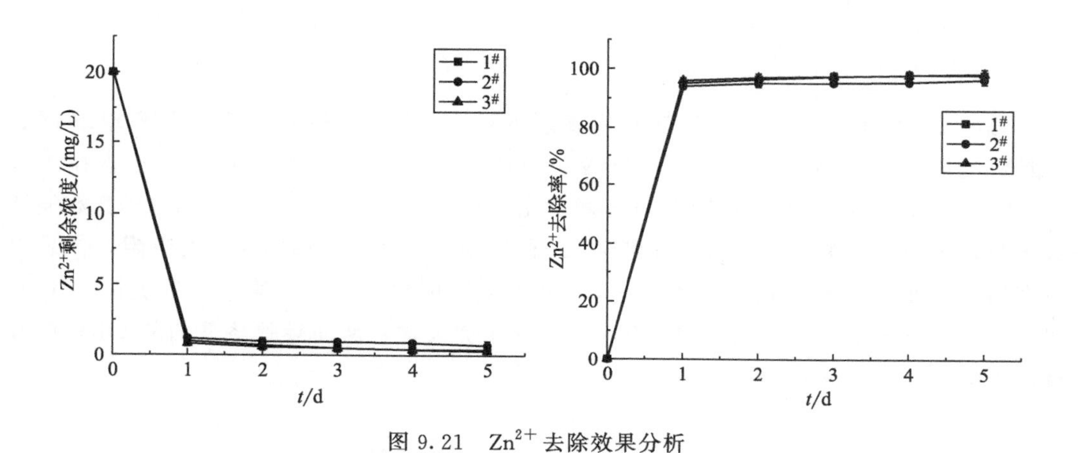

图 9.21　Zn^{2+} 去除效果分析

根据图 9.22 可知，随着反应的进行，出水 pH 值逐渐提升至中性。3 种生物活化褐煤-SRB 固定化颗粒分别可将 pH 值提升至 7.26、7.23、7.32，其 pH 值大小关系为 $3^{\#}>1^{\#}>2^{\#}$。反应初期，pH 值提升较快，主要是因为反应初期褐煤表面含有较多的空余位点，能吸附大量的 H^{+}，导致溶液中的 H^{+} 浓度逐渐下降，pH 值迅速达到中性。而反应后期，pH 值提升较慢主要是因为吸附了过量金属阳离子和 H^{+} 导致后期空余位点不足，吸附性能较差，所以导致后期 pH 值提升较慢。

如图 9.23 所示，随着反应的进行，3 种生物活化褐煤-SRB 固定化颗粒 COD 释放量先上升再下降再上升。3 种生物活化褐煤-SRB 固定化颗粒的 COD 释放量分别为 500mg/L、523mg/L、581mg/L，其大小顺序为 $3^{\#}>2^{\#}>1^{\#}$。反应前期，COD 释放量逐渐升高，主要是因为球红假单胞菌对褐煤的降解释放出大量的小分子物质，而初期的 SRB 不足以利用较多的有机物，导致体系内有机物外泄，溶液中有机物逐渐积累，COD 逐渐上升。随着反应的进行，COD 有下降的趋势，主要是因为 SRB 活性较好，可以消耗溶液中的部分有机物，从而导致 COD 的下降。反应后期，COD 逐渐升高，主要是因为后期营养物质不足，导致 SRB 的活性不高，对过量的有机物不能全部去除，所以体系内的有机物逐渐积累，COD 逐渐上升。

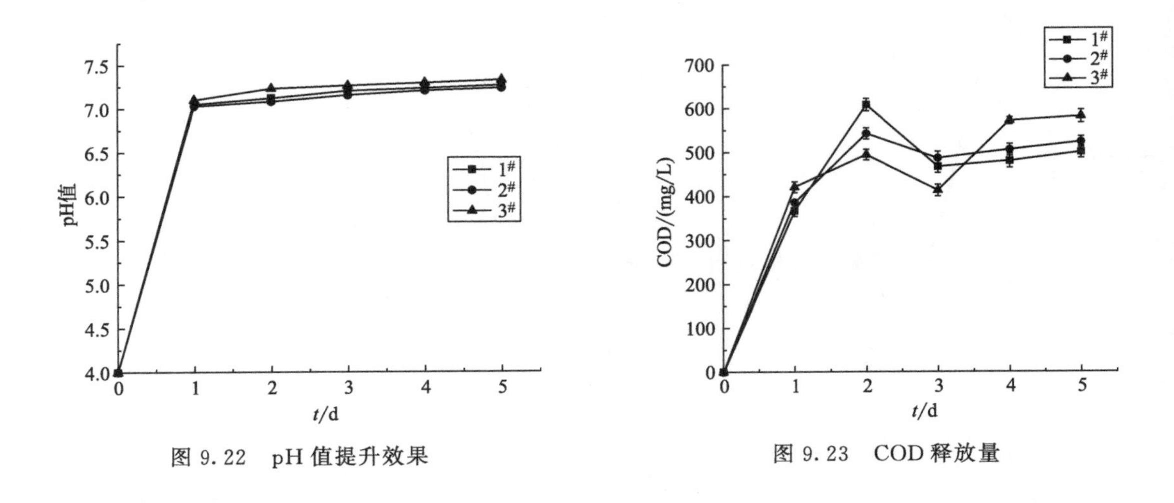

图 9.22　pH 值提升效果

图 9.23　COD 释放量

如图 9.24 所示，体系内 ORP 数值逐渐下降为负值。3 种生物活化褐煤-SRB 固定化颗粒的最终 ORP 数值分别为－89mV、－130mV、－161mV。曲线 3# 一直在 1#、2# 曲线下方，说明生物活化褐煤-SRB 固定化颗粒内菌活性较 1#、2# 高。ORP 数值持续下降，主要是因为反应初期，褐煤对 H^+ 的吸附远不及对金属阳离子的吸附，体系内较多的 H^+ 可以为 SRB 提供较多的电子，将 SO_4^{2-} 还原成 HS^-，其中一部分生成 H_2S，另一部分与重金属离子生成 CuS、ZnS 沉淀进而被去除，从而导致溶液内的 ORP 数值逐渐下降。

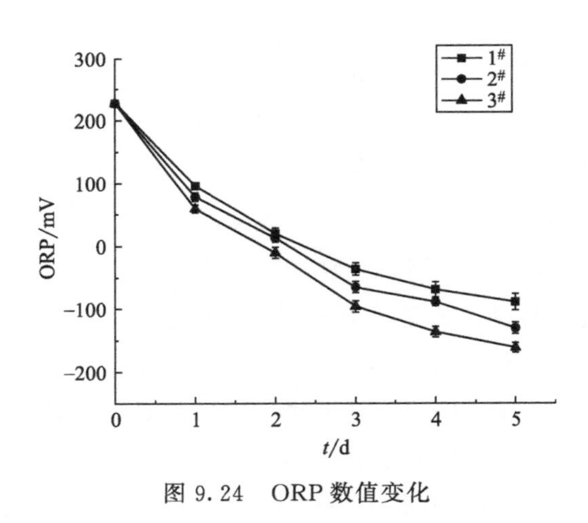

图 9.24　ORP 数值变化

综上所述，通过对比试验确定，制备含有球红假单胞菌的生物活化褐煤-SRB 固定化颗粒中 SRB 菌的活性更强，对 SO_4^{2-} 的异化能力更好，且球红假单胞菌的投加量为 30%时对 SO_4^{2-}、Cu^{2+}、Zn^{2+} 去除率分别达 66.30%、97.10%、93.22%，出水 pH 值提升至7.32，溶液中的ORP达－111mV，COD的释放量379mg/L。通过单因素试验，生物活化褐煤-SRB固定化颗粒中褐煤的投加量为5%时对SO_4^{2-}、Cu^{2+}、Zn^{2+}去除率分别达94.44%、94.60%、93.65%，出水pH值提升至7.48，溶液中的ORP达－110mV，COD的释放量为826mg/L。通过单因素试验，生物活化褐煤-SRB固定化颗粒中SRB菌的投加量为30%时对SO_4^{2-}、Cu^{2+}、Zn^{2+}去除率分别为68.92%、96.10%、94.42%，出水pH值提升至7.32，溶液中的ORP为－97mV，COD的释放量为701mg/L。通过单因素试验，生物活化褐煤-SRB固定化颗粒中褐煤粒径为200目时对SO_4^{2-}、Cu^{2+}、Zn^{2+}去除率分别达91.04%、97.64%、98.51%，出水pH值提升至7.32，溶液中的ORP为－161mV，COD的释放量为581mg/L。

9.2 生物活化褐煤-SRB固定化颗粒配比正交试验

通过单因素试验初步确定了球红假单胞菌的投加量、SRB菌用量、褐煤投加量及褐煤粒径4个因素的最佳配比。在单因素的基础上，对4个因素进行优化，确定生物活化褐煤-SRB固定化颗粒成分的最优配比。

试验对球红假单胞菌、SRB、褐煤投加量及褐煤粒径四因素，进行$L_9(3^4)$正交试验，通过对SO_4^{2-}、Cu^{2+}、Zn^{2+}的去除率，pH值提升效果，COD的释放量及ORP的数值变化来进行极差和方差的分析，确定生物活化褐煤-SRB固定化颗粒中SRB投加量、球红假单胞菌投加量、褐煤投加量及褐煤粒径的最佳成分配比。各因素水平见表9.1。

表9.1 正交试验因素水平

因素	水平			
	球红假单胞菌投加量(*A*)/%	褐煤投加量(*B*)/%	SRB投加量(*C*)/%	褐煤粒径(*D*)/目
1	10	3	10	80
2	30	5	30	100
3	50	7	50	200

正交试验结果如表9.2所列。

表9.2 $L_9(3^4)$试验设计与结果分析

试验号	球红假单胞菌(*A*)/%	褐煤(*B*)/%	SRB(*C*)/%	褐煤粒径(*D*)/目	SO_4^{2-}去除率/%	Cu^{2+}去除率/%	Zn^{2+}去除率/%	pH值	COD释放量/(mg/L)	ORP/mV
1	10	3	10	80	80.96	99.18	96.77	7.13	499	－134
2	10	5	30	100	77.70	99.93	95.58	7.28	482	－129
3	10	7	50	200	82.28	99.18	99.59	7.42	516	－123
4	30	3	30	200	75.17	98.81	98.28	7.31	511	－119
5	30	5	50	80	71.77	96.57	95.66	7.23	479	－124

续表

试验号	球红假单胞菌(A)/%	褐煤(B)/%	SRB(C)/%	褐煤粒径(D)/目	SO_4^{2-}去除率/%	Cu^{2+}去除率/%	Zn^{2+}去除率/%	pH值	COD释放量/(mg/L)	ORP/mV
6	30	7	10	100	72.21	95.59	96.58	7.23	485	−120
7	50	3	50	100	81.49	93.05	94.67	7.43	516	−119
8	50	5	10	200	83.21	95.59	97.12	7.35	521	−114
9	50	7	30	80	75.21	94.74	95.00	7.36	523	−116

根据表9.2正交结果分析可知，9组试验对SO_4^{2-}的去除率在71.77%～83.21%，对Cu^{2+}去除率在93.05%～99.93%，对Zn^{2+}去除率在94.67%～99.59%，COD的释放量在479～523mg/L，pH值提升至7.13～7.43，ORP数值变化在−134～−114mV。

SO_4^{2-}直观分析见表9.3。

表9.3　SO_4^{2-}直观分析表

序号	球红假单胞菌(A)	褐煤含量(B)	SRB(C)	褐煤粒径(D)	试验结果/%
1	1	1	1	1	80.96
2	1	2	2	2	77.70
3	1	3	3	3	82.28
4	2	1	2	3	75.17
5	2	2	3	1	71.77
6	2	3	1	2	72.21
7	3	1	3	2	81.49
8	3	2	1	3	83.21
9	3	3	2	1	75.21
均值1/%	80.311	79.207	78.793	75.980	
均值2/%	73.050	77.560	76.027	77.133	
均值3/%	79.970	76.567	78.513	80.220	
极差/%	7.263	2.640	2.766	4.240	

根据表9.3可知，极差越小，对结果影响越小。在4个因素中，影响SO_4^{2-}去除效果的顺序为：*A*＞*D*＞*C*＞*B*。以*B*项为主进行方差分析，见表9.4。

表9.4　SO_4^{2-}方差分析

方差来源	偏差平方和	自由度	均方	*F*	*P*	显著水平
球红假单胞菌(A)	100.760	2	50.38	9.445	＜0.05	⊙
褐煤含量(B)	10.668	2	5.334	1.000	＜0.05	⊙
SRB(C)	13.916	2	6.958	1.304	＜0.05	⊙
褐煤粒径(D)	28.835	2	14.4175	2.703	＜0.05	⊙
误差	10.67	0	5.335			

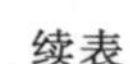

续表

方差来源	偏差平方和	自由度	均方	F	P	显著水平
总和	164.849	8				

注：1. $F_{0.05}(2, 2)=19$，$F_{0.01}(2, 2)=99$。
2. ⊙，$P<0.05$，不显著。

根据表 9.4 可知，4 个因素中对 SO_4^{2-} 去除效果均不表现出显著水平。根据均值的大小，确定生物活化褐煤-SRB 固定化颗粒对 SO_4^{2-} 去除效果最优的组合为 $A_1B_1C_1D_3$。

由表 9.5 可知，根据极差的大小确定 4 个因素影响 Cu^{2+} 去除效果的关系为：$A>D>C>B$。以 B 项为主进行方差分析，见表 9.6。

表 9.5　Cu^{2+} 直观分析表

序号	球红假单胞菌(A)	褐煤含量(B)	SRB(C)	褐煤粒径(D)	试验结果/%
1	1	1	1	1	99.18
2	1	2	2	2	99.93
3	1	3	3	3	99.18
4	2	1	2	3	98.81
5	2	2	3	1	96.57
6	2	3	1	2	95.59
7	3	1	3	2	93.05
8	3	2	1	3	95.59
9	3	3	2	1	94.74
均值 1/%	99.430	97.013	96.787	96.830	
均值 2/%	96.990	97.363	97.827	96.190	
均值 3/%	94.460	96.503	96.267	97.860	
极差/%	4.970	0.860	1.560	1.670	

表 9.6　Cu^{2+} 方差分析

方差来源	偏差平方和	自由度	均方	F	P	显著水平
球红假单胞菌(A)	37.055	2	18.5275	33.026	>0.05	*
褐煤含量(B)	1.122	2	0.561	1.000	<0.05	⊙
SRB(C)	3.786	2	1.893	3.374	<0.05	⊙
褐煤粒径(D)	4.259	2	2.1295	3.796	<0.05	⊙
误差	1.12	0	0.56			
总和	47.342	8				

注：1. $F_{0.05}(2, 2)=19$，$F_{0.01}(2, 2)=99$。
2. *，$0.05\leqslant P\leqslant 0.01$，显著；⊙，$P<0.05$，不显著。

由表 9.6 可知，因素 A 表现有显著性差异，B、C、D 表现无显著性差异。根据均值的大小确定影响 Cu^{2+} 去除效果的最佳组合为 $A_1B_2C_2D_3$。即球红假单胞菌的投加量为 10%，褐煤投加量为 5%，SRB 投加量为 30%，褐煤粒径为 200 目，在该组合下对 Cu^{2+} 的去除效果最佳。

由表 9.7 可知，在 4 个因素中，根据极差的大小确定对 Zn^{2+} 去除效果影响的大小关系为 $D>A>B>C$，以 C 项为主进行方差分析，结果见表 9.8。

表 9.7　Zn^{2+} 直观分析表

序号	球红假单胞菌含量(A)	褐煤含量(B)	SRB(C)	褐煤粒径(D)	试验结果/%
1	1	1	1	1	96.77
2	1	2	2	2	95.58
3	1	3	3	3	99.59
4	2	1	2	3	98.28
5	2	2	3	1	95.66
6	2	3	1	2	96.58
7	3	1	3	2	94.67
8	3	2	1	3	97.12
9	3	3	2	1	95.00
均值 1/%	97.313	96.573	96.823	95.810	
均值 2/%	96.840	96.120	96.287	95.610	
均值 3/%	95.597	97.057	96.640	98.330	
极差/%	1.716	0.937	0.536	2.270	

表 9.8　Zn^{2+} 方差分析

方差来源	偏差平方和	自由度	均方	F	P	显著水平
球红假单胞菌(A)	4.717	2	2.3585	10.576	<0.05	⊙
褐煤含量(B)	1.316	2	0.658	2.951	<0.05	⊙
SRB(C)	0.446	2	0.223	1.000	<0.05	⊙
褐煤粒径(D)	13.789	2	6.8945	30.917	>0.05	*
误差	0.45	0	0.225			
总和	20.718	8				

注：1. $F_{0.05}(2,2)=19$，$F_{0.01}(2,2)=99$。

2. *，$0.05 \leqslant P \leqslant 0.01$，显著；⊙，$P<0.05$，不显著。

由表 9.8 可知，4 个因素中，A、B、C 不表现显著水平，只有 D 表现显著水平。根据均值的大小确定影响 Zn^{2+} 去除效果的最佳组合为 $A_1B_3C_1D_3$，即球红假单胞菌投加量为 10%，褐煤投加量为 7%，SRB 菌投加量为 10%，褐煤粒径为 200 目。

由表 9.9 可知，4 个因素中，根据极差的大小确定对 pH 值提升效果的顺序为：$A=C>D>B$，以 B 项为主进行方差分析，结果见表 9.10。

表 9.9　pH 值直观分析表

序号	球红假单胞菌含量(A)	褐煤含量(B)	SRB(C)	褐煤粒径(D)	试验结果
1	1	1	1	1	7.13
2	1	2	2	2	7.28
3	1	3	3	3	7.42

续表

序号	球红假单胞菌含量(*A*)	褐煤含量(*B*)	SRB(*C*)	褐煤粒径(*D*)	试验结果
4	2	1	2	3	7.31
5	2	2	3	1	7.23
6	2	3	1	2	7.23
7	3	1	3	2	7.43
8	3	2	1	3	7.35
9	3	3	2	1	7.36
均值1	7.277	7.290	7.237	7.240	
均值2	7.257	7.287	7.317	7.313	
均值3	7.380	7.337	7.360	7.360	
极差	0.123	0.050	0.123	0.120	

表9.10 pH值方差分析

方差来源	偏差平方和	自由度	均方	*F*	*P*	显著水平
球红假单胞菌(*A*)	0.026	2	0.013	5.200	<0.05	⊙
褐煤含量(*B*)	0.005	2	0.0025	1.000	<0.05	⊙
SRB(*C*)	0.023	2	0.0115	4.600	<0.05	⊙
褐煤粒径(*D*)	0.022	2	0.011	4.400	<0.05	⊙
误差	0.01	0	0.005			
总和	0.086	8				

注：1. $F_{0.05}(2,2)=19$，$F_{0.01}(2,2)=99$。
2. ⊙，$P<0.05$，不显著。

根据表9.10可知，4个因素中均不表现显著水平。根据均值的大小确定对pH值提升的最佳组合为$A_3B_3C_3D_3$，即球红假单胞菌投加量为50%，褐煤投加量为7%，SRB菌投加量为50%，褐煤粒径为200目。

根据表9.11可知，在4个因素中，影响COD释放量的大小关系为：$A>D>B>C$。以C项为主进行方差分析，结果见表9.12。

表9.11 COD直观分析表

序号	球红假单胞菌含量(*A*)	褐煤含量(*B*)	SRB(*C*)	褐煤粒径(*D*)	试验结果/(mg/L)
1	1	1	1	1	499
2	1	2	2	2	482
3	1	3	3	3	516
4	2	1	2	3	511
5	2	2	3	1	479
6	2	3	1	2	485
7	3	1	3	2	516
8	3	2	1	3	521

续表

序号	球红假单胞菌含量(A)	褐煤含量(B)	SRB(C)	褐煤粒径(D)	试验结果/(mg/L)
9	3	3	2	1	523
均值 1/(mg/L)	499.000	508.667	501.667	500.333	
均值 2/(mg/L)	491.667	494.000	505.333	494.333	
均值 3/(mg/L)	520.000	508.000	503.667	516.000	
极差/(mg/L)	28.333	14.667	3.666	21.667	

表 9.12 COD 方差分析

方差来源	偏差平方和	自由度	均方	F	P	显著水平
球红假单胞菌(A)	1297.556	2	648.778	64.166	>0.05	*
褐煤含量(B)	411.556	2	205.778	20.352	>0.05	*
SRB(C)	20.222	2	10.111	1.000	<0.05	⊙
褐煤粒径(D)	750.889	2	375.4445	37.132	>0.05	*
误差	20.22	0	10.11			
总和	2500.443	8				

注：1. $F_{0.05}(2,2)=19$，$F_{0.01}(2,2)=99$。
2. *，$0.05 \leqslant P \leqslant 0.01$，显著；⊙，$P<0.05$，不显著。

根据表 9.12 可知，在 4 个因素中，A、B、D 对 COD 释放量表现显著水平，而 C 项不显著。根据均值的大小确定影响 COD 释放量的最佳组合为 $A_3B_1C_2D_3$，即球红假单胞菌投加量为 50%，褐煤投加量为 3%，SRB 投加量为 30%，褐煤粒径为 200 目。

根据表 9.13 可知，在 4 个因素中，对 ORP 影响大小的顺序为：$A>D>B>C$。以 C 项为主进行方差分析，结果见表 9.14。

表 9.13 ORP 直观分析表

序号	球红假单胞菌含量(A)	褐煤含量(B)	SRB(C)	褐煤粒径(D)	试验结果/mV
1	1	1	1	1	−134
2	1	2	2	2	−129
3	1	3	3	3	−123
4	2	1	2	3	−119
5	2	2	3	1	−124
6	2	3	1	2	−120
7	3	1	3	2	−119
8	3	2	1	3	−114
9	3	3	2	1	−116
均值 1/mV	−128.667	−124.000	−122.667	−124.667	
均值 2/mV	−121.000	−122.333	−121.333	−122.667	
均值 3/mV	−116.333	−119.667	−122.000	−118.667	
极差/mV	12.334	4.333	1.334	6.000	

表 9.14 ORP 方差分析

方差来源	偏差平方和	自由度	均方	F	P	显著水平
球红假单胞菌(A)	232.667	2	116.3335	87.239	>0.05	*
褐煤含量(B)	28.667	2	14.3335	10.749	<0.05	⊙
SRB(C)	2.667	2	1.3335	1.000	<0.05	⊙
褐煤粒径(D)	56.000	2	28	20.997	>0.05	*
误差	2.67	0	1.335			
总和	322.671	8				

注：1. $F_{0.05}(2,2)=19$，$F_{0.01}(2,2)=99$。

2. *，0.05≤P≤0.01，显著；⊙，P<0.05，不显著。

根据表9.14可知，在4个因素中，A、D两项对ORP影响显著，B、C两项影响不显著。根据均值的大小，确定生物活化褐煤-SRB固定化颗粒对ORP数值影响的最佳组合为$A_1B_1C_1D_1$，即球红假单胞菌的投加量为10%，褐煤投加量为3%，SRB投加量为10%，褐煤粒径为80目。

综上所述，正交试验结果表明，生物活化褐煤-SRB固定化颗粒的最佳组合为$A_1B_1C_1D_3$，即球红假单胞菌投加量为10%，褐煤投加量为3%，SRB投加量为10%，褐煤粒径为200目。在此配比下，对SO_4^{2-}去除率为83.21%，对Zn^{2+}去除率为99.59%，对Cu^{2+}去除率为99.93%，可将pH值提升至7.43，COD释放量为523mg/L，ORP数值为−134mV。

9.3 生物活化褐煤-SRB固定化颗粒的特性试验研究

(1) 生物活化褐煤-SRB固定化颗粒表观性状

根据前期正交试验确定球红假单胞菌投加量、褐煤投加量、褐煤粒径及SRB投加量的最佳配比，进行生物活化褐煤-SRB固定化颗粒的制备。其处理AMD前后的形状表征结果见图9.25。反应前生物活化褐煤-SRB固定化颗粒均呈圆形且质地较硬，表面光滑；而反应后的生物活化褐煤-SRB固定化颗粒呈圆形且质地较软、更水润，颜色较反应前更深。

(a) 反应前　　(b) 反应后

图9.25 生物活化褐煤-SRB固定化颗粒处理AMD前后表观形态

（2）SO_4^{2-}还原动力学

配制 SO_4^{2-}浓度为 816mg/L 的模拟废水，并调节废水的 pH＝4，按固液比为 1g/10mL 的比例，于 30℃、150r/min 的摇床内进行连续振荡，试验开始定时取样测剩余 SO_4^{2-}的浓度，pH 值、COD 及 ORP 数值的变化情况，直至 SO_4^{2-}的剩余浓度稳定时终止试验。

实验开始，分别在 6h、12h、24h、48h、72h、96h 和 120h 时测定 SO_4^{2-}的剩余浓度，结果见图 9.26。

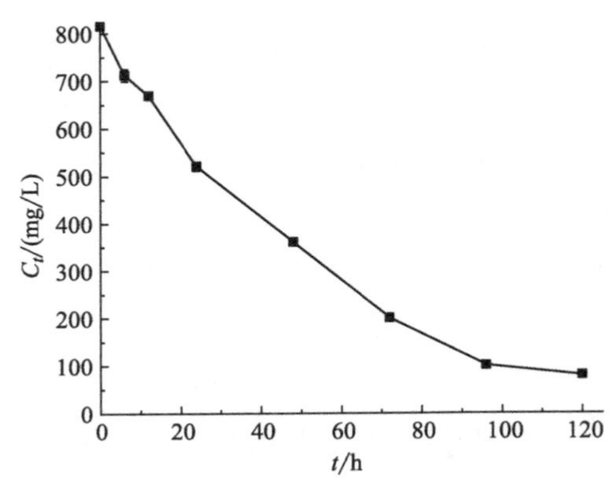

图 9.26　SO_4^{2-}还原过程动力学曲线

根据图 9.26 可知，随着反应的进行，SO_4^{2-}的去除率逐渐增大，剩余浓度逐渐减小。反应至 1d 时，对 SO_4^{2-}还原速率为 12.283mg/(L·h)，主要是因为反应刚开始阶段，体系内可供 SRB 生长利用的有机质较多，SRB 活性较好；同时 SRB 可以利用被球红假单胞菌降解后的褐煤，所以初期 SRB 可利用的有机物质较多，生长代谢较旺盛，对 SO_4^{2-}的去除效果较好。反应 1～4d 时，对 SO_4^{2-}的平均还原速率为 5.839mg/(L·h)，还原速率较第一天低，主要是因为经过一段时间的消耗，SRB 可以利用的有机碳源较少，同时又由于球红假单胞菌后期营养物质不足，且褐煤已经被其降解，所以导致后期球红假单胞菌的活性较差，进而给 SRB 提供的有机物质较少，SRB 的活性降低，对 SO_4^{2-}还原速率降低。反应至第 5 天时，对 SO_4^{2-}还原速率仅为 0.840mg/(L·h)，趋于稳定，主要是由于后期为 SRB 提供电子的能力较小，可供 SRB 生长代谢的有机质较少，SRB 还原 SO_4^{2-}的能力较差，所以导致对 SO_4^{2-}还原速率减慢。

对 SO_4^{2-}的还原过程采用零级和一级模型拟合，拟合结果见图 9.27。

零级动力学模型拟合：$C_t = C_0 - k_0 t$

一级动力学模型拟合：$\ln C_t = \ln C_0 - k_1 t$

式中，C_0 为 SO_4^{2-}初始浓度，mg/L；C_t 为 t 时刻 SO_4^{2-}浓度，mg/L；k_0 为零级反应速率常数，mg/(L·h)；k_1 为一级反应速率常数，h^{-1}。

SO_4^{2-}还原动力学拟合参数见表 9.15。

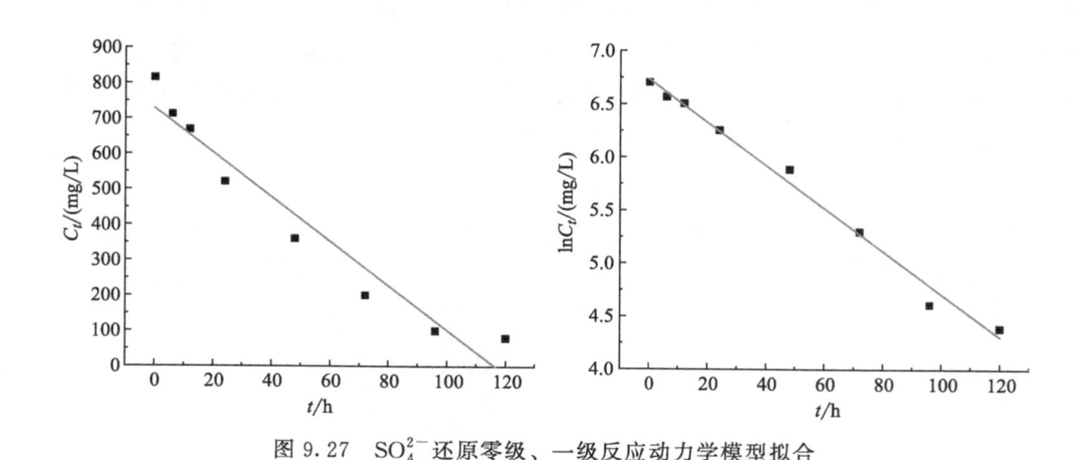

图 9.27　SO_4^{2-} 还原零级、一级反应动力学模型拟合

表 9.15　SO_4^{2-} 还原动力学拟合参数

项目	零级反应	一级反应
K_0/[mg/(L·h)]	6.26014	—
K_1/h^{-1}	—	0.93282
R^2	0.93282	0.98821
拟合方程	$y=-6.26014x+0.63171$	$y=-0.02019x+8.32785$

由表 9.15 可知，生物活化褐煤-SRB 固定化颗粒对 SO_4^{2-} 的还原动力学模型拟合中，一级还原动力学模型拟合（$R^2=0.98821$）比零级还原动力学模型拟合（$R^2=0.93282$）更能准确描述其对 SO_4^{2-} 的还原过程。其还原过程主要以电子受体为主。主要是在反应过程中，生物活化褐煤-SRB 固定化颗粒内的褐煤对重金属离子的吸附置换出大量的 H^+，为 SRB 还原 SO_4^{2-} 提供电子；同时又由于 SRB 可以利用被降解后的褐煤作为碳源，导致 SRB 活性较高，对 SO_4^{2-} 还原速率较快。

根据图 9.28 可知，随着反应的进行，pH 值先升高后趋于稳定，最终 pH＝8.1，呈弱碱性。反应至 6h 时，pH 值的增长速率为 1.24h^{-1}，生物活化褐煤-SRB 固定化颗粒将 pH 值提升至 7.44，呈中性，主要是因为生物活化褐煤-SRB 固定化颗粒中的褐煤在反应初期空余位点较多且褐煤表面呈负电性，极易吸附带正电的重金属离子和 H^+，导致溶液中的 H^+ 含量逐渐降低，溶液的 pH 值逐渐升高。反应 6～120h，pH 值的提升逐渐缓慢，提升速率为 0.006h^{-1}，表明在反应后期，吸附大量金属阳离子和 H^+ 的褐煤已经达到饱和状态，对 H^+ 的吸附能力逐渐下降，能为 SRB 提供的电子减少，其还原 SO_4^{2-} 的能力下降，对 pH 值的提升逐渐趋于稳定。

如图 9.29 所示，COD 的释放量先逐渐升高再下降最后逐渐上升。最终 COD 释放量为 700mg/L。反应在 2d 内，COD 的释放量逐渐增加，增加速率为 14.958mg/（L·h），主要是因为反应初期 SRB 不足以利用较多的有机质，同时又由于球红假单胞菌对褐煤的降解导致一部分有机物外泄，从而导致溶液内的有机物逐渐积累，COD 逐渐升高。反应 2～3d 时 COD 的释放量有下降的趋势，主要是因为 SRB 可以利用被降解后的褐煤作为生长碳源，SRB 的活性较好，可以还原一部分的有机物，导致溶液内的有机物有下降的趋势。然而，随着反应的进行，可以供 SRB 生长代谢的有机碳源减少，SRB 的能力有限，所以导致反应后期，体系内的 COD 逐渐积累。

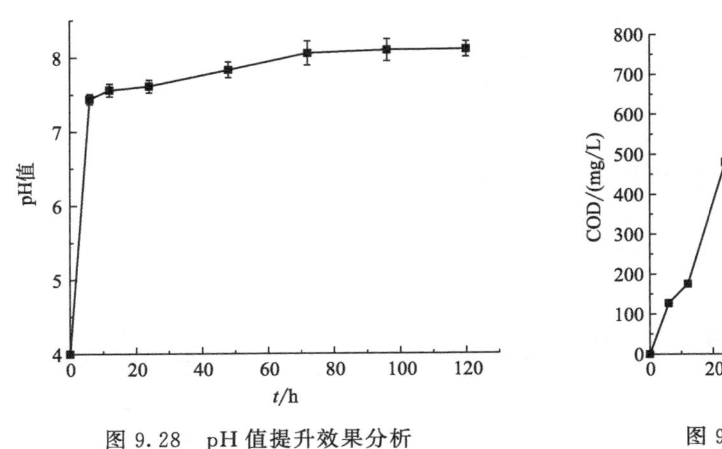

图 9.28　pH 值提升效果分析

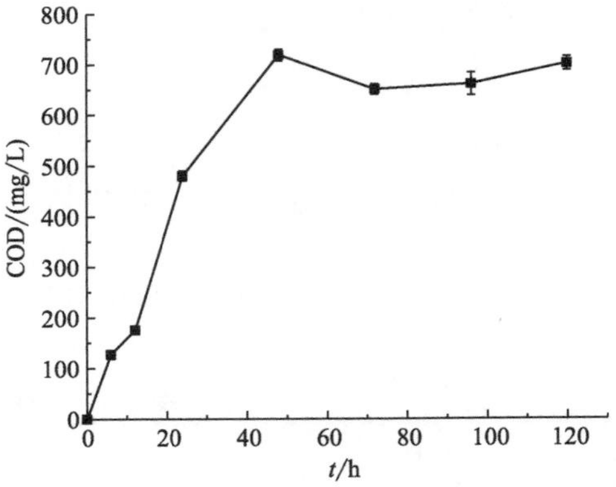

图 9.29　COD 释放量分析

根据图 9.30 可知，随着反应的进行，ORP 逐渐降低至趋于稳定，且其数值越低表明体系内的菌活性越好。反应至 5d 时，体系的最终 ORP 为－136mV。反应至 1d 时 ORP 数值变化速率为－8.625mV/h，2～4d 时 ORP 数值变化速率为－6.042mV/h，5d 时 ORP 数值变化速率为－0.458mV/h，由此可见，反应至 1d 时 ORP 数值变化最大，主要是因为初期褐煤表面空余位点较多，吸附能力较强，对 H^+ 的吸附能力远不及对重金属离子的吸附，体系内剩余的 H^+ 可以为 SRB 还原 SO_4^{2-} 提供电子，所以体系内 SRB 活性较好，ORP 数值逐渐降低。反应至后期，已经吸附饱和的褐煤不能再吸附 H^+，剩余较少的 H^+ 为 SRB 提供的电子较少，SRB 的活性下降，所以体系内的 ORP 趋于稳定。

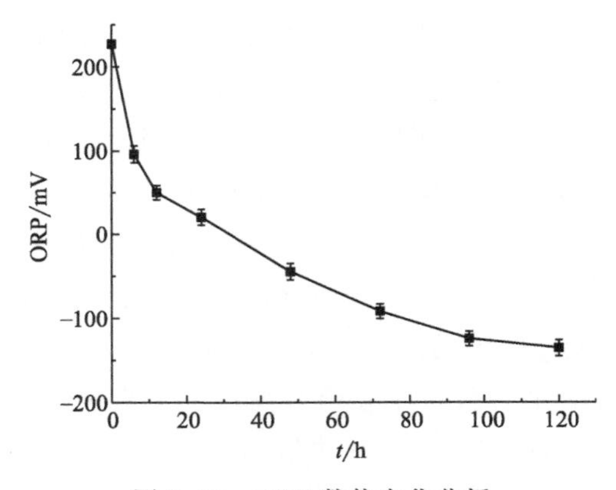

图 9.30　ORP 数值变化分析

（3）Zn^{2+} 吸附容量分析

配制20mg/L只含 Zn^{2+} 的模拟废水，调节废水的pH值为4.0，分别称取质量为3g、5g、10g、15g、20g、25g的生物活化褐煤-SRB固定化颗粒置于200mL 20mg/L的 Zn^{2+} 的模拟废水中，于30℃、150r/min恒温摇床内持续振荡。反应完全后测定溶液中剩余 Zn^{2+} 的浓度，绘制曲线如图9.31所示。

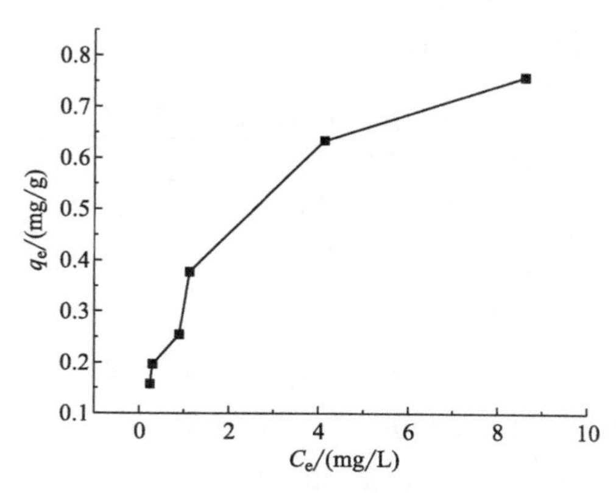

图9.31　Zn^{2+} 吸附等温线

由图9.31可知，生物活化褐煤-SRB固定化颗粒对 Zn^{2+} 的吸附量随着平衡浓度的增大而逐渐增大。当平衡浓度为8.6175mg/L时，平衡吸附量为0.759mg/g。对 Zn^{2+} 的等温吸附进行Langmuir和Freundlich等温吸附方程拟合，拟合结果如图9.32所示。

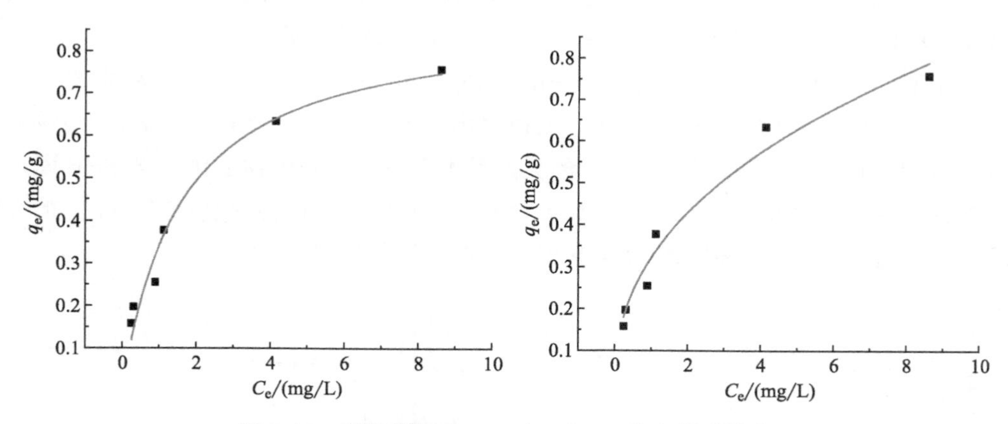

图9.32　吸附等温Langmuir、Freundlich模型拟合

Langmuir等温吸附方程是在可逆吸附且有单层分子吸附的假设条件下提出的。

$$q_e = \frac{bq_{max}C_e}{1+bC_e}$$

式中，q_e 为生物活化褐煤-SRB固定化颗粒对 Zn^{2+} 的平衡吸附量，mg/g；b 为常数，与吸附反应焓有关；C_e 为溶液 Zn^{2+} 的平衡浓度，mg/L；q_{max} 为生物活化褐煤-

SRB 固定化颗粒对 Zn^{2+} 的最大理论吸附量，mg/g。

Freundlich 等温吸附方程是在单层吸附且吸附剂表面不均一的假设条件下得到的。

$$q_e = kC_e^{\frac{1}{n}}$$

式中，q_e 为生物活化褐煤-SRB 固定化颗粒对 Zn^{2+} 的平衡吸附量，mg/g；k 为 Freundlich 吸附系数；n 为常数，表示吸附剂表面的不均匀性和吸附强度的相对大小，通常大于 1；C_e 为溶液 Zn^{2+} 的平衡浓度，mg/L。

拟合方程及相关系数如表 9.16 所列。

表 9.16　拟合方程及相关系数 R^2

项目	Langmuir 模型	Freundlich 模型
拟合方程	$q_e = \dfrac{0.8874 \times 0.62522C_e}{1+0.62522C_e}$	$q_e = 0.32156C_e^{0.41701}$
相关系数	$R^2 = 0.96376$	$R^2 = 0.96532$

根据表 9.16 可知，Freundlich 等温吸附方程（$R^2=0.96532$）比 Langmuir 等温吸附方程（$R^2=0.96376$）能更好地描述生物活化褐煤-SRB 固定化颗粒对 AMD 废水中 Zn^{2+} 的吸附过程。根据 Freundlich 等温吸附方程，其 $1/n=0.41701$，$0.1<1/n<0.5$，表明该生物活化褐煤-SRB 固定化颗粒对 Zn^{2+} 的吸附较容易发生。

（4）Zn^{2+} 吸附动力学

配制 20mg/L 的只含 Zn^{2+} 的模拟废水，并调节溶液 pH 值为 4.0，按照固液比 1g/10mL 的比例，取 30g 生物活化褐煤-SRB 固定化颗粒于 300mL 废水中，于 30℃、150r/min 的摇床内连续振荡，每天定时取样，测 Zn^{2+} 的剩余浓度，pH 值、COD 以及 ORP 的数值变化情况，直至体系内各离子浓度稳定时终止试验。

分别测 3h、6h、9h、12h、24h、48h、72h、96h 和 120h 时 Zn^{2+} 的剩余浓度，结果如图 9.33 所示。根据图 9.33 可知，生物活化褐煤-SRB 固定化颗粒对 Zn^{2+} 的吸附量随着反应的进行逐渐升高。当对 Zn^{2+} 的吸附量不变时，得到生物活化褐煤-SRB 固定化颗粒的饱和吸附量为 0.2mg/g。为了研究生物活化褐煤-SRB 固定化颗粒对 Zn^{2+} 的去除机理，分别进行拟一级、拟二级动力学拟合，拟合结果如图 9.34 所示。

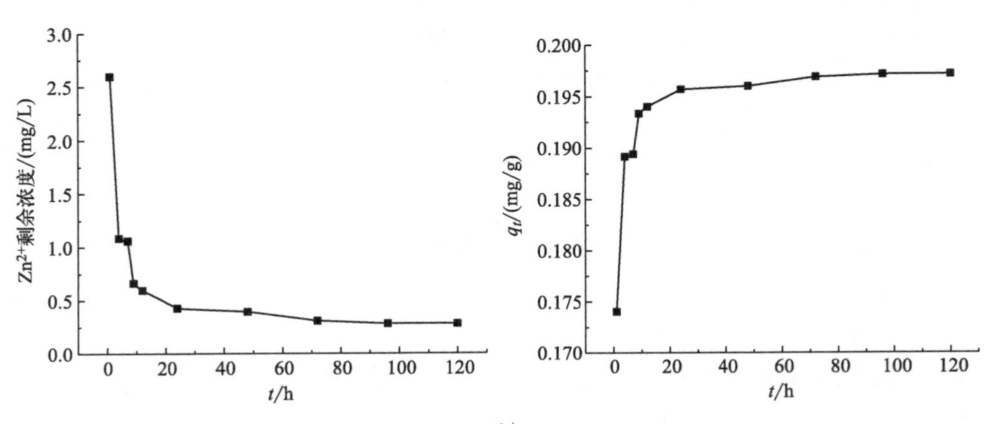

图 9.33　Zn^{2+} 吸附曲线

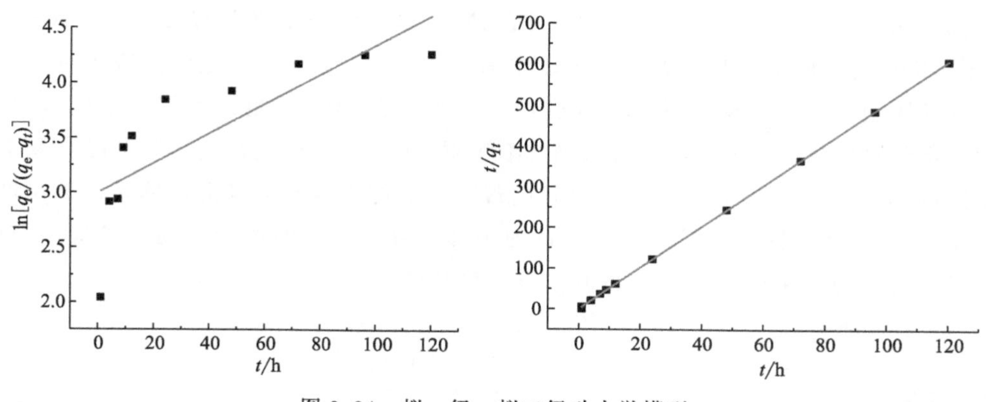

图 9.34　拟一级、拟二级动力学模型

Langergren 拟一级动力学模型经验公式为：

$$\ln(q_e - q_t) = \ln q_t - k_1 t$$

式中，q_e 为吸附平衡时的吸附量，mg/g；q_t 为 t 时刻的吸附量，mg/g；t 为吸附时间，min；k_1 为拟一级动力学反应速率常数，min^{-1}。

McKay 拟二级动力学模型经验公式为：

$$\frac{t}{q_t} = \frac{1}{h} + \frac{t}{q_e}$$

$$h = k_2 q_e^2$$

式中，q_e 为吸附平衡时的吸附量，mg/g；q_t 为 t 时刻的吸附量，mg/g；t 为吸附时间，min；k_2 为拟二级动力学反应速率常数，g/(mg·min)；h 为初始吸附率，mg/(g·min)。

拟合方程及相关系数 R^2 如表 9.17 所列。

表 9.17　拟合方程及相关系数 R^2

项目	拟一级	拟二级
拟合方程	$y = 0.01348x + 0.00359$	$y = 5.07431x + 0.01396$
R^2	0.59253	0.99992

根据表 9.17 可知，拟二级动力学（$R^2 = 0.99992$）比拟一级动力学（$R^2 = 0.59253$）能更好地描述生物活化褐煤-SRB固定化颗粒对 Zn^{2+} 的吸附过程。结果表明，生物活化褐煤-SRB固定化颗粒对 Zn^{2+} 的吸附以化学吸附为主，褐煤对重金属离子的吸附，是与褐煤表面的含氧官能团结合，还有一部分重金属离子生成沉淀进而被去除。

根据图 9.35 可知，pH 值先升高后趋于稳定，在 1h 内迅速提升至中性，提升速率为 $7.76h^{-1}$。pH 值提升较快的主要原因是，在反应初始阶段，褐煤表面的空余吸附位点较多且表面带负电，对带正电的金属阳离子和 H^+ 有强烈的吸引力，使得溶液中的 H^+ 含量逐渐减少，导致溶液的 pH 值逐渐升高；1～5d 内 pH 值有微小波动，主要原因是吸附了大量金属阳离子和 H^+ 的褐煤表面剩余的空余位点减少，吸附能力下降，而体系内剩余的 H^+ 浓度逐渐减少，为 SRB 菌提供的电子减少，导致体系内的 H^+ 趋于稳定。

如图 9.36 所示，COD 的释放量先逐渐升高再下降后上升，累计释放量为 1090mg/L。48h 内 COD 的释放量逐渐升高，提升速率为 21.75mg/(L·h)，主要是因为反应初期球红假单胞菌对褐煤的降解释放出有机物，而初期的 SRB 不足以利用较多的有机物，导致一部分物质溶出，溶液内的有机物逐渐积累，COD 逐渐升高。然后 COD 的释放量有下降的趋势，主要是因为 SRB 可以利用被降解后的褐煤作为碳源，体系内充足的碳源导致 SRB 的活性较高，可以去除体系内一部分有机物，但由于菌的去除能力有限，导致最终有机物逐渐积累，COD 的释放量逐渐升高。

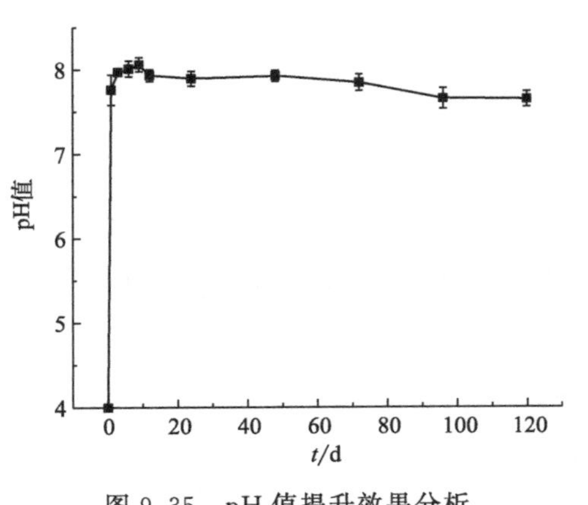

图 9.35　pH 值提升效果分析

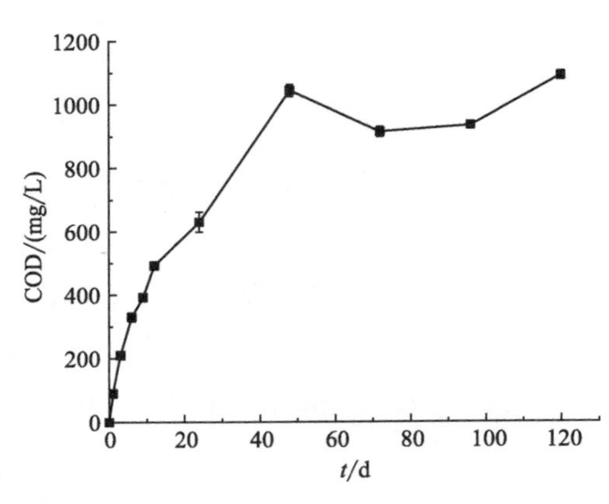

图 9.36　COD 释放量分析

如图 9.37 所示，ORP 数值随着反应的进行在逐渐下降后趋于平稳，最终 ORP 数值为－106mV。反应至 1d 时，ORP 数值下降速率为－7.792mV/h，第 2～4 天时 ORP 数值下降速率为－1.40mV/h，第 5 天时 ORP 数值下降速率为－0.583mV/h。反应初始阶段带负电的褐煤与重金属阳离子和 H^+ 之间有强烈的作用力，但对 H^+ 的吸附远不及对金属阳离子的吸附，体系内剩余的 H^+ 为 SRB 还原 SO_4^{2-} 提供电子，同时 SRB 可以利用生物活化褐煤作为碳源，导致 SRB 的代谢活动较快，SRB 的活性较高。反应后期，ORP 数值变化较慢，主要是因为褐煤对 H^+ 的吸附导致体系内 H^+ 浓度减小，为 SRB 还原 SO_4^{2-} 提供的电子较少，SRB 的代谢活动较慢，ORP 数值变化缓慢。

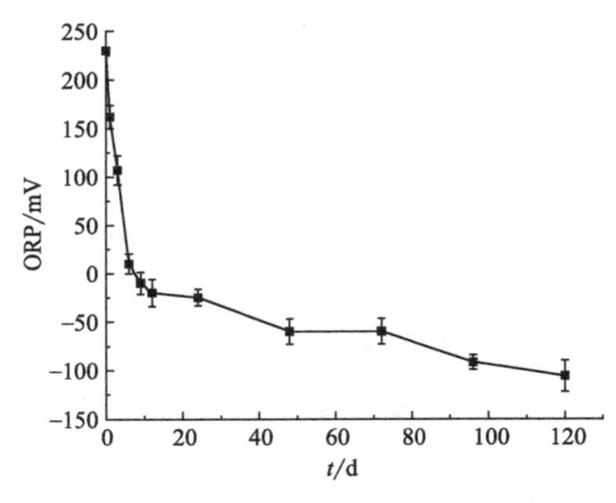

图 9.37　ORP 数值变化分析

9.4 生物活化褐煤-SRB固定化颗粒处理AMD动态试验

为了验证生物活化褐煤-SRB固定化颗粒处理AMD废水的有效性及持续性，以及确定球红假单胞菌的加入能为SRB提供生长的碳源，构建两组动态柱，一组为球红假单胞菌-SRB固定化颗粒动态柱，一组为SRB固定化颗粒动态柱，进行连续动态试验，并对其去除机理进行研究。

试验设置两组动态柱，每个动态柱选择的规格相同，内径为54mm，高为500mm，从下至上各填50mm石英砂、250mm生物活化褐煤-SRB固定化颗粒、50mm石英砂，具体试验装置如图9.38所示。动态柱1#为球红假单胞菌-SRB固定化颗粒，动态柱2#为SRB固定化颗粒。

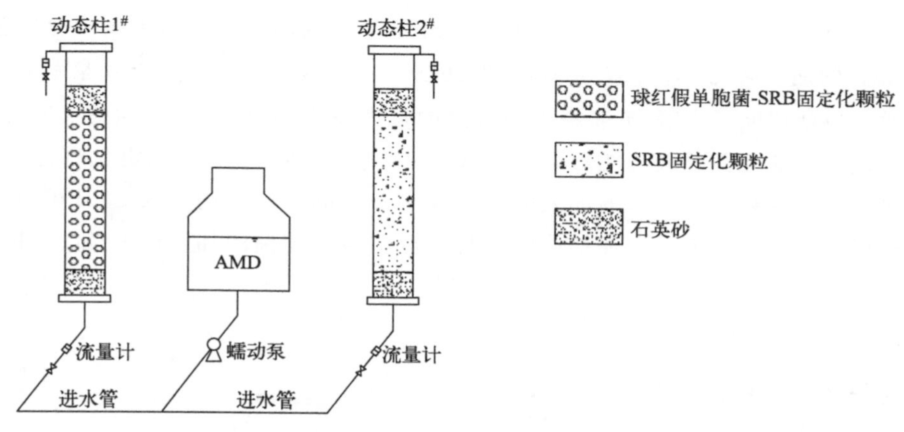

图9.38 动态试验运行装置图

试验采用下进上出的连续进水方式，根据水力停留时间确定进水流量为0.3976mL/min，并用蠕动泵和流量计来调节。连续运行30d，直至生物活化褐煤-SRB固定化颗粒对污染物离子的去除效果下降即停止试验。每天按时取样，测出水溶液中的SO_4^{2-}、Zn^{2+}、Cu^{2+}浓度，分析pH值提升效果、COD释放量及ORP数值的变化情况。

根据图9.39可知，随着反应的进行，1#生物活化褐煤-SRB固定化颗粒对SO_4^{2-}去除率先逐渐上升再有小幅变化后逐渐下降。2#生物活化褐煤-SRB固定化颗粒在开始阶段对SO_4^{2-}仅有少量去除。1#生物活化褐煤-SRB固定化颗粒对SO_4^{2-}去除效果比2#好。由图可知，1#曲线对SO_4^{2-}的去除大致分为三个阶段。第一阶段为1～9d，对SO_4^{2-}的平均去除率为87.39%。反应初期，SO_4^{2-}去除速率较快，主要是因为SRB可利用的有机物较多，同时又由于球红假单胞菌对褐煤的降解，SRB可以利用被降解后的褐煤，所以导致SRB生长代谢较旺盛；同时由于反应初期，金属阳离子与H^+之间存在竞争吸附，褐煤吸附了较多的金属阳离子，使得体系内还有一定的H^+，可以为SRB

还原 SO_4^{2-} 提供大量的电子，所以 SO_4^{2-} 去除率较高。第二阶段为 10～23d，1# 生物活化褐煤-SRB 固定化颗粒对 SO_4^{2-} 的平均去除率为 67.27%，比第一阶段低。主要原因是随着反应的进行，菌的活性较第一阶段差，可以利用的有机质较第一阶段少，且褐煤对 H^+ 的吸附较多，体系内剩余的 H^+ 较第一阶段少，为 SRB 菌还原 SO_4^{2-} 提供的电子较少，所以导致 SRB 对 SO_4^{2-} 去除略有下降。第三阶段为 24～30d，1# 生物活化褐煤-SRB 固定化颗粒对 SO_4^{2-} 去除率为 6.3%，与前两阶段对 SO_4^{2-} 的去除率相差很大。主要原因是反应后期，SRB 可利用的碳源较少，且有限的褐煤前期已经被球红假单胞菌完全降解，导致后期 SRB 可以利用的生物活化褐煤较少，SRB 活性较差；而且又由于反应后期，体系内剩余 H^+ 不足，不能为 SRB 提供充足的电子，导致了 SRB 对 SO_4^{2-} 的去除率较低。2# 生物活化褐煤-SRB 固定化颗粒对 SO_4^{2-} 仅在反应初始阶段有少量去除，而后无去除，主要原因是 2# 生物活化褐煤-SRB 固定化颗粒内的 SRB 菌无外加碳源。在反应 1～3d 内对 SO_4^{2-} 的去除，主要原因是在制备过程中，菌液的加入带有一部分培养基成分，而此部分培养基成分可以供 SRB 生长利用，在此培养基成分被消耗完之后，SRB 的活性降为 0，导致 SRB 不能去除 SO_4^{2-}。这也证实了 SRB 不能利用褐煤中的有机质，也就说明了 SRB 不能利用未降解的褐煤作为碳源。与 1# 曲线做对比表明，培养基的成分在前几天就被消耗殆尽，所以 1# 生物活化褐煤-SRB 固定化颗粒对 SO_4^{2-} 去除率较好表明球红假单胞菌的加入能对褐煤有一定的降解作用，而 SRB 可以利用被降解后的褐煤，再次验证了上述结论的猜想，球红假单胞菌的加入确实能为 SRB 菌提供碳源。

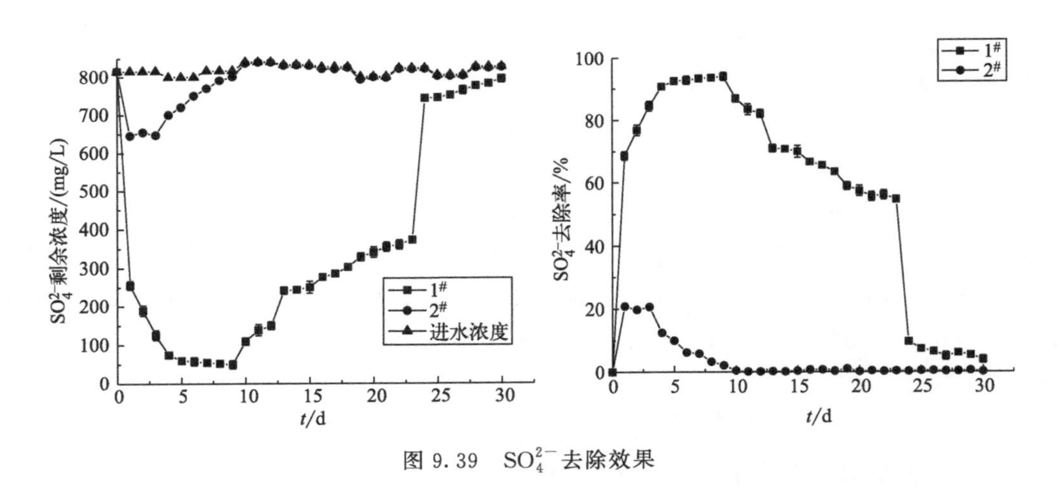

图 9.39　SO_4^{2-} 去除效果

如图 9.40 所示，1#、2# 生物活化褐煤-SRB 固定化颗粒对 Cu^{2+} 的去除率先上升再小幅度变化后逐渐下降，且 1# 生物活化褐煤-SRB 固定化颗粒对 Cu^{2+} 的去除率比 2# 生物活化褐煤-SRB 固定化颗粒高。由图可知，1#、2# 生物活化褐煤-SRB 固定化颗粒对 Cu^{2+} 的去除过程大致分为三个阶段。第一阶段为第 1～9 天，此阶段 1#、2# 生物活化褐煤-SRB 固定化颗粒对 Cu^{2+} 的去除率分别为 98.23%、93.45%，去除率大小顺序为 1# ＞2#。Cu^{2+} 的去除率逐渐升高，主要是因为反应初期，褐煤的空余位点较多，且比表面积较大并呈负电性，极易吸附带正电的金属阳离子，所以在反应初始阶段生物活化褐煤-SRB固定化颗粒对 Cu^{2+} 的吸附较快，去除率较高。而 1# 生物活化褐煤-SRB固定化颗粒对 Cu^{2+} 的去除率大于 2# 生物活化褐煤-SRB固定化颗粒，主要是因为 1# 生物活化褐煤-SRB固定化颗粒内球红假单胞菌对褐煤的降解作用，导致其吸附能力增强，所以 1# 生物活化褐煤-SRB固定化颗粒对金属 Cu^{2+} 的吸附能力较 2# 生物活化褐煤-SRB固定化颗粒强。第二阶段为第 10～23 天，在此阶段 1#、2# 生物活化褐煤-SRB固定化颗粒对 Cu^{2+} 的去除率分别为 76.40%、63.67%，去除率较第一阶段有小幅度下降，主要原因是第一阶段褐煤对 Cu^{2+} 的吸附，导致褐煤表面的含氧官能团一部分被结合，剩余的空余位点少于第一阶段，从而导致对 Cu^{2+} 的吸附能力较第一阶段差，同时由于褐煤对 H^+ 的吸附，使得溶液内剩余较少的 H^+ 不能为 SRB 还原 SO_4^{2-} 提供较多的电子，进而生成 S^{2-} 的速率较缓慢，生成 CuS、ZnS 等沉淀较少，对金属 Cu^{2+} 的去除较少。第三阶段为第 24～30 天，1#、2# 生物活化褐煤-SRB固定化颗粒对 Cu^{2+} 的去除率分别为 20.67%、3.06%，可见生物活化褐煤-SRB固定化颗粒对 Cu^{2+} 的去除率呈跳崖式下降，主要原因是在反应后期，已经吸附饱和的褐煤，不能再吸附重金属离子，所以 1#、2# 生物活化褐煤-SRB固定化颗粒对 Cu^{2+} 去除率逐渐下降；而 1# 生物活化褐煤-SRB固定化颗粒所在溶液剩余的 H^+ 较少，不能为 SRB 还原 SO_4^{2-} 提供电子，导致 SRB 菌活性的降低，生成 S^{2-} 的能力下降，生成 CuS、ZnS 的能力下降，导致 Cu^{2+} 的去除率逐渐降低。

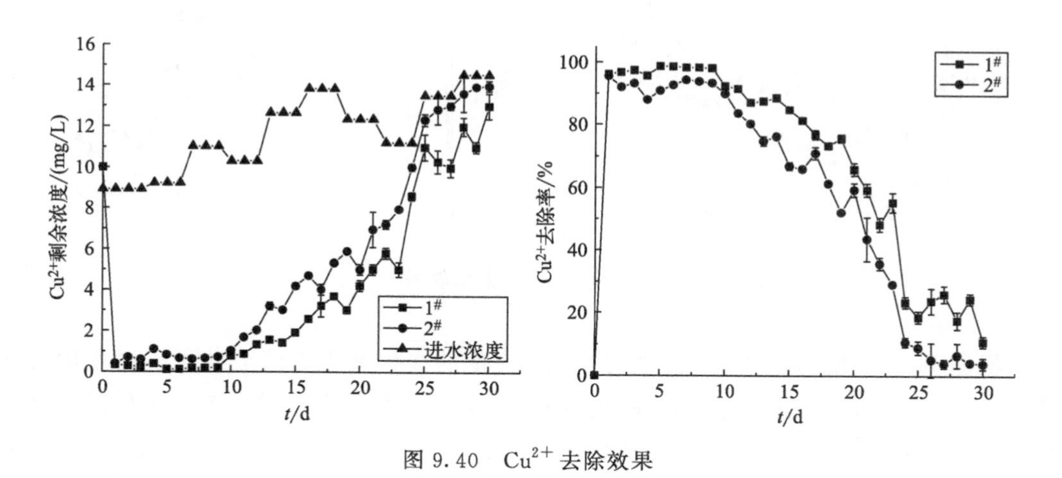

图 9.40　Cu^{2+} 去除效果

根据图 9.41 可知，1#、2# 生物活化褐煤-SRB固定化颗粒对 Zn^{2+} 的去除率先直线上升再小幅变化后大幅下降，对 Zn^{2+} 的平均去除率分别为 94.31%、72.87%，去除率大小顺序为 1#＞2#，且 1# 生物活化褐煤-SRB固定化颗粒对 Zn^{2+} 的去除率始终高于 2# 生物活化褐煤-SRB固定化颗粒。由图可知，1#、2# 生物活化褐煤-SRB固定化颗粒对 Zn^{2+} 的去除过程大致分为三个阶段。第一阶段为第 1～9 天，两种生物活化褐煤-SRB固定化颗粒对 Zn^{2+} 的去除率呈直线上升至稳定状态，主要原因是反应初始阶段的褐煤表面空余位点较多且带负电，极易吸附带正电的金属阳离子，所以，初始阶段

Zn^{2+}的去除率较高。1#生物活化褐煤-SRB固定化颗粒始终比2#生物活化褐煤-SRB固定化颗粒对Zn^{2+}的去除率高，主要是由于球红假单胞菌的加入，导致了褐煤的吸附能力较强；同时又由于球红假单胞菌对褐煤的降解，SRB可以利用被降解后的褐煤，导致SRB的活性较好，体系内剩余的H^+可以为SRB还原SO_4^{2-}提供充足的电子，生成的S^{2-}可以与重金属离子生成CuS、ZnS等沉淀，从而去除了一部分重金属离子。第二阶段为第10～23天，此阶段1#、2#生物活化褐煤-SRB固定化颗粒对Zn^{2+}的平均去除率分别为68.58%、45.08%，去除率大小顺序为1#>2#。去除率较第一阶段有所下降，主要是因为由于前期褐煤对重金属离子的吸附，导致空余位点少于第一阶段，从而导致Zn^{2+}的去除率有缓慢下降。第三阶段为第23～30天，此阶段1#、2#生物活化褐煤-SRB固定化颗粒对Zn^{2+}的平均去除率分别为32.63%、17.78%。去除率较前两个阶段明显下降，主要是由于后期已经吸附饱和的褐煤，不能再吸附过多的重金属离子和H^+，导致体系内剩余的H^+浓度较前两阶段明显减少，为SRB提供的电子较少，导致SRB活性较差，还原SO_4^{2-}的能力较差，生成S^{2-}的能力较差，生成CuS、ZnS等能力较差，所以，后期对金属离子的去除率较低。

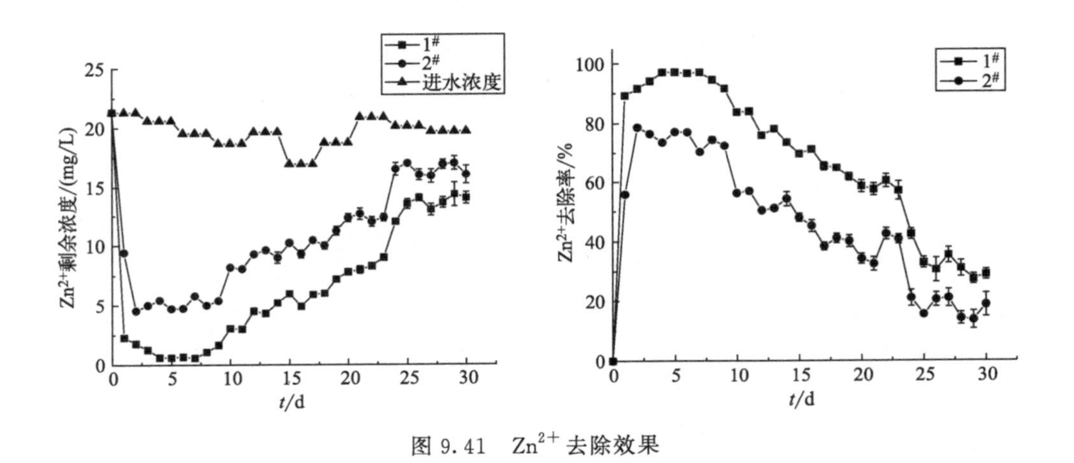

图9.41 Zn^{2+}去除效果

根据图9.42所示，随着反应的进行，pH值的变化呈先直线上升再小幅变化后逐渐下降的趋势，1#曲线始终在2#曲线的上方。由图可知，两个曲线对pH值的提升过程大致可分为三个阶段。第一阶段为第1～9天，1#、2#生物活化褐煤-SRB固定化颗粒的出水pH值分别为7.60、6.63，1#生物活化褐煤-SRB固定化颗粒的出水pH值较2#高。pH值逐渐上升的主要原因是，初始阶段褐煤对重金属离子和H^+的吸附，导致溶液内剩余H^+浓度逐渐减少，使得pH值逐渐上升。第二阶段为第10～23天，1#、2#生物活化褐煤-SRB固定化颗粒的出水pH值分别为6.20、5.82。pH值有小幅变化的主要原因是球红假单胞菌对褐煤的降解，SRB可以利用被降解后的褐煤，使得SRB的活性增强，体系内的H^+为SRB还原SO_4^{2-}提供大量的电子，所以会消耗溶液中部分H^+，导致溶液的pH值有小幅度变化。第三阶段是第24～30天，1#、2#生物活化褐煤-SRB固定化颗粒的平均出水pH值为4.35、4.14，说明此时的生物活化褐煤-SRB固定化颗粒不能对AMD有很好的处理效果。此阶段的pH值急剧下降，主要原因是已经吸附饱和的褐煤不能吸附H^+，所以导致体系内的H^+逐渐累积，使得体系的pH值急剧下降。

由图9.43可知，1#生物活化褐煤-SRB固定化颗粒的COD释放量先逐渐升高至稳定状态后逐渐下降，2#生物活化褐煤-SRB固定化颗粒的COD释放量先逐渐上升后逐渐下降。2#生物活化褐煤-SRB固定化颗粒COD的释放量分为两个阶段。第一阶段为第1～9天，COD释放量逐渐上升，累积释放量为650mg/L，此阶段COD释放量逐渐上升的原因可能是在制备生物活化褐煤-SRB固定化颗粒的过程中加入的培养基含有有机物，SRB不足以利用较多的有机物，导致一部分有机物外泄，所以COD逐渐升高。第二阶段为第10～30天，COD释放量在逐渐下降，主要原因是体系内SRB可以利用的有机物不足，导致SRB菌活性逐渐下降，所以体系内的COD逐渐下降。1#生物活化褐煤-SRB固定化颗粒的COD释放量大致分为三个阶段。第一阶段为第1～9天，COD释放量在逐渐升高，释放量为378mg/L，发生此现象的原因是体系内球红假单胞菌对褐煤的降解会释放出一部分有机质，而初始阶段的SRB不足以利用大量的有机物，导致体系内的有机物逐渐累积，COD逐渐升高。第二阶段为第10～23天，COD释放量大体上稳定不变，有小幅度变化，累积释放量为668mg/L。此阶段的COD稳定不变的主要原因是SRB可以利用被降解后的褐煤导致SRB菌活性较好，其对有机物的还原能力逐渐提高，所以体系内的COD释放量大体上保持不变。第三阶段为第24～30天，COD的释放量逐渐下降的主要原因是后期有机物较少，导致SRB菌活性较差，其还原能力逐渐下降。

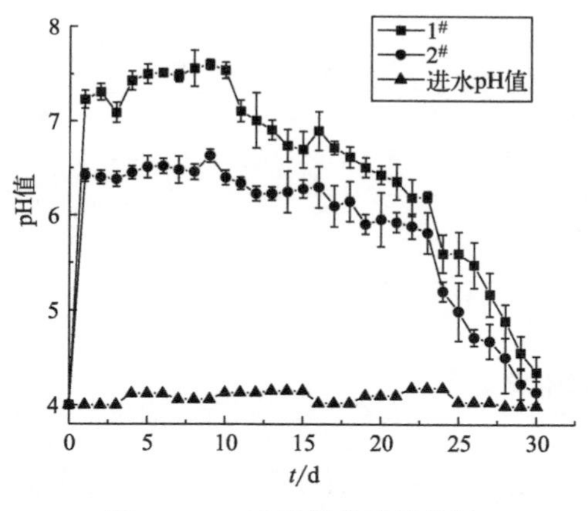

图9.42 pH值提升效果分析

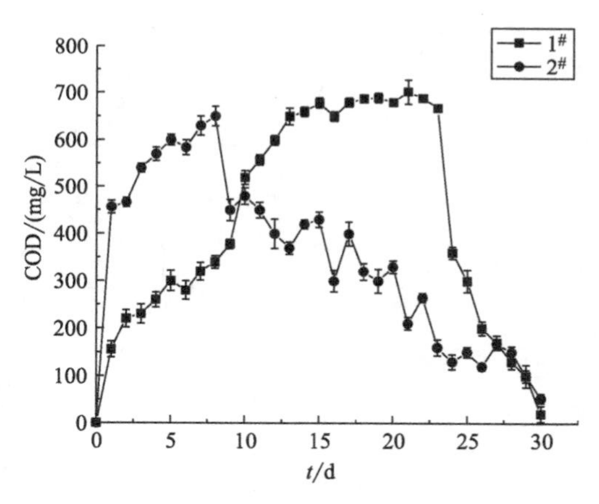

图9.43 COD释放量分析

如图9.44所示，1#的ORP数值随着反应的进行先降低再小幅度变化后直线升高；2#生物活化褐煤-SRB固定化颗粒的ORP数值先小幅度下降后逐渐升高至稳定。由图可知2#曲线一直在1#曲线上方，表明2#生物活化褐煤-SRB固定化颗粒的菌活性较1#菌活性差。2#生物活化褐煤-SRB固定化颗粒ORP数值的变化主要分为两个阶段。第一阶段为1～9d，ORP平均数值为200mV。发生此变化的原因是在制备的过程中，菌液的投加带有培养基成分，导致SRB在反应初期有一定的活性，ORP数值有一定的下降。第二阶段为第10～30天，最终ORP数值为300mV。ORP数值逐渐上升，表明2#生物活化褐煤-SRB固定化颗粒内的SRB菌活性逐渐下降直至死亡，发生此现象的主要原因是体系内没有可以供给SRB的碳源，而生物活化褐煤-SRB固定化颗粒内的主要成分是褐煤，此阶段ORP数值逐渐升高也间接说明SRB菌不能直接利用褐煤作为碳源，也证实了上述结论的准确性，SRB对褐煤的利用必须依靠球红假单胞菌的作用，SRB仅仅可以利用被降解后的褐煤作为碳源。1#生物活化褐煤-SRB固定化颗粒ORP数值的变化主要分为三个阶段。第一阶段是第1～9天，ORP平均数值为－100mV，ORP数值随着反应的进行逐渐下降，说明体系内菌的活性在逐渐升高，主要原因是反应初期球红假单胞菌可以利用褐煤中的某种物质来生长，而SRB可以利用被降解后的褐煤，导致SRB的活性逐渐提高；褐煤对重金属离子的吸附远高于对H^+的吸附，溶液内大量的H^+为SRB还原SO_4^{2-}提供大量的电子，一部分生成H_2S，另一部分生成CuS、ZnS等沉淀，进而可以去除一部分重金属离子。第二阶段为第10～23天，ORP数值有小幅度变化，平均ORP数值为－87.21mV。表明体系内菌的活性达到最好状态。第三阶段为第24～30天，ORP数值变化速度在逐渐下降，ORP平均数值为147.14mV。此阶段的ORP数值逐渐上升的主要原因是，反应后期一定量的褐煤已经被球红假单胞菌完全降解，导致球红假单胞菌的活性下降，SRB可以利用的有机物逐渐减少，SRB还原SO_4^{2-}的能力逐渐下降，导致体系的菌活性逐渐下降，所以后期ORP数值逐渐升高。

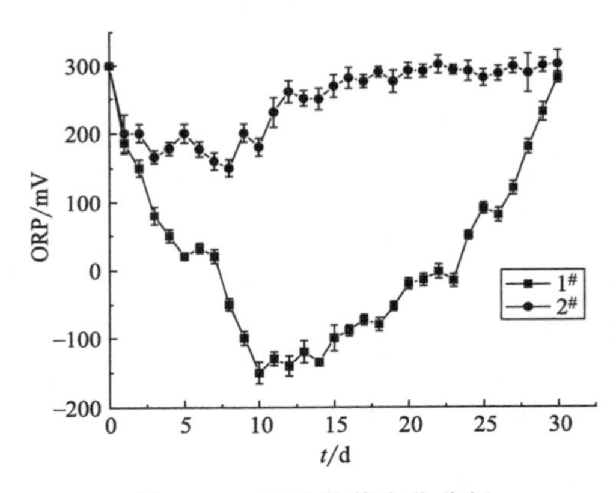

图9.44 ORP数值变化分析

对反应前后的1#、2#生物活化褐煤-SRB固定化颗粒进行SEM分析，结果如图9.45所示。1#生物活化褐煤-SRB固定化颗粒反应前表面不均匀，大小不一的小生物活化褐煤-SRB固定化颗粒明显堆积在表面，有许多孔隙，所以证明褐煤是很好的吸附材料；1#生物活化褐煤-SRB固定化颗粒反应后，明显看到褐煤表面有形状大小相似的小条堆积在上面，且出现褶皱、裂痕，出现此现象的原因是球红假单胞菌和SRB的作用，破坏了褐煤原本的结构，而SRB在还原SO_4^{2-}的过程中，会生成CuS、ZnS等沉淀物，所以堆积在表面的小条状物可能是CuS、ZnS等沉积物。而2#生物活化褐煤-SRB固定化颗粒反应前后表面均有许多小生物活化褐煤-SRB固定化颗粒堆积，较多的孔隙清晰可见，这些孔隙表明褐煤具有吸附能力。而反应前后褐煤表面的形状、孔隙及生物活化褐煤-SRB固定化颗粒物等没有明显的变化，说明SRB没有对褐煤的表面起到破坏作用，也证明了单独的SRB不能降解褐煤。综上所述，1#生物活化褐煤-SRB固定化颗粒反应前后褐煤的结构发生很大变化，而2#生物活化褐煤-SRB固定化颗粒反应前后褐煤表面结构几乎没有变化，证明了球红假单胞菌的加入确实能破坏褐煤结构，且SRB可以利用被降解后的褐煤还原SO_4^{2-}，生成的CuS、ZnS等沉淀物会堆积在褐煤表面。

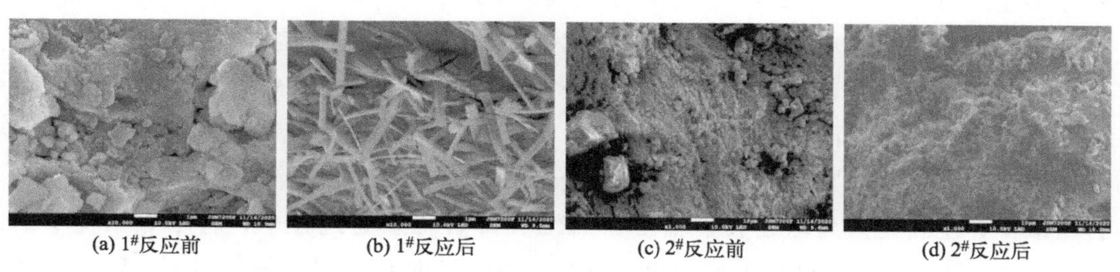

图9.45 生物活化褐煤-SRB固定化颗粒处理AMD前后SEM分析

反应前后1#、2#生物活化褐煤-SRB固定化颗粒的FTIR分析结果如图9.46所示。

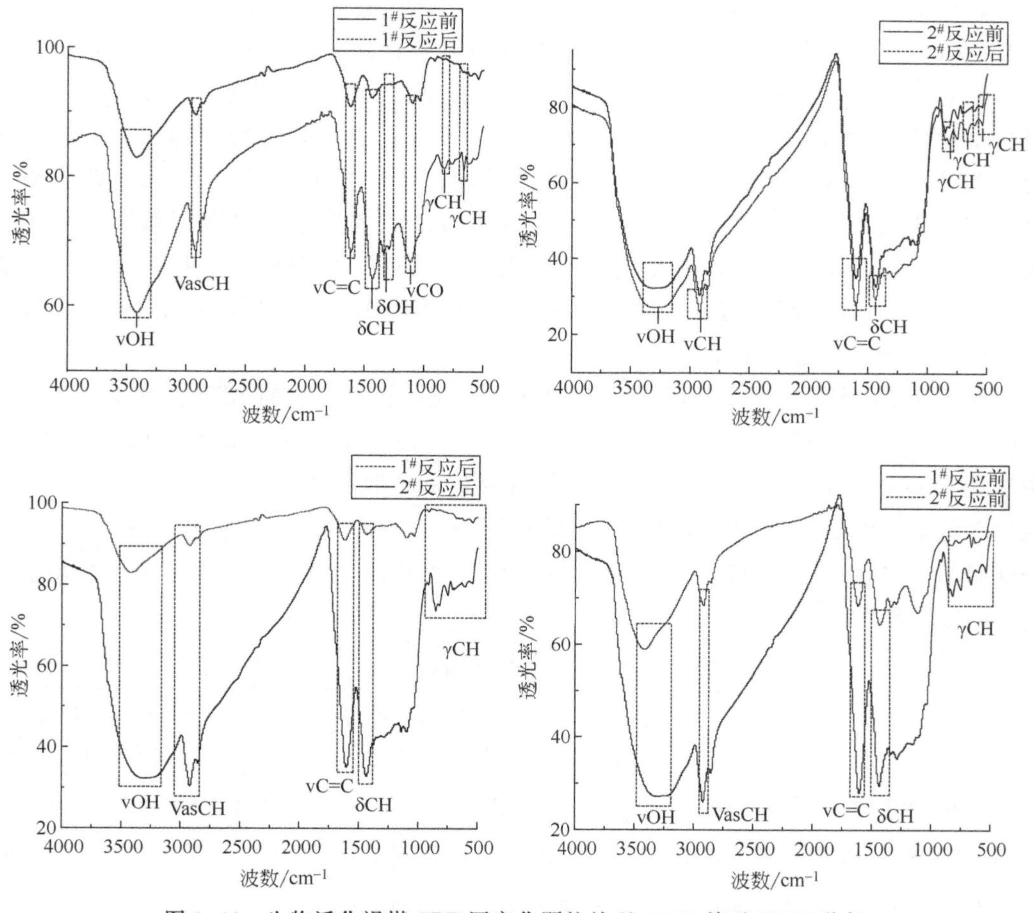

图9.46 生物活化褐煤-SRB固定化颗粒处理AMD前后FTIR分析

根据图 9.46 所示，1# 、2# 生物活化褐煤-SRB 固定化颗粒反应前后波形走向大致相同，只是反应前后波峰的位置不同。由图可知，1# 生物活化褐煤-SRB 固定化颗粒波峰位置相差较大，2# 生物活化褐煤-SRB 固定化颗粒波峰位置相差较小，说明 2# 生物活化褐煤-SRB 固定化颗粒内的 SRB 对褐煤几乎没有降解作用。3316.98cm^{-1} 处的峰属于分子间氢键的酚、醇—OH 的伸缩振动；2920.91cm^{-1} 处的峰属于烷烃 C—H 的反对称伸缩振动；1603.84cm^{-1} 处的峰属于褐煤结构中苯环 C ═C 的伸缩振动；1435.71cm^{-1} 处的峰属于烷烃取代基中 C—H 的面内弯曲伸缩振动；855.29cm^{-1}、664.99cm^{-1}、472.47cm^{-1} 处的峰属于苯环上 C—H 取代基的面外弯曲伸缩振动。1# 生物活化褐煤-SRB 固定化颗粒反应前后的波峰位置相差较大，表明反应前后官能团发生了很大变化。3414.87cm^{-1} 处的峰属于酚、醇—OH 的伸缩振动，反应后—OH 含量减少，主要是因为球红假单胞菌和 SRB 在降解褐煤的过程中，将褐煤结构中的—OH 化学键断裂，以水的形式脱出；2918.62cm^{-1} 处的峰属于烷烃类 C—H 取代基的反对称伸缩振动，此烷烃类取代基含量减少的原因可能是重金属阳离子与取代基结合；1615.16cm^{-1} 处的峰属于苯环中 C ═C 的伸缩振动，反应后 C ═C 的含量减少，说明球红假单胞菌在降解褐煤的过程中将褐煤结构中的大苯环结构降解，所以其含量减少；1433cm^{-1} 处的峰属于烷烃类结构中甲基、亚甲基 C—H 的伸缩振动；1339.49cm^{-1} 处的峰属于酚—OH 的面内弯曲振动；1112.66cm^{-1} 处的峰属于叔醇中饱和 C—O 的伸缩振动；829.28cm^{-1}、663.21cm^{-1} 处的峰代表苯环结构中 C—H 取代基的伸缩振动；反应后其含量均减少 50%以上。上述说明褐煤结构中含有大量的苯环等复杂结构，而反应后各官能团含量均减少，主要是因为球红假单胞菌与 SRB 在反应过程中严重破坏了褐煤结构，将大分子物质降解，且吸附阳离子后的褐煤简单 C—H 取代基也减少，验证了上述观点，褐煤对金属离子的吸附属于化学吸附。1# 、2# 反应前后的对比也验证了 SRB 不能利用褐煤，证明了球红假单胞菌可以降解褐煤为 SRB 提供碳源。

如表 9.18 所示，1# 生物活化褐煤-SRB 固定化颗粒反应后的 BET 比表面积是反应前的 1.58 倍，Langmuir 比表面积是反应前的 1.53 倍，Langmuir 比表面积的增加，说明球红假单胞菌与 SRB 共同作用增大了褐煤结构的比表面积，体现了褐煤对金属离子的物理吸附；而 2# 生物活化褐煤-SRB 固定化颗粒反应前后比表面积没有很大变化，进而证明了 1# 生物活化褐煤-SRB 固定化颗粒比 2# 生物活化褐煤-SRB 固定化颗粒对金属离子的吸附量大。

表 9.18 比表面积分析

项目	BET 比表面积/(m^2/g)	BET 分子截面积/nm^2	BET 相关系数	Langmuir 比表面积/(m^2/g)	Langmuir 相关系数
1# 生物活化褐煤-SRB 固定化颗粒反应前	7.4621	0.1620	0.9990	16.6545	0.9860
1# 生物活化褐煤-SRB 固定化颗粒反应后	11.8146	0.1620	0.9990	25.5604	0.9860
2# 生物活化褐煤-SRB 固定化颗粒反应前	6.8992	0.1620	0.9990	15.392	0.9860

续表

项目	BET 比表面积/(m^2/g)	BET 分子截面积/nm^2	BET 相关系数	Langmuir 比表面积/(m^2/g)	Langmuir 相关系数
2[#] 生物活化褐煤-SRB 固定化颗粒反应后	6.8992	0.1620	0.9990	15.392	0.9860

根据测试结果的相关信息，绘制 1[#] 生物活化褐煤-SRB 固定化颗粒吸附量与相对压力的关系图，见图 9.47。

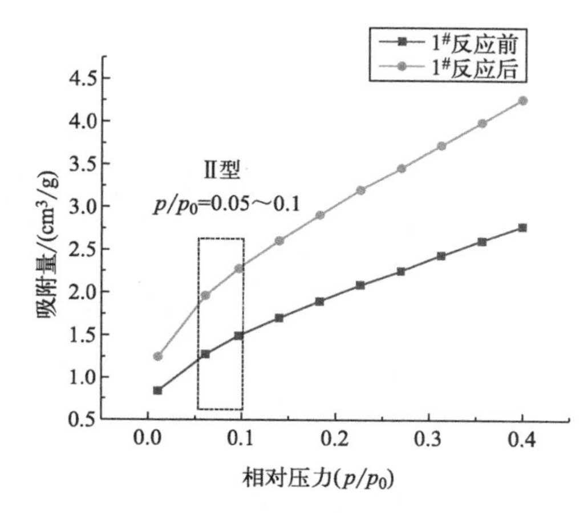

图 9.47　1[#] 生物活化褐煤-SRB 固定化颗粒吸附平衡等温线

根据图 9.47 可知，此吸附平衡等温线符合Ⅱ型等温线，说明褐煤对金属离子的吸附过程是单一多层可逆的吸附过程，位于 0.05～0.1 之间的点是此等温线的陡峭点，位于此范围内的点表示单分子饱和吸附量。

综上所述，1[#]、2[#] 动态柱分别处理 AMD 共 30d，且 1[#] 生物活化褐煤-SRB 固定化颗粒对 AMD 处理效果较好，对 SO_4^{2-}、Cu^{2+}、Zn^{2+} 平均去除率分别为：59.08%、69.76%、67.91%，出水 pH 值为 6.54，COD 平均释放量为 429.3mg/L，平均 ORP 数值为 9.3mV。2[#] 生物活化褐煤-SRB 固定化颗粒对 SO_4^{2-}、Cu^{2+}、Zn^{2+} 平均去除率分别为 3.606%、47.05%、58.954%，pH 值提升至 5.88，COD 释放量为 355.06mg/L，平均 ORP 数值为 246.6mV。证明了 SRB 不能直接利用褐煤，表明生物活化褐煤可以作为 SRB 的碳源。1[#] 生物活化褐煤-SRB 固定化颗粒对污染物的处理结果大致分为三个阶段，第一阶段为第 1～9 天，对 SO_4^{2-}、Cu^{2+}、Zn^{2+} 平均去除率分别为 87.39%、98.23%、94.31%，pH 值平均提升至 7.6，COD 平均释放量为 378mg/L，ORP 平均数值为 −100mV。第二阶段为第 10～23 天，对 SO_4^{2-}、Cu^{2+}、Zn^{2+} 平均去除率分别为 67.27%、76.40%，68.58%，平均 pH 值提升至 6.2，COD 平均释放量为 668mg/L，平均 ORP 数值为 −87.21mV。第三阶段为第 24～30 天，对 SO_4^{2-}、Cu^{2+}、Zn^{2+} 平均处理效果分别为 6.3%、20.67%、32.63%，平均 pH 值提升至 4.35，COD 平均释放量为 182.86mg/L，平均 ORP 数值为 147.14mV。对处理 AMD 前后的生物活化褐煤-SRB 固定化颗粒进行 SEM、FTIR、比表面积分析仪三种仪器分析，分析结果为：生物

活化褐煤-SRB固定化颗粒在处理AMD的过程中，球红假单胞菌与SRB共同作用对褐煤表面结构、内部含氧官能团及其表面的破坏性极大[50,51]。SEM分析结果表明球红假单胞菌与SRB共同作用后极大地破坏了其表面结构，说明在处理过程中发生了复杂的物理、化学反应；FTIR微观结构表明球红假单胞菌与SRB共同作用后，褐煤内的大分子物质含量极大减少，褐煤结构内的一些烷烃、烯烃、苯环的C—H取代基键断裂，醇羟基、酚羟基的—OH键断裂；比表面积的分析结果表明，球红假单胞菌与SRB共同作用后增加了褐煤的BET比表面积，是反应前的1.58倍，增强了褐煤对金属离子的物理吸附性能[52,53]。

参考文献

[1] 武强，孙文洁，董东林，等．废弃矿井资源开发利用战略研究［M］．北京：科学出版社，2020.

[2] 人民网．建设生态文明关系人民福祉关乎民族未来（2016-10-13）．

[3] 崔玉川，曹昉．煤矿矿井水处理利用工艺技术与设计［M］．北京：化学工业出版社，2016.

[4] 吕素冰，王文川．区域水资源利用效益核算理论与应用［M］．北京：中国水利水电出版社，2015.

[5] 王春荣，何绪文．煤矿区三废治理技术及循环经济（煤矿区废水、废气、固体废物处理处置及资源综合利用技术）［M］．北京：化学工业出版社，2014.

[6] 倪深海，彭岳津，黄菊，等．煤矿矿井水利用及风险管控［M］．南京：河海大学出版社，2021.

[7] 汤景梅．煤矿矿井水处理技术［M］．上海：同济大学出版社，1996.

[8] Dang Z, Zong Y F, Lu G N, et al. The geochemical processes of secondary minerals in acid mine drainage: From chemical and biological perspectives［M］．北京：科学出版社，2021.

[9] 何绪文，贾建丽．矿井水处理及资源化的理论与实践［M］．北京：煤炭工业出版社，2009.

[10] 罗琳，张嘉超，罗双，等．矿山酸性废水治理［M］．北京：科学出版社，2010.

[11] 李亚峰，田葳．高浓度洗煤废水处理技术［M］．北京：化学工业出版社，2019.

[12] 彭苏萍．煤炭资源与水资源［M］．北京：科学出版社，2014.

[13] 芮素生．煤炭工业的持续发展与环境［M］．北京：煤炭工业出版社，1994.

[14] 杨磊，曹端宁，王叶雷，等．转炉钢渣处理酸性矿山废水的研究进展［J］．工业水处理，2022，42（3）：42.

[15] 杨绍章，吴攀，张瑞雪，等．有氧垂直折流式反应池处理煤矿酸性废水［J］．环境工程学报，2011，5（4）：789-794.

[16] 康媞，胡文，陈守应．煤矿酸性废水处理技术的研究［J］．环境工程，2012，30（4）：46-47.

[17] Macingova E, Luptakova A. Recovery of metal from acid mine drainage ［J］. Chemical Engineering Transactions, 2012, 28: 109-114.

[18] Nicomrat D, Dick W A, Tuovinen O H. Assessment of the microbial community in a constructed wetland that receives acid mine drainage［J］. Microbial Ecology, 2006, 51: 83-89.

[19] Kusin F M, Candy C J. Hydraulic performance and iron removal in wetlands and lagoons treating ferruginous coal mine water［J］. Wetlands, 2014, 34: 555-564.

[20] 邵武，宋岩，王彩红．人工湿地处理酸性矿井水的研究［J］．环境工程，2011，29（5）：45-47.

[21] 杨晓松，邵立南．金属矿山酸性废水处理技术发展趋势［J］．有色金属，2011，63（1）：114-117.

[22] 张鑫，张焕祯．金属矿山酸性废水处理技术研究进展［J］．中国矿业，2012，21（4）：45-48.

[23] Mohan D, Chander S. Removal and recovery of metal ions from acid mine drainage using lignite-A low cost sorbent［J］. Journal of Hazardous Materials, 2006, 137: 1545-1553.

[24] 陈良霞，陶红，宋晓锋，等．改性玉米芯吸附水中重金属离子的实验研究［J］．水资源与水工程学报，2013，24（6）：180-184.

[25] 荣嵘，张瑞雪，吴攀，等．AMD 铁絮体改性生物炭对重金属吸附机理研究——以 Pb（Ⅱ）为例［J］．环境科学学报，2020，40（3）：959-967.

[26] 解炜，段超，陆晓东，等．水处理用活性炭的多膛炉再生工艺与效果研究［J］．煤炭科学技术，2019，47（12）：214-220.
[27] Rio C A，Williams C D，Roberts C L. Removal and recovery of heavy metals from acid mine drainage（AMD）using coal fly ash，natural clinker and synthetic zeolites［J］. Journal of Hazardous Meterials，2008，156：23-35.
[28] Dong Y R，Di J Z，Wang M X，et al. Experimental study on the treatment of acid mine drainage by modified corncob fixed SRB sludge particles［J］. RSC Advances，2019，9（33）：19016-19030.
[29] Li X，Lan S M，Zhu Z P，et al. The bioenergetics mechanisms and applications of sulfate-reducing bacteria in remediation of pollutants in drainage：A review［J］. Ecotoxicology and Environmental Safety，2018，158：162-170.
[30] Jiang W，Qigui N，Lu L，et al. A gradual change between methanogenesis and sulfidogenesis during a long-term UASB treatment of sulfate-rich chemical wastewater［J］. Science of The Total Environment，2018，636（15）：168-176.
[31] 冯颖，康勇，范福洲，等．单质铁强化生物还原法处理硫酸盐废水［J］．中国给水排水，2005，21（7）：32-35.
[32] 杨洁，周磊，高洁．用于酸法地浸采铀地下水修复的混合 SRB 驯化试验研究［J］．铀矿冶，2019，38（2）：153-156，164.
[33] Chang Y J，Chang Y T，Hung C H，et al. Microbial community analysis of anaerobic bio-corrosion in different ORP profiles［J］. International Biodeterioration & Biodegradation，2014，95：93-101.
[34] 李亚新，苏冰琴．硫酸盐还原菌和酸性矿山废水的生物处理［J］．环境污染治理技术与设备，2000，20（5）：1-11.
[35] 蒋永荣，周亶，容翠娟，等．高效硫酸盐还原菌的分离及特性研究［J］．环境科学与技术，2009，32（11）：13-17.
[36] 黄志．可渗透反应床固定化硫酸盐还原菌协同 Fe-C 原位治理酸性矿井水中重金属离子的研究［D］．芜湖：安徽工程大学，2013.
[37] 周泉宇，谭凯旋，曾晟，等．硫酸盐还原菌和零价铁协同处理含铀废水［J］．原子能科学技术，2009，43（9）：808-812.
[38] 王璞．基于内聚营养源 SRB 污泥固定化技术的碳源内聚及处理含镉废水研究［D］．长沙：中南大学，2007.
[39] 王凯．生物电解池技术处理硫酸盐废水基础研究［D］．杭州：浙江大学，2018.
[40] 张雯，张亚平，尹琳，等．以 10 种农业废弃物为基料的地下水反硝化碳源属性的实验研究［J］．环境科学学报，2017，37（5）：1787-1797.
[41] 曹臣，韦朝海，杨清玉，等．废水处理生物出水中 COD 构成的解析——以焦化废水为例［J］．环境化学，2012，31（10）：1494-1501.
[42] 李倩倩．有机酸体系纤维素水解模型的分析及预测［D］．太原：太原理工大学，2016.
[43] 孙莹．以廉价农业废弃物为缓释碳源的反硝化滤池深度脱氮研究［D］．哈尔滨：哈尔滨工业大学，2016.
[44] 闫加贺．生物质在 H_2O-SO_2 体系中两步法水解转化的研究［D］．北京：北京化工大学，2015.
[45] 毕一凡．蔗渣生物质炭的制备及其对 Cu^{2+}、Pb^{2+}、Zn^{2+} 的吸附研究［D］．南宁：广西大学，2020.
[46] 王艳芳．粉煤灰改性及其钝化污泥与吸附水中的 Cu 和 Zn 的研究［D］．哈尔滨：哈尔滨工业大学，2017.
[47] 杨刚刚．介孔硅酸钙的合成、改性及其对重金属离子的吸附性能［D］．湘潭：湖南科技大学，2017.
[48] 刘海龙，何璐红，赵扬．重金属吸附材料的研究进展［J］．盐科学与化工，2020，49（1）：1-4.
[49] 刘立华，杨正池，赵露．重金属吸附材料的研究进展［J］．中国材料进展，2018，37（2）：100-108，125.
[50] 王桂林，周连升，赵越，等．褐煤分子吸附水分子多聚体的机理［J］．煤炭工程，2018，50（9）：136-140.
[51] 徐敬尧．煤炭生物降解转化新菌种基因工程的构建研究［D］．淮南：安徽理工大学，2009.

[52] 周茂洪，赵肖为，吴雪昌．Cu^{2+}，Cd^{2+} 和 Cr（Ⅵ）抑制沼泽红假单胞菌生长的毒性效应［J］．应用与环境生物学报，2002（3）：290-293.

[53] 徐敬尧，张明旭．球红假单胞菌的微波诱变及对煤炭转化的影响［J］．煤炭科学技术，2009，37（5）：125-128.

图 3.2　初始菌株的富集培养

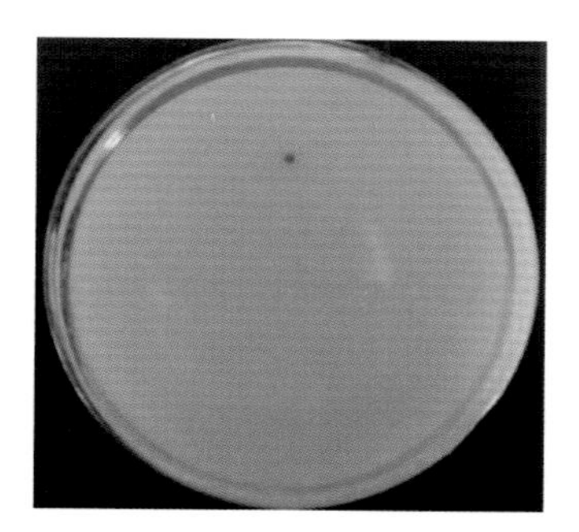

图 3.3　SRB 的菌落形态

（琼脂浓度 2%，稀释倍数 10^8）

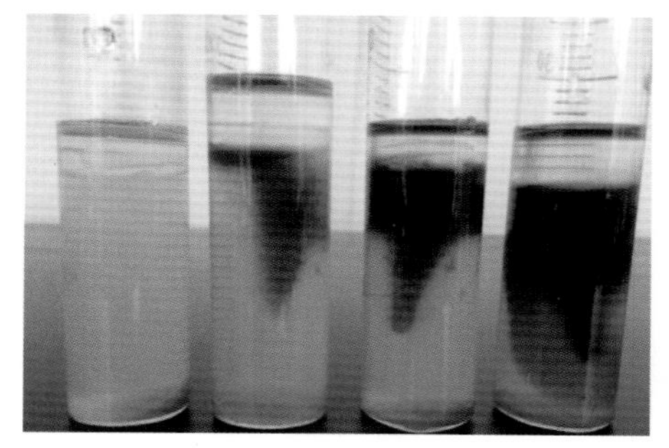

(a) 48h生长状态

(b) 96h生长状态

图 3.6　菌株动力测试

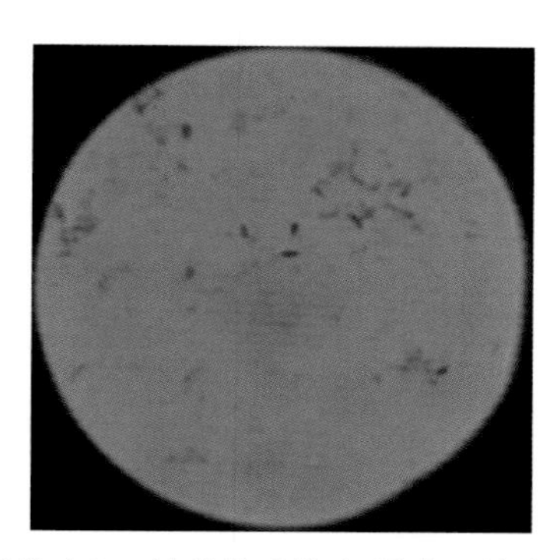

图 3.7　菌株 dzl17 的革兰氏染色照片（放大倍数 1600）

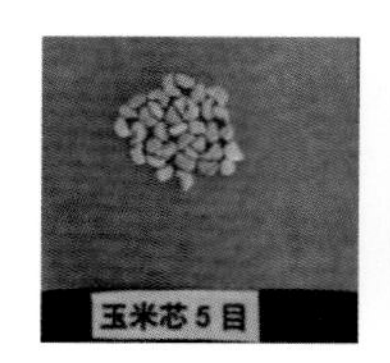

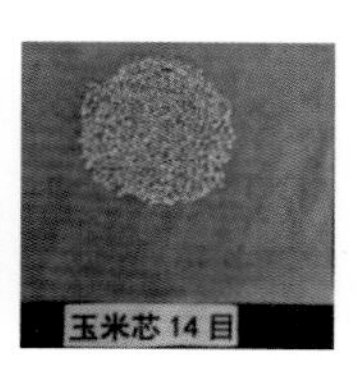

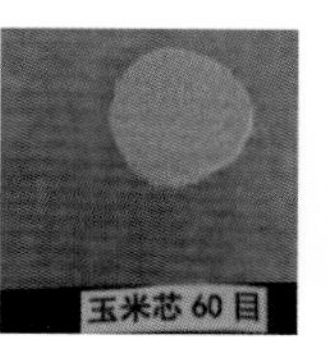

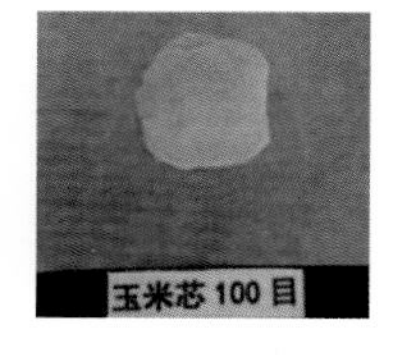

(a) 不同粒径玉米芯

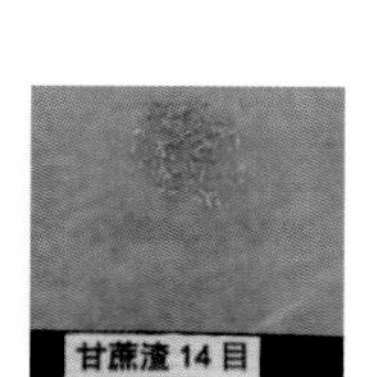
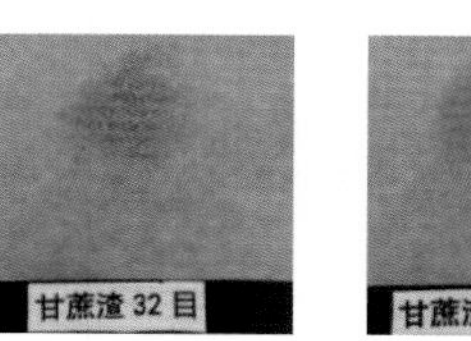
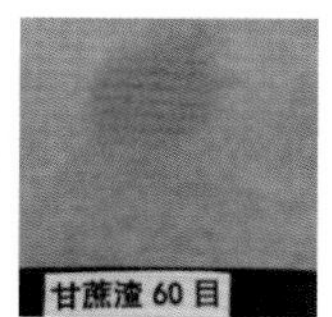
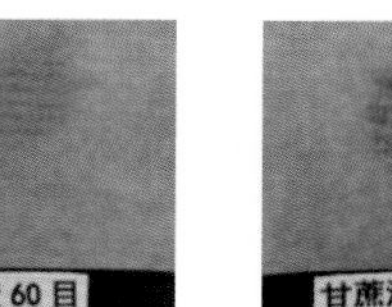

(b) 不同粒径甘蔗渣

图 3.10

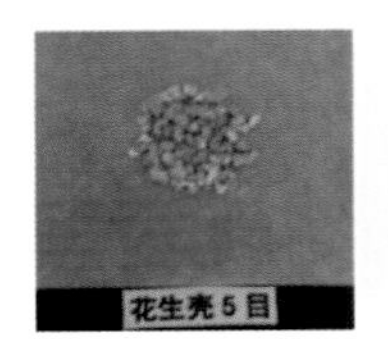

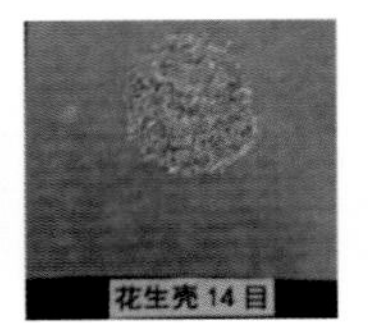

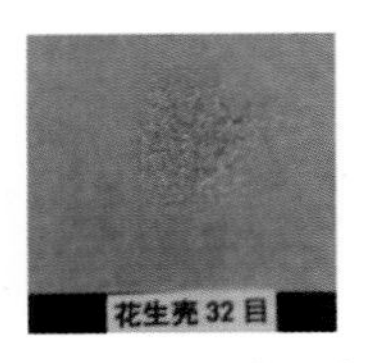

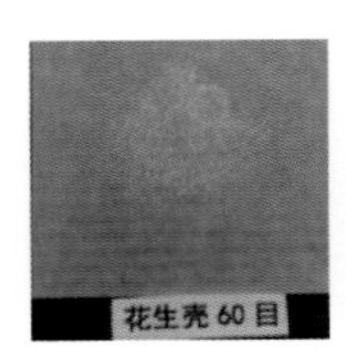

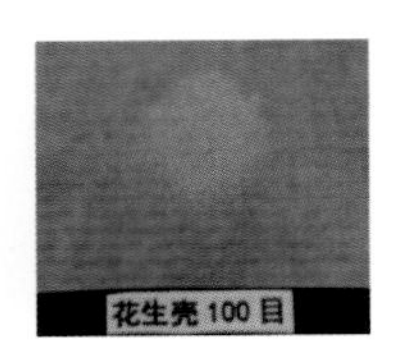

(c) 不同粒径花生壳

图 3.10　不同粒径玉米芯、甘蔗渣和花生壳

(a) 成品

(b) 处理前

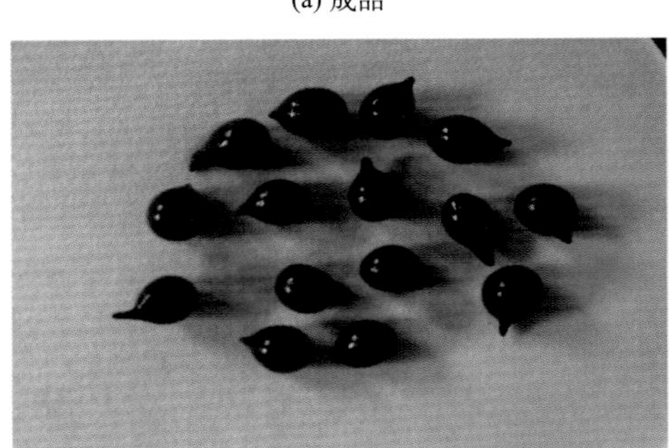

(c) 处理后

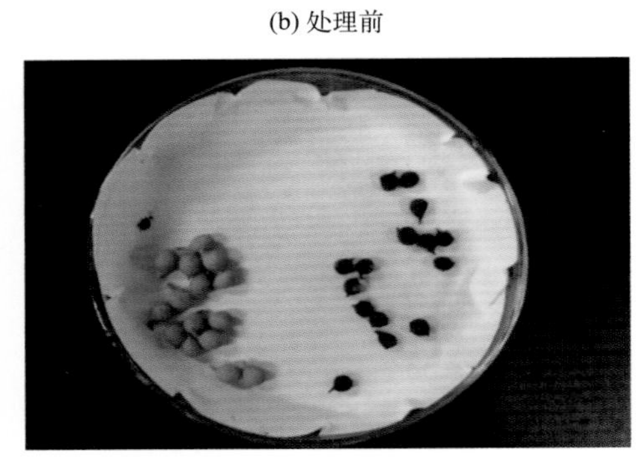

(d) 烘干后

图 4.5　各阶段 SRB 固定化颗粒形态

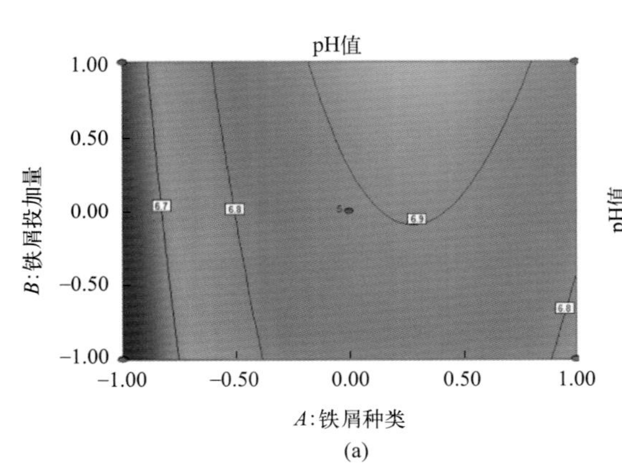

(a)

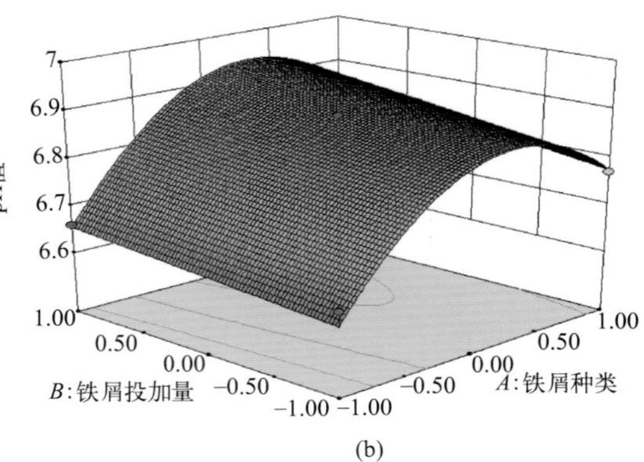

(b)

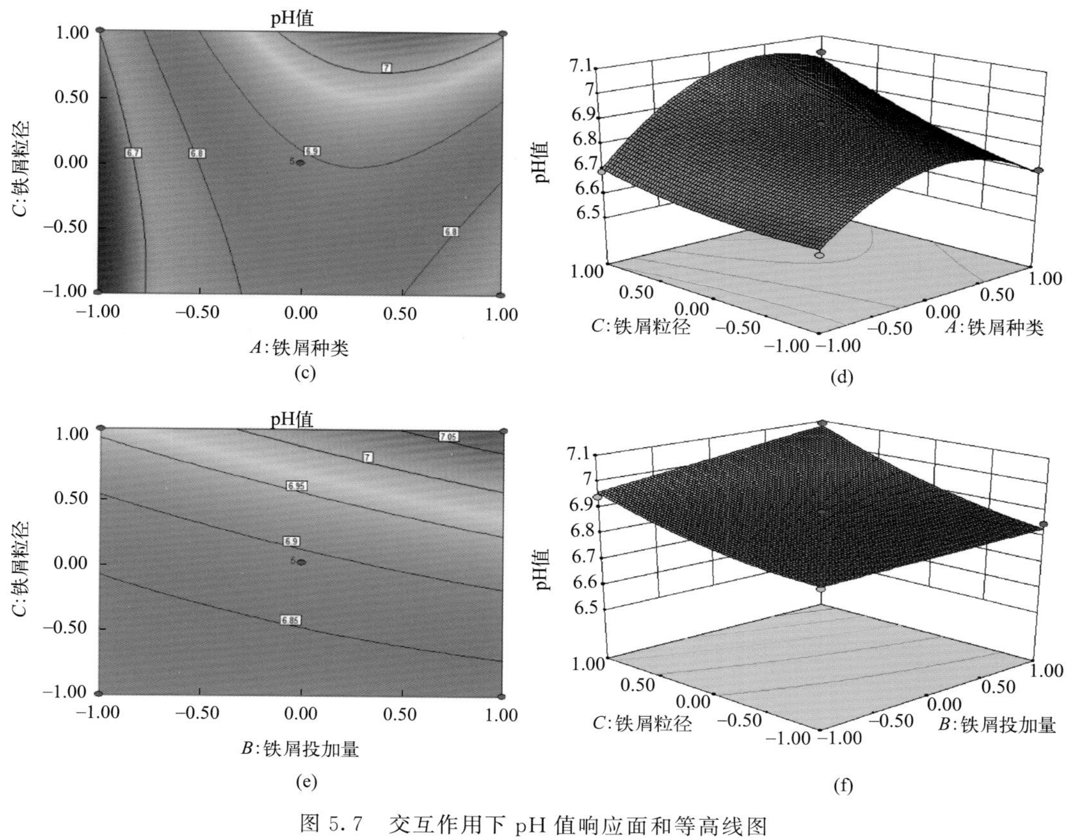

图 5.7　交互作用下 pH 值响应面和等高线图

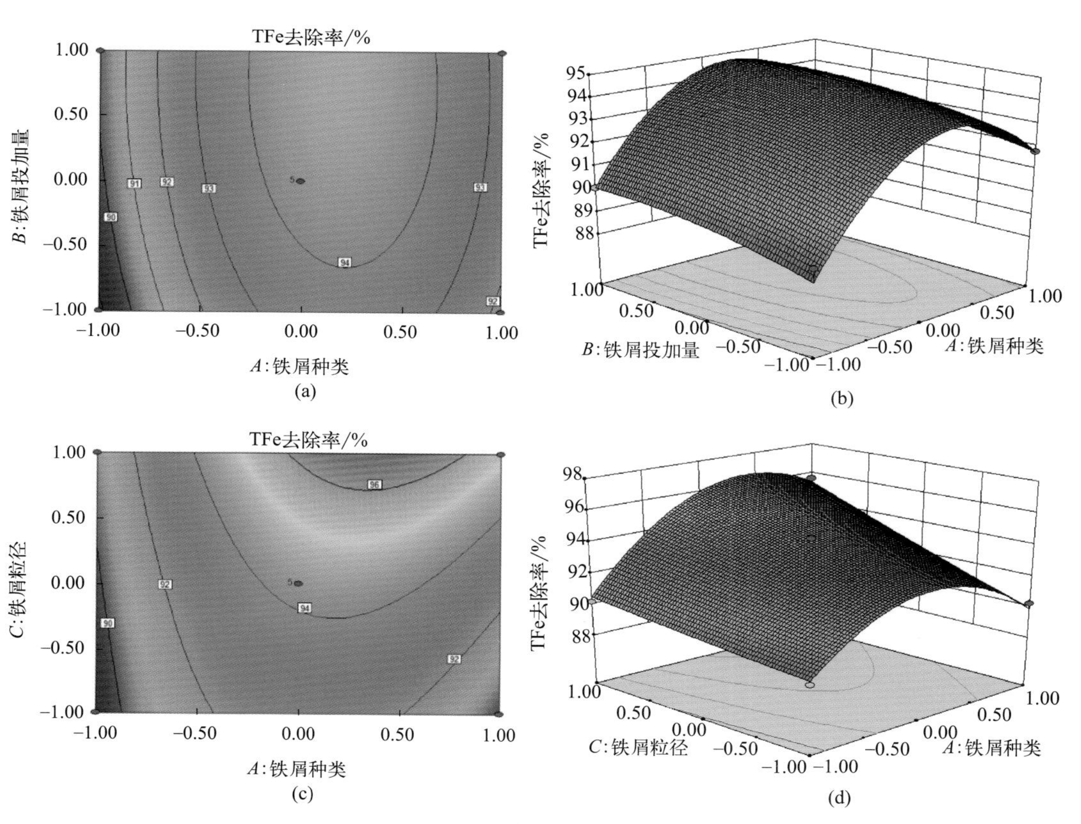

图 5.8

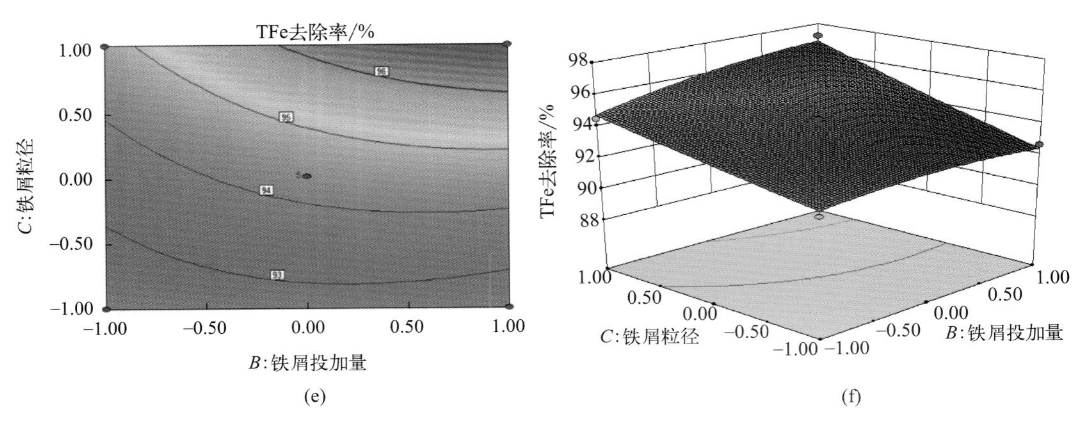

图 5.8　交互作用下 TFe 去除率响应面和等高线图

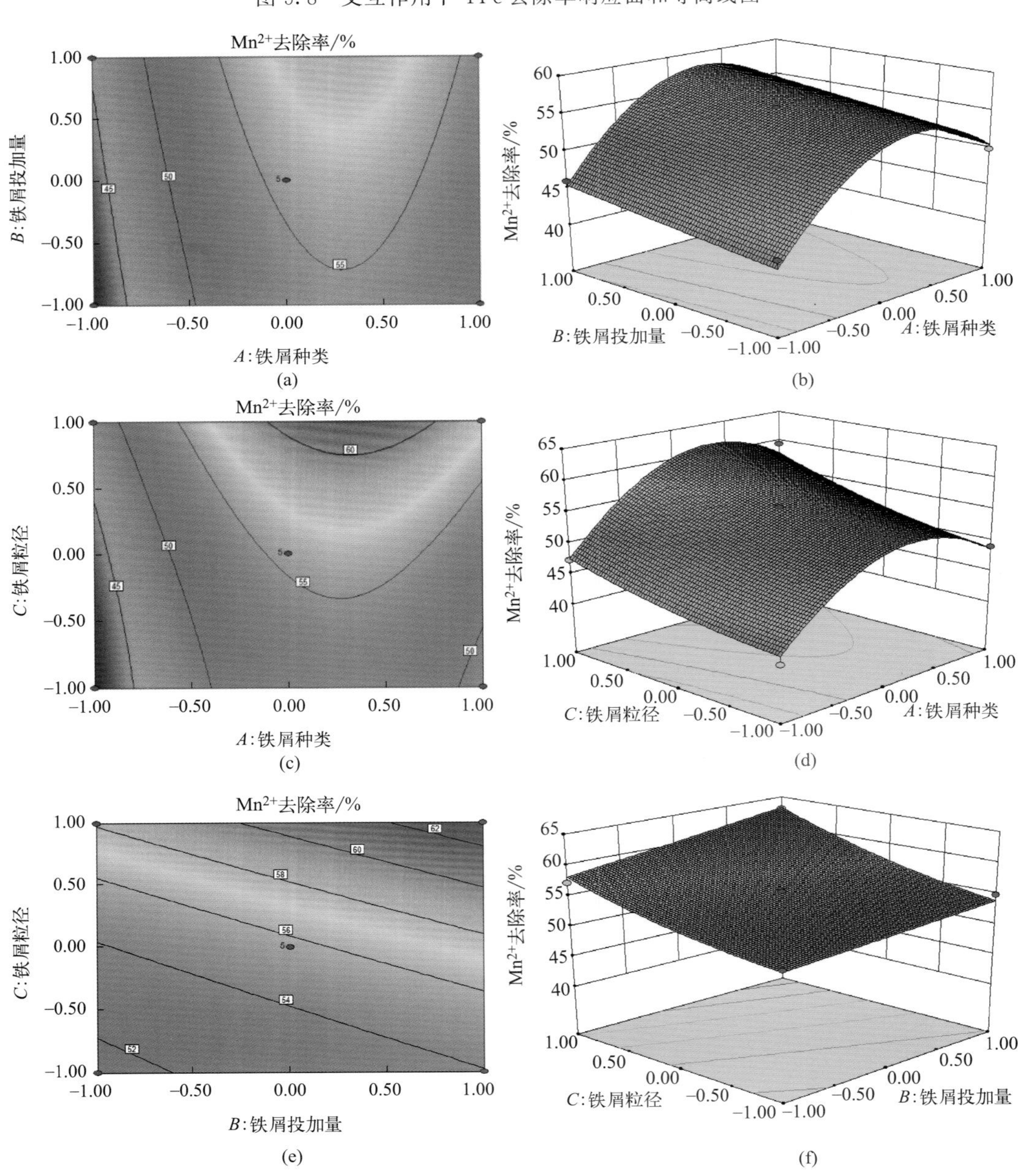

图 5.9　交互作用下 Mn^{2+} 去除率响应面和等高线图

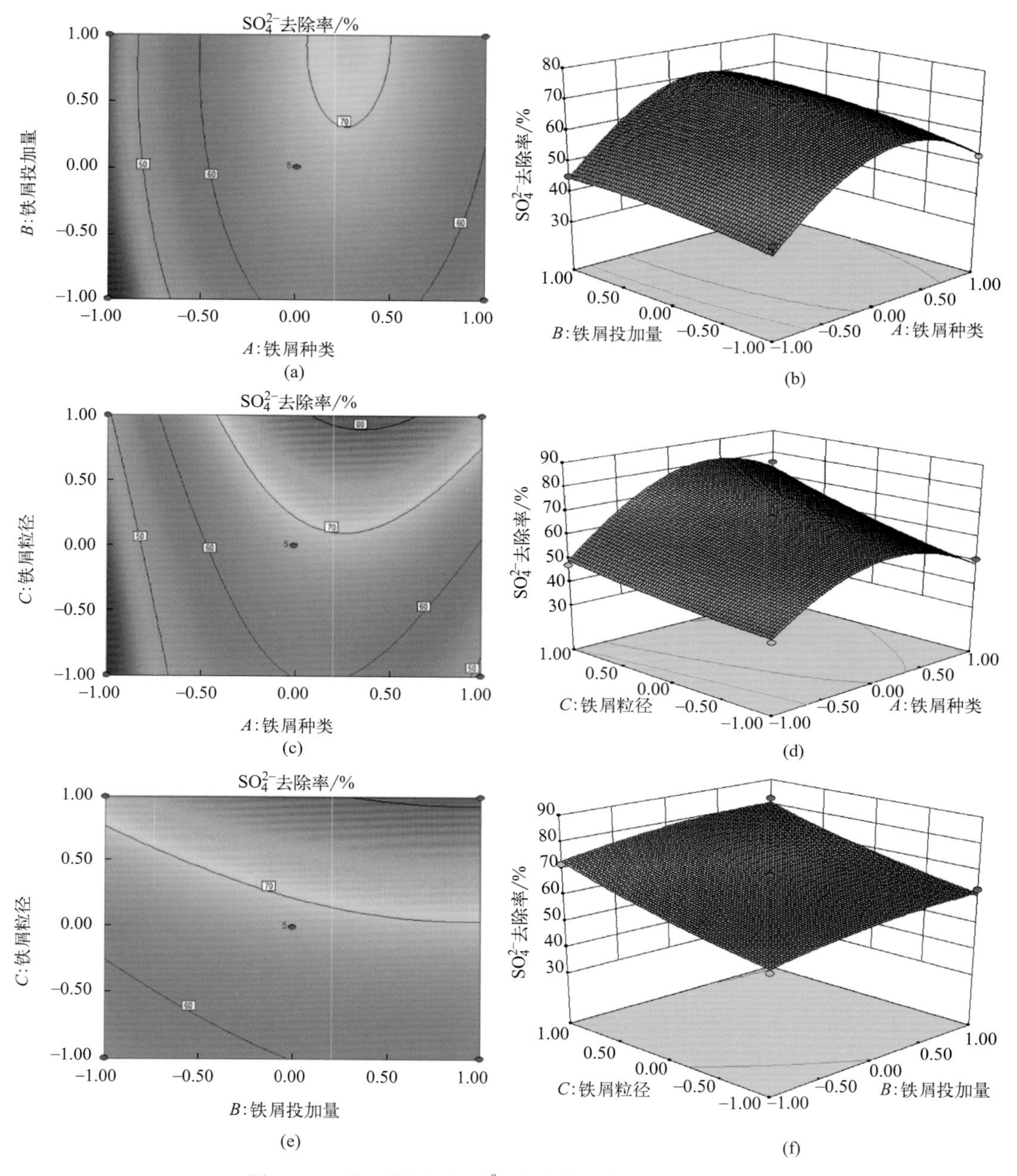

图 5.10 交互作用下 SO_4^{2-} 去除率响应面和等高线图

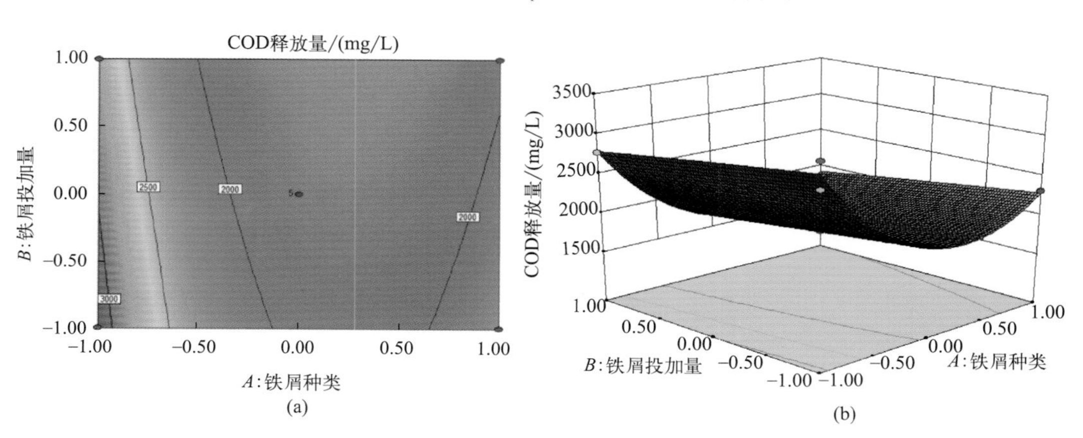

图 5.11

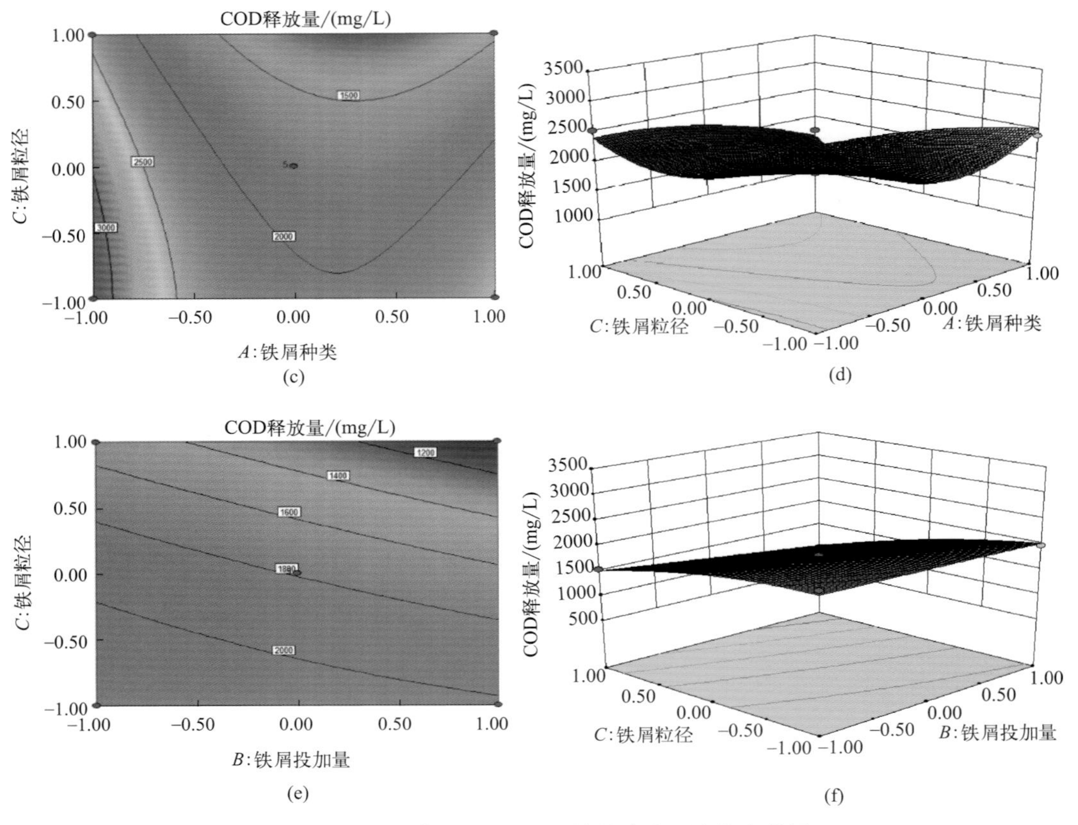

图 5.11 交互作用下 COD 释放量响应面和等高线图

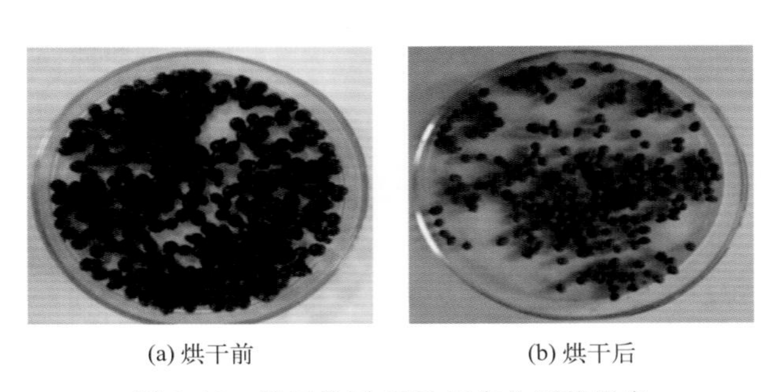

(a) 烘干前　　(b) 烘干后

图 5.12 铁屑协同 SRB 固定化颗粒形态

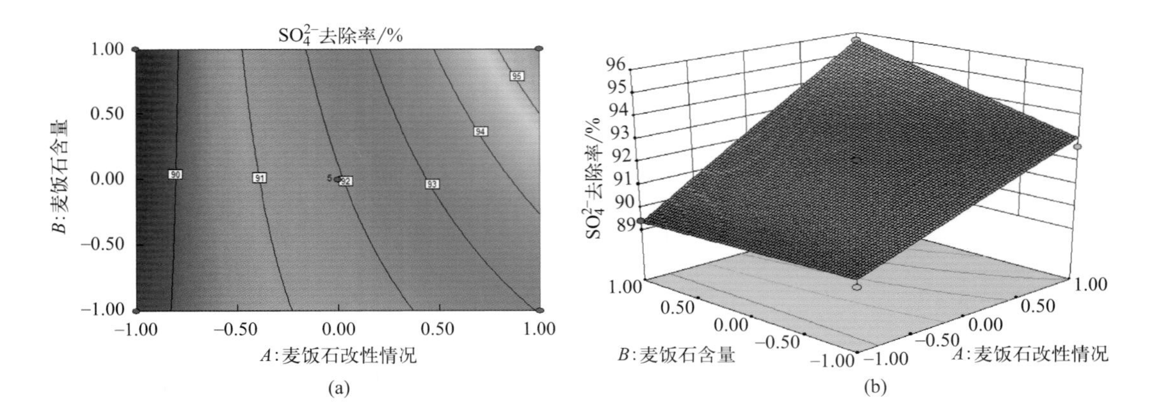

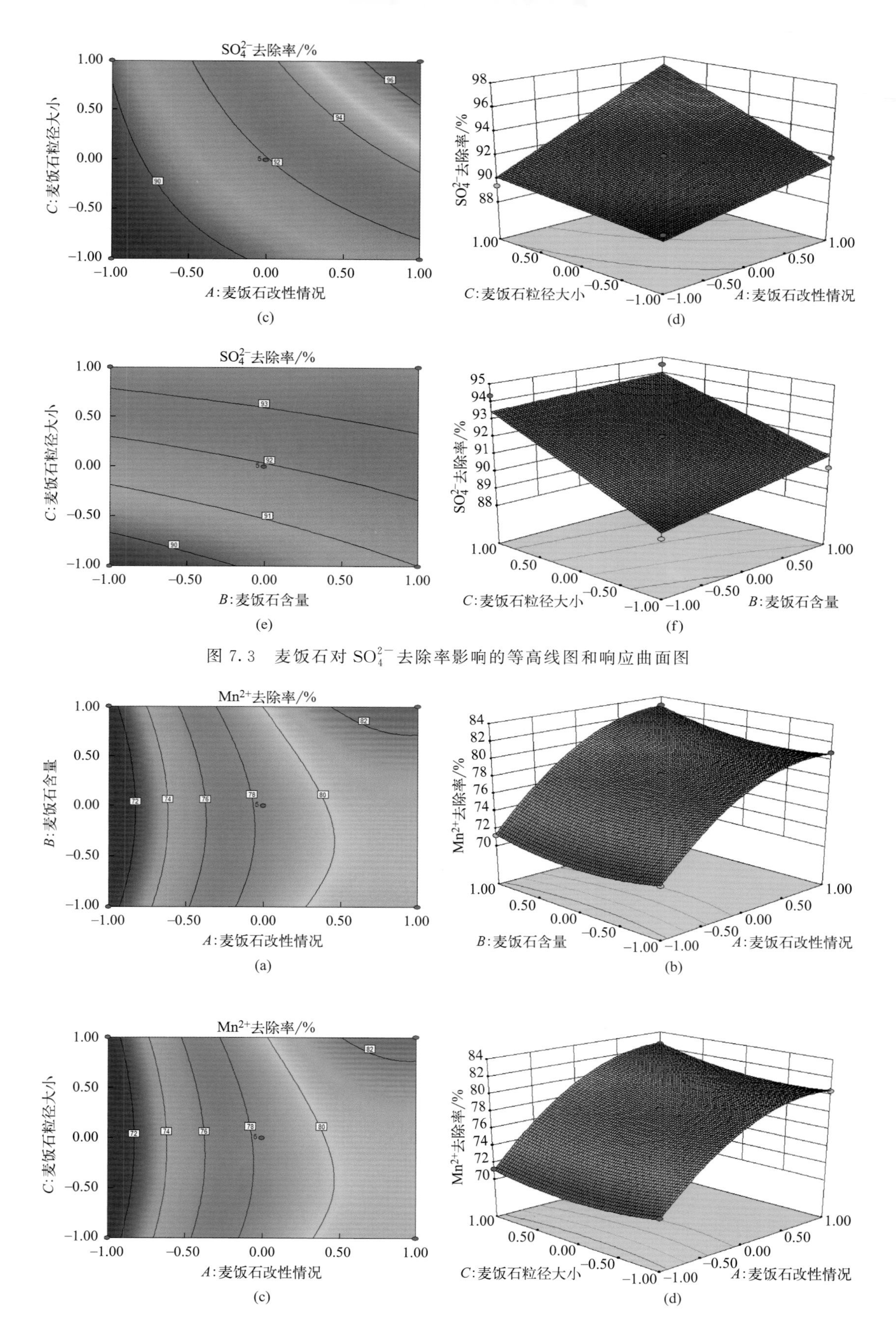

图 7.3 麦饭石对 SO_4^{2-} 去除率影响的等高线图和响应曲面图

图 7.4

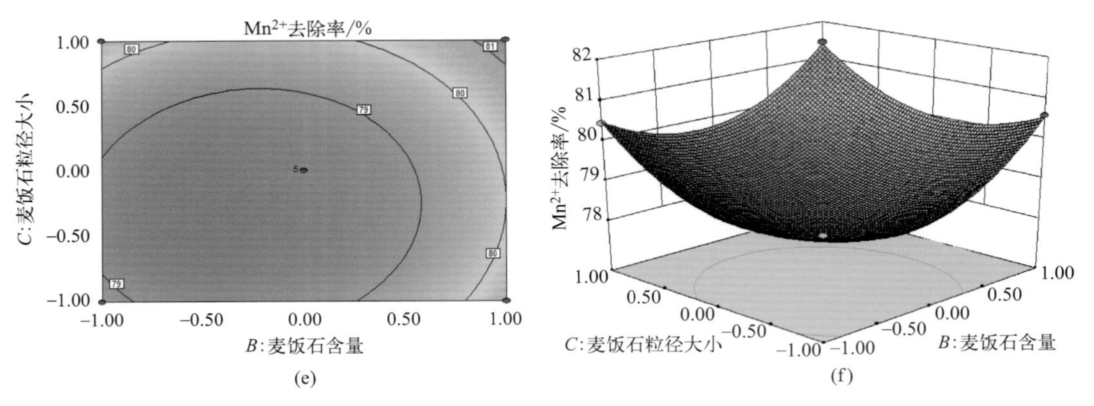

图 7.4　麦饭石对 Mn^{2+} 去除率影响的等高线图和响应曲面图

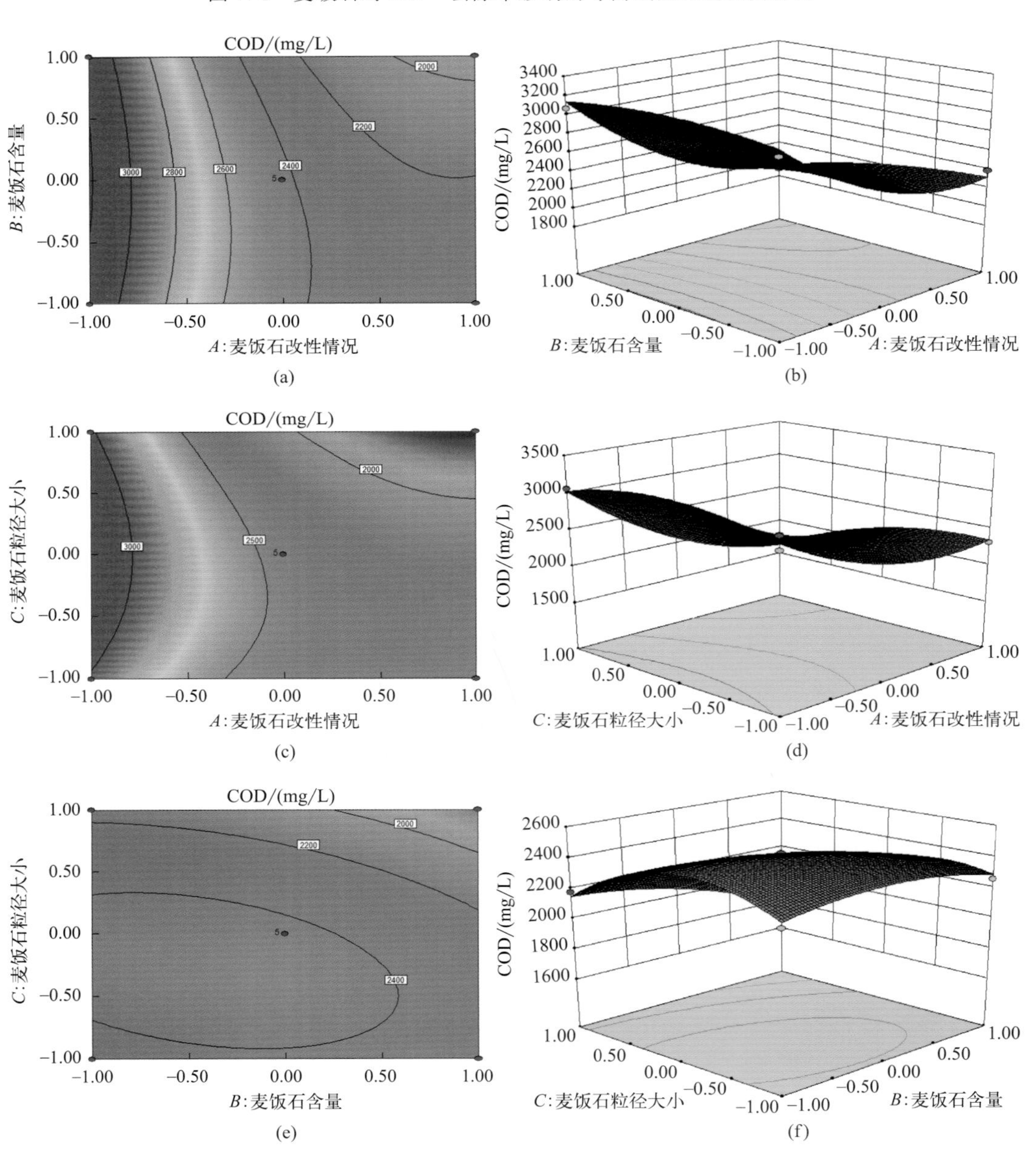

图 7.5　麦饭石对 COD 释放量影响的等高线图和响应曲面图

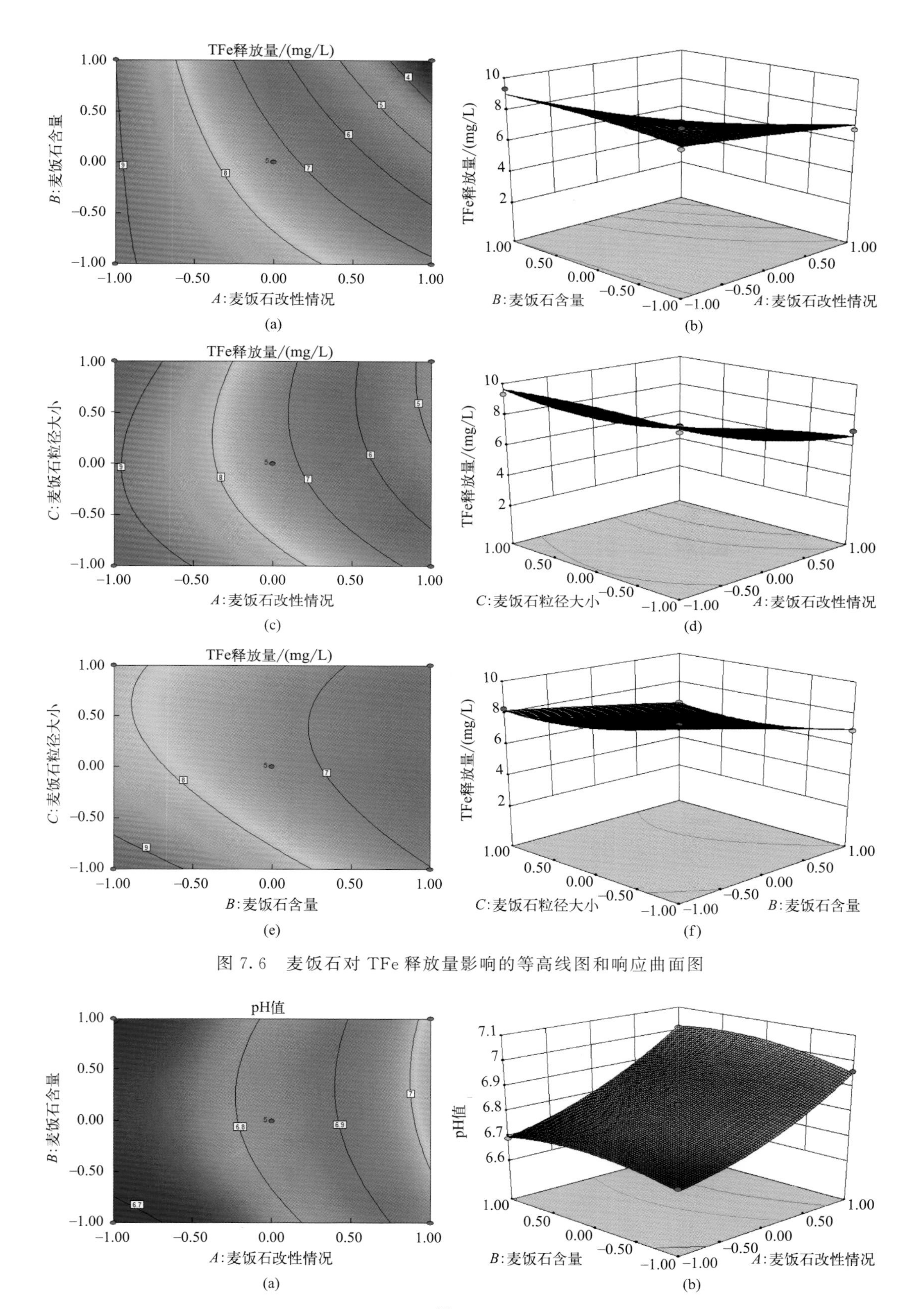

图 7.6 麦饭石对 TFe 释放量影响的等高线图和响应曲面图

图 7.7

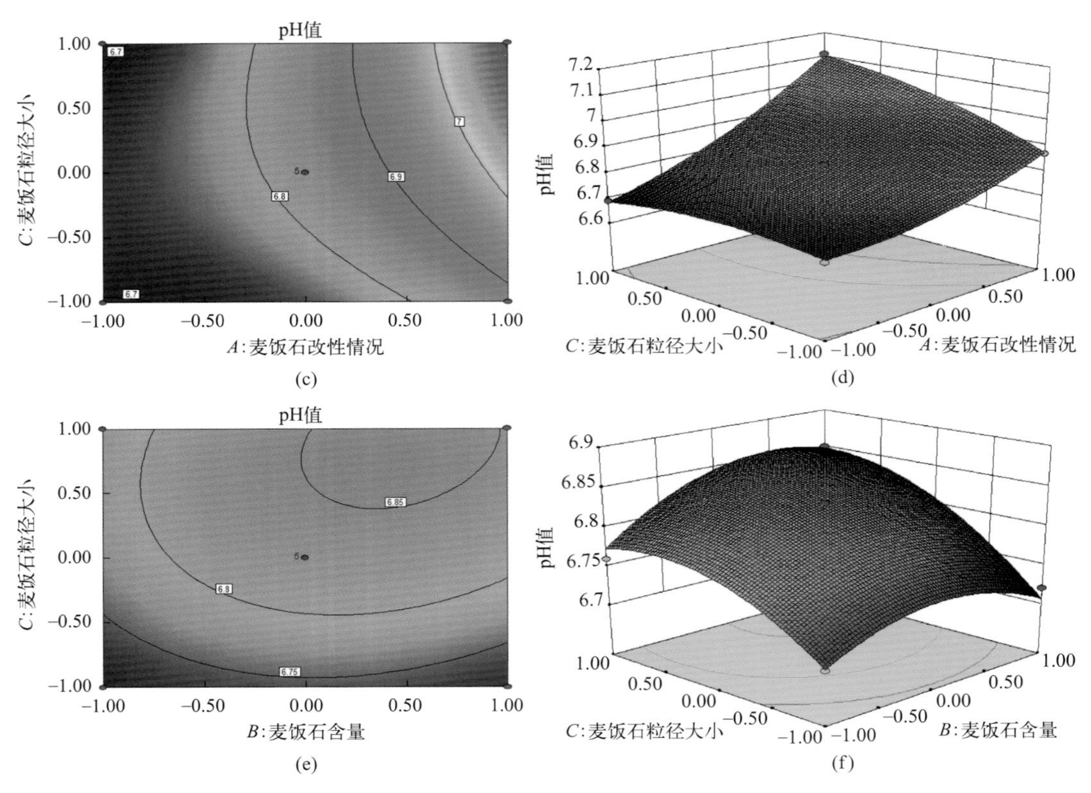

图 7.7　麦饭石对 pH 值影响的等高线图和响应曲面图

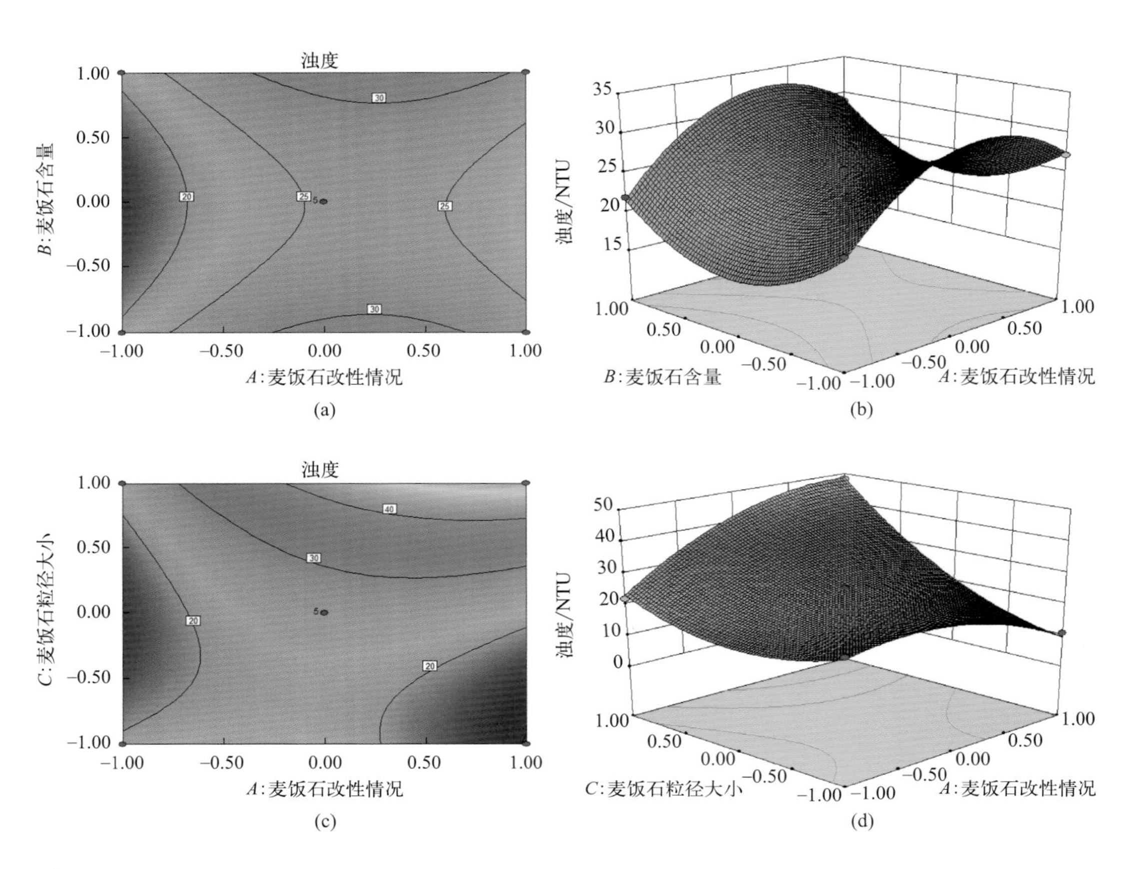

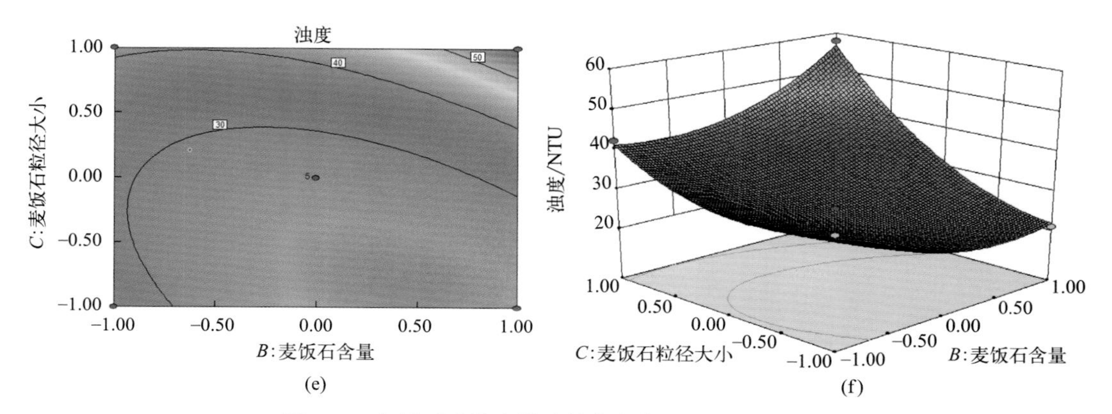

图 7.8 麦饭石对浊度影响的等高线图和响应曲面图

图 7.9 改性麦饭石协同 SRB 固定化颗粒形态：成品及烘干后

(a) nFe_3O_4-SRB固定化颗粒

(b) NZVI-SRB固定化颗粒

(c) ZVSI-SRB固定化颗粒

图 8.36 三种铁系 SRB 固定化颗粒表观形态

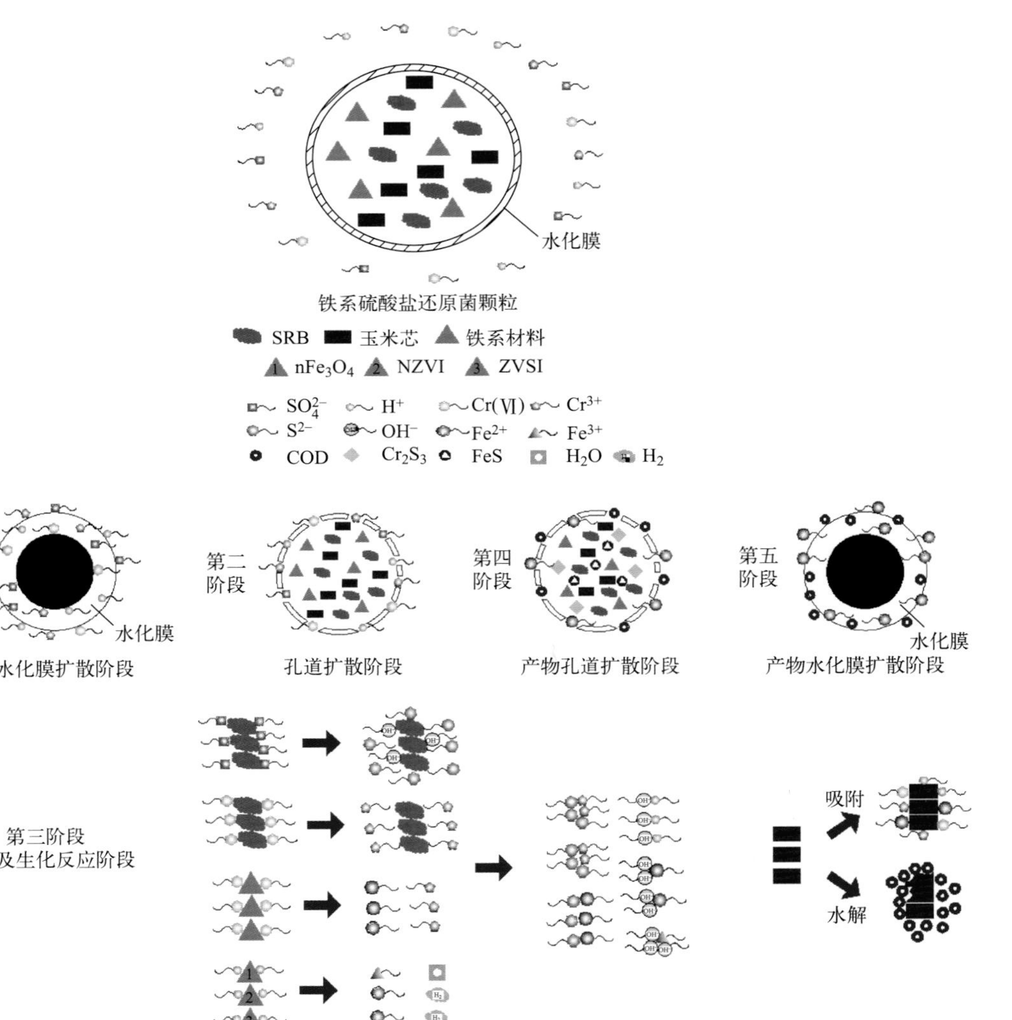

图 8.69　铁系颗粒处理 AMD 反应机理示意图